国家出版基金资助项目
现代数学中的著名定理纵横谈丛书
丛书主编　王梓坤

HURWITZ THEOREM

Hurwitz 定理

刘培杰数学工作室　编

哈尔滨工业大学出版社
HARBIN INSTITUTE OF TECHNOLOGY PRESS

内容简介

本书共分十六章,分别介绍了华罗庚论Hurwitz定理、阶梯式学习法、一致分布数列、Roth定理,以及Diophantus逼近问题、超越数论中的逼近定理等内容.本书从多个方面介绍了Hurwitz定理的相关理论,内容丰富,叙述详尽.

本书可供高等院校理工科师生及数学爱好者研读.

图书在版编目(CIP)数据

Hurwitz定理/刘培杰数学工作室编. —哈尔滨:哈尔滨工业大学出版社,2018.4
(现代数学中的著名定理纵横谈丛书)
ISBN 978−7−5603−7135−1

Ⅰ.①H… Ⅱ.①刘… Ⅲ.①多项式−函数论−定理 Ⅳ.①O174.14

中国版本图书馆CIP数据核字(2017)第302286号

策划编辑	刘培杰 张永芹
责任编辑	张永芹 陈雅君 穆 青
封面设计	孙茵艾
出版发行	哈尔滨工业大学出版社
社　　址	哈尔滨市南岗区复华四道街10号 邮编150006
传　　真	0451−86414749
网　　址	http://hitpress.hit.edu.cn
印　　刷	黑龙江艺德印刷有限责任公司
开　　本	787mm×960mm 1/16 印张46.5 字数479千字
版　　次	2018年4月第1版 2018年4月第1次印刷
书　　号	ISBN 978−7−5603−7135−1
定　　价	198.00元

(如因印装质量问题影响阅读,我社负责调换)

◎ 代 序

读书的乐趣

你最喜爱什么——书籍.
你经常去哪里——书店.
你最大的乐趣是什么——读书.

这是友人提出的问题和我的回答.真的,我这一辈子算是和书籍,特别是好书结下了不解之缘.有人说,读书要费那么大的劲,又发不了财,读它做什么?我却至今不悔,不仅不悔,反而情趣越来越浓.想当年,我也曾爱打球,也曾爱下棋,对操琴也有兴趣,还登台伴奏过.但后来却都一一断交,"终身不复鼓琴".那原因便是怕花费时间,玩物丧志,误了我的大事——求学.这当然过激了一些.剩下来唯有读书一事,自幼至今,无日少废,谓之书痴也可,谓之书橱也可,管它呢,人各有志,不可相强.我的一生大志,便是教书,而当教师,不多读书是不行的.

读好书是一种乐趣,一种情操;一种向全世界古往今来的伟人和名人求教的方法,一种和他们展开讨论的方式;一封出席各种活动、体验各种生活、结识各种人物的邀请信;一张迈进科学宫殿和未知世界的入场券;一股改造自己、丰富自己的强大力量.书籍是全人类有史以来共同创造的财富,是永不枯竭的智慧的源泉.失意时读书,可以使人重整旗鼓;得意时读书,可以使人头脑清醒;疑难时读书,可以得到解答或启示;年轻人读书,可明奋进之道;年老人读书,能知健神之理.浩浩乎!洋洋乎!如临大海,或波涛汹涌,或清风微拂,取之不尽,用之不竭.吾于读书,无疑义矣,三日不读,则头脑麻木,心摇摇无主.

潜能需要激发

我和书籍结缘,开始于一次非常偶然的机会.大概是八九岁吧,家里穷得揭不开锅,我每天从早到晚都要去田园里帮工.一天,偶然从旧木柜阴湿的角落里,找到一本蜡光纸的小书,自然很破了.屋内光线暗淡,又是黄昏时分,只好拿到大门外去看.封面已经脱落,扉页上写的是《薛仁贵征东》.管它呢,且往下看.第一回的标题已忘记,只是那首开卷诗不知为什么至今仍记忆犹新:

日出遥遥一点红,飘飘四海影无踪.

三岁孩童千两价,保主跨海去征东.

第一句指山东,二、三两句分别点出薛仁贵(雪、人贵).那时识字很少,半看半猜,居然引起了我极大的兴趣,同时也教我认识了许多生字.这是我有生以来独立看的第一本书.尝到甜头以后,我便千方百计去找书,向小朋友借,到亲友家找,居然断断续续看了《薛丁山征西》《彭公案》《二度梅》等,樊梨花便成了我心中的女英雄.我真入迷了.从此,放牛也罢,车水也罢,我总要带一本书,还练出了边走田间小路边读书的本领,读得津津有味,不知人间别有他事.

当我们安静下来回想往事时,往往会发现一些偶然的小事却影响了自己的一生.如果不是找到那本《薛仁贵征东》,我的好学心也许激发不起来.我这一生,也许会走另一条路.人的潜能,好比一座汽油库,星星之火,可以使它雷声隆隆、光照天地;但若少了这粒火星,它便会成为一潭死水,永归沉寂.

抄,总抄得起

好不容易上了中学,做完功课还有点时间,便常光顾图书馆.好书借了实在舍不得还,但买不到也买不起,便下决心动手抄书.抄,总抄得起.我抄过林语堂写的《高级英文法》,抄过英文的《英文典大全》,还抄过《孙子兵法》,这本书实在爱得狠了,竟一口气抄了两份.人们虽知抄书之苦,未知抄书之益,抄完毫末俱见,一览无余,胜读十遍.

始于精于一,返于精于博

关于康有为的教学法,他的弟子梁启超说:"康先生之教,专标专精、涉猎二条,无专精则不能成,无涉猎则不能通也."可见康有为强烈要求学生把专精和广博(即"涉猎")相结合.

在先后次序上,我认为要从精于一开始.首先应集中精力学好专业,并在专业的科研中做出成绩,然后逐步扩大领域,力求多方面的精.年轻时,我曾精读杜布(J. L. Doob)的《随机过程论》,哈尔莫斯(P. R. Halmos)的《测度论》等世界数学名著,使我终身受益.简言之,即"始于精于一,返于精于博".正如中国革命一样,必须先有一块根据地,站稳后再开创几块,最后连成一片.

丰富我文采,澡雪我精神

辛苦了一周,人相当疲劳了,每到星期六,我便到旧书店走走,这已成为生活中的一部分,多年如此.一次,偶然看到一套《纲鉴易知录》,编者之一便是选编《古文观止》的吴楚材.这部书提纲挈领地讲中国历史,上自盘古氏,直到明末,记事简明,文字古雅,又富于故事性,便把这部书从头到尾读了一遍.从此启发了我读史书的兴趣.

我爱读中国的古典小说,例如《三国演义》和《东周列国志》.我常对人说,这两部书简直是世界上政治阴谋诡计大全.即以近年来极时髦的人质问题(伊朗人质、劫机人质等),这些书中早就有了,秦始皇的父亲便是受害者,堪称"人质之父".

《庄子》超尘绝俗,不屑于名利.其中"秋水""解牛"诸篇,诚绝唱也.《论语》束身严谨,勇于面世,"己所不欲,勿施于人",有长者之风.司马迁的《报任少卿书》,读之我心两伤,既伤少卿,又伤司马;我不知道少卿是否收到这封信,希望有人做点研究.我也爱读鲁迅的杂文,果戈理、梅里美的小说.我非常敬重文天祥、秋瑾的人品,常记他们的诗句:"人生自古谁无死,留取丹心照汗青""休言女子非英物,夜夜龙泉壁上鸣".唐诗、宋词、《西厢记》《牡丹亭》,丰富我文采,澡雪我精神,其中精粹,实是人间神品.

读了邓拓的《燕山夜话》,既叹服其广博,也使我动了写《科学发现纵横谈》的心.不料这本小册子竟给我招来了上千封鼓励信.以后人们便写出了许许多多的"纵横谈".

从学生时代起,我就喜读方法论方面的论著.我想,做什么事情都要讲究方法,追求效率、效果和效益,方法好能事半而功倍.我很留心一些著名科学家、文学家写的心得体会和经验.我曾惊讶为什么巴尔扎克在51年短短的一生中能写出上百本书,并从他的传记中去寻找答案.文史哲和科学的海洋无边无际,先哲们的明智之光沐浴着人们的心灵,我衷心感谢他们的恩惠.

读书的另一面

以上我谈了读书的好处,现在要回过头来说说事情的另一面.

读书要选择.世上有各种各样的书:有的不值一看,有的只值看20分钟,有的可看5年,有的可保存一辈子,有的将永远不朽.即使是不朽的超级名著,由于我们的精力与时间有限,也必须加以选择.决不要看坏书,对一般书,要学会速读.

读书要多思考.应该想想,作者说得对吗?完全吗?适合今天的情况吗?从书本中迅速获得效果的好办法是有的放矢地读书,带着问题去读,或偏重某一方面去读.这时我们的思维处于主动寻找的地位,就像猎人追找猎物一样主动,很快就能找到答案,或者发现书中的问题.

有的书浏览即止,有的要读出声来,有的要心头记住,有的要笔头记录.对重要的专业书或名著,要勤做笔记,"不动笔墨不读书".动脑加动手,手脑并用,既可加深理解,又可避忘备查,特别是自己的灵感,更要及时抓住.清代章学诚在《文史通义》中说:"札记之功必不可少,如不札记,则无穷妙绪如雨珠落大海矣."

许多大事业、大作品,都是长期积累和短期突击相结合的产物.涓涓不息,将成江河;无此涓涓,何来江河?

爱好读书是许多伟人的共同特性,不仅学者专家如此,一些大政治家、大军事家也如此.曹操、康熙、拿破仑、毛泽东都是手不释卷,嗜书如命的人.他们的巨大成就与毕生刻苦自学密切相关.

王梓坤

目录

第1章 引言 //1
- 1.1 从一道北京大学优秀中学生暑期课堂文化测评试题谈起 //1
- 1.2 再谈一道2016年全国高中联赛试题 //16
- 1.3 高手在民间 //22

第2章 华罗庚论Hurwitz定理 //38
- 2.1 从一道日本奥数题谈起 //38
- 2.2 渐近法与连分数 //44

第3章 入宝山不能空返
- 3.1 简单连分数 //93
- 3.2 Chebyshev定理及Khinchin定理 //99

第4章 阶梯式学习法 //109
- 4.1 自然逼近 //109
- 4.2 Farey数列 //112
- 4.3 Hurwitz定理 //115
- 4.4 Liouville定理 //119
- 4.5 注记与答案 //124

第5章 推广与改进 //137
- 5.1 两位数论专家的推广与改进 //137
- 5.2 Hurwitz定理的推广 //139
- 5.3 Hurwitz定理的一个证明及其改进 //150
- 5.4 无理数的Diophantus逼近与Hurwitz定理 //155

    5.5 反结果 //162

第6章 将Hurwitz定理推广到复域 //166
    6.1 魔鬼藏在细节中 //166
    6.2 Ford定理——复数的有理逼近 //169

第7章 Farey级数研究的历史与现状 //181
    7.1 Dickson论Farey级数 //181
    7.2 Mahler对Farey级数的推广 //188

第8章 一致分布数列 //191
    8.1 等分布数列问题 //191
    8.2 等分布 //215

第9章 Roth与Roth定理 //267
    9.1 引言 //267
    9.2 Roth定理与菲尔兹奖 //272
    9.3 几个重要无理数的逼近 //276
    9.4 推广到复数域后 //279
    9.5 分形几何学的逼近问题 //281
    9.6 与逼近有关的竞赛问题 //283
    9.7 几个未解决的问题 //290
    9.8 Hurwitz定理的一个简单证明 //292

第10章 普林斯顿大学数学能力测验中的 Diophantus逼近问题 //298
    10.1 小而美的普林斯顿大学数学系 //298
    10.2 普林斯顿大学数学能力测验一例 //309
    10.3 解Diophantus方程的Diophantus逼近方法 //333

第11章 来自爱丁堡国际会议的文献 //344
    11.1 代数数的有理逼近 //344

第12章 来自波兰的报告 //356

12.1 来自波兰的报告 //356
12.2 Algebraic Numbers and p – Adic Numbers //363
12.3 1918~1939年波兰数学学派的影响概述 //372
12.4 波兰数学学派的兴起 //394

第13章 超越数论中的逼近定理 //412

13.1 从一道上海中学生数学竞赛试题谈起 //412
13.2 来自俄罗斯的文献 //417

第14章 自古英雄出少年 //511

14.1 2017年高考数学天津卷压轴题的高等数学背景 //511
14.2 被数学抓住时都很年轻 //516
14.3 数学大师不只是数学家 //518
14.4 数学大师早年生活 //519
14.5 走近数学大师 //527
14.6 18岁博士毕业的神童——"控制论之父"维纳 //528
14.7 新生代数学界最恐怖的存在 //537

第15章 向Roth致敬 //543

15.1 Roth定理及它的历史 //543
15.2 Thue方程 //546
15.3 组合引理 //549
15.4 进一步辅助引理 //554
15.5 一个多项式的指数 //558
15.6 指数定理 //562
15.7 在$(\alpha,\alpha,\cdots,\alpha)$附近的有理点$P(x_1,\cdots,x_m)$的指数 //564
15.8 广义朗斯基行列式 //567

15.9 Roth 引理 //571
15.10 Roth 定理证明的总结 //578
15.11 Classical Metric Diophantine Approximation Revisited //584
15.12 On the Convergents to Algebraic Numbers //634
15.13 On Exponential Sums with Multiplicative Coefficients //653
15.14 Approximation Exponents for Function Fields //666

第16章 其他数学分支中被冠以 Hurwitz 定理的几例 //697

16.1 关于 Dirichlet 级数的 Hurwitz 复合定理 //697
16.2 Hurwitz 复合定理在 Dirichlet 级数中的推广 //705
16.3 多复变情形的 Hurwitz 定理 //714
16.4 区间多项式的 Routh-Hurwitz 定理及其应用 //718
16.5 对 Hurwitz 定理的一个推广 //725

引言

第 1 章

1.1 从一道北京大学优秀中学生暑期课堂文化测评试题谈起

2017 年 8 月 22 日,北京大学优秀中学生暑期课堂文化测评在北京大学举行,其中有一道题为:

设 ω 为整系数方程 $x^2 + ax + b = 0$ 的无理根,求证:存在 $c_0 > 0$,使得任意互素正整数 p, q,满足 $\left|\omega - \dfrac{p}{q}\right| \geqslant \dfrac{c_0}{q^2}$.

分析 转化为特殊情况 $\sqrt{d}$.

解 由已知可知
$$\omega = \frac{-a \pm \sqrt{a^2 - 4b}}{2}$$
设 $d = a^2 - 4b \in \mathbf{N}_+$,则要求
$$\left|\frac{-a \pm \sqrt{d}}{2} - \frac{p}{q}\right| \geqslant \frac{c_0}{q^2}$$
故

Hurwitz 定理

$$\left|\pm\sqrt{d}-\frac{aq+2p}{q}\right|\geqslant\frac{2c_0}{q^2}$$

即

$$\left|\sqrt{d}\mp\frac{aq+2p}{q}\right|\geqslant\frac{2c_0}{q^2}$$

命题转化为:存在 $c'_0>0$,对于任意 $p',q\in\mathbf{Z},q>0$,都有

$$\left|\sqrt{d}-\frac{p'}{q}\right|\geqslant\frac{c'_0}{q^2}$$

对于指定的正整数 q,不妨设

$$\frac{p_0}{q}<\sqrt{d}<\frac{p_0+1}{q}$$

$q,p_0\in\mathbf{N}_+$,则

$$\frac{p_0^2}{q^2}<d<\frac{(p_0+1)^2}{q^2}$$

由 $d=\frac{dq^2}{q^2}$,故

$$\left|d-\frac{p_0^2}{q^2}\right|\geqslant\frac{1}{q^2}$$

$$\left|d-\frac{(p_0+1)^2}{q^2}\right|\geqslant\frac{1}{q^2}$$

亦即

$$\left|\left(\sqrt{d}-\frac{p_0}{q}\right)(\sqrt{d}+\sqrt{d})\right|>\left|\left(\sqrt{d}-\frac{p_0}{q}\right)\left(\sqrt{d}+\frac{p_0}{q}\right)\right|\geqslant\frac{1}{q^2}$$

整理得

$$\left|\sqrt{d}-\frac{p_0}{q}\right|>\frac{1}{2q^2\sqrt{d}}$$

第1章 引言

与此同时

$$\left|\left(\sqrt{d}-\frac{p_0+1}{q}\right)(\sqrt{d}+\sqrt{d}+1)\right|$$
$$>\left|\left(\sqrt{d}-\frac{p_0+1}{q}\right)\left(\sqrt{d}+\frac{p_0+1}{q}\right)\right|\geqslant\frac{1}{q^2}$$

整理得

$$\left|\sqrt{d}-\frac{p_0+1}{q}\right|>\frac{1}{q^2(2\sqrt{d}+1)}$$

取 $c'_0=\dfrac{1}{2\sqrt{d}+1}$ 即可. 此时对于一般的 $p',q\in \mathbf{Z}$, 有

$$\left|\sqrt{d}-\frac{p'}{q}\right|\geqslant\min\left\{\left|\sqrt{d}-\frac{p_0}{q}\right|,\left|\sqrt{d}-\frac{p_0+1}{q}\right|\right\}>\frac{c'_0}{q^2}$$

证毕.

俗话说:奇人有奇貌,数学试题也是一样,这个试题的结论在国内中学数学中非常少见,但是对于大学教师却一看便知它源于数论的一个分支——Diophantus(丢番图)逼近论中的一个典型定理,即 Hurwitz(胡尔维茨)定理. 这一点俄罗斯做得比较好,他们的中学生有许多课外读物都涉及这一结论,而且还是循序渐进的,比如在引进的俄罗斯数学家波拉索洛夫著的《代数、数论及分析习题集》中就以三个简单的题目做了导引,如下:

例1 设 α 是无理数,证明:存在无穷多对互素的数 x,y, 使得 $\left|\dfrac{x}{y}-\alpha\right|<\dfrac{1}{y^2}$.

解 固定自然数 n. 因为数 $0,\alpha,2\alpha,\cdots,n\alpha$ 的分数部分位于半开区间 $[0,1)$ 中,所以,其中至少有两个位

于同一半开区间 $\left[\dfrac{k}{n}, \dfrac{k+1}{n}\right)$ 中,$0 \leqslant k \leqslant n+1$. 这表示对于满足不等式 $0 \leqslant p_2 < p_1 \leqslant n$ 的某些整数 p_1 与 p_2,有

$$|p_1\alpha - [p_1\alpha] - (p_2\alpha - [p_2\alpha])| < \dfrac{1}{n}$$

设 $y = p_1 - p_2$,$x = [p_2\alpha] - [p_1\alpha]$,则

$$|y\alpha - x| < \dfrac{1}{n}$$

可以认为 x 与 y 是互素的,这是因为在以 $\gcd(x,y)$ 除以它们之后,仍保持所要求的不等式. 同样显然有 $0 < y \leqslant n$,因此

$$\left|\dfrac{x}{y} - \alpha\right| < \dfrac{1}{ny} < \dfrac{1}{y^2}$$

现在选一个自然数 n_1,使得

$$\left|\dfrac{x}{y} - \alpha\right| > \dfrac{1}{n_1}$$

上述构造方法给出一对整数 x_1, y_1,使得

$$\left|\dfrac{x_1}{y_1} - \alpha\right| < \dfrac{1}{n_1 y_1} < \left|\dfrac{x}{y} - \alpha\right|$$

这样可以得到无穷多对不同的数对 (x, y).

例 2 设 α 是正数,证明:对于任何数 $C > 1$,可以选择自然数 x 与整数 y,使得 $x < C$,且 $|x\alpha - y| \leqslant \dfrac{1}{C}$.

解 首先假设 C 是整数. 考虑数 1 与数 $k\alpha - [k\alpha]$,其中 $k = 0, 1, \cdots, C - 1$. 这 $C + 1$ 个数位于区间 $[0, 1]$ 中. 因此,它们中某两个数的距离不大于 $\dfrac{1}{C}$. 如果这两个数是数 $k_1\alpha - [k_1\alpha]$ 与 $k_2\alpha - [k_2\alpha]$,其中 $k_1 <$

k_2,那么,设 $x = k_2 - k_1$, $y = [k_2\alpha] - [k_1\alpha]$,此时 $0 < x < C$ 且

$$|x\alpha - y| = |k_1\alpha - [k_1\alpha] - (k_2\alpha - [k_2\alpha])| \leqslant \frac{1}{C}$$

如果这两个数是 $k\alpha - [k\alpha]$ 与 1,那么设 $x = k$, $y = [k\alpha] + 1$,于是有

$$|x\alpha - y| = |k\alpha - [k\alpha] - 1| \leqslant \frac{1}{C}$$

由此特别地得到 $x \neq 0$.

现在设 C 不是整数,考虑整数 $C' = [C] + 1$. 刚才已经证明可以选择自然数 x 与整数 y,使得 $x < C'$ 与 $|x\alpha - y| \leqslant \frac{1}{C'} < \frac{1}{C}$. 因为 C 不是整数,所以任何不大于 C' 的整数也不大于 C,于是 $x < C$.

例 3 (1) 设 α 是无理数,证明:对于任何数 $a < b$,可以选择这样的整数 m 与 n,使得 $a < m\alpha - n < b$.

(2) 证明:在本问题(1)中的 m 与 n 都可以选为自然数.

解 (1) 设 $\Delta = b - a$. 对于每一个整数 m_1,可以选择这样的整数 n_1,使得 $0 \leqslant m_1\alpha - n_1 \leqslant 1$. 将区间 $[0,1]$ 划分为等长的小区间,使其中每一个小区间的长度都小于 Δ. 设小区间的个数等于 k,此时在数 $m_1\alpha - n_1, \cdots, m_{k+1}\alpha - n_{k+1}$ 中有两个数位于同一个小区间内,从较大的数中减去较小的数

$$m_p\alpha - n_p - (m_q\alpha - n_q) = t$$

显然有 $0 \leqslant t < \Delta$,且 $t \neq 0$,若不然,则 $\alpha = \dfrac{n_p - n_q}{m_p - m_q}$ 为有

理数.

考虑形式为 Nt 的数,其中 N 是整数. 每一个这样的数可写成 $m\alpha - n$ 的形式. 从 $0 < t < \Delta$ 得知,在这些数中至少有一个数严格地位于 a 与 b 之间.

(2)应当证明:数 t 既可以选择为 $M\alpha - N$ 的形式,也可以选择为 $-M\alpha + N$ 的形式,其中 M 与 N 都是自然数. 设 $t = M\alpha - N$. 在 0 与 t 之间有无穷多个形式为 $m\alpha - n$ 的数,其中 m 与 n 都是整数. 设在所有这些数中 $m > 0$,那么,其中一个 $m > M$,这时 $t = M\alpha - N - (m\alpha - n)$ 为所求的数. 对于 $t = -M\alpha + N$ 的推理是类似的.

《代数、数论及分析习题集》这本书一共有 40 章,其中包括代数、数论及分析相关内容的习题和一些补充的内容. 俄罗斯有优秀的数学传统,过去、现在甚至将来都是我们学习的榜样,因为我们充其量只是数学大国还非强国.

用有理数来估计或逼近无理数的想法由来已久,在中学阶段就早有反映. 数学竞赛作为中学数学的先锋从很早就开始有此类试题出现.

例 4 (1963 年成都市竞赛题)设 a 与 b 都是正数,试证:$\sqrt{2}$ 必在两个数 $\dfrac{a}{b}$ 与 $\dfrac{a+2b}{a+b}$ 之间.

证明 (1)假若 $\sqrt{2} < \dfrac{a}{b}$,即 $2b^2 < a^2$. (A)

要证:$\dfrac{a+2b}{a+b} < \sqrt{2}$.

第 1 章　引言

事实上,假设 $\dfrac{a+2b}{a+b}<\sqrt{2}$ 成立,则因 a,b 都是正数可得

$$a+2b<\sqrt{2}(a+b)$$

于是

$$(a+2b)^2<2(a+b)^2$$

即

$$2b^2<a^2$$

由(A)即知 $\dfrac{a+2b}{a+b}<\sqrt{2}<\dfrac{a}{b}$ 成立.

(2)假若 $\sqrt{2}>\dfrac{a}{b}$,即 $2b^2>a^2$.　　　　　　(B)

要证: $\dfrac{a+2b}{a+b}>\sqrt{2}$.

事实上,假设 $\dfrac{a+2b}{a+b}>\sqrt{2}$ 成立,则由 a,b 都是正数可得

$$a+2b>\sqrt{2}(a+b)$$

于是

$$(a+2b)^2>2(a+b)^2$$

即

$$2b^2>a^2$$

由(B)便知 $\dfrac{a+2b}{a+b}>\sqrt{2}$,所以 $\dfrac{a}{b}<\sqrt{2}<\dfrac{a+2b}{a+b}$.

综上所述,便证明了本题.

例 5　(第 54 届 IMO 中国国家队选拔考试题)对于正整数 n,定义

7

Hurwitz 定理

$$f(n) = \min_{m \in \mathbf{Z}} \left| \sqrt{2} - \frac{m}{n} \right|$$ （**Z** 为整数集）

设 $\{n_i\}$ 是一个严格递增的正整数数列，C 是常数，满足

$$f(n_i) < \frac{C}{n_i^2} \quad (i = 1, 2, \cdots)$$

证明：存在一个实数 $q > 1$，使得

$$n_i \geqslant q^{i-1}$$

对 $i = 1, 2, \cdots$ 成立.

证明 首先证明下述引理.

引理 $f(n) > \dfrac{1}{4n^2}$ 对任意正整数 n 成立.

引理的证明 用反证法. 假设存在整数 m，使得

$$\left| \sqrt{2} - \frac{m}{n} \right| \leqslant \frac{1}{4n^2}$$

则

$$\begin{aligned}
\left| 2 - \frac{m^2}{n^2} \right| &= \left| \sqrt{2} - \frac{m}{n} \right| \cdot \left| \sqrt{2} + \frac{m}{n} \right| \\
&\leqslant \frac{1}{4n^2} \cdot \left(\left| \frac{m}{n} - \sqrt{2} \right| + 2\sqrt{2} \right) \\
&\leqslant \frac{1}{4n^2} \cdot \left(\frac{1}{4n^2} + 2\sqrt{2} \right) \\
&\leqslant \frac{1}{4n^2} \cdot \left(\frac{1}{4} + 2\sqrt{2} \right) \\
&< \frac{1}{n^2}
\end{aligned}$$

得

$$|2n^2 - m^2| < 1$$

又因为 $m, n \in \mathbf{Z}$，所以必有

$$|2n^2 - m^2| = 0$$

即

$$\sqrt{2} = \frac{m}{n}$$

这与 $\sqrt{2}$ 是无理数矛盾. 引理得证.

下面证明原题结论.

由已知得, 对任意正整数 i, 存在 $m_i, m_{i+1} \in \mathbf{Z}$, 使得

$$f(n_i) = \left|\sqrt{2} - \frac{m_i}{n_i}\right| < \frac{C}{n_i^2}$$

$$f(n_{i+1}) = \left|\sqrt{2} - \frac{m_{i+1}}{n_{i+1}}\right| < \frac{C}{n_{i+1}^2}$$

由此可知

$$|\sqrt{2}(n_{i+1} - n_i) - (m_{i+1} - m_i)|$$
$$\leqslant |\sqrt{2}n_{i+1} - m_{i+1}| + |\sqrt{2}n_i - m_i|$$
$$< \frac{C}{n_{i+1}} + \frac{C}{n_i} < \frac{2C}{n_i} \quad (因 n_i < n_{i+1})$$

故

$$\left|\sqrt{2} - \frac{m_{i+1} - m_i}{n_{i+1} - n_i}\right| < \frac{2C}{n_i(n_{i+1} - n_i)}$$

因此, 由 f 的定义知

$$f(n_{i+1} - n_i) < \frac{2C}{n_i(n_{i+1} - n_i)}$$

结合引理可得

$$\frac{1}{4(n_{i+1} - n_i)^2} < f(n_{i+1} - n_i)$$
$$< \frac{2C}{n_i(n_{i+1} - n_i)}$$

Hurwitz 定理

故
$$\frac{1}{4(n_{i+1}-n_i)} < \frac{2C}{n_i}$$

即
$$\frac{n_{i+1}}{n_i} > 1 + \frac{1}{8C}$$

因此,取
$$q = 1 + \frac{1}{8C} > 1$$

则
$$n_i \geqslant q^{i-1} n_1 \geqslant q^{i-1}$$

对 $i=1,2,\cdots$ 成立.

例6 ("学数学"高中数学竞赛训练题21)(1)如果一个正实数数列 $a_1,a_2,a_3,\cdots$,对于任意正整数 $i<j$,都有 $|a_i-a_j|>\dfrac{i}{j}$,那么我们称该数列为一个保守数列. 问是否存在一个有界的保守数列?

(2)如果一个实数数列 $a_1,a_2,a_3,\cdots$,对于任意正整数 $i<j$,都有 $|a_i-a_j|>\dfrac{i}{j}$,那么我们称该数列为一个局域数列. 问是否存在一个有界的局域数列?

解 (1)存在. 我们先证明一个引理.

引理 对于任意整数 p,q,且 $p\neq 0$,都有
$$|\sqrt{2}p - q| \geqslant \frac{2-\sqrt{2}}{2|p|}$$

引理的证明 若 $\dfrac{q}{p} \leqslant 1$,则

第 1 章　引言

$$|\sqrt{2}p-q| \geq \frac{1}{|p|} \cdot \left|\sqrt{2}-\frac{q}{p}\right|$$

$$\geq \frac{1}{|p|} \cdot |\sqrt{2}-1|$$

$$> \frac{2-\sqrt{2}}{2|p|}$$

若 $\frac{q}{p} \geq 2$，则

$$|\sqrt{2}p-q| \geq \frac{1}{|p|} \cdot \left|\sqrt{2}-\frac{q}{p}\right|$$

$$\geq \frac{1}{|p|} \cdot |\sqrt{2}-2|$$

$$> \frac{2-\sqrt{2}}{2|p|}$$

若 $1 < \frac{q}{p} < 2$，注意到 $\sqrt{2}p-q$ 为无理数，所以

$$|\sqrt{2}p-q| > 0$$

所以

$$|2p^2-q^2| \geq 1$$

于是知

$$|\sqrt{2}p-q| = \frac{|2p^2-q^2|}{|\sqrt{2}p+q|}$$

$$\geq \frac{1}{|\sqrt{2}p+q|}$$

$$= \frac{1}{|p|} \cdot \left|\frac{1}{\sqrt{2}+\frac{q}{p}}\right|$$

$$> \frac{1}{|p|} \cdot \left|\frac{1}{\sqrt{2}+2}\right|$$

Hurwitz 定理

$$= \frac{2-\sqrt{2}}{2|p|}$$

综合三个方面,引理得证.

取数列 $\{a_n\}$ 为

$$a_n = (2+\sqrt{2})(\sqrt{2}n - [\sqrt{2}n])$$

我们证明这个数列满足条件.

因为 $\sqrt{2}n$ 为无理数,所以

$$a_n = (2+\sqrt{2})(\sqrt{2}n - [\sqrt{2}n]) > 0$$

又

$$\sqrt{2}n - [\sqrt{2}n] < 1$$

所以

$$a_n = (2+\sqrt{2})(\sqrt{2}n - [\sqrt{2}n])$$
$$< 2+\sqrt{2}$$

于是知数列 $\{a_n\}$ 为有界正数列. 又根据引理知, 对任意正整数 $i < j$, 都有

$$|a_i - a_j|$$
$$= (2+\sqrt{2})|\sqrt{2}(i-j) - ([\sqrt{2}i] - [\sqrt{2}j])|$$
$$\geq (2+\sqrt{2}) \cdot \frac{2-\sqrt{2}}{2|i-j|}$$
$$= \frac{1}{j-i} > \frac{1}{j}$$

所以数列 $\{a_n\}$ 满足条件.

(2) 不存在,理由如下.

如果存在一个有界的局域数列 $\{a_n\}$,设 q 为其一个界,则 $|a_n| \leq q$.

我们定义区间

$$D_i = \begin{cases} [a_1-1, a_1+1], & \text{当 } i=1 \text{ 时} \\ \left[a_i-\dfrac{1}{i}, a_i\right], & \text{当 } a_i < a_1 \text{ 时} \\ \left[a_i, a_i+\dfrac{1}{i}\right], & \text{当 } a_i > a_1 \text{ 时} \end{cases}$$

定义区间 $D = [-p-1, p+1]$. 对于区间 A, 定义 $|A|$ 为区间 A 的长度.

因为

$$|a_i - a_j| > \max\left\{\frac{1}{i}, \frac{1}{j}\right\}$$

所以当 $i \neq j$ 时, $D_i \cap D_j = \varnothing$. 又显然 $D_i \subseteq D$, 所以 $\bigcup\limits_{i=1}^{\infty} D_i \subseteq D$. 因此

$$\sum_{i=1}^{\infty} |D_i| \leqslant |D|$$

即

$$2 + \frac{1}{2} + \frac{1}{3} + \frac{1}{4} + \cdots \leqslant 2(p+1)$$

而调和级数是发散的, 矛盾. 所以不存在有界的局域数列.

现代数学向中学数学的渗透可以说是无孔不入, 就连 Hurwitz 定理的结论形式也出现在高考中, 只不过不等式的方向是反的.

例 7 (2017 年高考天津卷·理 20) 设 $a \in \mathbf{Z}$, 已知定义在 $\mathbf{R}$ 上的函数 $f(x) = 2x^4 + 3x^3 - 3x^2 - 6x + a$ 在区间 $(1, 2)$ 内有一个零点 x_0, $g(x)$ 为 $f(x)$ 的导函数.

Hurwitz 定理

(1) 求 $g(x)$ 的单调区间；

(2) 设 $m \in [1, x_0) \cup (x_0, 2]$，函数 $h(x) = g(x) \cdot (m - x_0) - f(m)$，求证：$h(m)h(x_0) < 0$；

(3) 求证：存在大于 0 的常数 A，使得对于任意的正整数 p, q，且 $\dfrac{p}{q} \in [1, x_0) \cup (x_0, 2]$，满足 $\left| \dfrac{p}{q} - x_0 \right| \geq \dfrac{1}{Aq^4}$.

解 (1) 这是常规的求单调区间问题，可得 $g(x)$ 的单调递增区间是 $(-\infty, -1)$, $\left(\dfrac{1}{4}, +\infty\right)$，单调递减区间是 $\left(-1, \dfrac{1}{4}\right)$.

(2) 我们需要说明 $h(m) = g(m)(m - x_0) - f(m)$ 与 $h(x_0) = g(x_0)(m - x_0) - f(m)$ 异号.

注意到已知 $m \in [1, x_0) \cup (x_0, 2]$，那么将 m 看作元是合理的.

令函数
$$H_1(x) = g(x)(x - x_0) - f(x)$$
则
$$H_1'(x) = g'(x)(x - x_0)$$

由 (1) 知，当 $x \in [1, 2]$ 时，$g'(x) > 0$. 故当 $x \in [1, x_0)$ 时，$H_1'(x) < 0$，$H_1(x)$ 单调递减；当 $x \in (x_0, 2]$ 时，$H_1'(x) > 0$，$H_1(x)$ 单调递增.

所以，当 $x \in [1, x_0) \cup (x_0, 2]$ 时，$H_1(x) > H_1(x_0) = 0$.

因此，$H_1(m) > 0$，即 $h(m) > 0$.

再令函数
$$H_2(x) = g(x_0)(x-x_0) - f(x)$$
则
$$H'_2(x) = g(x_0) - g(x)$$

由(1)知,当 $x \in [1,2]$ 时,$g'(x) > 0$,故当 $x \in [1, x_0)$ 时,$H'_2(x) > 0$,$H_2(x)$ 单调递增;当 $x \in (x_0, 2]$ 时,$H'_2(x) < 0$,$H_2(x)$ 单调递减.

所以,当 $x \in [1, x_0) \cup (x_0, 2]$ 时,$H_2(x) < H_2(x_0) = 0$.

因此,$H_2(m) < 0$,即 $h(x_0) < 0$.

所以 $h(m) h(x_0) < 0$.

(3)对于任意的正整数 p, q,且 $\dfrac{p}{q} \in [1, x_0) \cup (x_0, 2]$,令 $m = \dfrac{p}{q}$,函数
$$h(x) = g(x)(m-x_0) - f(m)$$

由(2)知,当 $m \in [1, x_0)$ 时,$h(x)$ 在区间 (m, x_0) 内有零点;当 $m \in (x_0, 2]$ 时,$h(x)$ 在区间 (x_0, m) 内有零点.

因此 $h(x)$ 在 $(1, 2)$ 内至少有一个零点,不妨设为 x_1,则
$$h(x_1) = g(x_1)\left(\dfrac{p}{q} - x_0\right) - f\left(\dfrac{p}{q}\right) = 0$$

由(1)知,$g(x)$ 在 $[1,2]$ 上单调递增,故 $0 < g(1) < g(x_1) < g(2)$. 于是
$$\left|\dfrac{p}{q} - x_0\right| = \left|\dfrac{f\left(\dfrac{p}{q}\right)}{g(x_1)}\right| \geq \dfrac{\left|f\left(\dfrac{p}{q}\right)\right|}{g(2)}$$

Hurwitz 定理

$$= \frac{|2p^4 + 3p^3q - 3p^2q^2 - 6pq^3 + aq^4|}{g(2)q^4}$$

因为当 $x \in [1,2]$ 时,$g(x) > 0$,故 $f(x)$ 在 $[1,2]$ 上单调递增. 所以 $f(x)$ 在区间 $[1,2]$ 上除 x_0 外没有其他的零点,而 $\frac{p}{q} \neq x_0$,故 $f\left(\frac{p}{q}\right) \neq 0$.

因为 p,q,a 均为整数,所以 $|2p^4 + 3p^3q - 3p^2q^2 - 6pq^3 + aq^4|$ 是正整数. 从而
$$|2p^4 + 3p^3q - 3p^2q^2 - 6pq^3 + aq^4| \geqslant 1$$
所以
$$\left|\frac{p}{q} - x_0\right| \geqslant \frac{1}{g(2)q^4}$$

因此,只要取 $A = g(2) = 82$,就有 $\left|\frac{p}{q} - x_0\right| \geqslant \frac{1}{Aq^4}$.

此题考查利用导数研究函数的单调性极值,零点存在定理等知识,考查元的思想,不等式的放缩方法,重点考查了数学抽象、逻辑推理、数学运算等数学素养.

1.2 再谈一道 2016 年全国高中联赛试题

例 1 设 m,n 均是大于 1 的整数,$m \geqslant n$,$a_1, a_2, \cdots, a_n$ 是 n 个不超过 m 的互不相同的正整数,且 $a_1, a_2, \cdots, a_n$ 互素. 证明:对任意实数 x,均存在一个 $i(1 \leqslant i \leqslant n)$,使得 $\|a_i x\| \geqslant \frac{2}{m(m+1)} \|x\|$,这里

$\|x\|$ 表示实数 x 到与它最近的整数的距离.

证明 首先证明以下两个结论.

结论 1：存在整数 $c_1, c_2, \cdots, c_n$，满足 $c_1 a_1 + c_2 a_2 + \cdots + c_n a_n = 1$，并且 $|c_i| \leqslant m, 1 \leqslant i \leqslant n$.

由于 $(a_1, a_2, \cdots, a_n) = 1$，由 Bézout（裴蜀）定理，存在整数 $c_1, c_2, \cdots, c_n$，满足

$$c_1 a_1 + c_2 a_2 + \cdots + c_n a_n = 1 \tag{1}$$

下面证明，通过调整，存在一组 $c_1, c_2, \cdots, c_n$ 满足式(1)，且绝对值均不超过 m. 记

$$S_1(c_1, c_2, \cdots, c_n) = \sum_{c_i > m} c_i \geqslant 0$$

$$S_2(c_1, c_2, \cdots, c_n) = \sum_{c_j < -m} |c_j| \geqslant 0$$

如果 $S_1 > 0$，那么存在 $c_i > m > 1$，于是 $c_i a_i > 1$，又因为 $a_1, a_2, \cdots, a_n$ 均为正数，所以，由式(1)可知存在 $c_j < 0$. 令

$$c'_i = c_i - a_j, c'_j = c_j + a_i, c'_k = c_k \quad (1 \leqslant k \leqslant n, k \neq i, j)$$

则

$$c'_1 a_1 + c'_2 a_2 + \cdots + c'_n a_n = 1 \tag{2}$$

并且 $0 \leqslant m - a_j \leqslant c'_i < c_i, c_j < c'_j < a_i \leqslant m$.

因为 $c'_i < c_i$，且 $c'_j < m$，所以

$$S_1(c'_1, c'_2, \cdots, c'_n) < S_1(c_1, c_2, \cdots, c_n)$$

又 $c'_j > c_j$ 及 $c'_i > 0$，故

$$S_2(c'_1, c'_2, \cdots, c'_n) \leqslant S_2(c_1, c_2, \cdots, c_n)$$

如果 $S_2 > 0$，那么存在 $c_j < -m$，因此有一个 $c_i > 0$. 令

Hurwitz 定理

$$c'_i = c_i - a_j, c'_j = c_j + a_i, c'_k = c_k \quad (1 \leq k \leq n, k \neq i, j)$$

那么式(2)成立,并且

$$-m < c'_i < c_i, c_j < c'_j < 0$$

与上面类似地可知

$$S_1(c'_1, c'_2, \cdots, c'_n) \leq S_1(c_1, c_2, \cdots, c_n)$$

且

$$S_2(c'_1, c'_2, \cdots, c'_n) < S_2(c_1, c_2, \cdots, c_n)$$

因为 S_1 与 S_2 均是非负整数,所以通过有限次上述的调整,可得到一组 $c_1, c_2, \cdots, c_n$,使得式(1)成立,并且 $S_1 = S_2 = 0$. 结论1获证.

结论 2:(1) 对任意实数 a, b,均有 $\|a+b\| \leq \|a\| + \|b\|$;

(2) 对任意整数 u 和实数 y,有 $\|uy\| \leq |u| \cdot \|y\|$.

由于对任意整数 u 和实数 x,有

$$\|x + u\| = \|x\|$$

故不妨设 $a, b \in \left[-\dfrac{1}{2}, \dfrac{1}{2}\right]$,此时

$$\|a\| = |a|, \|b\| = |b|$$

若 $ab \leq 0$,不妨设 $a \leq 0 \leq b$,则 $a + b \in \left[-\dfrac{1}{2}, \dfrac{1}{2}\right]$,从而

$$\|a+b\| = |a+b| \leq |a| + |b| = \|a\| + \|b\|$$

若 $ab > 0$,即 a, b 同号. 当 $|a| + |b| \leq \dfrac{1}{2}$ 时,有 $a + b \in \left[-\dfrac{1}{2}, \dfrac{1}{2}\right]$,此时

$$\|a+b\| = |a+b| = |a|+|b| = \|a\| + \|b\|$$

当 $|a|+|b| > \dfrac{1}{2}$ 时,注意总有 $\|a+b\| \leqslant \dfrac{1}{2}$,故

$$\|a+b\| \leqslant \dfrac{1}{2} < |a|+|b| = \|a\| + \|b\|$$

故(1)得证. 由(1)及 $\|-y\| = \|y\|$ 即知(2)成立.

回到原问题,由结论 1,存在整数 $c_1,c_2,\cdots,c_n$,使得 $c_1 a_1 + c_2 a_2 + \cdots + c_n a_n = 1$,并且 $|c_i| \leqslant m, 1 \leqslant i \leqslant n$. 于是

$$\sum_{i=1}^{n} c_i a_i x = x$$

利用结论 2 得

$$\|x\| = \left\| \sum_{i=1}^{n} c_i a_i x \right\|$$

$$\leqslant \sum_{i=1}^{n} |c_i| \cdot \|a_i x\|$$

$$\leqslant m \sum_{i=1}^{n} \|a_i x\|$$

因此

$$\max_{1 \leqslant i \leqslant n} \|a_i x\| \geqslant \dfrac{1}{mn} \|x\| \qquad (3)$$

若 $n \leqslant \dfrac{1}{2}(m+1)$,由式(3)可知

$$\max_{1 \leqslant i \leqslant n} \|a_i x\| \geqslant \dfrac{\|x\|}{mn} \geqslant \dfrac{2\|x\|}{m(m+1)}$$

若 $n > \dfrac{1}{2}(m+1)$,则在 $a_1,a_2,\cdots,a_n$ 中存在两个相邻正整数. 不妨设 a_1,a_2 相邻,则

Hurwitz 定理

$$\|x\| = \|a_2 x - a_1 x\| \leq \|a_2 x\| + \|a_1 x\|$$

故 $\|a_2 x\|$ 与 $\|a_1 x\|$ 中有一个大于或等于 $\dfrac{\|x\|}{2} \geq \dfrac{2\|x\|}{m(m+1)}$.

综上所述,总存在一个 i($1 \leq i \leq n$),满足 $\|a_i x\| \geq \dfrac{2}{m(m+1)} \|x\|$.

Diophantus 逼近是数论的一个历史悠久的重要分支,最近数十年来,这一分支取得了不少令人瞩目的进展. 例如,W. M. Schmidt 推广了 Roth 定理,证明了关于实代数数联合有理逼近定理,我国数学家华罗庚、王元教授以及国外学者 H. M. Коробов 等人将 Diophantus 逼近的成果成功地应用到高维数值积分的近似计算中,显示了数论方法的威力. 在 Diophantus 逼近论中有一个重要的记号 $\|\theta\|$.

对任意实数 θ,记

$$\|\theta\| = \min_{z \in \mathbf{Z}} |\theta - z|$$

称为 θ 的差,即 θ 到距它最近的整数的距离,数学家们常用 $\|q\theta\|$ 来代替 $|\theta - \dfrac{p}{q}|$ 进行研究.

对于无理数 θ,令

$$v(\theta) = \lim_{q \to \infty} q \|q\theta\|$$

则称 $v(\theta)$ 为 θ 的逼近常数.

显然,由此可知,无理数 θ 的逼近常数是 $v(\theta)$ 当且仅当不等式

$$q \|q\theta\| < v'$$

第 1 章 引言

当 $v' > v(\theta)$ 时有无穷多个解 $q > 0$; 当 $v' < v(\theta)$ 时只有有限多个解 $q > 0$.

试题表明 $0 \leqslant v(\theta) \leqslant 1$, Hurwitz 定理表明

$$v(\theta) \leqslant \frac{1}{\sqrt{5}}$$

并且

$$v\left(\frac{\sqrt{5}-1}{2}\right) = \frac{1}{\sqrt{5}}$$

很自然地,我们会问,是否存在无理数,其逼近常数小于 $\frac{1}{\sqrt{5}}$? Hurwitz 解决了这个问题,回答是肯定的.

本书的主人公 Hurwitz, Adolf(胡尔维茨,1859—1919),德国人.1859 年 3 月 26 日生于基尼杰斯格姆.1892 年起任苏黎世工学院教授.1919 年 11 月 18 日逝世.Hurwitz 主要研究数学分析、函数论、代数和数论.复变函数论中有 Hurwitz 定理.他提出的关于代数方程负实根的准则,即 Hurwitz 准则,被广泛运用.在代数数论方面,他于 1897 年在苏黎世第一次国际数学家大会上指出了超限数理论在分析中的应用.1898 年他证明了实数、复数、实四元数和克利福德拟四元数是仅有的满足乘法定律的线性结合代数.

他曾探讨过模函数理论以及重要的数论课题——判别式为负的二元二次型的类数的关系.他运用分裂二次曲面为三角形的方法,得到了类数的非算术无穷和,并把这种研究推广到三元型,他与 Klein(克莱因)合作,研究代数 Riemann(黎曼)面理论,证明了

Hurwitz 定理

亏格大于 1 的代数 Riemann 面理论,并证明了亏格大于 1 的代数 Riemann 面的自同构群是有限的,他还研究过复变函数、超越函数、Bessel 函数、差分方程理论.

其著作有《四元数数论讲义》(1919) 和《广义函数和椭圆函数论讲义》(1922) 等. Hurwitz 是 Hilbert(希尔伯特) 和 Minkowski(闵可夫斯基) 的老师,后来又与他们结为终生挚友.

1.3 高手在民间

1.3.1 第 33 届数学奥林匹克压轴题独家解析

培尖教育章喆老师给学员特做如下专题:

例 1 (第 33 届中国数学奥林匹克第 3 题) 已知正整数 q 不是完全立方数. 证明:存在 $c \in \mathbf{R}_+$,使得

$$\{nq^{\frac{1}{3}}\} + \{nq^{\frac{2}{3}}\} \geqslant \frac{c}{\sqrt{n}}$$

对所有正整数 n 成立,其中 $\{\lambda\}$ 表示 λ 的小数部分.

在第 33 届 CMO 中,此题作为第一天的压轴题,着实令不少考生为之伤神. 时隔近月,网上陆续出现了不少份答案,其中的一些作答也不免让人称奇. 感慨之余,笔者也不免想对这道题背后的原委一探究竟. 直观上,这个命题说的是,对于任意的整数 n, $nq^{\frac{1}{3}}$ 和 $nq^{\frac{2}{3}}$ 总是不能同时"恰如其分"地靠近一个整数. 然而无论是 q 的指数,还是不等式右边的 $\sqrt{n}$,都足以令人困惑——适当地改动这些条件,这道题还能成立吗?

第1章 引言

面对一个数学问题,对于其背后模式的直觉有时比精确的证明更为重要. 尽管一个顶尖的选手或许应当具备用自身的力量去开垦知识荒原的能力,但即便如此,如果能适当地储备一些直觉,在当用之时能够快速而准确地按图索骥,却不失为一种更为有效的方法.

事实上关于对如何用"恰当"的有理数去接近一个或一组实数这一问题,在很久以前就已经得到了人们的注意,而这如今已经发展成了 Diophantus 逼近这一硕果累累的数学分支. 举例而言,如果探究其源头的话,这道 CMO 试题的原型便可以追溯至 Mahler(马勒),Khinchin(辛钦)等人在 20 世纪初发展的线性系统的转换理论. 限于篇幅,本节旨在对 Diophantus 逼近中的基本工具和一些在竞赛中的应用做一个领略,并无意于对其做系统的讲解. 在启程之前,我们先约定一些记号:

(1) $|\alpha|$ 定义为实数 α 的绝对值;

(2) $[\alpha]$ 代表 α 的整数部分,即小于或等于 α 的最大整数,$\{\alpha\} = \alpha - [\alpha]$ 代表 α 的小数部分;

(3) $\|\alpha\|$ 定义为 α 距其最近的整数的距离,即 $\|\alpha\| = \min\{\{\alpha\}, 1 - \{\alpha\}\}$;

(4) 如果 $\{\alpha_i\}_{i \in \mathbb{N}}$ 是一个实数列,则我们定义
$$\liminf_{i \to \infty} \alpha_i = \max\{\mu \in \mathbb{R} \mid \text{对于任意实数 } \varepsilon > 0,\text{只有有限多个 } i \text{ 满足 } \alpha_i < \mu - \varepsilon\}$$

1.3.2 连分数理论

对 Pell(佩尔)方程有所耳闻的同学一定对它不陌

生. 这里我们简单介绍它的一些性质. 我们略去了其中大部分的证明,有兴趣的读者可以自行补全或参阅.

定义 1 对于任意非零实数 $(a_0, a_1, \cdots, a_n)$,我们定义(简单)连分数

$$[a_0; a_1, a_2, \cdots, a_n] = a_0 + \cfrac{1}{a_1 + \cfrac{1}{a_2 + \cfrac{1}{\ddots + \cfrac{1}{a_n}}}}$$

对于一个无限数列 $(a_0, a_1, a_2, \cdots)$,定义

$$[a_0; a_1, a_2, a_3, \cdots] = \lim_{n \to \infty} [a_0; a_1, a_2, \cdots, a_n]$$

前者被称为有限连分数,后者被称为无限连分数. 表示中出现的 a_i 称为连分数的第 i 个系数.

可以证明当连分数中的系数 a_i 满足 $a_0 \in \mathbf{Z}, a_i \in \mathbf{N}_+, \forall i > 0$ 时,极限 $[a_0; a_1, a_2, a_3, \cdots]$ 总是存在的. 鉴于此,从现在起我们总是要求其中的系数满足这个条件. 显然每个有理数都恰有两种连分数表示,分别写成 $[a_0; a_1, \cdots, a_n, 1]$ 和 $[a_0; a_1, \cdots, a_n + 1]$. 反之,任何有限连分数 $[a_0; a_1, \cdots, a_n]$ 都是有理数. 与之相对地,每个无理数有且只有一种(无限)连分数表示.

例 2 连分数的例子.

(1) $\dfrac{80}{37} = 2 + \dfrac{6}{37} = 2 + \cfrac{1}{6 + \cfrac{1}{6}} = [2; 6, 6]$;

(2) 黄金分割比 $\phi = \dfrac{1+\sqrt{5}}{2} = 1 + \dfrac{1}{\phi} = 1 + \cfrac{1}{1 + \cfrac{1}{\phi}} = \cdots = [1; 1, 1, 1, \cdots]$;

第1章 引言

(3)自然底数 $e = [2;1,2,1,1,4,1,1,6,1,1,8,\cdots]$.

关于连分数理论的系统研究肇始于17世纪.在起初,人们只是用连分数作为十进制表示的一种更为自然的替代品,但很快人们就发现了连分数与逼近理论的联系.例如任取一个无理数 α,有时我们会关心如何找到较为"简单"的有理数使其尽可能地靠近 α.

定义2 对于任意实数 α,定义
$$\|\alpha\| = \min_{n \in \mathbf{Z}}|\alpha - n|$$

有理数 $\dfrac{p}{q}$ 称为 α 的一个最佳逼近,如果对于任意 $0 < q' < q$,我们有 $\|q\alpha\| < \|q'\alpha\|$.

命题1 对于实数 $\alpha = [a_0;a_1,a_2,\cdots]$,其最佳逼近恰好为
$$[a_0],[a_0;a_1],[a_0;a_1,a_2],[a_0;a_1,a_2,a_3],\cdots$$

我们把这些最佳逼近 $\dfrac{h_n}{k_n} = [a_0;a_1,\cdots,a_n] (n \in \mathbf{N})$ 称为实数 $\alpha = [a_0;a_1,a_2,\cdots]$ 的渐近分数.

命题2 考虑实数 $\alpha = [a_0;a_1,a_2,\cdots]$ 及其渐近分数 $\dfrac{h_n}{k_n}$,有:

(1)渐近分数 $\dfrac{h_n}{k_n}$ 满足递归公式: $h_{-1} = 1, h_{-2} = 0$, $k_{-1} = 0, k_{-2} = 1, h_n = a_{n-1}h_{n-1} + h_{n-2}, k_n = a_{n-1}k_{n-1} + k_{n-2}, n \geq 1$.

(2)对于任意 $n \geq 1$, $\dfrac{h_n}{h_{n-1}} = [a_n;a_{n-1},\cdots,a_0]$,

Hurwitz 定理

$$\frac{k_n}{k_{n-1}} = [a_n; a_{n-1}, \cdots, a_1].$$

(3) 对于任意的 $n \in \mathbf{N}$, 我们有 $k_n h_{n-1} - k_{n-1} h_n = (-1)^n$, $\forall n \geq -1$. 特别地, 渐近分数 $\frac{h_n}{k_n}$ 的偶数项递增, 奇数项递减.

(4) 对于任意实数 $\alpha = [a_0; a_1, a_2, \cdots]$ 及其渐近分数 $\frac{h_n}{k_n}$, 我们有

$$\frac{1}{k_n(k_{n+1}+k_n)} < \left|\alpha - \frac{h_n}{k_n}\right| < \frac{1}{k_n k_{n+1}} \quad (\forall n \geq 0)$$

(5) 对于三个相邻的渐近分数 $\frac{h_n}{k_n}, \frac{h_{n+1}}{k_{n+1}}, \frac{h_{n+2}}{k_{n+2}}$ 中至少有一个 $\frac{h_i}{k_i}$ 满足

$$\left|\alpha - \frac{h_i}{k_i}\right| < \frac{1}{\sqrt{5} k_i^2}$$

注意到性质 (4) 表明了对于任意无理数 α, 都存在无穷多个有理数 $\frac{p}{q}$, 使得

$$0 < \left|\alpha - \frac{p}{q}\right| < \frac{1}{q^2}$$

而性质 (5) 更是表明了不等式右端可以放缩到 $\frac{1}{\sqrt{5} q^2}$.

事实上这已经是最高的结果了. 假设 c 是一个大于 $\sqrt{5}$ 的常数. 考虑黄金分割比 ϕ, 它满足二次方程 $x^2 - x - 1 = 0$, 其另一个根 $\phi' = \phi - \sqrt{5}$. 如果有理数 $\frac{p}{q}$ ($q > 0$)

满足条件
$$\left|\phi - \frac{p}{q}\right| < \frac{1}{cq^2}$$

那么我们有

$$\frac{1}{q^2} \leqslant \left|\left(\frac{p}{q}\right)^2 - \frac{p}{q} - 1\right|$$

$$= \left|\phi - \frac{p}{q}\right| \cdot \left|\phi' - \frac{p}{q}\right|$$

$$\leqslant \left|\phi - \frac{p}{q}\right| \cdot |\phi' - \phi| + \left|\phi - \frac{p}{q}\right|$$

$$\leqslant \frac{\sqrt{5}}{cq^2} + \frac{1}{c^2 q^4}$$

即

$$q^2 \leqslant \frac{1}{c^2 - \sqrt{5}\, c}$$

从而 q 有界,故这样的有理数只有有限多个.

在上面的这个例子中,$\sqrt{5}$ 成了一个分水岭,$c \leqslant \sqrt{5}$ 或 $c > \sqrt{5}$ 决定了不等式

$$\left|\phi - \frac{p}{q}\right| < \frac{1}{cq^2}$$

的有理数 $\frac{p}{q}$ 的解的个数是有限还是无穷. 鉴于此,我们做以下定义:

定义 3 对于任意无理数 α,我们定义 α 的逼近常数

$$v(\alpha) = \liminf_{q \to \infty} q \, \|q\alpha\|$$

根据之前的讨论,任意实数 α 的逼近常数 $v(\alpha)$ 都落在

Hurwitz 定理

区间 $[0, \frac{1}{\sqrt{5}}]$ 中. 如果 $v(\alpha) > 0$,那么我们称 α 不可很好逼近.

命题 3 无理数 α 不可很好逼近当且仅当其连分数表示 $[a_0; a_1, a_2, \cdots]$ 中的系数 a_i 有界.

不可很好逼近数的存在性有时会产生一些有趣的运用.

例 3 (1991 年 IMO 第 6 题) 实数列 $x_0, x_1, x_2, \cdots$ 称为是有界的,如果存在常数 C 使得对任意 $i \geqslant 0$, $|x_i| \leqslant C$. 对于任意实数 $a > 1$,构造一个序列 $x_0, x_1, x_2, \cdots$,使得对于任意互异的 i, j,数列满足
$$|x_i - x_j| \, |i - j|^a \geqslant 1$$

注 此题当年的平均得分仅为 1.808 分(满分为 7 分). 然而如果你知道不可很好逼近数这个概念的话,此题的解答便只落于寥寥数语之中.

解 令 $\alpha > 0$ 是一个不可很好逼近的无理数(例如 ϕ). 选取常数 $c > 0$,使得对任意有理数 $\frac{p}{q}$ ($q > 0$),都有
$$\left| \alpha - \frac{p}{q} \right| > \frac{c}{q^2}$$

对于任意 i,定义 $\{i\alpha\}$ 为 $i\alpha$ 的小数部分,$[i\alpha]$ 为其整数部分,并令 $x_i = c^{-1}\{i\alpha\}$,则
$$|x_i - x_j| \, |i - j| = c^{-1} \left| \alpha - \frac{[i\alpha] - [j\alpha]}{i - j} \right| (i - j)^2 > 1$$

由于 $x_i < c^{-1}$ 且 $|i - j|^a > |i - j|, \forall a > 1, i \neq j$,数列 x_i 即为所求.

第1章 引言

根据命题3,不可很好逼近数远不只 ϕ. 例如当一个无限连分数从某一位开始产生了循环,则它一定不可很好逼近. 我们把这一类连分数称为循环连分数. 例如 ϕ 即是一个循环长度为1的循环连分数.

命题4 如果一个实数是某个整系数的不可约多项式 ax^2+bx+c 的根,那么我们称它为二次无理数.

(1)二次无理数的连分数表示在某一位后开始循环,从而根据命题3,二次无理数一定不可很好逼近. 反之,任意循环连分数一定是一个二次无理数.

(2)(Legendre(勒让德)定理)令 D 是一个非完全平方数,则 $\sqrt{D}$ 的连分数表示 $[a_0;a_1,a_2,\cdots]=[a_0;\overline{a_1,\cdots,a_n}]$,其中 $a_n=2a_0$,$(a_1,\cdots,a_{n-1})$ 是一个回文序列,且 $a_i\leq[2\sqrt{D}],i=1,2,\cdots,n-1$.

在之前的例题中,我们用到了如下的事实:如果无理数 α 不可很好逼近,那么一定存在 $\mu(\alpha)>0$,使得任意有理数 $\dfrac{p}{q}$ 都满足

$$\left|\alpha-\frac{p}{q}\right|>\frac{\mu(\alpha)}{q^2}$$

换言之,$\mu(\alpha)=\min\limits_{n\in\mathbf{Z}}q\parallel q\alpha\parallel$. 关于 $\mu(\alpha)$ 的求解也是竞赛中颇为常见的一个考点. 这里我们仍然只关心二次无理数.

命题5 令 $D>0$ 是一个非完全平方数,我们有以下结论:

(1)方程 $x^2-Dy^2=1$ 有无穷多个整数解 $(x,y)\in\mathbf{Z}^2$.

(2)如果 $P=(x_1,y_1)$,$Q=(x_2,y_2)$ 是两组解,则 $P^{-1}=(x_1,-y_1)$,$P\cdot Q=(x_1x_2+Dy_1y_2,x_1y_2+x_2y_1)$ 也是方程的解.

(3)存在一个所谓的基本解 $F=(x_0,y_0)\in\mathbf{Z}^2$,$x_0>0,y_0>0$,使得对于任意的整数解 $P=(x,y)$,都存在自然数 $n\in\mathbf{Z}$,使得 $P=F^n$. 观察可得基本解 F 是所有正整数解中满足 x,y 最小的那一组解.

(4)记 $\sqrt{D}=[a_0;\overline{a_1,\cdots,a_n}]$. 如果 n 是奇数,那么方程 $x^2-Dy^2=1$ 的一个基本解为 (h_{2n-1},k_{2n-1});如果 n 是偶数,那么方程的一个基本解为 (h_{n-1},k_{n-1}).

通过上述性质,不难证明下述命题.

命题 6 令 D 是一个非完全平方数,$(x_0,y_0)\in\mathbf{Z}_{>0}^2$ 是 Pell 方程 $x^2-Dy^2=1$ 的基本解,则 $\mu(\sqrt{D})=\left(\dfrac{x_0}{y_0}+\sqrt{D}\right)^{-1}$.

例 4 (2007 年中国女子奥林匹克第 7 题)令 $a,b,c\in\mathbf{Z}$ 为三个绝对值小于或等于 10 的整数,定义 $f(x)=x^3+ax^2+bx+c$. 假设 $|f(2+\sqrt{3})|<10^{-4}$,证明:$f(2+\sqrt{3})=0$.

解 记 $\alpha=2+\sqrt{3}$,注意到 α 满足方程 $x^2-4x+1=0$,代入可得

$$f(\alpha)=(15+4a+b)\alpha+(c-a-4)$$

根据定义,如果 $f(\alpha)\neq 0$,那么要使 $|f(\alpha)|<10^{-4}$,我们只能寄希望于 $15+4a+b\neq 0$,然而此时

$$|f(\alpha)| = |(15+4a+b)\alpha + (c-a-4)|$$
$$\geqslant \mu(\alpha)|15+4a+b|^{-1}$$
$$\geqslant \frac{1}{65(2+\sqrt{3})} > 10^{-4}$$

矛盾.

思考题 1 (2001 年国家集训队测试题)求最大的实数 c,使得对任何正整数 n,都有

$$\{\sqrt{7}n\} \geqslant \frac{c}{\sqrt{7}n}$$

思考题 2 证明:对于任意正整数 n,数列

$$[2^n\sqrt{2}], [2^{n+1}\sqrt{2}], \cdots, [2^{2n}\sqrt{2}]$$

至少有一个偶数.

回到最初的起点,如果 $\alpha = q^{\frac{1}{3}} + q^{\frac{2}{3}}$ 是一个不可很好逼近的无理数,那么我们自然有

$$\{nq^{\frac{1}{3}}\} + \{nq^{\frac{2}{3}}\} \geqslant \{n\alpha\} \geqslant \frac{\mu(\alpha)}{n}$$

如此一来,我们便"证明"了一个比原命题稍弱的定理. 然而尽管 α 毫无疑问是一个无理数,但没有任何证据表明这个数不可很好逼近. 更糟糕的是,到目前为止,人类还没有能力证明任何一个次数超过 2 的代数数是一个不可很好逼近的数,因此我们只能另寻他法.

1.3.3 数的几何与联立逼近

虽然做了一次不算成功的尝试,但之前的放缩显然有些过分了. 事实上将原命题用逼近的语言来理解,我们真正需要证明的是方程组

Hurwitz 定理

$$\| nq^{\frac{1}{3}} \| < \frac{c}{\sqrt{n}}, \| nq^{\frac{2}{3}} \| < \frac{c}{\sqrt{n}}$$

在 c 足够小时永远不能同时成立. 这暗示我们将逼近理论推广到多个实数的情形.

对于单个实数的情形, 我们已经知道, 对于任何实数 α 而言, $q\|q\alpha\| \leq 1$ 都有无穷多个解. 我们用一个几何的观点重新陈述这个定理:

命题 7 对于任意正实数 $Q > 1$, $\mathbf{R}^2$ 中的平行四边形

$$D_Q = \{(x,y) \in \mathbf{R}^2 \mid |x - \alpha y| \leq Q^{-1}, |y| \leq Q\}$$

至少包含一个非零整点 (p,q).

事实上上面这个命题可以被单独证明. 我们把平行四边形 D_Q 的半高 $|y|$ 的限制放宽至 $Q+\varepsilon, \varepsilon > 0$, 并把它记为 D_ε. 注意到 D_ε 的面积大于 4. 我们将这个平行四边形用平行于坐标轴的 2×2 的网格分开, 并将分割后的小块全部平移至方格 $[0,2]^2$ 中. 对比两者的面积, 可知方格中至少存在一个点被两个小块所覆盖, 即 D_ε 中存在两个点 x,y, 使得 $x - y \in \mathbf{Z}$. 由于 D_ε 是一个对称凸集, $-y$ 及 $\dfrac{1}{2(x+(-y))}$ 也是 D_ε 中的一个点, 而后者即是一个非零整点. 现在我们让 ε 逐渐收敛至 0, 根据抽屉原理, 在我们得到的对应的一列整点中, 总有某个点出现了无穷多次. 由于 D_Q 本身是一个闭集, 因此这个点一定落在 D_Q 内.

Minkowski 将这个结论推广到了高维的情形:

定理 1 (Minkowski 线性型定理) 假定 $\alpha_{ij} (1 \leq i \leq$

第 1 章 引言

$n, 1 \leq j \leq n)$ 是 n^2 个实数, $c_i(1 \leq i \leq n)$ 是 n 个正实数. 考虑 $\mathbf{R}^n$ 中的对称凸集

$$D = \left\{ (x_1, \cdots, x_n) \in \mathbf{R}^n \,\Big|\, \Big|\sum_{j=1}^n \alpha_{1j} x_j\Big| \leq c_1, \right.$$
$$\left. \Big|\sum_{j=1}^n \alpha_{ij} x_j\Big| < c_i, 2 \leq i \leq n \right\}$$

如果 D 的体积

$$|\det(\alpha_{ij})|^{-1} \prod_{i=1}^n c_i \geq 1$$

那么其中一定存在一个非零整点.

这个定理使得我们可以证明以下引理:

引理 1 如果 α_1, α_2 不全是有理数,那么存在无穷多个正整数 y 满足

$$\max\{\|\alpha_1 y\|, \|\alpha_2 y\|\} < \frac{1}{\sqrt{y}}$$

证明 对任意 $Q > 0$,考虑 $\mathbf{R}^3$ 中的平行六面体

$$D_Q = \{(x_1, x_2, y) \in \mathbf{R}^3 \,|\, |x_i - \alpha_i y| \leq Q^{-\frac{1}{2}}, i=1,2, |y| \leq Q\}$$

这是 $\mathbf{R}^3$ 中的一个闭的有界凸集,且体积等于 $2^3 = 8$,故由定理 1,其中一定存在整点 (p_1, p_2, q),注意到取 $y = q$,即满足命题中的不等式. 另外,不妨设 α_1 是无理数. 条件 $|p_1 - \alpha q| \leq Q^{-\frac{1}{2}}$ 迫使 Q 足够大时 q 也必须取的足够大,故这样的 y 有无穷多个.

从形状上看起来这个结论已经很接近我们想要的结果了. 我们希望对于一些特定的无理数组 (α_1, α_2),找到一个下界 v,使得 $\max\limits_i \|q\alpha_i\| < \dfrac{v}{\sqrt{q}}$ 只有有限多组解.

定义4 对于一组实数 $\alpha = (\alpha_1, \cdots, \alpha_n)$，我们可以定义
$$v(\alpha) = \liminf_{q \to \infty} q \max\{\|q\alpha_1\|^n, \cdots, \|q\alpha_n\|^n\}$$
如果 $v(\alpha) > 0$，那么我们称实数列 α 不可很好逼近.

这里我们用到了 D_Q 是闭集这一拓扑性质.

显然我们希望证明 $(q^{\frac{1}{3}}, q^{\frac{2}{3}})$ 不可很好逼近. 在此之前，我们先运用定理 1 证明一个与引理 1 "对偶"的结论.

引理 2 令 α_1, α_2 是两个无理数，且 $\{1, \alpha_1, \alpha_2\}$ 在 **Q** 上线性无关. 存在无穷多组非零整向量 $\boldsymbol{x} = (x_1, x_2)$ 满足
$$\max\{|x_1|, |x_2|\} < \frac{1}{\sqrt{\|\alpha_1 x_1 + \alpha_2 x_2\|}}$$

证明 对任意 $Q > 0$，考虑 $\mathbf{R}^3$ 中的凸集
$$D_Q = \{(x_1, x_2, y) \in \mathbf{R}^n \mid |x_i| \leq Q^{\frac{1}{2}},$$
$$i = 1, 2, |\alpha_1 x_1 + \alpha_2 x_2 + y| \leq Q^{-1}\}$$

同样地，D_Q 是一个体积为 $2^3 = 8$ 的平行六面体，故根据定理 1，存在非零整点 $(p_1, p_2, q) \in D_Q$. 注意到取 $(x_1, x_2) = (p_1, p_2)$ 即满足命题中的不等式. 另外，$\{1, \alpha_1, \alpha_2\}$ 在 **Q** 上线性无关迫使 Q 足够大时 x_i 也必须足够大，故这样的 (x_1, x_2) 有无穷多组.

对比引理 1 和引理 2 的证明，可以注意到这两个平行六面体的定义方程之间有着某种微妙的联系. 从矩阵的角度来看，两个平行六面体的系数矩阵刚好对应各自在其对偶空间中的逆. 这个观察最后被苏联数

学家 Khinchin 记录下来,成了如今称之为转换定理的基本工具.

引理 3 令 α_1, α_2 是两个实数. 以下两个命题等价:

(1) 存在 $v>0$ 使得对于任意正整数 y,都有
$$(\max\{\|\alpha_1 y\|, \|\alpha_2 y\|\})^2 y \geqslant v$$
换言之,实数对 (α_1, α_2) 不可很好逼近;

(2) 存在 $\mu>0$ 使得对于任意非零整向量 $\boldsymbol{x} = (x_1, x_2)$,都有
$$\|\alpha_1 x_1 + \alpha_2 x_2\|(\max\{|x_1|, |x_2|\})^2 \geqslant \mu$$

证明 固定 $v>0$. 假设不等式
$$(\max\{|x_1 - \alpha_1 y|, |x_2 - \alpha_2 y|\})^2 y < v$$
存在一组非零的整数解 $(x_1, x_2, y) = (p_1, p_2, q)$. 考虑平行六面体
$$D = \{(x_1, x_2, y) \in \mathbf{R}^3 \mid |x_i| \leqslant q^{\frac{1}{2}}, |p_1 x_1 + p_2 x_2 - qy| < 1\}$$
根据定理 1,D 中包含一个非零整点 (h_1, h_2, k). 由于 p_1, p_2, q 是整数,我们有
$$p_1 h_1 + p_2 h_2 - qk = 0$$
此时
$$\|\alpha_1 h_1 + \alpha_2 h_2\|(\max\{|h_1|, |h_2|\})^2$$
$$\leqslant |\alpha_1 h_1 + \alpha_2 h_2 - k|q$$
$$= |h_1(q\alpha_1 - p_1) + h_2(q\alpha_2 - p_2)|$$
$$\leqslant 2\sqrt{v}$$
即我们得到了一个
$$\|\alpha_1 x_1 + \alpha_2 x_2\|(\max\{|x_1|, |x_2|\})^2 < 2\sqrt{v}$$

Hurwitz 定理

的非零整数解. 由此而知,如果

$$\|\alpha_1 x_1 + \alpha_2 x_2\| (\max\{|x_1|, |x_2|\})^2 \geqslant \mu$$

对任意非零整向量恒成立,则我们有

$$(\max\{\|\alpha_1 y\|, \|\alpha_2 y\|\})^2 y \geqslant \frac{1}{4\mu^2}$$

即(2)推出(1). (1)推出(2)的证明是完全类似的,我们将它留给读者.

到此为止,在一番周折之后,我们终于抵达了讨论的原点.

定理 2 对任意非完全立方数 $q > 0$, $(q^{\frac{1}{3}}, q^{\frac{2}{3}})$ 不可很好逼近. 特别地,存在 $c \in \mathbf{R}_+$, 使得

$$\{nq^{\frac{1}{3}}\} + \{nq^{\frac{2}{3}}\} \geqslant \frac{c}{\sqrt{n}}$$

对所有正整数 n 成立.

证明 根据引理 3,我们只需构造 μ,使得对于任意非零整数组 (a, b), 有

$$\|aq^{\frac{1}{3}} + bq^{\frac{2}{3}}\|(\max\{|a|, |b|\})^2 \geqslant \mu$$

成立. 任取一组 (a, b), 存在 $c \in \mathbf{Z}$ 使得

$$0 < \theta = aq^{\frac{1}{3}} + bq^{\frac{2}{3}} + c < \frac{1}{2}$$

注意到 θ 满足一个三次方程,它的其他两个根为

$$\theta' = aq^{\frac{1}{3}}\zeta + bq^{\frac{2}{3}}\zeta^2 + c$$

和

$$\theta'' = aq^{\frac{1}{3}}\zeta^2 + bq^{\frac{2}{3}}\zeta + c$$

其中 $\zeta = -1 + \frac{\sqrt{3}\mathrm{i}}{2}$ 是一个 3 次本原单位根. 由于

第1章 引言

$|1-\zeta^i| \leq \sqrt{3}\,(i=1,2)$,我们有

$$\theta' \leq |\theta| + |\theta'-\theta|$$
$$< \frac{1}{2} + |aq^{\frac{1}{3}}(1-\zeta) + bq^{\frac{2}{3}}(1-\zeta^2)|$$
$$< 2\sqrt{3}\,q^{\frac{2}{3}}\max\{|a|,|b|\}$$

同理

$$|\theta''| < 2\sqrt{3}\,q^{\frac{2}{3}}\max\{|a|,|b|\}$$

定义 $N(\theta) = \theta\theta'\theta'' \in \mathbf{Z}\setminus\{0\}$,我们有

$$\|aq^{\frac{1}{3}} + bq^{\frac{2}{3}}\| = \|\theta\| = \frac{|N(\theta)|}{|\theta'||\theta''|}$$
$$\geq \frac{1}{12q^{\frac{4}{3}}}(\max\{|a|,|b|\})^{-2}$$

得所欲证.

思考题 1 通过推广引理 3,将定理推广至下述情形:令 α 是一个实代数数,其满足一个次数为 $d>1$ 的不可约多项式,则实数列 $(\alpha,\alpha^2,\cdots,\alpha^{d-1})$ 不可很好逼近. 注意到取 $d=2$ 时,我们重新得到了形同 $\sqrt{D}$ 的无理数不可很好逼近的结论.

思考题 2 (1980 年普特南数学竞赛题 A4)令 a,b,c 是三个不同时为 0 的整数,且 $|a|,|b|,|c| < 10^6$. 证明

$$|a + \sqrt{2}\,b + \sqrt{3}\,c| > 10^{-21}$$

并找不到满足 $|a + \sqrt{2}\,b + \sqrt{3}\,c| < 10^{-11}$ 的解.

思考题 3 (KöMaL 杂志 1996 年 12 月刊,N.122) 令 a,b,c 是三个不同时为 0 的整数. 证明

$$\frac{1}{4a^2+3b^2+2c^2} \leq |\sqrt[3]{4}\,a + \sqrt[3]{2}\,b + c|$$

华罗庚论 Hurwitz 定理

2.1 从一道日本奥数题谈起

设 p 和 q 是互素的整数,且 $q \geqslant 2$,如果

$$\frac{p}{q} = r + \cfrac{1}{a_1 + \cfrac{1}{a_2 + \cfrac{1}{\ddots + \cfrac{1}{a_n}}}}$$

那么把整数列 $(r, a_1, a_2, \cdots, a_n)$(其中 $|a_i| \geqslant 2, i = 1, 2, \cdots, n$)称为 $\dfrac{p}{q}$ 展开式.

例如,$(-1, -3, 2, -2)$ 是 $-\dfrac{10}{7}$ 的展开式,因为

$$-\frac{10}{7} = -1 + \cfrac{1}{-3 + \cfrac{1}{2 + \cfrac{1}{-2}}}$$

定义展开式 $(r, a_1, a_2, \cdots, a_n)$ 的权数为

第 2 章 华罗庚论 Hurwitz 定理

$$(|a_1|-1)(|a_2|-1)\cdots(|a_n|-1)$$

例如，$-\dfrac{10}{7}$ 的展开式 $(-1,-3,2,-2)$ 的权数是 2.

证明：$\dfrac{p}{q}$ 的所有展开式的权数的和为 q.

此题是 2003 年日本数学奥林匹克试题. 日本的数学奥林匹克虽然成绩不如中国,所命试题的难度不如中国,但其新颖程度、现代数学概念在其中的渗透程度、其触角的广泛度都远超中国. 对于现代数学的普及方面我们要甘当小学生,这最起码有三方面的原因(当然绝不只是这三方面,但其余的总结与发现所需的眼界与功力远超笔者能力,对此京都大学的博士生吴帆先生深有体会)：一是中国目前缺少一份或几份专门用以普及近现代数学的刊物,我们的数学刊物要么太专业(但在业界声望也不高),要么太初级,只能服务于中学师生,而且还多关注于中高考与奥数,所以没有阵地,而日本则有好几本刊物专门承担此功能,如《数理科学》等. 其二是人的因素,我们的数学工作者大多很忙,资深的要评院士,中年的骨干忙于建博士点带团队,年轻的忙于申报课题评职称,所以没人搞科普. 三是观念问题,国人以为有几个现代数学分支很难普及给一般人听,特别是像代数几何这样高度抽象需要有大量预备知识的分支,而日本数学家则以为只要设计好路径,普通人也能了解代数几何,没必要将其视为高大上而不敢下手.

我们先以此题为引子,进而将连分数的现代进展

Hurwitz 定理

介绍给大家.

本题的证法如下：

证明 由 $\dfrac{p}{q}$ 的展开式 $(r,a_1,a_2,\cdots,a_n)$ 的定义

$$\frac{p_n}{q_n}=a_n$$

$$\frac{p_{n-1}}{q_{n-1}}=a_{n-1}+\frac{q_n}{p_n}$$

$$\frac{p_{n-2}}{q_{n-2}}=a_{n-2}+\frac{q_{n-1}}{p_{n-1}}$$

$$\vdots$$

$$\frac{p_1}{q_1}=a_1+\frac{q_2}{p_2}$$

使得

$$\frac{p}{q}=r+\frac{q_1}{p_1}$$

其中 p_i 和 q_i 为一对互素的整数且 q_i 为正整数，$i=1,2,\cdots,n$.

我们用反向归纳法证明，对任意的 $i(i=1,2,\cdots,n)$ 均有

$$\left|\frac{p_i}{q_i}\right|>1$$

首先，$\left|\dfrac{p_n}{q_n}\right|=a_n>1$，显然成立.

假设 $\left|\dfrac{p_{i+1}}{q_{i+1}}\right|>1$，得

$$\left|\frac{p_i}{q_i}\right|=\left|a_i+\frac{q_{i+1}}{p_{i+1}}\right|\geqslant|a_i|-\left|\frac{q_{i+1}}{p_{i+1}}\right|>2-1=1$$

第 2 章　华罗庚论 Hurwitz 定理

令 r' 和 k 分别是 p 除以 q 的商和余数,则 $1 \leqslant k \leqslant q-1$ 和 $r' + \dfrac{k}{q} = \dfrac{p}{q}$.

因为 $\left| \dfrac{q_i}{p_i} \right| < 1$,所以

$$r' \leqslant \frac{p}{q} = r + \frac{q_1}{p_1} < r + 1$$

$$r - 1 < r + \frac{q_1}{p_1} = \frac{p}{q} < r' + 1$$

于是 $r = r'$ 或 $r = r' + 1$.

下面我们先给出两个引理.

引理 1　对于 $r = r'$, $\dfrac{p}{q}$ 只有有限多个展开式,且它们的权数的和为 $q - k$.

引理 2　对于 $r = r' + 1$, $\dfrac{p}{q}$ 只有有限多个展开式,且它们的权数的和为 k.

这两个引理包含了要证的结果,我们用数学归纳法对 q 加以证明.

首先对 $q = 2$ 进行证明,在这种情形下,$k = 1$,$p = 2r' + 1$.

当 $r = r'$ 时,有

$$\frac{q_1}{p_1} = \frac{p}{q} - r' = \frac{1}{2}$$

在这种情形中 $n = 1$,因为 $n \geqslant 2$ 将导致

$$0 < \left| \frac{p_1}{q_1} - a_1 \right| < 1$$

这是不可能的.

因此,对于 $r=r'$, $(r',2)$ 是 $\dfrac{p}{q}$ 的唯一展开式.

同理,对于 $r=r'+1$, $(r'+1,-2)$ 是 $\dfrac{p}{q}$ 的唯一展开式.

接下来对任意的 $q>2$ 进行证明.

假定用任意较小的数去替换 q 时,命题都成立.

先证明引理 1. 若 $r=r'$,在这种情形下

$$\frac{q_1}{p_1}=\frac{p}{q}-r=\frac{k}{q}$$

所以 $p_1=q$, $q_1=k$.

若 $k=1$,易看出 $\dfrac{p}{q}$ 唯一的展开式是 (r',q),引理 1 显然成立.

若 $k\geqslant 2$,记 $(a_1,a_2,\cdots,a_n)$ 是 $\dfrac{q}{k}$ 的一个展开式. 令 a' 和 l 分别为 q 除以 k 的商和余数.

因为 $k<q$,所以有 $a'\geqslant 1$.

根据归纳假设可知,当 $a'=1$ 时,对于 $a_1=a'+1$, $\dfrac{p}{q}$ 的展开式的权数的和为 $(|a'+1|-1)l$.

当 $a'\geqslant 2$ 时,对于 $a_1=a'$, $\dfrac{p}{q}$ 的展开式的权数的和为 $(|a'|-1)(k-l)$.

因此,当 $r=r'$ 时,$\dfrac{p}{q}$ 的展开式的权数的和为

$$(|a'|-1)(k-l)+(|a'+1|-1)l$$
$$=(a'-1)(k-l)+a'l$$

第 2 章 华罗庚论 Hurwitz 定理

$$= a'k - k + l$$
$$= q - k$$

引理 1 得证.

下面证明引理 2. 若 $r = r' + 1$,在这种情形下

$$\frac{q_1}{p_1} = \frac{p}{q} - (r' + 1) = \frac{-(q-k)}{q}$$

$$p_1 = -q, q_1 = q - k$$

所以,若 $q - k = 1$,易看出唯一的展开式是 $(r' + 1, -q)$,引理 2 显然成立.

若 $q - k \geq 2$,记 $(a_1, a_2, \cdots, a_n)$ 是 $\dfrac{-q}{q-k}$ 的一个展开式. 令 a' 和 l 分别为 $-q$ 除以 $q - k$ 的商和余数.

因为 $-q < -(q-k)$,所以有 $a' \leq 2$.

根据归纳假设可知,当 $a_1 = a'$ 时,$\dfrac{-q}{q-k}$ 的展开式的权数的和为 $q - k - l$.

当 $a_1 = a' + 1$ 时,$\dfrac{-q}{q-k}$ 的展开式的权数的和为 l.

因此,当 $r = r' + 1$ 时,$\dfrac{p}{q}$ 的展开式的权数的和为

$$(|a'| - 1)(q - k - l) + (|a' + 1| - 1)l$$
$$= (-a' - 1)(q - k - l) + (-a' - 2)l$$
$$= -q - (a'(q-k) + l) + k$$
$$= k$$

引理 2 得证.

因此,所证结论成立.

Hurwitz 定理是关于无理数的有理逼近程度,其证

明及推广加强都是基于连分数的.

华罗庚先生指出:在开始搞研究工作的时候,最难把握的是质的问题,也就是深度问题. 有时候作者孜孜不倦地搞了好久自以为十分深刻的工作,但专家却认为仍极肤浅,其原因有如下棋,初下者自以为想了不少步,但在棋手看来却极其平易,其主要原因在于棋手对局多,因之十分熟练;看谱多,因之棋谱上已有的若干艰难棋局在他看来都在掌握中,数学的研究工作亦然,必须勤做,必须多和"高手"对弈(换言之,把数学家的结果进行改进),必须多揣摩成局(指已有的解决有名问题的证明),经此锻炼自然本领日进.

我们以 Hurwitz 定理为例,揣摩一下华罗庚先生的方法,后面还附有对华罗庚先生所留习题的解答,这些解答是由任承俊先生给出的.

2.2　渐近法与连分数

2.2.1　简单连分数

分数

$$a_0 + \cfrac{1}{a_1 + \cfrac{1}{a_2 + \cfrac{1}{a_3 + \cfrac{\cdots}{\cdots + \cfrac{1}{a_N}}}}}$$

称为有限连分数. 若 $N \to \infty$,则简称连分数,此时的连

第 2 章 华罗庚论 Hurwitz 定理

分数确实代表一个数,将于以后证明. 上面的写法颇占篇幅,故通常以符号

$$a_0 + \cfrac{1}{a_1} + \cfrac{1}{a_2} + \cdots + \cfrac{1}{a_N}$$

或

$$[a_0, a_1, a_2, \cdots, a_N]$$

来表示. 由计算易得

$$[a_0] = \frac{a_0}{1}, [a_0, a_1] = \frac{a_0 a_1 + 1}{a_1}$$

$$[a_0, a_1, a_2] = \frac{a_2 a_1 a_0 + a_2 + a_0}{a_2 a_1 + 1}$$

通常写为

$$[a_0, a_1, \cdots, a_n] = \frac{p_n}{q_n} \quad (0 \leqslant n \leqslant N)$$

其中 p_n 及 q_n 为 $a_0, a_1, \cdots, a_n$ 的多项式. 对任一 a 皆为一次式,其分母 q_n 与 a_0 无关. $\dfrac{p_n}{q_n}$ 名为 $[a_0, a_1, \cdots, a_N]$ 的第 n 个渐近值或渐近分数.

定理 1 各渐近值之间有如下关系

$$p_0 = a_0, p_1 = a_1 a_0 + 1$$

$$p_n = a_n p_{n-1} + p_{n-2} \quad (2 \leqslant n \leqslant N)$$

$$q_0 = 1, q_1 = a_1$$

$$q_n = a_n q_{n-1} + q_{n-2} \quad (2 \leqslant n \leqslant N)$$

证明 当 $n = 0, 1$ 及 2 时,可以直接从运算得到结论. 设 $m < N$,且假定

$$[a_0, \cdots, a_m] = \frac{p_m}{q_m} = \frac{a_m p_{m-1} + p_{m-2}}{a_m q_{m-1} + q_{m-2}}$$

Hurwitz 定理

此处 $p_{m-1}, q_{m-1}, p_{m-2}, q_{m-2}$ 皆只与 $a_0, \cdots, a_{m-1}$ 有关,进而用归纳法可以证明定理. 因

$$\begin{aligned}\frac{p_{m+1}}{q_{m+1}} &= [a_0, \cdots, a_m, a_{m+1}] \\ &= \left[a_0, \cdots, a_{m-1}, a_m + \frac{1}{a_{m+1}}\right] \\ &= \frac{\left(a_m + \dfrac{1}{a_{m+1}}\right) p_{m-1} + p_{m-2}}{\left(a_m + \dfrac{1}{a_{m+1}}\right) q_{m-1} + q_{m-2}} \\ &= \frac{a_{m+1}(a_m p_{m-1} + p_{m-2}) + p_{m-1}}{a_{m+1}(a_m q_{m-1} + q_{m-2}) + q_{m-1}} \\ &= \frac{a_{m+1} p_m + p_{m-1}}{a_{m+1} q_m + q_{m-1}}\end{aligned}$$

故得定理.

定理 2 p_n 及 q_n 适合下列各式

$$p_n q_{n-1} - p_{n-1} q_n = (-1)^{n-1} \quad (n \geq 1) \tag{1}$$

即

$$\frac{p_n}{q_n} - \frac{p_{n-1}}{q_{n-1}} = \frac{(-1)^{n-1}}{q_n q_{n-1}}$$

及

$$p_n q_{n-2} - p_{n-2} q_n = (-1)^n a_n \quad (n \geq 2) \tag{2}$$

证明 式(1)对 $n = 1$ 时显然成立. 用归纳法及定理 1,得

$$\begin{aligned}p_n q_{n-1} - p_{n-1} q_n &= (a_n p_{n-1} + p_{n-2}) q_{n-1} - \\ &\quad p_{n-1}(a_n q_{n-1} + q_{n-2}) \\ &= (-1)^{n-1}\end{aligned}$$

又由定理 1 及式(1)可得

第 2 章 华罗庚论 Hurwitz 定理

$$p_n q_{n-1} - p_{n-2} q_n = (a_n p_{n-1} + p_{n-2}) q_{n-2} -$$
$$p_{n-2}(a_n q_{n-1} + q_{n-2})$$
$$= a_n(p_{n-1} q_{n-2} - p_{n-2} q_{n-1})$$
$$= (-1)^n a_n$$

定义 1 若 a_0 为整数,$a_1, a_2, \cdots$ 皆为正整数,则

$$a_0 + \frac{1}{a_1} + \frac{1}{a_2} + \cdots$$

称为简单连分数,本节所讨论的内容仅限于简单连分数.

由定理 1 及定理 2 可立即得下列各简单结论.

定理 3 （ⅰ）若 $n > 1$,则 $q_n \geqslant q_{n-1} + 1$,故 $q_n \geqslant n$;

（ⅱ）$\dfrac{p_{2n+1}}{q_{2n+1}} < \dfrac{p_{2n-1}}{q_{2n-1}}, \dfrac{p_{2n}}{q_{2n}} > \dfrac{p_{2n-2}}{q_{2n-2}}$;

（ⅲ）凡简单连分数的渐近分数,皆为既约分数.

令 α 为一个实数. 取 $a_0 = [\alpha]$,令

$$\alpha'_1 = \frac{1}{\alpha - [\alpha]}$$

取 $a_1 = [\alpha'_1]$. 再令

$$\alpha'_2 = \frac{1}{\alpha'_1 - [\alpha'_1]}$$

取 $a_2 = [\alpha'_2]$. 续行此法,令

$$\frac{1}{\alpha'_{n-1} - [\alpha'_{n-1}]} = \alpha'_n$$

取 $a_n = [\alpha'_n]$ 等. 显然,若只能做有限步,则 α 必为有理数. 反之,若 α 为有理数 $\dfrac{p}{q}$,$(p, q) = 1$,则 $a_0 = \left[\dfrac{p}{q}\right]$,而

Hurwitz 定理

$$\frac{1}{\alpha'_1} = \frac{p}{q} - \left[\frac{p}{q}\right] \quad (0 \leqslant \frac{1}{\alpha'_1} < 1)$$

即

$$p - \left[\frac{p}{q}\right]q = \frac{q}{\alpha'_1}(=r_1) \quad (0 \leqslant r_1 < q)$$

又同理

$$q - r_1\left[\frac{q}{r_1}\right] = \frac{r_1}{\alpha'_2}(=r_2) \quad (0 \leqslant r_2 < r_1)$$

故若 α 为有理数,则连分数的计算与 Euclid 计算法(辗转相除法)有貌异实同之妙,且屡次所得的商即为 $a_0, a_1, a_2, \cdots$,故得下面的定理.

定理 4 凡有理数必可表示为有限连分数.

下面立即产生这样一个问题,即表示法是否唯一? 由显然例证

$$a + \frac{1}{1} = a + 1$$

可见表示法不是唯一的. 换言之,若 $a_n > 1$,则

$$[a_0, \cdots, a_n] = [a_0, \cdots, a_{n-1}, a_n - 1, 1]$$

若 $a_n = 1$,则有

$$[a_0, \cdots, a_n] = [a_0, \cdots, a_{n-1} + 1]$$

故一个有理数必有两种表示法,一种 n 为奇数,另一种 n 为偶数. 若 α 非有理数,则上面方法得出一个数列

$$a_0, a_1, a_2, \cdots, a_n, \cdots$$

如

$$\pi = [3, 7, 15, 1, 292, 1, 1, 1, 21, 31, 14, 2, 1, 2, 2,$$
$$2, 2, 1, 84, 2, 1, 1, 15, 3, 13, 1, 4, 2, 6, 6, 1, \cdots]$$

定理 5 令

第 2 章　华罗庚论 Hurwitz 定理

$$\alpha_n = [a_0, a_1, \cdots, a_n]$$

则 α_n 的极限存在.

证明　因 $\alpha_n = \dfrac{p_n}{q_n}$，由定理 3（ⅱ）已知

$$\alpha_{2n+1} < \alpha_{2n-1}, \alpha_{2n} > \alpha_{2n-2}$$

故 α_{2n+1} 为一递减数列，而 α_{2n} 为一递增数列. 又由定理 2 可知

$$\alpha_1 \geqslant \alpha_{2n+1} \geqslant \alpha_{2n} \geqslant \alpha_2$$

故 α_{2n} 的极限存在，α_{2n+1} 的极限亦存在. 更由定理 2 及定理 3（ⅰ）可知，当 $n \to \infty$ 时

$$|\alpha_{2n} - \alpha_{2n-1}| = \frac{1}{q_{2n} q_{2n-1}} \leqslant \frac{1}{2n(2n-1)} \to 0$$

故

$$\lim_{n \to \infty} \alpha_{2n} = \lim_{n \to \infty} \alpha_{2n-1}$$

习题 1　求证

$$p_n = \begin{vmatrix} a_0 & -1 & 0 & 0 & \cdots & 0 & 0 & 0 \\ 1 & a_1 & -1 & 0 & \cdots & 0 & 0 & 0 \\ 0 & 1 & a_2 & -1 & \cdots & 0 & 0 & 0 \\ \vdots & \vdots & \vdots & \vdots & & \vdots & \vdots & \vdots \\ 0 & 0 & 0 & 0 & \cdots & 1 & a_{n-1} & -1 \\ 0 & 0 & 0 & 0 & \cdots & 0 & 1 & a_n \end{vmatrix}$$

并证明 q_n 为由上面行列式中除去第一行第一列后行列式的数值.

习题 2　数列 $\{u_n\}$ 为

$$1, 1, 2, 3, 5, 8, 13, 21, \cdots$$

（$u_1 = u_2 = 1, u_{i+1} = u_{i-1} + u_i (i > 1)$）称为 Fibonacci（斐

波那契)数列. 试证明:

(ⅰ) $\dfrac{1}{2}(1+\sqrt{5})$ 的第 n 个渐近分数为 $\dfrac{u_{n+2}}{u_{n+1}}$;

(ⅱ) 若连分数 $[a_0, a_1, \cdots, a_n, \cdots]$ 的各 a_n 中除 $a_i = 2(i>0)$ 外,所有的 $a_n(i \neq n)$ 皆等于 1,则当 $m > i$ 时,有

$$\frac{p_m}{q_m} = \frac{u_{i+1} u_{m-i+3} + u_i u_{m-i+1}}{u_i u_{m-i+3} + u_{i-1} u_{m-i+1}}$$

2.2.2 连分数展开的唯一性

定义 2 $\alpha'_n = [a_n, a_{n+1}, \cdots]$ 称为连分数 $[a_0, a_1, \cdots, a_n, \cdots]$ 的第 $n+1$ 个完全商.

定理 6 $\alpha = \alpha'_0, \alpha = \dfrac{\alpha'_1 a_0 + 1}{\alpha'_1}, \alpha = \dfrac{\alpha'_n p_{n-1} + p_{n-2}}{\alpha'_n q_{n-1} + q_{n-2}}$, $n \geq 2$. 若 α 为有理数,则此式的真实性止于 N.

证明 当 $n = 2$ 时,此式显然. 当 $n > 2$ 时,因
$$\alpha'_{n-1} = [a_{n-1}, \alpha'_n]$$
即
$$\alpha'_{n-1} = a_{n-1} + \frac{1}{\alpha'_n}$$

故由归纳法的假定,知
$$\alpha = \frac{\alpha'_{n-1} p_{n-2} + p_{n-3}}{\alpha'_{n-1} q_{n-2} + q_{n-3}}$$
$$= \frac{\left(a_{n-1} + \dfrac{1}{\alpha'_n}\right) p_{n-2} + p_{n-3}}{\left(a_{n-1} + \dfrac{1}{\alpha'_n}\right) q_{n-2} + q_{n-3}}$$
$$= \frac{(a_{n-1} p_{n-2} + p_{n-3}) \alpha'_n + p_{n-2}}{(a_{n-1} q_{n-2} + q_{n-3}) \alpha'_n + q_{n-2}}$$

$$= \frac{p_{n-1}\alpha'_n + p_{n-2}}{q_{n-1}\alpha'_n + q_{n-2}}$$

定理 7 常有

$$a_n = [\alpha'_n]$$

但若 α 为有理数时，则有一个例外，即当 $a_N = 1$ 时，$a_{N-1} = [\alpha'_{N-1}] - 1$. 由此可见表示有理数为简单连分数的方法唯有两种.

证明 有下式

$$\alpha'_n = a_n + \frac{1}{\alpha'_{n+1}}$$

若 α 非有理数，或 α 为有理数而 $n \neq N-1$，则 $\alpha'_{n+1} > 1$，即

$$a_n < \alpha'_n < a_n + 1$$

故得所证. 若 α 为有理数而 $n = N-1$，且 $\alpha'_{n+1} = 1$，则

$$a_n = [\alpha'_n] - 1$$

定理 8 用简单连分数表示无理数①的方法唯一.

证明 假定

$$\alpha = [a_0, a_1, a_2, \cdots] = [b_0, b_1, b_2, \cdots]$$

显然可得 $a_0 = [\alpha] = b_0$，同理可证 $a_1 = b_1$，今设 $a_0 = b_0, a_1 = b_1, \cdots, a_{n-1} = b_{n-1}$，而往证 $a_n = b_n$. 由

$$\alpha = [a_0, \cdots, a_{n-1}, \alpha'_n] = [a_0, \cdots, a_{n-1}, \beta'_n]$$

可得

$$\alpha = \frac{\alpha'_n p_{n-1} + p_{n-2}}{\alpha'_n q_{n-1} + q_{n-2}} = \frac{\beta'_n p_{n-1} + p_{n-2}}{\beta'_n q_{n-1} + q_{n-2}}$$

即

---

① 本章中所谓无理数是指实数中的非有理数.

Hurwitz 定理

$$(\alpha'_n - \beta'_n)(p_{n-1}q_{n-2} - p_{n-2}q_{n-1}) = 0$$

由定理 2 可得

$$\alpha'_n = \beta'_n$$

故

$$a_n = [\alpha'_n] = [\beta'_n] = b_n$$

定理 9 我们有

$$q_n\alpha - p_n = \frac{(-1)^n \delta_n}{q_{n+1}} \quad (0 < \delta_n < 1)$$

(若 α 为有理数,此式只有当 $1 \leqslant n \leqslant N-2$ 时为真,而 $\delta_{N-1} = 1$),且 $\dfrac{\delta_n}{q_{n+1}}$ 为一递减函数.

证明 已知

$$\alpha = \frac{\alpha'_{n+1} p_n + p_{n-1}}{\alpha'_{n+1} q_n + q_{n-1}}$$

故

$$\alpha - \frac{p_n}{q_n} = \frac{\alpha'_{n+1} p_n + p_{n-1}}{\alpha'_{n+1} q_n + q_{n-1}} - \frac{p_n}{q_n}$$

$$= \frac{-(p_n q_{n-1} - q_n p_{n-1})}{q_n(\alpha'_{n+1} q_n + q_{n-1})}$$

$$= \frac{(-1)^n}{q_n(\alpha'_{n+1} q_n + q_{n-1})}$$

故

$$\delta_n = \frac{q_{n+1}}{\alpha'_{n+1} q_n + q_{n-1}} = \frac{a_{n+1} q_n + q_{n-1}}{\alpha'_{n+1} q_n + q_{n-1}}$$

由此可见,除去 $a_{n+1} = \alpha'_{n+1}$ 的情况外,有

$$0 < \delta_n < 1$$

又因 $\alpha'_n = a_n + \dfrac{1}{\alpha'_{n+1}}$,可知

第 2 章　华罗庚论 Hurwitz 定理

$$\frac{\delta_n}{q_{n+1}} = \frac{1}{\alpha'_{n+1}q_n + q_{n-1}}$$

$$\geqslant \frac{1}{(a_{n+1}+1)q_n + q_{n-1}} = \frac{1}{q_{n+1} + q_n}$$

$$\geqslant \frac{1}{a_{n+2}q_{n+1} + q_n} = \frac{1}{q_{n+2}} \geqslant \frac{\delta_{n+1}}{q_{n+2}}$$

最后一个不等式中,等号仅当 $a_{n+1} = \alpha'_{n+1}$,即 α 为有理数,$n = N-1$ 时成立. 故得定理.

由此定理立即可推出如下定理.

定理 10　若 α 为无理数,则

$$\lim_{n \to \infty} \frac{p_n}{q_n} = \alpha$$

定理 11　$\left| \alpha - \dfrac{p_n}{q_n} \right| \leqslant \dfrac{1}{q_n q_{n+1}} < \dfrac{1}{q_n^2}$. 只有当 α 为有理数及 $n = N-1$ 时,取等号.

2.2.3　最佳渐近分数

在分母不大于 N 的各有理数中,谁与 α 最为接近? 最接近的分数名为 α 的最佳渐近分数. 今往证 $\dfrac{p_n}{q_n}$ 即为 α 的最佳渐近分数.

定理 12　设 $n \geqslant 1, 0 < q \leqslant q_n$,且 $\dfrac{p}{q} \neq \dfrac{p_n}{q_n}$,则

$$\left| \frac{p_n}{q_n} - \alpha \right| < \left| \frac{p}{q} - \alpha \right|$$

故在分母不大于 q_n 的各分数中,$\dfrac{p_n}{q_n}$ 与 α 最接近.

证明　若能证明

$$|p_n - q_n\alpha| < |p - q\alpha|$$

Hurwitz 定理

则定理已明.

（ⅰ）设 $\alpha = [\alpha] + \dfrac{1}{2}$. 此时 $\dfrac{p_1}{q_1} = \alpha$，故结论显然成立.

（ⅱ）$\alpha < [\alpha] + \dfrac{1}{2}$，此结论当 $n=0$ 时，显然成立；$\alpha > [\alpha] + \dfrac{1}{2}$，此结论对 $n=1$ 成立；今假定此结论对 $n-1$ 成立，而用归纳法证明此结论.

若 $q \leqslant q_{n-1}$，则由归纳法假定
$$|p_{n-1} - q_{n-1}\alpha| < |p - q\alpha|$$
故可假定 $q_n \geqslant q > q_{n-1}$.

若 $q = q_n$，则
$$\left|\dfrac{p_n}{q_n} - \dfrac{p}{q}\right| \geqslant \dfrac{1}{q_n} \quad (p \neq p_n)$$
又
$$\left|\dfrac{p_n}{q_n} - \alpha\right| \leqslant \dfrac{1}{q_n q_{n+1}} \leqslant \dfrac{1}{2q_n}$$

若 $q_{n+1} = 2$，则必有 $n=1$. 此时 $a_1 = a_2 = 1$，且
$$\alpha = a_0 + \dfrac{1}{1} + \dfrac{1}{1} + \dfrac{1}{a_3} + \cdots$$

故必有 $a_0 + \dfrac{1}{2} < \alpha < a_0 + 1$. 我们的结论显然成立，故可假定 $q_{n+1} > 2$，即
$$\left|\dfrac{p_n}{q_n} - \alpha\right| \leqslant \dfrac{1}{q_n q_{n+1}} < \dfrac{1}{2q_n}$$

于是得

第 2 章 华罗庚论 Hurwitz 定理

$$\left|\frac{p}{q}-\alpha\right| \geqslant \left|\frac{p}{q}-\frac{p_n}{q_n}\right| - \left|\frac{p_n}{q_n}-\alpha\right|$$

$$\geqslant \frac{1}{q_n} - \left|\frac{p_n}{q_n}-\alpha\right| > \left|\frac{p_n}{q_n}-\alpha\right|$$

故今可假定 $q_n > q > q_{n-1}$. 我们写

$$up_n + vp_{n-1} = p, uq_n + vq_{n-1} = q$$

则

$$u(p_n q_{n-1} - p_{n-1} q_n) = pq_{n-1} - qp_{n-1}$$

由定理 2 得

$$u = \pm(pq_{n-1} - qp_{n-1})$$

同理可得

$$v = \pm(pq_n - qp_n)$$

此 u 及 v 皆非零,因

$$q_n > q = uq_n + vq_{n-1}$$

故 u 及 v 一正一负. 又由定理 9,有

$$p_n - q_n \alpha, p_{n-1} - q_{n-1} \alpha$$

异号,故

$$u(p_n - q_n \alpha), v(p_{n-1} - q_{n-1} \alpha)$$

同号. 由

$$p - q\alpha = u(p_n - q_n \alpha) + v(p_{n-1} - q_{n-1} \alpha)$$

可知

$$|p - q\alpha| > |p_{n-1} - q_{n-1} \alpha| > |p_n - q_n \alpha|$$

2.2.4 Hurwitz 定理

定理 13 在 α 的两个连续渐近分数中至少有一个适合

$$\left|\alpha - \frac{p}{q}\right| < \frac{1}{2q^2}$$

55

Hurwitz 定理

证明 由定理 9 可知，$\dfrac{p_{n+1}}{q_{n+1}}$ 及 $\dfrac{p_n}{q_n}$ 中有一个比 α 大，一个比 α 小. 故

$$\left|\dfrac{p_{n+1}}{q_{n+1}} - \dfrac{p_n}{q_n}\right| = \left|\dfrac{p_n}{q_n} - \alpha\right| + \left|\dfrac{p_{n+1}}{q_{n+1}} - \alpha\right|$$

若定理不成立，则有

$$\dfrac{1}{q_n q_{n+1}} = \left|\dfrac{p_{n+1}}{q_{n+1}} - \dfrac{p_n}{q_n}\right| \geqslant \dfrac{1}{2q_n^2} + \dfrac{1}{2q_{n+1}^2}$$

即

$$(q_{n+1} - q_n)^2 \leqslant 0$$

这是不可能的（若 $n > 0$），故得定理.

由此定理可得：若 α 为无理数，则必有无穷多个 $\dfrac{p}{q}$，使得

$$\left|\alpha - \dfrac{p}{q}\right| < \dfrac{1}{2q^2}$$

定理 14（Hurwitz） 在 α 的三个连续渐近分数中必有一个适合

$$\left|\alpha - \dfrac{p}{q}\right| < \dfrac{1}{\sqrt{5}\, q^2}$$

证明 令 $\dfrac{q_{n-1}}{q_n} = \beta_{n+1}$，则由定理 6 知

$$\left|\dfrac{p_n}{q_n} - \alpha\right| = \dfrac{1}{q_n(\alpha'_{n+1} q_n + q_{n-1})} = \dfrac{1}{q_n^2(\alpha'_{n+1} + \beta_{n+1})}$$

今往证明，不能有三个连续数 $i = n-1, n, n+1$，使

$$\alpha'_i + \beta_i \leqslant \sqrt{5} \qquad (3)$$

今假定式 (3) 当 $i = n-1$ 及 $i = n$ 时成立，由

第 2 章 华罗庚论 Hurwitz 定理

$$\alpha'_{n-1} = a_{n-1} + \frac{1}{\alpha'_n} \qquad (4)$$

及

$$\frac{1}{\beta_n} = \frac{q_{n-1}}{q_{n-2}} = \frac{a_{n-1}q_{n-2} + q_{n-3}}{q_{n-2}} = a_{n-1} + \beta_{n-1}$$

故

$$\frac{1}{\alpha'_n} + \frac{1}{\beta_n} = \alpha'_{n-1} + \beta_{n-1} \leqslant \sqrt{5}$$

立即得

$$1 = \frac{1}{\alpha'_n}\alpha'_n \leqslant \left(\sqrt{5} - \frac{1}{\beta_n}\right)(\sqrt{5} - \beta_n)$$

即

$$\beta_n + \frac{1}{\beta_n} \leqslant \sqrt{5} \qquad (5)$$

因 β_n 为有理数, 故不能取等号, 即得

$$\beta_n^2 - \sqrt{5}\beta_n + 1 < 0$$

即

$$(\beta - \frac{\sqrt{5}}{2})^2 < \frac{1}{4}$$

因 $\beta_n < 1$, 故

$$\beta_n > \frac{1}{2}(\sqrt{5} - 1) \qquad (6)$$

同法:若式(3)当 $i = n, i = n+1$ 时成立,则有

$$\beta_{n+1} > \frac{1}{2}(\sqrt{5} - 1) \qquad (7)$$

由(5)(6)(7)各式可知

$$a_n = \frac{1}{\beta_{n+1}} - \beta_n < \sqrt{5} - \beta_{n+1} - \beta_n < \sqrt{5} - (\sqrt{5} - 1) = 1$$

Hurwitz 定理

这是不可能的,故得定理.

由此定理,可立即推得如下定理.

定理 15 任一无理数 α 有无穷多个渐近分数使

$$\left|\frac{p}{q} - \alpha\right| < \frac{1}{\sqrt{5}q^2}$$

定理 16 $\sqrt{5}$ 是一至佳的数. 换言之, 若 $A > \sqrt{5}$, 则必有一个实数 α, 使

$$\left|\alpha - \frac{p}{q}\right| < \frac{1}{Aq^2}$$

不能有无穷多个解.

证明 $\alpha = \frac{1}{2}(\sqrt{5}-1)$ 即其例也. 若不然, 设

$$\frac{1}{2}(\sqrt{5}-1) = \frac{p}{q} + \frac{\delta}{q^2}$$

$$|\delta| < \frac{1}{A} < \frac{1}{\sqrt{5}}$$

则

$$\frac{\delta}{q} - \frac{1}{2}\sqrt{5}q = -\frac{1}{2}q - p$$

平方此式可得

$$\frac{\delta^2}{q^2} - \sqrt{5}\delta = \left(\frac{1}{2}q + p\right)^2 - \frac{5}{4}q^2 = pq - q^2 + p^2$$

当 q 充分大时, 则

$$\left|\frac{\delta^2}{q^2} - \sqrt{5}\delta\right| < 1$$

故

$$pq - q^2 + p^2 = 0$$

58

即
$$(2p+q)^2 = 5q^2$$
这是不可能的.

2.2.5 实数的相似

定义 3 若 ξ 与 η 为两实数,且

$$\xi = \frac{a\eta + b}{c\eta + d}, ad - bc = \pm 1, a,b,c,d \text{ 为整数} \quad (8)$$

则称 ξ 与 η 相似. 这种由 η 表示 ξ 的关系,称为模变形.

例 1 $\xi = a + \eta, \eta = \dfrac{1}{\xi}$ 皆为模变形.

例 2 $\xi = [a, \zeta] = a + \dfrac{1}{\zeta}$ 亦为模变形.

例 3 $\alpha = [a_0, a_1, \cdots, a_{n-1}, \alpha'_n]$ 可以看成是例 2 所述模变形的 n 次连续运用,而得出的模变形为

$$\alpha = \frac{p_{n-1}\alpha'_n + p_{n-2}}{q_{n-1}\alpha'_n + q_{n-2}}$$

关于相似性有下面各性质:

(ⅰ)一个数必与其自身相似. 因为 $\xi = \eta$ 是一个模变形($a = d = 1, b = c = 0$);

(ⅱ)若 ξ 与 η 相似,则 η 与 ξ 亦相似. 因为由式(8),可得 $\eta = \dfrac{d\xi - b}{-c\xi + a}$,而这也是一个模变形;

(ⅲ)若 ξ 与 η 相似,η 与 ζ 相似,则 ξ 与 ζ 相似. 因为若 $\xi = \dfrac{a\eta + b}{c\eta + d}, \eta = \dfrac{a_1\zeta + b_1}{c_1\zeta + d_1}$,则

$$\xi = \frac{(aa_1 + bc_1)\zeta + (ab_1 + bd_1)}{(ca_1 + dc_1)\zeta + (cb_1 + dd_1)}$$

Hurwitz 定理

此处

$$(aa_1+bc_1)(cb_1+dd_1)-(ab_1+bd_1)(ca_1+dc_1)$$
$$=(ad-bc)(a_1d_1-b_1c_1)=\pm 1$$

定义 4 性质(ⅲ)中最后得出的模变形称为前两个模变形之积.

定理 17 凡有理数必相似.

证明 设 $\dfrac{p}{q}((p,q)=1)$ 为一个有理数,则有 p' 及 q',使得

$$pq'-qp'=1$$

故

$$\frac{p}{q}=\frac{p'\cdot 0+p}{q'\cdot 0+q}=\frac{a\cdot 0+b}{c\cdot 0+d}$$
$$ad-bc=-1$$

即有理数都相似于 0,故得定理.

定理 18 模变形(8)可以表示成连分数的形式

$$\xi=[a_0,a_1,\cdots,a_{k-1},\eta]\quad (k\geq 2)\qquad (9)$$

的必要且充分条件为有两个整数 c 与 d,满足

$$c>d>0 \qquad (10)$$

证明 (1)由形式(9)可得

$$\xi=\frac{p_{k-1}\eta+p_{k-2}}{q_{k-1}\eta+q_{k-2}}$$

这显然适合条件(10).

(2)今对 d 用归纳法证明定理的逆部分.

当 $d=1$ 时,则 $a=bc\pm 1$,即

$$\xi=\frac{(bc\pm 1)\eta+b}{c\eta+1}$$

若取正号,则
$$\xi = b + \frac{\eta}{c\eta+1} = [b,c,\eta]$$
若取负号,则
$$\xi = b - 1 + \frac{(c-1)\eta+1}{c\eta+1}$$
$$= [b-1,1,c-1,\eta]$$
由于
$$\xi = \frac{b\zeta + a - bq}{d\zeta + c - dq} \quad (11)$$
把
$$\zeta = [q,\eta] = q + \frac{1}{\eta}$$
代入式(11)即得式(8). 若取 q 使 $0 < c - dq < d$(因 $d > 1$,$(c,d) = 1$),则式(11)中对应于 d 的元素小于 d,故得定理.

定理 19 两无理数相似的必要且充分条件为
$$\xi = [a_0, a_1, \cdots, a_m, c_0, c_1, \cdots]$$
$$\eta = [b_0, b_1, \cdots, b_n, c_0, c_1, \cdots]$$
换言之,其连分数的展开式中,自若干项之后完全相同.

证明 (1)令 $\omega = [c_0, c_1, \cdots]$,则
$$\xi = [a_0, a_1, \cdots, a_m, \omega] = \frac{\omega p_m + p_{m-1}}{\omega q_m + q_{m-1}}$$
$$p_m q_{m-1} - q_m p_{m-1} = \pm 1$$
故 ω 与 ξ 相似. 同理 ω 与 η 相似,故 ξ 与 η 相似.

(2)若 ξ 与 η 相似,则

Hurwitz 定理

$$\eta = \frac{a\xi + b}{c\xi + d}$$

$$ad - bc = \pm 1$$

可以假定 $c\xi + d > 0$. 展开 ξ 为连分数

$$\xi = [a_0, \cdots, a_k, a_{k+1}, \cdots]$$
$$= [a_0, \cdots, a_{k-1}, \alpha'_k]$$
$$= \frac{\alpha'_k p_{k-1} + p_{k-2}}{\alpha'_k q_{k-1} + q_{k-2}}$$

合并整理可得

$$\eta = \frac{P\alpha'_k + R}{Q\alpha'_k + S}$$

其中

$$P = ap_{k-1} + bq_{k-1}$$
$$R = ap_{k-2} + bq_{k-2}$$
$$Q = cp_{k-1} + dq_{k-1}$$
$$S = cp_{k-2} + dq_{k-2}$$

P, Q, R, S 皆为整数,且适合 $PS - QR = \pm 1$.

由定理 9 可知

$$p_{k-1} = \xi q_{k-1} + \frac{\delta}{q_{k-1}}, p_{k-2} = \xi q_{k-2} + \frac{\delta'}{q_{k-2}}$$

$$|\delta| < 1, |\delta'| < 1$$

故

$$Q = (c\xi + d)q_{k-1} + \frac{c\delta}{q_{k-1}}$$

$$S = (c\xi + d)q_{k-2} + \frac{c\delta'}{q_{k-2}}$$

由 $c\xi + d > 0$, 及 $q_{k-2} \geq k-2, q_{k-1} \geq q_{k-2} + 1$(定理3), 可

知当 k 充分大时
$$Q > S > 0$$
由定理 18，可知
$$\eta = [b_0, \cdots, b_n, \alpha'_k]$$
故条件的必要性获证．

令 $M(\alpha)$ 为最大的数，使得对任何 $\varepsilon > 0$，不等式
$$\left| \alpha - \frac{p_i}{q_i} \right| \leq \frac{1}{(M(\alpha) - \varepsilon) q_i^2}$$
有无穷多个解．例如，$M\left(\frac{1}{2}(\sqrt{5} - 1)\right) = \sqrt{5}$．令
$$\alpha - \frac{p_i}{q_i} = \frac{1}{\lambda_i q_i^2}$$
则
$$\lambda_i = (-1)^i \left(\alpha'_{i+1} + \frac{q_{i-1}}{q_i} \right)$$
$$\alpha'_{i+1} = [a_{i+1}, a_{i+2}, \cdots]$$
又
$$\frac{q_{i-1}}{q_i} = \frac{1}{\dfrac{q_i}{q_{i-1}}} = \frac{1}{a_i} + \frac{q_{i-2}}{q_{i-1}}$$
$$= \frac{1}{a_i} + \frac{1}{a_{i-1}} + \frac{q_{i-3}}{q_{i-2}} = \cdots =$$
$$= [0, a_i, a_{i-1}, \cdots, a_2, a_1]$$
故
$$M(\alpha) = \overline{\lim_{i \to \infty}} \lambda_i = \overline{\lim_{i \to \infty}} ([a_{i+1}, a_{i+2}, \cdots] + [0, a_i, a_{i-1}, \cdots, a_2, a_1])$$
若 α 与 β 相似，则当 i 充分大时 $a_i = b_i$．故可得如下

Hurwitz 定理

定理.

定理 20 若 α 与 β 相似,则
$$M(\alpha)=M(\beta)$$

由此可得:若 α 与 $\frac{1}{2}(\sqrt{5}-1)$ 相似,则适合

$$\left|\frac{p}{q}-\alpha\right|<\frac{1}{Aq^2}\quad(A>\sqrt{5})$$

的解的个数有限. 换言之,若 α 不与 $\frac{1}{2}(\sqrt{5}-1)$ 相似, 则 $M(\alpha)$ 的情况如何? 我们有下面的结果:

若 α 不与 $\frac{1}{2}(\sqrt{5}-1)$ 相似,则 $M(\alpha)\geqslant\sqrt{8}$. 换言之,对这样的 α,满足

$$\left|\frac{p}{q}-\alpha\right|<\frac{1}{\sqrt{8}q^2}$$

有无穷多个解.

又若 α 与 $1+\sqrt{2}$ 相似,则 $M(\alpha)=\sqrt{8}$. 普遍来讲, 可有下面的结果:

定义 5 u 为一个自然数,若
$$u^2+v^2+w^2=3uvw$$
有整数解 (v,w),则此 u 名为 Марков 数. 最初的十个 Марков 数为

1,2,5,13,29,34,89,169,194,233,433,…

(Марков 数的个数无穷).

若 α 与

$$\frac{1}{2u}\left(\sqrt{9u^2-4}+u+\frac{2v}{w}\right)=\alpha_u$$

相似,则
$$M(\alpha_u) = \frac{\sqrt{9u^2-4}}{u}$$
此处的 u 为 Марков 数,v 及 w 为对应的解,且若 α 不与 $\alpha_u(1\leqslant u\leqslant v)$ 相似,则
$$\left|\alpha - \frac{p}{q}\right| < \frac{1}{M(\alpha_v)q^2}$$
有无穷多个解.

由此可见,若 α 非具有有理系数的二次方程的根,则对任一 u,常有
$$M(\alpha) \geqslant \frac{\sqrt{9u^2-4}}{u}$$
当此 u 趋向无穷时,则
$$M(\alpha) \geqslant 3$$
又若 $0 < m_1 < m_2 < \cdots$,则
$$\alpha = [2,2,\underbrace{1,1,\cdots,1}_{m_1},2,2,\underbrace{1,\cdots,1}_{m_2},2,2,\underbrace{1,1,\cdots,1}_{m_3},\cdots]$$
是适合 $M(\alpha) = 3$ 的数,以上所述结果的证明不在此书范围之内.

2.2.6 循环连分数

定义 6 当 $l \geqslant L$ 时,若 $a_l = a_{l+k}$,则此连分数称为循环连分数,或称以 k 为周期的循环连分数,记为
$$[a_0,\cdots,a_{L-1},\dot{a}_L,\cdots,\dot{a}_{L+k-1}]$$
先举数例
$$\sqrt{2} = 1 + (\sqrt{2} - 1)$$
$$= 1 + \frac{1}{\sqrt{2}+1} = 1 + \frac{1}{2+(\sqrt{2}-1)}$$

Hurwitz 定理

$$= 1 + \cfrac{1}{2} + \cfrac{1}{2} + \cdots = [1, \dot{2}]$$

$$\sqrt{3} = 1 + \cfrac{1}{1} + \cfrac{1}{2} + \cfrac{1}{1} + \cfrac{1}{2} + \cdots = [1, \dot{1}, \dot{2}]$$

$$\sqrt{5} = [2, \dot{4}]$$

$$\sqrt{7} = [2, \dot{1}, 1, 1, \dot{4}]$$

定理 21 一个连分数为循环连分数的必要且充分条件是,此数为一个具有有理系数的二次不可约方程式的根.

证明 (1) 令

$$\alpha'_L = [\dot{a}_L, \cdots, \dot{a}_{L+k-1}] = [a_L, \cdots, a_{L+k-1}, \alpha'_L]$$

即得

$$\alpha'_L = \frac{p' \alpha'_L + p''}{q' \alpha'_L + q''}$$

故 α'_L 适合

$$q' {\alpha'_L}^2 + (q'' - p') \alpha'_L - p'' = 0$$

(其中 $\dfrac{p''}{q''}, \dfrac{p'}{q'}$ 为 $[a_L, \cdots, a_{L+k-1}]$ 的最后两个渐近分数),又

$$\alpha = \frac{p_{L-1} \alpha'_L + p_{L-2}}{q_{L-1} \alpha'_L + q_{L-2}}$$

故知 α 适合

$$a\alpha^2 + b\alpha + c = 0$$

因 α 为无理数,故 $b^2 - 4ac$ 非一完全平方数.

(2) 设 α 适合

$$a\alpha^2 + b\alpha + c = 0$$

令

$$\alpha = [a_0, a_1, \cdots, a_n, \cdots]$$

则

$$\alpha = \frac{p_{n-1}\alpha'_n + p_{n-2}}{q_{n-1}\alpha'_n + q_{n-2}}$$

以此代入 $a\alpha^2 + b\alpha + c = 0$,则得

$$A_n \alpha'^2_n + B_n \alpha'_n + C_n = 0$$

其中

$$A_n = ap_{n-1}^2 + bp_{n-1}q_{n-1} + cq_{n-1}^2$$
$$B_n = 2ap_{n-1}p_{n-2} + b(p_{n-1}q_{n-2} + p_{n-2}q_{n-1}) +$$
$$2cq_{n-1}q_{n-2}$$
$$C_n = ap_{n-2}^2 + bp_{n-2}q_{n-2} + cq_{n-2}^2$$

若 $A_n = 0$,则 $a\alpha^2 + b\alpha + c = 0$ 具有有理根,这是不可能的,故 $A_n \neq 0$,且

$$A_n y^2 + B_n y + C_n = 0$$

的一个根为 α'_n. 直接计算可得

$$B_n^2 - 4A_n C_n = (b^2 - 4ac)(p_{n-1}q_{n-2} - p_{n-2}q_{n-1})^2$$
$$= b^2 - 4ac$$

$$q_n \alpha - p_n = \frac{(-1)^n \delta_n}{q_{n+1}}$$

$$p_{n-1} = \alpha q_{n-1} + \frac{\delta_{n-1}}{q_{n-1}} \quad (|\delta_{n-1}| < 1)$$

故

$$A_n = a\left(\alpha q_{n-1} + \frac{\delta_{n-1}}{q_{n-1}}\right)^2 + bq_{n-1}\left(\alpha q_{n-1} + \frac{\delta_{n-1}}{q_{n-1}}\right) + cq_{n-1}^2$$
$$= (a\alpha^2 + b\alpha + c)q_{n-1}^2 + 2a\alpha\delta_{n-1} + a\frac{\delta_{n-1}^2}{q_{n-1}^2} + b\delta_{n-1}$$

Hurwitz 定理

$$= 2a\alpha\delta_{n-1} + a\frac{\delta_{n-1}^2}{q_{n-1}^2} + b\delta_{n-1}$$

由此立得

$$|A_n| < 2|a\alpha| + |a| + |b|$$

因 $C_n = A_{n-1}$，故

$$|C_n| < 2|a\alpha| + |a| + |b|$$

再由

$$B_n^2 \leqslant 4|A_n C_n| + |b^2 - 4ac|$$
$$< 4(2|a\alpha| + |a| + |b|)^2 + |b^2 - 4ac|$$

故 A_n, B_n, C_n 的绝对值小于与 n 无关的数，即只有有限组 (A_n, B_n, C_n). 因此至少有同一 (A_n, B_n, C_n) 出现三次. 设 $n = n_1, n_2, n_3$ 对应同一组 (A_n, B_n, C_n)，则 $\alpha'_{n_1}, \alpha'_{n_2}, \alpha'_{n_3}$ 为

$$A_n y^2 + B_n y + C_n = 0$$

的根. 所以至少有两者相等. 设 $\alpha'_{n_1} = \alpha'_{n_2}$，则

$$a_{n_1} = a_{n_2}, a_{n_1+1} = a_{n_2+1}, \cdots$$

故连分数是循环的.

2.2.7 Legendre 的判断条件

由前面已知，若 $\dfrac{p}{q}$ 是 α 的一个渐近值，则

$$\left|\alpha - \frac{p}{q}\right| < \frac{1}{q^2}$$

但此并不保证 $\dfrac{p}{q}$ 为 α 的渐近值，今往求保证 $\dfrac{p}{q}$ 为 α 的一个渐近分数的必要且充分条件. 令

$$\alpha - \frac{p}{q} = \frac{\varepsilon\vartheta}{q^2} \quad (\varepsilon = \pm 1, 0 < \vartheta < 1)$$

再令
$$\frac{p}{q} = [a_0, \cdots, a_{n-1}] = \frac{p_{n-1}}{q_{n-1}}$$
当可取 n 使 $(-1)^{n-1} = \varepsilon$ 时,原式可写为
$$\alpha - \frac{p_{n-1}}{q_{n-1}} = \frac{\varepsilon \vartheta}{q_{n-1}^2}$$
由下式定义 β,即
$$\alpha = \frac{p_{n-1}\beta + p_{n-2}}{q_{n-1}\beta + q_{n-2}} \qquad (12)$$
则
$$\frac{\varepsilon \vartheta}{q_{n-1}^2} = \frac{p_{n-1}\beta + p_{n-2}}{q_{n-1}\beta + q_{n-2}} - \frac{p_{n-1}}{q_{n-1}}$$
$$= \frac{(-1)^{n-1}}{q_{n-1}(q_{n-1}\beta + q_{n-2})}$$
故
$$\vartheta = \frac{q_{n-1}}{q_{n-1}\beta + q_{n-2}}$$
解此式可得
$$\beta = \frac{q_{n-1} - \vartheta q_{n-2}}{\vartheta q_{n-1}}$$
因 $0 < \vartheta < 1$,故 $\beta > 0$.

式(12)即为
$$\alpha = [a_0, \cdots, a_{n-1}, \beta]$$
若 $\beta \geq 1$,则
$$\beta = \alpha'_n (= [a_n, a_{n+1}, \cdots])$$
即 $\dfrac{p}{q} = \dfrac{p_{n-1}}{q_{n-1}}$ 为 α 的渐近值.

Hurwitz 定理

若 $\beta<1$,因 $\beta>0$,可知
$$\left[a_{n-1}+\frac{1}{\beta}\right]=a_{n-1}+c \quad (c>0)$$
即
$$\alpha=[a_0,\cdots,a_{n-2},a_{n-1}+c,\cdots]$$
即 $[a_0,\cdots,a_{n-1}]$ 非 α 的渐近值,是以 $\beta\geqslant 1$ 为必要且充分条件,换言之:

定理 22(Legendre) 令
$$\varepsilon\vartheta=q^2\alpha-pq \quad (\varepsilon=\pm 1,0<\vartheta<1)$$
展开
$$\frac{p}{q}=[a_0,\cdots,a_{n-1}] \quad ((-1)^{n-1}=\varepsilon)$$
则 $\frac{p}{q}$ 为 α 的渐近值的必要且充分条件为
$$\vartheta\leqslant\frac{q_{n-1}}{q_{n-1}+q_{n-2}}$$
因
$$\frac{q_{n-1}}{q_{n-1}+q_{n-2}}>\frac{1}{2}$$
故立得:

定理 23 若有一个有理数 $\frac{p}{q}$ 适合
$$\left|\alpha-\frac{p}{q}\right|<\frac{1}{2q^2}$$
则 $\frac{p}{q}$ 必为 α 的一个渐近值.

定理 24 若 $p>0,q>0$,且
$$|p^2-\alpha^2 q^2|<\alpha$$

则 $\dfrac{p}{q}$ 必为 α 的一个渐近值.

证明 令
$$\alpha^2 q^2 - p^2 = \varepsilon\delta\alpha \quad (\varepsilon = \pm 1, 0 \leq \delta < 1)$$
则
$$\alpha q - p = \dfrac{\varepsilon\delta\alpha}{\alpha q + p}$$
故
$$\vartheta = \varepsilon q(\alpha q - p) = \dfrac{\delta\alpha q}{\alpha q + p} = \dfrac{\delta\alpha q_{n-1}}{\alpha q_{n-1} + p_{n-1}}$$
$$(-1)^{n-1} = \varepsilon$$
由定理 22 可知,只需证明
$$\dfrac{\delta\alpha q_{n-1}}{\alpha q_{n-1} + p_{n-1}} < \dfrac{q_{n-1}}{q_{n-1} + q_{n-2}}$$
亦即求证
$$\delta\alpha(q_{n-1} + q_{n-2}) < \alpha q_{n-1} + p_{n-1}$$
当 $n=2$ 时,此式显然成立,因为 $\delta < 1, \delta\alpha q_0 = \delta\alpha < \alpha < p_1$. 如能证明下式,当已足够
$$\alpha q_{n-1} - p_{n-1} < \alpha(q_{n-1} - q_{n-2}) \quad (n > 2)$$
因
$$\alpha q_{n-1} - p_{n-1} = \dfrac{\varepsilon\delta\alpha}{\alpha q_{n-1} + p_{n-1}}$$
故如能证明
$$\dfrac{\varepsilon\delta}{\alpha q_{n-1} + p_{n-1}} < q_{n-1} - q_{n-2}$$
即可,亦即如能证明
$$\dfrac{1}{\alpha q_{n-1} + p_{n-1}} < q_{n-1} - q_{n-2}$$

Hurwitz 定理

即可,而此式无疑成立,因为由定理 3 已知

$$q_{n-1} - q_{n-2} \geq 1 > \frac{1}{\alpha q_{n-1} + p_{n-1}}$$

2.2.8 二次不定方程

兹讨论整未知数 x, y 的方程

$$x^2 - dy^2 = l \quad (0 < |l| < \sqrt{d})$$

在本小节及以下小节中我们假定 d 为正整数,但非整数的平方.

定理 25 于 $\sqrt{d}$ 的展开式中形式 α'_n 必为

$$\frac{\sqrt{d} + P_n}{Q_n}, P_n^2 \equiv d (\bmod Q_n)$$

此处 P_n 及 Q_n 皆为整数.

证明 今用归纳法:显然

$$\sqrt{d} - [\sqrt{d}] = \frac{1}{\alpha'_1}$$

即

$$\alpha'_1 = \frac{\sqrt{d} + [\sqrt{d}]}{d - [\sqrt{d}]^2}$$

即 $P_1 = [\sqrt{d}], Q_1 = d - [\sqrt{d}]^2$. 今假定 $\alpha'_n = \frac{\sqrt{d} + P_n}{Q_n}$. 因

$$\alpha'_n = a_n + \frac{1}{\alpha'_{n+1}}$$

故所待证者为:有两整数 P_{n+1} 及 Q_{n+1},使得

$$\frac{\sqrt{d} + P_n}{Q_n} = a_n + \frac{Q_{n+1}}{\sqrt{d} + P_{n+1}}$$

及

亦即需证明：有两整数 P_{n+1} 及 Q_{n+1}，使得
$$d - P_{n+1}^2 \equiv 0 (\bmod Q_{n+1}) \tag{13}$$
$$d + P_n P_{n+1} = a_n Q_n P_{n+1} + Q_n Q_{n+1} \tag{14}$$
$$P_n + P_{n+1} = a_n Q_n \tag{15}$$

从式(14)减去式(15)的 P_{n+1} 倍，可得
$$d - P_{n+1}^2 = Q_n Q_{n+1} \tag{16}$$

要适合(16)，必适合(13)，又由(15)(16)可得式(14). 故只需证明有两整数 P_{n+1} 及 Q_{n+1} 适合(15)及(16).

由式(15)可解得 P_{n+1} 的值. 由 $P_n^2 \equiv P_{n+1}^2 (\bmod Q_n)$，可知
$$d - P_{n+1}^2 \equiv 0 (\bmod Q_n)$$

故存在 Q_{n+1} 适合式(16). 故定理也已证明.

定理 26 二次不定方程
$$x^2 - dy^2 = (-1)^n Q_n$$
常有解. 若 $l \neq (-1)^n Q_n$，且 $|l| < \sqrt{d}$，则
$$x^2 - dy^2 = l$$
不可解.

证明 已知
$$\sqrt{d} = \frac{p_{n-1}\alpha'_n + p_{n-2}}{q_{n-1}\alpha'_n + q_{n-2}} = \frac{p_{n-1}(\sqrt{d}+P_n) + p_{n-2}Q_n}{q_{n-1}(\sqrt{d}+P_n) + q_{n-2}Q_n}$$

由 $\sqrt{d}$ 为无理数，故化简分数可得
$$p_{n-1} = q_{n-1}P_n + q_{n-2}Q_n$$
$$dq_{n-1} = p_{n-1}P_n + p_{n-2}Q_n$$

以 p_{n-1} 乘第一式减去以 q_{n-1} 乘第二式，可得

Hurwitz 定理

$$p_{n-1}^2 - dq_{n-1}^2 = (p_{n-1}q_{n-2} - p_{n-2}q_{n-1})Q_n$$
$$= (-1)^n Q_n$$

定理的另一半,可由定理 24 得之.

定理 27　若 k 为 $\sqrt{d}$ 的连分数的周期(即循环节的长),且 $n > L$ 及

$$p_{n-1}^2 - dq_{n-1}^2 = (-1)^n Q_n$$

则

$$p_{n-1+lk}^2 - dq_{n-1+lk}^2 = (-1)^{n+lk} Q_n$$

证明　若 k 为 $\sqrt{d}$ 的连分数的周期,则

$$\frac{\sqrt{d}+P_n}{Q_n} = \frac{\sqrt{d}+P_{n+lk}}{Q_{n+lk}}$$

故得定理.

2.2.9　Pell 方程

今往解 Pell 方程

$$x^2 - dy^2 = \pm 1 \quad (17)$$

由定理 27 已知必有一 Q,使

$$x^2 - dy^2 = Q$$

有无穷多个解. 今依 $\mod |Q|$ 分此式的各解为 Q^2 类. 必有一类其中至少有两解. 换言之,必有整数 x_1, y_1 及 x_2, y_2,使得

$$x_1^2 - dy_1^2 = x_2^2 - dy_2^2 = Q \quad (x_1 > 0, y_1 > 0, x_2 > 0, y_2 > 0)$$

且

$$x_1 \equiv x_2 (\mod |Q|), y_1 \equiv y_2 (\mod |Q|) \quad (x_1 \neq x_2)$$

今往证

$$x = \frac{x_1 x_2 - dy_1 y_2}{Q}, y = \frac{x_1 y_2 - x_2 y_1}{Q}$$

第 2 章　华罗庚论 Hurwitz 定理

即为 Pell 方程(17)的解：

（1）x 及 y 皆为整数. 因为
$$x_1 x_2 - d y_1 y_2 \equiv x_1^2 - d y_1^2 = Q \equiv 0 \pmod{|Q|}$$
$$x_1 y_2 - x_2 y_1 \equiv x_1 y_1 - x_1 y_1 \equiv 0 \pmod{|Q|}$$

（2）x, y 适合 Pell 方程. 因为
$$Q^2(x^2 - d y^2) = (x_1 x_2 - d y_1 y_2)^2 - d(x_1 y_2 - x_2 y_1)^2$$
$$= (x_1^2 - d y_1^2)(x_2^2 - d y_2^2) = Q^2$$

（3）(x, y) 非显然解($\pm 1, 0$)，即 $y \neq 0$. 若不然
$$x_1 y_2 - x_2 y_1 = 0$$
由 $(x_1, y_1) = (x_2, y_2) = 1$，故 $x_1 = x_2, y_1 = y_2$，此与假定相违背.

故可知如下定理.

定理 28　Pell 方程
$$x^2 - d y^2 = 1$$
有一个解 $(x, y), y \neq 0$.

由定理 24 得出 $\dfrac{x}{y} = \dfrac{p_{n-1}}{q_{n-1}}$ 是 $\sqrt{d}$ 的渐近分数，故由定理 26 得知有一 n，使得
$$(-1)^n Q_n = 1$$

定理 29　令 n 为使 $(-1)^n Q_n = 1$ 的最小正整数，则
$$x^2 - d y^2 = 1$$
的各根皆由下式得到
$$x + \sqrt{d} y = \pm (p_{n-1} + \sqrt{d} q_{n-1})^l \quad (l \text{ 任意})$$

证明　令
$$\varepsilon = p_{n-1} + \sqrt{d} q_{n-1}$$

Hurwitz 定理

显然可见 $\varepsilon > 1$，因

$$\pm \frac{1}{x+\sqrt{d}\,y} = \pm(x-\sqrt{d}\,y)$$

故只需证明：凡

$$x^2 - dy^2 = 1 \quad (x>0, y>0)$$

的根 (x,y) 皆可表示为 $x+y\sqrt{d} = \varepsilon^m\, (m>0)$.

令 (x,y) 为这样的一个根，则

$$x+y\sqrt{d} > 1$$

必有一个整数 $m \geq 0$，使得

$$\varepsilon^m \leq x+y\sqrt{d} < \varepsilon^{m+1}$$

即

$$1 \leq \varepsilon^{-m}(x+y\sqrt{d}) < \varepsilon$$

令

$$\varepsilon^{-m}(x+y\sqrt{d}) = (x_0 - y_0\sqrt{d})(x+y\sqrt{d})$$
$$= X + Y\sqrt{d}$$

因 $\sqrt{d}$ 为无理数，故

$$(x_0 + y_0\sqrt{d})(x - y\sqrt{d}) = X - Y\sqrt{d}$$

相乘得

$$X^2 - dY^2 = 1$$

今设

$$1 < X + \sqrt{d}\,Y < \varepsilon$$

故

$$0 < \varepsilon^{-1} < (X+\sqrt{d}\,Y)^{-1} = X - \sqrt{d}\,Y < 1$$

相加、相减得

$$2X = (X+\sqrt{d}\,Y) + (X-\sqrt{d}\,Y) > 1 + \varepsilon^{-1} > 0$$

第2章 华罗庚论 Hurwitz 定理

$$2\sqrt{d}Y = (X+\sqrt{d}Y)-(X-\sqrt{d}Y) > 1-1 = 0$$

由此可知

$$X^2 - dY^2 = 1 \quad (X>0, Y>0)$$

且

$$1 < X+\sqrt{d}Y < p_{n-1}+\sqrt{d}q_{n-1}$$

因 $x = \sqrt{1+dy^2}$ 随 y 的增大而增大,故 $x+\sqrt{d}y$ 亦随 y 的增大而增大,故由上式可得 $Y < q_{n-1}$,且 $X < p_{n-1}$,即 $\dfrac{X}{Y}$ 为一个分母小于 q_{n-1} 的渐近分数,这是不可能的,故得 $X+Y\sqrt{d}=1$.

由前所述可知 $x^2 - dy^2 = 1$ 常可解,但

$$x^2 - dy^2 = -1$$

则不一定常可解. 例如 $x^2 - 3y^2 = -1$ 不可解. 因为 $x^2 \equiv 0,1 \pmod{4}$, $x^2 - 3y^2 \equiv x^2 + y^2 \equiv 0,1,2 \pmod{4}$, 而 $x^2 - 3y^2 \not\equiv -1 \pmod{4}$. 此例显示:若 $d \equiv 3 \pmod{4}$, 则 $x^2 - dy^2 = -1$ 常不可解.

但若有 x_0, y_0 使

$$x_0^2 - dy_0^2 = -1$$

则由

$$x_1 + \sqrt{d}y_1 = (x_0 + \sqrt{d}y_0)^2$$

所定义的 x_1, y_1 适合

$$x_1^2 - dy_1^2 = 1$$

易证:若 $x^2 - dy^2 = -1$ 有解,则 $x^2 - dy^2 = \pm 1$ 所有的根可由

$$\pm(p_{n-1}+\sqrt{d}q_{n-1})^l$$

77

表示出,而 n 是使 $(-1)^n Q_n = -1$ 成立的最小正整数.

2.2.10 Chebyshev 定理及 Khinchin 定理

设 ϑ 为一个无理实数,定理 13 已说明有无穷多对整数 x, y,使得

$$|x\vartheta - y| < \frac{1}{x} \quad ((x, y) = 1) \tag{18}$$

由此结果,我们可以立刻引申出下面的结论:

任一 $\varepsilon > 0$,必有一个整数 x 存在,使 $x\vartheta$ 与某一个整数的差小于 ε,换言之,点集

$$x\vartheta - [x\vartheta] \quad (x = 1, 2, 3, \cdots) \tag{19}$$

以 0 为其一个极限点.

这里自然就会产生求点集(19)的所有极限点的问题. 关于这一问题,Chebyshev 曾证明:$(0,1)$ 之间的任一点皆为点集(19)的一个极限点,或更精密些,他证明了下面的定理.

定理 30 设 ϑ 为一个无理实数,β 为任一实数,则有无穷多对整数 x, y,使得

$$|\vartheta x - y - \beta| < \frac{3}{x} \tag{20}$$

证明 由定理 13 有无穷多对整数 $p, q > 0$,使得

$$\vartheta = \frac{p}{q} + \frac{\delta}{q^2} \quad (|\delta| < 1, (p, q) = 1) \tag{21}$$

对于固定的 q 及 β,常可求得整数 t,使得

$$|q\beta - t| \leq \frac{1}{2}$$

于是

$$\beta = \frac{t}{q} + \frac{\delta'}{2q} \quad (|\delta'| \leq 1) \tag{22}$$

第 2 章　华罗庚论 Hurwitz 定理

因 $(p,q)=1$，故存在整数对 x,y，使得

$$\frac{q}{2} \leqslant x < \frac{3}{2}q, \quad px - qy = t \tag{23}$$

由式（21）及（22），有

$$|\vartheta x - y - \beta| = \left|\frac{xp}{q} + \frac{x\delta}{q^2} - y - \frac{t}{q} - \frac{\delta'}{2q}\right|$$

$$= \left|\frac{x\delta}{q^2} - \frac{\delta'}{2q}\right| < \frac{x}{q^2} + \frac{1}{2q}$$

因 $q > \frac{2}{3}x$，故得

$$|\vartheta x - y - \beta| < \frac{9}{4x} + \frac{3}{4x} = \frac{3}{x}$$

因 q 可任意大，而由 (23)，$x \geqslant \frac{q}{2}$。故定理即已证明.

定理 30 说明了对于任一无理实数 ϑ 及任一实数 β，存在常数 c，使不等式

$$|\vartheta x - y - \beta| < \frac{c}{x} \tag{24}$$

有无穷多对整数解 $x > 0, y$。该定理证明 $c = 3$，将此常数 c 予以改善，是一自然发生的问题. 由定理 16，我们可以看出 c 必须大于或等于 $\frac{1}{\sqrt{5}}$，Khinchin 曾证明了下面的结果：

定理 31　设 ϑ 为一个无理实数，β 为实数，$\varepsilon > 0$，则不等式

$$|x\vartheta - y - \beta| < \frac{1+\varepsilon}{\sqrt{5}\,x} \tag{25}$$

有无穷多对整数解 $x > 0, y$.

Hurwitz 定理

证明 由定理 15,我们有无穷多对整数 p,q,$(p,q)=1$,使 $\vartheta = \dfrac{p}{q} + \dfrac{\delta}{q^2}, 0 < |\delta| < \dfrac{1}{\sqrt{5}}$. 不妨假定 $\delta > 0$,否则只需以 $(-\vartheta, -\beta)$ 代替 (ϑ, β) 即可. 我们已知,若 ξ_1, ξ_2 为任意两实数(ξ_1, ξ_2 将在后面决定), $\xi_2 - \xi_1 \geqslant 1$,则常可求得整数对 x, y,使得

$$px - qy = [q\beta] \quad (\xi_1 q \leqslant x < \xi_2 q) \qquad (26)$$

于是

$$|x\vartheta - y - \beta| = \left| \dfrac{p}{q}x + \dfrac{\delta x}{q^2} - y - \dfrac{[q\beta]}{q} - \dfrac{\tau}{q} \right|$$

$$= \dfrac{1}{q}\left|\dfrac{x\delta}{q} - \tau\right| = \dfrac{1}{x} \cdot \dfrac{x}{q}\left|\dfrac{x\delta}{q} - \tau\right| \qquad (27)$$

其中 $\tau = q\beta - [q\beta]$.

(1)若要有

$$-\dfrac{1}{\sqrt{5}} \leqslant \dfrac{x}{q}\left(\dfrac{x\delta}{q} - \tau\right) < \dfrac{1}{\sqrt{5}}$$

则必有

$$\dfrac{\tau^2}{4\delta} - \dfrac{1}{\sqrt{5}} \leqslant \dfrac{x^2\delta}{q^2} - \dfrac{x\tau}{q} + \dfrac{\tau^2}{4\delta} < \dfrac{\tau^2}{4\delta} + \dfrac{1}{\sqrt{5}}$$

若假定

$$\tau^2 \geqslant \dfrac{4\delta}{\sqrt{5}} \qquad (28)$$

则由上式立即得

$$\sqrt{\dfrac{\tau^2}{4\delta} - \dfrac{1}{\sqrt{5}}} \leqslant \dfrac{x\sqrt{\delta}}{q} - \dfrac{\tau}{2\sqrt{\delta}} < \sqrt{\dfrac{\tau^2}{4\delta} + \dfrac{1}{\sqrt{5}}}$$

即

$$\frac{1}{\sqrt{\delta}}\left(\frac{\tau}{2\sqrt{\delta}}+\sqrt{\frac{\tau^2}{4\delta}-\frac{1}{\sqrt{5}}}\right)\leqslant \frac{x}{q}<\frac{1}{\sqrt{\delta}}\left(\frac{\tau}{2\sqrt{\delta}}+\sqrt{\frac{\tau^2}{4\delta}+\frac{1}{\sqrt{5}}}\right)$$

令

$$\xi_1=\frac{1}{\sqrt{\delta}}\left(\frac{\tau}{2\sqrt{\delta}}+\sqrt{\frac{\tau^2}{4\delta}-\frac{1}{\sqrt{5}}}\right)$$

$$\xi_2=\frac{1}{\sqrt{\delta}}\left(\frac{\tau}{2\sqrt{\delta}}+\sqrt{\frac{\tau^2}{4\delta}+\frac{1}{\sqrt{5}}}\right)$$

我们来研究如何才能使 $\xi_2-\xi_1\geqslant 1$. 将不等式

$$\frac{1}{\sqrt{\delta}}\left(\sqrt{\frac{\tau^2}{4\delta}+\frac{1}{\sqrt{5}}}-\sqrt{\frac{\tau^2}{4\delta}-\frac{1}{\sqrt{5}}}\right)>1$$

加以简化(上式左边即 $\xi_2-\xi_1$), 即得

$$\tau^2<\frac{4}{5}+\delta^2 \qquad (29)$$

因在化简过程中, 不等式两边皆为正数, 故我们已经证明: 若式(28)及(29)成立, 即

$$\sqrt{\frac{4\delta}{\sqrt{5}}}\leqslant \tau<\sqrt{\frac{4}{5}+\delta^2}$$

则定理已经成立.

现留待考虑者为 $\tau^2<\frac{4\delta}{\sqrt{5}}$ 及 $\sqrt{\frac{4}{5}+\delta^2}\leqslant \tau<1$ 两种情形.

(2) 设 $\tau^2<\frac{4\delta}{\sqrt{5}}$. 因 $\tau>0$, 故

$$\xi=\frac{1}{\sqrt{\delta}}\left(\frac{\tau}{2\sqrt{\delta}}+\sqrt{\frac{\tau^2}{4\delta}+\frac{1}{\sqrt{5}}}\right)>\frac{1}{\sqrt{\delta}}\sqrt{\frac{1}{\sqrt{5}}}>1$$

任一 $\eta>0$, 取 $\xi_1=\eta, \xi_2=\eta+\xi$, 显然有 $\xi_2-\xi_1=\xi>1$.

Hurwitz 定理

故式(26)中的 x 存在,由假定可知

$$\frac{x}{q}\left(\frac{x\delta}{q}-\tau\right)=\left(\frac{x\sqrt{\delta}}{q}-\frac{\tau}{2\sqrt{\delta}}\right)^2-\frac{\tau^2}{4\delta}>-\frac{1}{\sqrt{5}}$$

另外,令 $y=ax+b$,则当 x 在一区间内变化时,y^2 在两端点之一取其极大值,故

$$\frac{x}{q}\left(\frac{x\delta}{q}-\tau\right)$$

$$=\left(\frac{x\sqrt{\delta}}{q}-\frac{\tau}{2\sqrt{\delta}}\right)^2-\frac{\tau^2}{4\delta}$$

$$\leqslant \max\left\{\left(\eta\sqrt{\delta}-\frac{\tau}{2\sqrt{\delta}}\right)^2-\frac{\tau^2}{4\delta},\left((\eta+\xi)\sqrt{\delta}-\frac{\tau}{2\sqrt{\delta}}\right)^2-\frac{\tau^2}{4\delta}\right\}$$

$$=\max\left\{\eta^2\delta-\eta\tau,\left(\sqrt{\frac{\tau^2}{4\delta}+\frac{1}{\sqrt{5}}}+\eta\sqrt{\delta}\right)^2-\frac{\tau^2}{4\delta}\right\}$$

$$=\frac{1}{\sqrt{5}}+O(\eta)$$

因 η 可以任意小,故此时定理已经成立.

(3) 设 $\sqrt{\frac{4}{5}+\delta^2}\leqslant \tau<1$. 因 $\delta<\frac{1}{\sqrt{5}}$,故

$$\tau\geqslant\sqrt{\frac{4}{5}+\delta^2}>\sqrt{\left(1-\frac{1}{\sqrt{5}}\right)^2+2\delta\left(1-\frac{1}{\sqrt{5}}\right)+\delta^2}$$

$$=1-\frac{1}{\sqrt{5}}+\delta$$

即

$$1-\tau<\frac{1}{\sqrt{5}}-\delta$$

第 2 章 华罗庚论 Hurwitz 定理

对任一 $\eta>0$,可以决定整数对 x,y,使得

$$px-qy=[q\beta]+1 \quad (\eta q\leqslant x<(1+\eta)q)$$

则如式(27),我们有

$$|x\vartheta-y-\beta|=\left|\frac{x\delta}{q^2}+\frac{1-\tau}{q}\right|=\frac{1}{q}\left(\frac{x\delta}{q}+(1-\tau)\right)$$

$$<\frac{1}{q}\left\{(1+\eta)\delta+\frac{1}{\sqrt{5}}-\delta\right\}$$

$$\leqslant\frac{1}{q}(1+\eta)\frac{1}{\sqrt{5}}<\frac{(1+\eta)^2}{x\sqrt{5}}$$

因 η 可以任意小,故定理已完全证明.

习题 试证明:若 ϑ 为一个无理数,对任一 $\varepsilon>0$ 常有整数 x 及 y,使得

$$|x\vartheta-y|<\frac{\varepsilon}{x}$$

则对任一 $\delta>0$ 及任一实数 β,常有整数 $x>0$ 及 y,使得

$$|x\vartheta-y-\beta|<\frac{1+\delta}{3x}$$

2.2.11 一致分布及 $n\vartheta(\bmod\,1)$ 的一致分布性

2.2.10 中的 Chebyshev 定理说明了 $(0,1)$ 之间的每一点皆为点集

$$\{x\vartheta\}=x\vartheta-[x\vartheta] \quad (x=1,2,3,\cdots) \tag{30}$$

的一个极限点.但此点集在 $(0,1)$ 之间的分布状况如何,是否为一致分布,换言之,若 (a,b) 为属于 $(0,1)$ 中的小区间,则当 $x=1,2,\cdots,n$ 时,(a,b) 中是否包含此 n 点中其应得的一份,此定量并未给予任何回答.本小节的目的,即在答复此问题,我们先将应得的一份予以确切的定义.

定义 7 若 $P_i(i=1,2,3,\cdots)$ 为 $(0,1)$ 中的一个点集,

Hurwitz 定理

若对任一自然数 n 及任两正数 $a,b, 0 \leq a < b \leq 1, P_1, \cdots, P_n, n$ 个点中,其落入区间 (a,b) 中的数目 $N_n(a,b)$ 常满足关系

$$\lim_{n \to \infty} \frac{N_n(a,b)}{n} = b - a$$

则称点集 $P_i(i = 1,2,3,\cdots)$ 在 $(0,1)$ 内一致分布.

我们现来证明下面的定理.

定理 32 若 ϑ 为一个无理数,则点集

$$\{x\vartheta\} = x\vartheta - [x\vartheta] \quad (x = 1,2,3,\cdots)$$

在 $(0,1)$ 中一致分布.

证明 设 (a,b) 为 $(0,1)$ 内的任一小区间. 由定理 13,我们有无穷多对整数 $q > 0, p$,使得

$$\vartheta = \frac{p}{q} + \frac{\delta}{q^2} \quad (|\delta| < 1, (p,q) = 1)$$

令 u, v 为两整数,使得

$$\frac{u-1}{q} < a \leq \frac{u}{q} < \frac{v}{q} \leq b < \frac{v+1}{q}$$

又设 $n = rq + s, 0 \leq s < q, j$ 为一个整数, $0 \leq j < r$. 我们现在来看一个完全系 $(\bmod\ q) jq, jq+1, \cdots, jq + q - 1$. 显而易见

$$\{(jq+k)\vartheta\} = \left\{\frac{kp}{q} + \frac{j\delta}{q} + \frac{k\delta}{q^2}\right\} = \left\{\frac{kp + [j\delta]}{q} + \frac{\delta'}{q}\right\}$$

$$|\delta'| < 2$$

因 $[j\delta]$ 与 k 无关,故当 $k = 0,1,\cdots,q-1$ 时, $pk + [j\delta]$ 亦跑遍一个完全剩余系 $(\bmod\ q)$,故 q 个数 $\{(jq+k)\vartheta\}$ 中,其落入 (a,b) 中者多于 $v - u - 4$ 个,而少于 $v - u + 6$ 个. 因此, $\{x\vartheta\}(x = 1,2,\cdots,n)$ 中,其落入 (a,b) 中者,多于

$$r(v - u - 4) = \frac{n}{q}(v - u - 4) - \frac{s}{q}(v - u - 4)$$

第 2 章 华罗庚论 Hurwitz 定理

$$\geqslant n(b-a) - \frac{6}{q}n - \frac{v-u-4}{n}n$$

个,而少于

$$(r+1)(v-u+6) \leqslant n\left(\frac{v-u}{q}+\frac{6}{q}\right)+v-u+6$$

$$\leqslant n(b-a)+\frac{6}{q}n+\frac{v-u+6}{n}n$$

个. 设 $\varepsilon > 0$ 为任意给定的数,取 q 充分大,使 $\dfrac{6}{q} < \dfrac{\varepsilon}{2}$,再取 n 使 $\dfrac{q+6}{n} < \dfrac{\varepsilon}{2}$,则得

$$n(b-a) - n\varepsilon \leqslant N_n(a,b) \leqslant n(b-a) + n\varepsilon$$

即

$$\lim_{n\to\infty} \frac{N_n(a,b)}{n} = b-a$$

2.2.12 一致分布的判断条件

定理 33(Weyl(外尔)) 数列

$$x_1, \cdots, x_m, \cdots \quad (0 \leqslant x_m \leqslant 1) \tag{31}$$

是一致分布的必要且充分条件是,对任一 $(0,1)$ 间的 Riemann 可积函数 $f(x)$,常有

$$\lim_{n\to\infty} \frac{f(x_1)+\cdots+f(x_n)}{n} = \int_0^1 f(x)\mathrm{d}x \tag{32}$$

证明 先证明若数列(31)一致分布,则式(32)成立.

(1)令

$$f(x) = \begin{cases} c, 若\ a \leqslant x \leqslant b \\ 0, 否则 \end{cases}$$

如此则

Hurwitz 定理

$$\lim_{n\to\infty}\frac{f(x_1)+\cdots+f(x_n)}{n}=c\lim_{n\to\infty}\frac{N_n(a,b)}{n}=c(b-a)$$

而另外

$$\int_0^1 f(x)\mathrm{d}x = c(b-a)$$

故定理对此函数成立.

(2)式(32)是一个线性关系,即若对 $f_1,\cdots,f_k$ 能成立,则对线性关系 $c_1f_1+\cdots+c_kf_k$ 亦成立,由(1)可知当 f 为阶梯函数时也成立.

(3)若 f 是一个 Riemann 可积函数,则对任一 $\varepsilon>0$ 有两阶梯函数 $\varphi_\varepsilon(x),\Phi_\varepsilon(x)$,使得

$$\varphi_\varepsilon(x)\leqslant f(x)\leqslant\Phi_\varepsilon(x) \quad (0\leqslant x\leqslant 1) \tag{33}$$

且使

$$\int_0^1(\Phi_\varepsilon(t)-\varphi_\varepsilon(t))\mathrm{d}t<\varepsilon \tag{34}$$

由(2)已知本定理对 $\Phi_\varepsilon(x)$ 及 $\varphi_\varepsilon(x)$ 成立,故

$$\begin{aligned}\int_0^1\varphi_\varepsilon(t)\mathrm{d}t &= \lim_{n\to\infty}\frac{1}{n}(\varphi_\varepsilon(x_1)+\cdots+\varphi_\varepsilon(x_n))\\ &\leqslant \lim_{n\to\infty}\frac{1}{n}(f(x_1)+\cdots+f(x_n))\\ &\leqslant \lim_{n\to\infty}\frac{1}{n}(\Phi_\varepsilon(x_1)+\cdots+\Phi_\varepsilon(x_n))\\ &= \int_0^1\Phi_\varepsilon(t)\mathrm{d}t\end{aligned}$$

又由式(33)可知

$$\int_0^1\varphi_\varepsilon(t)\mathrm{d}t\leqslant\int_0^1 f(x)\mathrm{d}x\leqslant\int_0^1\Phi_\varepsilon(x)\mathrm{d}x$$

故得

$$\left|\lim_{n\to\infty}\frac{f(x_1)+\cdots+f(x_n)}{n}-\int_0^1 f(x)\,\mathrm{d}x\right|<\varepsilon$$

这就证明了本定理的必要部分.

定理的充分部分极易证明:仅取

$$f(x)=\begin{cases}1,\text{若 }a\leqslant x\leqslant b\\0,\text{否则}\end{cases}$$

式(32)即变为

$$\lim_{n\to\infty}\frac{N_n(a,b)}{n}=b-a$$

附注:在应用时本定理十分困难,因此需要对所有的 Riemann 可积函数进行研究才能证明一致分布性. 但以上证明中指出一点:用所有的阶梯函数即已足够,实际上说明,如一个函数组能够以其线性式接近所有的 Riemann 可积函数,即符合所求. 此乃以下定理之所由来.

定理 34(Weyl) 在定理 33 的假定下,另一必要且充分的条件为式(32)对 $f(x)=\mathrm{e}^{2\pi imx}$($m=\pm 1,\pm 2,\cdots$)成立.

换言之,数列(31)为一致分布的必要且充分的条件为对任一整数 $m\neq 0$,常有

$$\lim_{n\to\infty}\frac{1}{n}\left|\sum_{v=1}^{n}\mathrm{e}^{2\pi imx_v}\right|=0$$

证明 必要性显然,今往证其充分性. 定义

$$g(x)=\begin{cases}1,\text{若 }0\leqslant x<a\\0,\text{若 }a\leqslant x<1\end{cases}$$

则

Hurwitz 定理

$$\lim_{n\to\infty}\frac{g(x_1)+\cdots+g(x_n)}{n}=\lim_{n\to\infty}\frac{N_n(0,a)}{n}$$

故若能证明

$$\lim_{n\to\infty}\frac{g(x_1)+\cdots+g(x_n)}{n}=a$$

则定理已明. 今往做出一个以 1 为周期的连续函数 $g_{\eta,\delta}(x)$ 来接近 $g(x)$. 定义

$$g_{\eta,\delta}(x)=\begin{cases}\dfrac{x-\eta+\delta}{\delta}, & \text{若 } \eta-\delta\leqslant x\leqslant \eta \\ 1, & \text{若 } \eta\leqslant x\leqslant a-\eta \\ -\dfrac{x-a+\eta-\delta}{\delta}, & \text{若 } a-\eta\leqslant x\leqslant a-\eta+\delta \\ 0, & \text{若 } a-\eta+\delta\leqslant x\leqslant \eta-\delta+1\end{cases}$$

此处 $0<\delta\leqslant\dfrac{1}{2}\min(a,1-a),0\leqslant\eta\leqslant\delta$. 显然

$$g_{\delta,\delta}(x)\leqslant g(x)\leqslant g_{0,\delta}(x)$$

由于 $g_{\eta,\delta}(x)$ 是一个连续函数,故

$$g_{\eta,\delta}(x)=\sum_{n=-\infty}^{\infty}C_n\mathrm{e}^{2\pi\mathrm{i}nx}$$

此处

$$C_0=\int_{\eta-\delta}^{\eta-\delta+1}g_{\eta,\delta}(x)\mathrm{d}x=a+\delta-2\eta$$

且当 $n\neq 0$ 时

$$C_n=\int_{\eta-\delta}^{\eta-\delta+1}\mathrm{e}^{-2\pi\mathrm{i}nx}g_{\eta,\delta}(x)\mathrm{d}x$$

$$=\frac{\mathrm{e}^{-n\pi\mathrm{i}a}}{\delta(n\pi)^2}\sin n\pi(a+\delta-2\eta)\sin n\pi\delta$$

故可见

第2章 华罗庚论 Hurwitz 定理

$$|C_n| \leq \frac{1}{\delta(n\pi)^2}$$

故得

$$S_{\eta,\delta}(x) = \frac{g_{\eta,\delta}(x_1) + \cdots + g_{\eta,\delta}(x_k)}{k}$$

$$= \frac{1}{k}\sum_{j=1}^{k}\sum_{n=-\infty}^{\infty}C_n e^{2\pi i n x_j}$$

$$= \frac{1}{k}\sum_{n=-\infty}^{\infty}C_n \sum_{j=1}^{k}e^{2\pi i n x_j}$$

如此则

$$S_{\eta,\delta}(x) = C_0 + \sum_{\substack{n=-N \\ n \neq 0}}^{N} C_n \frac{1}{k}\sum_{j=1}^{k}e^{2\pi i n x_j} + \sum_{|n|>N} C_n \frac{1}{k}\sum_{j=1}^{k}e^{2\pi i n x_j}$$

今有

$$\left|\sum_{|n|>N} C_n \frac{1}{k}\sum_{j=1}^{k}e^{2\pi i n x_j}\right| \leq \frac{2}{\delta\pi^2}\sum_{n>N}\frac{1}{n^2}$$

当 N 充分大时,可使此不等式的右边小于 ε. 固定此 N, 由于

$$\lim_{k\to\infty}\frac{1}{k}\sum_{j=1}^{k}e^{2\pi i n x_j} = 0$$

故可取 k 充分大,使

$$\left|\sum_{\substack{n=-N \\ n \neq 0}}^{N} C_n \frac{1}{k}\sum_{j=1}^{k}e^{2\pi i n x_j}\right| < \varepsilon$$

即对任一对固定的 η,δ, 常有

$$|S_{\eta,\delta}(x) - (a + \delta - 2\eta)| < 2\varepsilon$$

即

Hurwitz 定理

$$\lim_{k\to\infty} S_{\eta,\delta}(x) = a + \delta - 2\eta$$

令

$$S(x) = \frac{g(x_1) + \cdots + g(x_k)}{k}$$

由于

$$S_{\delta,\delta}(x) \leqslant S(x) \leqslant S_{0,\delta}(x)$$

故对任一 δ,常有

$$a - \delta \leqslant \varliminf_{k\to\infty} S \leqslant \varlimsup_{k\to\infty} S \leqslant a + \delta$$

即得

$$\lim_{k\to\infty} S = a$$

这就证明了本定理.

附注:为了更清楚地说明一致分布性,最好利用单位圆来代表单位区间,令

$$\xi_n = e^{2\pi i x_n} \quad (n = 1, 2, \cdots)$$

如此则将数列(31)变为单位圆周上的一个数列. 此种表示法的优点之一是将区间 $(0,1)$ 的两端点 $0,1$ 的特殊性予以消除. 在圆上任取一段弧,其长为 $2\pi\alpha(\alpha < 1)$,则一致分布的点列落在此弧中的个数占全点列的 α 倍. 由于对任一整数 d,常有

$$e^{2\pi i x_n} = e^{2\pi i (x_n + d)}$$

故不一定假定数列(31)在 $(0,1)$ 之中,即可以定义:若一函数 $f(x)$ 的分数部分在 $(0,1)$ 中一致分布,则称 $f(x)$ 一致分布,且模 1. 而其必要且充分条件是,对任一整数 $m(m \neq 0)$,有

$$\lim_{n\to\infty} \frac{1}{n} \sum_{x=1}^{n} e^{2\pi i m f(x)} = 0$$

此式的意义为:对任一 $m \neq 0$,点列

$$e^{2\pi i m f(x)} \quad (x = 1, 2, \cdots)$$

的重心为圆心. 显然可见,如果 $f(x)$ 一致分布,且模 1,则对任一非零的整数 m, $mf(x)$ 也一致分布,且模 1.

在一致分布问题的研究中,最有趣而尚未解决的问题为 e^x 是否一致分布,且模 1.

定理 35 函数 $f(x)$ 一致分布,且模 1 的充分必要条件是,对任何 $0 \leqslant a \leqslant 1$,皆有

$$\lim_{n\to\infty} \frac{1}{n}\sum_{x=1}^{n}\{f(x)+a\} = \frac{1}{2}.$$

证明 必要性:若 $f(x)$ 一致分布,且模 1,则 $f(x)+a$ 亦一致分布,且模 1. 故只需就 $a=0$ 来证明条件的必要性即可. 令 $x_m=\{f(m)\}$,则由定理 33 即得

$$\lim_{n\to\infty} \frac{1}{n}\sum_{x=1}^{n}\{f(x)\} = \int_0^1 x\mathrm{d}x = \frac{1}{2}.$$

充分性:设 $0 \leqslant b \leqslant 1$,即

$$\frac{1}{n}\sum_{x=1}^{n}\{f(x)+1-b\}$$

$$= \frac{1}{n}\sum\nolimits_1(\{f(x)\}+1-b) + \frac{1}{n}\sum\nolimits_2(\{f(x)\}-b)$$

此处 $\sum_1$ 中的 x 跑遍 $1,2,\cdots,n$ 中使 $\{f(x)\}<b$ 的各数,$\sum_2$ 中的 x 则跑遍 $1,2,\cdots,n$ 中使 $\{f(x)\}\geqslant b$ 的各数,于是即得

$$\frac{1}{n}\sum_{x=1}^{n}\{f(x)+1-b\}$$

$$= \frac{1}{n}\sum_{x=1}^{n}\{f(x)\} + \frac{1}{n}N_n(0,b) - b$$

令 $n\to\infty$ 并注意定理的假定,即得

$$\lim_{n\to\infty}\frac{1}{n}N_n(0,b) = b.$$

即所欲证.

入宝山不能空返

第 3 章

华罗庚的《数论导引》出版后,受到国内外读者的一致好评,被译成了多种文字出版,中国台湾还专门出了一个小册子,是由台湾九章出版社的创办人孙文先先生所倡导的,在中国大陆也是风行一时,可能是拥有最多读者的数论读物,其中有一位四川青年读的特别细,他独立地解出了该书的全部习题. 大家都知道华罗庚先生十分推崇苏联著名数论大师 Vinogrodov,他曾亲自给裘光明先生所译的维氏所著的《数论导引》写序,在序中华罗庚先生指出:"该书是一座宝山,若不做书后习题则恰似入宝山而空返." 受维氏的影响,华罗庚先生在自己的这部著作中也费尽心思地安排了许多恰到好处的习题,这些习题有些是为了更好地理解书中

的内容而设计的台阶,有些则是不方便纳入到正式体系中的新得到的或较为精巧的孤立结果.总之不解这些习题便不能更全面而深刻地理解数论之美.任承俊先生在新疆师范大学退休,现在已是一位老者,下面我们引用他的几个解答.

3.1 简单连分数

习题1 求证

$$p_n = \begin{vmatrix} a_0 & -1 & 0 & \cdots & 0 & 0 \\ 1 & a_1 & -1 & \cdots & 0 & 0 \\ 0 & 1 & a_2 & \cdots & 0 & 0 \\ \vdots & \vdots & \vdots & & \vdots & \vdots \\ 0 & 0 & 0 & \cdots & a_{n-1} & -1 \\ 0 & 0 & 0 & \cdots & 1 & a_n \end{vmatrix}$$

并证明 q_n 为由上面行列式中除去第一行第一列后的行列式的数值.

证明 当 $n=0$ 时,$p_0 = a_0$;当 $n=1$ 时

$$p_1 = \begin{vmatrix} a_0 & -1 \\ 1 & a_1 \end{vmatrix} = a_0 a_1 + 1$$

归纳假定直到当 $n-1$ 时结论成立,即有

Hurwitz 定理

$$p_{n-1} = \begin{vmatrix} a_0 & -1 & 0 & \cdots & 0 & 0 \\ 1 & a_1 & -1 & \cdots & 0 & 0 \\ 0 & 1 & a_2 & \cdots & 0 & 0 \\ \vdots & \vdots & \vdots & & \vdots & \vdots \\ 0 & 0 & 0 & \cdots & a_{n-2} & -1 \\ 0 & 0 & 0 & \cdots & 1 & a_{n-1} \end{vmatrix} = a_{n-1}p_{n-2} + p_{n-3}$$

把 p_n 所对应的行列式按最后一列展开有

$$p_n = a_n \begin{vmatrix} a_0 & -1 & 0 & \cdots & 0 & 0 \\ 1 & a_1 & -1 & \cdots & 0 & 0 \\ 0 & 1 & a_2 & \cdots & 0 & 0 \\ \vdots & \vdots & \vdots & & \vdots & \vdots \\ 0 & 0 & 0 & \cdots & a_{n-2} & -1 \\ 0 & 0 & 0 & \cdots & 1 & a_{n-1} \end{vmatrix} +$$

$$\begin{vmatrix} a_0 & -1 & 0 & \cdots & 0 & 0 \\ 1 & a_1 & -1 & \cdots & 0 & 0 \\ 0 & 1 & a_2 & \cdots & 0 & 0 \\ \vdots & \vdots & \vdots & & \vdots & \vdots \\ 0 & 0 & 0 & \cdots & a_{n-2} & -1 \\ 0 & 0 & 0 & \cdots & 0 & 1 \end{vmatrix}$$

由归纳假定,第一个行列式的值为 p_{n-1}. 再把第二个行列式按最后一行展开,其值为 p_{n-2},故有 $p_n = a_n p_{n-1} + p_{n-2}$. 下面再证明

$$q_n = \begin{vmatrix} a_1 & -1 & 0 & \cdots & 0 & 0 \\ 1 & a_2 & -1 & \cdots & 0 & 0 \\ 0 & 1 & a_3 & \cdots & 0 & 0 \\ \vdots & \vdots & \vdots & & \vdots & \vdots \\ 0 & 0 & 0 & \cdots & a_{n-1} & -1 \\ 0 & 0 & 0 & \cdots & 1 & a_n \end{vmatrix}$$

当 $n = 1$ 时,$q_1 = a_1$. 归纳假定直到当 $n-1$ 时结论成立,即有

$$q_{n-1} = \begin{vmatrix} a_1 & -1 & 0 & \cdots & 0 & 0 \\ 1 & a_2 & -1 & \cdots & 0 & 0 \\ 0 & 1 & a_3 & \cdots & 0 & 0 \\ \vdots & \vdots & \vdots & & \vdots & \vdots \\ 0 & 0 & 0 & \cdots & a_{n-2} & -1 \\ 0 & 0 & 0 & \cdots & 1 & a_{n-1} \end{vmatrix}$$

把 q_n 所对应的行列式按最后一列展开有

$$q_n = a_n \begin{vmatrix} a_1 & -1 & 0 & \cdots & 0 & 0 \\ 1 & a_2 & -1 & \cdots & 0 & 0 \\ 0 & 1 & a_3 & \cdots & 0 & 0 \\ \vdots & \vdots & \vdots & & \vdots & \vdots \\ 0 & 0 & 0 & \cdots & a_{n-2} & -1 \\ 0 & 0 & 0 & \cdots & 1 & a_{n-1} \end{vmatrix} +$$

Hurwitz 定理

$$\begin{vmatrix} a_1 & -1 & 0 & \cdots & 0 & 0 \\ 1 & a_2 & -1 & \cdots & 0 & 0 \\ 0 & 1 & a_3 & \cdots & 0 & 0 \\ \vdots & \vdots & \vdots & & \vdots & \vdots \\ 0 & 0 & 0 & \cdots & a_{n-2} & -1 \\ 0 & 0 & 0 & \cdots & 0 & 1 \end{vmatrix}$$

由归纳假定,第一个行列式的值为 q_{n-1}. 再把第二个行列式按最后一行展开,其值为 q_{n-2},故有 $q_n = a_n q_{n-1} + q_{n-2}$.

习题 2 数列 $\{u_n\}$

$$1,1,2,3,5,8,13,21,\cdots$$

($u_1 = u_2 = 1, u_{i+1} = u_{i-1} + u_i (i > 1)$) 称为 Fibonacci 数列. 试证明:

(ⅰ) $\dfrac{1}{2}(1+\sqrt{5})$ 的第 n 个渐近分数为 $\dfrac{u_{n+2}}{u_{n+1}}$;

(ⅱ) 若连分数 $[a_0,a_1,\cdots,a_n,\cdots]$ 的各 a_n 中除 $a_i = 2(i>0)$ 外,所有的 $a_n(i \ne n)$ 皆等于 1,则当 $m>i$ 时,有

$$\frac{p_m}{q_m} = \frac{u_{i+1}u_{m-i-3} + u_i u_{m-i+1}}{u_i u_{m-i+3} + u_{i-1} u_{m-i+1}}$$

证明 先证(ⅰ). 把 $\dfrac{1}{2}(1+\sqrt{5})$ 展成连分数

$$\frac{1}{2}(1+\sqrt{5}) = [1,1,\cdots]$$

设 $\dfrac{p_n}{q_n}$ 为 $[1,1,\cdots]$ 的第 n 个渐近分数,下面用数学归纳法证明

$$p_n = u_{n+2}, q_n = u_{n+1}$$

当 $n=1$ 时,$p_1=2, q_1=1, u_3=2, u_2=1, \dfrac{p_1}{q_1}=\dfrac{u_3}{u_2}$. 归纳假定当 $n \leqslant k$ 时结论成立,当 $n=k+1$ 时

$$p_{k+1}=a_{k+1}p_k+p_{k-1}=p_k+p_{k-1}=u_{k+2}+u_{k+1}=u_{k+3}$$
$$q_{k+1}=a_{k+1}q_k+q_{k-1}=q_k+q_{k-1}=u_{k+1}+u_k=u_{k+2}$$

此即结论对于 $n=k+1$ 也成立. 从而

$$p_n=u_{n+2}, q_n=u_{n+1}$$

故 $\dfrac{u_{n+2}}{u_{n+1}}$ 为 $\dfrac{1}{2}(1+\sqrt{5})$ 的第 n 个渐近分数.

再证(ⅱ),此时必须假定 $u_0=0$. 下面用归纳法证明对任意的 $m>i>0$,都有

$$p_m=u_{i+1}u_{m-i+3}+u_i u_{m-i+1}$$

当 $m=i+1$ 时

$$p_m=p_{i+1}=a_{i+1}p_i+p_{i-1}=p_i+p_{i-1}$$
$$u_{i+1}u_{m-i+3}+u_i u_{m-i+1}=u_{i+1}u_4+u_i u_2=3u_{i+1}+u_i$$

再用归纳法证明对任意的 $i>0$,都有

$$p_i+p_{i-1}=3u_{i+1}+u_i$$

成立,从而当 $m=i+1$ 时结论成立. 当 $i=1$ 时

$$p_i+p_{i-1}=p_1+p_0=3+1=4$$
$$3u_{i+1}+u_i=3u_2+u_1=3\times 1+1=4$$

即当 $i=1$ 时

$$p_i+p_{i-1}=3u_{i+1}+u_i$$

设当 $i=k$ 时等式成立,即

$$p_k+p_{k-1}=3u_{k+1}+u_k$$

则当 $i=k+1$ 时

$$p_{k+1}+p_k=a_{k+1}p_k+p_{k-1}+p_k$$

Hurwitz 定理

$$= p_k + p_{k-1} + p_k$$
$$= 3u_{k+1} + u_k + p_k$$
$$= 3u_{k+1} + u_k + p_{k-1} + p_{k-2}$$
$$= 3u_{k+1} + u_k + 3u_k + u_{k-1}$$
$$= 3(u_{k+1} + u_k) + u_k + u_{k-1}$$
$$= 3u_{k+2} + u_{k+1}$$

此即当 $i = k + 1$ 时
$$p_i + p_{i-1} = 3u_{i+1} + u_i$$
也成立,故当 $m = i + 1$ 时
$$p_m = u_{i+1}u_{m-i+3} + u_i u_{m-i+1}$$
成立.

归纳假定对任意的 $m = n > i + 1$ 时,都有
$$p_m = u_{i+1}u_{m-i+3} + u_i u_{m-i+1}$$
那么当 $m = n + 1$ 时
$$p_{n+1} = a_{n+1}p_n + p_{n-1} = p_n + p_{n-1}$$
$$= u_{i+1}u_{n-i+3} + u_i u_{n-i+1} + u_{i+1}u_{n-i+2} + u_i u_{n-i}$$
$$= u_{i+1}(u_{n-i+3} + u_{n-i+2}) + u_i(u_{n-i+1} + u_{n-i})$$
$$= u_{i+1}u_{n-i+4} + u_i u_{n-i+2}$$

此即 $p_m = u_{i+1}u_{m-i+3} + u_i u_{m-i+1}$ 在 $m = n + 1$ 时也成立.

故对任意的 $i > 0$,只要 $m > i$,就有
$$p_m = u_{i+1}u_{m-i+3} + u_i u_{m-i+1}$$
同理可证,对任意的 $i > 0$,只要 $m > i$,就有
$$q_m = u_i u_{m-i+3} + u_{i-1} u_{m-i+1}$$
所以对任意的 $i > 0$,只要 $m > i$,就有
$$\frac{p_m}{q_m} = \frac{u_{i+1}u_{m-i+3} + u_i u_{m-i+1}}{u_i u_{m-i+3} + u_{i-1} u_{m-i+1}}$$

3.2 Chebyshev 定理及 Khinchin 定理

习题　试证明:若 θ 为一个无理数,其对任一 $\varepsilon > 0$ 常有整数 x 及 y,使得

$$|x\theta - y| < \frac{\varepsilon}{x}$$

则对任一 $\delta > 0$ 及任一实数 β,常有整数 $x > 0$ 及 y,使得

$$|x\theta - y - \beta| < \frac{1+\delta}{3x}$$

证明　首先证明对任给的 $\varepsilon > 0$,存在无穷多对整数 $p, q, (p, q) = 1$,使得

$$\theta = \frac{p}{q} + \frac{\varepsilon \delta_1}{q^2} \quad (0 < |\delta_1| < \frac{1}{\sqrt{5}})$$

由题设知道存在整数对 x_1, y_1,使得

$$|x_1\theta - y_1| < \frac{\varepsilon}{x_1}$$

对于 $|x_1\theta - y_1|$,同样有整数对 x_2, y_2,使得

$$|x_2\theta - y_2| < \frac{|x_1\theta - y_1|}{x_2} < \frac{\varepsilon}{x_2}$$

对于 $|x_2\theta - y_2|$,也有整数对 x_3, y_3,使得

$$|x_3\theta - y_3| < \frac{|x_2\theta - y_2|}{x_3} < \frac{\varepsilon}{x_3}$$

用上面方法可以得到

$$|x_1\theta - y_1| < \frac{\varepsilon}{x_1}$$

Hurwitz 定理

$$|x_2\theta - y_2| < \frac{\varepsilon}{x_2}$$
$$\vdots$$
$$|x_m\theta - y_m| < \frac{\varepsilon}{x_m}$$
$$\vdots$$

并且显然有

$$\cdots < |x_m\theta - y_m| < |x_{m-1}\theta - y_{m-1}| < \cdots$$
$$< |x_2\theta - y_2| < |x_1\theta - y_1|$$

这就证明,对于任给的 $\varepsilon > 0$,存在无穷多个整数对 x, y,使得

$$|x\theta - y| < \frac{\varepsilon}{x}$$

成立. 设

$$|x_1\theta - y_1| = \frac{\varepsilon|\Delta_1|}{x_1} \quad (0 < |\Delta_1| < 1)$$

因为 x 可任意大,所以可假定 $0 < \frac{|\Delta_1|}{x_1} < \frac{1}{\sqrt{5}}$ (只需要 $x_1 > \sqrt{5}$).

那么由前述可得

$$|x_2\theta - y_2| = \frac{|x_1\theta - y_1||\Delta_2|}{x_2} = \frac{\varepsilon|\Delta_2||\Delta_1|}{x_2 x_1}$$

$$|x_3\theta - y_3| = \frac{|x_2\theta - y_2||\Delta_3|}{x_3} = \frac{\varepsilon|\Delta_3||\Delta_2||\Delta_1|}{x_3 x_2 x_1}$$

$$\vdots$$

$$|x_m\theta - y_m| = \frac{|x_{m-1}\theta - y_{m-1}||\Delta_m|}{x_m}$$

100

$$= \frac{\varepsilon|\Delta_m||\Delta_{m-1}|\cdots|\Delta_2||\Delta_1|}{x_m x_{m-1}\cdots x_2 x_1}$$

其中 $0<|\Delta_m|<1, m=2,3,\cdots$.

因此如果令

$$\overline{\Delta}_m = \frac{|\Delta_m|\cdots|\Delta_1|}{x_{m-1}\cdots x_1}$$

就得到

$$|x_m\theta - y_m| = \frac{\varepsilon\overline{\Delta}_m}{x_m}$$

再设 $\theta = \dfrac{y_m}{x_m} + \dfrac{\varepsilon\delta_1}{x_m^2}$,则有

$$|\delta_1| = |\overline{\Delta}_m| = \overline{\Delta}_m$$

又因为显然有 $0<\overline{\Delta}_m<\dfrac{1}{\sqrt{5}}$,所以得

$$0<|\delta_1|<\frac{1}{\sqrt{5}}$$

这便证明,对任给的 $\varepsilon>0$,存在无穷多个整数对 p,q,$(p,q)=1$,使得

$$\theta = \frac{p}{q} + \frac{\varepsilon\delta_1}{q^2} \quad (0<|\delta_1|<\frac{1}{\sqrt{5}})$$

不妨设 $0<\delta_1<\dfrac{1}{\sqrt{5}}$,因为若有无穷多对整数 p 及 q,$(p,q)=1$,使得

$$\theta = \frac{p}{q} + \frac{\varepsilon\delta_1}{q^2} \quad (-\frac{1}{\sqrt{5}}<\delta_1<0)$$

只需设 $\theta'=-\theta, p'=-p, \delta'_1=-\delta_1$,则对于 θ' 就有无穷多个整数对 p',q,$(p',q)=1$,使得

Hurwitz 定理

$$\theta' = \frac{p'}{q} + \frac{\varepsilon \delta'_1}{q^2}$$

成立,并且满足条件

$$0 < \delta'_1 < \frac{1}{\sqrt{5}}$$

此时,如能证明对任给的 $\delta > 0$ 及实数 $\beta' = -\beta$,常有整数 $x > 0$ 及 y',使得

$$|x\theta' - y' - \beta'| < \frac{1+\delta}{3x}$$

成立,实际上也就证明了

$$|x\theta - y - \beta| < \frac{1+\delta}{3x}$$

是成立的. 在上述不等式中,$y' = -y$. 故常可以假定 $0 < \delta_1 < \frac{1}{\sqrt{5}}$.

(1) 若 ξ_1, ξ_2 为任意两实数(后面确定),且 $\xi_2 - \xi_1 \geq 1$,则常可求得整数对 x, y,使得

$$px - qy = [q\beta] \quad (\xi_1 q \leq x < \xi_2 q)$$

因此

$$|x\theta - y - \beta| = \frac{1}{q}\left|\frac{x\varepsilon\delta_1}{q} - \tau\right| = \frac{1}{x} \cdot \frac{x}{q}\left|\frac{x\varepsilon\delta_1}{q} - \tau\right|$$

其中 $\tau = q\beta - [q\beta]$. 欲使

$$-\frac{1}{3} \leq \frac{x}{q}\left(\frac{x\varepsilon\delta_1}{q} - \tau\right) < \frac{1}{3}$$

则必须有

$$\frac{\tau^2}{4\varepsilon\delta_1} - \frac{1}{3} \leq \frac{x^2\varepsilon\delta_1}{q^2} - \frac{x\tau}{q} + \frac{\tau^2}{4\varepsilon\delta_1} < \frac{\tau^2}{4\varepsilon\delta_1} + \frac{1}{3}$$

$$\frac{\tau^2}{4\varepsilon\delta_1} - \frac{1}{3} \leqslant \left(\frac{x\sqrt{\varepsilon\delta_1}}{q} - \frac{\tau}{2\sqrt{\varepsilon\delta_1}}\right)^2 < \frac{\tau^2}{4\varepsilon\delta_1} + \frac{1}{3}$$

只要

$$\frac{\tau^2}{4\varepsilon\delta_1} - \frac{1}{3} \geqslant 0$$

即

$$\tau^2 \geqslant \frac{4\varepsilon\delta_1}{3}$$

就有

$$\frac{1}{\sqrt{\varepsilon\delta_1}}\left(\frac{\tau}{2\sqrt{\varepsilon\delta_1}} + \sqrt{\frac{\tau^2}{4\varepsilon\delta_1} - \frac{1}{3}}\right)$$

$$\leqslant \frac{x}{q} < \frac{1}{\sqrt{\varepsilon\delta_1}}\left(\frac{\tau}{2\sqrt{\varepsilon\delta_1}} + \sqrt{\frac{\tau^2}{4\varepsilon\delta_1} + \frac{1}{3}}\right)$$

令

$$\xi_1 = \frac{1}{\sqrt{\varepsilon\delta_1}}\left(\frac{\tau}{2\sqrt{\varepsilon\delta_1}} + \sqrt{\frac{\tau^2}{4\varepsilon\delta_1} - \frac{1}{3}}\right)$$

$$\xi_2 = \frac{1}{\sqrt{\varepsilon\delta_1}}\left(\frac{\tau}{2\sqrt{\varepsilon\delta_1}} + \sqrt{\frac{\tau^2}{4\varepsilon\delta_1} + \frac{1}{3}}\right)$$

下面研究如何才能使 $\xi_2 - \xi_1 \geqslant 1$. 对不等式

$$\xi_2 - \xi_1 = \frac{1}{\sqrt{\varepsilon\delta_1}}\left(\sqrt{\frac{\tau^2}{4\varepsilon\delta_1} + \frac{1}{3}} - \sqrt{\frac{\tau^2}{4\varepsilon\delta_1} - \frac{1}{3}}\right) > 1$$

求解得

$$\tau^2 < \frac{4}{9} + \varepsilon^2\delta_1^2$$

因此当

$$\frac{4\varepsilon\delta_1}{3} \leqslant \tau^2 < \frac{4}{9} + \varepsilon^2\delta_1^2$$

Hurwitz 定理

时,结论已经被证明.

(2) 当 $\tau^2 < \dfrac{4\varepsilon\delta_1}{3}$ 时,因 $\tau > 0, 0 < \delta_1 < \dfrac{1}{\sqrt{5}}$,故

$$\xi = \frac{1}{\sqrt{\varepsilon\delta_1}}\left(\frac{\tau}{2\sqrt{\varepsilon\delta_1}} + \sqrt{\frac{\tau^2}{4\varepsilon\delta_1} + \frac{1}{3}}\right)$$

$$> \frac{1}{\sqrt{\varepsilon\delta_1}}\sqrt{\frac{1}{3}} = \sqrt{\frac{1}{3\varepsilon\delta_1}} > \sqrt{\frac{1}{3\varepsilon \cdot \frac{1}{\sqrt{5}}}} > 1$$

(只需取 $0 < \varepsilon < \dfrac{\sqrt{5}}{3}$ 即可). 对任一 $\eta > 0$,取 $\xi_1 = \eta$, $\xi_2 = \xi + \eta$,显然 $\xi_2 - \xi_1 = \xi > 1$,故满足 $px - qy = [q\beta], \xi_1 q \leq x < \xi_2 q$ 的 x 存在. 又

$$\tau^2 < \frac{4\varepsilon\delta_1}{3}$$

即

$$-\frac{\tau^2}{4\varepsilon\delta_1} > -\frac{1}{3}$$

从而

$$\frac{x}{q}\left(\frac{x\varepsilon\delta_1}{q} - \tau\right)$$

$$= \left(\frac{x\sqrt{\varepsilon\delta_1}}{q} - \frac{\tau}{2\sqrt{\varepsilon\delta_1}}\right)^2 - \frac{\tau^2}{4\varepsilon\delta_1} > -\frac{1}{3} \quad (1)$$

另外,因为 $y = ax + b$,所以当 x 在一区间内变化时,y^2 在两端点之一取得最大值,因此

$$\frac{x}{q}\left(\frac{x\varepsilon\delta_1}{q} - \tau\right) = \left(\frac{x\sqrt{\varepsilon\delta_1}}{q} - \frac{\tau}{2\sqrt{\varepsilon\delta_1}}\right)^2 - \frac{\tau^2}{4\varepsilon\delta_1}$$

$$\leq \max\left\{\eta^2\varepsilon\delta_1 - \eta\tau, \left(\sqrt{\frac{\tau^2}{4\varepsilon\delta_1} + \frac{1}{3}} + \eta\sqrt{\varepsilon\delta_1}\right)^2 - \frac{\tau^2}{4\varepsilon\delta_1}\right\}$$

而如果

$$\max\left\{\eta^2\varepsilon\delta_1 - \eta\tau, \left(\sqrt{\frac{\tau^2}{4\varepsilon\delta_1} + \frac{1}{3}} + \eta\sqrt{\varepsilon\delta_1}\right)^2 - \frac{\tau^2}{4\varepsilon\delta_1}\right\}$$

$$= \eta^2\varepsilon\delta_1 - \eta\tau$$

则有

$$\left(\sqrt{\frac{\tau^2}{4\varepsilon\delta_1} + \frac{1}{3}} + \eta\sqrt{\varepsilon\delta_1}\right)^2 - \frac{\tau^2}{4\varepsilon\delta_1} < \eta^2\varepsilon\delta_1 - \eta\tau$$

从而

$$\frac{1}{3} + 2\eta\sqrt{\frac{\tau^2}{4} + \frac{\varepsilon\delta_1}{3}} < -\eta\tau$$

这是不可能的. 所以

$$\max\left\{\eta^2\varepsilon\delta_1 - \eta\tau, \left(\sqrt{\frac{\tau^2}{4\varepsilon\delta_1} + \frac{1}{3}} + \eta\sqrt{\varepsilon\delta_1}\right)^2 - \frac{\tau^2}{4\varepsilon\delta_1}\right\}$$

$$= \left(\sqrt{\frac{\tau^2}{4\varepsilon\delta_1} + \frac{1}{3}} + \eta\sqrt{\varepsilon\delta_1}\right)^2 - \frac{\tau^2}{4\varepsilon\delta_1}$$

从而

$$\frac{x}{q}\left(\frac{x\varepsilon\delta_1}{q} - \tau\right) \leq \left(\sqrt{\frac{\tau^2}{4\varepsilon\delta_1} + \frac{1}{3}} + \eta\sqrt{\varepsilon\delta_1}\right)^2 - \frac{\tau^2}{4\varepsilon\delta_1}$$

也就是

$$\frac{x}{q}\left(\frac{x\varepsilon\delta_1}{q} - \tau\right) \leq \frac{1}{3} + \eta^2\varepsilon\delta_1 + 2\eta\sqrt{\frac{\tau^2}{4} + \frac{\varepsilon\delta_1}{3}} \quad (2)$$

从(1)(2) 我们可以假定

Hurwitz 定理

$$\left| \frac{x}{q}\left(\frac{x\varepsilon\delta_1}{q} - \tau\right) - \frac{1}{3} \right| \leq \eta^2\varepsilon\delta_1 + 2\eta\sqrt{\frac{\tau^2}{4} + \frac{\varepsilon\delta_1}{3}}$$

不然的话,就有

$$\frac{x}{q}\left(\frac{x\varepsilon\delta_1}{q} - \tau\right) - \frac{1}{3} > \eta^2\varepsilon\delta_1 + 2\eta\sqrt{\frac{\tau^2}{4} + \frac{\varepsilon\delta_1}{3}} \quad (3)$$

或

$$\frac{x}{q}\left(\frac{x\varepsilon\delta_1}{q} - \tau\right) - \frac{1}{3} < -\left(\eta^2\varepsilon\delta_1 + 2\eta\sqrt{\frac{\tau^2}{4} + \frac{\varepsilon\delta_1}{3}}\right)$$
$$(4)$$

式(3)与式(2)矛盾;式(4)与式(1)给出

$$\left| \frac{x}{q}\left(\frac{x\varepsilon\delta_1}{q} - \tau\right) \right| < \frac{1}{3}$$

此种情形结论显然成立. 所以

$$\left| \frac{x}{q}\left(\frac{x\varepsilon\delta_1}{q} - \tau\right) - \frac{1}{3} \right| \leq \eta^2\varepsilon\delta_1 + 2\eta\sqrt{\frac{\tau^2}{4} + \frac{\varepsilon\delta_1}{3}}$$
$$< \eta + 2\eta = 3\eta$$

(只需 $0 < \eta < 1, 0 < \varepsilon < 1$),此即

$$\frac{x}{q}\left(\frac{x\varepsilon\delta_1}{q} - \tau\right) = \frac{1}{3} + O(\eta)$$

因为 $\eta \to 0^+$,所以在此种情形下结论是成立的.

(3) 当 $\sqrt{\frac{4}{9} + \varepsilon^2\delta_1^2} \leq \tau < 1$ 时,因为

$$\sqrt{\frac{4}{9} + \varepsilon^2\delta_1^2} = \left(\frac{4}{9}\right)^{\frac{1}{2}} + \frac{1}{2}\left(\frac{4}{9}\right)^{\frac{1}{2}-1}\varepsilon^2\delta_1^2 +$$
$$\frac{\frac{1}{2}\left(\frac{1}{2}-1\right)}{2!}\left(\frac{4}{9}\right)^{\frac{1}{2}-2}(\varepsilon^2\delta_1^2)^2 + \cdots$$

第3章 入宝山不能空返

$$= \frac{2}{3} + \frac{3}{4}\varepsilon^2\delta_1^2 - \frac{27}{64}\varepsilon^4\delta_1^4 + \cdots$$

所以

$$\sqrt{\frac{4}{9} + \varepsilon^2\delta_1^2} > \frac{2}{3} + \frac{3}{4}\varepsilon^2\delta_1^2 - \frac{27}{64}\varepsilon^4\delta_1^4$$

从而

$$\tau > \frac{2}{3} + \frac{3}{4}\varepsilon^2\delta_1^2 - \frac{27}{64}\varepsilon^4\delta_1^4$$

$$1 - \tau < \frac{1}{3} - \frac{3}{4}\varepsilon^2\delta_1^2 + \frac{27}{64}\varepsilon^4\delta_1^4$$

任一 $\eta > 0$ 且符合条件 $(2+\eta)\eta < \delta$ 的 η,可以决定整数对 x,y,使其满足条件

$$px - qy = [q\beta] + 1 \quad (\eta q \leq x < (1+\eta)q)$$

此时

$$|x\theta - y - \beta|$$
$$= \left|\frac{x\delta_1\varepsilon}{q^2} + \frac{1-\tau}{q}\right| = \frac{1}{q}\left(\frac{x\delta_1\varepsilon}{q} + (1-\tau)\right)$$
$$< \frac{1}{q}\left\{(1+\eta)\delta_1\varepsilon + \frac{1}{3} - \frac{3}{4}\varepsilon^2\delta_1^2 + \frac{27}{64}\varepsilon^4\delta_1^4\right\}$$

其中 $\tau = q\beta - [q\beta]$. 由于 ε 可以任意小,总可以选取 η,使其满足

$$\eta > 3\left\{(1+\eta)\delta_1\varepsilon - \frac{3}{4}\varepsilon^2\delta_1^2 + \frac{27}{64}\varepsilon^4\delta_1^4\right\}$$

因此

$$\frac{\eta}{3} > \left\{(1+\eta)\delta_1\varepsilon - \frac{3}{4}\varepsilon^2\delta_1^2 + \frac{27}{64}\varepsilon^4\delta_1^4\right\}$$

从而

Hurwitz 定理

$$\frac{1+\eta}{3} > \left\{(1+\eta)\delta_1\varepsilon + \frac{1}{3} - \frac{3}{4}\varepsilon^2\delta_1^2 + \frac{27}{64}\varepsilon^4\delta_1^4\right\}$$

所以

$$|x\theta - y - \beta| < \frac{1}{q}\left\{(1+\eta)\delta_1\varepsilon + \frac{1}{3} - \frac{3}{4}\varepsilon^2\delta_1^2 + \frac{27}{64}\varepsilon^4\delta_1^4\right\}$$

$$< \frac{1}{q} \cdot \frac{1+\eta}{3} < \frac{(1+\eta)^2}{3x} = \frac{1+(2+\eta)\eta}{3x}$$

又因为 $(2+\eta)\eta < \delta$,所以

$$|x\theta - y - \beta| < \frac{1+\delta}{3x}$$

阶梯式学习法

第 4 章

怎样学习数学?这是一个老生常谈的问题,每位大数学家都有自己的心得. 各个国家也都有不同方法与模式,这一章我们准备借 Hurwitz 定理来介绍英国人学习数论的方法,它的精髓还在于将一个大的定理视为一个高台,为了登上它而精心构筑若干小台阶,起点非常低,以至于每个初学者都具有这样的基础,每个台阶的高度差都很恰当,只要有意愿跷脚都可以到达下一台阶,我们不妨将此法称之为阶梯式,下面我们就开始攀登.

4.1 自 然 逼 近

1. 哪个整数距离$\sqrt{2}$最近?哪个整数距离$\sqrt{3}$最近?

2. 设α是实数,那么对于$\alpha - [\alpha]$的值能有什么估计?是否必有整数n,使得

Hurwitz 定理

$|\alpha - n| \leq \dfrac{1}{2}$?若 α 是无理数,这个不等式能否改进?

3. 在数轴上标出所有整点 n 以及它们的中点 $n + \dfrac{1}{2}$. 数轴上的任一点与这些点的最近距离能有多大?

求整数 m 与 k, 使得

$$\left|\sqrt{2} - \dfrac{1}{2}m\right| < \dfrac{1}{4}$$

$$\left|\sqrt{5} - \dfrac{1}{2}k\right| < \dfrac{1}{4}$$

对于任意实数 α, 是否必有整数 m, 使得

$$\left|\alpha - \dfrac{1}{2}m\right| < \dfrac{1}{4}$$

4. 对于所有整数 n, 在数轴上标出点 $n, n + \dfrac{1}{3}, n + \dfrac{2}{3}$. 数轴上任一点与这些点的最近距离能有多大?

求整数 m 与 k, 使得

$$\left|\sqrt{2} - \dfrac{1}{3}m\right| < \dfrac{1}{6}$$

$$\left|\sqrt{3} - \dfrac{1}{3}k\right| < \dfrac{1}{6}$$

对于任意的无理数 α, 是否必有整数 m, 使得

$$\left|\alpha - \dfrac{1}{3}m\right| < \dfrac{1}{6}$$

5. 对于任意的无理数 α, 是否必有整数 m, 使得

$$\left|\alpha - \dfrac{1}{3}m\right| < \dfrac{1}{9}$$

区间$[1,2]$中,与点$1,\frac{4}{3},\frac{5}{3}$或$2$的距离小于$\frac{1}{9}$的那些点所构成的区间的总长度是多少?

求实数α,使得对于任意整数m有
$$\left|\alpha-\frac{1}{3}m\right|>\frac{1}{9}$$

6. 设α是无理数,q是给定的正整数,是否总存在整数p,使得
$$\left|\alpha-\frac{p}{q}\right|<\frac{1}{2q}$$
是否总有整数p,使得
$$\left|\alpha-\frac{p}{q}\right|<\frac{1}{q^2}$$

7. 用袖珍计算器计算$n\sqrt{2}-[n\sqrt{2}]$($n=1,2,\cdots,11$)到第二位小数.这十一个数为什么两两不相等?为什么对任意整数k,它们都不取值$\frac{1}{10}k$?

证明:这十一个数中的每一个都恰好属于开区间$\left(0,\frac{1}{10}\right),\left(\frac{1}{10},\frac{2}{10}\right),\cdots,\left(\frac{9}{10},1\right)$中的一个.

在这些数中,选取属于同一开区间的两个数,并求整数p,q,使得$|q\sqrt{2}-p|<\frac{1}{10}$.

8. 用问题7的方法,求整数p,q,使得$|q\sqrt{3}-p|<\frac{1}{10}$.这个方法能否保证$q\leq 10$?

9. 推广问题7与8的方法,证明:对于任意的无理数α和任意给定的正整数n,可以找到整数p与q,使得

Hurwitz 定理

$|q\alpha - p| < \dfrac{1}{n}$ 且 $0 < q \leqslant n$.

10. 利用问题 9 证明:对于任意的无理数 α 及任意给定的正整数 n,可以找到整数 p,q,使得 $\left|\alpha - \dfrac{p}{q}\right| < \dfrac{1}{q^2}$ 且 $0 < q \leqslant n$.

4.2 Farey 数列

11. 为了考察分母不超过 n 的有理数的密集情况,我们来研究 Farey 数列 F_n:

F_5 : $\dfrac{0}{1}$ $\dfrac{1}{5}$ $\dfrac{1}{4}$ $\dfrac{1}{3}$ $\dfrac{2}{5}$ $\dfrac{1}{2}$ $\dfrac{3}{5}$ $\dfrac{2}{3}$ $\dfrac{3}{4}$ $\dfrac{4}{5}$ $\dfrac{1}{1}$

F_6 : $\dfrac{0}{1}$ $\dfrac{1}{6}$ $\dfrac{1}{5}$ $\dfrac{1}{4}$ $\dfrac{1}{3}$ $\dfrac{2}{5}$ $\dfrac{1}{2}$ $\dfrac{3}{5}$ $\dfrac{2}{3}$ $\dfrac{3}{4}$ $\dfrac{4}{5}$ $\dfrac{5}{6}$ $\dfrac{1}{1}$

F_7 : $\dfrac{0}{1}$ $\dfrac{1}{7}$ $\dfrac{1}{6}$ $\dfrac{1}{5}$ $\dfrac{1}{4}$ $\dfrac{2}{7}$ $\dfrac{1}{3}$ $\dfrac{2}{5}$ $\dfrac{3}{7}$ $\dfrac{1}{2}$ $\dfrac{4}{7}$ $\dfrac{3}{5}$ $\dfrac{2}{3}$ $\dfrac{5}{7}$ $\dfrac{3}{4}$ $\dfrac{4}{5}$ $\dfrac{5}{6}$ $\dfrac{6}{7}$ $\dfrac{1}{1}$

将 F_5 中的项数与 $1 + \varphi(1) + \varphi(2) + \varphi(3) + \varphi(4) + \varphi(5)$ 比较. 试猜测 F_n 中的项数,并证明你的猜测.

12. 设 $\dfrac{a}{b}$ 与 $\dfrac{c}{d}$ 是一个 Farey 数列中的相邻项,求以 $(0,0),(b,a),(d,c)$ 为顶点的三角形面积.

13. 设 $\dfrac{a}{b},\dfrac{c}{d},\dfrac{e}{f}$ 是一个 Farey 数列中依次相邻的三项,令 $O = (0,0), A = (b,a), C = (d,c)$ 及 $E = (f,e)$,求三角形 OCA 与 OCE 的面积. 设 H 与 K 分

别是由 A 与 E 到 OC 的垂线的垂足,为什么 $AH = EK$?

在关于 HK 的中点作半周旋转之后,O, A 及 E 的象的坐标是什么?推导 $\dfrac{c}{d} = \dfrac{a+e}{b+f}$.

14. 设 $\dfrac{a}{b}$ 与 $\dfrac{c}{d}$ 是 Farey 数列 F_n 中的相邻两项,证明:三角形 $(0,0), (b,a), (b+d, a+c)$ 与 $(0,0), (d,c), (b+d, a+c)$ 的面积都是 $\dfrac{1}{2}$,并求最短的 Farey 数列,使得 $\dfrac{a}{b}, \dfrac{a+c}{b+d}, \dfrac{c}{d}$ 为其依次相邻的三项.

为什么一定是 $b + d > n$?

15. 设 a, b, c, d 是正实数且 $\dfrac{a}{b} < \dfrac{c}{d}$,用几何方法证明

$$\dfrac{a}{b} < \dfrac{a+c}{b+d} < \dfrac{c}{d}$$

而且,对于任意的正数 u, v,有

$$\dfrac{a}{b} < \dfrac{au+c}{bu+d} < \dfrac{c}{d}, \dfrac{a}{b} < \dfrac{a+cv}{b+dv} < \dfrac{c}{d}$$

16. 给出下述结论的代数证明或几何证明:对于任意的正实数 a, b, c, d, u, v,若 $\dfrac{a}{b} < \dfrac{c}{d}$,则

$$\dfrac{a}{b} < \dfrac{au+cv}{bu+dv} < \dfrac{c}{d}$$

设 a, b, c, d 是正整数,那么,在 $\dfrac{a}{b}$ 与 $\dfrac{c}{d}$ 之间的有理数是否都是 $\dfrac{au+cv}{bu+dv}$ 的形式,其中 u, v 是适当选取的

Hurwitz 定理

整数?

17. 若 $\dfrac{a}{b}$ 与 $\dfrac{c}{d}$ 是 Farey 数列 F_n 中的相邻两项,则称 $\dfrac{a+c}{b+d}$ 是它们的中项.

考察 Farey 数列 $F_n, F_{n+1}, F_{n+2}, \cdots$,证明:第一个出现在 $\dfrac{a}{b}$ 与 $\dfrac{c}{d}$ 之间的分数是它们的中项,并且

$$\left|\dfrac{a+c}{b+d} - \dfrac{a}{b}\right| \leqslant \dfrac{1}{b(n+1)}$$

$$\left|\dfrac{c}{d} - \dfrac{a+c}{b+d}\right| \leqslant \dfrac{1}{d(n+1)}$$

18. $\dfrac{1}{\sqrt{2}}$ 分别落在 $F_2, F_3, F_4, F_5, F_6, F_7$ 的哪两项中间?

对每一种情况,确定 $\dfrac{1}{\sqrt{2}}$ 比这两个项的中项大还是小?

对于 $n = 2,3,4,5,6,7$,求有理数 $\dfrac{a}{b}$,使得 $\left|\dfrac{1}{\sqrt{2}} - \dfrac{a}{b}\right| \leqslant \dfrac{1}{b(n+1)}$ 且 $b \leqslant n$.

19. 设 α 是 0 与 1 之间的任意实数,是否一定存在整数 a, b,使得 $\left|\alpha - \dfrac{a}{b}\right| \leqslant \dfrac{1}{8b}$ 且 $b \leqslant 7$?

20. 对于给定的正整数 n 及 $0 \leqslant \alpha \leqslant 1$,为什么存在整数 a, b,使得 $\left|\alpha - \dfrac{a}{b}\right| \leqslant \dfrac{1}{b(n+1)}$ 并且 $b \leqslant n$?

21. 说明问题 20 中的条件 $0 \leqslant \alpha \leqslant 1$ 可以去掉的原因.

22. 利用问题 20 给出问题 10 的另一个证明.

4.3 Hurwitz 定理

到目前为止,我们已经用两种不同的方法证明了对于任意无理数 α,存在整数 p,q,使得 $\left|\alpha - \dfrac{p}{q}\right| < \dfrac{1}{q^2}$. 我们将证明满足这个条件的有理数 $\dfrac{p}{q}$ 有无限多个. 随后,将看到如何利用 α 的连分数的渐近分数求出这些有理数,并改进已有的逼近精度.

23. 对于正整数 $b = 1,2,3,4,5$ 中的哪些数,存在整数 a,使得 $\left|\sqrt{2} - \dfrac{a}{b}\right| < \dfrac{1}{b^2}$?

24. 设 α 等于有理数 $\dfrac{p}{q}$,此处 $\gcd(p,q) = 1$,证明:对于任何非零整数 a,b(使 $\dfrac{a}{b} = \dfrac{p}{q} = \alpha$ 的除外),都有 $|b\alpha - a| \geqslant \dfrac{1}{q}$.

25. 设 $\left|\alpha - \dfrac{a}{b}\right| < \dfrac{1}{b^2}$,且 α 不是有理数,利用问题 20 并适当选取 n,证明:可以找到整数 p,q,使得 $\left|\alpha - \dfrac{p}{q}\right| < \dfrac{1}{q^2}$,而且 $\left|\alpha - \dfrac{p}{q}\right| < \left|\alpha - \dfrac{a}{b}\right|$. 证明:存在

Hurwitz 定理

无穷多对整数 a,b,使得 $\left|\alpha - \dfrac{a}{b}\right| < \dfrac{1}{b^2}$.

26. 设 $\dfrac{p_{n-1}}{q_{n-1}}$ 与 $\dfrac{p_n}{q_n}$ 是无理数 α 的相邻的渐近分数,利用 α 介于这两个渐近分数之间的事实,证明
$$\left|\alpha - \dfrac{p_{n-1}}{q_{n-1}}\right| < \dfrac{1}{q_{n-1}q_n} < \dfrac{1}{q_{n-1}^2}$$

27. 对 $n = 1,2,\cdots,30$,用计算器计算 $(n\sqrt{2} - [n\sqrt{2}])n$ 的值,且到第三位小数.

将这些数值与 $\left|\sqrt{2} - \dfrac{p}{q}\right|q^2$ 做比较,其中 $\dfrac{p}{q}$ 分别取 $\sqrt{2}$ 的前五个渐近分数值.

猜测一个方法,用以寻求使 $\left|\sqrt{2} - \dfrac{p}{q}\right|q^2 < \dfrac{1}{2}$ 成立的整数 p,q.

28. 设 $\dfrac{p_n}{q_n}$ 及 $\dfrac{p_{n+1}}{q_{n+1}}$ 是 $\sqrt{2}$ 的相邻的渐近分数,使得
$$\left|\sqrt{2} - \dfrac{p_n}{q_n}\right|q_n^2 \geqslant \dfrac{1}{2}$$
$$\left|\sqrt{2} - \dfrac{p_{n+1}}{q_{n+1}}\right|q_{n+1}^2 \geqslant \dfrac{1}{2}$$

证明
$$\dfrac{1}{q_n q_{n+1}} \geqslant \dfrac{1}{2}\left(\dfrac{1}{q_n^2} + \dfrac{1}{q_{n+1}^2}\right)$$

由此推出 $0 \geqslant (q_n - q_{n+1})^2$,但这是不可能的.

证明:存在无限多个有理数 $\dfrac{p}{q}$,使得 $\left|\sqrt{2} - \dfrac{p}{q}\right| <$

$\dfrac{1}{2q^2}$，其中 p 与 q 互素．

29. 对于任意的无理数 α，证明：它的任何两个相邻的渐近分数中，至少有一个满足不等式 $\left|\alpha - \dfrac{p}{q}\right| < \dfrac{1}{2q^2}$，并由此证明：存在无限多对互素的整数 p, q 满足这个不等式．

30.（1）设 $\dfrac{p_{n-1}}{q_{n-1}}$ 与 $\dfrac{p_n}{q_n}$ 是 $\sqrt{2}$ 的相邻的渐近分数，使得

$$\left|\sqrt{2} - \dfrac{p_{n-1}}{q_{n-1}}\right| q_{n-1}^2 \geqslant \dfrac{1}{\sqrt{5}}$$

$$\left|\sqrt{2} - \dfrac{p_n}{q_n}\right| q_n^2 \geqslant \dfrac{1}{\sqrt{5}}$$

证明

$$\dfrac{1}{q_{n-1}q_n} \geqslant \dfrac{1}{\sqrt{5}}\left(\dfrac{1}{q_{n-1}^2} + \dfrac{1}{q_n^2}\right)$$

并推出

$$\sqrt{5} \geqslant \dfrac{q_n}{q_{n-1}} + \dfrac{q_{n-1}}{q_n}$$

等号为什么不能成立？

（2）对于 $x > 0$ 画出 $y = x + \dfrac{1}{x}$ 的草图．若 $y < \sqrt{5}$，x 可取什么值？证明：当 $x > 1$ 且 $y < \sqrt{5}$ 时，必有 $x < \dfrac{1}{2}(\sqrt{5}+1)$，即 $\dfrac{1}{x} > \dfrac{1}{2}(\sqrt{5}-1)$．

（3）设 $\dfrac{p_{n-1}}{q_{n-1}}, \dfrac{p_n}{q_n}$ 与 $\dfrac{p_{n+1}}{q_{n+1}}$ 是 $\sqrt{2}$ 的三个相邻的渐近分

Hurwitz 定理

数,使得 $\left|\sqrt{2} - \dfrac{p_i}{q_i}\right| q_i^2 \geqslant \dfrac{1}{\sqrt{5}} (i = n-1, n, n+1)$,利用(1)与(2)证明

$$1 + \dfrac{q_{n-1}}{q_n} > \dfrac{1}{2}(\sqrt{5} + 1) > \dfrac{q_{n+1}}{q_n}$$

31. 对于任意的无理数 α,证明:它的三个相邻的渐近分数中至少有一个满足 $\left|\alpha - \dfrac{p}{q}\right| < \dfrac{1}{\sqrt{5}} q^2$,并由此证明:存在无限多对互素的整数 p, q 满足这个不等式(Hurwitz 定理).

在以下两个问题中,我们将证明,Hurwitz 定理中的 $\sqrt{5}$ 是使这样一个定理成立所能取的最大数值.

32. 求 $\dfrac{1}{2}(\sqrt{5} + 1)$ 的连分数.

33. (1) 设 $\left|\dfrac{1}{2}(\sqrt{5} + 1) - \dfrac{p}{q}\right| = \dfrac{1}{cq^2}$,证明

$$p^2 - pq - q^2 = \dfrac{1}{c^2 q^2} \pm \dfrac{\sqrt{5}}{c}$$

(2) 对于任意的非零整数 p, q,证明

$$p^2 - pq - q^2 \neq 0$$

(3) 设 $c > \sqrt{5}$,证明

$$-1 < \dfrac{1}{c^2 q^2} \pm \dfrac{\sqrt{5}}{c} < 1$$

对于充分大的 q 成立.

(4) 利用(1)(2)(3)证明:若 $c > \sqrt{5}$,则使 $\left|\dfrac{1}{2}(\sqrt{5} + 1) - \dfrac{p}{q}\right| < \dfrac{1}{cq^2}$ 成立的有理数 $\dfrac{p}{q}$ 至多有有

第 4 章　阶梯式学习法

限个.

4.4　Liouville 定理

直到现在,我们一直致力于寻求无理数的好的有理逼近,以及确定利用相应的连分数的渐近分数所可能达到的逼近精确度. 在本章的余下部分,我们将看到,对于一类特殊的无理数(代数数),即使是最好的有理逼近也不能达到特别高的精确度.

34. 设 p,q 是正整数,证明: $\left|\dfrac{p^2}{q^2} - 2\right| \geqslant \dfrac{1}{q^2}$.

画出 $y = x^2 - 2$ 的草图并证明:当 $1 \leqslant \dfrac{p}{q} \leqslant 2$ 时

$$\dfrac{\left|\dfrac{p^2}{q^2} - 2\right|}{\left|\dfrac{p}{q} - \sqrt{2}\right|} \leqslant \dfrac{2}{2 - \sqrt{2}}$$

推导

$$\left|\dfrac{p}{q} - \sqrt{2}\right| \geqslant \dfrac{2 - \sqrt{2}}{2q^2}$$

说明这个不等式当 $\dfrac{p}{q}$ 不在 1 与 2 之间时也成立的原因. 证明:对于一切非零整数 p,q,有 $\left|\dfrac{p}{q} - \sqrt{2}\right| > \dfrac{1}{4q^2}$.

35. 对于哪些正整数 p,q,有 $\left|\dfrac{p}{q} - \sqrt{2}\right| < \dfrac{1}{q^3}$?

对于任意正实数 c,证明:使 $\left|\dfrac{p}{q} - \sqrt{2}\right| < \dfrac{c}{q^3}$ 成立

的互素整数对 p,q 至多有有限对.

36. 画出 $y=x^2-3$ 的草图,并利用问题 34 的方法证明:对于正整数 p,q,总有
$$\left|\frac{p}{q}-\sqrt{3}\right|\geqslant\frac{2-\sqrt{3}}{q^2}>\frac{1}{5q^2}$$
对于任意正实数 c,证明:使 $\left|\dfrac{p}{q}-\sqrt{3}\right|<\dfrac{c}{q^3}$ 成立的互素整数对 p,q 至多有有限对.

37. 画出 $y=x^2-x-1$ 的草图,并证明:对于正整数 p,q,总有
$$\left|\frac{p^2}{q^2}-\frac{p}{q}-1\right|\geqslant\frac{1}{q^2}$$
证明
$$\frac{\left|\dfrac{p^2}{q^2}-\dfrac{p}{q}-1\right|}{\left|\dfrac{p}{q}-\dfrac{1}{2}(\sqrt{5}+1)\right|}\leqslant\frac{2}{3-\sqrt{5}}$$
推导
$$\left|\frac{p}{q}-\frac{1}{2}(\sqrt{5}+1)\right|\geqslant\frac{3-\sqrt{5}}{2q^2}>\frac{1}{3q^2}$$

38. 证明:$\sqrt[3]{2}$ 是无理数,进而推出,对于任意的正整数 p,q,有 $\left|\dfrac{p^3}{q^3}-2\right|\geqslant\dfrac{1}{q^3}$.

画出 $y=x^3-2$ 的草图,并证明:当 $1\leqslant\dfrac{p}{q}\leqslant 2$ 时
$$\left|\frac{\dfrac{p^3}{q^3}-2}{\dfrac{p}{q}-\sqrt[3]{2}}\right|\leqslant\frac{6}{2-\sqrt[3]{2}}$$

推导

$$\left|\frac{p}{q}-\sqrt[3]{2}\right|\geqslant\frac{2-\sqrt[3]{2}}{6q^3}>\frac{1}{12q^3}$$

说明对于任意的正整数 p,q，有 $\left|\dfrac{p}{q}-\sqrt[3]{2}\right|>\dfrac{1}{12q^3}$ 成立的原因. 证明：满足 $\left|\dfrac{p}{q}-\sqrt[3]{2}\right|<\dfrac{1}{q^4}$ 的互素整数对 p,q 至多有有限对，以及对于任意给定的正实数 c，满足 $\left|\dfrac{p}{q}-\sqrt[3]{2}\right|<\dfrac{c}{q^4}$ 的互素整数对 p,q 至多有有限对.

39. 证明：$\dfrac{1}{3}(2-\sqrt[3]{2})$ 是无理数，进而证明它是方程 $9x^3-18x^2+12x-2=0$ 的唯一实根.

利用这个方程没有有理根的事实，证明：对于任意的整数 p,q，有

$$\left|9\frac{p^3}{q^3}-18\frac{p^2}{q^2}+12\frac{p}{q}-2\right|\geqslant\frac{1}{q^3}$$

画出 $y=9x^3-18x^2+12x-2$ 当 $0<x<1$ 时的草图，尽量画得仔细一些.

推导

$$\frac{\left|9\dfrac{p^3}{q^3}-18\dfrac{p^2}{q^2}+12\dfrac{p}{q}-2\right|}{\left|\dfrac{p}{q}-\dfrac{1}{3}(2-\sqrt[3]{2})\right|}\leqslant\frac{6}{2-\sqrt[3]{2}}\quad(0<\frac{p}{q}<1)$$

以及

$$\left|\frac{p}{q}-\frac{1}{3}(2-\sqrt[3]{2})\right|\geqslant\frac{2-\sqrt[3]{2}}{6q^3}$$

证明：对于一切正整数 p,q，有

Hurwitz 定理

$$\left| \frac{p}{q} - \frac{1}{3}(2 - \sqrt[3]{2}) \right| > \frac{1}{12q^3}$$

进而推出,对于给定的正数 c,使 $\left| \frac{p}{q} - \frac{1}{3}(2 - \sqrt[3]{2}) \right| < \frac{c}{q^4}$ 成立的互素整数对 p,q 至多有有限对.

40. 设 α 是满足整系数方程

$$a_n x^n + a_{n-1} x^{n-1} + \cdots + a_1 x + a_0 = 0$$

的无理数,其中 $a_n \neq 0$,并且 α 不再满足任何低次的整系数方程,证明:对于任意的正整数 q 与任意整数 p,有

$$\left| a_n \frac{p^n}{q^n} + a_{n-1} \frac{p^{n-1}}{q^{n-1}} + \cdots + a_1 \frac{p}{q} + a_0 \right| \geq \frac{1}{q^n}$$

这样的数 α 称为 n 次代数数.

41. 设 f 是实的可微函数,α 是它的一个零点,那么由中值定理知道,对于任意的实数 $b \neq \alpha$,必有某个 x 使得

$$\frac{f(b)}{b - \alpha} = f'(x)$$

此处 x 满足 $\alpha \leq x \leq b$,或 $b \leq x \leq \alpha$,设 $|f'(x)|$ 在闭区间 $\left[\alpha - \frac{1}{2}, \alpha + \frac{1}{2} \right]$ 上的最大值是 A,证明:当 $\alpha - \frac{1}{2} \leq b \leq \alpha + \frac{1}{2}$ 时,有 $|b - \alpha| \geq \frac{f(b)}{A}$ 成立.

42. 设 α 是 $n(n \geq 2)$ 次代数数,证明:存在正实数 A,使得对于一切整数 p 与一切正整数 q,有 $\left| \frac{p}{q} - \alpha \right| > \frac{1}{Aq^n}$ (Liouville 定理).

43. 设 $\alpha = \dfrac{1}{10^{1!}} + \dfrac{1}{10^{2!}} + \dfrac{1}{10^{3!}} + \dfrac{1}{10^{4!}} + \cdots$，即

$$\alpha = \dfrac{1}{10} + \dfrac{1}{10^2} + \dfrac{1}{10^6} + \dfrac{1}{10^{24}} + \cdots$$

再设

$$\dfrac{p_1}{q_1} = \dfrac{1}{10}, \dfrac{p_2}{q_2} = \dfrac{1}{10} + \dfrac{1}{10^2}, \dfrac{p_3}{q_3} = \dfrac{1}{10} + \dfrac{1}{10^2} + \dfrac{1}{10^6}$$

以及一般地

$$\dfrac{p_n}{q_n} = \dfrac{1}{10^{1!}} + \dfrac{1}{10^{2!}} + \cdots + \dfrac{1}{10^{n!}}$$

其中 p_n 与 q_n 互素. 求 $p_1, q_1, p_2, q_2, p_3, q_3, q_n$.

证明

$$0 < \alpha - \dfrac{p_1}{q_1} < \dfrac{1}{10^2} + \dfrac{1}{10^3} + \dfrac{1}{10^4} + \cdots + \dfrac{1}{10^i} + \cdots$$

$$= \dfrac{1}{10^2} \dfrac{10}{9} = \dfrac{1}{9} \dfrac{1}{10} < \dfrac{1}{q_1}$$

$$0 < \alpha - \dfrac{p_2}{q_2} < \dfrac{1}{10^6} + \dfrac{1}{10^7} + \dfrac{1}{10^8} + \cdots$$

$$= \dfrac{1}{10^6} \dfrac{10}{9} = \dfrac{1}{9} \dfrac{1}{10^5} < \left(\dfrac{1}{q_2}\right)^2$$

$$0 < \alpha - \dfrac{p_3}{q_3} < \dfrac{1}{10^{24}} + \dfrac{1}{10^{25}} + \dfrac{1}{10^{26}} + \cdots$$

$$= \dfrac{1}{10^{24}} \dfrac{10}{9} = \dfrac{1}{9} \dfrac{1}{10^{23}} < \left(\dfrac{1}{q_3}\right)^3$$

以及最后有

Hurwitz 定理

$$0 < \alpha - \frac{p_n}{q_n} < \frac{1}{10^{(n+1)!}} + \frac{1}{10^{(n+1)!+1}} + \cdots$$

$$= \frac{1}{10^{(n+1)!}} \cdot \frac{10}{9} < \left(\frac{1}{q_n}\right)^n$$

证明：不存在使问题 42 中的不等式成立的 n 和 A，所以 α 不是代数数.

一个实数若不是代数数，则称为超越数.

4.5 注记与答案

1. $\sqrt{2} - 1 < \frac{1}{2}, 2 - \sqrt{3} < \frac{1}{2}$.

2. $0 \leqslant \alpha - [\alpha] < 1$，若 $\frac{1}{2} < \alpha - [\alpha]$，则 $[\alpha] + 1 - \alpha < \frac{1}{2}$. 若 α 是无理数，则 $\alpha \neq \frac{1}{2}n$（n 是任意整数），于是存在整数 n，使得 $|\alpha - n| < \frac{1}{2}$.

3. $\frac{1}{4}, \left|\sqrt{2} - \frac{3}{2}\right| < \frac{1}{4}, |\sqrt{5} - 2| < \frac{1}{4}$. 除去 $\alpha = \frac{n}{4}$（n 是奇数）的情形.

4. $\frac{1}{6}, \left|\sqrt{2} - \frac{4}{3}\right| < \frac{1}{6}, \left|\sqrt{3} - \frac{5}{3}\right| < \frac{1}{6}$.

   是的，因为对于任何整数 $n, \alpha \neq \frac{n}{6}$.

5. 不是，例如当 $\frac{1}{9} < \alpha < \frac{2}{9}$ 时. $\frac{2}{3}$. 例如 $\frac{3}{18}$.

6. 因为 α 属于某个区间 $\left(\dfrac{m}{q}, \dfrac{m+1}{q}\right)$，所以它与某个端点的距离小于 $\dfrac{1}{2q}$，因此存在 p，使得 $\left|\alpha - \dfrac{p}{q}\right| < \dfrac{1}{2q}$. 若 $q > 2$，则

$$\left|\dfrac{2m+1}{2q} - \dfrac{m}{q}\right| = \dfrac{1}{2q} > \dfrac{1}{q^2}$$

7. 设 $m \neq n$ 但 $n\sqrt{2} - [n\sqrt{2}] = m\sqrt{2} - [m\sqrt{2}]$，则 $\sqrt{2} = \dfrac{[n\sqrt{2}] - [m\sqrt{2}]}{n - m}$ 就成了有理数. 若 $n\sqrt{2} - [n\sqrt{2}] = \dfrac{k}{10}$，情况类似.

$\sqrt{2} - [\sqrt{2}]$ 与 $6\sqrt{2} - [6\sqrt{2}]$ 都在 0.4 与 0.5 之间，所以

$$|(6\sqrt{2} - 8) - (\sqrt{2} - 1)| < \dfrac{1}{10}, |5\sqrt{2} - 7| < \dfrac{1}{10}$$

$2\sqrt{2} - [2\sqrt{2}]$ 与 $7\sqrt{2} - [7\sqrt{2}]$ 都在 0.8 与 0.9 之间，所以

$$|(7\sqrt{2} - 9) - (2\sqrt{2} - 2)| < \dfrac{1}{10}, |5\sqrt{2} - 7| < \dfrac{1}{10}$$

8. $|4\sqrt{3} - 7| < \dfrac{1}{10}$. q 是不超过 11 的两数之差.

9. $n+1$ 个数 $i\alpha - [i\alpha]$ $(i = 1, 2, \cdots, n+1)$ 落在 n 个开区间 $\left(\dfrac{i-1}{n}, \dfrac{i}{n}\right)$ $(i = 1, 2, \cdots, n)$ 中，所以有两个落在同一个区间内，设它们对应着 $i = j, k$，则

Hurwitz 定理

$$|j\alpha - [j\alpha] - k\alpha + [k\alpha]| < \frac{1}{n}$$

此即所需要的结论.

10. 在问题 9 中, $0 < j, k \le n+1$, 所以 $|j-k| \le n$, 从而存在整数 $p, q, q \le n$, 使得 $|q\alpha - p| < \frac{1}{n}$. 此时 $\left|\alpha - \dfrac{p}{q}\right| < \dfrac{1}{nq} < \dfrac{1}{q^2}$.

11. 属于 F_{n+1} 但不属于 F_n 的项是 $\dfrac{k}{n+1}$, 其中 $\gcd(k, n+1) = 1$. 恰好有 $\varphi(n+1)$ 个这样的 k, 所以 F_{n+1} 比 F_n 多 $\varphi(n+1)$ 项, 由此及归纳法可得到 F_n 所含的项数.

12. $\dfrac{1}{2}$.

13. 三角形 OCA 的面积等于三角形 OCE 的面积, 都是 $\dfrac{1}{2}$.

倘若把这两个三角形都看作以 OC 为底, 那么从 A 和 E 到底边的高相等. 设 AE 与 OC 交于点 M, 则三角形 AMH 与三角形 EMK 全等, 所以 HK 的中点是 AE 的中点, 关于点 $M = (\dfrac{1}{2}(b+f), \dfrac{1}{2}(a+e))$ 的半周旋转使 A 和 E 交换位置, 并且把点 O 映射成 $(b+f, a+e)$, 又因为点 M 在 OC 上, 所以有 $\dfrac{a+e}{b+f} = \dfrac{c}{d}$.

14. 以 $(0,0), (b,a), (d,c)$ 为顶点的三角形的面积是 $\dfrac{1}{2}$, 所以以 $(0,0), (b,a), (b+d, a+c), (d,c)$ 为

第4章　阶梯式学习法

顶点的平行四边形的面积是1,而且问题中的两个三角形各占平行四边形的一半. 这三项在Farey数列F_{b+d}中是相邻的;因为在联结$(0,0)$与$(b+d,a+c)$的线段上没有另外的格点,所以它们不可能同时出现在前面的Farey数列中.

如果$b+d\leq n$,那么$\dfrac{a}{b}$与$\dfrac{c}{d}$就不是F_n中的相邻项.

15. 联结$(0,0)$与$(b+d,a+c)$的线段是以$(0,0),(b,a)$与$(0,0),(d,c)$为边的平行四边形的对角线. 联结$(0,0)$与$(bu+d,au+c)$的线段是以$(0,0),(bu,au)$与$(0,0),(d,c)$为边的平行四边形的对角线.

16. 当$0<k<1$时,对于任意实数r,s,数$kr+(1-k)s$将它们按$\dfrac{1-k}{k}$的比例分开,而且它们之间的任一数都是$kr+(1-k)s(0<k<1)$的形式.

现在,有
$$\frac{a}{b}\frac{bu}{bu+dv}+\frac{c}{d}\left(1-\frac{bu}{bu+dv}\right)=\frac{au+cv}{bu+dv}$$
而且,因为a,b,c,d,u,v都是正数,所以
$$0<\frac{bu}{bu+dv}<1$$

若r与s是有理数,那么在它们之间的有理数都有$kr+(1-k)s$的形式,此处k是有理数且$0<k<1$. 若k是给定的,而且b和d也是给定的整数,那么,为了证明$\dfrac{a}{b}$与$\dfrac{c}{d}$之间的有理数都具有所给定的形式,只要选

Hurwitz 定理

取整数 u, v, 使得 $\dfrac{v}{u} = \dfrac{b}{dk} - \dfrac{b}{d}$ 即可.

17. 设 $\dfrac{a}{b}$ 与 $\dfrac{c}{d}$ 是某个 Farey 数列的相邻项, 则由问题 12, 以 $(0,0), (b,a), (d,c)$ 为顶点的三角形的面积是 $\dfrac{1}{2}$. 设 $\dfrac{p}{q}$ 与 $\dfrac{a}{b}$ 是另一个 Farey 数列的相邻项, 则以 $(0,0), (b,a), (q,p)$ 为顶点的三角形的面积也是 $\dfrac{1}{2}$.

因此, 若 $\dfrac{c}{d}$ 与 $\dfrac{p}{q}$ 都比 $\dfrac{a}{b}$ 大或都比它小, 那么联结 (d,c) 与 (q,p) 的直线平行于以 $(0,0), (b,a)$ 联结成的直线. 由于在 (d,c) 与 $(b+d, a+c)$ 之间没有格点, 所以 $\dfrac{a+c}{b+d}$ 是 Farey 数列中介于 $\dfrac{a}{b}$ 与 $\dfrac{c}{d}$ 之间的第一项, 且

$$\left| \dfrac{a+c}{b+d} - \dfrac{a}{b} \right| = \left| \dfrac{bc - ad}{b(b+d)} \right| = \dfrac{1}{b(b+d)} \leqslant \dfrac{1}{b(n+1)}$$

18. $\quad \dfrac{1}{2} < \dfrac{1}{\sqrt{2}} < 1, \dfrac{2}{3} < \dfrac{1}{\sqrt{2}} < 1$

$\qquad \dfrac{2}{3} < \dfrac{1}{\sqrt{2}} < \dfrac{3}{4}, \dfrac{2}{3} < \dfrac{1}{\sqrt{2}} < \dfrac{5}{7}$

$F_2: \dfrac{1}{2} < \dfrac{1}{\sqrt{2}} < 1$, 大于中项. $\dfrac{a}{b} = 1$.

$F_3: \dfrac{2}{3} < \dfrac{1}{\sqrt{2}} < 1$, 小于中项. $\dfrac{a}{b} = \dfrac{2}{3}$.

$F_4, F_5, F_6: \dfrac{2}{3} < \dfrac{1}{\sqrt{2}} < \dfrac{3}{4}$, 小于中项. $\dfrac{a}{b} = \dfrac{2}{3}$.

$F_7: \dfrac{2}{3} < \dfrac{1}{\sqrt{2}} < \dfrac{5}{7}$, 大于中项. $\dfrac{a}{b} = \dfrac{5}{7}$.

19. 是的,因为根据问题 17 知,0 与 1 之间的每一个数 $\frac{a}{b}$ 总是与 Farey 数列 F_7 的某一项之差小于 $\frac{1}{8b}$.

20. 0 与 1 之间的每一个数 $\frac{a}{b}$ 总是与 Farey 数列 F_n 中的某一项之差小于 $\frac{1}{b(n+1)}$.

21. 对于任意实数 α,存在整数 a,b,使得 $b \leqslant n$ 并且
$$\left|\alpha - [\alpha] - \frac{a}{b}\right| \leqslant \frac{1}{b(n+1)}$$
因而
$$\left|\alpha - \frac{b[\alpha] + a}{b}\right| \leqslant \frac{1}{b(n+1)}$$

23. 1,2,3,5.

24. 当 $bp \neq qa$ 时
$$\left|\frac{bp}{q} - a\right| = \left|\frac{bp - aq}{q}\right| \geqslant \frac{1}{q}$$

25. 因为 α 是无理数,所以 $\left|\alpha - \frac{a}{b}\right| > 0$,因而存在某个整数 n,使得 $\left|\alpha - \frac{a}{b}\right| > \frac{1}{n}$.

根据问题 20,存在整数 p,q,使得
$$\left|\alpha - \frac{p}{q}\right| \leqslant \frac{1}{q(n+1)} < \frac{1}{n} < \left|\alpha - \frac{a}{b}\right| \quad (q \leqslant n)$$
显然 $\left|\alpha - \frac{p}{q}\right| < \frac{1}{q^2}$. 这个过程可以反复进行,从而得到无限多对这样的整数.

Hurwitz 定理

26. $\left|\dfrac{p_n}{q_n} - \dfrac{p_{n-1}}{q_{n-1}}\right| = \left|\dfrac{p_n q_{n-1} - q_n p_{n-1}}{q_n q_{n-1}}\right| = \dfrac{1}{q_n q_{n-1}}$

并且

$$\left|\dfrac{p_n}{q_n} - \dfrac{p_{n-1}}{q_{n-1}}\right| > \left|\alpha - \dfrac{p_{n-1}}{q_{n-1}}\right|$$

27. 0.414, 6.120, 14.668, 1.657, 11.647, 2.479, 0.728, 5.002, 12.119, 2.627, 11.186, 22.587, 0.355, 3.198, 8.883, 2.912, 10.039, 20.008, 6.296, 0.708, 4.962, 2.510, 8.205, 16.743, 6.551, 16.531, 0.354, 1.421, 5.685, 12.792.

$\sqrt{2} = [1, \dot{2}]$,前五个渐近分数是 $\dfrac{1}{1}$, $\dfrac{3}{2}$, $\dfrac{7}{5}$, $\dfrac{17}{12}$, $\dfrac{41}{29}$.

$$\left|\sqrt{2} - \dfrac{p}{q}\right| q^2 = 0.414, 0.343, 0.355, 0.353, 0.354.$$

28. 因为 $\sqrt{2}$ 在它的相邻渐近分数之间,所以

$$\left|\sqrt{2} - \dfrac{p_n}{q_n}\right| + \left|\sqrt{2} - \dfrac{p_{n+1}}{q_{n+1}}\right| = \left|\dfrac{p_n}{q_n} - \dfrac{p_{n+1}}{q_{n+1}}\right|$$

这说明,两个相邻的渐近分数中,至少有一个满足条件 $\left|\sqrt{2} - \dfrac{p}{q}\right| < \dfrac{1}{2q^2}$.

29. 将 $\sqrt{2}$ 换成任意无理数 α,问题 28 的推理仍是正确的.

30. (1) $\sqrt{2}$ 在它的两个相邻的渐近分数之间,由此,与问题 28 的证明类似,可得到所要的结论. 因为 q_{n-1} 与 q_n 都是整数,所以等号不可能成立.

（2）$y = x + \dfrac{1}{x}$ 是以 $x = 0$ 与 $y = x$ 为渐近线的双曲线. 若 $x + \dfrac{1}{x} = \sqrt{5}$，则 $x = \dfrac{1}{2}(\sqrt{5} \pm 1)$，而且，对于这两个数值之间的 x 值，有 $x + \dfrac{1}{x} < \sqrt{5}$. 由于 $\dfrac{1}{2}(\sqrt{5} - 1) < 1 < \dfrac{1}{2}(\sqrt{5} + 1)$，所以若 $x > 1$ 且 $y < \sqrt{5}$，则 $x < \dfrac{1}{2}(\sqrt{5} + 1)$，这与 $\dfrac{1}{x} > \dfrac{1}{2}(\sqrt{5} - 1)$ 等价.

（3）由（1）得到

$$\sqrt{5} > \dfrac{q_n}{q_{n-1}} + \dfrac{q_{n-1}}{q_n},\; \sqrt{5} > \dfrac{q_{n+1}}{q_n} + \dfrac{q_n}{q_{n+1}}$$

由于 $q_{n+1} > q_n > q_{n-1} \geqslant 1$，所以，由（2）推出

$$\dfrac{q_{n-1}}{q_n} > \dfrac{1}{2}(\sqrt{5} - 1),\; \dfrac{q_{n+1}}{q_n} < \dfrac{1}{2}(\sqrt{5} + 1)$$

于是

$$1 + \dfrac{q_{n-1}}{q_n} > \dfrac{q_{n+1}}{q_n},\; q_n + q_{n-1} > q_{n+1}$$

然而 $q_{n+1} = a_n q_n + q_{n-1}$，其中 $a_n \geqslant 1$，这就出现了矛盾.

31. 用 α 代替 $\sqrt{2}$ 后，问题 30 的推理仍成立.

32. $[1, 1, 1, 1]$.

33.（1）

$$\left| \dfrac{1}{2}(\sqrt{5} + 1) - \dfrac{p}{q} \right| = \dfrac{1}{cq^2}$$

$$\Rightarrow \dfrac{1}{2}\sqrt{5} q \pm \dfrac{1}{cq} = p - \dfrac{1}{2}q$$

$$\Rightarrow \dfrac{5q^2}{4} \pm \dfrac{\sqrt{5}}{c} + \dfrac{1}{c^2 q^2} = p^2 - pq + \dfrac{q^2}{4}$$

Hurwitz 定理

$$\Rightarrow \frac{1}{c^2q^2} \pm \frac{\sqrt{5}}{c} = p^2 - pq - q^2$$

(2) 若 $p^2 - pq - q^2 = 0$,则

$$\left(\frac{p}{q}\right)^2 - \frac{p}{q} - 1 = 0$$

于是 $\frac{p}{q} = \frac{1}{2}(1 \pm \sqrt{5})$,这与 $\sqrt{5}$ 的无理性矛盾.

(3) 若 $c > \sqrt{5}$,则当 $q^2 > \frac{1}{5}\left(1 - \frac{\sqrt{5}}{c}\right)$ 时

$$-1 < \frac{1}{c^2q^2} \pm \frac{\sqrt{5}}{c} < 1$$

(4) 若 $c > \sqrt{5}$,由(3)和(1)推出,除有限多个 q 外,应该有 $-1 < p^2 - pq - q^2 < 1$. 但是 p 与 q 都是整数,因此 $p^2 - pq - q^2$ 也是整数,由(2)可知,这个条件是不能成立的.

当 $\frac{p}{q}$ 是 $\frac{1}{2}(\sqrt{5} + 1)$ 的前十个渐近分数之一时,求出(1)中的 c 是有好处的.

此处的推理可用于对一类实数的逼近,它们的连分数中,除有限项外,都是由数码 1 组成的.

34. $\sqrt{2}$ 是无理数,所以不存在整数 p, q 使得 $p^2 - 2q^2 = 0$,因此

$$\left|\frac{p^2}{q^2} - 2\right| = \left|\frac{p^2 - 2q^2}{q^2}\right| \geq \frac{1}{q^2}$$

对于 $1 \leq x \leq 2$,联结 $(x, x^2 - 2)$ 与 $(\sqrt{2}, 0)$ 的弦的斜率当 $x = 2$ 时取最大值.

对于任意的有理数 $\dfrac{s}{q} \neq 0$,存在介于1与2之间的 $\dfrac{p}{q}$,使得

$$\left| \dfrac{s}{q} - \sqrt{2} \right| \geqslant \left| \dfrac{p}{q} - \sqrt{2} \right| \geqslant \dfrac{2-\sqrt{2}}{2q^2}$$

$9 > 8 \Rightarrow 3 > 2\sqrt{2} \Rightarrow 4 - 2\sqrt{2} > 1 \Rightarrow 2 - \sqrt{2} > \dfrac{1}{2}$

由此可以断定,若从实轴上把每个有理点 $\dfrac{p}{q}$ 的半径为 $\dfrac{1}{4q^2}$ 的一个邻域去掉,则 $\sqrt{2}$ 不会被去掉.

35. 由问题34知,$q < 4$. 若 $q = 1$,则 $p = 1$ 或 2. 若 $q = 2$,则 $p = 3$. $\left|\dfrac{4}{3} - \sqrt{2}\right|$ 与 $\left|\dfrac{5}{3} - \sqrt{2}\right|$ 都大于 $\dfrac{1}{27}$.

由问题34知,$\dfrac{q}{c} < 4$,所以 q 至多可取有限个值,设 $n = \left[\sqrt{2} + \dfrac{c}{q^3}\right] + 1$,则只需考虑在 $\pm nq$ 之间的那些 p.

36. 对于 $1 \leqslant x \leqslant 2$,联结 $(x, x^2 - 3)$ 与 $(\sqrt{3}, 0)$ 的线段当 $x = 2$ 时有最大斜率. 由此及 $\left|\dfrac{p^2}{q^2} - 3\right| > \dfrac{1}{q^2}$,推出

$$\left| \dfrac{p}{q} - \sqrt{3} \right| \geqslant \dfrac{2-\sqrt{3}}{q^2}$$

由 $81 > 75 \Rightarrow 9 > 5\sqrt{3} \Rightarrow 10 - 5\sqrt{3} > 1 \Rightarrow 2 - \sqrt{3} > \dfrac{1}{5}$. 于是

Hurwitz 定理

$$\frac{c}{q^3} > \left|\frac{p}{q} - \sqrt{3}\right| > \frac{1}{5q^2} \Rightarrow 5c > q$$

因而只需考虑有限个整数 q.

37. 对于 $1 \leq x \leq 2$, 联结 (x, x^2-x-1) 与 $\left(\frac{1}{2}(\sqrt{5}+1), 0\right)$ 的线段的斜率当 $x = 2$ 时取最大值, 因而都不超过

$$\frac{1}{2 - \frac{1}{2}(\sqrt{5}+1)}$$

$$49 > 45 \Rightarrow 7 > 3\sqrt{5} \Rightarrow 9 - 3\sqrt{5} > 2 \Rightarrow \frac{1}{2}(3-\sqrt{5}) > \frac{1}{3}$$

请将本题结果与问题 33 比较.

38. 设 $\sqrt[3]{2}$ 等于某个有理数, 它的素因数分解式是 $p_1^{\alpha_1} p_2^{\alpha_2} \cdots p_n^{\alpha_n}$, 则

$$2 = p_1^{3\alpha_1} p_2^{3\alpha_2} \cdots p_n^{3\alpha_n}$$

但这是不可能的. 因此对于任何非零整数 p, q, 总有 $p^3 - 2q^3 \neq 0$, 从而 $\left|\frac{p^3}{q^3} - 2\right| \geq \frac{1}{q^3}$.

$y = x^3 - 2$ 的图形, 当 $1 < x < 2$ 时是凹的. 因此, 在此区间中, 联结 $(\sqrt[3]{2}, 0)$ 与 (x, x^3-2) 的线段的斜率当 $x = 2$ 时取最大值, 从而都是小于或等于 $\frac{6}{2-\sqrt[3]{2}}$.

$$27 > 16 \Rightarrow 3 > 2\sqrt[3]{2} \Rightarrow 4 - 2\sqrt[3]{2} > 1$$
$$\Rightarrow 24 - 12\sqrt[3]{2} > 6 \Rightarrow \frac{1}{6}(2-\sqrt[3]{2}) > \frac{1}{12}$$

再仿照问题 35 做其余的论证.

39. 若 $\frac{1}{3}(2 - \sqrt[3]{2}) = r$ 是有理数, 那么 $\sqrt[3]{2} = 2 - 3r$

就成了有理数,这与问题38矛盾. 因为 $(2-3r)^3 = 2$,
所以
$$-27r^3 + 54r^2 - 36r + 8 = 2$$
$$9r^3 - 18r^2 + 12r - 2 = 0$$
我们来考察 $y = 9x^3 - 18x^2 + 12x - 2$ 的图形,由于
$$\frac{\mathrm{d}y}{\mathrm{d}x} = 27x^2 - 36x + 12 = 3(3x-2)^2$$
曲线的斜率总是非负的,所以它与 x 轴仅有一个交点.
因此方程 $y = 0$ 不存在有理根,即
$$\frac{9p^3}{q^3} - \frac{18p^2}{q^2} + \frac{12p}{q} - 2 \neq 0$$

当 $0 < x < \frac{2}{3}$ 时曲线是凸的,当 $\frac{2}{3} < x < 1$ 时曲线是凹的. 方程的根接近于 0.25,所以当 $0 < x < 1$ 时,以 $\left(\frac{1}{3}(2-\sqrt[3]{2}), 0\right)$ 和 $(0, -2)$ 为端点的线段有最大斜率. 这和问题38中的弦的最大斜率相同,以后的推算也是类似的.

40. 显然,此外所涉及的,是一个整数除以 q^n,因此,只需证明这个整数不等于零,若它是零,那么有理数 $\frac{p}{q}$ 就是方程的根,因而这个多项式有因式 $px - q$, α 就满足一个次数为 $n-1$ 的方程了.

41. $A \geqslant |f'(x)| \geqslant \frac{|f(b)|}{|b-\alpha|}$.

42. 对于任意正整数 p 与 q,存在整数 p',使得
$$\alpha - \frac{1}{2} \leqslant \frac{p'}{q} \leqslant \alpha + \frac{1}{2}$$
而且,若 $\frac{p}{q}$ 不属于这个区间,则

Hurwitz 定理

$$\left|\frac{p}{q} - \alpha\right| > \left|\frac{p'}{q} - \alpha\right|$$

因此只需考虑 $\frac{p}{q}$ 属于区间 $\left[\alpha - \frac{1}{2}, \alpha + \frac{1}{2}\right]$ 的情形. 设 $f(x)$ 是整系数多项式且 $f(\alpha) = 0$，记 $|f'(x)|$ 在此区间中的最大值为 A. 先用问题 41，再用问题 40 即可得证.

第 5 章 推广与改进

5.1 两位数论专家的推广与改进

国内的数学科普与数学研究有些相似,都是追逐热点与时髦,科普着眼大、新、热,即大数学家、大定理、大成果,新就是最新的成果,热即大家都在热议的东西.但这样一来那些小而美,经典但不重大,精巧但不是热点的理论似乎就被冷落了,没人去研究,没人去关注,没人去写当然就没人看了,在经济学领域有两类理论,一个是强调有需求就一定会有供给,另一个理论则以为供给会创造出需求.

Hurwitz 定理是 19 世纪提出的,属于数论中的经典结论,但在近几十年来除了几位大数学家,如华罗庚、王元在其著作中介绍过以外,真正对其进行研究的人很少,东北师范大学的李复中教授和新疆师范大学的唐太明教授是其中的两位,他们都曾是柯召院士的学生.

在北京大学数学学院对史宇光、刘若川、范后宏、刘张炬四位老师的访谈中就谈到数学研究中选题的冷与热问题,他们说:当年陈省身的研究就没有受到重视,但他现在就被人叫作大师了. 其实很可能当时研究领域错了,就注定难以做出什么太好的结果. 19 世纪的复变函数是最热门的了,但你学了之后过了多少年它可能就悄无声息了,你做得再好可能也不会做出什么新的大的惊人的结果. 陈先生当时正好做的就是标架丛的理论,这在当时不热门,很少人在做,过了几十年之后就成热门的了,他的东西就能流传下来了. 所以也不见得大家都要做热门的东西,你可以坐冷板凳多坐一会儿,可能是金子就发光了,不过也有可能发不了光,这都很难说. 历史上有很多这样的事,你要开拓一个新的领域,往往是费力不讨好的,但是一旦开拓出来,就像 Cantor(康托)当时做集合论的时候,Boltzmann(波尔兹曼)也是,就卓有成效. 我觉得有好奇心,想开拓一门领域是很重要的,并不是所有数学家都要去解决猜想,发展一门新的理论也是非常有意义的.

本章中所选的内容是 20 世纪八九十年代的,分别发表在《东北师范大学学报(理科版)》和《新疆师范大学学报》上. 虽然按今天用所谓的核心期刊和影响因子将论文分成三六九等,但那个年代还没被强化到今天这个地步. 其实真正的好文章登到哪都会被大家引入与承认的,最典型的是 Lobacherskiǐ(罗巴切夫斯基)

的非欧几何开创性论文竟然只是登在一个毫不知名的大学刊物上.

1826 年 2 月 11 日 Lobacherskiǐ(罗巴切夫斯基)在喀山大学数学系的会议上宣读了论文《几何学原理的扼要阐释及平行线定理的一个严格证明》,这一天被认为是非欧几何学诞生的日子. 在论文中,他做了一个极其大胆的假设:过平面 ABC 上的直线 AB 外一点 C,可作多于一条直线与 AB 不相交. 从这个假设出发展开几何命题的推论,使他获得了严密而完整的命题体系,即新的几何体系,并命名为"拟想的几何学". 这篇论文由于听讲者不理解而被搁置一边,原稿竟被丢失,但在 1829 年至 1830 年的喀山大学机关刊物《喀山通报》上刊登了他的研究报告《几何学原理》,这是从 1826 年的论文中摘录出来的. 这篇论文阐述了非欧几何学的基本原理,给出了直角三角形的边角关系. 当然也并不是说这一篇文章定乾坤,Lobacherskiǐ 还有一系列的几何学著作,如 1835 年的《虚几何学》,1836 年的《虚几何学在一些积分上的应用》,1835 年至 1838 年的《几何学新原理及完整的平行线理论》,1855 年的《泛几何学》,是这一系列的努力奠定了他的首创者的地位.

5.2 Hurwitz 定理的推广

东北师范大学的李复中教授于 1982 年给出了比 Hurwitz 定理更强的定理为:

Hurwitz 定理

令 α 表示无理数,展成简单连分数为
$$\alpha = [a_0, a_1, a_2, \cdots, a_n, \cdots]$$
且其 n 阶渐近分数为 $\dfrac{p_n}{q_n}$,则于 α 的三个连续渐近分数 $\dfrac{p_i}{q_i}(i = n-2, n-1, n)$ 中必有一个适合
$$\left| \alpha - \frac{p_i}{q_i} \right| < \frac{1}{\sqrt{a_n^2 + 4q_i^2}}$$

应用此定理,很简洁地得出一些用有理数来逼近无理数的结论,并推广了日本数学家 Shibata 的结果.

Hurwitz 定理为:

定理 1 令 α 表示无理数,展成简单连分数为
$$\alpha = [a_0, a_1, a_2, \cdots, a_n, \cdots]$$
且其 n 阶渐近分数为 $\dfrac{p_n}{q_n}$,则于 α 的三个连续渐近分数 $\dfrac{p}{q}$ 中必有一个适合
$$\left| \alpha - \frac{p}{q} \right| < \frac{1}{\sqrt{5} q^2}$$

现在将 Hurwitz 定理推广为:

定理 2 令 α 表示无理数,展成简单连分数为
$$\alpha = [a_0, a_1, a_2, \cdots, a_n \cdots]$$
且其 n 阶渐近分数为 $\dfrac{p_n}{q_n}$,则于 α 的三个连续渐近分数 $\dfrac{p_i}{q_i}(i = n-2, n-1, n)$ 中必有一个适合
$$\left| \alpha - \frac{p_i}{q_i} \right| < \frac{1}{\sqrt{a_n^2 + 4q_i^2}}$$

第5章 推广与改进

证明 令 $\dfrac{q_{n-1}}{q_n} = \beta_{n+1}$,则

$$\left| \alpha - \frac{p_n}{q_n} \right| = \left| \frac{p_n}{q_n} - \frac{\alpha'_{n+1} p_n + p_{n-1}}{\alpha'_{n+1} q_n + q_{n-1}} \right|$$

$$= \left| \frac{p_n q_{n-1} - p_{n-1} q_n}{q_n (\alpha'_{n+1} q_n + q_{n-1})} \right|$$

$$= \frac{1}{q'_n (\alpha'_{n+1} + \beta_{n+1})}$$

今往证明,不能有三个连续整数 $i = n-1, n, n+1$,使

$$\alpha'_i + \beta_i \leqslant \sqrt{a_n^2 + 4} \qquad (1)$$

现在假定式(1)当 $i = n-1$ 及 $i = n$ 时成立,即

$$\alpha'_{n-1} + \beta_{n-1} \leqslant \sqrt{a_n^2 + 4}$$

$$\alpha'_n + \beta_n \leqslant \sqrt{a_n^2 + 4}$$

由

$$\alpha'_{n-1} = a_{n-1} + \frac{1}{\alpha'_n} \qquad (2)$$

及

$$\frac{1}{\beta_n} = \frac{q_{n-1}}{q_{n-2}} = \frac{a_{n-1} q_{n-2} + q_{n-3}}{q_{n-2}} = a_{n-1} + \beta_{n-1}$$

故

$$\frac{1}{\alpha'_n} + \frac{1}{\beta_n} = \alpha'_{n-1} + \beta_{n-1} \leqslant \sqrt{a_n^2 + 4}$$

立即得到

$$1 = \frac{1}{\alpha'_n} \cdot \alpha'_n \leqslant \left(\sqrt{a_n^2 + 4} - \frac{1}{\beta_n} \right) \left(\sqrt{a_n^2 + 4} - \beta_n \right)$$

于是

$$1 \leqslant a_n^2 + 4 - \sqrt{a_n^2 + 4} \left(\beta_n + \frac{1}{\beta_n} \right) + 1$$

Hurwitz 定理

即
$$\beta_n + \frac{1}{\beta_n} \leq \sqrt{a_n^2 + 4} \qquad (3)$$

因 β_n 为有理数,而 $\sqrt{a_n^2+4}$ 为无理数(不定方程 $x^2 + 4 = y^2$ 无正整数解),故不能取等号,所以
$$\beta_n + \frac{1}{\beta_n} < \sqrt{a_n^2 + 4} \qquad (4)$$

立即得到
$$\beta_n^2 - \sqrt{a_n^2+4}\,\beta_n + 1 < 0$$
即
$$\left(\beta_n - \frac{\sqrt{a_n^2+4}}{2}\right)^2 < \frac{a_n^2}{4}$$

因 $\beta_n < 1$,故
$$\frac{a_n}{2} < \beta_n - \frac{\sqrt{a_n^2+4}}{2} < 0$$
即
$$\beta_n > \frac{\sqrt{a_n^2+4} - a_n}{2} \qquad (5)$$

用同样的证法,若式(1)对 $i=n, i=n+1$ 时成立,则有
$$\beta_{n+1} + \frac{1}{\beta_{n+1}} < \sqrt{a_n^2+4} \qquad (4')$$
及
$$\beta_{n+1} > \frac{\sqrt{a_n^2+4} - a_n}{2} \qquad (5')$$

由(4')(5')(5)各式可知

第5章 推广与改进

$$a_n = \frac{1}{\beta_{n+1}} - \beta_n$$
$$< \sqrt{a_n^2 + 4} - \beta_{n+1} - \beta_n$$
$$< \sqrt{a_n^2 + 4} - \frac{\sqrt{a_n^2 + 4} - a_n}{2} - \frac{\sqrt{a_n^2 + 4} - a_n}{2}$$
$$= a_n$$

而这是不可能的,故得定理.

此定理显然比 Hurwitz 定理更强一些,并包含 Hurwitz 定理. 对于 $\alpha = [\dot{1}]$ 及与其相似的一类无理数,自然每一 $a_n = 1$,于 α 的三个连续渐近分数 $\dfrac{p}{q}$ 中必有一个适合

$$\left|\alpha - \frac{p}{q}\right| < \frac{1}{\sqrt{a_n^2 + 4}\, q^2} - \frac{1}{\sqrt{1^2 + 4}\, q^2} - \frac{1}{\sqrt{5}\, q^2}$$

Shibata 在[2]中,关于用有理数来逼近无理数有很多结果. 我们用定理 1 很简洁地得出这些结论. 为此,我们先抄录[1]和[2]的有关定义和定理.

定义 1 若 ξ 与 η 为两实数,且

$$\xi = \frac{a\eta + b}{c\eta + d}, ad - bc = \pm 1 \quad (a,b,c,d \text{ 为整数})$$

则说 ξ 与 η 相似.

定理 3 两无理数相似的必要充分条件为

$$\xi = [a_0, a_1, \cdots, a_n, c_0, c_1, \cdots]$$
$$\eta = [b_0, b_1, \cdots, b_n, c_0, c_1, \cdots]$$

换句话说,其连分数的展开式中,自若干项之后完全相同(以上参看[1],以下参看[2]).

定义 2 用 $\Omega(V)$ 表示可以展开成简单连分数

Hurwitz 定理

$$\alpha = [a_0, a_1, a_2, \cdots, a_n, \cdots] \quad (1 \leqslant a_n \leqslant V)$$

的无理数及其相似的数的集合.

定理 4 令 α 为无理数,展成简单连分数为

$$\alpha = [a_0, a_1, a_2, \cdots, a_n \cdots]$$

且其 n 阶渐近分数为 $\dfrac{p_n}{q_n}$. 于是,对于除去 $\Omega(2)$ 中的无理数外的任何一个无理数,都有无穷多个渐近分数 $\dfrac{p_n}{q_n}$ 适合

$$\left| \alpha - \frac{p_n}{q_n} \right| < \frac{1}{\sqrt{13} q_n^2}$$

定理 5 α 与 $\dfrac{p_n}{q_n}$ 的意义同前,则对于除去无理数集合 $\Omega(V-1)$ 及无理数 $\dfrac{V + \sqrt{V^2+4}}{2}$ ($= [\dot{V}]$) 及其相似的数以外的任何一个无理数,都存在无穷多个渐近分数满足

$$\left| \alpha - \frac{p_n}{q_n} \right| < \frac{1}{\lambda_e(V) q_n^2} \quad (V \geqslant 3)$$

其中

$$\lambda_e(V) = V + [0, \dot{V-1}, \dot{1}] + [0, V, \dot{V-1}, \dot{1}]$$

$$= \dot{V} + \frac{\sqrt{(V-1)(V+3)} - (V-1)}{2(V-1)} +$$

$$\frac{(V-1)(2V-1) - \sqrt{(V-1)(V+3)}}{2\{V(V-1)^2 - 1\}}$$

$$= \frac{[(V-1)(V(V-1)-1)-1]\sqrt{(V-1)(V+3)} - (V-1)[(V-1)(V^2-3V+1)-1]}{2(V-1)(V(V-1)^2-1)}$$

应用定理 2,很容易得到如下定理.

定理 6 对于除去 $\Omega(V-1)$ 中的无理数之外的任一无理数,必存在无限多个渐近分数 $\dfrac{p}{q}$ 满足

$$\left|\alpha - \frac{p}{q}\right| < \frac{1}{\sqrt{V^2 + 4}\, q^2}$$

证明 α 不属于 $\Omega(V-1)$,则 α 必可展为简单连分数

$$\alpha = [b_0, b_1, \cdots, b_n, a_0, a_1, \cdots]$$

有无穷多个 $a_i \geq V$,则由定理 2,对于每一个 $a_i \geq V$,均有 α 的三个连续渐近分数 $\dfrac{p_{i-2}}{q_{i-2}}, \dfrac{p_{i-1}}{q_{i-1}}, \dfrac{p_i}{q_i}$ 之一适合

$$\left|\alpha - \frac{p}{q}\right| < \frac{1}{\sqrt{a_i^2 + 4}\, q^2} \leq \frac{1}{\sqrt{V^2 + 4}\, q^2}$$

而 $a_i \geq V$ 有无穷多个,故满足此条件下渐近分数有无限多个,定理证毕.

显然,定理 6 中的 V 如果等于 3,则得 Shibata 的定理 4.

在[1]中有如下定理.

定理 7 对于任一无理数 α,$\sqrt{5}$ 乃一至佳之数. 换言之,若 $A > \sqrt{5}$,则必有一个实数 α,使

$$\left|\alpha - \frac{p}{q}\right| < \frac{1}{Aq^2}$$

不能有无穷多个解.

应用定理 2,可得如下定理.

定理 8 对于不属于 $\Omega(V-1)$ 的无理数,$\sqrt{V^2 + 4}$

Hurwitz 定理

乃一最佳之数. 换句话说, 若 $A > \sqrt{V^2+4}$, 则必有不在 $\Omega(V-1)$ 之中的实数 α, 使

$$\left|\alpha - \frac{p}{q}\right| < \frac{1}{Aq^2}$$

不能有无穷多个解.

证明 $\alpha = [0, \dot{V}] = \dfrac{\sqrt{V^2+4} - V}{2}$ 就是这样的实数.

若不然, 设

$$\frac{\sqrt{V^2+4} - V}{2} = \frac{p}{q} + \frac{\delta}{q^2}$$

$$|\delta| < \frac{1}{A} < \frac{1}{\sqrt{V^2+4}}$$

则

$$\frac{\sqrt{V^2+4} - V}{2} q = p + \frac{\delta}{q}$$

即

$$\frac{\delta}{q} - \frac{\sqrt{V^2+4}}{2} q = -\frac{V}{2} q - p$$

平方此式可得

$$\frac{\delta^2}{q^2} - \sqrt{V^2+4}\,\delta + \frac{V^2+4}{4} q^2 = \frac{V^2}{4} q^2 + Vpq + p^2$$

即

$$\frac{\delta^2}{q^2} - \sqrt{V^2+4}\,\delta = -q^2 + Vpq + p^2$$

因为 $|\sqrt{V^2+4}\,\delta| < 1$, 故当 q 充分大时, 则

$$\left|\frac{\delta^2}{q^2} - \sqrt{V^2+4}\,\delta\right| < 1$$

故整数
$$-q^2 + Vpq + p^2 = 0$$

再乘 4 加上 V^2q^2,得
$$4p^2 + 4pVq + V^2q^2 = 4q^2 + V^2q^2$$

即
$$(2p + Vq)^2 = (V^2 + 4)q^2$$

因为 $V^2 + 4$ 不可能是整数的平方,故此式不可能成立,故得定理.

此定理中的 $V=1$ 时,就是定理 7. 故定理 8 包含定理 7 作为特殊情形. 进一步还有如下定理.

定理 9 $[0,\dot{V}] = \dfrac{\sqrt{V^2+4}-V}{2}$ 及与之相似的无理数是除 $\Omega(V-1)$ 以外的唯一的一类只有有限多个渐近分数 $\dfrac{p}{q}$ 适合

$$\left| \alpha - \frac{p}{q} \right| < \frac{1}{\lambda_e(V)q^2}$$

的无理数.

证明 (1) 先证 $\lambda_e(V) > \sqrt{V^2+4}$, $V \geqslant 3$.

因为
$$\frac{\sqrt{V^2+4}-V}{2} = [0,\dot{V}]$$

所以
$$\sqrt{V^2+4} = V + [0,\dot{V}] + [0,\dot{V}]$$

而
$$\lambda_e(V) = V + [0,\dot{V-1},\dot{1}] + [0,V,\dot{V-1},\dot{1}]$$

Hurwitz 定理

令

$$[0, \dot{V}-1, \dot{1}] - [0, \dot{V}] = k$$

即

$$k = \frac{1}{[\dot{V}-1, \dot{1}]} - \frac{1}{[\dot{V}]}$$

易知

$$0 < k < 1$$

而令

$$R = [0, \dot{V}] - [0, V, \dot{V}-1, \dot{1}]$$

$$= \frac{1}{V + \frac{1}{[\dot{V}]}} - \frac{1}{V + \frac{1}{[\dot{V}-1, \dot{1}]}}$$

$$= \frac{1}{V + \frac{1}{[\dot{V}]}} - \frac{1}{V + \frac{1}{[\dot{V}]} + k}$$

$$= \frac{1}{[\dot{V}]} - \frac{1}{[\dot{V}] + k}$$

$$= \frac{k}{[\dot{V}]([\dot{V}] + k)}$$

显然, $0 < R < k$. 所以

$$\lambda_e(V) - \sqrt{V^2 + 4}$$
$$= V + [0, \dot{V}-1, \dot{1}] + [0, V, \dot{V}-1, \dot{1}] -$$
$$(V + [0, \dot{V}] + [0, \dot{V}])$$
$$= [0, \dot{V}-1, \dot{1}] - [0, \dot{V}] -$$

148

$$([0,\dot{V}]-[0,V,V-1,\dot{1}])$$
$$=k-R>0$$

(2) 由定理 5,除去 $\Omega(V-1)$ 及 $\dfrac{\sqrt{V^2+4}+V}{2}=[\dot{V}]$ (及其相似的数)外的任一无理数,均有无穷多个渐近分数 $\dfrac{p}{q}$,使

$$\left|\alpha-\frac{p}{q}\right|<\frac{1}{\lambda_e(V)q^2}$$

因为 $\lambda_e(V) > \sqrt{V^2+4}$,由定理 8 知,对于 $\alpha = \dfrac{\sqrt{V^2+4}+V}{2}=[\dot{V}]$ 及其要似的一类无理数只有有限多个渐近分数 $\dfrac{p}{q}$ 适合

$$\left|\alpha-\frac{p}{q}\right|<\frac{1}{\lambda_e(V)q^2}$$

故除去 $\Omega(V-1)$ 以外的数,$[0,\dot{V}]$ 及其相似的无理数是满足上述条件的唯一的一类. 定理证毕.

参考文献

[1] 华罗庚. 数论导引[M]. 北京:科学出版社,1957 年第一版第十章.

[2] Kwan, Shibata, Sendei. On the Order of the Approximation of Irrational Numbers by Rational

Numberns. Tne T. Hoku Mathematical Journal, Vol, 30. February, 1929:22-50.

[3] Gassls. J. W. S. An Introduction to Diophantine Approximation (Cambridge Univ 1957) [M]. CHAPTER I.

5.3 Hurwitz 定理的一个证明及其改进[①]

新疆师范大学数学系唐太明教授于 1996 年给出了 Hurwitz 定理的一个新的证明,并改进了 Hurwitz 定理的结果.

令 ξ 是一个无理数,其简单连分数表示式为

$$\xi = [a_0, a_1, a_2, \cdots, a_k, \cdots]$$

第 k 次渐近分数

$$\frac{p_k}{q_k} = [a_0, a_1, \cdots, a_k]$$

$$M_k = [a_{k+1}, a_{k+2}, \cdots] + [0, a_k, a_{k-1}, \cdots, a_1]$$

则有(见[1])

$$|\xi - \frac{p_k}{q_k}| = \frac{1}{M_k q_k^2} \qquad (1)$$

又令

$$P_k = [a_{k+2}, a_{k+3}, \cdots]$$

---

① 摘自《新疆师范大学学报》(自然科学版)1996 年 3 月第 15 卷第 1 期.

第5章 推广与改进

$$Q_k = [a_k, a_{k-1}, \cdots, a_1]$$

则 P_k 是无理数而 Q_k 是有理数,以下我们只取连续三个 $K = i-1, i, i+1$,则有下列等式(见[1])

$$M_i = a_{i+1} + p_i^{-1} + Q_i^{-1} \qquad (2)$$

$$M_{i-1} = Q_i + \frac{1}{M_i - Q_i^{-1}} \qquad (3)$$

$$M_{i+1} = P_i + \frac{1}{M_i - P_i^{-1}} \qquad (4)$$

1891 年,Hurwitz 发现(见[2]),对任一无理数 ξ,存在无穷多个有理数 $\frac{p}{q}$,使

$$\left| \xi - \frac{p}{q} \right| < \frac{1}{\sqrt{5} q^2} \qquad (5)$$

与此有一个等价的式子

$$\max(M_{i-1}, M_i, M_{i+1}) > \sqrt{a_{i+1}^2 + 4} \qquad (6)$$

与(6)有一个共轭的式子

$$\min(M_{i-1}, M_i, M_{i+1}) < \sqrt{a_{i+1}^2 + 4} \qquad (7)$$

为证明(6)(7)我们需要一个简单的引理(见[1]).

引理 1 令 $r > 0, f(x) = x + \frac{1}{r - x^{-1}}$,则当 $x > 0$, $rx > 2$ 时,$f(x)$ 是一个递增正数.

我们给出下面定理一个新的证明.

定理 1 (ⅰ) $\max(M_{i-1}, M_i, M_{i+1}) > \sqrt{a_{i+1}^2 + 4}$;

(ⅱ) $\min(M_{i-1}, M_i, M_{i+1}) < \sqrt{a_{i+1}^2 + 4}$.

证明 由

$$Q_i = [a_i, a_{i-1}, \cdots, a_1] > a_i \geq 1$$

Hurwitz 定理

$$M_i Q_i = a_{i+1} Q_i + 1 + p_i^{-1} Q_i > 2$$

根据引理 1 及式（3），知 $M_{i-1} = Q_i + \dfrac{1}{M_i - Q_i^{-1}}$ 是 Q_i 的递增函数．

若 $M_i > \sqrt{a_{i+1}^2 + 4}$，则（ⅰ）成立．

若 $M_i \leqslant \sqrt{a_{i+1}^2 + 4}$，先设 $P_i < Q_i$，则 $P_i^{-1} > Q_i^{-1}$，由式（2），得

$$P_i^{-1} + Q_i^{-1} = M_i - a_{i+1} \leqslant \sqrt{A_{i+1}^2 + 4} - a_{i+1}$$

于是有

$$Q_i^{-1} < \frac{1}{2}(\sqrt{a_{i+1}^2 + 4} - a_{i+1})$$

$$Q_i > \frac{2}{\sqrt{a_{i+1}^2 + 4} - a_{i+1}}$$

由于 M_{i-1} 是 Q_i 的递增函数，所以

$$M_{i-1} > \frac{2}{\sqrt{a_{i+1}^2 + 4} - a_{i+1}} + \frac{1}{M_i - \dfrac{\sqrt{a_{i+1}^2 + 4} - a_{i+1}}{2}}$$

$$\geqslant \frac{2}{\sqrt{a_{i+1}^2 + 4} - a_{i+1}} + \frac{2}{2\sqrt{a_{i+1}^2 + 4} - (\sqrt{a_{i+1}^2 + 4} - a_{i+1})}$$

$$= \sqrt{a_{i+1}^2 + 4}$$

当 $P_i > Q_i$ 时，类似地有

$$P_i > \frac{1}{\sqrt{a_{i+1}^2 + 4} - a_{i+1}}$$

可得

$$M_{i+1} > \sqrt{a_{i+1}^2 + 4}$$

由于 P_i 是无理数而 Q_i 是有理数，$P_i \neq Q_i$，于是（ⅰ）

得证.

（ⅱ）的证明与（ⅰ）类似,定理证毕.

把 P_i, Q_i 估计更精确些,我们可以改进定理1,得到下面的定理.

定理2 （ⅰ）

$$\max(M_{i-1}, M_i, M_{i+1}) > \sqrt{(a_{i+1} + P_i^{-1} - Q_i^{-1})^2 + 4}$$

(8)

（ⅱ）

$$\min(M_{i-1}, M_i, M_{i+1}) < \sqrt{(a_{i+1} + P_i^{-1} - Q_i^{-1})^2 + 4}$$

(9)

证明 令

$$u = a_{i+1} + p_i^{-1} - Q_i^{-1}$$

则

$$M_i = a_{i+1} + p_i^{-1} + Q_i^{-1} = u + 2Q_i^{-1}$$

$$Q_i^{-1} = \frac{1}{2}(M_i - u) \qquad (10)$$

若 $M_i > \sqrt{u^2 + 4}$,则式(8)成立.

若 $M_i < \sqrt{u^2 + 4}$,由式(10),有

$$Q_i^{-1} < \frac{1}{2}(\sqrt{u^2 + 4} - u)$$

$$Q_i > \frac{2}{\sqrt{u^2 + 4} - u}$$

由式(3)及引理1,有

$$M_{i-1} > \frac{2}{\sqrt{u^2 + 4}} + \frac{1}{\sqrt{u^2 + 4} - \frac{\sqrt{u^2 + 4} - u}{2}}$$

Hurwitz 定理

$$= \frac{2}{\sqrt{u^2+4}-u} + \frac{2}{\sqrt{u^2+4}+u}$$

$$= \sqrt{u^2+4}$$

式(8)仍然成立.

若 $M_i = \sqrt{u^2+4}$,则

$$a_{i+1} + p_i^{-1} + Q_i^{-1} = \sqrt{(a_{i+1}+P_i^{-1}-Q_i^{-1})^2+4}$$

$$(a_{i+1}+P_i^{-1}+Q_i^{-1})^2 = (a_{i+1}+P_i^{-1}-Q_i^{-1})^2+4$$

$$(a_{i+1}+P_i^{-1})Q_i^{-1} = 1 \qquad (11)$$

式(11)中仅 P_i 为无理数而其余各数均为有理数,故等号不成立,即 $M_i \neq \sqrt{u^2+4}$.

(ⅰ)得证,(ⅱ)的证明与(ⅰ)类似.

由于 P_i 与 Q_i 在 M_i 中的对称性,将式(8)、式(9)中的 $\sqrt{(a_{i+1}+P_i^{-1}-Q_i^{-1})^2+4}$ 换为 $\sqrt{(a_{i+1}+Q_i^{-1}-P_i^{-1})^2+4}$ 后定理 2 的结论仍然成立.

由于 $a_{i+1} \geq 1$,$(a_{i+1}+|p_i^{-1}-Q_i^{-1}|)^2+4 > 5$,故定理 2 改进了定理 1,即改进了 Hurwitz 定理的结果. 但对某些无理数 ξ 及角标 i,$|p_i^{-1}-Q_i^{-1}|$ 可以任意小,所以定理 2 的结果又与华罗庚"$\sqrt{5}$ 乃为最佳之数的论断"(见[3])并不矛盾.

参考文献

[1] Jingcheng Tong. Diophantine Approximation of a Single Irrational Number, Journal of Number The-

ory,1990(35):55-57.

[2] A. Hurwitz. Über die Angcnahcrtc Darstellung der Irrationlzahlcn Durch Rationale Brüche,Math,Ann,1891(39):279-284.

[3] 华罗庚.数论导引[M].北京:科学出版社,1957.

5.4 无理数的 Diophantus 逼近与 Hurwitz 定理

新疆师范大学数学系的唐太明教授于 1997 年得到关于无理数 Diophantus 逼近的两个简单定理和一些重要推论,给出了 Hurwitz 定理的一个新的证明,并改进了 Hurwitz 定理的结果.

令 ξ 是一个无理数,其简单连分数表示式为

$$\xi = [a_0, a_1, a_2, \cdots, a_i, \cdots]$$

其中 a_0 为整数,a_i 为正整数($i=1,2,\cdots$). 又设 ξ 的第 i 次渐近分数为

$$\frac{p_i}{q_i} = [a_0, a_1, \cdots, a_i]$$

$$M_i = [a_{i+1}, a_{i+2}, \cdots] + [0, a_i, a_{i-1}, \cdots, a_1]$$

则有(见[1])

$$|\xi - \frac{p_i}{q_i}| = \frac{1}{M_i q_i^2} \qquad (1)$$

M_i 的值越大,用有理数 $\frac{p_i}{q_i}$ 去逼近 ξ 的误差就越小,所以估计 M_i 的大小是本节讨论的主要内容.

Hurwitz 定理

令 $\alpha_i = [a_{i+2}, a_{i+3}, \cdots]$, $\beta_i = [a_i, a_{i-1}, \cdots, a_1]$, 则 α_i 是无理数,而 β_i 是有理数,$\alpha_i \neq \beta_i$,容易得到下列等式(见[1])

$$M_i = a_{i+1} + \alpha_i^{-1} + \beta_i^{-1} \quad (2)$$

$$M_{i-1} = \beta_i + \frac{1}{M_i - \beta_i^{-1}} \quad (3)$$

$$M_{i+1} = \alpha_i + \frac{1}{M_i - \alpha_i^{-1}} \quad (4)$$

为证明本节的两个定理,我们需要下面一个简单的引理(见[1]).

引理 1 令 $r > 0, x > \dfrac{2}{r}, f(x) = x + \dfrac{1}{r - x^{-1}}$,则 $f(x)$ 是一个递增函数.

首先,我们有一个与[1]中定理 1 对应的定理.

定理 1 令 $r > a_{i+1}, s > 0, r - s^{-1} \neq 0$,则有:

(i) 由 $M_i \leqslant r, \alpha_i > s$ 可得 $M_{i+1} > s + \dfrac{1}{r - s^{-1}}$;

由 $M_i \leqslant r, \beta_i > s$ 可得 $M_{i+1} > s + \dfrac{1}{r - s^{-1}}$;

(ii) 由 $M_i \geqslant r, \alpha_i < s$ 可得 $M_{i+1} < s + \dfrac{1}{r - s^{-1}}$;

由 $M_i \geqslant r, \beta_i < s$ 可得 $M_{i+1} < s + \dfrac{1}{r - s^{-1}}$.

证明 由于 $M_i \alpha_i = a_{i+1} \alpha_i + 1 + \beta_i \alpha_i > 2$,根据引理 1,$M_{i+1} = \alpha_i + \dfrac{1}{M_i - \alpha_i^{-1}}$ 为 α_i 的递增函数,又由 $M_i \leqslant r$, $\alpha_i > s$,得

$$M_{i+1} > s + \frac{1}{(M_i - s^{-1})} \geqslant s + \frac{1}{r - s^{-1}}$$

（ⅰ）中的第一个式子得到证明,同理可证其余各式.

由此简单的定理,可得如下推论.

推论1 令 $a_i \leqslant a_{i+2}$,则有：

（ⅰ）当 $M_i \leqslant a_i + a_i^{-1}$ 时,有

$$\min(M_{i-1}, M_{i+1}) > a_i + a_i^{-1}$$

（ⅱ）当 $M_i \geqslant a_{i+2} + 1 + (a_{i+2} + 1)^{-1}$ 时,有

$$\max(M_{i-1}, M_{i+1}) < a_{i+2} + 1 + (a_{i+2} + 1)^{-1}$$

证明 因为

$$a_i \leqslant a_{i+2} < \alpha_i < a_{i+2} + 1$$
$$a_i < \beta_i < a_i + 1 \leqslant a_{i+2} + 1$$

所以

$$a_i < \alpha_i, \beta_i < a_{i+2} + 1$$

在定理1（ⅰ）中,令 $s = a_i, r = a_i + a_i^{-1}$ 即得（ⅰ）,在定理1（ⅰ）（ⅱ）中,令 $s = a_{i+2} + 1, r = a_{i+2} + 1 + (a_{i+2} + 1)^{-1}$ 即得（ⅱ）.

推论1可改写为：当 $a_i \leqslant a_{i+2}$ 时,有

$$\max(M_i, \min(M_{i-1}, M_{i+1})) > a_i + a_i^{-1}$$
$$\min(M_i, \max(M_{i-1}, M_{i+1})) < a_{i+2} + 1 + (a_{i+2} + 1)^{-1}$$

同理,当 $a_{i+2} \leqslant a_i$ 时,有

$$\max(M_i, \min(M_{i-1}, M_{i+1})) > a_{i+2} + a_{i+2}^{-1}$$
$$\min(M_i, \max(M_{i-1}, M_{i+1})) < a_i + 1 + (a_i + 1)^{-1}$$

此推论与[1]中的推论1′类似,由我们的推论1（ⅰ）可得

Hurwitz 定理

$$\max(M_i, \min(M_{i-1}, M_{i+1})) > a_i + a_i^{-1} \geq 2$$

即

$$\max(M_{i-1}, M_i) > 2$$

或

$$\max(M_i, M_{i+1}) > 2$$

此即[2]中的经典结果.

如果 $a_i = a_{i+2} = a$, 将推论 1 中的 a_i, a_{i+2} 换为 a, 则有:

推论 2 如果 $a_i = a_{i+2} = a$, 那么有

$$\max(M_i, \min(M_{i-1}, M_{i+1})) > a + a^{-1}$$

$$\min(M_i, \max(M_{i-1}, M_{i+1})) < a + 1 + (a+1)^{-1}$$

我们还有一个更好的结果.

定理 2 令 u 是一个任意的实数, 则:

（ⅰ）当 $M_i \leq \sqrt{u^2+4}$, $\alpha_i > \dfrac{2}{\sqrt{u^2+4}-u}$ 时, $M_{i+1} > \sqrt{U^2+4}$;

当 $M_i \leq \sqrt{u^2+4}$, $\beta_i > \dfrac{2}{\sqrt{u^2+4}-u}$ 时, $M_{i-1} > \sqrt{U^2+4}$;

（ⅱ）当 $M_i \geq \sqrt{u^2+4}$, $\alpha_i < \dfrac{2}{\sqrt{u^2+4}-u}$ 时, $M_{i+1} < \sqrt{U^2+4}$;

当 $M_i \geq \sqrt{u^2+4}$, $\beta_i < \dfrac{2}{\sqrt{u^2+4}-u}$ 时, $M_{i-1} < \sqrt{U^2+4}$.

第5章 推广与改进

证明 在定理 1 中,令 $r = \sqrt{u^2+4}$,$s = \dfrac{2}{\sqrt{u^2+4}-u}$,则

$$s + (r - s^{-1})^{-1} = \sqrt{u^2+1}$$

即得本定理结论.

推论3 (ⅰ) $\max(M_{i-1}, M_i, M_{i+1}) > \sqrt{a_{i+1}^2+4}$;

(ⅱ) $\min(M_{i-1}, M_i, M_{i+1}) < \sqrt{a_{i+1}^2+4}$.

证明 如果 $M_i \le \sqrt{a_{i+1}^2+4}$,那么

$$a_{i+1} + \alpha_i^{-1} + \beta_i^{-1} \le \sqrt{a_{i+1}^2+4}$$

α_i^{-1} 与 β_i^{-1} 中至少有一个小于或等于 $\dfrac{1}{2}(\sqrt{a_{i+1}^2+4} - a_{i+1})$. 又由 $\alpha_i^{-1} \ne \beta_i^{-1}$,$\alpha_i^{-1}$ 与 β_i^{-1} 中至少有一个小于 $\dfrac{1}{2}(\sqrt{a_{i+1}^2+4} - a_{i+1})$,$\alpha_i$ 与 β_i 中至少有一个大于 $\dfrac{2}{\sqrt{a_{i+1}^2+4} - a_{i+1}}$. 在定理 2(ⅰ)中,令 $u = a_{i+1}$ 即得(ⅰ).(ⅱ)的证明类似.

推论 3 即[1]中的推论 2′,在[3][4]中均能找到.

由于 $a_{i+1} \ge 1$,推论 3(ⅰ)即

$$\max(M_{i-1}, M_i, M_{i+1}) > \sqrt{5}$$

此即 Hurwitz 定理.

注 在[1]的定理 1 的条件中,当 $M_i \le r$ 时,必须 $P < S$,或 $Q < S$. 但当 $M_i \le r$,只能推出 P 或 Q 大于 $\dfrac{2}{r - a_{i+1}} = s$,所以由[1]中的定理 1 不能推出它的推论 2 和推论 2′,也就不能推出 Hurwitz 定理.

Hurwitz 定理

推论 4（ⅰ） 令
$$r_1 = \sqrt{(a_{i+1} + \alpha_i^{-1} - \beta_i^{-1})^2 + 4}$$
则 $M_i \leqslant r_1$ 可推出 $M_{i-1} > r_1$，$M_i \geqslant r_1$ 可推出 $M_{i-1} < r_1$；

（ⅱ）令
$$r_2 = \sqrt{(a_{i+1} + \beta_i^{-1} - \alpha_i^{-1})^2 + 4}$$
则 $M_i \leqslant r_2$ 可推出 $M_{i-1} > r_2$，$M_i \geqslant r_2$ 可推出 $M_{i-1} < r_2$。

证明 $M_i \leqslant r_1$，即
$$a_{i+1} + \alpha_i^{-1} + \beta_i^{-1} \leqslant r_1$$
$$a_{i+1} + \alpha_i^{-1} - \beta_i^{-1} + 2\beta_i^{-1} \leqslant r_1$$
$$\beta_i^{-1} \leqslant \frac{1}{2}(r_1 - a_{i+1} - \alpha_i^{-1} + \beta_i^{-1})$$

由于 β_i 是有理数，而不等式右端是无理数，所以等号不成立，于是
$$\beta_i > \frac{2}{r - a_{i+1} - \alpha_i^{-1} + \beta_i^{-1}}$$

在定理 2（ⅰ）中，令 $u = a_{i+1} + \alpha_i^{-1} + \beta_i^{-1}$，即得
$$M_{i-1} > \sqrt{u^2 + 4} = r_1$$

（ⅰ）中第一个式子得证。

同理可证其余各式。

推论 4 可改写为：

推论 4′

(i) $\max(M_{i-1}, M_i, M_{i+1}) > \sqrt{(a_{i+1} + |\alpha_i^{-1} - \beta_i^{-1}|)^2 + 4}$；

(ii) $\min(M_{i-1}, M_i, M_{i+1}) < \sqrt{(a_{i+1} + |\alpha_i^{-1} - \beta_i^{-1}|)^2 + 4}$。

此即[6]中的推论 1，但本文的证法较易且无须最佳逼近函数理论。

第 5 章 推广与改进

参考文献

[1]　Jingchen Tong. Diophantine Approximation of a Single Irrational Number, Journal of Numbre Theory, 1990(35):55-57.

[2]　T. Vahlen. Über Näherungswerte und Kettenbruche, J. Reine Angew. Math, 1895(115): 221-223.

[3]　J. Tong. The conjugate Property of the Borel Thoerem of Diophantine Approximation, Math Z, 1983(184):151-153.

[4]　M. Müller. Über die Approximation Reeler Zahlem Durch die Näherungsbrüche Ihres Regelmässigen kettenbruches, Arch, Math, 1955(6): 253-258.

[5]　A. Hurwitz. Über die Angen ähert Darstellung der Irrationalzahlen Durch Rationale Brüche, Math, Ann, 1891(39):279-284.

[6]　J. Tong. The Best Approximation Function to Irrational Numbers, J. Number Theory, 1994(49): 89-93.

Hurwitz 定理

5.5 反 结 果

我国第一部专门论述 Diophantus 逼近的著作是由中科院数学所的朱尧辰和王连祥研究员所著的《丢番图逼近引论》,本节选摘了其中一个片段.

定理 1 设 $\varphi(q)$ 是整变量 q 的任意正值函数. 如果
$$\varphi(q) \to 0 \quad (q \to \infty) \tag{1}$$
那么存在无理数 α 和实数 β,使不等式
$$\|q\alpha - \beta\| < \varphi(Q), |q| \leq Q \tag{2}$$
对无穷多个自然数 Q 都无解.

注 1 若取 $\varphi(q) = q^{-1}$,则由定理 1 可知,存在无理数 α 和实数 β,使对无穷多个 Q 不等式 $\|q\alpha - \beta\| < Q^{-1}, |q| \leq Q$ 无解. 这与齐次逼近的情形是不同的.

注 2 如果 $\alpha = \dfrac{m}{n} \in \mathbf{Q}$,那么
$$\|q\alpha - \beta\| = \left\|\dfrac{mq - n\beta}{n}\right\|$$
$$\geq n^{-1}\left\|n \cdot \dfrac{mq - n\beta}{n}\right\|$$
$$= n^{-1}\|n\beta\|$$
若函数 $\varphi(q)$ 满足条件(1),则当 Q 充分大时
$$n^{-1}\|n\beta\| > \varphi(Q)$$
因而对任何 $\beta \in \mathbf{R}$,式(2)无解.

证明 我们取 $\beta = \dfrac{1}{2}$,并且构造出满足定理要求

的无理数 α.

首先,归纳定义整数 Q_n, u_n, v_n 如下:

(ⅰ)取 Q_1, u_1, v_1 适合条件

$$Q_1 > 0 \text{ 任意}, \frac{u_1}{v_1} = \frac{1}{3}, 2 \nmid v_1 \tag{3}$$

(ⅱ)假定 $Q_m, u_m, v_m (m \leqslant n)$ 已定义,则取 Q_{n+1} 为满足下列不等式的任意正整数

$$\begin{cases} \varphi(Q_{n+1}) < (4v_n)^{-1}, \text{如果 } n \geqslant 1 \\ Q_{n+1} > 2Q_n, \text{如果 } n \geqslant 2 \end{cases} \tag{4}$$

(不要求 $Q_2 > 2Q_1$),然后取 u_{n+1}, v_{n+1} 为满足下列不等式的整数

$$\begin{cases} 2 \nmid v_{n+1}, v_{n+1} > 2v_n \\ \left| \dfrac{u_{n+1}}{v_{n+1}} - \dfrac{u_n}{v_n} \right| < \dfrac{1}{8v_n Q_{n+1}} \end{cases} \tag{5}$$

显然,由式(4)(5)我们得到

$$\left| \frac{u_{n+1}}{v_{n+1}} - \frac{u_n}{v_n} \right| \leqslant \sum_{k=1}^{s} \left| \frac{u_{n+k}}{v_{n+k}} - \frac{u_{n+k-1}}{v_{n+k-1}} \right| < \sum_{k=1}^{s} \frac{1}{8v_{n+k-1} Q_{n+k}}$$

$$< \frac{1}{8v_n Q_{n+1}} \left(1 + \frac{1}{2^2} + \frac{1}{2^4} + \cdots + \frac{1}{2^{2(s-1)}} \right)$$

$$\to 0 \quad (\text{当 } n, s \to \infty)$$

因此下列极限存在,且令此极限为所求的 α,即

$$\alpha = \lim_{n \to \infty} \frac{u_n}{v_n} = \sum_{n=1}^{\infty} \left(\frac{u_{n+1}}{v_{n+1}} - \frac{u_n}{v_n} \right) + \frac{u_1}{v_1} \tag{6}$$

其次,我们可以证明上述 α 一定是无理数.如果不然,假定 $\alpha = \dfrac{a}{b}$,其中 a, b 是互素整数.我们注意,由式(6)可推出

Hurwitz 定理

$$0 < \left|\alpha - \frac{u_n}{v_n}\right| = \left|\alpha - \sum_{k=1}^{n-1}\left(\frac{u_{k+1}}{v_{k+1}} - \frac{u_k}{v_k}\right) - \frac{u_1}{v_1}\right|$$

$$= \left|\sum_{k=1}^{\infty}\left(\frac{u_{n+k}}{v_{n+k}} - \frac{u_{n+k-1}}{v_{n+k-1}}\right)\right|$$

$$< \sum_{k=1}^{\infty} \frac{1}{8 v_{n+k-1} Q_{n+k}}$$

$$< \frac{1}{8 v_n Q_{n+1}}\left(1 + \frac{1}{4} + \frac{1}{16} + \cdots\right)$$

$$< \frac{1}{4 v_n Q_{n+1}} \tag{7}$$

所以我们得到

$$1 < |a v_n - b u_n| < \frac{b}{4 Q_{n+1}} \to 0 \quad (n \to \infty)$$

但这是不可能的.

最后,由于 $2 \nmid v_n$,对任何 $q \in \mathbf{Z}$ 有

$$\frac{1}{2} = \left\|q u_n - \frac{v_n}{2}\right\| = \left\|v_n\left(q \frac{u_n}{v_n} - \frac{1}{2}\right)\right\|$$

$$\leqslant v_n \left\|q \frac{u_n}{v_n} - \frac{1}{2}\right\| \tag{8}$$

但由式(7)可知,当 n 充分大时, $Q_{n+1} \geqslant |q|$,所以

$$\left|q\left(\alpha - \frac{u_n}{v_n}\right)\right| < |q| \frac{1}{4 v_n Q_{n+1}} \leqslant \frac{1}{4 v_n} < \frac{1}{2}$$

因此

$$\left|q\left(\alpha - \frac{u_n}{v_n}\right)\right| = \left\|q\left(\alpha - \frac{u_n}{v_n}\right)\right\| \tag{9}$$

当 $Q_{n+1} \geqslant |q|$ 时,由式(4)(5)(7)(8)(9)得

$$\|q\alpha - \beta\| = \left\|q\alpha - \frac{1}{2}\right\| \geqslant \left\|q\frac{u_n}{v_n} - \frac{1}{2}\right\| - \left\|q\left(\alpha - \frac{u_n}{v_n}\right)\right\|$$

$$\geqslant \frac{1}{2 v_n} - \frac{|q|}{4 v_n Q_{n+1}} \geqslant \frac{1}{4 v_n} > \varphi(Q_{n+1})$$

这表明,对于 $Q=Q_{n+1},Q_{n+2},\cdots$,当 n 充分大时式(2)无解,于是定理 1 得证.

定理 2 设 $\varphi(q)$ 是整变量 q 的正值函数,如果当 $q\to+\infty$ 时,$\varphi(q)$ 单调趋于无穷,则存在无理数 α 和 β,使不等式

$$\|q\alpha-\beta\|<Q^{-1},|q|\leqslant\varphi(Q) \quad(10)$$

对无穷多个自然数 Q 无解.

证明 存在无理数 α,使得有无穷多个 $\dfrac{a}{b}$(其中 $a\in\mathbf{Z},b\in\mathbf{N},(a,b)=1$)满足不等式

$$\left|\alpha-\frac{a}{b}\right|<\frac{1}{b^3\varphi(b^3)} \quad(11)$$

再取 $\beta=\dfrac{\sqrt{5}-1}{2}$,令 $Q=b^3$,则 α,β,Q 使(10)无解. 如若不然,则有 $p,q\in\mathbf{Z}$ 适合

$$|q\alpha-p-\beta|<\frac{1}{b^3},|q|\leqslant\varphi(b^3) \quad(12)$$

注意

$$q\left(\alpha-\frac{a}{b}\right)+\frac{qa}{b}-p-\beta=q\alpha-p-\beta$$

则由式(11)和(12)看出

$$\left|\beta-\frac{qa-pb}{b}\right|\leqslant|q\alpha-p-\beta|+\left|q\left(\alpha-\frac{a}{b}\right)\right|$$

$$<\frac{1}{b^3}+\varphi(b^3)\cdot\frac{1}{b^3\varphi(b^3)}=\frac{2}{b^3}$$

由于 $\dfrac{qa-pb}{b}$ 有无穷多个值,而 $\beta=\dfrac{\sqrt{5}-1}{2}$,所以矛盾,于是定理证毕.

将 Hurwitz 定理推广到复域

6.1 魔鬼藏在细节中

尽管不喜欢刻薄但还是十分敬佩文学家的精辟. 米兰·昆德拉说过: 他们只有在安全的时候才是勇敢的, 在免费的时候才是慷慨的, 在浅薄的时候才是动情的, 在愚蠢的时候才是真诚的.

其实许多科学爱好者与数学爱好者也是如此, 他们只有在光看报告文学或人物专访时喜欢数学, 一遇到具体的定理特别是具体的逻辑推导就躲避, 这是不行的, 充其量只能是个伪数学者.

数学是个舶来品, 必须用西方科学思想来理解, 古代朴素的辩证法思想其特点之一就是: "从整体上把握世界""见林不见木". 由于观察手段的限制, 早期哲学家都无视世界的细部, 而是做全景式的鸟瞰, 除了少数例外, 似乎都倾向于把自然

第 6 章

第6章 将 Hurwitz 定理推广到复域

界与人类视为一个整体.

我国的科普写作也是如此,大而化之,空泛的发议论对读者真正理解数学帮助不大,还是要有细节,有推导.

人们很早就产生了有理逼近的思想,用较简单的有理数来逼近,表示某些数,是数学中传统的做法.

例如公元 263 年左右,刘徽给出 $\pi \approx \frac{157}{50}$;公元 480 年左右,祖冲之给出 $3.1415927 > \pi > 3.1415926$,$\pi \approx \frac{355}{113}$. 1585 年安托尼兹得到 $\frac{377}{120} > \pi > \frac{333}{106}$,他取分子和分母的平均构造出一个新逼近分数 $\pi \approx \frac{355}{113}$ 恰是 1 000 多年前祖冲之的结果.

当然,这只是一些极个别的工作,真正的系统的逼近理论是在 19 世纪与实数理论的建立同步进行的.

1842 年,狄利克雷(Dirichlet)证明了实数有理逼近的第一个结果:如果 α 是实数,Q 是大于 1 的实数,那么存在整数对 p,q,满足不等式 $1 \leqslant q < Q$ 和 $|\alpha q - p| \leqslant Q^{-1}$. 由此可得,如果 α 是无理数,那么存在无穷多对互素的整数对 p,q,满足不等式 $|\alpha - \frac{p}{q}| < q^{-2}$. 当 α 是有理数时,上式不成立. 本书介绍的中心定理是 1891 年 Hurwitz 得到的,他将上式改进为

$$\left|\alpha - \frac{p}{q}\right| < \frac{1}{\sqrt{5}} q^{-2}$$

并认为 $\sqrt{5}$ 是最佳值.

Hurwitz 定理

1955 年,美国数学家福德(Ford)用 $\sqrt{3}$ 代替 $\sqrt{5}$,将该式推广到复域.

一般的科普读物也就写到这个程度. 其实这里面还有许多细节,比如无理数是在实域中定义的,那么在复域中怎样定义复无理数,还有在实域中可借助 Farey 级数. 在复域中用什么方法,四川大学的孙琦教授在其《数论讲义》中做了详细介绍.

为了说明复数在初等数论中的应用,我们先以一道数学竞赛试题为引子,2005 年爱尔兰数学奥林匹克的一道试题为:

题目 证明:$2\,005^{2\,005}$ 是两个完全平方数的和,不是两个完全立方数的和.

本题是个初等数论问题,正如阿达玛所指出:两个实域之间的最短距离是通过复域,我们也可利用复数来解.

证明 因为 $5 = 1^2 + 2^2, 401 = 1^2 + 2^2$,所以
$$\begin{aligned}2\,005 &= 5 \times 401 \\ &= |2+i|^2 |20+i|^2 \\ &= |(2+i)(20+i)|^2 \\ &= |39+22i|^2 \\ &= 39^2 + 22^2\end{aligned}$$

故
$$2\,005^{2\,005} = (39 \times 2\,005^{1\,002})^2 + (22 \times 2\,005^{1\,002})^2$$
是两个完全平方数的和.

至于第二个结论,可以借助余数. 因为完全立方数模 7 的余数只能是 $0, \pm 1$,所以,两个完全立方数的

第6章 将 Hurwitz 定理推广到复域

和模 7 的余数只能是 $0, \pm 1, \pm 2$,但

$$2\,005^{2\,005} \equiv 3^{2\,005} = (3^6)^{334} \times 3 \equiv 3 \pmod{1}$$

所以 $2\,005^{2\,005}$ 不是两个完全立方数的和.

6.2 Ford 定理——复数的有理逼近[①]

本节推广前面关于实数的有理逼近的结果,介绍复数的有理逼近问题.

我们已定义过 $Z(\mathrm{i}) = \{a + b\mathrm{i} \mid a, b \in \mathbf{Z}\}$. 下面我们进一步给出:

定义 1 一个复数如果能表示成两个复整数的商,那么这个复数叫作复有理数,全体复有理数记为

$$Q(\mathrm{i}) = \left\{ \frac{a + b\mathrm{i}}{c + d\mathrm{i}}, a + b\mathrm{i} \in Z(\mathrm{i}), c + d\mathrm{i} \neq 0 \in Z(\mathrm{i}) \right\}$$

不是复有理数的复数,叫作复无理数.

易知, $Q(\mathrm{i}) = \{a + b\mathrm{i}, a, b \in \mathbf{Q}\}$.

定理 1 任给一个复无理数 α,存在无限多个复有理数 $\dfrac{u}{v}, (u, v) = 1$,使得下式成立

$$\left| \alpha - \frac{u}{v} \right| < \frac{2}{|v|^2} \tag{1}$$

证明 考虑由 $(n + 1)^2$ 个复整数组成的集

$$I = \{v = a + b\mathrm{i} \mid 0 \leqslant a \leqslant n, 0 \leqslant b \leqslant n\}$$

---

① 摘自《数论讲义》(下册,第 2 版),柯召,孙琦编著. 高等教育出版社,2003.

Hurwitz 定理

对 I 中每一个复整数 v,设 $\alpha v = t + si$,则复整数 $u = [t]+[s]i$ 满足

$$\alpha v - u = x + yi \quad (0 \leqslant x < 1, 0 \leqslant y < 1)$$

考虑由 $(n+1)^2$ 个复数组成的集

$$I_1 = \{\alpha v - u = x + yi \mid v \in I\}$$

由于 $\alpha \notin Q(i)$,故 I_1 中没有两个复数相同. 把复平面上的边长为 1 的正方形(四个顶点在 $0,1,1+i,i$ 处)划分为边长为 $\dfrac{1}{n}$ 的 n^2 个子正方形,那么 I_1 中 $(n+1)^2$ 个复数所表示的点均包含在上述边长为 1 的正方形中. 由抽屉原理,I_1 中至少有两个复数所表示的点在某一个子正方形中,且不同时在对角顶点上,即有 I_1 中的复数 $\alpha v_1 - u_1, \alpha v_2 - u_2$ 满足

$$|(\alpha v_1 - u_1) - (\alpha v_2 - u_2)| < \frac{\sqrt{2}}{n} \quad (2)$$

设 $v_1 = a_1 + b_1 i, v_2 = a_2 + b_2 i, v_1 \neq v_2$,故

$$|v_1 - v_2| = \sqrt{(a_1-a_2)^2 + (b_1-b_2)^2} \leqslant n\sqrt{2}$$

因此,由(2)得

$$\left| \alpha - \frac{u_1 - u_2}{v_1 - v_2} \right| < \frac{\sqrt{2}}{n|v_1 - v_2|} \leqslant \frac{2}{|v_1 - v_2|^2} \quad (3)$$

设 $v = v_1 - v_2, u = u_1 - u_2$,代入式(3),便得式(1).

现在,我们来证明有无限多对复整数 u,v 满足式(1). 如果满足式(1)的 u,v 只有有限对,设为 $u_1, v_1, \cdots, u_k, v_k$,设

$$\min_{1 \leqslant j \leqslant k} |\alpha v_j - u_j| = f$$

取 n 充分大,使得

第6章 将 Hurwitz 定理推广到复域

$$\frac{\sqrt{2}}{n} < f$$

于是由前面的讨论知,有复整数 u,v 满足

$$|\alpha v - u| < \frac{\sqrt{2}}{n} < f$$

故这一对复整数不是前面的 k 对复整数中的任何一对,且

$$\left|\alpha - \frac{u}{v}\right| < \frac{\sqrt{2}}{n|v|} \leqslant \frac{2}{|v|^2}$$

这与所设矛盾,于是证明了有无限多对复整数 u,v 满足式(1).

定理2 任给一个复无理数 α,存在无限多个复有理数 $\frac{u}{v}$,$(u,v)=1$,使得下式成立

$$\left|\alpha - \frac{u}{v}\right| < \frac{1}{\sqrt{3}|v|^2} \tag{4}$$

式(4)中的 $\sqrt{3}$ 如换成常数 c,且 $c > \sqrt{3}$,则定理不成立.

这一结果相当于 Hurwitz 定理,是 Ford 于 1925 年给出的.

证明定理2之前,我们先证明一个引理.

引理 设 α 是任给的一个复数,对于任一个复数 z_1,存在一个复数 z,使得 $z - z_1$ 是一个复整数,且

$$|z^2 - \alpha|^2 \leqslant \frac{7}{16} + |\alpha|^2 \tag{5}$$

其中等式仅在以下两种情形发生: $\alpha = \frac{3}{4}$,$z = \frac{i}{2}$ 和 $\alpha = -\frac{3}{4}$,$z = \frac{1}{2}$.

Hurwitz 定理

证明 设 $\alpha = a+bi$,先证 $\alpha \geqslant 0$ 的情形. 对任一个复数 $z_1 = s+ti$,取

$$z = \begin{cases} e+\{s\}+\{t\}i, & \text{若}\{t\} \leqslant \dfrac{1}{2} \\ e+\{s\}+(\{t\}-1)i, & \text{若}\{t\} > \dfrac{1}{2} \end{cases}$$

其中 e 为任给的整数,$\{x\} = x-[x]$. 于是有无限多个 $z = x+yi$,使得 $z-z_1$ 是复整数,且 $-\dfrac{1}{2} < y \leqslant \dfrac{1}{2}$,$x = e+\{s\}$. 因而有整数 e 满足

$$-\{s\}-\dfrac{1}{2}+\left(\dfrac{1}{4}-y^2\right)^{\frac{1}{2}} < e \leqslant \dfrac{1}{2}+\left(\dfrac{1}{4}-y^2\right)^{\frac{1}{2}}-\{s\}$$

即有 x 满足

$$-\dfrac{1}{2}+\left(\dfrac{1}{4}-y^2\right)^{\frac{1}{2}} < x \leqslant \dfrac{1}{2}+\left(\dfrac{1}{4}-y^2\right)^{\frac{1}{2}} \qquad (6)$$

设

$$P = |z^2-\alpha|^2 - |\alpha|^2$$
$$Q = |(z-1)^2-\alpha|^2 - |\alpha|^2$$
$$R = |(z+1)^2-\alpha|^2 - |\alpha|^2$$

现在我们来证明 P,Q,R 中至少有一个小于 $\dfrac{7}{16}$,除 $\alpha = \dfrac{3}{4}, z = \dfrac{i}{2}$ 外. 对于后者,$P = Q = R = \dfrac{7}{16}$.

由复数模的定义,P 给出

$$P = ((x+yi)^2-(a+bi))((x-yi)^2-(a-bi)) - (a+bi)(a-bi)$$
$$= x^4+2x^2y^2+y^4-2(x^2-y^2)a-4xyb \qquad (7)$$

第6章 将 Hurwitz 定理推广到复域

把式(7)中的 x 换成 $x-1$ 和 $x+1$ 就分别得到 Q 和 R 的展式.

不难计算,设 $u = x - x^2, v = y^2$,则有
$$(1-x)P + xQ = u - 3u^2 + 2uv + v^2 + 2(v-u)a \quad (8)$$
和
$$(1 - x^2 - y^2)P + \frac{1}{2}(x^2 + y^2 + x)Q + \frac{1}{2}(x^2 + y^2 - x)R$$
$$= y^2 - 3x^2 + 3y^4 + 6x^2 y^2 + 3x^4 \quad (9)$$

把区间(6)分成两部分
$$\frac{1}{2} - \left(\frac{1}{4} - y^2\right)^{\frac{1}{2}} < x \leqslant \frac{1}{2} + \left(\frac{1}{4} - y^2\right)^{\frac{1}{2}} \quad (10)$$
和
$$-\frac{1}{2} + \left(\frac{1}{4} - y^2\right)^{\frac{1}{2}} < x \leqslant \frac{1}{2} - \left(\frac{1}{4} - y^2\right)^{\frac{1}{2}} \quad (11)$$

由(10)推出,$0 < x \leqslant 1$,再由 $0 < x < \frac{1}{2}$ 或 $\frac{1}{2} \leqslant x \leqslant 1$,分别用(10)的右端或左端得
$$0 \leqslant \left(x - \frac{1}{2}\right)^2 \leqslant \frac{1}{4} - y^2$$
而
$$x - x^2 \leqslant \frac{1}{4}$$
故
$$0 \leqslant y^2 \leqslant x - x^2 \leqslant \frac{1}{4}, 0 \leqslant v \leqslant u \leqslant \frac{1}{4}$$

式(8)中 P, Q 的系数是非负的,故由式(8)和 $a \geqslant 0$ 得
$$\min(P, Q) \leqslant (1-x)P + xQ$$

Hurwitz 定理

$$= u - 3u^2 + 2uv + v^2 + 2(v-u)a$$
$$\leqslant u - 3u^2 + 2u^2 + u^2$$
$$= u \leqslant \frac{1}{4} < \frac{7}{16}$$

由(11)推出,$|x| \leqslant \frac{1}{2}$,且

$$\left(\frac{1}{2} \pm x\right)^2 \geqslant \frac{1}{4} - y^2, x^2 + y^2 \pm x \geqslant 0$$

因为 $|x| \leqslant \frac{1}{2}, |y| \leqslant \frac{1}{2}$,故有 $1 - x^2 - y^2 \geqslant 0$. 式(9)中 P, Q, R 的系数是非负的,故由式(9)给出

$$\min(P, Q, R) \leqslant (1 - x^2 - y^2)P + \frac{1}{2}(x^2 + y^2 + x)Q +$$
$$\frac{1}{2}(x^2 + y^2 - x)R$$
$$= y^2 - 3x^2 + 3y^4 + 6x^2y^2 + 3x^4$$
$$\leqslant \frac{1}{4} - 3x^2 + \frac{3}{16} + \frac{3}{2}x^2 + 3x^4$$
$$= \frac{7}{16} - \frac{3}{2}x^2 + 3x^4$$
$$= \frac{7}{16} - \frac{3}{2}x^2(1 - 2x^2)$$

因为 $1 - 2x^2 > 0$,故上式除 $x = 0, y = \frac{1}{2}, z = x + yi = \frac{i}{2}$ 这一情形 $\left(\text{此时 } \min(P, Q, R) = \frac{7}{16}\right)$ 外,有

$$\min(P, Q, R) < \frac{7}{16}$$

而 $x = 0, y = \frac{1}{2}$ 时,式(9)成为

第6章 将 Hurwitz 定理推广到复域

$$\frac{3}{4}P + \frac{1}{8}Q + \frac{1}{8}R = \frac{7}{16}$$

故 $z = \frac{i}{2}$ 时，$\min(P, Q, R) = \frac{7}{16}$ 的充分必要条件是 $P = Q = R$，即得，$z = \frac{i}{2}$ 时

$$\left| \left(\frac{i}{2} \right)^2 - \alpha \right| = \left| \left(\frac{i}{2} - 1 \right)^2 - \alpha \right| = \left| \left(\frac{i}{2} + 1 \right)^2 - \alpha \right|$$

以上等式意味着，复平面上点 α 到点 $-\frac{1}{4}, \frac{3}{4} - i$，$\frac{3}{4} + i$ 的距离均相等，故 $\alpha = \frac{3}{4}$，这就证明了 $\alpha \geqslant 0$ 的情形.

对于 $\alpha < 0$ 的情形，利用已经证明了 $\alpha \geqslant 0$ 的情形. 对于 $-\alpha$ 和复数 iz_1，有一个复整数 z_0，使得 $z_0 - iz_1$ 是复整数，且

$$|z_0^2 + \alpha|^2 \leqslant \frac{7}{16} + |-\alpha|^2 = \frac{7}{16} + |\alpha|^2$$

取 $z = iz_0$，则 $z - z_1$ 是复整数，且

$$|z^2 - \alpha|^2 = |(-iz_0)^2 - \alpha|^2 = |z_0^2 + \alpha|^2 \leqslant \frac{7}{16} + |\alpha|^2$$

等式成立，仅当 $-\alpha = \frac{3}{4}, z_0 = \frac{i}{2}$，即 $\alpha = -\frac{3}{4}, z = -\frac{1}{2}$.

有了上面的引理，现在，我们可以证明定理 2 了.

定理 2 的证明 设复有理数 $\frac{u}{v}$，$(u, v) = 1$，$|v| >$ 1. 再设

$$\alpha - \frac{u}{v} = \frac{\delta}{v^2}$$

Hurwitz 定理

由于 α 是复无理数,故 δ 也是复无理数. 对于每一对 $u,v,(u,v)=1$,存在无限多对复整数 u_1,v_1,满足
$$uv_1 - vu_1 = 1 \qquad (12)$$
实际上,与有理整数的情形类似,设 $u_1 = \theta, v_1 = \rho$ 是式(12)的一组解,那么式(1)的全体解为
$$u_1 = \theta + tu, v_1 = \rho + tv$$
这里 t 为任意的复整数.

设 $\alpha = \dfrac{1}{4\delta^2}, z_1 = \dfrac{\rho}{v} + \dfrac{1}{2\delta}$,由引理和,存在复数 z,使得 $z - z_1$ 为复整数,且
$$\left| z^2 - \frac{1}{4\delta^2} \right| \leq \sqrt{\frac{7}{16} + \frac{1}{16|\delta|^4}} \qquad (13)$$
设 $z - z_1 = t, t$ 是某个复整数,故
$$z = \frac{\rho + vt}{v} + \frac{1}{2\delta} = \frac{v_1}{v} + \frac{1}{2\delta}$$
因为 δ 是复无理数,z 不可能取 $\dfrac{i}{2}$ 或 $\dfrac{1}{2}$,故(13)给出
$$\left| \left(\frac{v_1}{v} + \frac{1}{2\delta} \right)^2 - \frac{1}{4\delta^2} \right| < \sqrt{\frac{7}{16} + \frac{1}{16|\delta|^4}} \qquad (14)$$
设
$$\alpha - \frac{u_1}{v_1} = \frac{\delta_1}{v_1^2}$$
我们有
$$\alpha = \frac{u_1}{v_1} + \frac{\delta_1}{v_1^2} = \frac{u}{v} + \frac{\delta}{v^2}$$
$$\delta_1 = v_1^2 \left(\frac{u}{v} - \frac{u_1}{v_1} + \frac{\delta}{v^2} \right) = \delta \left(\left(\frac{v_1}{v} + \frac{1}{2\delta} \right)^2 - \frac{1}{4\delta^2} \right)$$

第6章 将Hurwitz定理推广到复域

由(14),我们有

$$|\delta_1|^2 = |\delta|^2 \left| \left(\frac{v_1}{v} + \frac{1}{2\delta}\right)^2 - \frac{1}{4\delta^2} \right|^2$$

$$< \frac{7}{16}|\delta|^2 + \frac{1}{16|\delta|^2} \qquad (15)$$

因为$|v|=1$的复整数只有有限个,故由定理1知,存在无限多个复有理数$\dfrac{u}{v}$,$(u,v)=1$,$|v|>1$,使得$|\delta|<2$.

由于

$$\frac{\delta_1}{v_1^2} = \frac{u}{v} - \frac{u_1}{v_1} + \frac{\delta}{v^2} = \frac{1}{vv_1} + \frac{\delta}{v^2}$$

$$\left|\frac{\delta}{v_1^2}\right| = \left|\frac{1}{vv_1} + \frac{\delta}{v^2}\right| \leqslant \left|\frac{1}{vv_1}\right| + \left|\frac{\delta}{v^2}\right|$$

故当$|v|\to\infty$时,$\dfrac{1}{|vv_1|}$,$\left|\dfrac{\delta}{v^2}\right|$均任意变小,这就说明,不可能有无限多个$\dfrac{u}{v}$,对应于同一个$\dfrac{u_1}{v_1}$,也就是说,对于无限多个复有理数$\dfrac{u}{v}$,通过前述做法,产生无限多个复有理数$\dfrac{u_1}{v_1}$.

设$2\leqslant|\delta|^2$,故有$2\leqslant|\delta|^2<4$,于是由式(15)得

$$|\delta_1|^2 < \frac{7}{16}|\delta|^2 + \frac{1}{16|\delta|^2} \leqslant \max_{2\leqslant x\leqslant 4}\left(\frac{7}{16}x + \frac{1}{16x}\right)$$

$$= \frac{7}{16}\cdot 4 + \frac{1}{16\cdot 4} < 2$$

因此,由任一个$\dfrac{u}{v}$,且$2\leqslant|\delta|^2<4$,我们得到$\dfrac{u_1}{v_1}$,且

Hurwitz 定理

$|\delta_1|^2 < 2$. 总之,有 $|\delta_1|^2 < 2$ 或 $|\delta|^2 < 2$. 如果把 δ_1 也记为 δ, 我们证明了,有无限多个 $\dfrac{u}{v}$, 使得 $|\delta|^2 < 2$. 再设 $1 \leqslant |\delta|^2 < 2$, 由式(15)得

$$|\delta_1|^2 < \frac{7}{16}|\delta|^2 + \frac{1}{16|\delta|^2} \leqslant \max_{1 \leqslant x \leqslant 2}\left(\frac{7}{16}x + \frac{1}{16x}\right)$$

$$= \frac{7}{16} \cdot 2 + \frac{1}{16 \cdot 2} < 1$$

于是存在无限多个 $\dfrac{u}{v}$, 使得 $|\delta_1|^2 < 1$. 类似地,应用式(15),对于任意一个 δ 满足 $\dfrac{1}{2} \leqslant |\delta|^2 < 1$, 我们有

$$|\delta_1|^2 < \max_{\frac{1}{2} \leqslant x \leqslant 1}\left(\frac{7}{16}x + \frac{1}{16x}\right)$$

$$= \frac{7}{16} + \frac{1}{16} = \frac{1}{2}$$

其次,再设 $\dfrac{3}{7} \leqslant |\delta|^2 < \dfrac{1}{2}$, 由式(15), 我们有

$$|\delta_1|^2 < \max_{\frac{3}{7} \leqslant x \leqslant \frac{1}{2}}\left(\frac{7}{16}x + \frac{1}{16x}\right)$$

$$= \frac{7}{16} \cdot \frac{1}{2} + \frac{1}{8} < \frac{3}{7}$$

最后, 设 $\dfrac{1}{3} \leqslant |\delta|^2 < \dfrac{3}{7}$, 由式(15), 我们有

$$|\delta_1|^2 < \max_{\frac{1}{3} \leqslant x \leqslant \frac{3}{7}}\left(\frac{7}{16}x + \frac{1}{16x}\right)$$

$$= \max\left(\frac{7}{16} \cdot \frac{1}{3} + \frac{3}{16} \cdot \frac{7}{7} + \frac{7}{16 \cdot 3}\right)$$

$$= \max\left(\frac{1}{3}, \frac{1}{3}\right) = \frac{1}{3}$$

第6章 将 Hurwitz 定理推广到复域

这样,我们便证明了有无限多个 $\dfrac{u}{v}$,使得

$$|\delta| < \dfrac{1}{\sqrt{3}}$$

这就证明了定理的第一部分.

现在,我们来证明 $\sqrt{3}$ 是最好的结果,取 $\alpha = \dfrac{1+\sqrt{3}\,\mathrm{i}}{2}$,故

$$\dfrac{1+\sqrt{3}\,\mathrm{i}}{2} - \dfrac{u}{v} = \dfrac{\delta}{v^2}$$

$$\dfrac{\sqrt{3}\,\mathrm{i}}{2}v - \dfrac{\delta}{v} = u - \dfrac{v}{2}$$

将上式两端平方得

$$\dfrac{\delta^2}{v^2} - \mathrm{i}\delta\sqrt{3} = u^2 - uv + v^2$$

因为 $u^2 - uv + v^2 = 0$,推出 $\dfrac{u}{v} = \dfrac{1 \pm \sqrt{3}\,\mathrm{i}}{2}$,与 $\dfrac{u}{v}$ 是复有理数矛盾,故 $u^2 - uv + v^2 \neq 0$,$|u^2 - uv + v^2| \geqslant 1$,且

$$\left|\dfrac{\delta^2}{v^2}\right| + |\mathrm{i}\delta\sqrt{3}| \geqslant \left|\dfrac{\delta^2}{v^2} - \mathrm{i}\delta\sqrt{3}\right| \geqslant 1 \quad (16)$$

对于 $\alpha = \dfrac{1+\mathrm{i}\sqrt{3}}{2}$,现在假设,如果有无限多个有理数 $\dfrac{u}{v}$ 满足 $|\delta| < \dfrac{1}{c}$,其中 c 是固定的常数,$c > \sqrt{3}$,于是,由式 (16) 便有

$$\dfrac{1}{c^2}\dfrac{1}{|v|^2} + \dfrac{\sqrt{3}}{c} > 1$$

179

Hurwitz 定理

$$\frac{1}{c^2|v|^2} > \frac{c-\sqrt{3}}{c}$$

$$|v|^2 < \frac{1}{c(c-\sqrt{3})} \qquad (17)$$

而式(17)指出,仅有有限个 v,与所设矛盾.

Farey 级数研究的历史与现状

第 7 章

7.1 Dickson 论 Farey 级数

C. Haros① 证明了由 Farey② 和 Cauchy③ 所发现的结果.

J. Farey② 指出:如果适当的普通分数以大小顺序排列(其中最小的分数满足分子分母都不超过给定的数 n),那么此数列中的每一个分数满足该分数等于与它相邻两分数的分子、分母分别求和后的比. 因此当 $n=5$ 时,相应的数列为

$$\frac{1}{5},\frac{1}{4},\frac{1}{3},\frac{2}{5},\frac{1}{2},\frac{3}{5},\frac{2}{3},\frac{3}{4},\frac{4}{5}$$

---

① Jour. de l'école polyt. , cah. 11 , t. 4. 1802 , 364-368.

② Philos. Mag. and Journal, London, 47, 1816, 385-386; [48, 1816, 204]; Bull. Sc. Soc. Philomatique de Paris, 1816, 3(3):112.

③ Bull. Sc. Soc. Philomatique de Paris, 1816, 3(3): 133; De Math. , 1826, 1:114-116; Oeuvres, 1887, 6(2):146-148.

Hurwitz 定理

并且

$$\frac{1}{4}=\frac{1+1}{5+3}, \frac{2}{5}=\frac{1+1}{3+2}$$

Henny Goodwyn 在 1818 年的《十进制商的数表级数》的前言中提到过这一性质. 曾于 1816 年作为私下传阅的资料中也引用了这一定理. 它要归功于 Goodwyn,这一点可由 C. W. Merrifield[1] 得出.

A. L. Cauchy[2] 证明了:如果 $\frac{a}{b}, \frac{a'}{b'}, \frac{a''}{b''}$ 是一个 Farey 级数中的任意三个相继分数,那么 b 和 b' 互素并且有 $a'b - ab' = 1$(可得出 $\frac{a'}{b'} - \frac{a}{b} = \frac{1}{bb'}$). 如 Farey 所指出的,同样地有 $a''b' - a'b'' = 1$,可得出 $\frac{a+a''}{b+b''} = \frac{a'}{b'}$.

Stouvenel[3] 证明了:在一个 n 阶 Farey 级数中,如果两个分数 $\frac{a}{b}$ 和 $\frac{c}{b}$ 互补(即它们的和为 1),那么在 $\frac{a}{b}$ 之前的分数和 $\frac{c}{b}$ 之后的分数同样如此. 与 $\frac{1}{2}$ 相邻的两个分数是互补的并且他们的公共分母为小于等于 n 的最大的奇整数. 因此 $\frac{1}{2}$ 是数列的中间项,并且与 $\frac{1}{2}$ 等距的两个分数是互补的. 为了找到三个这样的相继分

---

[1] Math. Quest. Educat. Times,1868,9:92-95.

[2] Bull. Sc. Soc. Philomatique de Paris,1816,3(3):133; De Math. ,1826,1:114-116;Oeuvres,1887,6(2):146-148.

[3] Jour. de mathématiques,1840,5:265-275.

第7章 Farey 级数研究的历史与现状

数 $\frac{a}{b}, \frac{a'}{b'}, \frac{a''}{b''}$，我们有

$$a + x = a'z, b + y = b'z \quad (\text{Farey})$$

并且我们可以容易看出 z 是小于等于 $\frac{(n+b)}{b'}$ 的最大整数.

M. A. Stern[1] 研究了集合 m, n 和 $m, m+n, n$ 和 $m, 2m+n, m+n, m+2n, n, \cdots$，这些项由两极中的相继分数的和得出. G. Eisentein[2] 简略地研究了这些集合.

A. Brocot[3] 研究了由 $\frac{0}{1}, \frac{1}{0}$ 的中间项而得到的集合

$$\frac{0}{1}, \frac{1}{1}, \frac{1}{0}; \frac{0}{1}, \frac{1}{2}, \frac{1}{1}, \frac{2}{1}, \frac{1}{6}; \cdots$$

Herzer[4] 和 Hrabak[5] 在极限为 57 和 50 的情况下给出了数表.

G. H. Halphen[6] 考虑以大小顺序排列的不可约分数级数，它由这样的法则选出：如果任意分数 f 被排除，那么如果某一项的两项至少等于 f 的相应项，则排除这一项. 这样的数列也具有 Farey 和 Cauchy 指出的

---

[1] Jour. für Math., 1858, 55; 193-220.
[2] Bericht Ak. Wiss. Berlin, 1850; 41-42.
[3] Calcul des rouages par approximation, Paris, 1862. Lucas.
[4] Tabellen, Basle, 1864.
[5] Tabellen-Werk, Leipzig, 1876.
[6] Bull. Soc. Math. France, 1876~1877, 5; 170-175.

Hurwitz 定理

Farey 级数所具有的性质.

E. Lucas[1] 考虑级数 1,1 和 1,2,1,…. 这些级数由 Stern 构造. 它指出:对于 n 次级数,项的个数为 $2^{n-1}+1$,它们的和为 $3^{n-1}+1$,最大的两项(阶为 $2^{n-2}+1\pm 2^{n-1}$)为

$$\frac{(1+\sqrt{5})^{n+1}-(1-\sqrt{5})^{n+1}}{2^{n+1}\sqrt{5}}$$

将 n 改为 p,我们可得到其他各项的值.

J. W. L. Glaisher[2] 在 Farey 级数的历史方面给出了一些上面所述的事实. Glaisher[3] 将此历史研究的更全面,并且证明了:由 Farey 和 Cauchy 指出的性质对分母小于等于 n,分子小于等于 m 的不可约分数构成的级数同样成立.

Edward Sang[4] 证明了:$\dfrac{A}{\alpha}$ 和 $\dfrac{C}{\gamma}$ 之间的任一分数可写成

$$\frac{pA+qC}{p\alpha+q\gamma}$$

的形式,其中 p,q 是整数. 如果 p,q 互素,那么 $\dfrac{pA+qC}{p\alpha+q\gamma}$ 不可约.

---

[1] Bull. Soc. Math. France,1877~1878,6:118-119.
[2] Proc. Cambr. Phil. Soc. ,1878,3:194.
[3] London Ed. Dub. Phil. Mag. ,1879,7(5):321-336.
[4] Trans. Roy. Soc. Edinburgh,1879,28:287.

第7章 Farey 级数研究的历史与现状

A. Minine① 考虑了使得 $b + \alpha a \leq N$ 成立的不可约分数 $\frac{a}{b}$ 的个数 $S(\alpha, N)$. 设 $\phi(b)$ 为小于等于 p 且与 b 互素的整数的个数. 那么, 对于 $\alpha > 0$, 有

$$S(\alpha, N) = \sum_{b=1}^{N-\alpha} \phi(b)_\gamma, p = \left[\frac{N-b}{\alpha}\right]$$

因为对于每一个分母 b, 有在 $\phi(b)p$ 个与 b 互素的整数使 $b + \alpha a \leq N$ 成立, 因此所求分数的个数如上所述.

A. F. Pullich② 通过归纳法和运用连续的分数, 证明了 Farey 定理.

G. Airy③ 给出了 3 043 个不可约的分数, 它们的分子分母均小于等于 100.

J. J. Sylvester④ 展现了如何通过一个函数等式推断出一个 Farey 级数中的分数个数.

Sylvester, Cesàro, Vahlen, Axer 和 Lehmer 都研究了一个 Farey 级数中的分数个数的问题.

Sylvester⑤ 在 $x < n, y < n, x + y \leq n$ 的条件下讨论了函数 $\frac{a'}{b'}$.

---

① Jour. de math. élém. et spéc., 1880: 278. Math. Soc. Moscow, 1880.

② Mathesis, 1881, 1: 161-163.

③ Trans. Inst. Civil Engineers; cf. Phil. Mag., 1881, 175.

④ Johns Hopkins Univ. Circulars, 1883, 2: 44-45, 143; Coll. Math. Papers, 1883, 3: 672-676, 687-688.

⑤ Amer. Jour. Math., 1882, 5: 303-307, 327-330; Coll. Math. Papers, Ⅳ, 55-59, 78-81.

Hurwitz 定理

M. d'Ocagne[①] 通过在第 p 个位置加入 $\dfrac{1}{1}$ 延长了 Farey 级数，其中 $p = \phi(1) + \cdots + \phi(n)$. 由第一个 p 项，通过加 1，我们得到了下一个 p，再通过加 1 得到下一个 p，……. 考虑满足 $b_i + \alpha a_i \leqslant N$ 的按大小顺序排列的不可约分数 $\dfrac{a_i}{b_i}$ 所构成的级数 $S(\alpha, N)$，其中 α 是一个固定的整数，被称为特征. 对于给定的底数 N，所有级数 $S(\alpha, N)$ 可以由 Farey 级数 $S(0, N)$ 通过

$$a_i(\alpha, N) = a_i(0, N)$$
$$b_i(\alpha, N) = b_i(0, N) - \alpha a_i(0, N)$$

而得到.

因此有 $a_i b_{i-1} - a_{i-1} b_i = 1$，进而 $OA_i A_{i-1}$ 的面积为 $\dfrac{1}{2}$，如果点 A_i 有坐标 a_i, b_i. 代表底数相同的所有级数中相同阶的项的全部点均匀地分布在与 x 轴平行的直线上，并且内邻的点之间的距离为此直线与 x 轴之前的单位的个数.

A. Hurwiz[②] 对有理分数的个数的近似以及二元二次形式的化简运用了 Farey 级数.

---

① Annales Soc. Sc. Bruxelles, 1885~1886, 10(2):90. Extract in Bull. Soc. Math. France, 1885~1886, 14:93-97.

② Math. Annalen, 1894, 44:417-436; 1891, 39:279; 1894, 45:85; Math. Papers of the Chicago Congress, 1896:125. Cf. F. Klein, Ausgewählte Kapitel der Zahlentheorie, Ⅰ, 1896:196-210. Cf. G. Humbert, Jour. de Math., 1916, 2(7):116-117.

第7章 Farey 级数研究的历史与现状

J. Hermes[①] 记数 $\tau_1=1,\tau_2=2,\tau_3=\tau_4=3,\tau_5=4$，$\tau_6=\tau_7=5,\tau_8=4,\cdots$ 为 Farey 数,有递推公式

$$\tau_n=\tau_{n-2^v}+\tau_{2^{v+1}-n+1} \quad (2^v<n\leqslant 2^{v+1})$$

联系对底数为 2 的数所代表的 τ 的比值给出了 Farey 分数.

K. Th. Vahlen[②] 指出：通过 Farey 级数对一个分数 ω 的收敛形式与 ω 生成的分子为 ±1 的连续分数一致,他还对线性分数代入的组成运用了此方法.

H. Made[③] 对 $a+bi$ 运用了 Hurwitz 的方法.

E. Busche[④] 以几何的方式运用了分母小于等于 a,分子小于等于 b 的不可约分数构成的级数,并且指出 Farey 级数($a=b$)保持的性质.

W. Sierpinski[⑤] 运用 m 阶的 Farey 级数的相继数,显示了：如果 x 是无理数,那么有

$$\lim_{x=\infty}\left\{\sum_{k=1}^{n}[kx]-\frac{xn(n+1)}{2}+\frac{n}{2}\right\}=0$$

E. Lucas[⑥], E. Cahen[⑦] 和 Bachmann[⑧] 给出了对

---

① Math. Annalen,1894,45：371. Cf. L. von Schrutka,1912,71：574,583.

② Jour. für Math. ,1895,115：221-233.

③ Ueber Fareysche Doppelreihen, Diss. Giessen, Darmstadt,1903.

④ Math. Annalen 1905,60：288.

⑤ Bull. Inter. Acad. Sc. Cracovie,1909,2：725-727.

⑥ Théorie des nombres,1891：467-475,508-509.

⑦ Eléments de la théorie des nombres,1900：331-335.

⑧ Niedere Zahlentheorie,1902,1：121-150;1910,2：55-96.

Hurwitz 定理

Farey 级数的理论的阐述.

一位匿名作者[①]指出:以一个不可约的,小于 1 的分母小于等于 10 的分数开始,按大小顺序排列,通过列出分数对 $\frac{0}{1},\frac{1}{10};\frac{1}{6};\frac{1}{5};\frac{1}{4};\frac{2}{7};\cdots$(数对分数分母的和为 11)插入到分母为 11 的分数中,并且指出:每一对中的两个分数之间存在一个分数,它的分母为 11,分子等于这两个分数的分子的和.

7.2 Mahler 对 Farey 级数的推广[②]

n 阶 Farey 级数由所有分子和分母都不超过 n 的正的既约有理分数按大小顺序排列组成. 例如,5 阶 Farey 级数是

$$\frac{1}{5}\;\frac{1}{4}\;\frac{1}{3}\;\frac{2}{5}\;\frac{1}{2}\;\frac{3}{5}\;\frac{2}{3}\;\frac{3}{4}\;\frac{4}{5}\;\frac{1}{1}\;\frac{5}{4}\;\frac{4}{3}\;\frac{3}{2}\;\frac{5}{3}\;\frac{2}{1}\;\frac{5}{2}\;\frac{3}{1}\;\frac{4}{1}\;\frac{5}{1}$$

由两个相邻的分数的分子和分母构成的行列式的值是 -1. Mahler 把序列中的元素看作是系数的最大公因子为 1 且系数均不超过 n 的线性方程的正实根,由此他得到向二次方程所做的下述推广. 按照根的大小顺序列出二次方程

---

① Zeitschrift Math. Naturw. Unterricht,1914,45:559-562.

② 摘自《数论中未解决的问题》(第二版),R. K. 盖伊著,张明尧译,科学出版社,2003.

第7章 Farey 级数研究的历史与现状

$$ax^2+bx+c=0$$
$$a\geqslant 0,(a,b,c)=1,b^2\geqslant 4ac$$
$$\max\{a,|b|,|c|\}\leqslant n$$

的系数 (a,b,c)，此方程有正实根。那么由任何三个相连的行中的 a,b,c 作成的三阶行列式似乎总是取值 0 或 ±1。表 1 在 $n=2$ 的情形对此做了描述，其中第一组值是 $(0,1,0)$，而最后一组值是 $(0,0,1)$，它们分别与根 0 和 ∞ 相对应，正如 Farey 级数可以包含项 $\dfrac{0}{1}$ 和 $\dfrac{1}{0}$ 一样。我们还采用了 Selfridge 的使有理根重复的建议，以避免无意义的例外。现在给出的表 1 是从 $n=3$ 时推广的 Farey 级数摘选来的。表中最后一列是由该行与其相邻两行作成的行列式的值。

表 1　三阶推广的 Farey 级数的片段

a	b	c	根	行列式
0	1	−1	1	
3	−1	−3	$(1+\sqrt{37})/6$	0
3	−2	−2	$(1+\sqrt{7})/3$	1
2	0	−3	$\sqrt{6}/2$	−1
3	−3	−1	$(3+\sqrt{21})/6$	1
2	−1	−2	$(1+\sqrt{17})/4$	0
1	1	−3	$(\sqrt{13}-1)/2$	−1
2	−2	−1	$(1+\sqrt{3})/2$	1
3	−2	−3	$(1+\sqrt{10})/3$	0
1	0	−2	$\sqrt{2}$	−1
3	−3	−2	$(3+\sqrt{33})/6$	1
0	2	−3	3/2	

Hurwitz 定理

当 $n \leqslant 5$ 时已对猜想做了验证,但是堪培拉的 Lambertus Hesterman 对 $n=7$ 发现了反例,例如

a	b	c	根	行列式
2	-7	-7	$(7+\sqrt{105})/4$	
1	-3	-6	$(3+\sqrt{33})/2$	-2
1	-6	7	$3+\sqrt{2}$	

这是否可以加以挽救?抑或这是强小数定律的另一个例子?Lewis Low 证明了行列式的绝对值不能超过 n,这个界是否能大大减小?

对于与三次方程有关的四阶行列式又能有什么结论呢?

一致分布数列

第 8 章

8.1 等分布数列问题

8.1.1 是神来之笔吗？

一位准备参加中国数学奥林匹克(CMO)的选手与笔者曾有如下的对话.

学生：老师，我最近做了这样一道题：

试题 1 已给实数 $\alpha > 1$，试构造一个无穷有界数列 $x_0, x_1, x_2, \cdots$，使得对每一对不同的非负整数 i, j，都有

$$|x_i - x_j| \cdot |i - j|^\alpha \geqslant 1$$

老师：这是一道第二十九届 IMO 试题，题目由荷兰提供，并且已发表的解答就有好几种，如：

解法 1 设 p 为正整数，q 为非负整数.

当 $q \leqslant p$ 时

$$|p - q\sqrt{2}| = \frac{|p^2 - 2q^2|}{p + q\sqrt{2}} \geqslant \frac{1}{p + q\sqrt{2}}$$

$$\geqslant \frac{1}{p(\sqrt{2} + 1)}$$

Hurwitz 定理

当 $q > p$ 时

$$|p - q\sqrt{2}| = q\sqrt{2} - p > p(\sqrt{2} - 1)$$

$$\geq \frac{1}{p(\sqrt{2} + 1)}$$

因此恒有

$$|p - q\sqrt{2}| \geq \frac{1}{(\sqrt{2} + 1)p} > \frac{\sqrt{2}}{4p} \qquad (1)$$

取 $x_j = 4\left(\frac{j}{\sqrt{2}} - \left[\frac{j}{\sqrt{2}}\right]\right), j = 0, 1, 2, \cdots$, 则 $\{x_j\}$ 为无穷有界数列, 并且对每一对不同的非负整数 i, j, 由 (1) 得

$$|x_i - x_j| = 4\left|\frac{i-j}{\sqrt{2}} - \left(\left[\frac{i}{\sqrt{2}}\right] - \left[\frac{j}{\sqrt{2}}\right]\right)\right|$$

$$> \frac{4}{\sqrt{2}} \cdot \frac{\sqrt{2}}{4|i-j|}$$

解法 2 对任何非负整数 n, 设它的十进表示为

$$n = b_0 + b_1 \times 10 + b_2 \times 10^2 + \cdots + b_k \times 10^k$$

其中 $b_0, b_1, \cdots, b_k \in \{0, 1, 2, \cdots, 9\}$.

令

$$y_n = b_0 + b_1 \times 10^{-a} + b_2 \times 10^{-2a} + \cdots + b_k \times 10^{-ka}$$

则

$$|y_n| \leq 9(1 + 10^{-a} + 10^{-2a} + \cdots)$$

$$= \frac{9}{1 - 10^{-a}} = \frac{9 \times 10^a}{10^a - 1}$$

所以数列 $y_0, y_1, y_2, \cdots$ 有界.

任取一对不同非负整数 $i > j$, 令

$$i = c_0 + c_1 \times 10 + c_2 \times 10^2 + \cdots + c_m \times 10^m$$

第8章 一致分布数列

$$j = d_0 + d_1 \times 10 + d_2 \times 10^2 + \cdots + d_q \times 10^q$$

记 $t = \min\{s \mid c_s \neq d_s\}$,则

$$|i - j| \geq 10^{ta}$$

且

$$|y_i - y_j|$$
$$\geq 10^{-ta} - 9(10^{-(t+1)a} + 10^{-(t+2)a} + \cdots)$$
$$= 10^{-ta} - 9 \times 10^{-(t+1)a} \times \frac{1}{1 - 10^{-a}}$$

所以

$$|y_i - y_j| \cdot |i - j|$$
$$\geq 1 - \frac{9}{10^a} \times \frac{1}{1 - 10^{-a}}$$
$$= 1 - \frac{9}{10^a - 1}$$
$$= \frac{10^a - 10}{10^a - 1}$$

令 $x_n = \frac{10^a - 1}{10^a - 10} y_n$, $n = 0, 1, 2, \cdots$,则数列 $x_0, x_1, x_2, \cdots$ 满足所要求的条件.

此题表面看上去是数列不等式问题,但本质上就是 Diophantus 逼近论中的一个特例.

学生:解答我倒是能看懂,但很难理解他们是如何想到的,也就是"知其然而不知其所以然",这个解法可否称为"神来之笔",只能出自天才的头脑.

老师:没有什么天才,华罗庚这位举世公认的"天才"早就说过"天才出自勤奋".首先试题 1 并不是一个新题,它的一个更强的形式,即 $\alpha = 1$ 曾作为 1978 年

Hurwitz 定理

苏联中学数学竞赛试题出现过,如下:

试题 2 证明:存在无穷有界数列 x_n,使对不同的 m 和 k,不等式 $|x_m - x_k| \geqslant \dfrac{1}{|m-k|}$ 成立.

这一点南京师范大学的单塼教授早已发现.

学生:老师,能讲一下这道题的证明吗?

老师:可以,先指出满足此题要求的数列是 $4\{n\sqrt{2}\}$,其中 $\{x\} = x - [x]$ 是 x 的小数部分($n = 1, 2, 3, \cdots$).

事实上,如果 $p \in \mathbf{N}, q \in \mathbf{N}, p < (4-\sqrt{2})q$,则
$$\left|\sqrt{2} - \frac{p}{q}\right| = \frac{|pq^2 - p^2|}{q(q\sqrt{2}+p)} > \frac{1}{4q^2}$$

因此,当 $n > k \geqslant 1$ 时,
$$|\{m\sqrt{2}\} - \{k\sqrt{2}\}| = |(m-k)\sqrt{2} - l|$$
$$> \frac{1}{4(m-k)}$$

其中
$$l = [m\sqrt{2}] - [k\sqrt{2}] < m\sqrt{2} - k\sqrt{2} + 1$$
$$\leqslant (m-k)(\sqrt{2}+1) < (4-\sqrt{2})(m-k)$$

学生:这个数列 $4\{n\sqrt{2}\}$ 是怎样想出来的?数列的形式很多,为什么偏偏选择 $\{n\sqrt{2}\}$ 型的,有什么线索可寻吗?

老师:因为从题中要求条件 $|x_i - x_j| \geqslant \dfrac{1}{|i-j|}$ 可知,数列 $\{x_i\}$ 的项与项之间不可能太"拥挤",因为第 n 项与第 $n+1$ 项之间距离就大于等于 1,但这个数列又不

第8章 一致分布数列

能是单调的,因为单调数列两项之间距离大于1,就会是一个发散的,不能满足有界性,所以这个数列应是具有往复性. 由于区间的长短并不是本质的,因为我们可以将数列$\{x_i\}$乘以一个调节常数,使其振幅不宜过大,所以我们可以在$[0,1]$内考虑这个问题,熟悉无理数性质的读者可能想到对任意一个无理数α,$n\alpha$的小数部分$\{n\alpha\}=n\alpha-[n\alpha]$恰好具有这样的往复性.

为了增加点感性认识,我们可以用袖珍计算器计算$\{n\sqrt{2}\}$,$n=1,2,\cdots,30$ 精确到小数点后三位,观察其变化规律:

$n=1$ 0.414; $n=11$ 0.556; $n=21$ 0.698;
$n=2$ 0.829; $n=12$ 0.971; $n=22$ 0.113;
$n=3$ 0.243; $n=13$ 0.385; $n=23$ 0.530;
$n=4$ 0.525; $n=14$ 0.799; $n=24$ 0.941;
$n=5$ 0.071; $n=15$ 0.213; $n=25$ 0.355;
$n=6$ 0.485; $n=16$ 0.627; $n=26$ 0.770;
$n=7$ 0.899; $n=17$ 0.042; $n=27$ 0.184;
$n=8$ 0.314; $n=18$ 0.456; $n=28$ 0.598;
$n=9$ 0.728; $n=19$ 0.870; $n=29$ 0.012;
$n=10$ 0.142; $n=20$ 0.284; $n=30$ 0.426.

从以上数据可以看出,$\{n\sqrt{2}\}$在$(0,1)$内左右"摇摆"不定,不爱"扎堆",而这正是我们所希望看到的.

学生:老师,既然$\{n\sqrt{2}\}$有这么有趣的性质,为什么在以前的各类竞赛中没有体现呢?

老师:其实,竞赛关注一切有趣的初等数学课题,可谓"疏而不漏",只不过是你没有留意罢了,例如在

Hurwitz 定理

1979 年 IMO 中罗马尼亚曾提供了一个候选试题,恰好说明了 $\{n\alpha\}$ 的这一特性.

试题 3 证明:对任意 $n \in \mathbf{N}$,有

$$\{n\sqrt{2}\} > \frac{1}{2n\sqrt{2}}$$

且对任意 $\varepsilon > 0$,总可以找到 $n \in \mathbf{N}$,使得

$$\{n\sqrt{2}\} < \frac{1+\varepsilon}{2+\sqrt{2}}$$

你能证明吗?

学生:我试试看吧,应该不会太困难.

对给定的 $n \in \mathbf{N}$,记 $m = [n\sqrt{2}]$,因为 $m \neq n\sqrt{2}$(否则,会导致 $\sqrt{2} = \dfrac{m}{n}$ 为有理数的矛盾),所以有

$$m < n\sqrt{2} \Rightarrow m^2 < 2n^2$$

$$\Rightarrow 1 \leqslant 2n^2 - m^2$$

$$= (n\sqrt{2} - m)(n\sqrt{2} + m)$$

$$= \{n\sqrt{2}\}(n\sqrt{2} + m)$$

$$< \{n\sqrt{2}\} 2n\sqrt{2}$$

$$\Rightarrow \{n\sqrt{2}\} > \frac{1}{2n\sqrt{2}}$$

第二个不等式不知如何证明?

老师:先要构造两个数列 $\{n_i\}, \{m_i\}, n_1 = m_1 = 1$, $n_{i+1} = 3n_i + 2m_i, m_{i+1} = 4n_i + 3m_i, i \in \mathbf{N}$,并证明如下一个引理:

对所有 $i \in \mathbf{N}$,有 $2n_i^2 - m_i^2 = 1$.

学生:这个引理我来证明.对 i 用数学归纳法.当

$i=1$ 时,显然成立,即 $2n_1^2 - m_1^2 = 1$.

假设对 $i=k$ 时,命题成立,即 $2n_k^2 - m_k^2 = 1$,可证明对 $i=k+1$ 也成立.

注意到
$$2n_{k+1}^2 - m_{k+1}^2 = 2(9n_k^2 + 12n_k m_k + 4m_k^2) -$$
$$(16n_k^2 + 24n_k m_k + 9m_k^2)$$
$$= 2n_k^2 - m_k^2 = 1$$

故由归纳法原理知,引理成立.

老师:现在来证明试题 3,现在给定 $\varepsilon > 0$,因为数列 $\{n_i\}$ 是递增的,故存在 $n = n_{i_0}$,使得
$$n > \frac{1}{2\sqrt{2}}(1 + \frac{1}{\varepsilon})$$

于是
$$\varepsilon(2n\sqrt{2} - 1) > 1$$
$$(1+\varepsilon)(2n\sqrt{2} - 1) > 2n\sqrt{2}$$

因为
$$0 < n\sqrt{2} - m = \frac{1}{2\sqrt{2} + m} < 1$$

所以由上述不等式和等式 $2n_{i_0}^2 - m_{i_0}^2 = 1$,得到
$$\frac{1+\varepsilon}{2m\sqrt{2}} > \frac{1}{2n\sqrt{2} - 1} > \frac{1}{n\sqrt{2} + m}$$
$$= n\sqrt{2} - m = \{n\sqrt{2}\}$$

8.1.2 稠密与等分布数列

学生:在试题 1 的有些解答中,并没有用 $\sqrt{2}$,而是用 $\frac{\sqrt{2}}{2}$,是不是任何无理数 α 都可以用来构造 $[n\alpha]$ 呢?

Hurwitz 定理

老师:要回答这个问题,先要介绍一个著名定理. 1907 年德国天才数论专家 Minkowski 证明了一个定理:如果 α 是无理数,β 是实数,但不等于 $m\alpha + n$(m, $n \in \mathbf{Z}$),那么存在无穷多个整数 q,满足不等式

$$\| q\alpha - \beta \| < \frac{1}{4|q|}$$

(其中记号 $\|\theta\| = \min|\theta - z|$),对任意实数,即 θ 到距它最近的整数的距离. 这个定理告诉我们:当 $\alpha \notin \mathbf{Q}$,β 已知,存在 $q \in \mathbf{Z}$,使 $\| q\alpha - \beta \|$ 充分小,由此可知,$\{n\alpha\}$ 当 n 充分大时,可以任意接近区间 $[0,1]$ 中的任意一个给定的实数 β,亦称 $\{n\alpha\}$ 在 $[0,1]$ 中是处处稠密的.

学生:我在一本杂志上看到了一个等分布的概念,它与这个问题有没有什么联系呢?

老师:问得好,我正想说如果进一步,我们还可以得到 $\{n\alpha\}$ (α 是无理数)的下列重要性质:对任何 $a < b$,满足 $a \leqslant \{n\alpha\} < b$,$1 \leqslant n \leqslant \theta$ 的 n 的个数与 n 的总数 Q 的比渐近地与区间 $[a,b)$ 的长度相等. 这表明 $\{n\alpha\}$ 在 $[0,1)$ 中是"均匀"地分布的,我们称这种数列为"等分布数列"(亦称一致分布点列),它不仅是数论中的一个重要课题,而且在概率中也是重要的,近数十年来它被应用到数值分析中,特别是 1960 年 Halton. J. H(赫尔顿)借助于孙子定理推广了 Van der Corput(范德科普)J. G 点列,利用 r 进值小数定义了高维空间的等分布点列,同年华罗庚与王元利用实分圆域的独立单位组来构造高维空间等分布点列思维进行近似

第8章 一致分布数列

分析.

学生:刚才对等分布数列的定义是描述性的,那么能不能有一个解析的判别法呢?

老师:1914 年德国数学家 Hermann Weyl(外尔 1885—1955)用解析方法作为有效手段,得到了等分布的充要条件.

数列 $x_1, x_2, \cdots$ 为等分布点列的充要条件是:对任一整数 $h \neq 0$,总有

$$\lim_{N \to \infty} \frac{1}{N} \left| \sum_{v=1}^{a} e^{2\pi i h x_v} \right| = 0$$

学生:我们能对 $\{n\alpha\}$ 试用一下 Weyl 定理吗?

老师:可以,令 $x_n = n\alpha - [n\alpha]$,$\alpha \notin \mathbf{Q}$,则对任一 $h \in \mathbf{Z}, h \neq 0$,有

$$\frac{1}{N} \sum_{n=1}^{N} | e^{2\pi i h n \alpha_k} | = \left| \frac{1}{N} \sum_{n=1}^{N} e^{2\pi i h n \alpha_k} \right|$$

$$= \frac{| e^{2\pi i h N \alpha_i} - 1 |}{N(e^{2\pi i h \alpha_i} - 1)}$$

$$\leq \frac{1}{N |\sin \pi h \alpha|}$$

这种手法在解析数论中会遇到. 故

$$\lim_{N \to \infty} \frac{1}{N} \sum_{n=1}^{N} e^{2\pi i h n \alpha_i} = 0$$

所以用 Weyl 判别法知 $\{n\alpha\}$ 为等分布点列.

学生:用 Weyl 判别法判断 $\{n\alpha\}$ 的等分布性,当然简洁,但对高中生来说似乎有些难以理解,能否给出一个直观又通俗而且是非描述性的判别法?

Hurwitz 定理

老师：这当然可以，下面这个判别法有一点概率的味道.

数列 $x_1, x_2, \cdots, x_n, \cdots, 0 \leqslant x_n \leqslant 1$ 在 $[0,1]$ 上等分布的充要条件是：x_n 落在 $[0,1]$ 的某一子区间中的"概率"等于这个子区间的长度. 更确切地说，就是该序列有下述性质：设 $[\alpha, \beta]$ 是 $[0,1]$ 的任一子区间，$\gamma_n(\alpha, \beta)$ 表示 $x_1, x_2, \cdots, x_n$ 含在 $[\alpha, \beta]$ 中的个数，则

$$\lim_{n \to \infty} \frac{\gamma_n(\alpha, \beta)}{n} = \beta - \alpha$$

学生：现在我很有兴趣知道如何用此判别法来判断 $\{n\alpha\}$ 的等分布性.

老师：那我们还需要借助一个著名的德国数学家 Hurwitz 提出的定理：若 α 为无理数，则必有无穷多个有理数 $\dfrac{p}{q}$，满足

$$\left| \alpha - \frac{p}{q} \right| < \frac{1}{2q^2}$$

现在我们可以证明 $\{n\alpha\}$ 的等分布性了，令 $\alpha = \theta$ 为无理数.

设 (a, b) 为 $(0, 1)$ 内的任一小区间，由 Hurwitz 定理，我们有无穷多对整数 p, q，其中 $q > 0, p$，使得

$$\theta = \frac{p}{q} + \frac{\delta}{q^2}$$

$$|\delta| < 1, (p, q) = 1$$

令 $u, v \in \mathbf{Z}$，使

$$\frac{u-1}{q} < a \leqslant \frac{u}{q} < \frac{v}{q} \leqslant b < \frac{u+1}{q}$$

第8章 一致分布数列

又设 $n = rq + s, 0 \leq s < q, j \in \mathbb{Z}, 0 \leq j < r$，我们观察完全剩余系：$jq, jq+1, \cdots, jq+q-1$，显然

$$\{(jq+k)\theta\} = \{\frac{kp}{q} + \frac{j\delta}{q} + \frac{k\delta}{q^2}\}$$

$$= \{\frac{kp + [j\delta]}{q} + \frac{\delta'}{q}\} \quad (|\delta'| < \alpha)$$

因 $[j\delta]$ 与 k 无关，故当 $k = 0, 1, 2, \cdots, q-1$ 时，$pk + [j\delta]$ 也跑过一完全剩余系，故 q 个数 $\{(jq+k)\theta\}$ 中，其落入 (a,b) 中的多于 $v-u-4$ 个而少于 $v-u+6$ 个。因此，$\{n\theta\}(n = 1,2,\cdots,u)$ 中，落入 (a,b) 中的，多于

$$r(v-u-4) = \frac{n}{q}(v-u-4) - \frac{s}{q}(v-u-4)$$

$$\geq n(b-a) - \frac{\delta}{q}n - \frac{v-u-4}{q}n$$

个. 设 $\varepsilon > 0$ 为任意给定的数，满足够大的 q 使 $\frac{\theta}{q} < \frac{\varepsilon}{2}$，再取 n，使 $\frac{q+\theta}{n} < \frac{\varepsilon}{2}$，则得

$$n(b-a) - n\varepsilon \leq N_n(a,b) \leq n(b-a) + n\varepsilon$$

即

$$\lim_{n \to \infty} \frac{N_n(a,b)}{n} = b - a$$

学生：除了 $\{n\alpha\}$ 以外还有其他形式的等分布数列吗？它们都有什么特征？

老师：等分布数列有许多种，比如从德国数学家 Heinz Ernsf Paul Prüfer (普吕弗，1896—1934) 的通信中，我们知道早在 1914 年 Weyl 曾证明了如下定理：

设多项式 $p(x) = a_1 x + a_2 x^2 + \cdots + a_r x^r$ 至少有一

Hurwitz 定理

个无理数的系数,那么数列 $p(n) - [p(n)]$ 在 $[0,1]$ 上是等分布的.

显然当 $r = 1$ 时,$p(n)$ 即为 nx.

更一般的结果是 1931 年由 J. G. randre Corput 给出的:如果对于任意的自然数 h,函数 $g(n) - [g(n)]$ 是 $[0,1]$ 内等分布的,其中

$$g(x) = f(x+h) + f(x)$$

那么 $f(n)$ 也是 $[0,1]$ 内等分布的.

学生:除了这些还存在其他形式的等分布数列吗?

老师:当然,为了找出更大一类等分布数列,匈牙利现代数学之父 Leapolt Fejer(费耶尔,1880—1959)还专门证明了一个刻画定理:

设函数 $g(t)$ 对 $t \geq 1$ 有以下性质:

(i) $g(t)$ 是连续可微的;

(ii) 当 $t \to \infty$ 时,$g(t)$ 单调增加到 ∞;

(iii) 当 $t \to \infty$ 时,$g'(t)$ 单调减少到 0;

(iv) 当 $t \to \infty$ 时,$tg'(t)$ 趋于 ∞.

那么,数列 $x_n = g(n) - [g(n)]$,$n = 1, 2, 3, \cdots$,在区间 $[0,1]$ 上是等分布的.

学生:可以举两个例子吗?

老师:可以,比如设 $a > 0, 0 < \sigma < 1$,则数列 $x_n = an^\sigma - [an^\sigma]$ 在区间 $[0,1]$ 上是等分布的.

再比如,设 $a > 0, \sigma > 1$,则数列 $x_n = a(\lg n)^\sigma - [a(\lg n)^\sigma]$ 在 $[0,1]$ 上是等分布的.

8.1.3 等分布数列的应用

学生:老师,刚才听您介绍那么多世界大牌数学

家都研究过等分布数列,它究竟有什么用呢?

老师:最常用的就是用来计算积分值,你也学过一点微积分,回想一下我们如何计算函数 $f(x)$ 在 $[0,1]$ 上的积分,我们是把 $[0,1]$ 分成 n 等分,取分点的函数值的算术平均值用来作为 $f(x)$ 的积分的近似值(矩形公式),这就是化连续为离散的方法.本来对一重积分来说,用这种方法已臻于至善,因为能够导出最精密的误差(指误差的阶),但当积分不是一重时,便遇到了困难,固定分点的个数,则当积分的重数增加时,误差也随之迅速增加.换句话说,当要求有一定的精密度时,则所需分点的数目随着积分重数的增加而迅速增加,因此用这一方法来处理高维空间的数值积分,计算量十分巨大,因而难以实现,所以近些年发展了 Monte Carlo(蒙特·卡罗)方法,即随机地取 n 个点 $(x_1^{(k)},\cdots,x_s^{(k)})(k=1,2,\cdots)$,然后用这 n 个点的函数值的算术平均来逼近积分,所谓"随机"的意思是指取每一点的概率都是相等的,收敛速度较快,但缺点是得到的误差不是真正的误差而是概率误差.为了克服这一缺点,基于数论的等分布数列方法出现了,它所得到的误差不再是概率的,而是肯定的,不仅如此,这些肯定的误差要比概率误差还要好,而且可以证明,对于某些函数类来说,这种逼近的误差的主阶与单重积分一样.

另外利用等分布点列还可以求多元函数的最大值,即如果求 k 个变数 $(x_1,\cdots,x_k)=x$ 的函数 $f(x)$ 的最大值,其定义域是 $D:\xi_i \leq x_i \leq y_i(i=1,2,\cdots,k)$. 在区域

Hurwitz 定理

D 中取一个等分布的点列 $x^{(j)}(j=1,2,3,\cdots)$,由于等分布点法在求数值积分上已取得了较好的成效,所以可以把求极值问题看成某一个带参数的积分的极限,即

$$\max|f| = \lim_{p\to\infty}(\int_0^1\cdots\int_0^1|f(x)|^p\mathrm{d}x)^{\frac{1}{p}}$$

学生:在有些书中将 $\{\cdot\}$ 记为 $(\bmod 1)$,这容易使人想到等分布的概念可否推广到模 P 上.

老师:它确实可以推广到剩余环上的序列.

设 m 是一个正整数,$\{a_n\}$ 是一个整数序列,定义 $\{a_n\}$ 关于模 m 的分布函数为

$$F_m(k) = \lim_{x\to\infty}\frac{1}{x}|\{a_n|n\leqslant x, a_n\equiv k(\bmod m)\}|$$

即是说,$F_m(k)$ 是序列 $\{a_n\}$ 中满足 $n\leqslant x, a_n\equiv k(\bmod m)$ 的 q_n 的个数.

如果 $F_m(k)$ 是一个有限的常数,即

$$F_m(1) = F_m(2) = \cdots = F_m(m)$$

从 $\sum_{i=1}^m F_m(i) = \lim_{n\to\infty}\frac{1}{x}|\{a_n|n\leqslant x\}| = 1$,得

$$F_m(1) = F_m(2) = \cdots = F_m(m) = \frac{1}{m}$$

此时称序列模 m 是等分布的.

如果序列 $\{a_n\}$ 满足:

(i) $\{a_n|(a_n,m)=1\}$ 是无限集;

(ii) 对 $1\leqslant j\leqslant m,(j,m)=1$,恒有

$$F_m^*(j) = \lim_{x\to\infty}\frac{|\{a_n|n\leqslant x, a_m\equiv j(\bmod m)\}|}{|\{a_n|n\leqslant x,(a_n,m)=1\}|} = \frac{1}{\varphi(m)}$$

那么称序列 $\{a_n\}$ 是模 m 弱等分布的.

1984 年 Narkiewicz 证明了如下定理.

定理 1 设 $f(x) \in \mathbf{Z}[x], m = \prod_{i=1}^{k} p_i^{q_i}$ 是 m 的标准分解式.

(i) 序列 $\{f(n) \mid n = 1, 2, \cdots\}$ 是模 m 的等分布序列,当且仅当多项式 $f(x)$ 是模 m 的置换多项式;

(ii) 序列 $\{f(n) \mid n = 1, 2, \cdots\}$ 是模 m 的弱等分布序列,当且仅当多项式 $f(x)$ 是模 $p_i(i = 1, 2, \cdots, k)$ 的正则置换多项式.

学生:置换多项式和正则置换多项式是什么意思?

老师:设 $f(x)$ 是一个整系数多项式,如果当 x 过模 m 的一个完全剩余系时,$f(x)$ 也过模 m 的一个完全剩余系,那么称 $f(x)$ 是模 m 的置换多项式,若多项式 $f(x)$ 满足 $f'(x) \equiv 0 \pmod{m}$ 无解,则称 $f(x)$ 是模 m 的正则多项式.

在模 m 的等分布论中,有两个重要的量:$M(f)$ 和 $M^*(f)$,其中

$$M(f) = \{m \mid \{f(n)\} \text{ 是模 } m \text{ 的等分布}\}$$

$$M^*(f) = \{m \mid \{f(n)\} \text{ 是模 } m \text{ 的弱等分布}\}$$

对此,Zame 证明了:设 M 是由正整数组成的一个集,则存在一个函数 f 使 $M(f) = M$ 当且仅当 M 具有下述性质:"如果 $n \in M^*, d \mid n$,那么 $d \in M^*$".

目前一个没有解决的猜想是关于对应于 $M^*(f)$ 是否有类似的结果,即:

猜想 设 M^* 是由正整数组成的一个集,则存在

Hurwitz 定理

一个函数 f 使 $M^*(f) = M^*$, 当且仅当 M^* 具有下述性质:"如果 $n \in M^*, d \mid n, d$ 被 n 的所有素因子整除,那么 $d \in M^*$".

这个猜想的必要性是容易证明的,但充分性则是困难的. 到目前为止,最好的结果是由 Rose chowicz (罗索丘维兹) 女士得到的,她证明了: 当 M^* 不含偶数时,上述猜想成立.

学生:能否考虑在剩余类环上构造一个满足试题 1 条件的序列?

老师:应该是不太困难的.

8.1.4 再论稠密和等分布

学生:刚才我们讨论的有些远了,其实我们不一定要求等分布,只要稠密就已经具有单墫教授要求的往返性了.

老师:对于稠密,Fejer 也给出了如下的刻划定理:

当 $t \geq 1$ 时,函数 $g(t)$ 有如下性质:

(i) $g(t)$ 是连续可微的;

(ii) 当 $t \to \infty$ 时,$g(t)$ 单调地增加到 ∞;

(iii) 当 $t \to \infty$ 时,$g'(t)$ 单调地减少到 0;

(iv) 当 $t \to \infty$ 时,$tg'(t) \to 0$.

这时,数列 $x_n = g(n) - [g(n)], n = 1, 2, 3, \cdots$ 在区间 $[0,1]$ 中处处稠密,但它们不是等分布的,利用这一判断定理,我们可得如下两个特例:

例1 对 $0 < \sigma < 1$,数列

$$x_n = a(\lg n)^\sigma - [a(\lg n)]^\sigma \quad (n = 1, 2, 3, \cdots)$$

在区间 $[0,1]$ 上处处稠密,但不是等分布的.

第8章 一致分布数列

例2 设将自然数 $1,2,3,4,\cdots$ 的常用对数的平方根一个接一个地排成一个无限阵列,考虑第 $j(j\geqslant 1)$ 位小数(从小数点往右数)的数码,令 $v_j(n)$ 表示在前 n 个整数 k 中,其 $\sqrt{\lg k}$ 的第 j 位小数是 g 的个数,则数列 $f(n) = \dfrac{v_j(n)}{n}, n = 1,2,3,\cdots$ 在 $[0,1]$ 内处处稠密.

显然这是一个有理数列,可以以此回答潘承彪教授的一个提问. 潘教授曾指出:"对 $a = 1$ 时,是否能构造出一个满足条件的有理数列呢?"我还不知道,可能回答是否定的.

学生:既然对任意的无理数 $\alpha, x_n = n\alpha - [n\alpha]$ 都满足试题1的要求,那么对于一个特殊的无理数 e(自然对数的底),$x_n = ne - [ne]$ 当然也可以,但是 $x_n = n! \, e - [n! \, e]$ 也可以吗?

老师:回答是否定的,因为此时 $x_n = n! \, e - [n! \, e]$ 已经不具有往返性了,它以 0 作为它的唯一聚点.

事实上,由 Taylor(泰勒,1685—1731)定理知

$$e = 1 + \frac{1}{1!} + \frac{1}{2!} + \cdots + \frac{1}{n!} + \frac{e^{\theta_n}}{(n+1)!} \quad (0 < \theta_n < 1)$$

于是

$$n! \, e = n! + \frac{n!}{1!} + \frac{n!}{2!} + \cdots + 1 + \frac{e^{\theta_n}}{n+1}$$

当 $n \geqslant 2$ 时,有

$$\frac{e^{\theta_n}}{n+1} < \frac{1}{n+1} < 1$$

所以

Hurwitz 定理

$$n!\,e - [n!\,e] < \frac{e^{\theta_n}}{n+1} < \frac{e}{n+1}$$

故

$$\lim_{n\to\infty}(n!\,e - [n!\,e]) = \lim_{n\to\infty}\frac{e}{n+1} = 0$$

与此类似,Littlewood. J. E.(利特伍德,1885—1977)曾提出猜想:$x_n = e^n - [e^n]$ 是否以 0 为唯一聚点,这个问题目前还没有解决.

另一个未解决的问题涉及 $x_n = \alpha(\frac{3}{2})^n - [\alpha(\frac{3}{2})^n]$ 在区间 $(0,1)$ 上的往返性. 1968 年 Mahler 曾问:是否存在 $\alpha \in \mathbf{R}$,使得 $0 \leqslant \alpha(\frac{3}{2})^n - [\alpha(\frac{3}{2})^n] < \frac{1}{2}$ 对所有 n 成立? 对这个问题人们倾向于否定,Mahler 自己证明了在每对相邻整数中至多存在一个.

学生:老师,能不能再介绍点更初等的等分布问题给我?

老师:这方面的趣味问题很多,例如波兰数学家 Steinhaus. H. D.(施坦豪斯,1881—1971)曾提出这样的问题:

试构造 n 个这样的实数 $x_1, x_2, \cdots, x_n$,使得 x_1 这个数在 $[0,1]$ 区间内;使 x_1, x_2 这两个数中的一个数在二等分区间的第一个等分内,另一个数在该区间的第二个等分内;使 x_1, x_2, x_3 三个数中的某个数在 $[0,1]$ 区间三等分的第一个等分内,其余两个分别在第二、第三个两个等分内,……,依此类推,最后,使 x_1,

第8章 一致分布数列

$x_2,\cdots,x_n$ 这 n 个数中的某个数在 $[0,1]$ 区间 n 等分的第一个等分内,其余 $n-1$ 个分别在该区间的另外 $n-1$ 个等分内.

这个数列显然要具有往复性,但它要求更高,$\{\sqrt{2}n\}$ 显然满足不了(可见前 30 个 $\{n\sqrt{2}\}$ 的值),你能对 $n=10$ 时构造出满足条件的数列吗?

学生:试试看吧!你看这两个数列是否可以:

0.95,0.05,0.34,0.74,0.58,0.17,0.45,0.87,0.26,0.66;

0.06,0.55,0.77,0.39,0.96,0.28,0.64,0.13,0.88,0.48.

老师:这两个数列都可以,你能再构造一个 $n=14$ 时满足条件的数列吗?

学生:这只需在第二个数列后面补充上 4 个数就可以得到:0.06,0.55,0.77,0.39,0.96,0.28,0.64,0.13,0.88,0.48,0.19,0.71,0.35,0.82.

老师:这个数列很有趣,因为对它进行调整次序后仍然满足要求:0.19,0.96,0.55,0.39,0.77,0.06,0.64,0.28,0.88,0.48,0.13,0.71,0.35,0.82.

学生:我有一个疑问,这种数列可以无限制地构造下去吗?

老师:不能,波兰数论专家 A. 辛采尔曾用初等方法证明了:$n=75$ 时无解. 几年以后,另一位数论专家 M. 瓦尔木斯证明了满足要求的 n 的最大值为 $n=17$.

学生:能介绍一下这两个证明吗?

Hurwitz 定理

老师:A. 辛采尔用反证法的证明十分简单而又巧妙,不妨介绍一下.

假设 $x_1, x_2, \cdots, x_{75}$ 各数能满足规定的条件,则有

$$\frac{7}{35} < x_i < \frac{8}{35}, \frac{9}{35} < x_j < \frac{10}{35} \qquad (2)$$

其中,$i, j \leq 35$. 由此可得

$$\frac{1}{x_j - x_i} + \frac{1}{x_i} < \frac{1}{\frac{9}{35} - \frac{8}{35}} + \frac{1}{\frac{7}{35}} = 40 \qquad (3)$$

$$\frac{x_j - x_i}{x_i} + x_j < \frac{\frac{10}{35} - \frac{7}{35}}{\frac{7}{35}} + \frac{10}{35} = \frac{5}{7} \qquad (3')$$

设

$$k = \left[35(x_j - x_i) + \frac{5}{7} \right]$$

$$l = -\left[-\frac{(k + \frac{2}{7})x_i}{x_j - x_i} \right]$$

$$m = -\left[-\frac{l}{x_i} \right]$$

([·] 为 Gauss 符号) 即

$$35(x_j - x_i) - \frac{2}{7} < k \leq 35(x_j - x_i) + \frac{5}{7} \qquad (4)$$

$$\frac{(k + \frac{2}{7})x_i}{x_j - x_i} \leq l < \frac{(k + \frac{2}{7})x_i}{x_j - x_i} + 1 \qquad (5)$$

$$\frac{1}{x_i} \leq m < \frac{1}{x_i} + 1 \qquad (6)$$

由式(4)和式(5)得

第8章 一致分布数列

$$35x_i < l < \frac{[35(x_j+x_i)+1]x_i}{x_j-x_i}+1 = 35x_i - \frac{x_i}{x_j-x_i}+1$$

再由式(6)和式(3′)得

$$35 < m < 35 + \frac{1}{x_j-x_i} + \frac{1}{x_i} + 1 < 76$$

或

$$36 \leqslant m \leqslant 75 \qquad (7)$$

由不等式(6)还可推出 $(m-1)x_i < l \leqslant mx_i$,由此

$$[(m-1)x_i] < [mx_i] \qquad (8)$$

从另一方面,由式(6)(5)和(2)可知

$$(m-1)x_j \geqslant \left(\frac{l}{x_i}-1\right)x_j = l\frac{x_j}{x_i} - x_j$$

$$= l + l\frac{x_j-x_i}{x_i} - x_j$$

$$\geqslant l + \frac{(k+\frac{2}{7})x_i}{x_j-x_i} \cdot \frac{x_j-x_i}{x_i} - x_j$$

$$= 1 + k + \frac{2}{7} - x_j > l + k$$

同理,由式(3)得

$$mx_j < \left(\frac{l}{x_j}+1\right)x_j = l\frac{x_j}{x_i} + x_j = l + \frac{x_j-x_i}{x_i} + x_j$$

$$< l + \left[\frac{(k+\frac{7}{2})x_i}{x_j-x_i}+1\right]\frac{x_j-x_i}{x_i} + x_i$$

$$= l + k + \frac{2}{7} + \frac{x_j-x_i}{x_i} + x_j < l + k$$

综合以上几个不等式可得

Hurwitz 定理

$$l + k < (m-1)x_j < mx_j < l + k + 1$$

由此

$$[(m-1)x_j] = [mx_i] \qquad (9)$$

由式(8)和(9)得

$$N_{m-1} = [(m-1)x_j] - [(m-1)x_i]$$
$$> [mx_j] - [mx_i] = N_m \qquad (10)$$

由题设的条件以及不等式(7)可知,只要简单地调换一下 $0,1,\cdots,(m-2)$ 这 $(m-1)$ 个数的排列次序即可得出

$$[(m-1)x_1],[(m-1)x_2],\cdots,[(m-1)x_{m-1}]$$

这列数。同理 $[mx_1],[mx_2],\cdots,[mx_m]$ 这一列数也可由调换 $0,1,\cdots,(m-1)$ 这列数的位置而得到.

因为 $i,j \leqslant 35 \leqslant m+1$,所以 N_{m-1} 是 $t \leqslant m$ 时该不等式的解的数目,因此 $N_{m-1} \leqslant N_m$,这与不等式(10)矛盾,这表明 $n = 75$ 时无解.

学生:在我前面给出的两个数列时,苦于没有可供遵循的一般性构造方法,明显有"硬凑"的痕迹,那么是否存在一个有规律性的方法呢?

老师:我们想或随意取一个无理数 α,作 $x_n = n\alpha - [n\alpha]$,看看是否可行,若取 $\alpha = \sqrt{2}$,则由前面的计算知,对 $n = 10$ 时是不满足要求的,于是我们想到具有"优良品质"的无理数 ω,即黄金分割数 $\omega = \dfrac{\sqrt{5}-1}{2} \approx 0.618$,对前 10 个 $x_n = n\dfrac{\sqrt{5}-1}{2} - \left[n\dfrac{\sqrt{5}-1}{2}\right]$ 计算得

第 8 章　一致分布数列

n	x_n	n	x_n
1	0.618 0	6	0.708 2
2	0.236 1	7	0.326 2
3	0.854 1	8	0.944 3
4	0.472 1	9	0.562 3
5	0.090 2	10	0.180 3

我们列下表检验一下：

	2	3	4	5	6	7	8	9	10
0.618 0	2	2	3	4	4	5	5	6	7
0.236 1	1	1	1	2	2	2	2	2	3
0.854 1		3	4	5	6	7	7	8	9
0.472 1			2	3	3	4	4	4	5
0.090 2				1	1	1	1	1	1
0.708 2					5	6	7	7	8
0.326 2						3	3	3	4
0.944 3							8	9	10
0.562 3								5	6
0.180 3									2

表内的数字表示这列数在该区间各种等分中的分布. 表中的数据正确与否很容易校对，因为只有在栏内数字的数目等于该栏上方标注的数字，而且同一栏内的数字不同时，才符合条件.

计算这种令人惊讶的等分布性，一直到 52 等分也只有三个例外，并且再稍加观察我们还会发现，x_n 的小数点后第二、三、四位也呈现出惊人的规律性，小数点后第二位遍历了 0,1,2,3,4,5,6,7,8,9 这 10 个数，

Hurwitz 定理

小数点后第三位为 $8,6,4,2,0,8,6,4,2,0$,第四位为 $0,1,1,1,2,2,2,3,3,3$.

学生:这些是巧合还是有某种规律性？这些规律都被证明了吗？

老师:这些都没有被证明,并且 Steinhaus 还发现了这样一个有趣的性质：

考虑数偶 $(n, nz - [nz])$,这里 $z = \frac{\sqrt{5}-1}{2}$,然后将这些数偶按第二个分量 $nz - [nz]$ 从小到大排列：$(n_1, n_1 z - [n_1 z]), (n_2, n_2 z - [n_2 z]), \cdots, (n_m, n_m z - [n_m z])$,即使 $\{n_i z - [n_i z]\}$ 形成一个增列,则此时任何相应的相邻两第一分量之差,即 $n_j - n_{j+1}$ 至多只取三个值.

由前面知,当 $m = 10$ 时：$n_1 = 5, n_2 = 10, n_3 = 2, n_4 = 7, n_5 = 4, n_6 = 9, n_7 = 1, n_8 = 6, n_9 = 3, n_{10} = 8$,则 $n_j - n_{j+1}$ 形成的数列为：$5, -8, 5, -3, 5, -8, 5, -3, 5$,并且在 $n_1, n_2, \cdots, n_m$ 中去掉所有比任意指定的某个数大的数,或者去掉所有比任意指定的某个数小的数,或者去掉任意两个数之间的数时,上述性质仍然保留.

比如在 $5,10,2,7,4,9,1,6,3,8$ 中去掉 5 和 8 之间的数 $6,7$,余下的数为 $5,10,2,4,9,1,3,8$,则 $n_j - n_{j+1}$ 为 $5, -8, 2, 5, -8, 2, 5$.

学生:今天,从这道 IMO 试题中我学到了很多知识,改天我还想就试题 1 的性质继续研究.

第8章 一致分布数列

8.2 等 分 布

8.2.1 一致分布模 1

序列的一致分布理论是丰富多彩的. 现在我们就给解析数论这一部分做基本的介绍.

实数序列 $\{x_n\}_{n=1}^{\infty}$ 称为一致分布模 1 的(缩写为 u.d.),如果对每对实数 a,b,其中 $0 \leqslant a < b \leqslant 1$,有

$$\lim_{N \to \infty} \frac{\#\{n \leqslant N \mid (x_n) \in [a,b]\}}{N} = b - a$$

其中 $(x_n) = x_n - [x_n]$ 表示 x_n 的小数部分.

通常在讨论一致分布时,取满足 $0 \leqslant x_n < 1$ 的序列 $\{x_n\}_{n=1}^{\infty}$ 是方便的,在下面讨论时,我们就假设是这种情形. 显然,由定义知,若序列 $\{x_n\}_{n=1}^{\infty}$ 是 u.d.,则它在单位区间中也是稠密的.

习题 1 把 $[0,1]$ 中非零有理数序列写成如下形式

$$1, \frac{1}{2}, \frac{1}{3}, \frac{2}{3}, \frac{1}{4}, \frac{3}{4}, \frac{1}{5}, \frac{2}{5}, \frac{3}{5}, \frac{4}{5}, \frac{1}{6}, \frac{5}{6}, \cdots$$

其中对 $b = 1,2,3,\cdots$ 依次写出含分母 b 的所有分数. 证明这个序列是 u.d. mod 1.

习题 2 如果实数序列 $\{x_n\}_{n=1}^{\infty}$ 是 u.d.,证明:对任一 a,其中 $0 \leqslant a < 1$,我们有

$$\#\{n \leqslant N \mid x_n = a\} = o(N)$$

习题 3 如果序列 $\{x_n\}_{n=1}^{\infty}$ 是 u.d., $f:[0,1] \to \mathbf{C}$

Hurwitz 定理

是一个连续函数,证明

$$\lim_{N\to\infty}\frac{1}{N}\sum_{n=1}^{N}f(x_n) \to \int_0^1 f(x)\,\mathrm{d}x$$

与其逆命题成立.

习题 4 若 $\{x_n\}_{n=1}^{\infty}$ 是 u.d.,则对任一分段 C^1 函数 $f:[0,1]\to\mathbf{C}$,有

$$\lim_{N\to\infty}\frac{1}{N}\sum_{n=1}^{N}f(x_n) = \int_0^1 f(x)\,\mathrm{d}x$$

特别地,若 $\{x_n\}_{n=1}^{\infty}$ 是 u.d.,则对于函数 $f_m(x) = \mathrm{e}^{2\pi \mathrm{i} m x}$ 与所有的非零整数 m,我们有

$$\lim_{N\to\infty}\frac{1}{N}\sum_{n\leqslant N}\mathrm{e}^{2\pi\mathrm{i}mx_n} = 0$$

Weyl 准则(在下面证明)是本题的逆命题,是正确的.

定理 1(Weyl) 当且仅当

$$\sum_{n=1}^{N}\mathrm{e}^{2\pi\mathrm{i}mx_n} = o(N) \quad (m = \pm 1, \pm 2, \cdots) \quad (1)$$

时,序列 $\{x_n\}_{n=1}^{\infty}$ 是 u.d..

证明 正如较早时候所看到的,必要性是显然的. 对充分性,令 $\varepsilon > 0$ 与连续函数 $f:[0,1]\to\mathbf{C}$. 由 Weierstrass(魏尔斯特拉斯)逼近定理,存在三角多项式 $\phi(x)$,使得

$$\deg\phi(x) \leqslant M$$

M 依赖于 ε,使得

$$\sup_{0\leqslant x\leqslant 1}|f(x) - \phi(x)| \leqslant \varepsilon \quad (2)$$

于是

$$\left|\int_0^1 f(x)\,\mathrm{d}x - \frac{1}{N}\sum_{n=1}^{N}f(x_n)\right|$$

$$\leqslant \left| \int_0^1 (f(x) - \phi(x))\,\mathrm{d}x \right| +$$

$$\left| \int_0^1 \phi(x)\,\mathrm{d}x - \frac{1}{N}\sum_{n=1}^N f(x_n) \right|$$

由式(2),第 1 项小于或等于 ε,第 2 项小于或等于

$$\left| \int_0^1 \phi(x)\,\mathrm{d}x - \frac{1}{N}\sum_{n=1}^N \phi(x_n) \right| + \left| \frac{1}{N}\sum_{n=1}^N (\phi(x_n) - f(x_n)) \right|$$

再由式(2),最后一项小于或等于 ε. 记

$$\phi(x) = \sum_{|m| \leqslant M} a_m \mathrm{e}^{2\pi \mathrm{i} m x}$$

我们看到

$$\int_0^1 \phi(x)\,\mathrm{d}x = a_0$$

与

$$\frac{1}{N}\sum_{n=1}^N \phi(x_n) = a_0 + \sum_{1 \leqslant |m| \leqslant M} a_m \left(\sum_{n=1}^N \mathrm{e}^{2\pi \mathrm{i} m x_n} \right)$$

使得

$$\left| \int_0^1 \phi(x)\,\mathrm{d}x - \frac{1}{N}\sum_{n=1}^N \phi(x_n) \right|$$

$$\leqslant \sum_{1 \leqslant |m| \leqslant M} |a_m| \left| \frac{1}{N}\sum_{n=1}^N \mathrm{e}^{2\pi \mathrm{i} m x_n} \right|$$

令 $T = \sum\limits_{1 \leqslant |m| \leqslant M} |a_m|$. 我们可以选取充分大的 N(它依赖于 M),由式(1),上述所有内部各项小于或等于 $\dfrac{\varepsilon}{T}$,从而每一项也小于或等于 ε. 因此

$$\lim_{N \to \infty} \frac{1}{N}\sum_{n=1}^N f(x_n) = \int_0^1 f(x)\,\mathrm{d}x$$

这就完成了证明.

Hurwitz 定理

习题 5 证明:只需要对正整数 m 检验 Weyl 准则.

习题 6 证明:对在 $C[0,1]$ 中稠密的任一函数族,当且仅当

$$\lim_{N\to\infty}\frac{1}{N}\sum_{n=1}^{N}f(x_n)=\int_0^1 f(x)\,\mathrm{d}x$$

时,序列 $\{x_n\}_{n=1}^{\infty}$ 是 u. d. mod 1,其中 $C[0,1]$ 是在 $[0,1]$ 上含上确界范数的连续函数度量空间.

习题 7 令 θ 是无理数. 证明:序列 $x_n = n\theta$ 是 u. d..

习题 8 如果 θ 是有理数,证明:序列 $x_n = n\theta$ 不是 u. d..

习题 9 证明:序列 $x_n = \log n$ 不是 u. d.,而是稠密 mod 1 的.

习题 10 令 $0 \leqslant x_n < 1$. 证明:对每一自然数 r,当且仅当

$$\lim_{N\to\infty}\frac{1}{N}\sum_{n=1}^{N}x_n^r=\frac{1}{r+1}$$

时,序列 $\{x_n\}_{n=1}^{\infty}$ 是 u. d. mod 1.

习题 11 若 $\{x_n\}_{n=1}^{\infty}$ 是 u. d. mod 1,证明:对非零整数 m,$\{mx_n\}_{n=1}^{\infty}$ 是 u. d. mod 1.

习题 12 如果 $\{x_n\}_{n=1}^{\infty}$ 是 u. d. mod 1,c 是常数,证明:$\{x_n+c\}_{n=1}^{\infty}$ 是 u. d. mod 1.

习题 13 如果 $\{x_n\}_{n=1}^{\infty}$ 是 u. d. mod 1,且当 $n\to\infty$ 时 $y_n\to c$,证明:$\{x_n+y_n\}_{n=1}^{\infty}$ 是 u. d. mod 1.

习题 14 令 F_n 是第 n 个 Fibonacci 数,递归定

义为
$$F_0 = 1, F_1 = 1, F_{n+1} = F_n + F_{n-1}$$
证明:$\log F_n$ 是 u.d. mod 1.

为了研究各种序列的等分布,Weyl 与 Van der Corput 引入一个重要的方法,这个方法以下列简单不等式为基础.

定理 2(Van der Corput) 令 $y_1, \cdots, y_N$ 是复数,H 是整数,且 $1 \leq H \leq N$,则

$$\left| \sum_{n=1}^{N} y_n \right|^2 \leq \frac{N+H}{H+1} \sum_{n=1}^{N} |y_n|^2 + \frac{2(N+H)}{H+1} \cdot$$

$$\sum_{r=1}^{H} \left(1 - \frac{r}{H+1} \right) \left| \sum_{n=1}^{N-r} y_{n+r} \bar{y}_n \right|$$

证明 对 $n \leq 0$ 与 $n > N$,设 $y_n = 0$ 是方便的. 显然

$$(H+1)^2 \left| \sum_n y_n \right|^2 = \left| \sum_{h=0}^{H} \sum_n y_{n+h} \right|^2$$

$$= \left| \sum_n \sum_{h=0}^{H} y_{n+h} \right|^2$$

我们注意,当 $n \geq N+1$ 或 $n \leq -H$ 时,内部和是零. 于是在外部和中,n 局限于区间 $[-H+1, N]$,应用 Cauchy-Schwarz 不等式,我们得出它小于或等于

$$(N+H) \sum_n \left| \sum_{h=0}^{H} y_{n+h} \right|^2$$

展开这个和,得到

$$\sum_n \sum_{h=0}^{H} \sum_{k=0}^{H} y_{n+h} \bar{y}_{n+k} = (H+1) \sum_n |y_n|^2 +$$

$$\sum_n \sum_{h \neq k} y_{n+h} \bar{y}_{n+k}$$

在第二个和中,把对应于 (h,k) 与 (k,h) 的各项合并,

Hurwitz 定理

得出它是

$$2\text{Re}\Big(\sum_n \sum_{h=0}^H \sum_{k<h} y_{n+h}\bar{y}_{n+k}\Big)$$

我们记 $m = n + k$,且把它改记为

$$2\text{Re}\Big(\sum_m \sum_{h=0}^H \sum_{k<h} y_{m-k+h}\bar{y}_m\Big) = 2\text{Re}\Big(\sum_m \sum_{r=1}^H y_{m+r}\bar{y}_m \sum_{k<h; h-k=r} 1\Big)$$

容易看出最大的内部和是 $H + 1 - r$. 因此

$$\Big|\sum_{n=1}^N y_n\Big|^2 \leqslant \frac{N+H}{H+1} \sum_{n=1}^N |y_n|^2 +$$

$$\frac{2(N+H)}{H+1} \sum_{r=1}^H \Big(1 - \frac{r}{H+1}\Big) \Big|\sum_{n=1}^{N-r} y_{n+r}\bar{y}_n\Big|$$

这就完成了证明.

推论 1(Van der Corput) 若对每一正整数 r, 序列 $x_{n+r} - x_n$ 是 u. d. mod 1, 则序列 x_n 是 u. d. mod 1.

证明 我们应用定理 2, 其中 $y_n = e^{2\pi i m x_n}$, 就得出

$$\Big|\frac{1}{N}\sum_{n=1}^N e^{2\pi i m x_n}\Big|^2$$

$$\leqslant \frac{1 + \frac{H}{N}}{H+1} + \frac{2(N+H)}{N^2(H+1)} \sum_{r=1}^H \Big(1 - \frac{r}{H+1}\Big) \Big|\sum_{n=1}^{N-r} e^{2\pi i m(x_{n+r} - x_n)}\Big|$$

当 $N \to \infty$ 时取极限,并利用事实: 对每一 $r \geqslant 1$, $x_{n+r} - x_n$ 是 u. d. mod 1, 则对任一 H, 我们看出

$$\lim_{N\to\infty} \Big|\frac{1}{N}\sum_{n=1}^N e^{2\pi i m x_n}\Big|^2 \leqslant \frac{1}{H}$$

选取任意大的 H, 就给出了结果.

习题 15 令 $y_1, \cdots, y_N$ 是复数, $\mathscr{H}$ 是 $[0, H]$ 的子集, 其中 $1 \leqslant H \leqslant N$. 证明

$$\Big|\sum_{n=1}^{N} y_n\Big|^2 \leq \frac{N+H}{|\mathcal{H}|}\sum_{n=1}^{N}|y_n|^2 +$$

$$\frac{2(N+H)}{|\mathcal{H}|^2}\sum_{r=1}^{H} N_r \Big|\sum_{n=1}^{N-r} y_{n+r}\bar{y}_n\Big|$$

其中 N_r 是 $h-k=r$ 的解数，这里 $h>k$，且 $h,k \in \mathcal{H}$.

习题 16 令 θ 是无理数. 证明：序列 $\{n^2\theta\}_{n=1}^{\infty}$ 是 u. d. mod 1.

习题 17 如果 a 或 b 之一是无理数，证明：序列 $\{an^2+bn\}_{n=1}^{\infty}$ 是 u. d. .

习题 18 令

$$P(n) = a_d n^d + a_{d-1} n^{d-1} + \cdots + a_1 + a_0$$

是实系数多项式，其中至少有一系数 $a_i(i \geq 1)$ 是无理数. 证明：$P(n)$ 的小数部分的序列是 u. d. mod 1.

8.2.2 正规数

令 x 是实数，$b \geq 2$ 是正整数，则 x 有一个 b 进展开式

$$x = [x] + \sum_{n=1}^{\infty} \frac{a_n}{b^n}$$

其中 $0 \leq a_n < b$. 这个展开式在本质上是唯一的. x 称为对基 b 的简单正规数，如果对每一 $0 \leq a < b$，有

$$\lim_{N\to\infty} \frac{\#\{n \leq N | a_n = a\}}{N} = \frac{1}{b}$$

换言之，每一数字以相同的频率出现在 x 的 b 进展开式中. 更一般地说，我们可以考虑长度为 k 的数字组，并查询这个数字组怎样经常出现在 p 进展开式中. 为了明确起见，令 B_k 是自然数，它的 b 进展开式具有形式 $b_1 b_2 \cdots b_k$. 数 x 称为对基 b 的正规数，如果

Hurwitz 定理

$$\lim_{N\to\infty}\frac{1}{N}\#\{n\leq N-k+1\mid a_{n+j-1}=b_j,\text{其中 }1\leq j\leq k\}=\frac{1}{b^k}$$

例如数

$$0.010\,101\cdots=\sum_{n=1}^{\infty}\frac{1}{2^{2n}}$$

对基 2 是简单正规数,而不是对基 2 的正规数,因为数组 11 不出现在所有表示式中。

习题 19 证明:正规数是无理数。

定理 3 当且仅当序列 (xb^n) 是 u. d. mod 1 时,数 x 是对基 b 的正规数。

证明 令 $B_k=b_1b_2\cdots b_k$ 是由 k 个数字组成的一组。当且仅当

$$\frac{B_k}{b^k}\leq(xb^{m-1})<\frac{B_k+1}{b^k}$$

时,x 的 b 进展开式中的数字组

$$a_m a_{m+1}\cdots a_{m+k-1}$$

与 B_k 相同。

令 I_k 表示这个长度为 $\dfrac{1}{b^k}$ 的区间。若序列 $\{xb^n\}_{n=1}^{\infty}$ 是 u. d. ,则当 $N\to\infty$ 时

$$\#\{m\leq N-k+1\mid(xb^{m-1})\in I_k\}\sim\frac{N}{b^k}$$

于是 x 是对基 b 的正规数。相反地,若 x 是对基 b 的正规数,则对形如 $y=\dfrac{a}{b^k}$ 的任一有理数,我们有

第8章 一致分布数列

$$\#\{n \leq N \mid (xb^n) < \frac{a}{b^k}\}$$

$$= \#\{m \leq N - k + 1 \mid (xb^{m-1}) < \frac{a}{b^k}\} + O(k)$$

易见它等价于

$$\sum_{B_k < a} \#\{m \leq N - k + 1 \mid (xb^{m-1}) \in I_k\} + O(k)$$

$$= \sum_{B_k < a} \left(\frac{N}{b^k} + o(N) \right) + O(k)$$

它是 $\frac{aN}{b^k} + o(N)$,因为 x 是对基 b 的正规数. 由于形如 $\frac{a}{b^k}$ 的数在 $[0,1]$ 中稠密,所以上述渐近式可以扩张到所有的 y 上,其中 $0 \leq y < 1$. 这就完成了证明.

习题 20 如果 x 是对基 b 的正规数,证明:对任一非零整数 m,mx 是对基 b 的正规数.

我们现在将证明几乎所有的数都是正规数(在 Lebesgue 测度的意义上).

习题 21 令 $\{v_n\}_{n=1}^{\infty}$ 是不同整数的序列,对非零整数 h,设

$$S(N,x) = \frac{1}{N} \sum_{n=1}^{N} e^{2\pi i v_n x h}$$

证明

$$\int_0^1 |S(N,x)|^2 dx = \frac{1}{N}$$

与

$$\sum_{N=1}^{\infty} \int_0^1 |S(N^2,x)|^2 dx < \infty$$

Hurwitz 定理

从习题 20 与 Fatou 引理,我们导出

$$\int_0^1 \sum_{N=1}^{\infty} |S(N^2,x)|^2 dx < \infty$$

因此对几乎所有的 x,有

$$\sum_{N=1}^{\infty} |S(N^2,x)|^2 < \infty$$

所以对几乎所有的 x,有

$$\lim_{N\to\infty} S(N^2,x) = 0$$

现在给定任一 $N \geq 1$,我们可以求 m,使得

$$m^2 \leq N < (m+1)^2$$

于是

$$|S(N,x)| \leq |S(m^2,x)| + \frac{2m}{N}$$

$$\leq |S(m^2,x)| + \frac{2}{\sqrt{N}}$$

因此对所有 $x \notin V_h$,其中 V_h 是测度为零的集合,有

$$\lim_{N\to\infty} S(N,x) = 0$$

因为测度为零的各集合的可数并测度仍为零,所以我们就证明了如下定理.

定理 4 令 v_n 是不同的自然数列. 对几乎所有的 x,数列 $\{v_n x\}_{n=1}^{\infty}$ 是 u. d. mod 1.

应用上述定理,其中 $v_n = b^n$,并利用定理 3,我们导出:几乎所有的数是对每一基 b 的正规数.

习题 22 证明:序列 $n! \, e$ 不是 u. d. mod 1.

确定哪些数是正规数并不容易. 例如,众所周知数

0. 123 456 789 101 112 13…

称为 Champerowne 数,是把数列中所有的数写成对基

10 的正规数. 在 1946 年, Copeland 与 Erdös 证明了
$$0.235\,711\,131\,719\,23\cdots$$
是对基 10 的正规数, 它是由素数数列得出的. 现在还不知道像 $\sqrt{2}, \log 2, e$ 或 π 这样的数是不是对任一基 b 的正规数. 事实上, 没有对任一基 b 是正规数的具体例子, 虽然几乎所有的数对基 b 是正规数.

习题 23 如果 x 是对基 b 的正规数, 证明: 对每一自然数 m, x 是对基 b^m 的简单正规数.

8.2.3 渐近分布函数 mod 1

令 $\{x_n\}_{n=1}^{\infty}$ 是实数序列, 且
$$S(x;N) = \#\{n \leqslant N \mid 0 \leqslant (x_n) \leqslant x\}$$
序列 $\{x_n\}_{n=1}^{\infty}$ 称为有渐近分布函数 (缩写为 a.d.f. mod 1 或简写为 a.d.f.) $g(x)$, 如果对 $0 \leqslant x \leqslant 1$, 有
$$\lim_{N\to\infty} \frac{S(x;N)}{N} = g(x)$$
显然 g 是非减的, 那么我们有
$$g(0) = 0, g(1) = 1$$
u.d. mod 1 的序列有渐近分布函数 $g(x) = x$. 于是, 这是 8.2.1 小节中讨论的概念的推广. 正如先前所陈述的, 我们设存在序列 $\{x_n\}_{n=1}^{\infty}$, 其中 $0 \leqslant x_n < 1$.

习题 24 当且仅当对 $[0,1]$ 上每一分段连续函数 f, 有
$$\lim_{N\to\infty} \frac{1}{N} \sum_{n=1}^{N} f(x_n) = \int_0^1 f(x) \, dg(x)$$
时, 序列 $\{x_n\}_{n=1}^{\infty}$ 有 a.d.f. $g(x)$.

习题 25 当且仅当对所有的整数, 有

Hurwitz 定理

$$\lim_{N\to\infty} \frac{1}{N}\sum_{n=1}^{N} e^{2\pi i m x_n} = \int_0^1 e^{2\pi i m x} \mathrm{d}g(x)$$

时,序列 $\{x_n\}_{n=1}^{\infty}$ 有 a. d. f. $g(x)$.

定理 5(Wiener-Schoenbrg) 当且仅当对每一整数 m,极限

$$a_m = \lim_{N\to\infty} \frac{1}{N}\sum_{n=1}^{N} e^{2\pi i m x_n}$$

存在,与

$$\sum_{m=1}^{N} |a_m|^2 = o(N)$$

时,序列 $\{x_n\}_{n=1}^{\infty}$ 有连续的 a. d. f..

证明 设序列有连续的 a. d. f. $g(x)$. 极限的存在是显然的. 现在由习题 25,我们有

$$a_m = \int_0^1 e^{2\pi i m x} \mathrm{d}g(x)$$

于是

$$\lim_{N\to\infty} \frac{1}{N}\sum_{m=1}^{N} |a_m|^2$$

$$= \lim_{N\to\infty} \frac{1}{N}\sum_{m=1}^{N} \int_0^1\int_0^1 e^{2\pi i m(x-y)} \mathrm{d}g(x)\mathrm{d}g(y)$$

上式等于

$$\lim_{N\to\infty} \int_0^1\int_0^1 \left(\frac{1}{N}\sum_{m=1}^{N} e^{2\pi i m(x-y)}\right) \mathrm{d}g(x)\mathrm{d}g(y)$$

由控制收敛定理,上式等于

$$\int_0^1\int_0^1 \left(\lim_{n\to\infty} \frac{1}{N}\sum_{m=1}^{N} e^{2\pi i m(x-y)}\right) \mathrm{d}g(x)\mathrm{d}g(y)$$

被积函数是零,除了 $x-y \in \mathbf{Z}$ 外,在 $x-y \in \mathbf{Z}$ 的情形,被积函数是 1. $(x,y) \in [0,1]^2$ 的集合是测度为零的

集合. 由 Riesz 表示定理, 存在可测函数 $g(x)$, 使得

$$a_m = \int_0^1 e^{2\pi i m x} \mathrm{d}g(x)$$

因此

$$\int_0^1 \int_0^1 f(x-y) \mathrm{d}g(x) \mathrm{d}g(y) = 0$$

其中 $f(x-y)=0$, 除 $x-y \in \mathbf{Z}$ 外, 在 $x-y \in \mathbf{Z}$ 的情形, $f(x-y)=1$. 我们要证明它蕴涵 g 是连续的. 实际上, 若 g 在 c 上有跳跃的不连续性, 则二重积分至少是 $[g(c+)-g(c-)]^2 > 0$. 这就完成了证明.

习题 26 设 $\{x_n\}_{n=1}^{\infty}$ 是一个序列, 使得对所有的整数 m, 极限

$$a_m = \lim_{N \to \infty} \frac{1}{N} \sum_{n=1}^{N} e^{2\pi i m x_n}$$

存在, 且

$$\sum_{m=-\infty}^{\infty} |a_m|^2 < \infty$$

设

$$g_1(x) = \sum_{m=-\infty}^{\infty} a_m e^{2\pi i m x}$$

证明: 对包含在 $[0,1]$ 中的任一区间 $[\alpha, \beta]$, 有

$$\lim_{N \to \infty} \frac{\#\{n \leq N \mid x_n \in [\alpha, \beta]\}}{N} = \int_\alpha^\beta g_1(x) \mathrm{d}x$$

8.2.4 偏差

给定序列 $\{x_n\}_{n=1}^{\infty}$, 我们把序列 D_N 定义为

$$D_N = \sup_{0 \leq a < b \leq 1} \left| \frac{\#\{n \leq N \mid a \leq (x_n) \leq b\}}{N} - (b-a) \right|$$

Hurwitz 定理

并称它为序列的偏差.

习题 27 证明: 当且仅当对 $N \to \infty$ 有 $D_N \to 0$ 时,序列 $\{x_n\}_{n=1}^{\infty}$ 是 u. d. mod 1.

习题 28 证明

$$\left(\frac{\sin \pi z}{\pi}\right)^2 \sum_{n=-\infty}^{\infty} \frac{1}{(z-n)^2} = 1 \quad (z \notin \mathbf{Z})$$

Weyl 准则的证明依赖于有限三角多项式的存在,该多项式逼近区间的特征函数. 这些逼近的数量等价形式是有用的,有一些方法能够得出这样的等价形式. 最合适的方法是 Montgomery 发现的,他利用先前由 Beurling 与 Selberg 发现的函数,并利用了最近得出的大筛法不等式中的准确常数. 这就是我们将使用的方法.

对 $z \in \mathbf{Z}$,我们对 $\mathrm{Re}(z) \geqslant 0$ 定义 $\mathrm{sgn}\, z = 1$,对 $\mathrm{Re}(z) < 0$,定义 $\mathrm{sgn}\, z = -1$.

定理 6(Beurling) 令

$$B(z) = \left(\frac{\sin \pi z}{\pi}\right)^2 \left(\sum_{n=0}^{\infty} \frac{1}{(z-n)^2} - \sum_{n=1}^{\infty} \frac{1}{(z+n)^2} + \frac{2}{z}\right)$$

则:

(1) $B(z)$ 是整函数;

(2) 对实数 x,有 $B(x) \geqslant \mathrm{sgn}\, x$;

(3) $B(z) = \mathrm{sgn}\, z + O\left(\frac{\mathrm{e}^{2\pi|\mathrm{Im}\, z|}}{|z|}\right)$;

(4) $\int_{-\infty}^{\infty} (B(x) - \mathrm{sgn}\, x)\,\mathrm{d}x = 1$.

证明 第一个论断是显然的,因为 $\sin \pi z$ 对 $z \in \mathbf{Z}$ 有单极点. 为了证明第二个论断,我们注意

$$\left(\frac{\sin \pi z}{\pi}\right)^2 \sum_{n=-\infty}^{\infty} \frac{1}{(z-n)^2} = 1 \quad (3)$$

它是习题 28 的内容. 对 $x>0$,借助于证明积分检验法所用的方法,我们也有

$$\sum_{n=1}^{\infty} \frac{1}{(x+n)^2} \leqslant \sum_{n=1}^{\infty} \int_{x+n-1}^{x+n} \frac{\mathrm{d}u}{u^2}$$

$$= \int_x^{\infty} \frac{\mathrm{d}u}{u^2} = \frac{1}{x}$$

$$= \sum_{n=0}^{\infty} \int_{x+n}^{x+n+1} \frac{\mathrm{d}u}{u^2}$$

$$\leqslant \sum_{n=0}^{\infty} \frac{1}{(x+n)^2} \qquad (4)$$

由式(3),对 $\mathrm{Re}(z)>0$,有

$$B(z) - \mathrm{sgn}\, z = \left(\frac{\sin \pi z}{\pi}\right)^2 \left(\frac{2}{z} - 2\sum_{n=1}^{\infty} \frac{1}{(z+n)^2}\right)$$

对 $\mathrm{Re}(z)<0$,有

$$B(z) - \mathrm{sgn}\, z = \left(\frac{\sin \pi z}{\pi}\right)^2 \left(\frac{2}{z} + 2\sum_{n=0}^{\infty} \frac{1}{(z-n)^2}\right)$$

第二个论断立即由这些恒等式与式(4)得出. 对第三个论断,我们注意

$$\sin^2 \pi z = O(\mathrm{e}^{2\pi|\mathrm{Im}(z)|})$$

另外,对 $x,y>0$,我们有

$$\sum_{n=0}^{\infty} \frac{1}{(x+n)^2 + y^2}$$

$$\leqslant \frac{1}{x^2+y^2} + \min\left\{\int_0^{\infty} \frac{\mathrm{d}t}{(x+t)^2}, \int_0^{\infty} \frac{\mathrm{d}t}{t^2+y^2}\right\}$$

$$= \frac{1}{x^2+y^2} + \min\left\{\frac{1}{x}, \frac{\pi}{2y}\right\}$$

因此

Hurwitz 定理

$$\sum_{n=1}^{\infty} \frac{1}{|z+n|^2} = O\left(\frac{1}{|z|}\right) \quad (\operatorname{Re}(z) \geqslant 0)$$

$$\sum_{n=0}^{\infty} \frac{1}{|z-n|^2} = O\left(\frac{1}{|z|}\right) \quad (\operatorname{Re}(z) < 0)$$

第三个论断立即由这些研究结果推出. 最后, 对最后一个论断, 我们由第二个论断注意到, 被积函数是非负的. 在简单的计算后, 也有

$$\int_{-A}^{A} (B(x) - \operatorname{sgn} x) \mathrm{d}x$$
$$= \int_{0}^{A} (B(x) + B(-x)) \mathrm{d}x$$
$$= \int_{0}^{A} \left(\frac{\sin \pi x}{\pi}\right)^2 \frac{2}{x^2} \mathrm{d}x$$

当 $A \to \infty$ 时, 最后的积分趋于 1. 这就完成了证明.

按照 Selberg 的研究, 我们现在借助于有限三角多项式, 利用这个定理来优化与劣化区间的特征函数.

定理 7(Selberg) 令 $I = [a, b]$ 是一个区间, χ_I 是它的特征函数, 则在 $L^1(\mathbf{R})$ 中有连续函数 $S_+(x)$ 与 $S_-(x)$, 使得

$$S_-(x) \leqslant \chi_I(x) \leqslant S_+(x)$$

其中对 $|t| \geqslant 1$, 有

$$\hat{S}_{\pm}(t) = 0$$

此外

$$\int_{-\infty}^{\infty} (\chi_I(x) - S_-(x)) \mathrm{d}x = 1$$

与

$$\int_{-\infty}^{\infty} (S^+(x) - \chi_I(x)) \mathrm{d}x = 1$$

第 8 章 一致分布数列

证明 B 如同定理 6，令
$$S_+(x) = \frac{1}{2}(B(x-a) + B(b-x))$$
则
$$S_+(x) \geq \frac{1}{2}(\operatorname{sgn}(x-a) + \operatorname{sgn}(b-x)) = \chi_I(x)$$
由定理 6 的最后一个论断，有
$$\int_{-\infty}^{\infty}(S_+(x) - \chi_I(x))\mathrm{d}x = 1$$
因此 $S_+ \in L^1(\mathbf{R})$。此外，函数 S_+ 是连续的，是整函数的限制。现在我们将证明：对 $t > 1$，有
$$\hat{S}_+(t) = \int_{-\infty}^{\infty} S_+(x) e(-tx)\mathrm{d}x = 0$$
$$e(u) = \mathrm{e}^{2\pi\mathrm{i}u}$$
为此目的，我们来证明：当 $A, B \to \infty$ 时
$$J(A,B) = \int_{-A}^{B} S_+(x) e(-tx)\mathrm{d}x = O\left(\frac{1}{A} + \frac{1}{B}\right)$$
由周线积分，$J(A,B)$ 可以写成三个线积分之和，其中两个积分是沿着垂直线段 $[-A, -A-\mathrm{i}T]$ 与 $[B-\mathrm{i}T, B]$，一个积分沿着水平线段 $[-A-\mathrm{i}T, B-\mathrm{i}T]$。最后这个积分容易利用定理 6 来估计，它以
$$\int_{-A'}^{B'} |B(x-\mathrm{i}T)| \mathrm{e}^{-2\pi tT}\mathrm{d}x \ll \int_{-A'}^{B'} \mathrm{e}^{2\pi T}\mathrm{e}^{-2\pi tT}\mathrm{d}x$$
为界，其中
$$A' = A + \max\{|a|, |b|\}$$
$$B' = B + \max\{|a|, |b|\}$$
当 $T \to \infty$ 时，这个积分趋于 0。另外两个积分可以类似地估计。对 $z = -A + \mathrm{i}y$，我们有

Hurwitz 定理

$$B(z-a) = -1 + O\left(\frac{e^{-2\pi y}}{A}\right) \quad (若\ A > |a|)$$

$$B(b-z) = 1 + O\left(\frac{e^{-2\pi y}}{A}\right) \quad (若\ A > |b|)$$

因此

$$S_+(z) \ll \frac{e^{-2\pi y}}{A}$$

左边垂直线上的积分是 $\ll \dfrac{1}{A}\displaystyle\int_{-\infty}^0 e^{-2\pi y} e^{2\pi ty}\mathrm{d}y \ll \dfrac{1}{A}$，另一个垂直线积分可以类似地估计，使得当 $A, B \to \infty$ 时，我们对 $t > 1$ 导出 $\hat{S}_+(t) = 0$. 对 $t < -1$，利用 $\hat{S}_+(-t) = \overline{\hat{S}_+(t)}$，由它导出所要求的结果. 对 $t = \pm 1$，这个结果由 S_+ 的连续性推出. 最后我们规定

$$S_-(x) = -\frac{1}{2}(B(x-a) + B(x-b))$$

类似地进行证明，这就完成了这个定理的证明.

习题 29 对任一 $\delta > 0$ 与任一区间 $I = [a, b]$，证明：存在连续函数 $H_+(x), H_-(x) \in L_1(\mathbf{R})$，使得

$$H_-(x) \leqslant \chi_I(x) \leqslant H_+(x)$$

其中对 $|t| \geqslant \delta$，有 $\hat{H}_\pm(t) = 0$，并证明

$$\int_{-\infty}^\infty (\chi_I(x) - H_-(x))\mathrm{d}x$$

$$= \int_{-\infty}^\infty (H_+(x) - \chi_I(x))\mathrm{d}x = \frac{1}{\delta}$$

习题 30 令 $f \in L^1(\mathbf{R})$. 证明：级数

$$F(x) = \sum_{n \in \mathbf{Z}} f(n + x)$$

对几乎所有的 x 绝对收敛,有周期 1,且满足 $\hat{F}(k) = \hat{f}(k)$.

定理 8 令 M 是自然数. 对长度为 $b - a (<1)$ 的任一区间 $I = [a, b]$,记

$$\Xi_I(x) = \sum_{n \in \mathbf{Z}} \chi_I(n + x)$$

则有三角多项式

$$S_M^\pm(x) = \sum_{|m| \leqslant M} \hat{S}_M^\pm(m) e(mx)$$

使得对所有的 x,有

$$S_M^-(x) \leqslant \Xi_I(x) \leqslant S_M^+(x)$$

与

$$\hat{S}_M^-(0) = b - a - \frac{1}{M+1}$$

$$\hat{S}_M^+(0) = b - a + \frac{1}{M+1}$$

证明 在习题 29 中取 $\delta = M + 1$,令 $H_\pm$ 是由这个习题得出的函数. 设

$$V_\pm(x) = \sum_{n \in \mathbf{Z}} H_\pm(n + x)$$

由习题 30,$V_\pm(x) \in L^1(0,1)$,对 $|t| \geqslant M + 1$,有 $\hat{V}_\pm(t) = 0$. 于是几乎处处有

$$V_\pm(x) = \sum_{|m| \leqslant M} \hat{V}_\pm(m) e(mx)$$

设

$$S_M^\pm = \sum_{|m| \leqslant M} \hat{V}_\pm(m) e(mx)$$

因为 $\chi_I(x) \geqslant H_-(x)$,所以我们对几乎所有的 x,得出

233

Hurwitz 定理

$$\Xi(x) = \sum_{n \in \mathbf{Z}} \chi_I(n+x)$$

$$\geq \sum_{n \in \mathbf{Z}} H_-(n+x)$$

$$= V_-(x)$$

由连续性,我们对所有的 x 导出

$$\Xi_I(x) \geq S_M^-(x)$$

类似地,对所有的 x 导出

$$\Xi_I(x) \leq S_M^+(x)$$

此外,我们有

$$\hat{S}_M^\pm(0) = b - a \pm \frac{1}{M+1}$$

我们现在来证明应该归于 Erdös 与 Turán 的下列定理. 以下给出的证明应该归于 Montgomery.

定理 9(Erdös-Turán) 对任一整数 $M \geq 1$,有

$$D_N \leq \frac{1}{M+1} + 3\sum_{m=1}^{M} \frac{1}{Nm} \left| \sum_{n=1}^{N} e^{2\pi i m x_n} \right|$$

证明 令 χ_I 是区间 $I = [a, b]$ 的特征函数. 利用定理 8,我们有

$$\sum_{n=1}^{N} \Xi_I(x_n) \leq \sum_{n=1}^{N} S_M^+(x_n)$$

$$\leq N(b-a) + \frac{N}{M+1} +$$

$$\sum_{0 < |m| \leq M} |\hat{S}_M^+(m)| \left| \sum_{n=1}^{N} e^{2\pi i m x_n} \right|$$

为估计 $\hat{S}_M^+(m)$,我们利用

$$\hat{S}_M^+(m) = \int_0^1 \Xi_I(t)e(-mt)\mathrm{d}t +$$
$$\int_0^1 (S_M^+(t) - \Xi_I(t))e(-mt)\mathrm{d}t$$

导出

$$|\hat{S}_M^+(m)| \leqslant \int_0^1 (S_M^+(x) - \Xi_I(x))\mathrm{d}x + |\hat{\Xi}_I(m)|$$

积分是 $\dfrac{1}{M+1}$ 与

$$\hat{\Xi}_I(m) = e\left(-\frac{1}{2}m(a+b)\right)\frac{\sin\pi(b-a)m}{\pi m}$$

由此得出

$$|\hat{S}_M^+(m)| \leqslant \frac{1}{M+1} + \left|\frac{\sin\pi(b-a)m}{\pi m}\right|$$
$$\leqslant \frac{3}{2|m|}$$

于是

$$\sum_{n=1}^N \Xi_I(x_n) \leqslant N(b-a) + \frac{N}{M+1} +$$
$$3\sum_{m=1}^M \frac{1}{m}\left|\sum_{n=1}^N e^{2\pi i m x_n}\right|$$

类似地,我们得出

$$\sum_{n=1}^N \Xi_I(x_n) \geqslant N(b-a) - \frac{N}{M+1} -$$
$$3\sum_{m=1}^M \frac{1}{m}\left|\sum_{n=1}^N e^{2\pi i m x_n}\right|$$

因此推出定理.

习题 31 令 $x_1,\cdots,x_N$ 是 $[0,1]$ 中的 N 个点. 对 $0 \leqslant x < 1$, 令

Hurwitz 定理

$$R_N(x) = \#\{m \leq N \mid 0 \leq x_m \leq x\} - Nx$$

证明

$$\int_0^1 R_N^2(x)dx = \left(\sum_{n=1}^N \left(x_n - \frac{1}{2}\right)\right)^2 +$$

$$\frac{1}{2\pi^2}\sum_{h=1}^\infty \frac{1}{h^2} \left|\sum_{n=1}^N e^{2\pi i h x_n}\right|^2$$

习题32 令 α 是无理数, $\|x\|$ 表示从 x 到最近整数的距离. 证明: 对任一自然数 M, 序列 $n\alpha$ 的偏差 D_N 满足

$$D_N \ll \frac{1}{M} + \frac{1}{N}\sum_{m=1}^M \frac{1}{m\|m\alpha\|}$$

8.2.5 等分布与 L 函数

我们将研究等分布的一般形式体系, 该体系应该归于 Serre. 令 G 是紧群, 具有被正规化的 Haar 测度 μ, 使得 $\mu(G)=1$. G 的共轭类空间 X 继承了 G 共轭类的自然拓扑与测度. 令 K 是数域, 并对 K 的每一位 v, 令 Nv 表示它的范数, 设我们有映射

$$v \mapsto x_v \in X$$

对每个表示

$$\rho: G \to GL(V)$$

我们设

$$L(s,\rho) = \prod_v \det(1 - \rho(x_v)Nv^{-s})^{-1}$$

习题33 证明: $L(s,\rho)$ 在区域 $\mathrm{Re}(s) > 1$ 中定义了一个解析函数.

序列 x_v 称为在 X 中是 μ 等分布的, 如果对 X 中任

第 8 章 一致分布数列

一连续函数 f,我们有
$$\lim_{x\to\infty} \frac{1}{\pi_K(x)} \sum_{Nv\leqslant x} f(x_v) = \int_G f(x)\,\mathrm{d}\mu(x)$$
其中 $\pi_K(x)$ 表示 v 的位数,这里 $Nv\leqslant x$.

由著名的 Peter-Weyl 定理知,每一连续函数 f 可以用不可约特征标 χ 的有限线性组合来逼近. 因此,只要当 f 被限制在不可约特征标时,验证这个极限存在即可. 现在由正交性关系我们给出下列定理.

定理 10(紧群的 Weyl 准则)　令 G 是具有正规化 Haar 测度 μ 的紧群. 令 X 同上述的 G 共轭类空间. 当且仅当对 G 的每一不可约特征标 $\chi\neq 1$,我们有
$$\lim_{x\to\infty} \frac{1}{\pi_K(x)} \sum_{Nv\leqslant x} \chi(x_v) = 0$$
时,序列 x_v 是 μ 等分布的.

习题 34(Serre)　设对每一不可约表示 $\rho\neq 1$,我们对 $\mathrm{Re}(s)\geqslant 1$,把 $L(s,\rho)$ 扩张为解析函数,并且在那里不等于零. 证明:在共轭类空间中,序列 x_v 关于 G 的正规化 Haar 测度 μ 的象是 μ 等分布的.

这个形式体系包括许多经典的素数定理. 实际上,若 $G=(\mathbf{Z}/m\mathbf{Z})^*$ 是互素剩余类 mod m 群,K 是有理数域,则我们可以把每一互素的素数 p 与 m 联系起来,剩余类属于 mod m. 相伴的 L 函数是 Dirichlet L 函数. 它们的解析延拓与在 $\mathrm{Re}(s)=1$ 上不为零. 我们用这种方法,导出关于给定等差数列中素数分布的 Dirichlet 定理. 更一般地,若 $K/\mathbf{Q}$ 是关于群 G 的 Galois 扩张,我们把 $\mathbf{Q}$ 的每一非分歧素数 p 与上述 p 上素数

Hurwitz 定理

理想 𝔭 的 Frobenius 自同构共轭类联系起来,则相应的等分布定理是 Chebotarev 密度定理.

Ramanujan τ 函数是猜想的例子. 回忆一下, 这个函数定义为乘积表示式

$$\sum_{n=1}^{\infty} \tau(n) q^n = q \prod_{n=1}^{\infty} (1-q^n)^{24}$$

在 1916 年, Ramanujan 猜想 $\tau(n)$ 是乘性函数, 一年后被 Mordell 证明了. 他还猜想, 对每一素数 p, 我们有

$$|\tau(p)| \leqslant 2p^{\frac{11}{2}}$$

因此对某个唯一的 $\theta_p \in [0, \pi]$, 可以记

$$\tau(p) = 2p^{\frac{11}{2}} \cos \theta_p$$

被椭圆曲线理论中的 Sato-Tate 猜想所鼓舞, Serre 做出下列猜想. 令 $G = SU(2)$ 是复数上 2×2 矩阵的特殊酉群. G 的共轭类被区间 $[0, \pi]$ 的元素所参数化. 更精确地, 对每一 $\theta \in [0, \pi]$, 相应的共轭类 $X(\theta)$ 有元素

$$\begin{pmatrix} e^{i\theta} & 0 \\ 0 & e^{-i\theta} \end{pmatrix}$$

在 Serre 形式体系中, 我们可以由映射

$$p \mapsto X(\theta_p)$$

建立了连接到 $SU(2)$ 不可约表示上的 L 函数族. $SU(2)$ 有标准的 2 维表示, 是由 ρ 自然映射到 $GL(2)$ 上给出的. 众所周知, 所有的 G 不可约表示是 m 个对称幂(符号)$\mathrm{Sym}^m(\rho)$. Sato-Tate 猜想(正如 Serre 在这方面所系统阐述的)是下列论断: 在 $SU(2)$ 共轭类空间中, 元素 $X(\theta_p)$ 关于 Haar 测度是等分布的, 可以证明它是

238

第8章 一致分布数列

$$\frac{2}{\pi}\sin^2\theta \mathrm{d}\theta$$

为了证明这个猜想,只要证明连接到这些表示的每一 L 级数可扩张到 $\mathrm{Re}(s) \geqslant 1$ 即可,并且在那里不等于零. 这个猜想很好地符合 Langlands 程序中的较大猜想系列. 事实上,上面给出的关于 Ramanujan τ 函数的例子是较大的猜想族的特殊情形. 一个猜想是关于每一 Hecke 本征形式,更一般地,是关于在 $GL(2)$ 上的自同构表示. 众所周知,对 $m \leqslant 9$, m 次对称的 L 幂级数有预测的解析延拓与不等于零的特性. 最近,Taylor 发布了对椭圆曲线的 Sato-Tate 猜想的证明(这是提出这样的等分布猜想的原文).

习题 35 令 G 是剩余类 $\mathrm{mod}\ k$ 加法群. 证明:对 $a = 1, 2, \cdots, k-1$,当且仅当

$$\sum_{n=1}^{N} \mathrm{e}^{2\pi \mathrm{i} a x_n / k} = o(N)$$

时,自然数列 $\{x_n\}_{n=1}^{\infty}$ 在 G 中是等分布的.

习题 36 令 p_n 表示第 n 个素数. 证明:序列 $\{\log p_n\}_{n=1}^{\infty}$ 不是 u.d. mod 1.

习题 37 令 $v_1, v_2, \cdots$ 是 $\mathbf{R}^k / \mathbf{Z}^k$ 中的向量序列. 证明:对每一 $b \in \mathbf{Z}^k$,其中 b 不等于零向量,当且仅当

$$\sum_{n=1}^{\infty} \mathrm{e}^{2\pi \mathrm{i} b \cdot v_n} = o(N)$$

时,序列在 $\mathbf{R}^k / \mathbf{Z}^k$ 中是等分布的.

习题 38 令 $1, \alpha_1, \alpha_2, \cdots, \alpha_k$ 在 $\mathbf{Q}$ 上是线性无关的,证明:向量 $v_n = (n\alpha_1, \cdots, n\alpha_k)$ 在 $\mathbf{R}^k / \mathbf{Z}^k$ 中是等分布的.

Hurwitz 定理

习题 39 令 a 是无平方数, 对与 a 互素的素数 p, 考虑映射

$$p \mapsto x_p = \left(\frac{a}{p}\right)$$

其中 $\left(\dfrac{a}{p}\right)$ 表示 Legendre 符号. 证明: x_p 的序列在由 $\{\pm 1\}$ 组成的 2 阶群中是等分布的.

8.2.6 补充习题

习题 40(Féjer) 令 f 是实值可微函数, 其中 $f'(x) > 0$ 且是单调的. 如果 $f'(x) = o(x)$, 那么当 $x \to \infty$ 时 $xf'(x) \to \infty$, 证明: 序列 $\{f(n)\}_{n=1}^{\infty}$ 是 u. d. mod 1.

习题 41 对任一 $c \in (0,1), \alpha \neq 0$, 证明: 序列 αn^c 是 u. d. mod 1.

习题 42 对任一 $c > 1$, 证明: 序列 $(\log n)^c$ 是 u. d. mod 1.

习题 43 令 f 取实数值, 且在 $[a,b]$ 中有单调导数 f', 其中 $f'(x) \geqslant \lambda > 0$. 证明

$$\left| \int_a^b e^{2\pi i f(x)} dx \right| \leqslant \frac{2}{\pi \lambda}$$

习题 44 令 f 同习题 43, 但现在设 $f'(x) \leqslant -\lambda < 0$. 证明: 积分估计值仍然是正确的.

习题 45 令 f 取实数值, 且在 $[a,b]$ 上 2 次可导, 其中 $f''(x) \geqslant \delta > 0$. 证明

$$\left| \int_a^b e^{2\pi i f(x)} dx \right| \leqslant \frac{4}{\sqrt{\delta}}$$

习题 46 令 $b - a \geqslant 1, f(x)$ 是 $[a,b]$ 上的实值函数, 且在 $[a,b]$ 上 $f''(x) \geqslant \delta > 0$. 证明

$$\left|\sum_{a<n<b}\mathrm{e}^{2\pi\mathrm{i}f(n)}\right|\ll\frac{f'(b)-f'(a)+1}{\sqrt{\delta}}$$

习题 47 证明：如果 $f''(x)\leqslant -\delta<0$，那么习题 46 中的估计值仍然成立．

习题 48 证明：序列 $\{\log n!\}_{n=1}^{\infty}$ 是 u. d. mod 1．

习题 49 令 $\zeta(s)$ 表示 Riemann ζ 函数，假定 Riemann 假设成立．令 $\frac{1}{2}+\mathrm{i}\gamma_1,\frac{1}{2}+\mathrm{i}\gamma_2,\cdots$ 表示 $\zeta(s)$ 含正虚部的零点，排列成 $\gamma_1\leqslant\gamma_2\leqslant\gamma_3\cdots$．证明：序列 $\{\gamma_n\}$ 是一致分布 mod 1．

习题 50 令 A_n 是实数集序列，且 $\#A_n\to\infty$．我们就说这一序列是集等分布 mod 1 (缩写为 s. e. d.)，如果对任一 $[a,b]\subseteq[0,1]$，有

$$\lim_{n\to\infty}\frac{\#\{t\in A_n\mid a\leqslant(t)\leqslant b\}}{\#A_n}=b-a$$

u. d. mod 1 的普通概念通过这个概念取 $A_n=\{x_1,\cdots,x_n\}$ 的特殊情形而得出．证明：当且仅当对任一连续函数 $f:[0,1]\to\mathbf{C}$，我们有

$$\lim_{n\to\infty}\frac{1}{\#A_n}\sum_{t\in A_n}f(t)=\int_0^1 f(x)\mathrm{d}x$$

时，集序列 A_n 是 s. e. d. mod 1．

习题 51 证明：当且仅当对每一非零整数 m，我们有

$$\lim_{n\to\infty}\frac{1}{\#A_n}\sum_{t\in A_n}\mathrm{e}^{2\pi\mathrm{i}mt}=0$$

时，集序列 A_n 是 s. e. d. mod 1．

习题 52 令 A_n 是具有分母 n 的有限有理数集．

Hurwitz 定理

证明:序列 A_n 是集等分布 mod 1.

习题 53 具有 $A_n \subseteq [0,1]$ 与 $\#A_n \to \infty$ 的集序列 A_n 有集渐近分布函数(缩写为 s. a. d. f.)$g(x)$,如果

$$\lim_{n\to\infty} \frac{\#\{t\in A_n \mid 0\leq t\leq x\}}{\#A_n} = g(x)$$

证明:当且仅当对每一连续函数 f,我们有

$$\lim_{n\to\infty} \frac{1}{\#A_n}\sum_{t\in A_n} f(t) = \int_0^1 f(x)\,\mathrm{d}g(x)$$

时,序列有 s. a. d. f. $g(x)$.

习题 54(广义 Wiener-Schoenberg 准则) 证明:当且仅当对所有的 $m \in \mathbf{Z}$,极限

$$a_m = \lim_{n\to\infty} \frac{1}{\#A_n}\sum_{t\in A_n} e^{2\pi i m t}$$

存在,且

$$\sum_{m=1}^{N} |a_m|^2 = o(N)$$

时,具有 $A_n \subseteq [0,1]$ 与 $\#A_n \to \infty$ 的集序列 $\{A_n\}_{n=1}^{\infty}$ 有连续的 s. a. d. f. .

8.2.7 等分布习题答案

1. 把 $[0,1]$ 中非零有理数序列写成如下形式

$$1, \frac{1}{2}, \frac{1}{3}, \frac{2}{3}, \frac{1}{4}, \frac{3}{4}, \frac{1}{5}, \frac{2}{5}, \frac{3}{5}, \frac{4}{5}, \frac{1}{6}, \frac{5}{6}, \cdots$$

其中对 $b = 1,2,3,\cdots$,依次写出含分母 b 的所有分数.

证明:这个序列是 u. d. mod 1.

用 x_n 表示这样形成的序列. 我们的目的是证明:当 $x_n \leq x$ 时,$n \leq M$ 的个数渐近于 Mx. 首先考虑至多含分母 N 的所有分数. 这样的分数的个数是

第 8 章 一致分布数列

$$V_N = \sum_{b=1}^{N} \phi(b)$$

对每一 x,我们计算小于或等于 x 的分数的个数. 这个数是

$$\sum_{b=1}^{N} \sum_{a \leqslant bx, d \mid b} \sum_{a, d \mid a} \mu(d)$$

因为内部和是零,除 $(a,b) = 1$ 外. 我们容易求出,这是

$$\sum_{b=1}^{N} \sum_{d \mid b} \mu(d) \sum_{a \leqslant bx, d \mid a} 1$$

最内部的和是 $\left[\dfrac{bx}{d}\right]$,于是,所研究的和是

$$x \sum_{b=1}^{N} \phi(b) + O\left(\sum_{b \leqslant N} d(b)\right)$$

其中 $d(b)$ 表示 b 的因子数,误差项是 $O(N\log N)$. 对某一常数 c,主项渐近于 cxN^2. 换言之,$V_N \sim cN^2$. 现在令 M 是任一整数. 当序列 V_N 严格递增时,存在 N,使得

$$V_N \leqslant M < V_{N+1}$$

当 $x_n \leqslant x$ 时,数 $n \leqslant M$ 等于

$$xV_N + O(N\log N) + O(\phi(N+1))$$

因为

$$M = V_N + O(\phi(N+1))$$

所以这就完成了证明.

2. 如果实数序列 $\{x_n\}_{n=1}^{\infty}$ 是 u.d.,证明:对任一 a,其中 $0 \leqslant a < 1$,我们有

$$\#\{n \leqslant N \mid (x_n) = a\} = o(N)$$

对任一 $\varepsilon > 0$,取 $b = a + \varepsilon$,使得由 u.d. 的定义,对

Hurwitz 定理

$N \geqslant N_0(\varepsilon)$,有
$$\#\{n \leqslant N \mid (x_n) \in [a, a+\varepsilon]\} \leqslant 2\varepsilon N$$
因为所研究的量以上式为界,证毕.

3. 如果序列 $\{x_n\}_{n=1}^{\infty}$ 是 u. d. ,$f:[0,1] \to \mathbf{C}$ 是连续函数,证明
$$\lim_{N \to \infty} \frac{1}{N} \sum_{n=1}^{N} f(x_n) \to \int_0^1 f(x) \mathrm{d}x$$
与其逆命题成立.

只要对实值函数证明这个结果即可. 对区间的任一特征函数,由一致分布的定义,我们有这个结果. 令 $\varepsilon > 0$ 是固定的. 由 Riemann 积分论,我们知道,存在阶梯函数(即特征函数的有限 $\mathbf{R}$ 线性组合)f_1, f_2,使得
$$f_1(x) \leqslant f(x) \leqslant f_2(x)$$
$$\int_0^1 f_1(x) \mathrm{d}x \leqslant \int_0^1 f(x) \mathrm{d}x \leqslant \int_0^1 f_2(x) \mathrm{d}x$$
与
$$0 \leqslant \int_0^1 (f_2(x) - f_1(x)) \mathrm{d}x \leqslant \varepsilon$$

从开始的陈述我们立即推出结果. 对逆命题,注意,给定任一 $\varepsilon > 0$,区间 $[a,b]$ 的特征函数 $\chi_{[a,b]}$ 可以用连续函数 f_1, f_2 逼近,使得
$$f_1(x) \leqslant \chi_{[a,b]}(x) \leqslant f_2(x)$$
与
$$\int_0^1 (f_2(x) - f_1(x)) \mathrm{d}x \leqslant \varepsilon$$
实际上,我们可以取

$$f_1(x) = \begin{cases} 0 & (若\ x \leq a) \\ \dfrac{x-a}{\varepsilon} & (若\ a \leq x \leq a+\varepsilon) \\ 1 & (若\ a+\varepsilon \leq x \leq b-\varepsilon) \\ \dfrac{b-x}{\varepsilon} & (若\ b-\varepsilon \leq x \leq b) \\ 0 & (若\ b \leq x) \end{cases}$$

$f_2(x)$ 有类似的定义. 注意到

$$\int_0^1 (f_2(x) - f_1(x))\,dx \leq 2\varepsilon$$

这就完成了证明.

4. 若 $\{x_n\}_{n=1}^{\infty}$ 是 u.d., 则对一分段 C^1 函数 $f:[0,1] \to \mathbf{C}$, 有

$$\lim_{N \to \infty} \frac{1}{N} \sum_{n=1}^{N} f(x_n) = \int_0^1 f(x)\,dx$$

由习题 3, 这是显然的.

5. 证明: 只需要对正整数 m 检验 Weyl 准则.

在 Weyl 准则中取复共轭, 就立即推出这个结果.

6. 证明: 对在 $C[0,1]$ 中稠密的任一函数族, 当且仅当

$$\lim_{N \to \infty} \frac{1}{N} \sum_{n=1}^{N} f(x_n) = \int_0^1 f(x)\,dx$$

时, 序列 $\{x_n\}_{n=1}^{\infty}$ 是 u.d. mod 1, 其中 $C[0,1]$ 是在 $[0,1]$ 上含上确界范数的连续函数度量空间.

由定理 1 的方法推出这个结果的证明. 我们只要把三角多项式换为这个族上函数的有限线性组合即可.

Hurwitz 定理

7. 令 θ 是无理数. 证明: 序列 $x_n = n\theta$ 是 u.d..

由 Weyl 准则, 只要对 $m = 1, 2, \cdots$ 检验

$$\sum_{n=1}^{N} e^{2\pi i m n \theta} = o(N)$$

即可. 实际上, 左边的和是等比数列的和, 等于

$$\frac{e^{2\pi i m(N+1)\theta} - 1}{e^{2\pi i m \theta} - 1}$$

它以 $\dfrac{2}{|e^{2\pi i m \theta} - 1|}$ 为界, 其中分母不为零, 因为 θ 是无理数. 因此所研究的和显然是 $o(N)$.

8. 如果 θ 是有理数, 证明: 序列 $x_n = n\theta$ 不是 u.d..

令 $\theta = \dfrac{a}{b}$, 其中 a, b 互素. 则 Weyl 准则对 $m = b$ 失效, 因为

$$\sum_{n=1}^{N} e^{2\pi i b \left(\frac{na}{b}\right)} = N$$

9. 证明: 序列 $x_n = \log n$ 不是 u.d., 但是稠密 mod 1 的.

由 Weyl 准则, 我们需要考虑和

$$\sum_{n=1}^{N} e^{2\pi i m \log n} = \sum_{n=1}^{N} n^{2\pi i m}$$

可以把 Euler-Maclaurin 求和公式应用于右边, 推导出它是

$$\int_{1}^{N} t^{2\pi i m} dt + \frac{1}{2}(N^{2\pi i m} - 1) + \int_{1}^{N} B_1(t)(2\pi i m) t^{2\pi i m - 1} dt$$

容易看出它是

$$\frac{N^{2\pi i m + 1} - 1}{2\pi i m + 1} + O(\log N)$$

除以 N，并令 $N \to \infty$，可以证明第一项不收敛. 例如对 $m=1$，有

$$N^{2\pi i} = \cos(2\pi \log N) + i\sin(2\pi \log N)$$

若 $N = 2^r$，则得

$$N^{2\pi i} = \cos(2\pi r \log 2) + i\sin(2\pi r \log 2)$$

因为 $\log 2$ 是无理数，所以序列 $r\log 2$ 是 u.d.，对 r 的无限多种选择，我们可以使得 $r\log 2 \pmod 1$ 接近任意数. 因此极限不存在. 为证明序列是稠密的 mod 1，我们只需要指出 $m\log 2$ 是 u.d. mod 1，因为 $\log 2$ 是无理数.

10. 令 $0 \leqslant x_n < 1$. 证明：对每一自然数 r，当且仅当

$$\lim_{N \to \infty} \frac{1}{N} \sum_{n=1}^{N} x_n^r = \frac{1}{r+1}$$

时，序列 $\{x_n\}_{n=1}^{\infty}$ 是 u.d. mod 1.

若序列是 u.d.，则由习题 3 推出这个极限值. 应用 Weierstrass 逼近定理立即推出逆命题，该定理指出，可以用多项式逼近每一连续函数.

11. 若 $\{x_n\}_{n=1}^{\infty}$ 是 u.d. mod 1，证明：对非零整数 m，$\{mx_n\}_{n=1}^{\infty}$ 是 u.d. mod 1.

这是 Weyl 准则的直接应用.

12. 如果 $\{x_n\}_{n=1}^{\infty}$ 是 u.d. mod 1，c 是常数，证明：$\{x_n + c\}_{n=1}^{\infty}$ 是 u.d. mod 1.

这又是 Weyl 准则的直接推论.

13. 如果 $\{x_n\}_{n=1}^{\infty}$ 是 u.d. mod 1，且当 $n \to \infty$ 时，$y_n \to c$，证明：$\{x_n + y_n\}_{n=1}^{\infty}$ 是 u.d. mod 1.

由习题 12，我们可以设 $c = 0$. 我们必须证明，对任

Hurwitz 定理

一区间 $[a,b]$，有

$$\#\{n \leqslant N | (x_n + y_n) \in [a,b]\} = (b-a)N + o(N)$$

为此目的，令 $\varepsilon > 0$，使得 $2\varepsilon < b - a$，且对 $n \geqslant N_0$ 有 $|y_n| < \varepsilon$。则

$$\#\{n \leqslant N | (x_n) \in [a+\varepsilon, b-\varepsilon]\} - N_0$$
$$\leqslant \#\{n \leqslant N | (x_n + y_n) \in [a,b]\}$$

与

$$\#\{n \leqslant N | (x_n + y_n) \in [a,b]\}$$
$$\leqslant \#\{n \leqslant N | (x_n) \in [a-\varepsilon, b+\varepsilon]\} + N_0$$

利用已知的 x_n 序列的 u.d.，我们现在推导出要求的结果。

14. 令 F_n 是第 n 个 Fibonacci 数，递归定义为

$$F_0 = 1, F_1 = 1, F_{n+1} = F_n + F_{n-1}$$

证明：F_n 是 u.d. mod 1。

容易推导出（例如用归纳法）

$$F_n = \frac{\alpha^{n+1} - \beta^{n+1}}{\alpha - \beta}$$

其中 $\alpha = \dfrac{1+\sqrt{5}}{2}, \beta = \dfrac{1-\sqrt{5}}{2}$。因此只要证明 $\log(\alpha^{n+1} - \beta^{n+1})$ 是 u.d. mod 1 即可。因为 $\left|\dfrac{\beta}{\alpha}\right| < 1$，所以我们必须研究序列

$$(n+1)\log\alpha + \log\left(1 - \left(\dfrac{\beta}{\alpha}\right)^{n+1}\right)$$

只要证明 $(n+1)\log\alpha$ 是 u.d. 即可，因为当 $n \to \infty$ 时，第二项趋于零。由经典的 Hermite 定理，$\log\alpha$ 是无理数，因此序列 $(n+1)\log\alpha$ 是 u.d. mod 1。

15. 令 $y_1, \cdots, y_N$ 是复数，$\mathscr{H}$ 是 $[0, H]$ 的子集，其中 $1 \leqslant H \leqslant N$. 证明

$$\left| \sum_{n=1}^{N} y_n \right|^2 \leqslant \frac{N+H}{|\mathscr{H}|} \sum_{n=1}^{N} |y_n|^2 +$$

$$\frac{2(N+H)}{|\mathscr{H}|^2} \sum_{r=1}^{H} N_r \left| \sum_{n=1}^{N-r} y_{n+r} \bar{y}_n \right|$$

其中 N_r 是 $h - k = r$ 的解数，这里 $h > k, h, k \in \mathscr{H}$.

我们如同定理 2 一样地进行证明. 我们有

$$|\mathscr{H}|^2 \left| \sum_n y_n \right|^2 = \left| \sum_{h \in \mathscr{H}} \sum_n y_{n+h} \right|^2$$

$$= \left| \sum_n \sum_{h \in \mathscr{H}} y_{n+h} \right|^2$$

同前，注意，当 $n \notin [-H+1, N]$ 时，内部和是零. 应用 Cauchy-Schwarz 不等式，得出小于或等于

$$(N+H) \sum_n \left| \sum_{h \in \mathscr{H}} y_{n+h} \right|^2$$

的界限. 展开这个和，得出

$$\sum_n \sum_{h,k \in \mathscr{H}} y_{n+h} \bar{y}_{n+k} = |\mathscr{H}| \sum_n |y_n|^2 + \sum_n \sum_{h \neq k, h,k \in \mathscr{H}} y_{n+h} \bar{y}_{n+k}$$

在第二个和中，我们把对应于 (h, k) 与 (k, h) 的项联合在一起，得出

$$2\mathrm{Re} \Big(\sum_n \sum_{h \in \mathscr{H}} \sum_{k < h, k \in \mathscr{H}} y_{n+h} \bar{y}_{n+k} \Big)$$

同前，记 $m = n + k$，可以把上式改写成

$$2\mathrm{Re} \Big(\sum_m \sum_{r=1}^{H} y_{m+r} \bar{y}_m N_r \Big)$$

由此容易推导出结果.

16. 令 θ 是无理数. 证明：序列 $\{n^2 \theta\}_{n=1}^{\infty}$ 是 u.d. mod 1.

Hurwitz 定理

对每一固定的 h，序列
$$(n+h)^2\theta - n^2\theta = 2hn\theta + h^2\theta$$
是 u. d.，因此由推论 1，证毕.

17. 如果 a 或 b 之一是无理数，证明：序列 $\{an^2 + bn\}_{n=1}^{\infty}$ 是 u. d..

首先设 a 是无理数. 应用推论 1 直接给出结果. 若 a 是有理数，则由假设，b 一定是无理数. 记 $a = \dfrac{A}{B}$，其中 $B > 0$，我们可以把对应的 Weyl 和改写为
$$\sum_{d=0}^{B-1}\sum_{k=1}^{[N/B]} e^{2\pi i m(A(Bk+d)^2/B + b(Bk+d))}$$
上式化简为
$$\sum_{d=0}^{B-1} e^{2\pi i m(Ad^2/B + bd)} \sum_{k=1}^{[N/B]} e^{2\pi i m Bbk} + O(B)$$
因为 b 是无理数，所以内部和是 $O\left(\dfrac{N}{B}\right)$，由此推出结果.

18. 令
$$P(n) = a_d n^d + a_{d-1} n^{d-1} + \cdots + a_1 + a_0$$
是实系数多项式，其中至少有一系数 $a_i(i \geq 1)$ 是无理数. 证明：$P(n)$ 的小数部分的序列是 u. d. mod 1.

我们对 p 的次数进行归纳. 若 p 的次数是 1 或 2，则由习题 17 推出结果. 首先设 a_1 是无理数，$a_2, \cdots, a_d$ 是有理数. 令 B 是 $a_2, \cdots, a_d$ 所有分母的最小公倍数，同习题 17，我们有
$$\sum_{n=1}^{N} e^{2\pi i m P(n)} = \sum_{d=0}^{B-1}\sum_{k=1}^{[N/B]-1} e^{2\pi i m P(Bk+d)} + O(B)$$

250

因为 a_1 是无理数,所以序列 $a_1 Bk$ 是 u.d.,我们求出内部和是

$$\sum_{k=1}^{[N/B]-1} e^{2\pi i m(Bka_1 + a_1 d + a_0)}$$

它是 $o(\dfrac{N}{B})$. 在这种情形下,推出结果. 设使 a_i 是无理数的最高指数是 t. 若 $t=1$,则由刚才的论证,证毕. 对固定的 h,考虑

$$P_h(n) = P(n+h) - P(n)$$

这是 $d-1$ 次多项式,它相应的最高次无理系数是 n^{t-1} 的系数. 由归纳法,这个序列是 u.d.. 由推论 1,证毕.

19. 证明:正规数是无理数.

有理数有 b 进展开式,它显然是周期的,从而不能是正规数,因为我们可以求出一组 B_k,它完全不出现在展开式中.

20. 如果 x 是对基 b 的正规数,证明:对任一非零整数 m, mx 是对基 b 的正规数.

由定理 3,我们需要检验,对每一 $h \neq 0$,有

$$\sum_{n=1}^{N} e^{2\pi i h m x b^n} = o(N)$$

但是,这是显然的,因为 x 是正规数.

21. 令 $\{v_n\}_{n=1}^{\infty}$ 是不同整数的序列,对非零整数 h,设

$$S(N, x) = \frac{1}{N} \sum_{n=1}^{N} e^{2\pi i v_n x h}$$

证明

$$\int_0^1 |S(N, x)|^2 dx = \frac{1}{N}$$

Hurwitz 定理

与

$$\sum_{N=1}^{\infty} \int_0^1 |S(N^2,x)|^2 \mathrm{d}x < \infty$$

我们有

$$\int_0^1 |S(N,x)|^2 \mathrm{d}x = \frac{1}{N^2} \sum_{n,m=1}^{N} \int_0^1 \mathrm{e}^{2\pi\mathrm{i}(v_n - v_m)x} \mathrm{d}x$$

当 $v_n \neq v_m$ 时，右边的积分是零，在其他情形时右边的积分是 1. 当 v_n 不同时，这表示，当 $n=m$ 时积分是 1，在其他情形时积分是零. 现在立即推出结果.

22. 证明：序列 $n!\,\mathrm{e}$ 不是 u. d. mod 1.

我们有

$$n!\,\mathrm{e} = \left(\frac{n!}{1!} + \frac{n!}{2!} + \cdots + \frac{n!}{n!}\right) + \left(\frac{1}{n+1} + \frac{1}{(n+1)(n+2)} + \cdots\right)$$

括号的第一个集合中的项是正整数，第二个集合中的项以

$$\frac{1}{n+1} + \frac{1}{(n+1)^2} + \cdots = \frac{1}{n}$$

为界，当 $n \geq 2$ 时，$\frac{1}{n} < 1$. 因此当 $n \to \infty$ 时小数部分趋于零，因此不能是 u. d. mod 1.

23. 如果 x 是对基 b 的正规数，证明：对每一自然数 m，x 是对基 b^m 的简单正规数.

若 x 有 b 进展开式

$$x = \sum_{n=1}^{\infty} \frac{a_n}{b^n}$$

则它在基 b^m 上的展开式是

$$\sum_{r=1}^{\infty} \frac{A_r(m)}{b^{mr}}$$

其中
$$A_r(m) = \sum_{k=1}^{\infty} a_{(r-1)m+k} b^{m-k}$$
由正规性定义即可推出结果.

24. 当且仅当对 $[0,1]$ 上每一分段函数 f,有
$$\lim_{N \to \infty} \frac{1}{N} \sum_{n=1}^{N} f(x_n) = \int_0^1 f(x) \, \mathrm{d}g(x)$$
时,序列 $\{x_n\}_{n=1}^{\infty}$ 有 a.d.f. $g(x)$.

这是习题 3 的解法的直接结果,其中 Riemann 积分论换为 Riemann-Stieltjes 积分论.

25. 当且仅当对所有的整数 m,有
$$\lim_{N \to \infty} \frac{1}{N} \sum_{n=1}^{N} e^{2\pi i m x_n} = \int_0^1 e^{2\pi i m x} \, \mathrm{d}g(x)$$
时,序列 $\{x_n\}_{n=1}^{\infty}$ 有 a.d.f. $g(x)$.

必要性由习题 24 推出. 对充分性,我们利用 Riemann-Stieltjes 积分代替 Riemann 积分,改变定理 1 的证明.

26. 设 $\{x_n\}_{n=1}^{\infty}$ 是一个序列,使得对所有的整数 m,极限
$$a_m = \lim_{N \to \infty} \frac{1}{N} \sum_{n=1}^{N} e^{2\pi i m x_n}$$
存在,且
$$\sum_{m=-\infty}^{\infty} |a_m|^2 < \infty$$
设
$$g_1(x) = \sum_{m=-\infty}^{\infty} a_m e^{2\pi i m x}$$

Hurwitz 定理

证明:对包含在$[0,1]$中的任一区间$[\alpha,\beta]$,有

$$\lim_{N\to\infty}\frac{\#\{n\leqslant N\mid x_n\in[\alpha,\beta]\}}{N}=\int_\alpha^\beta g_1(x)\,\mathrm{d}x$$

由 Wiener-Schoenberg 定理,序列有连续的 a. d. f. . 令 f 是区间的特征函数,利用习题 24,推出结果.

27. 证明:当且仅当对 $N\to\infty$ 有 $D_N\to 0$ 时,序列 $\{x_n\}_{n=1}^\infty$ 是 u. d. mod 1.

充分性是显然的. 为证明必要性,令 m 是大于或等于 2 的整数,对 $0\leqslant k\leqslant m-1$,令

$$I_k=\left[\frac{k}{m},\frac{k+1}{m}\right]$$

当序列是 u. d. mod 1 时,有 $N_0=N_0(m)$,使得对 $N\geqslant N_0$ 与对每一 $k=0,1,\cdots,m-1$,我们有

$$\frac{1}{m}-\frac{1}{m^2}\leqslant\frac{\#\{n\leqslant N\mid(x_n)\in I_k\}}{N}\leqslant\frac{1}{m}+\frac{1}{m^2}$$

现在考虑 $J=[a,b]$. 我们用 I_k 型区间来"逼近"J. 实际上,存在区间 J_1,J_2,它们是区间 I_k 的有限并集,使得

$$J_1\subseteq J\subseteq J_2$$

与

$$|J_2|-\frac{2}{m}\leqslant|J|\leqslant|J_1|+\frac{2}{m}$$

显然

$$\#\{n\leqslant N\mid(x_n)\in J_1\}\leqslant\#\{n\leqslant N\mid(x_n)\in J\}$$
$$\leqslant\#\{n\leqslant N\mid(x_n)\in J_2\}$$

使得

$$\left| \frac{\#\{n \leqslant N \mid (x_n) \in J\}}{N} - |J| \right| \leqslant \frac{3}{m} + \frac{2}{m^2}$$

因此对 $N \geqslant N_0$，有

$$D_N \leqslant \frac{3}{m} + \frac{2}{m^2}$$

因为 m 可以取任意大，所以我们导出，当 $N \to \infty$ 时，$D_N \to 0$。

28. 证明

$$\left(\frac{\sin \pi z}{\pi} \right)^2 \sum_{n=-\infty}^{\infty} \frac{1}{(z-n)^2} = 1 \quad (z \notin \mathbf{Z})$$

我们用对数求导数得出

$$z \cot z = 1 + 2 \sum_{n=1}^{\infty} \frac{z^2}{z^2 - n^2 \pi^2}$$

可以把它改写为条件收敛序列

$$\pi \cot \pi z = \sum_{n \in \mathbf{Z}} \frac{1}{z-n}$$

再次求导数，得出要求的结果。

29. 对任一 $\delta > 0$ 与任一区间 $I = [a, b]$，证明：存在连续函数 $H_+(x), H_-(x) \in L^1(\mathbf{R})$，使得

$$H_-(x) \leqslant \chi_I(x) \leqslant H_+(x)$$

其中对 $|t| \geqslant \delta$，有 $\hat{H}_\pm(t) = 0$，并证明

$$\int_{-\infty}^{\infty} (\chi_I(x) - H_-(x)) \mathrm{d}x$$

$$= \int_{-\infty}^{\infty} (H_+(x) - \chi_I(x)) \mathrm{d}x = \frac{1}{\delta}$$

同定理 7，对区间 $I = [\delta a, \delta b]$，选取 $S_\pm(x)$。设 $H_\pm(x) = S_\pm(\delta x)$。这些函数有所述的性质。

Hurwitz 定理

30. 令 $f \in L^1(\mathbf{R})$. 证明:级数
$$F(x) = \sum_{n \in \mathbf{Z}} f(n+x)$$
对几乎所有的 x 绝对收敛,有周期 1,且满足 $\hat{F}(k) = \hat{f}(k)$.

$F(x)$ 对几乎所有的 x 绝对收敛,这个事实由下式推出
$$\int_0^1 \sum_{n \in \mathbf{Z}} |f(n+x)| \, \mathrm{d}x = \int_{-\infty}^{\infty} |f(t)| \, \mathrm{d}t < \infty$$
周期性是显然的. 最后
$$\begin{aligned}\hat{F}(k) &= \int_0^1 F(x) e(-kx) \mathrm{d}x \\ &= \sum_{n \in \mathbf{Z}} \int_0^1 f(n+x) e(-kx) \mathrm{d}x \\ &= \int_{-\infty}^{\infty} f(t) e(-kt) \mathrm{d}t\end{aligned}$$

31. 令 $x_1, \cdots, x_N$ 是 $[0,1]$ 中的 N 个点. 对 $0 \leq x \leq 1$,令
$$R_N(x) = \#\{m \leq N | 0 \leq x_m \leq x\} - Nx$$
证明
$$\int_0^1 R_N^2(x) \mathrm{d}x = \left(\sum_{n=1}^N \left(x_n - \frac{1}{2}\right)\right)^2 + $$
$$\frac{1}{2\pi^2} \sum_{h=1}^{\infty} \frac{1}{h^2} \left| \sum_{n=1}^N e^{2\pi i h x_n} \right|^2$$

$R_N(x)$ 是 x 的分段线性函数,只在 $x_1, \cdots, x_N$ 上不连续. 同样 $R_N(0) = R_N(1)$. 于是,我们可以把 $R_N(x)$ 展开为 Fourier 级数,它表示 $R_N(x)$ 与 x 的有限值集无关. 记

第8章 一致分布数列

$$R_N(x) = \sum_{h=-\infty}^{\infty} a_h e^{2\pi i h x}$$

我们有

$$a_h = \int_0^1 R_N(x) e^{-2\pi i h x}$$

对 $1 \leqslant n \leqslant N$, c_n 是区间 $[x_n, 1]$ 的特征函数, 则

$$\sum_{n=1}^{N} c_n(x) = \#\{n \leqslant N \mid 0 \leqslant x_n \leqslant x\}$$

使得

$$a_h = \int_0^1 \Big(\sum_{n=1}^{N} c_n(x) - Nx\Big) e^{-2\pi i h x} dx$$

特别地

$$a_0 = \sum_{n=1}^{N} \int_0^1 c_n(x) dx - \frac{N}{2}$$

$$= -\sum_{n=1}^{N} \Big(x_n - \frac{1}{2}\Big)$$

对 $h \neq 0$, 有

$$a_h = \sum_{n=1}^{N} \int_{x_n}^1 e^{-2\pi i h x} dx + \frac{N}{2\pi i h}$$

$$= \frac{1}{2\pi i h} \sum_{n=1}^{N} e^{-2\pi i h x_n}$$

现在利用 Parseval 恒等式推出结果.

32. 令 α 是无理数, $\|x\|$ 表示从 x 到最近整数的距离. 证明: 对任一自然数 M, 序列 $n\alpha$ 的偏差 D_N 满足

$$D_N \ll \frac{1}{M} + \frac{1}{N} \sum_{m=1}^{M} \frac{1}{m \|m\alpha\|}$$

由 Erdös-Turán 不等式, 并注意到

$$\Big|\sum_{n=1}^{N} e^{2\pi i h n \alpha}\Big| \leqslant \frac{1}{|\sin \pi h \alpha|} \leqslant \frac{1}{2\|h\alpha\|}$$

Hurwitz 定理

立即推出结果.

33. 证明: $L(s,\rho)$ 在区域 $\operatorname{Re}(s) > 1$ 中定义了一个解析函数.

这是显然的, 因为这个表示是单式的且有限维.

34. (Serre) 设对每一不可约表示 $\rho \neq 1$, 我们对 $\operatorname{Re}(s) \geqslant 1$, 把 $L(s,\rho)$ 扩张为解析函数, 并且在那里不等于零. 证明: 在共轭类空间中, 序列 x_v 关于 G 的非正规化 Harr 测度 μ 的象是 μ 等分布的.

用对数求导数与 Tauberian 定理, 我们对 $\chi = \operatorname{tr}\rho$ 导出

$$\sum_{Nv \leqslant x} \chi(x_v) = o(\pi_K(x)).$$

现在由定理 10 推出结果.

35. 令 G 是剩余类 $\bmod k$ 加法群. 证明: 对 $a = 1, 2, \cdots, k-1$, 当且仅当

$$\sum_{n=1}^{N} e^{2\pi i a n/k} = o(N)$$

时, 自然数列 $\{x_n\}_{n=1}^{\infty}$ 在 G 中是等分布的.

应用 Weyl 准则 (定理 10) 于群 $\mathbf{Z}/k\mathbf{Z}$, 并注意到 $x \mapsto e^{2\pi i a x/k}$ 给出它的不可约特征标, 立即得出结果.

36. 令 p_n 表示第 n 个素数. 证明: 序列 $\{\log p_n\}_{n=1}^{\infty}$ 不是 u. d. mod 1.

令 n 是素数时 $a_n = 1$, 在其他情形时 $a_n = 0$. 由 Weyl 准则, 我们需要研究

$$\sum_{n \leqslant N} a_n n^{2\pi i m \log n}$$

利用素数定理与部分求和法, 容易求出这个和是

第8章 一致分布数列

$$\frac{N^{2\pi i m+1}}{(2\pi i m+1)\log N}+O\left(\frac{N}{\log^2 N}\right)$$

如同习题 9 一样地论证,除以 $\frac{N}{\log N}$,并令 $N\to\infty$,我们导出第一项不收敛.

37. 令 $v_1,v_2,\cdots$ 是 $\mathbf{R}^k/\mathbf{Z}^k$ 中的向量序列. 证明:对每一 $b\in\mathbf{Z}^k$,其中 b 不等于零向量,当且仅当

$$\sum_{n=1}^{N}e^{2\pi i b v_n}=o(N)$$

时,序列在 $\mathbf{R}^k/\mathbf{Z}^k$ 中是等分布的.

对群 $\mathbf{R}^k/\mathbf{Z}^k$ 写下 Weyl 准则(定理 10),并注意到,当 b 在 $\mathbf{Z}^k$ 的所有向量中变化时,由

$$v\longmapsto e^{2\pi i b v}$$

给出它的所有特征值,就可以推出结果.

38. 令 $1,\alpha_1,\alpha_2,\cdots,\alpha_k$ 在 $\mathbf{Q}$ 上是线性无关的. 证明向量 $v_n=(n\alpha_1,\cdots,n\alpha_k)$ 在 $\mathbf{R}^k/\mathbf{Z}^k$ 中是等分布的.

我们应用习题 37 并考虑 Weyl 和

$$\sum_{n\leqslant N}e^{2\pi i n(b_1\alpha_1+\cdots+b_k\alpha_k)}$$

因为 1 与各 α_i 在 $\mathbf{Q}$ 上线性无关,所以项 $b_1\alpha_1+\cdots+b_k\alpha_k$ 是无理数,容易计算,当各 b_i 不全为零时,向量和是 $O(1)$.

39. 令 a 是无平方数,对与 a 互素的素数 p,考虑映射

$$p\longmapsto x_p=\left(\frac{a}{p}\right)$$

其中 $\left(\frac{a}{p}\right)$ 表示 Legendre 符号. 证明:x_p 的序列在由

Hurwitz 定理

$\{\pm 1\}$ 组成的 2 阶群中是等分布的.

我们利用 Serre 定理. 考虑的 L 级数是

$$\prod_{p,(p,a)=1}\left(1-\left(\frac{a}{p}\right)p^{-s}\right)^{-1}$$

这对 $\text{Re}(s) > 1$ 收敛, 可以扩充为整函数, 因为它是 Dirichlet 级数, 由二次互反性, 此级数联系到二次特征标 mod a. 因此, 由 Dirichlet 定理, 它在 $\text{Re}(s) = 1$ 上不为零, 于是推出等分布的结果.

40. (Féjer) 令 f 是实值可微函数, 其中 $f'(x) > 0$ 且是单调的. 如果 $f(x) = o(x)$, 当 $x \to \infty$ 时 $xf'(x) \to \infty$, 证明: 序列 $\{f(n)\}_{n=1}^{\infty}$ 是 u. d. mod 1.

我们应用 Weyl 准则来证明: 对每一非零整数 m, 有

$$\sum_{n=1}^{N} e^{2\pi i m f(n)} = o(N)$$

由 Euler 求和公式, 我们有

$$\sum_{n=1}^{N} e^{2\pi i m f(n)} = \int_1^N e^{2\pi i m f(x)} dx +$$

$$\int_1^N B_1(x) 2\pi i m f'(x) e^{2\pi i m f(x)} dx + O(1)$$

因为 $f'(x) > 0$, 所以由第一个假设, 第二个积分以

$$2\pi |m| \int_1^N f'(x) dx \leq 2\pi |m| (f(N) - f(1))$$

$$= o(N)$$

为界. 为估计第一个积分, 令

$$u(x) = \cos 2\pi m x, v(x) = \sin 2\pi m x$$

我们考虑积分

$$\int_1^N u(f(x))\,dx, \int_1^N v(f(x))\,dx$$

我们估计第一个积分,第二个积分的估计是类似的.
由积分第二中值定理,有 ξ(其中 $1 \leqslant \xi \leqslant N$)使得

$$\begin{aligned}\int_1^N u(f(x))\,dx &= \int_1^N \frac{dv(f(x))}{2\pi m f'(x)} \\ &= \frac{1}{2\pi m f'(1)}\int_1^\xi dv(f(x)) + \\ &\quad \frac{1}{2\pi m f'(N)}\int_\xi^N dv(f(x))\end{aligned}$$

容易看出右边两个积分是有界的,因此积分是 $O\left(\dfrac{1}{f'(N)}\right)$. 现在直接推出结果.

41. 对任一 $c \in (0,1), \alpha \neq 0$,证明:序列 αn^c 是 u. d. mod 1.

令 $f(x) = \alpha x^c$,应用习题 40 得出结果.

42. 对任一 $c > 1$,证明:序列 $(\log n)^c$ 是 u. d. mod 1.

令 $f(x) = (\log x)^c$,应用习题 41 得出结果.

43. 令 f 是实值函数,且在 $[a,b]$ 中有单调导数 f',其中 $f'(x) \geqslant \lambda > 0$. 证明

$$\left|\int_a^b e^{2\pi i f(x)}\,dx\right| \leqslant \frac{2}{\pi \lambda}$$

要研究的积分是

$$\frac{1}{2\pi i}\int_a^b \frac{de^{2\pi i f(x)}}{f'(x)}$$

利用 f' 满足的假设,我们可以利用第二中值定理,对某一 c,其中 $a \leqslant c \leqslant b$,得出积分等于

Hurwitz 定理

$$\frac{1}{2\pi i}\left(\frac{1}{f'(a)}\int_a^c \mathrm{d}e^{2\pi i f(x)} + \frac{1}{f'(b)}\int_c^b \mathrm{d}e^{2\pi i f(x)}\right)$$

由此容易导出最后的估计.

44. 令 f 同习题 43,但现在设 $f'(x) \leqslant -\lambda < 0$. 证明:积分估计值仍然是正确的.

这由习题 43 把 f 换为 $-f$ 立即推出,这不改变积分绝对值.

45. 令 f 取实数值,且在 $[a,b]$ 上两次可微,其中 $f''(x) \geqslant \delta > 0$. 证明

$$\left|\int_a^b e^{2\pi i f(x)} \mathrm{d}x\right| \leqslant \frac{4}{\sqrt{\delta}}$$

显然 $f'(x)$ 是递增的. 首先设在 $[a,b]$ 中 $f'(x) \geqslant 0$. 由微积分学中的中值定理,我们对 $a < c < b$ 与某一 $\xi \in [a,c]$,有

$$\frac{f'(c) - f'(a)}{c - a} = f''(\xi)$$

于是对于 $x \in [c,b]$,有

$$f'(x) \geqslant f'(c) \geqslant (c-a)\delta + f'(a) \geqslant (c-a)\delta$$

由习题 44,得出

$$\left|\int_c^b e^{2\pi i f(x)} \mathrm{d}x\right| \leqslant \frac{1}{(c-a)\delta}$$

把原来的积分分为如下两部分

$$\int_a^b e^{2\pi i f(x)} \mathrm{d}x = \int_a^c e^{2\pi i f(x)} \mathrm{d}x + \int_c^b e^{2\pi i f(x)} \mathrm{d}x$$

对第一个积分,利用 $c-a$ 的平凡估计,对第二个积分,利用 $O\left(\frac{1}{(c-a)\delta}\right)$ 的估计,我们选取 $c - a = \frac{1}{\sqrt{\delta}}$ 以导出

最后的估计. 若在整个区间中 $f'(x) \geq 0$, 则我们把区间分成两个子区间, 使得在每个子区间上 $f'(x)$ 不变号.

46. 令 $b - a \geq 1$, $f(x)$ 是 $[a, b]$ 上的实值函数, 且在 $[a, b]$ 上 $f''(x) \geq \delta > 0$. 证明

$$\left| \sum_{a < n < b} e^{2\pi i f(n)} \right| \ll \frac{f'(b) - f'(a) + 1}{\sqrt{\delta}}$$

因为 $f''(x) \geq \delta > 0$, $f'(x)$ 是递增的, 所以我们可以把指数和写成有限和 $\sum_m S_m$, 其中

$$S_m = \sum_{a < n < b,\, m - \frac{1}{2} < f'(n) < m + \frac{1}{2}} e^{2\pi i f(n)}$$

我们可以对一些整数 a_m, b_m, 记

$$S_m = \sum_{a_m < n < b_m} e^{2\pi i f(n)}$$

记 $F_m(x) = f(x) - mx$, 利用 Euler-Maclaurin 求和公式, 得出

$$S_m = \int_{a_m}^{b_m} e^{2\pi i F_m(x)} dx + \frac{1}{2}(e^{2\pi i F_m(a_m)} + e^{2\pi i F_m(b_m)}) + \int_{a_m}^{b_m} B_1(x) 2\pi F_m'(x) e^{2\pi i F_m(x)} dx$$

由习题 45, 第一个积分至多是 $\frac{4}{\sqrt{\delta}}$, 第二个积分是有界的, 因为在这个区域中 $|F_m'(x)| \leq \frac{1}{2}$. 于是

$$|S_m| \leq \frac{4}{\sqrt{\delta}} + 3$$

m 的值至多有 $|f'(b) - f'(a) + 2|$ 个, 对这些 m 的值, S_m 不为零, 这就完成了证明.

Hurwitz 定理

47. 证明:如果 $f''(x) \leqslant -\delta < 0$,那么习题 46 中的估计值仍然成立.

在习题 46 中把 $f(x)$ 换成 $-f(x)$,这是显然的.

48. 证明:序列 $\{\log n!\}_{n=1}^{\infty}$ 是 u. d. mod 1.

由 Stirling 公式与习题 13,只要证明序列

$$\left(n + \frac{1}{2}\right)\log n - n$$

是 u. d. mod 1 即可. 令

$$f(x) = \left(x + \frac{1}{2}\right)\log x - x$$

由习题 46 得

$$\sum_{1 \leqslant N} e^{2\pi i m f(n)} \ll N^{\frac{1}{2}} \log N$$

我们由此导出序列 $f(n)$ 是 u. d. mod 1.

49. 令 $\zeta(s)$ 表示 Riemann ζ 函数,假定 Riemann 假设成立. 令 $\frac{1}{2} + i\gamma_1, \frac{1}{2} + i\gamma_2, \cdots$ 表示 $\zeta(s)$ 含正虚部的零点,排列成 $\gamma_1 \leqslant \gamma_2 \leqslant \gamma_3 \cdots$. 证明:序列 $\{\gamma_n\}$ 是一致分布 mod 1.

我们设

$$\Lambda_F(x) = \begin{cases} \Lambda(n) & (若 x = n) \\ 0 & (其他情形) \end{cases}$$

若 $F = \zeta, x = e^{2\pi m}$,则最后证明了相应的 Weyl 和充分小.

50. 令 A_n 是实数集序列,且 $\#A_n \to \infty$. 我们就说这一序列是集等分布 mod 1(缩写为 s. e. d.),如果对任一 $[a, b] \subseteq [0, 1]$,有

$$\lim_{n\to\infty} \frac{\#\{t \in A_n \mid a \leq (t) \leq b\}}{\#A_n} = b - a$$

u. d. mod 1 的普通概念通过这个概念取 $A_n = \{x_1, \cdots, x_n\}$ 的特殊情形而得出. 证明:当且仅当对任一连续函数 $f:[0,1] \to \mathbf{C}$,我们有

$$\lim_{n\to\infty} \frac{1}{\#A_n} \sum_{t \in A_n} f(t) = \int_0^1 f(x)\,\mathrm{d}x$$

时,集序列 A_n 是 s. e. d. mod 1.

只要考虑实值函数 f 即可. 同习题 3 的解法,用阶梯函数逼近连续函数 f,则必要性是显然的. 对逆命题,我们再和习题 3 一样地进行,用连续函数逼近区间的特征函数.

51. 证明:当且仅当对每一非零整数 m,我们有

$$\lim_{n\to\infty} \frac{1}{\#A_n} \sum_{t \in A_n} \mathrm{e}^{2\pi \mathrm{i} m t} = 0$$

时,集序列 A_n 是 s. e. d. mod 1.

这也由下列事实立即得出:任一连续函数可以用有限三角多项式一致逼近. 由 Weyl 准则可以精确地推出本题的证明.

52. 令 A_n 是具有分母 n 的有限有理数集. 证明:序列 A_n 是集等分布 mod 1.

由习题 51,只要对非零 m 检验

$$\sum_{(t,n)=1} \mathrm{e}^{2\pi \mathrm{i} m t/n} = o(\phi(n))$$

即可. 但是指数和是 Ramanujan 和 $c_n(m)$,它等于

$$\frac{\mu\left(\dfrac{n}{d}\right)\phi(n)}{\phi\left(\dfrac{n}{d}\right)},$$

其中 $d = (m,n)$. 对固定的 m, d 是有界

Hurwitz 定理

的,因为它一定是 m 的因子. 当 $n \to \infty$ 时, $\phi\left(\dfrac{n}{d}\right) \to \infty$,现在结果是显然的.

53. 具有 $A_n \subseteq [0,1]$ 与 $\#A_n \to \infty$ 的集序列 A_n 有集渐近分布函数(缩写为 s. a. d. f.) $g(x)$,如果

$$\lim_{n \to \infty} \frac{\#\{t \in A_n \mid 0 \leqslant t \leqslant x\}}{\#A_n} = g(x)$$

证明:当且仅当对每一连续函数 f,我们有

$$\lim_{n \to \infty} \frac{1}{\#A_n} \sum_{t \in A_n} f(t) = \int_0^1 f(x) \, \mathrm{d}g(x)$$

时,序列有 s. a. d. f. $g(x)$.

这又类似于定理 5 的证明.

54. (广义 Wiener-Schoenberg 准则) 证明:当且仅当对所有的 $m \in \mathbf{Z}$,极限

$$a_n = \lim_{n \to \infty} \frac{1}{\#A_n} \sum_{t \in A_n} \mathrm{e}^{2\pi \mathrm{i} m t}$$

存在,且

$$\sum_{m=1}^{N} \mid a_m \mid^2 = o(N)$$

时,具有 $A_n \subseteq [0,1]$ 与 $\#A_n \to \infty$ 的集序列 $\{A_n\}_{n=1}^{\infty}$ 有连续的 s. a. d. f.

这也由定理 5 的证明精确地推出,其中的自变量换为集上适当的极限.

Roth 与 Roth 定理

第 9 章

9.1 引 言

学生:老师,上次我们讨论了关于一道第二十九届 IMO 试题的解法中点列 $\{x_n\}$ 在单位区间的分布问题,最近我又看到了一个解法,它是北京大学潘承彪教授给出的,开始时他利用了一个结论:

对任给的实二次无理数 α(即实数 α 不是有理数,且是某个二次整系数多项式的根),一定存在一个正常数 c(和 α 可以有关),使得对任意整数 $p \neq 0$ 及 q,必有

$$|\alpha - \frac{q}{p}| \geq \frac{c}{p^2} \qquad (1)$$

然后再取

$$x_i = c^{-1}(\alpha \cdot i - [\alpha \cdot i]) \quad (i = 0, 1, 2, \cdots)$$

显然有 $0 \leq x_i < c^{-1}$,所以 $\{x_i\}$ 是有界数列,若式(1)成立,则有

Hurwitz 定理

$$|x_i - x_j| = c^{-1}|\alpha(i-j) - ([\alpha \cdot i] - [\alpha \cdot j])|$$
$$\geq |i-j|^{-1} \quad (i \neq j)$$

最后证明,当 $\alpha = \sqrt{2}$, $c = (2+\sqrt{2})^{-1}$ 时,对任意整数 $p \neq 0$ 及 q,式(1)成立. 这样 $\{x_i\}$ 就被具体化为

$$x_i = (2+\sqrt{2})(\sqrt{2} \cdot i - [\sqrt{2} \cdot i]) \quad (i=0,1,2)$$

我的问题是:式(1)是一个著名的定理吗? 否则为什么首先会想到它.

老师:你的猜测是对的,它可以视为是 Liouville[①] 定理的一个推论,即当 α 的次数 $d=2$ 时,存在常数 $c=c(\alpha)>0$,使得对任何有理数 $\dfrac{\gamma}{q}$,有

$$\left|\alpha - \frac{p}{q}\right| > cq^{-2} \tag{2}$$

学生:对于 $\sqrt[3]{2}$ 有没有类似的结论?

老师:对于次数大于等于3 的代数数(满足有理系数方程的根)并不满足不等式(2),甚至没发现一个,因此 S. Lang[②] 在 1965 年猜测:对于次数不低于3 的代数数 α,不等式

$$\left|\alpha - \frac{p}{q}\right| < \frac{1}{q^2(\lg q)^k}$$

---

① Liouville(刘维尔 1809—1882),法国数学家.
② S. Lang(兰 1927—),美国数学家,1927 年 5 月 19 日生于巴黎,曾任哥伦比亚大学教授,他是为数不多的布尔巴基学派的非法国成员之一,数论方面著作有《丢番图逼近论导引》《代数数论》(1976)影响很大.

当 $k>1$ 或 $k>k_0(\alpha)$ 时,只有有限多个解 $\dfrac{p}{q}$,但这个猜想目前还没有被证明.

学生:类似的问题在竞赛中曾多次出现,但有时并不以式(1)(2)的形式直接给出,如第九届普特南数学竞赛(1949 年 3 月 26 日举行)的如下试题.

试题 1 开区间 $(0,1)$ 的每一个有理数 $\dfrac{p}{q}$(p,q 是互素的正整数)由长度为 $\dfrac{1}{2q^2}$ 中心中 $\dfrac{p}{q}$ 的区间所覆盖,证明:$\dfrac{\sqrt{2}}{2}$ 不被上述的闭区间中的任何一个所覆盖.

老师:这个问题可改述为如下 Diophantus 逼近的形式,若 p 及 q 为整数,则

$$\left|\frac{\sqrt{2}}{2}-\frac{p}{q}\right|\leqslant\frac{1}{4q^2} \tag{3}$$

是不能成立的.

你能证明这个转换后的命题吗?

学生:这并不难,只要分两种情况就可以:

(ⅰ) 设 p,q 是整数,$0<p<q$,则

$$\frac{\sqrt{2}}{2}+\frac{p}{q}<2$$

所以,若式(3)成立,则有

$$\left|\frac{1}{2}-\frac{p^2}{q^2}\right|=\left|\frac{\sqrt{2}}{2}+\frac{p}{q}\right|\cdot\left|\frac{\sqrt{2}}{2}-\frac{p}{q}\right|<\frac{1}{2q^2}$$

$$\Rightarrow |q^2-2p^2|<1$$

注意到 q^2-2p^2 是整数,所以 $q^2-2p^2=0$,因此

Hurwitz 定理

$\sqrt{2} = \dfrac{q}{p}$，矛盾．

（ⅱ）对于整数 $p \geq q > 0$ 时，$\left| \dfrac{1}{2} - \dfrac{p^2}{q^2} \right| < \dfrac{1}{2q^2}$ 显然不成立．

综合（ⅰ）（ⅱ）知结论正确．

有一道类似的培训题为：

例 若实数 $a > \sqrt{5}$，证明：满足

$$\left| \dfrac{\sqrt{5}-1}{2} - \dfrac{p}{q} \right| < \dfrac{1}{aq^2}$$

有理数 $\dfrac{p}{q}$（既约分数）只有有限多个．

证明 对适合条件的任一既约分数 $\dfrac{p}{q}$，记

$\dfrac{\sqrt{5}-1}{2} - \dfrac{p}{q} = \dfrac{\alpha}{q^2}$，其中，$|\alpha| < \dfrac{1}{a} < \dfrac{1}{\sqrt{5}}$．

注 此处设一实数 α，将不等号隐藏并携带有绝对值去掉后的符号．

故

$$\dfrac{\alpha}{q} - \dfrac{\sqrt{5}}{2}q = -\dfrac{1}{2}q - p$$

$$\Rightarrow \dfrac{\alpha^2}{q^2} + \dfrac{5}{4}q^2 - \sqrt{5}\alpha = \left(\dfrac{q}{2} + p \right)^2$$

$$\Rightarrow \dfrac{\alpha^2}{q^2} - \sqrt{5}\alpha = pq + p^2 - q^2 \qquad (4)$$

显然，式（4）右边为整数，故左边亦为整数．

假若这种有理数 $\dfrac{p}{q}$ 有无限多个，则分母 q 必有无

限个(事实上,假若只有有限多个 q, $\dfrac{1}{aq^2}$ 有界 M. 从而, p 必须取无限个值. 于是,对于某个 q,有无限多个 p 与其构成符合条件的 $\dfrac{p}{q}$,但当 p 适当增大后,将导致 $\left|\dfrac{\sqrt{5}-1}{2} - \dfrac{p}{q}\right| \geq M$,矛盾. 因此,$p$ 只能取有限个值,这样, $\dfrac{p}{q}$ 只有有限个,又与所设矛盾).

若 $\alpha > 0$,则当 q 充分大时
$$\left|\dfrac{\alpha}{\sqrt{5}q^2} - 1\right| < 1$$
故
$$\left|\dfrac{\alpha^2}{q^2} - \sqrt{5}\alpha\right| = |\sqrt{5}\alpha|\left|\dfrac{\alpha}{\sqrt{5}q^2} - 1\right| < |\sqrt{5}\alpha| < 1$$

又 $(p,q)=1$,则 $pq+p^2-q^2 \neq 0$. 于是,$\dfrac{\alpha^2}{q^2} - \sqrt{5}\alpha$ 不为整数.

若 $\alpha < 0$,则 $0 < -\sqrt{5}\alpha < \dfrac{\sqrt{5}}{a} < 1$. 当 q 充分大时
$$0 < \dfrac{\alpha^2}{q^2} < 1 - \dfrac{\sqrt{5}}{a}$$
则
$$0 < \dfrac{\alpha^2}{q^2} - \sqrt{5}\alpha < \left(1 - \dfrac{\sqrt{5}}{a}\right) + \dfrac{\sqrt{5}}{a} = 1$$

即当 q 充分大时式(4)的左边不为整数,矛盾.

Hurwitz 定理

9.2 Roth 定理与菲尔兹奖

学生：老师,据您以前的观点,一道好的竞赛题一般都具有深刻的背景,对现代数学的发展有着某种微型展示作用,对此试题来说这种观点是否也成立呢？

老师：当然,从这一问题可以引导到一项获得菲尔兹奖的重要工作. 英籍德国数学家 Klaus Friedrich Roth（克劳斯·费里德里·罗斯,1925— ）于 1958 年获菲尔兹奖的工作之一,即所谓 Thue-Siegel-Roth（瑟厄－西格尔－罗斯）定理.

学生：您能不能介绍得通俗一点.

老师：可以,我们在初中时就知道,如果用一个有理数 $\frac{p}{q}$ 去逼近一个无理数 α,如果不加任何限制,那么这种逼近的精确度 $\left|\alpha - \frac{p}{q}\right|$ 可以无限地小（即 ε 可以无限地小,但 $\varepsilon > 0$）,如果将 $\left|\alpha - \frac{p}{q}\right| < \varepsilon$ 中的 ε 与 q 联系起来,则问题就难得多,并且有些具有重大意义的问题出现：如若要求能有无穷多个有理数 $\frac{p}{q}$ 满足 $\left|\alpha - \frac{p}{q}\right| < \frac{1}{q^\mu}$（其中 μ 是常数）,那么这个 μ 应该满足什么条件？

我们用抽屉原理可证明：当 $\mu = 2$ 时确有无数多个

第9章　Roth 与 Roth 定理

$\dfrac{p}{q}$ 可满足 $\left|\alpha - \dfrac{p}{q}\right| < \dfrac{1}{q^2}$.

当 μ 再大时,情况会怎样呢？从趋势看,由于 μ 越大,导致 $\dfrac{1}{x^\mu}$ 越小. 因此能有无限多个有理数 $\dfrac{p}{q}$ 满足 $\left|\alpha - \dfrac{p}{q}\right| < \dfrac{1}{x^\mu}$ 的可能性就越小. 所以人们自然会猜想: μ 不应该无限大,应该有一个上界. 于是人们把有无数个 $\dfrac{p}{q}$ 满足 $\left|\alpha - \dfrac{p}{q}\right| < \dfrac{1}{x^\mu}$ 的那些 μ 的上界记作 $\mu(\theta)$,于是产生了一个重大问题: $\mu(\theta)$ 是什么？这个问题很复杂,应当区分不同类型的无理数来研究. 人们发现,一类无理数即代数数(有理系数多项式方程之根),恰好具有最佳逼近 $\mu(\theta) = 2$,但这一结果的得到花费了人类足足一个世纪的时间.

(1) 1849 年法国数学家 Liouville 证明了 $\mu(\theta) \leq d$ (其中 d 为 α 的次数).

(2) 1909 年,挪威数学家 Thue (瑟厄)证明了 $\mu(\theta) > \dfrac{d}{2} + 1$.

(3) 1921 年,数学家 L. Siegel (西格尔)证明了 $\mu(\theta) > 2\sqrt{d}$ (这一定理使 Siegel 在数学界开始崭露头角,直到 1978 年他以 82 岁高龄荣获沃尔夫奖).

(4) 1947 年 F. J. Dyson (迪桑),次年苏联的 A. O. Fельфонл 各自独立的证明了 $\mu(\theta) > \sqrt{2d}$.

(5) 1955 年,Roth 在剑桥学派数论大师 Davenport (达文波特)主编的《数学》第二卷的头版上发表了一篇二十页的论文《对代数数的有理逼近》(Rational approximations to algebraic numbers). 具体地说明 Roth 证明了:如果 α 是次数 $d \geqslant \alpha$ 的实代数数,那么对任何 $\varepsilon > 0$,不等式

$$|\alpha - \frac{p}{q}| < \frac{1}{q^{2+\varepsilon}}$$

只有有限多个解.

学生:这个定理是否像其他数论定理一样是"孤立"的?

老师:这个定理与其他定理有着许多联系,可以说是既重要又"有用". 因为它既可以改进著名的 Waring(华林)问题的结论,又可以证明一些不定方程的解数有限. 如我国著名数论专家柯召①就曾利用 Roth 定理证明了一个著名结果:设 p, q 是不同的奇素数,在 $q > 2(p-1)$ 或 $p > 2(q-1)$ 时,不定方程 $x^p - y^q = 1$ 只有有限组整数解 (x, y).

学生:这么有用的定理是不是会有许多推广?

老师:是的,数学家就愿锦上添花. 有很多数学家们将 Roth 定理做出了各种各样的推广,其中最重要的一项是由 Schmidt(施米特)做出的.

为了了解 Schmidt 的工作,我们介绍一个记号:$\|\theta\|$.

对任意实数 θ,记 $\|\theta\| = \min_{z \in \mathbf{Z}} |\theta - z|$ 称为 θ 的差,

---

① 柯召,中国著名数学家,1937 年获英国曼彻斯特大学博士学位,四川大学前任校长.

即 θ 到距它最近的整数的距离. 一般我们常用 $\|q\theta\|$ 来代替 $|\theta - \frac{p}{q}|$ 进行研究.

1970 年 Schmidt 得到如下定理.

定理 1　设 $\alpha_1, \cdots, \alpha_n$ 是实代数数,$1, \alpha_1, \cdots, \alpha_n, \theta$ 线性无关,则对任何 $\varepsilon > 0$,不等式
$$\|q\alpha_1\| \cdots \|q\alpha_n\| q^{1+\varepsilon} < 1$$
只有有限多个整数解 $q > 0$.

定理 2　设 $\alpha_1, \cdots, \alpha_n$ 如定理 1 所述,则对任何 $\varepsilon > 0$,不等式
$$\|q_1\alpha_1 + \cdots + q_n\alpha_n\| |q_1 + \cdots + q_n|^{1+\varepsilon} < 1$$
只有有限多组解.

其实这两个定理是等价的,并且当 $n=1$ 时都称为 Roth 定理.

学生:可不可以这样说,历史上著名的数论大家多多少少都有一些这方面的工作.

老师:可以这样说,因为 Diophantus 逼近论毕竟是数论的一个重要分支.

比如俄罗著名数学家 Chebyshëv 在 1866 年的论文"一个算术问题"中证明了:存在无穷多对整数 x, y,满足不等式
$$|x - ay - b| < \frac{1}{2|y|}$$

法国著名数学家 Hermite Charles(埃尔米特 1822—1901)改进了 Chebyshëv 的上述结论:得到
$$|x - ay - b| \leqslant \sqrt{\frac{2}{27}} \cdot \frac{1}{|y|}$$

Hurwitz 定理

德国数学家 Minkowski 在他的《丢番图逼近》(*Diophantische Approximationen*, *Leipzig*, 1907)一书中进一步证明了存在无穷多对整数 x,y，满足不等式

$$|(\alpha x+\beta y-\xi_0)(\gamma x-\delta y-\eta_0)|<\frac{1}{4}$$

此外 ξ_0,η_0 为任意给定的数值，$\alpha,\beta,\gamma,\delta$ 为实数.

9.3 几个重要无理数的逼近

学生：对于用有理数逼近无理数，我们常见 $\sqrt{2}$，$\sqrt[3]{2}$，$\frac{\sqrt{2}}{2}$ 等，对一些重要的无理数，结果怎样呢？如 π.

老师：π 作为单位圆的周长是一个常数，人们大约花了二千五百年研究它的性质，但令人吃惊的是我们还是了解得如此之少.

我们知道的重要事实有：

1771 年，Lambert（兰伯特）证明了 π 是无理数.

1882 年，Lindemann（林德曼）证明了 π 是超越数（不是任何有理系数多项式方程之根）.

1953 年，Mach（马赫）证明了 π 不是 Liouville 数. 所谓一个无理数 β 是 Liouville 数，如果对于任一个 $n\in\mathbf{N}$，都存在整数 p 和 q，使得

$$0<\left|\beta-\frac{p}{q}\right|<\frac{1}{q^n}$$

Liouville 指出：这些 β 都是超越数.

第9章 Roth 与 Roth 定理

关于 π 被有理数的逼近情况有如下结果：

（ⅰ）K. Mahler(1934,1935)：对于任何整数 $q \geqslant 0$，有

$$\left|\pi - \frac{p}{q}\right| > |q|^{-42}$$

（ⅱ）K. Mahler(1953)：对于 $|q| \geqslant q_0$，有

$$\left|\pi - \frac{p}{q}\right| > |q|^{-30}$$

（ⅲ）Wirsing：对于任何整数 $q \geqslant 2$，有

$$\left|\pi - \frac{r}{q}\right| > |q|^{-21}$$

（ⅳ）M. Mignotte(1976)：对于 $|q| \geqslant q_1$，有

$$\left|\pi - \frac{p}{q}\right| > |q|^{-20}$$

（ⅴ）D. V. Chudnorshy 和 G. V. Chudnorsky(1984)：当 p,q 为整数，q 充分大时

$$\left|\pi - \frac{p}{q}\right| > \frac{1}{q^{14.65}}$$

当然还不是最好的可能，合理是 14.65 应被 $\alpha + \varepsilon$ 所代替，其中 ε 为大于 0 的任意数，几乎所有超越数都满足这样的不等式.

学生：老师，关于另一个重要常数 e 有什么结果？

老师：与 e^x 有关的一些数的有理逼近的结果有：

（ⅰ）E. Borel(1899)

$$\left|e - \frac{p}{q}\right| > |q|^{-c \lg \lg |q|} \quad (c > 0)$$

（ⅱ）J. Popken(1928)

Hurwitz 定理

$$\left| e - \frac{p}{q} \right| > |q|^{-2} \cdot |q|^{-\frac{\lambda}{\lg \lg |q|}} \quad (\lambda > 0)$$

(iii) K. Mahler(1932):对于有理数 $r \neq 0$ 和 $c = c(r) > 0$,有

$$\left| e^r - \frac{p}{q} \right| > |q|^{-2} \cdot |q|^{-\frac{c}{\lg \lg |q|}}$$

(iv) G. V. Chudnovsky(1979):对于整数 p, q,我们有

$$\left| e - \frac{p}{q} \right| > |q|^{-2\frac{\lg \lg |q|}{\lg |q|}} \quad (|q| > q_0)$$

$$\left| e^{\frac{1}{n}} - \frac{p}{q} \right| > c_1(n) \cdot |q|^{-2\frac{\lg \lg |q|}{\lg |q|}}$$

学生:有许多无理数都是 $\lg \alpha$ 型,对于这类数即 $\lg \alpha$(α 是代数数且 $\alpha \neq 0$),有什么逼近结果?

老师:有以下几个结果:

(i) J. Popken 证明了:对于代数数 $\alpha \neq 0, 1$ 以及 $c_2 = c_2(\alpha) > 0$,有

$$\left| \lg \alpha - \frac{p}{q} \right| > e^{-c_2 |q|}$$

(ii) K. Mahler(1934)证明了

$$\left| \lg \alpha - \frac{p}{q} \right| > |q|^{-c_3(\alpha)} \quad (\alpha \neq 0, 1)$$

其中 $c_3(\alpha)$ 不仅依赖于 α 的次数,而且还依赖于高度,例如

$$\left| \lg r - \frac{p}{q} \right| > |q|^{-c_4 \lg H(\alpha)}$$

$r \in \mathbf{Q}, r \neq 1$ 且 $c_4 \leq 70$.

(iii) Baker 对于 $c_5 > 0$,有

第9章 Roth 与 Roth 定理

$$\left|\lg \alpha - \frac{p}{q}\right| > |q|^{-c_5 d^2 \lg H(\alpha)}$$

其中 $d = d(\alpha)$ 是 α 的次数，$\lg H(\alpha)$ 是 α 的高度.

另外，人们还研究了所谓的二重对数 $L_2(x)$，也得到类似的结果：

如果 n 是整数，$n \geq n_0(\varepsilon)$，$\varepsilon > 0$，那么

$$\left|L_2\left(\frac{1}{n}\right) - \frac{p}{q}\right| > |q|^{-1+\varepsilon}$$

对于任意 k 重对数，也有同样类型的结果：

如果 $\varepsilon > 0$，n 是一个整数，$n \geq c(k, \varepsilon)$，$k \geq 1$，那么

$$\left|L_k\left(\frac{1}{n}\right) - \frac{p}{q}\right| > |q|^{-(k+1)(1-e)}$$

9.4 推广到复数域后

学生：法国著名数学家 Hadamard（哈达玛）曾说过"两个实域真理之间的最短路径是通过复域". 但不等式这类问题却不是都能过渡到复域，因为虚数无法比较大小，我们所讨论的这类逼近问题也可推广到复数域中吗？

老师：可以，但那时已不再是绝对值而是复数的模，其实从更高的观点看，它们都是统一的.

学生：怎样定义复有理数和复无理数呢？

老师：这要从复整数开始，Gauss（高斯）曾最先研究过复整数. 记 $Z(i) = \{a + bi \mid a, b \in \mathbf{Z}\}$，通常把数 $a + bi$ 叫作复整数，一个复数如果能表示成两个复整数

Hurwitz 定理

的商,那么就称此复数为复有理数. 全体复有理数可记为

$$Q(\mathrm{i}) = \{\frac{a+b\mathrm{i}}{c+d\mathrm{i}}, a+b\mathrm{i} \in Z[\mathrm{i}], c+d\mathrm{i} \in Z[\mathrm{i}], c+d\mathrm{i} \neq 0\}$$

不是复有理数的复数,叫作复无理数.

将 $Q(\mathrm{i})$ 也可表示成 $Q(\mathrm{i}) = \{a+b\mathrm{i} \mid a, b \in \mathbf{Q}\}$,比较容易证明的结论有:

定理 1 任给一个复无理数,都至少存在一个复有理数 $\dfrac{u}{v}$, $(u,v)=1$,使得下式成立

$$\left| \alpha - \frac{u}{v} \right| < \frac{\alpha}{|v|^2}$$

学生:怎样证明呢?

老师:这要用到抽屉原则,考虑由 $(n+1)^2$ 个复整数组成的集合

$$I = \{v = a+b\mathrm{i} \mid 0 \leqslant a \leqslant n, 0 \leqslant b \leqslant n\}$$

由于 $\alpha \notin Q(\mathrm{i})$,故不存在 $\beta_1, \beta_2 \in I, \beta_1 = \beta_2$.

我们将复平面上的边长为 1 的正方形(其四个顶点在 $0, 1, 1+\mathrm{i}, \mathrm{i}$ 处)划分为边长为 $\dfrac{1}{n}$ 的 n^2 个子正方形,那么 I_1 中 $(n+1)^2$ 个复数所表示的点均包含在上述边长为 1 的正方形中,由抽屉原则,至少存在 γ_1, $\gamma_2 \in I$,在某一个小正方形中,且不能同时在对角顶点上,即有 $\alpha v_1 - u_1, \alpha v_2 - u_2 \in I$,满足

$$|(\alpha v_1 - u_1) - (\alpha v_2 - u_2)| < \frac{\sqrt{2}}{n} \tag{1}$$

设 $v_1 = a_1 + b_1 \mathrm{i}, v_2 = a_2 + b_2 \mathrm{i}, v_1 \neq v_2$,故

$$|v_1 - v_2| = \sqrt{(a_1-a_2)^2 + (b_1-b_2)^2} \leq n\sqrt{2}$$

因此,由式(1)得

$$\left|\alpha - \frac{u_1-u_2}{v_1-v_2}\right| < \frac{\sqrt{2}}{n|v_1-v_2|} \leq \frac{2}{|v_1-v_2|^2} \quad (2)$$

设 $v = v_1 - v_2, u = u_1 - u_2$,代入式(2)中得定理正确.

其实,再稍加推导,便可证明出实际这样的复有理数有无限多个.

Ford(福特)于1925年加强了上述结果,得到如下定理.

定理 2 任给一个复无理数 α,存在无限多个复有理数 $\dfrac{u}{v}$,$(u,v)=1$,使得下式成立

$$\left|\alpha - \frac{u}{v}\right| < \frac{1}{\sqrt{3}|v|^2}$$

这样这里的 $\sqrt{3}$ 已不能改进了.

另外,对于复整数,还可将上述定理 2 推广到两个变数的情形,有如下结论:

任给 $\varepsilon > 0$,有复数 $\alpha_1, \alpha_2, \beta_1, \beta_2$,且 $\Delta = |\alpha_1\beta_2 - \alpha_2\beta_1|$,则存在无限多个复整数 h, k,满足

$$|\alpha_1 k + \beta_1 h||\alpha_2 k + \beta_2 h| < \frac{\Delta}{\sqrt{3}} + \varepsilon$$

9.5 分形几何学的逼近问题

学生:有人说数论是由一门零散的结果组成的分

支,它与其他数学分支的联系不大,是这样吗?

老师:完全不是. 数论特别是代数数论早已进入现代数学的主流,与许多分支的概念与方法产生了千丝万缕的联系. 1995 年英国数学家 Wiles(怀尔斯)证明了困扰国际数学界长达 350 年的 Fermat(费马)大定理,应用了几乎所有的现代数论主流方法和结果,不仅如此,现在不同分支产生交叉和渗透的速度越来越快,许多新产生的分支很快就与最古老的分支数论建立了联系,如近年来由于分形几何学的兴起,Hausdorff(豪斯道夫)维数(简记为 dim)成为热门概念,我们刚才谈论的逼近问题,就已经与它有了联系.

学生:这两个分支相去甚远,怎样联系呢?

老师:其实也挺自然,从形式上说,达到某一特定精度的有理数逼近的数集的 Hausdorff 维数不会太大. 1931 年捷克数学家、卡尔洛大学教授 Jarnik Woitech(加尼克,1897—1970)证明了如下定理.

定理 1 取 $\alpha > 0$ 和一个正数序列 $n_1, n_2, \cdots$,使得

$$n_{j+1} \geq n_j^j \tag{1}$$

这种数列称为急速递增序列.

(ⅰ)设 F 是满足

$$\|n_j x\| \leq n_j^{-\alpha} \quad (j = 1, 2, \cdots) \tag{2}$$

的实数 x 的集合,则 $\dim F = \dfrac{1}{1+\alpha}$.

(ⅱ)设 E 是满足

$$\|n_j x\| \leq n_j^{-\alpha}, \|n_j y\| \leq n_j^{-\alpha} \quad (j = 1, 2, \cdots)$$

的点 $(x, y) \in \mathbf{R}^2$ 的集合,则 $\dim E = \dfrac{2}{1+\alpha}$.

第 9 章 Roth 与 Roth 定理

这个定理的证明有相当的技巧,由 Jarnik(1931),Besicoritch(1934),Eggleston(1952),Kaufman(1971,1981)给出。

9.6 与逼近有关的竞赛问题

学生:老师,我们刚才的讨论对我来说确实很有收获,但我们目前仍是应试教育占上风,所以解题与考试是学生最关心的问题,能否再介绍几个与逼近有关的竞赛问题.

老师:可以,首先介绍第一届(1987 年)美国数学奥林匹克第 4 题:

令 R 为非负有理数,试确定一组整数 a,b,c,d,e,f,使得对于 R 的每种选择,都有

$$\left|\frac{aR^2+bR+c}{dR^2+eR+f}-\sqrt[3]{2}\right|<|R-\sqrt[3]{2}| \quad (1)$$

你能证明吗?

学生:试试吧!

令 R 通过一列非负有理数(例如 $\sqrt[3]{2}$ 的不足近似值)趋近于 $\sqrt[3]{2}$ 时,不等式(1)右边趋向于零,故当 R 代入 $\sqrt[3]{2}$ 时,右边应为 0,即应有

$$a\cdot 2^{\frac{2}{3}}+b\cdot 2^{\frac{1}{3}}+c=2d+e\cdot 2^{\frac{2}{3}}+f\cdot 2^{\frac{1}{3}}$$

取 $a=e, b=f, c=2d$,则

Hurwitz 定理

$$\left| \frac{aR^2+bR+c}{dR^2+eR+f} - \sqrt[3]{2} \right|$$

$$= \left| \frac{aR^2+bR+2d}{dR^2+aR+b} - \sqrt[3]{2} \right|$$

$$= \left| \frac{aR(R-\sqrt[3]{2})+b(R-\sqrt[3]{2})-d\sqrt[3]{2}(R^2-\sqrt[3]{2})^2}{dR^2+aR+b} \right|$$

$$= |R-\sqrt[3]{2}| \cdot \left| \frac{aR^2+b-d\sqrt[3]{2}(R+\sqrt[3]{2})}{dR^2+aR+b} \right|$$

在 $a>d\sqrt[3]{2}$, $b>d\sqrt[3]{4}$ 时

$$0 < \frac{aR+b-d\sqrt[3]{2}(R+\sqrt[3]{2})}{dR^2+aR+b} < \frac{aR+b}{aR+b} = 1$$

所以取 $d=1$, $a=b=c=e=f=2$, 则式(1)成立.

老师:此题告诉我们:用"结构复杂"的有理数去逼近无理数要比"结构简单"的效果更好,再举一个例子,是罗马尼亚 1978 年数学奥林匹克试题.

试题 1 证明:如果 $m,n \in \mathbf{N}$, 满足

$$\sqrt{7} - \frac{m}{n} > 0$$

则

$$\sqrt{7} - \frac{m}{n} > \frac{1}{mn}$$

你试着证明一下!

学生:只需证明,由 $n\sqrt{7}-m>0$ 可以推出 $n\sqrt{7}-m>\frac{1}{m}$, 其中 $m,n \in \mathbf{N}$.

如果 $n\sqrt{7}-m=1$, 则 $\sqrt{7}=\frac{1+m}{n} \in \mathbf{Q}$, 矛盾. 可设

284

$0 < n\sqrt{7} - m < 1$,注意到 $m^2 \not\equiv 6,5 \pmod{7}$. 事实上

$$(7k^2) \not\equiv 6,5 \pmod{7}$$
$$(7k \pm 1)^2 \equiv 0 \pmod{7}$$
$$(7k \pm 1)^2 \equiv 1 \pmod{7}$$
$$(7k \pm 2)^2 \equiv 4 \pmod{7}$$
$$(7k \pm 3)^2 \equiv 2 \pmod{7}$$

老师:在美国和加拿大流行一本为准备普特南数学竞赛而出版的《红皮书》(*THE RED BOOK*,1988)中有这样一题:

试题2 设 ε 为一个实数,$0 < \varepsilon < 1$,求证:存在无限多个整数 n,满足

$$\cos n \geq 1 - \varepsilon \qquad (2)$$

学生:这个问题似乎与逼近论中的 Hurwitz 定理有关,由于 π 是无理数,故由 Hurwitz 定理知,存在无限多个有理数 $\dfrac{n}{k}$,$k > 0$,$(n,k) = 1$,使得

$$|2\pi - \dfrac{n}{k}| < \dfrac{1}{\sqrt{5}k^2}$$

可得

$$|2k\pi - n| < \dfrac{1}{\sqrt{5}k} \qquad (3)$$

令 $0 < \varepsilon < 1$,考虑那些满足式(3)且 $k \geq \dfrac{1}{\sqrt{5}\varepsilon}$ 的整数 n 和 k,显然有有限多个这样的正整数 k,且对每一个如此的 k,有一个整数 n,满足

$$|2\pi k - n| < \varepsilon$$

Hurwitz 定理

对这样的整数对 (n,k), 有

$1 - \cos n \leqslant |1 - \cos n|$

$= 2|\sin(k\pi + \dfrac{n}{2})||\sin(k\pi - \dfrac{n}{2})|$

$= 2|\sin(k\pi - \dfrac{n}{2})|$

$\leqslant 2|k\pi - \dfrac{n}{2}|$

$= |2k\pi - n| < \varepsilon$

式(2) 对无限多个整数 n 成立.

老师: 其实对于某些竞赛题目, 逼近只是其中的一个步骤, 但往往是关键的步骤, 如下的普特南竞赛培训题:

试题 3 令 $p \equiv 1 \pmod 4$ 为一个素数, 则存在唯一整数 $\omega(p)$, 使得 $w^2 \equiv -1 \pmod p$, $0 < w < \dfrac{p}{2}$, 求证: 存在满足 $ad - bc = 1$ 的整数 a, b, c, d, 得

$$pz^2 + 2wz\overline{y} + \dfrac{(w^2+1)}{p}\overline{y}^2$$

$$\equiv (az - b\overline{y})^2 + (cz + d\overline{y})^2$$

学生: 我看不出要用到什么逼近的结果.

老师: 解决这个问题要用到这样一个事实, 如果 $r \in \mathbf{R}, n \in \mathbf{N}$, 则存在 $\dfrac{h}{k}$, 满足

$$\left|r - \dfrac{h}{k}\right| \leqslant \dfrac{1}{k(n+1)} \quad (1 \leqslant k \leqslant n, (h,k) = 1) \quad (4)$$

$r = -\dfrac{w(p)}{p}, n = [\sqrt{p}]$, 于是存在 $a, e \in \mathbf{Z}$, 使得

第 9 章 Roth 与 Roth 定理

$$\left| -\frac{w(p)}{p} - \frac{e}{a} \right| < \frac{1}{a\sqrt{p}} \quad (1 \leqslant a < \sqrt{p}) \quad (5)$$

$c = w(p)a + pe$,由式(5)有 $|c| < \sqrt{p}$,从而 $0 < a^2 + c^2 < 2p$,然而 $c \equiv wa \pmod{p}$,故有

$$a^2 + c^2 \equiv a^2(1 + w^2) \equiv 0 \pmod{p}$$

这表明

$$p = a^2 + c^2 \quad (6)$$

因 p 是素数,故由式(6)知 $(a, c) = 1$,因此由 Bézout(斐蜀)定理知,可选取整数 s, t,使其满足

$$at - cs = 1 \quad (7)$$

且

$$(as + ct - w)(as + ct + w)$$
$$= (aw + ct)^2 - w^2$$
$$= (a^2 + c^2)(s^2 + t^2) - (at - cs)^2 - w^2$$
$$= p(s^2 + t^2) - (1 + w^2)$$
$$\equiv 0 \pmod{p}$$

有

$$as + ct \equiv fw \pmod{p}, f = \pm 1 \quad (8)$$

故存在 $g \in \mathbf{Z}$,使得

$$as + ct = fw + gp \quad (9)$$

令

$$b = s - ag, d = t - cg \quad (10)$$

则由式(6)(7)(9)及(10)得

$$ab + cd = fw, ad - bc = 1 \quad (11)$$

现在

Hurwitz 定理

$$p(a^2+b^2) = (a^2+c^2)(b^2+d^2)$$
$$= (ab+cd)^2 + (ad-bc)^2$$
$$= w^2 + 1$$

所以

$$b^2 + d^2 = \frac{w^2+1}{p} \qquad (12)$$

再由式(6)(11)及(12),我们有

$$(az+b\bar{y})^2 + (cz+d\bar{y})^2 = pz^2 + \alpha fwz\bar{y} + \frac{w^2+1}{p}\bar{y}^2$$
$$(13)$$

如果 $f=1$,那么式(13)就是所要求证的恒等式;如果 $f=-1$,用 $-b,-c,-\bar{y}$ 分别代替 b,c,z,那么也得所要求的结果.

试题 4 设 $f:\mathbf{R}\to\mathbf{R}$ 是一个实函数,定义为:若 x 是无理数,则 $f(x)=0$;若 p,q 为整数,$q>0$,且 $\dfrac{p}{q}$ 不可约,则

$$f\left(\frac{p}{q}\right) = \frac{1}{q^2}$$

证明:f 在每一个无理点 $x_0 = \sqrt{k}$ (k 为自然数)处有导数.

这是 1979 年罗马尼亚数学竞赛决赛试题.

证明 我们证明在无理点 $\sqrt{k}$ 处, $f(x)$ 以 0 为它的导数值.

显然,当 x 的值取无理数而趋近 $\sqrt{k}$ 时

$$\frac{f(x)-f(\sqrt{k})}{x-\sqrt{k}} = 0$$

因此只要证明当 x 的值取有理数 $\dfrac{p}{q}$ 而趋近于 $\sqrt{k}$ 时

$$\frac{f(\dfrac{p}{q}) - f(\sqrt{k})}{\dfrac{p}{q} - \sqrt{k}} \to 0$$

即

$$\frac{1}{q^3(\sqrt{k} - \dfrac{p}{q})} \to 0 \qquad (14)$$

易知,对每个 $q > 0$,在 $\sqrt{k}$ 的邻域 $(0, \sqrt{k}+1)$ 中只有有限多个分母小于或等于 q 的有理数 $\dfrac{p}{q}$. 因此,在 $\sqrt{k}$ 的充分小的邻域中,一切有理数 $\dfrac{p}{q}$ 的分母均大于 q. 换句话说,当 $\dfrac{p}{q} \to \sqrt{k}$ 时,$q \to +\infty$.

设 $F(x) = x^2$,由 Lagrange 中值定理

$$\left| F(\dfrac{p}{q}) - F(\sqrt{k}) \right| = |F'(\zeta)| \cdot \left| \sqrt{k} - \dfrac{p}{q} \right|$$

即

$$\left| \dfrac{p^2}{q^2} - k \right| = 2\xi \left| \sqrt{k} - \dfrac{p}{q} \right| \qquad (15)$$

其中 $\dfrac{p}{q} < \xi < \sqrt{k}$ 或 $\sqrt{k} < \xi < \dfrac{p}{q}$. 由于 $\dfrac{p}{q} \to \sqrt{k}$,故不妨设

$$0 < \xi < \sqrt{k} + 1 \qquad (16)$$

由式(15)(16)用逼近的方法有

$$q^3 \left| \sqrt{k} - \dfrac{p}{q} \right| = \frac{q^3 \left| \dfrac{p^2}{q^2} - k \right|}{2\xi} > \frac{q|p^2 - kq^2|}{2(\sqrt{k}+1)}$$

Hurwitz 定理

$$\geqslant \frac{q}{2(\sqrt{k}+1)} \qquad (17)$$

(因为 $\sqrt{k}$ 为无理数,所以 $p^2 - kq^2 \neq 0$,从而 $|p^2 - kq^2| \geqslant 1$). 由于 $q \to +\infty$,故由式(17)得知式(14)成立.

9.7 几个未解决的问题

学生:记得胡适先生曾对即将毕业的大学生寄语:应随身带几个未解决的问题供平时思考. 能否介绍几个未解决的问题供以后思考呢?

老师:关于 Diophantus 逼近有许多未解决的问题,下面介绍几个.

(1)对每个无理数 α 及每个 $\varepsilon > 0$,是否都存在无穷多个素数 p, q,使得 $|\alpha - \dfrac{p}{q}| < q^{-2+\varepsilon}$?

(2)设 $\{a_n\}$ 满足条件 $a_1 = 1, a_{n+1} = a_n + a_n^{-2}$ ($n \geqslant 1$),记 $G(n) = 2n + \dfrac{1}{2}\lg n - a_n^2, \lim\limits_{n \to \infty} G(n) = c.$

猜想:(i) c 是超越数;

(ii) $\left|c - \dfrac{m}{n}\right| < \dfrac{1}{10n^2}$;

(iii)任给 $\varepsilon > 0$,存在无穷多对素数 p, q,使得 $\left|c - \dfrac{p}{q}\right| < q^{-2+\varepsilon}.$

(3)1891 年 Hurwitz 用连分数理论证明了:

对任一无理数 α,存在无限多个分数 $\dfrac{m}{n}$,使得

第9章 Roth 与 Roth 定理

$$\left| \alpha - \frac{m}{n} \right| < \frac{1}{\sqrt{5}\, n^2}$$

式中系数 $\sqrt{5}$ 是最佳的.

由这个不等式可以看出,任一无理数 α,都存在无限多个有理数 $\frac{m}{n}$ 作为它的近似值,并且可以达到 $\frac{1}{n^2}$ 的精确度!反之,若存在 $\delta < 0$ 及有理数列 $r_n = \frac{p_n}{q_n}$,使得

$$\left| \alpha - \frac{p_n}{q_n} \right| < q^{-1(1+\delta)}$$

则 α 必为无理数. 1978 年,法国数学家阿贝瑞由此证明了 $\sum_{n=1}^{\infty} \frac{1}{n^3}$ 为无理数,但是 $\sum_{n=1}^{\infty} n^{-(2k+1)}$ ($k \geqslant 2$) 是否为无理数仍未解决.

另外,还可以做一些平移工作,将一些有关实数的结果平移到复数上去,如联立逼近不等式:对于任意 n 个实数 $a_1, \cdots, a_n$,都存在不同时为零的整数 $k_1, \cdots, k_n$ 及自然数 m,使得

$$\left| a_j - \frac{k_j}{m} \right| \leqslant \frac{n}{n+1} \cdot m^{-(1+\frac{1}{n})} \quad (1 \leqslant j \leqslant n)$$

平移到复数域中即为:

若 $\alpha_k = \beta_k + \mathrm{i}\gamma_k$ 是 n 个复数,则存在 $n+1$ 个复数 $z_k (1 \leqslant k \leqslant n)$ 和 w,使得

$$\left| \alpha_k - \frac{z_k}{w} \right| \leqslant \frac{n}{n+1} \cdot \frac{2}{\sqrt{\pi}} \left(\frac{2n+1}{n+1} \cdot \frac{4}{\pi} \right)^{\frac{1}{2n}} \cdot \frac{1}{|w|^{1+\frac{1}{n}}}$$

好,今天我们就谈到这里,祝你早日成才,为中国数学的发展做出贡献.

Hurwitz 定理

9.8 Hurwitz 定理的一个简单证明

我们利用 Brocot 序列给出著名的 Hurwitz 定理的一个简单证明.

定理 1 令 A 为常数,满足 $0 < A \leqslant \sqrt{5}$. 如果 α 是无理数,那么存在无穷多个有理数 p,q,满足

$$\left|\alpha - \frac{p}{q}\right| < \frac{1}{Aq^2} \qquad (1)$$

例子 $\dfrac{1+\sqrt{5}}{2}$ 说明 $\sqrt{5}$ 是式(1)中 A 的最优可能上界.

我们注意到通常约定有理数 $\dfrac{p}{q}$ 的分母 q 为正. 在这个约定下,如果 $\dfrac{a}{b}$ 和 $\dfrac{c}{d}$ 是有理数,它们的中位数 $\dfrac{a+c}{b+d}$ 介于它们两者之间. Archimedes 和印度教的几何学家已经知道并使用过两个分数的中位化过程,1484 年 N. Chuquet 使用中位化过程对小于或等于 14 的正整数 n 获得其算术根 $\sqrt{n}$ 的近似值.

已知有关 Brocot 序列最早的书面文献是德国数学家 Moris Stern 和一个法国钟表匠 Achille Brocot 的研究,Brocot 序列以 "Stern-Brocot 树" 之名被详细讨论. 特别地,我们用整数对 (p,q) $(q > 0)$ 表示有理数 $\dfrac{p}{q}$,用数对 $(1,0)$ 表示符号 $\dfrac{1}{0}$. 那么 0 级 Brocot 序列 B_0 表示

第 9 章 Roth 与 Roth 定理

两个数对 $\frac{0}{1}$ 和 $\frac{1}{0}$. 给定 n 级 Brocot 序列 B_n, 我们可以通过在 B_n 任意两个相邻数对(有理数)中插入它们的中位数来获得第 $n+1$ 级序列 B_{n+1}. 这样, B_1 是序列 $\frac{0}{1}, \frac{1}{1}, \frac{1}{0}$, 依次类推, 如下所示:

$B_0: \frac{0}{1} \quad\quad\quad\quad\quad\quad\quad\quad\quad\quad\quad\quad \frac{1}{0}$

$B_1: \frac{0}{1} \quad\quad\quad\quad \frac{1}{1} \quad\quad\quad\quad \frac{1}{0}$

$B_2: \frac{0}{1} \quad \frac{1}{2} \quad\quad \frac{1}{1} \quad\quad \frac{2}{1} \quad \frac{1}{0}$

$B_3: \frac{0}{1} \quad \frac{1}{3} \quad \frac{1}{2} \quad \frac{2}{3} \quad \frac{1}{1} \quad \frac{3}{2} \quad \frac{2}{1} \quad \frac{3}{1} \quad \frac{1}{0}$

$B_4: \frac{0}{1} \quad \frac{1}{4} \quad \frac{1}{3} \quad \frac{2}{5} \quad \frac{1}{2} \quad \frac{3}{5} \quad \frac{2}{3} \quad \frac{3}{4} \quad \frac{1}{1} \quad \frac{4}{3} \quad \frac{3}{2} \quad \frac{5}{3} \quad \frac{2}{1} \quad \frac{5}{2} \quad \frac{3}{1} \quad \frac{4}{1} \quad \frac{1}{0}$

我们注意到 Brocot 序列类似(但不同)于熟知的 Farey 序列和推广的 Farey 序列. 特别地, 推广的 Farey 序列 F_n 包含分子和分母小于或等于 n 的所有有理数. 若 $n < 4$, 则 $F_n = B_n$; 若 $n \geq 4$, 则 F_n 包含于 B_n, 但 $F_n \neq B_n$.

引理 用 φ 表示黄金比 $\frac{1+\sqrt{5}}{2}$, 用 $\overline{\varphi}$ 表示其共轭 $\frac{1-\sqrt{5}}{2}$. 设 b 和 d 为正整数, 满足

$$-\overline{\varphi} < \frac{b}{d} < \varphi, \quad -\overline{\varphi} < \frac{d}{b} < \varphi \tag{2}$$

则

$$\varphi < \frac{b+d}{d}, \quad \varphi < \frac{b+d}{b} \tag{3}$$

证明 只需注意到 $1 - \overline{\varphi} = \varphi$ 即可.

Hurwitz 定理

注 因为 φ 和 $-\overline{\varphi}$ 是多项式 $X^2 - \sqrt{5}X + 1$ 的两个零点,因此不等式(2)等价于下面的不等式

$$b^2 - bd\sqrt{5} + d^2 < 0$$

定理 1 的证明 设 $\dfrac{a}{b}$ 和 $\dfrac{c}{d}$ (满足 $\dfrac{a}{b} < \alpha < \dfrac{c}{d}$) 是 Brocot 序列 B_n 中与 α 相邻的两个有理数,满足 $b^2 - bd\sqrt{5} + d^2 > 0$. 我们断言,或者

$$\alpha - \frac{a}{b} < \frac{1}{b^2\sqrt{5}}$$

或者

$$\frac{c}{d} - \alpha < \frac{1}{d^2\sqrt{5}}$$

我们回忆一下,因为 $\dfrac{a}{b}$ 和 $\dfrac{c}{d}$ 在 B_n 中是相邻的,所以我们有 $bc - ad = 1$. 现在设刚才所说的两个不等式都不成立,则把两个反向不等式相加,我们就得到

$$\frac{c}{d} - \frac{a}{b} > \frac{1}{\sqrt{5}}\left(\frac{1}{d^2} + \frac{1}{b^2}\right)$$

或

$$\sqrt{5}bd > b^2 + d^2$$

与假设矛盾,因此证明了断言.

此外,若 $b^2 - bd\sqrt{5} + d^2 < 0$,那么由(3)我们有下面两个不等式

$$(b+d)^2 - (b+d)d\sqrt{5} + d^2 > 0$$

$$b^2 - b(b+d)\sqrt{5} + (b+d)^2 > 0$$

但在 B_{n+1} 中与 α 相邻的两个有理数或为 $\dfrac{a}{b}$ 和 $\dfrac{a+c}{b+d}$，或为 $\dfrac{a+c}{b+d}$ 和 $\dfrac{c}{d}$.

因此我们证明了比定理的结论更多的内容，即至少下面三个不等式之一必须成立

$$\left|\alpha - \frac{a}{b}\right| < \frac{1}{\sqrt{5}\,b^2}$$

$$\left|\alpha - \frac{a+c}{b+d}\right| < \frac{1}{\sqrt{5}\,(b+d)^2}$$

$$\left|\alpha - \frac{c}{d}\right| < \frac{1}{\sqrt{5}\,d^2}$$

最后，我们注意到，如果 α 是无理数，那么随着 n 增加，在 Brocot 序列 B_n 中与 α 相邻的数对 $\dfrac{a}{b}$ 和 $\dfrac{c}{d}$ 也在发生变化，产生无穷多不同的有理数 $\dfrac{p}{q}$，使得

$$\left|\alpha - \frac{p}{q}\right| < \frac{1}{q^2\sqrt{5}}$$

正如所断言的那样.

要证明 $\sqrt{5}$ 是最优的，我们回忆一下，$\varphi = \dfrac{1+\sqrt{5}}{2}$ 的渐近分数恰是 $\dfrac{f_{n+1}}{f_n}$，其中 (f_n) 是 Fibonacci 数列，它如下定义：$f_0 = 0, f_1 = 1$ 及对 $n = 0, 1, \cdots,$ 有

$$f_{n+2} = f_{n+1} + f_n$$

令 $\overline{\varphi} = \dfrac{1-\sqrt{5}}{2}$，回想到 $f_n = \dfrac{\varphi^n - \overline{\varphi}^n}{\sqrt{5}}$，那么容易验证

Hurwitz 定理

$$f_n\varphi - f_{n+1} = \overline{\varphi}^n = \frac{(-1)^n}{\varphi^n}$$

因此

$$\left|\varphi - \frac{f_{n+1}}{f_n}\right| = \frac{1}{\sqrt{5}f_n(f_n + \overline{\varphi}^n)}$$

并且得到,对任何 $\varepsilon > 0$,不等式 $\left|\varphi - \dfrac{p}{q}\right| < \dfrac{1}{q^2(\sqrt{5}+\varepsilon)}$ 只有有限多个有理数解 $\dfrac{p}{q}$.

在数学史中,中文被译为罗斯的著名数学家共有三位,分别是:

第一位,罗斯(Routh, Edward John,1831—1907).

罗斯,英籍加拿大人. 1831 年 1 月 20 日生于加拿大的魁北克. 11 岁到英国,毕业于英国剑桥大学,1854 年获荣誉学位. 同年开始数学教学和研究工作. 1907 年 6 月 7 日逝世,终于 76 岁. 罗斯在数学上的贡献主要在运动稳定性理论方面. 他做出了一个运动稳定性理论中的罗斯表. 他一共写了 40 篇论文和 7 本专著. 罗斯曾获英国剑桥大学的亚当奖.

第二位,罗斯(Roth,Leonard,1904—1968).

罗斯,英国人. 1904 年 8 月 29 日出生. 曾在大意大利的罗马、米兰、都灵、维罗纳等地工作. 1968 年 11 月 28 日逝世. 他主要从事代数几何与数论方面的研究. 罗斯发表了 95 篇论文,还写了专著《代数几何引论》(1949) 等.

第三位,罗斯(Roth, Klaus Friedrich,1925—)是本书要介绍的.

296

第 9 章　Roth 与 Roth 定理

罗斯,英籍德国人,1925 年 10 月生于德国的布雷斯劳(现属波兰).30 年代初移居英国,1948 年加入英国籍.罗斯从 9 岁开始接受英国教育.1945 年获学士学位.1945 年至 1946 年在高当斯腾学校任教.1946 年考入伦敦大学,当埃斯特曼的研究生.1948 年获硕士学位.1950 年获博士学位.1950 年至 1966 年在伦敦大学任教.1961 年成为该校教授.其间 1956 年、1965 年两次赴美国麻省理工学院作访问教授.1966 年后转入伦敦帝国学院任教.

罗斯在数学上的最主要的贡献是彻底解决了用有理数逼近无理数的问题.罗斯定理,也称为瑟厄 - 西格尔 - 罗斯定理.罗斯定理发表在《数学》杂志第 2 卷上,它是题为《对于代数数的有理逼近》的著名论文的主要内容.罗斯定理可以推广到联立逼近的情况,并有不少结果.

罗斯获 1958 年的菲尔兹奖.

普林斯顿大学数学能力测验中的 Diophantus 逼近问题

10.1 小而美的普林斯顿大学数学系

第 10 章

武汉大学前校长刘道玉致信清华大学,指出清华大学与麻省理工的巨大差距,在信中他指出:

一流大学应当具有鲜明的特色,绝不能贪大求全. ……美国大学都各具特色,如普林斯顿大学的数学和理论物理,哈佛大学的行政管理,耶鲁大学的法律,芝加哥大学的经济学派,加州大学伯克利分校的高能物理劳伦斯学派等.

可是,我国大学都追求"大而全",互相攀比,失去了个性和特色. ……美国普林斯顿大学没有被认为最吃香的医学院、法学院和商学院,尽管有人建议要办这些学院,可是校长雪莉·帝尔曼却说:"正因

第10章　普林斯顿大学数学能力测验中的Diophantus逼近问题

为我们不需要什么都做,我们才能够集中所有精力和资源来干两件事,一是非常严格的本科生教育,二是非常学术化的研究生教育,我们把这两件事做到了极致.我们认为,小就是美!"

在许多国际著名的大学排名机构的排名中,普林斯顿大学的数学专业经常排在第一位.成功都是有原因的,它一定有自己的独到之处.下面我们就借本书的主题——Diophantus逼近中的Roth定理,来介绍一下普林斯顿大学是如何开展数学竞赛活动的.数学竞赛一般来说有两大功能:选拔和引导,即将具有天赋的年轻人选拔出来并引导他们走向数学研究的殿堂,作为普林斯顿大学的学生第一个功能已不重要,所以第二个功能变得十分重要.我们先来介绍一下美国著名学府普林斯顿大学的数学传统.作为美国第四古老的大学,普林斯顿大学延伸着美国历史的魅力,该校雄厚的实力使其本科教育和研究水平都代表了全美最顶尖的水平.曾经是普林斯顿大学校长的威尔逊总统(Woodrow Wilson)在该校150周年校庆时留下了这样一个口号:普林斯顿,为国家公共事业而存在.它从而成为校训,形象且深刻地表达了学校在公共事业方面做出的巨大贡献.普林斯顿大学由于连年在《美国新闻与世界报道》的美国大学排行榜中摘取桂冠,因而成为中国家长和学生眼中耀眼的明星.

普林斯顿大学的人文与科学学科极负盛名,国际关系和工程方向的专业也很优秀.选择经济学、历史和政治的学生各有10%,三者合计占学生总数的

Hurwitz 定理

30%,它们是学校内最受欢迎的学科.学习公共关系分析类专业的学生有7%,5%的学生致力于英文及文学方面的学习.值得注意的是,普林斯顿大学并没有商科,对那些立志学商又有"普林斯顿恋情"的优秀学生来说是一种遗憾.

学校位于新泽西州的普林斯顿市,全市仅有30 000人,还不足很多公立大学的学生人数.不过,如同其他地处郊区的学校一样,正是这种世外桃源般的地理位置给普林斯顿大学带来了幽静的学习及生活环境.与其他小镇不同的是,这是一个富有的社区,居民多是由在附近城市工作的具有较高素质的人构成.

作为私立学校,普林斯顿大学本科学生总人数约4 800人,74%的课程是低于20人的小班教学,这对学生与教授之间的深层次交流起到积极的作用.与很多著名的老牌综合性大学和常春藤大学不同的是,普林斯顿大学没有医、法、商学院,因此,该校以极为注重本科教育闻名,其科学、人文、社会学方面的研究院亦为学校强劲的教育和科研实力奠定了坚实的基础.

普林斯顿大学提供的课程选择丰富、自由、人性化,同时亦十分严格.学生可以根据需求选择各类科目,但文学学士需要完成语言及一些选修课程和一至两个学期的研究性学习项目,理学学士则会被要求在数学和各类理科专业上下很大功夫,并完成至少两个学期的研究性学习项目.总体来讲,学校认为学生在大三时就应该开始在教授的指导下进行独立课题的研究,并在此基础上拿出高质量的毕业论文.

第10章 普林斯顿大学数学能力测验中的 Diophantus 逼近问题

学校的学生来自全国及世界各地,在种族和社会经济背景上极具多样性. 然而并不是有了多样性的学生就一定能将这种多样性传播开来,诸多媒体评论经常抨击这所顶尖名校内部的种族小团体文化.

普林斯顿大学以享誉世界的教学质量、精英的学子、超豪华的明星教授团队及贵族化的俱乐部文化而著称于世.

说起普林斯顿大学的数学系,不能不使人想到早期的几位著名数学家,这正印证了清华大学老校长梅贻琦的那句著名格言:所谓大学者,非谓有大楼之谓也,有大师之谓也.

按照到普林斯顿大学工作的时间来介绍,第一位恐怕要数美国本土培养的第一位数学家 Birkhoff(伯克霍夫).

Birkhoff 于 1909 年到普林斯顿大学任教,同时哈佛大学也向其伸出了橄榄枝,为了抵制哈佛大学对 Birkhoff 的招聘,普林斯顿大学于 1911 年破格提升他为正教授. Birkhoff 在普林斯顿除了进行自己的研究外,还在参加 Veblen(维布伦)的拓扑讨论班时,对四色问题进行了研究,写了两篇论文. 他首先想到用解析函数论的方法对四色问题做定量的研究,为此引进了一个"着色多项式 $P(x)$",并与后来的 Whitney(惠特尼)推导出 $P(x)$ 的许多性质,可惜未能最后证明关键的一步:$P(4) > 0$.

另外,由于受 Einstein(爱因斯坦)著作的影响,Birkhoff 与 Langer(兰格)在 1923 年合作写了一本相对论和现代物理的书,书中提出了"完全流体"的概念,建立了不同于 Einstein 的相对论. 它可以解释几个使古典力学陷入困境的难题,但却无法解决引力质量和惯性质量的统一性,这是他们建立在线性坐标系中的相对论的一个不可避免的弱点. 这本书虽未能使物理学家(甚至数学家)信服,但在当时曾引起了科学界的极大兴趣.

第二位对普林斯顿大学数学系的建设产生重大影响的是 Lefschetz(莱夫谢茨). 他是一位身残志坚的模范,在一次事故中失去了双手,但仍像正常人一样工作生活,而且许多事做得比我们正常人强得多.

1924 年 Lefschetz 出版了《位置分析与代数几何》(*L'analysis situs et la géométrie algébrique*)并被收入著名的 Borel(波莱尔)丛书. 这个工作和他以前的成就给他带来了国际声誉,他接到许多大学的访问邀请. 1924 年他接受普林斯顿大学的邀请,任一年的访问教授,年末他得到了普林斯顿大学的长期聘用,任副教授,1928 年升为正教授. 1932 年他接替 Veblen 任 Fine(范因)研究教授,一直到 1953 年退休.

在普林斯顿大学工作的 30 年不仅使他脱离开孤军奋战的境地,也使普林斯顿大学发展成一个国际性的数学中心,许多大数学家从这里毕业或访问过这里,这里成了代数拓扑学的摇篮.

Lefschetz 到普林斯顿大学之后,研究方向逐步由代数几何学转向代数拓扑学. 虽然他在代数几何学方面还有一些研究,特别是代数曲线的对应理论,并且

第 10 章　普林斯顿大学数学能力测验中的 Diophantus 逼近问题

在大学中不时开出代数几何学课程,还同代数几何学界保持密切接触.例如后来的代数几何的领袖人物 Zariski(扎瑞斯基)在 1929—1937 年间不断地往返于巴尔的摩(他当时在约翰斯·霍普金斯(Johns Hopkins)大学任教)与普林斯顿之间,向 Lefschetz 求教并同他讨论问题,得到他的热情鼓励与帮助,但是莱夫谢茨这时的主要研究方向已转向代数拓扑学.在普林斯顿,两位拓扑学前辈同他过从密切,一是 Veblen,一是 J. W. Alexander(亚历山大).他特别佩服 Alexander,在研究不动点理论及对偶定理方面两人有过频繁的讨论.不过 Alexander 后来脱离开数学界深居简出,使得 Lefschetz 深为难过.实际上,从 20 世纪 20 年代末到 20 世纪 40 年代初,Lefschetz 是美国代数拓扑学的主要传人,许多后来的大家出自他的门下.他的两本著作《拓扑学》(*Topology*,1930)和《代数拓扑学》(*Algebraic topology*,1942)是英文拓扑学文献中最主要的参考书,特别是后者在相当长的一段时期内是代数拓扑学的标准著作,并且是第一本以"代数拓扑学"命名的书.

1945 年,Lefschetz 被任命为普林斯顿大学数学系主任,从此开始他的新的活动. 1945～1946 年度以及 1947 年,他作为交换教授到墨西哥大学工作,其后多次访问这里,特别是从普林斯顿大学退休之后,他的热情以及组织能力使得墨西哥从无到有建立起一个数学学派.为了表彰 Lefschetz 对墨西哥数学的贡献,墨西哥政府授予他阿兹台克(Aztec)雄鹰奖章.

Hurwitz 定理

第二次世界大战期间,他曾任美国海军部的顾问,这时,他接触到苏联在非线性振动以及稳定性方面的研究工作,他马上认识到这些工作的重大意义. 他知道 J. H. Poincaré(庞加莱)和 A. M. Ляпунов(李雅普诺夫)的工作在微分方程几何理论上的重要性,看出这门学科在美国"太长时期受到忽视". 他不顾一些同事的劝阻(认为联邦政府的支持会危及学术研究的自由气氛),毅然接受海军研究局的资助,于 1946 年在普林斯顿大学组织了一个微分方程研究项目(该项目后来发展成为美国研究常微分方程的领导中心),并任这个项目的主任直到 1953 年退休. 其后 5 年间,普林斯顿中心逐渐停止活动. 他多次试图在另一所美国大学建立一个研究机构,但没有成功. 他退休后,马丁公司在巴尔的摩建立一个高等研究院(Research Institute for Advanced Studies,RIAS),作为工业对基础研究的支持,他被任命为该院的顾问. 1957 年 11 月,马丁公司总裁及董事会全权委托他在高等研究院建立一个微分方程研究中心,要求它成为"世界上这类中心的典范",在 Lefschetz 的领导下,这个中心果然在微分方程及最优控制和稳定性的数学理论的研究方面获得国际声誉. 1964 年,高等研究院的微分方程研究中心的主体部分搬迁到罗德岛普罗威登斯的布朗大学,在其中的应用数学部建立起 Lefschetz 动力系统中心,布朗大学聘请他为访问教授. 1964 ~ 1970 年 6 年间,他每周乘飞机往返于普林斯顿及普罗威登斯,在布朗大学讲课,指导研究,培养出许多后起之秀.

第 10 章 普林斯顿大学数学能力测验中的 Diophantus 逼近问题

在这期间他以非凡的热情和努力,集结一批年轻数学家研究和开拓动力系统、控制理论等新方向.他还组织翻译苏联的著作,讲课、写综述及评论并组织会议.虽然他的工作由于这些领域的飞速发展现在看来已经落后,但正是他奠定了美国的研究基础,使美国从 20 世纪 60 年代末在动力系统理论以及从 20 世纪 60 年代初起在控制理论方面在世界居于领先地位.

他在数学创造以及教育、组织方面的工作使得他在美国国内外享有崇高的荣誉.早在 1925 年他就被选为美国国家科学院院士,1935～1936 年被选为美国数学会主席,1964 年被美国总统约翰逊授予国家科学奖章.他被授予布拉格大学、巴黎大学、普林斯顿大学、布朗大学和克拉克大学的名誉博士学位,还被选定为法国巴黎科学院、西班牙马德里科学院、意大利米兰的伦巴底科学院国外院士,以及英国伦敦皇家学会国外会员和伦敦数学会荣誉会员,这些都是科学家所能取得的最高国际荣誉.为了表扬他的贡献,1954 年在普林斯顿大学召开了庆祝 Lefschetz 70 寿辰代数几何学和拓扑学国际会议.

第三位值得介绍的普林斯顿大学的著名数学家就应该是 Weyl.他的妻子 Joseph Helen(海伦)是半个犹太人.1933 年 1 月,希特勒上台,局势极度动荡,大批犹太科学家离开德国.作为格丁根大学数学研究所的领导人,整个春天和夏天,Weyl 写信,去会见政府官员,但什么也改变不了.夏日将尽,人亦如云散.Weyl 去瑞士度假,仍想回德国,希望通过自己的努力来保

Hurwitz 定理

住格丁根的数学传统. 可是美国的朋友极力劝他赶快离开德国:"再不走就太晚了!"这时普林斯顿高等研究院为他提供了一个职位. 早在那里的 Einstein 说服了 Weyl, 从此, 他和 Joseph Helen 在大西洋彼岸渡过了后半生.

到普林斯顿时, Weyl 已经 48 岁, 数学家的创造黄金时期已经过去, 于是他从"首席小提琴手"转到"指挥"的位置上. 他像磁石一样吸引大批数学家来到普林斯顿, 用他渊博的知识、深邃的才智给年轻人指引前进的方向. 普林斯顿取代格丁根成为世界数学中心, Weyl 的作用显然是举足轻重的. 无数的年轻人怀念 Weyl 对他们的帮助, 用最美好的语言颂扬他的为人, 其中有一位是中国学者陈省身. 1985 年, 陈省身回忆他和 Weyl 的交往时写道:

我 1943 年秋由昆明去美国普林斯顿, 初次见到 Weyl. 他当然知道我的名字和我的一些工作, 我对他是十分崇拜的. ……Weyl 很看重我的工作, 他看了我关于 Gauss(高斯) – Bonnet(博内)公式的初稿, 曾向我道喜. 我们有很多的来往, 有多次的长谈, 开拓了我对数学的看法. 历史上是否会再有像 Weyl 这样广博精深的数学家, 将是一个有趣的问题.

Weyl 在美国也继续做一些研究工作. 他写的《典型群, 其不变式及其表示》(*The classical group, their invariants and representations*, 1939) 以及《代数数论》(*Algebraic theory of numbers*, 1940) 使 Hilbert 的不变式理论和数论报告在美国生根开花. 他的"半个世纪的

第10章　普林斯顿大学数学能力测验中的Diophantus逼近问题

数学"(*A half-century of mathematics*, 1951)更成为20世纪上半叶数学的最好总结。他还在凸多面体的刚性和变形(1935)、n维旋量 Riemann 矩阵、平均运动(1938~1939)、亚纯曲线(1938)、边界层问题(1942)等方面做出贡献。

第四位普林斯顿著名人物就是 Gödel(哥德尔)。

1940年春,Gödel 到达普林斯顿高等研究院,成为该院的成员。同年普林斯顿大学出版社出版了 Gödel 的专著《广义连续统假设的协调性》(*The consistency of continuum hypothesis*),这是根据他于1938~1939年在普林斯顿高等研究院讲演的原稿整理的,全名应是《选择公理、广义连续统假设与集合论公理的相对协调性》(*The consistency of the axiom of choice and of the generalized continuum-hypothesis with the axioms of set theory*)。1941年4月他在耶鲁大学的讲演是"在什么意义下直觉主义逻辑是构造的?"(*In what sense is intuitionistic logic constructive?*)1942年做出了"在有穷类型论中选择公理的独立性证明"(*Proof of the independence of the axiom of choice infinite type theory*)。1944年发表了"罗素的数理逻辑"(*Russell's mathematical logic*),1946年在普林斯顿200周年纪念会上就数学问题做了讲演,1947年发表了重要的数学哲学论文"什么是康托尔的连续统问题?"(*What is Cantor's continuum problem?*)

Gödel 在普林斯顿最亲密的朋友是著名物理学家 Einstein 和数理经济学家 O. Morgenstern(莫根施特

恩),他们经常散步和闲谈. 1948 年 4 月 2 日他们三人一起到美国移民局,一起取得美国国籍,成为美国公民. Gödel 与 Einstein 一直是最亲密的朋友,直至 1955 年 Einstein 去世. 虽然他们两人在性格上有很大的差别,Einstein 爱社交、活泼开朗,而 Gödel 严肃认真、相当孤独,但是他们都有直接地全心全意地探求科学的本质. 1943 年后,Gödel 逐渐把注意力转向数学哲学乃至一般的哲学问题,当然他也还不断地关注逻辑结果,比如 1958 年他研究了有穷方法的扩充,1963 年审阅并推荐了 P. J. Cohen(科恩)的重要论文"连续统假设的独立性"(The independence of the continuum hypothesis),1973 年评述了 A. Robinson(鲁宾逊)创立的非标准分析. Gödel 这些工作对数理逻辑的发展都起了重要的作用.

1953 年 Gödel 晋升为普林斯顿高等研究院的教授.

普林斯顿高等研究院的成立颇具传奇色彩. 那时美国新泽西州有个 Bamberger(班伯格)家族,自从白手起家在家乡纽沃克市开设第一家小商店以来,经过多年的经营发展,已经跃升为美国东北部新英格兰地区百货零售业的巨头. 老板是 L. Bamberger 和他的妹妹,他们在 1929 年纽约股市全面崩溃的前几周,将持有的股票全部抛出,躲过了 20 世纪这场空前绝后的"股市之灾". 他们掌握的可支配资金高达 2 500 万美元,这在当时可是一个天文数字. 1930 年,Bamberger 兄妹俩为了向新泽西州表示一下感恩之情,决定请已

第10章 普林斯顿大学数学能力测验中的 Diophantus 逼近问题

在两年前退休的 Flexner(弗莱克斯纳)帮助在当地建立一家医疗机构. Flexner 却认为,美国医学院校和实用型医疗机构已经够多的了,根据他"现代大学"是一种"研究组织"的"大学理论",他想创办一个纯学术理论研究、有点柏拉图学园味的新型高等研究机构. 于是,在 Flexner 的反复劝说下,他们最终选择在普林斯顿大学附近建立了普林斯顿高等研究院. Flexner 在 Bamberger 兄妹的再三请求下"东山再起",成为普林斯顿高等研究院的首任院长.

10.2 普林斯顿大学数学能力测验一例

10.2.1 规则和提醒

这些规则取代在能力测验的其他地方出现的任何规则.

1. 对于每一道问题,你可以使用在本部分测验中出现在它之前的结果或注而不需要证明,即使你的团队没有解答出这些问题也没关系. 你也可以引用从猜想或后面问题中得到的结果,但是这仅当你的团队独立于这道问题——你想要在该题中引用它们——解决了它们才行. 你不可以引用你对其他问题的证明的一部分:如果你想要在多重的问题中使用一个引理,那么请在每用一次时将其再现一次.

2. 你并不需要按照顺序答题,尽管通读所有题目是一个很好的主意,这可以使你知道当解答每一道题时可引用的结论. 当然,请核对你的答案中的解答以确保它们是按顺序写出的. 每一道题的解答请另起一页写,并且答案必须单面书写. 必须在每一页纸写上团队的名称和题目的编号.

3. 计算器、计算机程序和 Mathematica(或类似的软件)都是被允许使用的. 在本年度的竞赛中,打印好的和在线的参考资料都是不允许使用的①.

4. 你不得与你的团队以外的任何人讨论这些问题的内容. 如果你有任何关于测验的疑问,请立即使用 pumac@math.princeton.edu.com 联系我们.

我们的问题和答案主要基于 Martin Klazar 关于数论的非正式在线讲义②的 1.1—1.2 节的内容. 这部分能力测试的设想是介绍关于 Diophantus 逼近的 Thue 定理的初等证明. 答题者可能得到的最高分数是 110 分.

10.2.2 背景知识

我们记:

1. **Z** 为整数集;

2. **Q** 为有理数集;

3. **C** 为复数集.

方便起见,令 $\mathbf{Z}_+$ 为正整数集. 我们记 $\mathbf{Z}[X]$ 为 X

---

① 每年的规则都有所不同,例如打印好的和非交互的在线的参考资料在 2010 年的能力测验中是允许使用的.

② Martin Klazar. Analytic and combinatorial number theory Ⅱ (leture notes). http://kam.mff.cuni.cz/, 2010.

的整系数多项式的集合,并且更一般地,记 $\mathbf{Z}[X_1,\cdots,X_n]$ 为 $X_1,\cdots,X_n$ 的整系数多项式的集合. 对于 $\mathbf{Q}$ 和 $\mathbf{C}$ 使用类似的记号. 我们用 $n\in\mathbf{Z}_+$ 表示 n 是 $\mathbf{Z}_+$ 的一个元素.

回忆,像实数那样,复数有绝对值的记号:由定义,有

$$|a+bi|=\sqrt{a^2+b^2}$$

对于所有的 $z_1,z_2\in\mathbf{Z}$,我们有

$$|z_1 z_2|=|z_1||z_2|$$

并且

$$|z_1+z_2|\leqslant|z_1|+|z_2|$$

类似实数的性质.

定义 1 设 f 是 $X_1,\cdots,X_n$ 的系数不全为零的多项式. 若 f 只包含一项,则 f 的度(degree)是 X_j 的指数之和,记作 $\deg f$. 一般地,$\deg f$ 是 f 的所有项的度的最大值.

例如,若 $f(X)=a_0+a_1 X+\cdots+a_d X^d$ 并且 $a_d\neq 0$,则通常地 $\deg f=d$. 今后,我们以这个形式写多项式时总是假设 $a_d\neq 0$. 我们称 $a_d X^d$ 为 f 的首项(leading term),并且称 a_d 为首项系数(leading coefficient). 注意到零多项式的度还没有被定义.

定义 2 一个多项式 $f(x_1,x_2,\cdots,x_n)$ 是齐次的(homogeneous),当(且仅当)它的每一项分别地与其他项有相同的度. 等价地,f 是齐次的,若对于任何 $\lambda\neq 0$,有

$$f(\lambda x_1,\lambda x_2,\cdots,\lambda x_n)=\lambda^{\deg f}f(x_1,x_2,\cdots,x_n)$$

定义 3 一个数是代数的(algebraic),若它是

Hurwitz 定理

$\mathbf{Q}[X]$ 中非零多项式的根. 所有的非代数数是超越的 (transcendental). 我们记 $\overline{\mathbf{Q}}$ 为代数数的集合.

注 1 $\overline{\mathbf{Q}}$ 是 $\mathbf{C}$ 的子集. 更确切地说, $\mathbf{Q}[X]$ 中的每个多项式都能完全地分解成 $\mathbf{C}[X]$ 中的线性因子. α 作为多项式的根, 其重数 (multiplicity) 是出现在 $\mathbf{C}[X]$ 中的那个多项式的线性分解中的 $(X-a)$ 的指数.

定义 4   令 $\alpha \in \overline{\mathbf{Q}}$. α 的度 (degree), 记为 $\deg \alpha$, 是 $\mathbf{Q}[X]$ 中所有以 α 为其一个根的非零多项式的度的最小值.

定义 5   一个单变量多项式是首一 (monic) 多项式, 若它的最高次项的系数为 1. 一个数是代数整数 (algebraic integer), 若它是 $\mathbf{Z}[X]$ 中某一个首一多项式的根.

下面是一个例子. 令 $\alpha = \sqrt{3}$. 注意到 α 是多项式 $f(X) = X^2 - 3$ 的一个根. 由于 α 不是一个有理系数线性多项式的根, 所以 α 是度为 2 的代数整数. 由于 f 是首一整系数多项式, 所以 α 确实是一个代数整数.

定义 6   设 $f = a_0 + a_1 X + \cdots + a_d X^d \in \mathbf{C}[X]$. 定义
$$\|f\| = \max\{|a_0|, \cdots, |a_d|\}$$

注 2   若 S 是一个集合, 那么 $\max S$ 是 S 中元素的最大值.

下面的题目不只是增进我们对 $\|f\|$ 的直观认识, 对后面的测验也是很有用的.

问题 1   令 $f, g \in \mathbf{C}[X], f \neq 0$, 并且令 $\alpha, \beta \in \mathbf{C}$.

(1) 证明

第10章 普林斯顿大学数学能力测验中的 Diophantus 逼近问题

$$|f(\alpha)| \leq (1+\deg f)\|f\| \cdot \max\{1, |\alpha|\}^{\deg f}$$

（2）证明

$$\|\alpha f + \beta g\| \leq |\alpha|\|f\| + |\beta|\|g\|$$

其中记号 $f+g$ 为多项式 f 和 g 的和.

（3）证明

$$\|fg\| \leq (1+\deg f)\|f\|\|g\|$$

其中记号 fg 为多项式 f 和 g 的积.

解 令

$$f(X) = a_0 + a_1 X + \cdots + a_m X^m$$
$$g(X) = b_0 + b_1 X + \cdots + b_n X^n$$

（1）$|f(\alpha)| \leq \sum_{j=0}^{m} |a_j||\alpha|^j$

$$\leq \|f\| \sum_{j=0}^{m} |\alpha|^j$$

$$\leq \|f\|(1+m)\max\{1, |\alpha|\}^m$$

（2）

$$\|\alpha f + \beta g\| = \max_j |\alpha a_j + \beta b_j|$$

其中

$$|\alpha a_j + \beta b_j| \leq |\alpha||a_j| + |\beta||b_j|$$
$$\leq |\alpha|\|f\| + |\beta|\|g\|$$

（3）fg 中 X^k 的系数是 $\sum_{i+j=k} a_i b_j$，这是一个小于或等于 $m+1$ 项的和，其中每一项都小于或等于 $\|f\|\|g\|$.

问题2 设 $f(X) = (X-\alpha)^r g(X)$，其中 $\alpha \in \mathbf{C}$ 且不等于零，$r \in \mathbf{Z}_+$，$g \in \mathbf{C}[X]$ 且不等于零. 证明

$$\|g\| < (1+\deg g)(2\max\{1, |\alpha|^{-1}\})^{\deg f}\|f\|$$

解 如前，令 $m = \deg f, n = \deg g$. 由几何级数展开，有

$$\frac{1}{(X-\alpha)^r} = \frac{1}{(-\alpha)^r} \cdot \frac{1}{(1-\frac{X}{\alpha})^r}$$

$$= (-\alpha)^{-r} \sum_{j=0}^{\infty} \binom{j+r-1}{j} (\frac{X}{\alpha})^j$$

那么使用严格不等式 $\binom{j+r-1}{j} < 2^{n+r}$ 后得到

$$\|g\| \leq \|(-\alpha)^r \sum_{j=0}^{n} 2^{n+r} (\frac{X}{\alpha})^j \| \|f\|$$

应用问题 1 的第三部分，这里 $m = n + r$.

问题 3 （1）令 $f, g \in \mathbf{Q}[X], g \neq 0$. 证明存在 $q, r \in \mathbf{Q}[X]$, 使得

$$f(X) = q(X)g(X) + r(X)$$

并且或者 $r = 0$ 或者 $\deg r < \deg g$. 若 $r = 0$, 我们称 g 整除 f.

（2）为什么相同的命题对于 $f, g, q, r \in \mathbf{C}[X]$ 也成立？推导出 α 是 $f \in \mathbf{C}[X]$ 的一个根当且仅当对于某个 $q \in \mathbf{C}[X]$, 有

$$f(X) = (X-\alpha)q(X)$$

解 像通常那样，我们简记 $f = f(X)$, 等等.

（1）若 $f = 0$, 我们取 $q = r = 0$. 现在设 $f \neq 0$. 考虑多项式集合

$$S = \{p = f - qg \mid q \in \mathbf{Q}[X]\}$$

若 $0 \in S$, 则证明完成了，因此假设 S 只包含非零元素. 我们知道 S 是非空的，因为它包含 $p = f$. 令 $r = f - qg$ 为

第 10 章 普林斯顿大学数学能力测验中的 Diophantus 逼近问题

S 中度数最小的多项式. 若 $s = \deg r - \deg g \geqslant 0$, 那么我们可以将 r 减去 $X^s g(X)$ 的常数倍来产生 S 中度数严格小于 r 的另一个元素, 这与 r 的极小性矛盾. 因此 $\deg r < \deg g$.

（2）命题的第一部分对于 $\mathbf{C}[X]$ 成立是因为使用 $X^s g(X)$ 的倍数来消去 r 的首项的技巧, 在这里仍然可以使用. 对于第二部分, 在第一部分中令 $g(X) = X - \alpha$.

问题 4 设 $f(X) = a_0 + a_1 X + \cdots + a_d X^d$. 对于所有 $0 \leqslant k \leqslant d$, 令

$$D_k f = \sum_{j=0}^{d} \binom{j}{k} a_j X^{j-k}$$

其中

$$\binom{j}{k} = \frac{j!}{k!(j-k)!} \quad (0 \leqslant k \leqslant j)$$

其他情况下等于 0.

我们简记 $Df = D_1 f$.

（1）证明: 对于所有 $0 \leqslant k \leqslant \deg f$, $\|D_k f\| \leqslant 2^d \|f\|$.

（2）证明: $k! \, D_k(f) = D_1^{(k)}(f)$, 其中 $D_1^{(k)}$ 表示 D_1 自身的 k 次复合.

（3）证明: 若 $D_0(f)(\alpha) = D_1(f)(\alpha) = \cdots = D_{k-1}(f)(\alpha) = 0$, 则 f 在 α 有重数至少为 k 的根.

解 （1）$\binom{j}{k} \leqslant 2^j$, 由此

$$\|D_k f\| \leqslant 2^d \| \sum_{j=k}^{d} a_j X^{j-k} \| \leqslant 2^d \|f\|$$

Hurwitz 定理

第二部分和第三部分的解答留给读者去做.

注 3 你必须证明 $D(fg) = fDg + gDf$, 然后使用它去证明第三部分, 尽管证明这个事实不能单独得分.

问题 5 设 $f, g \in \mathbf{C}[X]$ 非零并且满足
$$fDg = gDf$$

(1) 证明: $\deg f = \deg g$.

(2) 证明: f, g 相差一个常数倍.

解 令 $m = \deg f, n = \deg g$. 由代数基本定理, 得
$$f = A(x - a_1) \cdots (x - a_m)$$
且
$$g = B(x - b_1) \cdots (x - b_n)$$
其中 $A, B, a_i, b_j \in \mathbf{C}$.

(1) 分别展开 fDg 和 gDf. 它们的首项分别为 mAB 和 nBA, 其中 $AB \neq 0$, 因此 $m = n$.

(2) 通过大量的计算可以证明出这个结论. 我们在这里给出一个更巧妙的证明: 首先通过写出等式两边的项来证明
$$D(f_1 f_2) = f_1 D f_2 + f_2 D f_1$$
$f_1, f_2 \in \mathbf{C}[X]$. 然后得到
$$\frac{D(f_1 f_2)}{f_1 f_2} = \frac{Df_1}{f_1} + \frac{Df_2}{f_2}$$

由于 $\dfrac{Df}{f} = \dfrac{Dg}{g}$ 并且 $DA = DB = 0$, 我们对 f 和 g 的线性因子应用上述引理得到
$$\frac{1}{X - a_1} + \cdots + \frac{1}{X - a_m} = \frac{1}{X - b_1} + \cdots + \frac{1}{X - b_n}$$

由于 $m = n$, 我们可以证明在忽略排序上的差别时 a_j

和 b_j 是相同的. 我们知道 $\{a_j\}$ 和 $\{b_j\}$ 至少是相同的数集, 因为当 X 在一边非常接近一个根时, 两边一定在绝对值意义下"爆破"(blow up). 为了看出根在等式两边以相同的重数出现, 从 f 和 g 中消去所有公共线性因子而分别得到新多项式 f_0 和 g_0, 它们没有任何共有的线性因子. 对 f_0 和 g_0 重复这个过程得到 $f_0 = g_0 = 1$, 这即为我们需要的.

10.2.3 代数数

问题 6 令 $\alpha \in \overline{\mathbf{Q}}$.

(1) 证明: 若 $a, b \in \mathbf{Q}$ 且 $a \neq 0$, 则 $\beta = a\alpha + b$ 是代数数, 并且 $\deg \beta = \deg \alpha$.

(2) 证明: 存在 $a \in \mathbf{Z}_+$ 使得 $a\alpha$ 是一个代数整数.

(3) 设 α 是一个代数整数. 证明: 若 $b \in \mathbf{Z}$, 则 $\alpha + b$ 是一个代数整数.

(4) 设 α 是一个代数整数, 并且满足对于某个度数为 d 的首一多项式 $f \in \mathbf{Z}[X]$ 有 $f(\alpha) = 0$. 令 $r \in \mathbf{Z}$ 是非负的. 证明: 存在 $a_{r,j} \in \mathbf{Z}$, $|a_{r,j}| \leqslant (1 + \|f\|)^r$, 使得
$$\alpha^r = \sum_{j=0}^{d-1} a_{r,j} \alpha^j$$

解 由定义, α 是某多项式 $f(X) = a_0 + a_1 X + \cdots + a_d X^d \in \mathbf{Q}[X]$ 的根.

(1) $\dfrac{\beta}{a} - \dfrac{b}{a}$ 是 f 的一个根. 展开带有 β 的多项式即可看出 β 是代数数.

(2) 令 a 为 a_j 的公分母. 那么对于所有 j, 有
$$(a\alpha)^n + \sum_{j=0}^{d-1} a^{d-j} a_j (a\alpha)^j = 0$$

其中 $a^{d-j}a_j \in \mathbf{Z}$,因此 $a\alpha$ 是一个代数整数.

(3)若 α 是一个代数整数,那么我们可以选择 f,使得它是整系数的首一多项式. 令 $\beta = \alpha + b$,则 $\beta - b$ 是 f 的一个根. 展开带有 β 的多项式即可看出 β 是代数数.

(4)(根据 Klazar 的讲义)再一次选择 f,使得它是首一多项式并且对于所有 $j, a_j \in \mathbf{Z}$. 若 $r = 0$,令 $c_{0,0} = 1$,并且对于所有 $j > 0, c_{0,j} = 0$. 现在对于 r 做归纳来证明

$$\alpha^r = \alpha(\alpha^{r-1}) = \sum_{j=0}^{d-1}(c_{r-1,j-1} - c_{r-1,d-1}a_j)\alpha^j$$

其中 $c_{r-1,-1} = 0$,这使用了代换

$$\alpha^d = -\sum_{j=0}^{d-1}a_j\alpha^j$$

因此

$$c_{r,j} = c_{r-1,j-1} - c_{r-1,d-1}a_j$$

由归纳,得

$$|c_{r,j}| \leq |c_{r-1,j-1}| + |c_{r-1,d-1}||a_j|(1 + \max_j |a_j|)^r$$

定义 7 一个多项式 $f \in \mathbf{Z}[X]$ 是简单的(simple),若不存在整数 $a > 1$ 和多项式 $g \in \mathbf{Z}[X]$,使得 $f(X) = ag(X)$. 例如,零多项式不是简单的.

问题 7 令 $f \in \mathbf{Z}[X]$.

(1)设 $g \in \mathbf{Z}[X]$. 证明:若积 fg 不是简单的,那么 f 和 g 至少有一个不是简单的.

(2)设 $g \in \mathbf{Q}[X]$. 证明:若 f 是简单的,并且 $fg \in \mathbf{Z}[X]$,那么 $g \in \mathbf{Z}[X]$.

(3)证明:若 $\mathbf{Z}[X]$ 中的一个多项式不能分解成

第10章 普林斯顿大学数学能力测验中的 Diophantus 逼近问题

$\mathbf{Z}[X]$ 中的两个非常数多项式, 则它也不能分解成 $\mathbf{Q}[X]$ 中的两个非常数多项式.

解 令
$$f(X) = a_0 + a_1 X + \cdots + a_m X^m$$
$$g(X) = b_0 + b_1 X + \cdots + b_n X^n$$

(1) 我们来证明逆反命题: 设 f, g 是简单的. 则存在一个素数 p, 使得对于某个 j, k, $p \nmid a_j$, $p \nmid b_k$. 我们可以选择 j 和 k 的最小值. fg 中 X^{j+k} 的系数是

$$a_j b_k + \sum_{i=0}^{j-1} a_i b_{j+k-i} + \sum_{i=0}^{k-1} a_{j+k-i} b_i$$

这里 p 整除每一个和式, 但不整除 $a_j b_k$, 那么整个表达式不能被 p 整除. 因此没有素数 p 能整除 fg 的所有系数.

(2) 令 b 为有理系数 b_j 的最简单分数形式的最小公分母. 那么 $bg(X) \in \mathbf{Z}[X]$ 是简单的. 由第一部分结论, 我们得出 bfg 是简单的, 但是 $fg \in \mathbf{Z}[X]$, 由此 $b = 1$. 因此 $g \in \mathbf{Z}[X]$.

(3) 如果 $f \in \mathbf{Z}[X]$ 分解成 $\mathbf{Q}[X]$ 中的两个非常数多项式, 那么令 a 为其中一个系数的最简分数形式的最小公分母. 通过将这个多项式乘以 a 而将另一个多项式除以 a, 我们得到第二部分中的情况, 因此两个新的多项式一定都属于 $\mathbf{Z}[X]$.

定义 8 对于所有 $a \in \overline{\mathbf{Q}}$, 令 $m_\alpha \in \mathbf{Q}[X]$ 为在所有以 α 为其一个根的多项式中度数最小的首一多项式.

注 4 验证: m_α 整除 $\mathbf{Q}[X]$ 中任何以 α 为其一个根的多项式.

Hurwitz 定理

问题 8 令 $a \in \overline{\mathbf{Q}}$,并且令 $f \in \mathbf{Q}[X]$ 为非零多项式.

(1) 证明: m_α 的根的重数都是 1, 换言之, 它们两两不同.

(2) 设 f 不能分解成 $\mathbf{Q}[X]$ 中的两个非常数多项式. 证明: f 的根是两两不同的代数数, 每个的度数都是 $\deg f$.

(3) 设 α 是 f 的重数为 m 的根. 证明: $\deg f \geqslant m \deg \alpha$.

(4) 设 $\dfrac{p}{q} \in \mathbf{Q}$ 是最简分数, 并且是 f 的重数为 m 的根. 同时设 $f \in \mathbf{Z}[X]$ 并且具有首项系数 a. 证明: $q^m \leqslant |a|$.

(5) 证明: 若 α 是一个代数整数, 则 $m_\alpha \in \mathbf{Z}[X]$.

提示: 参看问题 3. 对于第四部分和第五部分, 使用问题 7.

解 (1) 通过恒等式
$$D(fg) = fDg + gDf$$
我们可以证明 α 仍然是 Dm_α 的一个根当且仅当作为 m_α 的一个根它的重数大于或等于 2. 但是 $\deg Dm_\alpha < \deg m_\alpha$, 这违背了 m_α 的极小性.

(2) 若 α 是 f 的一个根, 则 m_α 整除 f, 那么对于所有这样的 α, $\deg f = \deg m_\alpha$. 因此作为 f 的一个根时 α 的重数与作为 m_α 的一个根时它的重数相等, 即等于 1. 此外, 由定义, α 的度数等于 $\deg m_\alpha$.

(3) 由问题 5 的第二部分对 m 进行归纳即可证明.

第 10 章 普林斯顿大学数学能力测验中的 Diophantus 逼近问题

(4) 由于 $\gcd(p,q)=1$,$q^m(X-\frac{p}{q})^m = q^m X^m + \cdots + (-p)^m$ 是简单的. 因为 $(X-\frac{p}{q})^m$ 在 f 的因式分解中出现,我们推出在 $\mathbf{Q}[X]$ 中 $q^m(X-\frac{p}{q})^m$ 整除 f,这意味着存在 $g \in \mathbf{Q}[X]$,满足

$$q^m(X-\frac{p}{q})^m g(X) = f(X)$$

但是由问题 7,$g \in \mathbf{Z}[X]$. 对比首项系数得到 $q^m \mid a$.

(5) 存在首一多项式 $f \in \mathbf{Z}[X]$ 满足 $f(\alpha)=0$,这里由注 4 我们知道,对于某个 $g \in \mathbf{Q}[X]$,$m_\alpha g = f$. 存在非零 $a \in \mathbf{Z}$ 使得 $am_\alpha \in \mathbf{Z}[X]$ 并且是简单的. 那么 $f=(am_\alpha)(a^{-1}g)$,从而由问题 7 的第二部分,$a^{-1}g \in \mathbf{Z}[X]$. 但是 f 是首一的,因此 $a=1$,$m_\alpha \in \mathbf{Z}[X]$.

问题 9 对于所有 $1 \leqslant i \leqslant m$,令

$$f_i(X_1,\cdots,X_n) = a_{i,1}X_1 + \cdots + a_{i,n}X_n \in \mathbf{Z}[X_1,\cdots,X_n]$$

其中 $n>m$ 并且对于所有 i,j,存在某个固定的 $A>0$ 有 $|a_{i,j}| \leqslant A$. 证明:存在 $x_1,\cdots,x_n \in \mathbf{Z}$,满足

$$f_1(x_1,\cdots,x_n) = \cdots = f_m(x_1,\cdots,x_n) = 0$$

使得对所有的 j 有 $|x_j| \leqslant \lfloor (nA)^{\frac{m}{n-m}} \rfloor$,以及对于某个 j,$x_j \neq 0$. 我们使用记号 $\lfloor s \rfloor$ 表示不大于 s 的最大整数.

提示:使用鸽笼原理,即:若有 N 个鸽笼和 M 只鸽子,其中 $M>N$,那么至少有一个鸽笼一定装有大于 1 只鸽子.

解 令

Hurwitz 定理

$$a_i = \sum_{j=1}^{n} \max\{0, a_{i,j}\}$$

$$b_i = \sum_{j=1}^{n} \min\{0, a_{i,j}\}$$

对于所有的整数 $r \geq 0$, 在 n 维"盒子" $\{0, \cdots, r\}^n$ 中有 $(r+1)^n$ 个 n 元组 $(x_1, \cdots, x_n)$. m 元组 $(f_1, \cdots, f_m)$ 是这个盒子上的一个函数, 取值于 m 维盒子

$$\mathscr{B} = \prod_{i=1}^{m} \{b_i r, \cdots, a_i r\}$$

(上式中的符号 "$\prod$" 是 "$\times \cdots \times$" 的简写, 乘积的各项都是集合.)

设 $r = \lfloor (nA)^{\frac{m}{n-m}} \rfloor$. 由于 $n > m$, 我们有

$$(r+1)^n > ((r+1)nA)^m > (rnA+1)^m$$

由此

$$\#\mathscr{B} = \prod_{i=1}^{m} (ra_i - rb_i + 1) \leq (rnA+1)^m < (r+1)^m$$

由鸽笼原理, 我们的 n 元组中的两个通过 $(f_1, \cdots, f_m)$ 映射到相同的 m 元组. 它们的差 $(x_1, \cdots, x_n)$ 非零, 意思是对于某个 $i, x_i \neq 0$, 并且映射到 $(0, \cdots, 0)$. 因此 对于所有 $i, |x_i| \leq r$.

注5 感谢 Kevin Li 指出: 当所有的 f 都是 0 时, 我们不能既满足对所有的 j, 有 $|x_j| \leq \lfloor (nA)^{\frac{m}{n-m}} \rfloor$, 又满足对于某个 $j, x_j \neq 0$. 这个漏洞可以通过令 A 只取整数值或者令 f_i 中至少有一个不为零来修正.

10.2.4 主要结果

这一小节中的问题非常难, 因此如果被这部分问

第 10 章　普林斯顿大学数学能力测验中的 Diophantus 逼近问题

题中的某些或者全部卡住了,你也没有必要沮丧. 以下设 $I = \left[-\dfrac{1}{2}, \dfrac{1}{2}\right]$.

问题 10　令 $0 < \varepsilon < \dfrac{1}{2}$. 证明:若对所有的 I 中度数 $d \geqslant 3$ 的代数整数 α,有

$$\left|\alpha - \frac{p}{q}\right| < \frac{1}{q^{1+\varepsilon+\frac{d}{2}}}$$

对于最简分数形式的有理数 $\dfrac{p}{q}$ 只有有限多个解,那么对于所有的度数 $d \geqslant 1$ 的代数整数 α(不一定在 I 中),它对于最简分数形式的有理数 $\dfrac{p}{q}$ 也只有有限多个解.

解　让我们先证明:对于 $\dfrac{p}{q}$ 只有有限多个解的存在性等价于满足对于所有 $\dfrac{p}{q} \neq \alpha$,有

$$\left|\alpha - \frac{p}{q}\right| \geqslant \frac{c(\alpha, \varepsilon)}{q^{1+\varepsilon+\frac{d}{2}}}$$

的常数 $c(\alpha, \varepsilon)$ 的存在性. 我们将在本题和问题 14 的解答中使用它.

首先我们假设

$$\left|\alpha - \frac{p}{q}\right| < \frac{1}{q^{1+\delta+\frac{d}{2}}}$$

有有限多个解,那么显然存在一个下界 C,满足

$$\left|\alpha - \frac{p}{q}\right| \geqslant \frac{C}{q^{1+\delta+\frac{d}{2}}}$$

其中 $C = \min c_i$,并且每个 $c_i > 0$ 的选择都满足

Hurwitz 定理

$$\left|\alpha - \frac{p_i}{q_i}\right| \geq \frac{c_i}{q_i^{1+\delta+\frac{d}{2}}}$$

有限多个 c_i 意味着正的最小值,因此 C 是正的.

反过来,若对于所有 $0 < \delta < \varepsilon$,存在 $c(\alpha, \delta)$ 满足对于所有 $\frac{p}{q} \neq \alpha$,有

$$\left|\alpha - \frac{p}{q}\right| \geq \frac{c(\alpha, \delta)}{q^{1+\delta+\frac{d}{2}}}$$

那么当

$$\left|\alpha - \frac{p}{q}\right| < \frac{1}{q^{1+\varepsilon+\frac{d}{2}}}$$

时,我们有 $0 < c(\alpha, \delta) < q^{\delta-\varepsilon}$,这对于 $\delta < \varepsilon$ 仅对有限多个 $\frac{p}{q}$ 成立.

因此等价地,我们必须生成一个只依赖于 α 和 ε 的常数 $c(\alpha, \varepsilon)$,满足对于所有 $\frac{p}{q} \neq \alpha$,有

$$\left|\alpha - \frac{p}{q}\right| \geq \frac{c(\alpha, \varepsilon)}{q^{1+\varepsilon+\frac{d}{2}}}$$

若 $\alpha \notin \mathbf{R}$,我们知道 $\left|\alpha - \frac{p}{q}\right| \geq \mathrm{Im}(\alpha) > 0$,并且对于足够大的 q 我们得到矛盾. 因此 q 是有界的,并且对于固定的 q,对于 p 的选择的个数是有限的(由不等式),从而我们总共有有限多个解. 那么我们的问题简化为 $\alpha \in \mathbf{R}$ 的情形. 若 $d = 1$,我们有 $\alpha = \frac{a}{b}$,其中 a, b 为整数. 对于 $\frac{p}{q} \neq \alpha$,我们看出

第 10 章　普林斯顿大学数学能力测验中的 Diophantus 逼近问题

$$\left|\alpha - \frac{p}{q}\right| \geqslant \frac{1}{qb} \geqslant \frac{1}{bq^{\frac{3}{2}+\varepsilon}}$$

并且取 $c(\alpha,\varepsilon) = \frac{1}{b}$. 若 $d=2$, 我们有 $\alpha' \in \mathbf{R}, \alpha' \neq \alpha$, 使得

$$P(x) = x^2 + ax + b = (x-\alpha)(x-\alpha')$$

并且 $a,b \in \mathbf{Z}$. 对于 $\frac{p}{q} \in \mathbf{Q}$, 我们有

$$\left|P\left(\frac{p}{q}\right)\right| \geqslant \frac{1}{q^2}$$

若 $\left|\alpha - \frac{p}{q}\right| < 1$, 我们有

$$\left|\alpha - \frac{p}{q}\right| = \frac{\left|P\left(\frac{p}{q}\right)\right|}{\left|\alpha' - \frac{p}{q}\right|} > \frac{1}{(1+|\alpha-\alpha'|)q^2}$$

并且取

$$c(\alpha,\varepsilon) = \min\left\{1, \frac{1}{1+|\alpha-\alpha'|}\right\}$$

最后当 $\alpha \in \mathbf{R}$ 且 $|\alpha| > \frac{1}{2}$ 时, 取整数 n 使得 $n+\alpha \in I$, 并且观察到集合

$$\left\{\frac{p}{q} \mid \left|(\alpha+n) - \frac{p}{q}\right| < \frac{1}{q^{1+\varepsilon+\frac{d}{2}}}\right\}$$

的有限性等价于集合

$$\left\{\frac{p'}{q} = \frac{p-n}{q} \mid \left|\alpha - \frac{p'}{q}\right| < \frac{1}{q^{1+\varepsilon+\frac{d}{2}}}\right\}$$

的有限性.

Hurwitz 定理

问题 11 令 $d, m, n \in \mathbf{Z}_+$ 满足 $d \geqslant 3$ 和 $1 < \dfrac{md}{n+1} < 2$, 并且令

$$\lambda = 1 - \dfrac{md}{2n+2}$$

令 α 为 I 中度数等于 d 的代数整数. 证明: 存在 $P(X)$, $Q(X) \in \mathbf{Z}[X]$, 满足:

(1) $\deg P \leqslant n$, $\deg Q \leqslant n$;

(2) 对于某个只依赖于 α 的 $c_1 > 1$, 有 $\| P \| \leqslant c_1^{\frac{n}{\lambda}}$, $\| Q \| \leqslant c_1^{\frac{n}{\lambda}}$;

(3) 对于所有 $0 \leqslant j < m$, 有 $D_j(P + \alpha Q)(\alpha) = 0$;

(4) $\dfrac{P(X)}{Q(X)}$ 不是 X 中的常数.

提示: 写出一些线性方程并且使用问题 9 解出 P, Q 的系数.

解 记

$$P(x) = \sum_{i=0}^{n} a_i x^i$$

$$Q(x) = \sum_{i=0}^{n} b_i x^i$$

我们只需去求解以某种方式满足问题中条件的 $2n+2$ 个未知系数. 第三个条件给出: 对于 $0 \leqslant j < m$, 有

$$\sum_{i=0}^{n} \binom{i}{j}(a_i \alpha^{i-j} + b_i \alpha^{i-j+1}) = 0$$

其中当 $j > i$ 时, $\binom{i}{j} = 0$. 由问题 6 的第四部分, 对于 $0 \leqslant j < m$ 和 $c_{r,k} < c_0^r$, 我们有

第 10 章 普林斯顿大学数学能力测验中的 Diophantus 逼近问题

$$\sum_{k=0}^{d-1} \alpha^k \sum_{i=j}^{n} \binom{i}{j} (c_{i-j,k} a_i + c_{i-j+1,k} b_i) = 0$$

其中 $c_0 > 1$ 只依赖于 α. 这个结论成立当且仅当在上面 m 个方程的每一个中,对于 $0 \leq k < d$, α^k 的系数都是 0,从而我们得到含有 $2n+2$ 个未知数 a_i, b_i 的 dm 个线性方程,其整系数 $\binom{i}{j} c_{r,k}$ 的绝对值以 $(2c_0)^n$ 为上界. 由于 $2n+2 > dm$,由问题 9 知, a_i, b_i 的解存在,其绝对值以

$$(2n+2) A^{\frac{md}{2n+2-md}} < (2n+2) A^{\frac{1}{\lambda}} \leq (8c_0)^{\frac{n}{\lambda}}$$

为上界,这个上界需要取 $c_1 = 8c_0$.

我们剩下的就是要证明这些多项式不恒等于零并且相互不成常数倍关系. 不失一般性,假设 $Q \neq 0$ 但对于某个常数 $c \in \mathbf{Q}$(可能是 0)有 $P = cQ$. 由第三个条件,因为对 $0 \leq j < m, D_j(R(x))(\alpha) = 0$,由问题 4 我们有 $R(x) = (c+\alpha) Q(x)$ 在 $x = \alpha$ 有重数至少为 m 的零点. 由于 $c \in \mathbf{Q}$,我们有 $c + \alpha \neq 0$,并且 $Q(x) = (c+\alpha)^{-1} R(x)$ 在 $x = \alpha$ 有阶数至少为 m 的零点. 由于 $\lambda < \frac{1}{2}$,我们得到 $\deg(Q) = n \geq md > n+1$,矛盾.

问题 12 设 $d, n, \lambda, m, \alpha, P, Q, c_1$ 如问题 11. 令 $u = \frac{p}{q}$ 和 $v = \frac{r}{s}$ 为最简分数形式的有理数,满足 $q, s \geq 2$ 并且对于某个 $\mu > 1$,有

$$|\alpha - u| < \frac{1}{q^\mu}$$

$$|\alpha - v| < \frac{1}{s^\mu}$$

Hurwitz 定理

证明: 对于所有 $0 \leq j < m$, 存在只依赖于 α 的 $c_2 > 1$, 有
$$|D_j(P+vQ)(u)| \leq c_2^{\frac{n}{\lambda}} \left(\frac{1}{q^{\mu(m-j)}} + \frac{1}{s^\mu} \right)$$

提示: 使用 10.2.2 中关于 D_k 和 $\|\cdot\|$ 的多个事实.

解 令
$$F(x,y) = P(x) + yQ(x)$$

由问题 11, $F(x,\alpha)$ 在 α 有重数至少为 m 的零点, 因此
$$F(x,y) = F(x,\alpha) + (y-\alpha)Q(x)$$
$$= (x-\alpha)^m R(x) + (y-\alpha)Q(x)$$

其中 $R \in \mathbf{C}[x]$. 由
$$D(fg) = fD(g) + gD(f)$$
和
$$D_j = j! \, D_1^{(j)}$$
我们得到
$$D_j F(x,y) = (x-\alpha)^{m-j} S(x) + (y-\alpha) D_j Q(x)$$

其中 $S \in \mathbf{C}[x]$. 使用 10.2.2 中的结果以及 $|u| < 1$, $|v| < 1$, 我们得到
$$|D_j(F)(u,v)| = |(u-\alpha)^{m-j} S(u) + (v-\alpha) D_j Q(u)|$$
$$\leq q^{-\mu(m-j)}(n+1) \|S\| + s^{-\mu}(n+1) \|D_j Q\|$$

现在
$$\|D_j Q\| \leq (2c_1)^{\frac{n}{\lambda}}$$
并且
$$D_j F(x,\alpha) = (x-\alpha)^{m-j} S(x)$$

因为 $\deg S \leq n < 2^n$, $|\alpha| < 1$ 且 $\|D_j P\| \leq (2c_1)^{\frac{n}{\lambda}}$, $\|D_j Q\| \leq (2c_1)^{\frac{n}{\lambda}}$, 我们由 10.2.2 中的结果得到

第10章 普林斯顿大学数学能力测验中的 Diophantus 逼近问题

$$\|S\| < (\deg S + 1)(\frac{2}{|\alpha|})^{n-j} \|D_j F(x,\alpha)\| \leq (\frac{16c_1}{\alpha})^{\frac{n}{\lambda}}$$

由于 $2(n+1) \leq 4^n$，取 $c_2 = \frac{64c_1}{|\alpha|}$ 即得到我们需要的估计.

问题 13 设 $d, n, \lambda, m, \alpha, P, Q, u = \frac{p}{q}, v = \frac{r}{s}$ 如问题 12. 证明：对于某个 $h \in \mathbf{Z}_+$，满足

$$h \leq 1 + \frac{\left(\frac{c_3}{\lambda}\right)n}{\log q}$$

$$D_h(P + vQ)(u) \neq 0$$

其中 $c_3 > 0$ 只依赖于 α. 注意这里 $\log q = \log_e q$.

提示：回忆问题 8 中的第四部分.

解 观察到因为 P, Q 不是成比例的，所以由问题 5，得

$$W = D(P)Q - D(Q)P \neq 0$$

反复应用

$$D(fg) = fD(g) + gD(f)$$

我们有

$$D^{(j)}(W) = \sum_{i=0}^{j} \binom{j}{i}(D^{(i+1)}(P)D^{(j-i)}(Q) - D^{(j-i)}(P)D^{(i+1)}(Q))$$

令 h 为满足 $D_h(P + vQ)(u) \neq 0$ 的最小正整数. 我们知道，由于作为多项式 $P + vQ \neq 0$，因此 h 存在，那么对于 $0 \leq j < h$ 我们有

$$(D_j(P) + vD_j(Q))(u) = 0$$

Hurwitz 定理

消去 v 得到方程

$$(D_j(P)D_i(Q) - D_i(P)D_j(Q))(u) = 0 \quad (0 \leqslant i, j < h)$$

因此对于 $0 \leqslant j < h - 1$，有

$$D_j(W) = (j!)^{-1} D^{(j)}(u) = 0$$

那么 W 在 $x = u$ 有阶数至少为 $h - 1$ 的零点. 由问题 8 的第四部分，我们知道 $q^{h-1} \leqslant \|W\|$，并且

$$\|W\| \leqslant 2n \|PQ\| \leqslant 2n(2n+1) c_1^{\frac{2n}{\lambda}} \leqslant (4c_1^2)^{\frac{n}{\lambda}}$$

取 $c_3 = \log(4c_1^2)$ 即得到我们需要的结果.

问题 14 令 $0 < \varepsilon < \dfrac{1}{2}$. 证明：对于所有度数 $d \geqslant 1$ 的 $\alpha \in \overline{\mathbf{Q}}$，有

$$\left| \alpha - \frac{p}{q} \right| < \frac{1}{q^{1+\varepsilon+\frac{d}{2}}}$$

对于最简分数形式的有理数 $\dfrac{p}{q}$ 只有有限多个解.

提示：假设存在无限多个解. 令 t 为满足 $t > \dfrac{4d}{\varepsilon} - 2$ 的偶数，并且令 $\mu = 1 + \varepsilon + \dfrac{d}{2}$. 给出 t，小心地选择 n，$\lambda, m, P, Q, u = \dfrac{p}{q}, v = \dfrac{r}{s}$，它们的意义如问题 13（由无限多个解的假设 u, v 存在），生成一个问题 12 的结论和问题 13 的结论之间的矛盾.

解 由问题 6 的第二部分，只要证明这个定理对于代数整数 β 成立就可以了，因为对于任何 α，我们可以令 $\beta = k\alpha$，并且若对于任何分数 $\dfrac{p}{q} \neq k\alpha$，有

第10章 普林斯顿大学数学能力测验中的 Diophantus 逼近问题

$$\left| k\alpha - \frac{p}{q} \right| > \frac{c}{q^{1+\varepsilon+\frac{d}{2}}}$$

对于任何分数 $\frac{p}{kq} \neq \alpha$,有

$$\left| \alpha - \frac{p}{kq} \right| > \frac{\frac{c}{k}}{q^{1+\varepsilon+\frac{d}{2}}}$$

那么若我们证明在第一个情形中 c 存在,由问题10的解答,对于 $\frac{p}{q}$ 只有有限多个解.

利用问题10,问题简化为 $d \geq 3$ 并且在 I 中 α 是代数整数的情形. 假设对于无限多个 $\frac{p}{q} \in \mathbf{Q}$,有

$$\left| \alpha - \frac{p}{q} \right| < \frac{1}{q^{1+\varepsilon+\frac{d}{2}}}$$

选择逼近:固定偶数 t,使得

$$\lambda = \frac{2}{2+t} < \frac{\varepsilon}{2d}$$

那么 $0 < \lambda < \frac{1}{12}$ 且 $t \geq 24$. 令 n 取遍定义为 $n = i\left(\frac{t}{2}+1\right)d - 1, i \in \mathbf{N}$ 的算术级数,并且令

$$m = \frac{(2n+2)(1-\lambda)}{d} = it$$

取 $c = \max\{c_1^{\frac{1}{2}}, c_2^{\frac{1}{2}}, c_3^{\frac{1}{2}}\}$(取自前面几个问题),并且设

$$\mu = 1 + \varepsilon + \frac{d}{2}$$

且

Hurwitz 定理

$$\delta = (1 + \frac{2\varepsilon}{d})(1-\lambda) - 1$$

在无限多个可用的分数中选择两个有理逼近 $u = \frac{p}{q}$ 和 $v = \frac{r}{s}$,满足 $(p,q) = (r,s) = 1, 2 \leq q < s$,并且:

(1) $|\alpha - u| < q^{-\mu}$;

(2) $|\alpha - v| < s^{-\mu}$;

(3) $\log q > \frac{2cd\mu}{\delta}$;

(4) $\log s > (t + \frac{2(\mu+t)}{\delta})\log q.$

取 $m = it$ 满足

$$\frac{\log s}{\log q} - t \leq m < \frac{\log s}{\log q}$$

并且 $n = i(\frac{t}{2}+1)d - 1$. 使用问题 11 取多项式 P, Q, 并且满足 $w = D_h(P + vQ)(u) \neq 0$ 的最小的 h.

我们得出一个矛盾: 由 m 的下界和上面的第四条假设, 我们得到 $m > 6t > 100$. 由于 $\frac{4n}{d} \geq \frac{2(n+1)}{d} > m > 100$, 我们得到 $n > 25d$. 由前面问题的结果 $n > 2d$, 并且因为

$$h \leq 1 + \frac{cn}{\log q} < 1 + \frac{n}{2d} < \frac{n}{d} < \frac{11}{6} \cdot \frac{n+1}{d}$$

$$< \frac{(2n+2)(1-\lambda)}{d} = m$$

得到 $h < m$. 我们有

第10章 普林斯顿大学数学能力测验中的 Diophantus 逼近问题

$$(q^{n-h}s)^{-1} \leqslant |w| < c^n(q^{-\mu(m-h)} + s^{-\mu})$$
$$\leqslant (2c)^n q^{-\mu(m-h)}$$

第一个不等式由 $w \neq 0$ 和 $q^{n-h}sw \in \mathbf{Z}$ 得到,因为 $D_h P$, $D_h jQ \in \mathbf{Z}[x]$ 并且度数最多是 $n-h$. 第二个不等式由问题 12 和 $s > q^m$ 得到. 由 m 的下界,我们取对数得到

$$\mu m - \mu h + h - n \leqslant \frac{\log s}{\log q} + n \frac{\log(2c)}{\log q}$$
$$\leqslant m + t + n \frac{\log(2c)}{\log q}$$

因为:

(1) 由问题 9, $h \leqslant 1 + \frac{cn}{\log q}$;

(2) $(\mu - 1)m - n > \left(\varepsilon + \frac{d}{2}\right) \cdot 2n(1-\lambda) - n = \delta n$;

(3) $\log q < \frac{2cd\mu}{\delta}$.

上面的内容化简为 $n \leqslant \frac{2(\mu+t)}{\delta}$,它对大的 i 不成立,从而我们得到矛盾.

10.3 解 Diophantus 方程的 Diophantus 逼近方法

我国数论专家上海华东师范大学的曹珍富教授在 20 世纪 90 年代就指出:Diophantus 逼近的成果被用来求解 Diophantus 方程是十分自然的. 因为 Diophantus 逼近的主要研究任务是确定有理数逼近一个实数的精度,因此可利用 Diophantus 逼近的成果来证明

Diophantus 方程的解数有限或无限,也可以确定出 Diophantus 方程解的范围,再使用计算方法给出方程的全部整数解.

下面我们列出 Diophantus 逼近的一些结果,这些结果都在解 Diophantus 方程中发挥了重要作用.

Ⅰ. 有理数逼近代数数有过一些工作. 一个简单的结果是 Dirichlet 定理:设 θ 是一个无理数,则有无穷多对整数 $x,y>0$ 适合不等式

$$\left|\frac{x}{y}-\theta\right|<\frac{1}{y^2}$$

假设 θ 是一个 $n>1$ 次实的代数数. 1909 年 Thue 证明了对任给的 $\varepsilon>0$,当 $\mu=\frac{1}{2}n+1$ 时,满足不等式

$$\left|\frac{x}{y}-\theta\right|<\frac{1}{y^{\mu+\varepsilon}} \tag{1}$$

的整数 $x,y>0$ 仅有有限组. 后来,Siegel 和 Dyson 又分别把式(1)中的 μ 改进为 $\mu=\min_{1\leqslant s\leqslant n-1}\left(s+\frac{n}{s+1}\right)$ 和 $\mu=\sqrt{2n}$. 显然,这些改进都与代数数 θ 的次数有关. 1955 年,Roth 得到了突破性的结果,他的结果与 θ 的次数无关. Roth 证明了:对任给的 $\varepsilon>0$,满足不等式

$$\left|\frac{x}{y}-\theta\right|<\frac{1}{y^{2+\varepsilon}}$$

的整数 x,y 只有有限组. 由 Dirichlet 定理知,Roth 的这一结果已不能再改进了. Roth 的这一重要结果获得了 1958 年国际数学家大会的菲尔兹奖.

Ⅱ. 1966 年前后,Baker 证明了一个十分重要的定理:设 $\alpha_1,\cdots,\alpha_n$ 是 $n>1$ 个非零代数数,$\alpha_i(i=1,\cdots,$

n) 的次数和高分别不超过 $d \geq 4$ 和 $h \geq 4$. 如果存在整数 $b_1, \cdots, b_n$, 满足

$$0 < |b_1 \log \alpha_1 + \cdots + b_n \log \alpha_n| < e^{-\delta H}$$

这里 $0 < \delta \leq 1, H = \max(|b_1|, \cdots, |b_n|)$, 则

$$H < (4^{n^2} \delta^{-1} d^{2n} \log h)^{2(2n+1)}$$

这里所谓代数数 α 的次数 d 和高 h, 是指 α 所适合的整系数不可约多项式 $a_m x^m + \cdots + a_1 x + a_0 (a_m \neq 0)$ 的次数 m 和系数 $|a_j|(j = 0, 1, \cdots, m)$ 的最大值, 即

$$h = \max(|a_0|, |a_1|, \cdots, |a_m|)$$

利用 Baker 定理可以给出一类 Diophantus 方程解的范围. 对于仅有有限个解的 Diophantus 方程, 有希望给出它们解的上界. 而给出了上界, 便存在一个有效的计算方法给出全部解, 因而使用 Baker 定理的方法又称为"有效方法". Baker 因为这项出色的工作, 获得了 1970 年国际数学家大会的菲尔兹奖.

Ⅲ. 我们引进函数

$$F(\alpha, \beta, \gamma, z) = 1 + \frac{\alpha \cdot \beta}{1 \cdot \gamma} z + \frac{\alpha(\alpha+1) \cdot \beta(\beta+1)}{1 \cdot 2 \cdot \gamma(\gamma+1)} z^2 + \cdots$$

易知该函数右端的幂级数在 $|z| < 1$ 或 $z = 1, \gamma - \alpha - \beta > 0$ 时是收敛的, 而且它满足微分方程

$$z(z-1)F'' + [(\alpha + \beta + 1)z - \gamma]F' + \alpha\beta F = 0$$

设 n_1, n_2 是正整数, $n = n_1 + n_2, n_2 \geq n_1$. 令

$$G(z) = F(-\frac{1}{2} - n_2, -n_1, -n, z)$$

$$H(z) = F(\frac{1}{2} - n_1, -n_2, -n, z)$$

以及

Hurwitz 定理

$$E(z) = \frac{F(n_2+1, n_1+\frac{1}{2}, n+2, z)}{F(n_2+1, n_1+\frac{1}{2}, n+2, 1)}$$

则 Beukers 证明了 $G(z)$ 和 $H(z)$ 是次数分别为 n_1, n_2 的多项式,且

$$G(z) - H(z)\sqrt{1-z} = z^{n+1} G(1) E(z)$$

从而推出:

(1) $|G(z) - H(z)\sqrt{1-z}| < G(1)|z|^{n+1}, |z| < 1;$

(2) $G(1) < G(z) < G(0) = 1, 0 < z < 1;$

(3) $G(1) = \binom{n}{n_1}^{-1} \prod_{m=1}^{n_1}\left(1 - \frac{1}{2m}\right);$

(4) $\binom{n}{n_1} G(z) = \sum_{k=0}^{n_1}\binom{n_2+\frac{1}{2}}{k}\binom{n-k}{n_2}(-z)^k;$

(5) $\binom{n}{n_1} H(z) = \sum_{k=0}^{n_2}\binom{n_1-\frac{1}{2}}{k}\binom{n-k}{n_1}(-z)^k;$

(6) 设

$$G^*(z) = F\left(-\frac{1}{2} - (n_2+1), -(n_1+1), -(n+2), z\right)$$

$$H^*(z) = F\left(\frac{1}{2} - (n_1+1), -(n_2+1), -(n+2), z\right)$$

则有

$$G^*(z)H(z) - H^*(z)G(z) = cz^{n+1}$$

这里 $c \neq 0$ 是常数.

利用(1)~(6)可以证明 Diophantus 逼近中的一些结果. 例如 1981 年, Beukers 证明了以下定理:设

$m \in \mathbf{Z}$, 则对所有整数 x, 均有

$$\left| \frac{x}{2^m} - \sqrt{2} \right| > 2^{-1.8m - 43.9}$$

现在我们利用 I ~ III 来解决几种不同类型的 Diophantus 方程.

例1 设 $n \geqslant 3$, 且

$$f(x,y) = a_0 x^n + a_1 x^{n-1} y + \cdots + a_n y^n$$

为不可约齐次多项式. 如果 $g(x,y) = \sum_{r+s \leqslant n-3} b_{rs} x^r y^s$ 为一个次数最多为 $n - 3$ 的有理系数多项式, 则 Diophantus 方程

$$f(x,y) = g(x,y) \tag{2}$$

最多只有有限组整数解 x, y.

证明 由于 x, y 的对称位置, 不妨设 $|x| \leqslant |y|$. 如果 $y = 0$, 则由

$$|x| \leqslant |y| = 0$$

知 $x = 0$. 现在可设 $y > 0$(因为 $y < 0$ 可将负号并入系数中去), 令 $\alpha_1, \cdots, \alpha_n$ 为方程 $f(x,1) = 0$ 的 n 个根, 记 $G = \max_{r+s \leqslant n-3} |b_{rs}|$, 则由式(1)得

$$|\alpha_0(x - \alpha_1 y) \cdots (x - \alpha_n y)|$$
$$\leqslant G(1 + 2y + \cdots + (n-2)y^{n-3})$$
$$\leqslant n^2 G y^{n-3} \tag{3}$$

故存在一个 $j(1 \leqslant j \leqslant n)$, 使得

$$|x - \alpha_j y| < c y^{1 - \frac{3}{n}}$$

这里 $c = \left(\frac{n^2 G}{|\alpha_0|} \right)^{\frac{1}{n}}$ 为正常数. 因为 $f(x,1)$ 为不可约多项式, 所以 $\alpha_1, \cdots, \alpha_n$ 中任两个都不同, 因此对于 $1 \leqslant i \neq$

$j \leqslant n$,有 $|\alpha_i - \alpha_j| > c_1 > 0$,所以在 $i \neq j$ 时存在正常数 $c_2 < c_1$,当 $y > \left(\dfrac{c}{c_1 - c_2}\right)^{\frac{n}{3}}$ 时有

$$|x - \alpha_i y| = |(\alpha_j - \alpha_i)y + (x - \alpha_j y)|$$
$$> c_1 y - c y^{1-\frac{3}{n}} > c_2 y$$

故

$$\prod_{1 \leqslant i \neq j \leqslant n} |x - \alpha_i y| > (c_2 y)^{n-1} \quad (4)$$

由式(3)和(4)得出

$$|x - \alpha_j y| < \frac{c_3}{y^2} \quad (5)$$

此处 $c_3 = \dfrac{c^n}{c_2^{n-1}}$ 为一个正常数. 现在由式(5)即得

$$\left|\frac{x}{y} - \alpha_j\right| < \frac{c_3}{y^3} < \frac{1}{y^{2+\varepsilon}} \quad (1 > \varepsilon > 0)$$

由 I 中的 Roth 定理知,适合此式的 $x, y > 0$ 只有有限组,这就证明了例 1. 证毕.

很自然地,例 1 中的 $n = 2$ 时结果如何?由 I 中的 Dirichlet 定理可推出,如果方程

$$ax^2 + bxy + cy^2 + dx + ey + f = 0$$

有解,则必有无穷多组解(这里, $b^2 - 4ac > 0$ 且为非平方数).

在例 1 中,利用 Baker 的有效方法,可以确定出解的上界.

例 2 设 Pell 方程 $x^2 - Dy^2 = 1$ 和 $x^2 - D_1 y^2 = 1$ 的基本解分别为 $\beta = x_0 + y_0 \sqrt{D}$ 和 $\beta_1 = x_1 + y_1 \sqrt{D_1}$,则 Pell 方程组

第 10 章 普林斯顿大学数学能力测验中的 Diophantus 逼近问题

的整数解满足
$$x^2 - Dy^2 = 1, y^2 - D_1 z^2 = 1 \qquad (6)$$

$$|y| < M^{21\,470} N^{49}$$

这里 $M = \max(\beta, \beta_1)$, $N = \log \max(2x_0, 2x_1, D)$.

证明 我们用 Ⅱ 中 Baker 定理来证明. 设 x, y, z 是式 (6) 的整数解,则有

$$|y| = \frac{\beta^n - \overline{\beta}^n}{2\sqrt{D}} = \frac{\beta_1^m + \overline{\beta_1^m}}{2} \quad (m \geqslant 0, n \geqslant 0) \qquad (7)$$

其中

$$\overline{\beta} = x_0 - y_0 \sqrt{D}, \overline{\beta_1} = x_1 - y_1 \sqrt{D_1}$$

且

$$\beta \overline{\beta} = \beta_1 \overline{\beta_1} = 1$$

令

$$P = \frac{\beta^n}{2\sqrt{D}}, Q = \frac{\beta_1^m}{2}$$

则

$$P^{-1} = 2\sqrt{D}\,\overline{\beta}^n, Q^{-1} = 2\overline{\beta_1}^m$$

于是式 (7) 给出

$$P - P^{-1} \cdot \frac{1}{4D} = Q + Q^{-1} \cdot \frac{1}{4} \qquad (8)$$

因为 $P^{-1} > 0, Q^{-1} > 0$, 故式 (8) 给出 $P > Q$, 从而 $P^{-1} < Q^{-1}$, 于是由 $Q^{-1} < 1$ 知

$$P = P^{-1} \cdot \frac{1}{4D} + Q + Q^{-1} \cdot \frac{1}{4}$$
$$< Q^{-1} \cdot \frac{1}{4D} + Q + Q^{-1} \cdot \frac{1}{4}$$

Hurwitz 定理

$$= Q + Q^{-1} \cdot \frac{D+1}{4D} < Q + \frac{D+1}{4D}$$

故

$$Q > P - \frac{D+1}{4D} \tag{9}$$

另一方面,假设 $n \geq 3$,则

$$P = \frac{\beta^n}{2\sqrt{D}} \geq \frac{(1+\sqrt{D})^3}{2\sqrt{D}}$$

$$= \frac{1}{2\sqrt{D}} + \frac{3}{2} + \frac{3}{2}\sqrt{D} + \frac{D}{2}$$

$$> \frac{1}{2}\left(\frac{1}{\sqrt{D}} + 1\right) + \frac{D}{2}\left(\frac{1}{\sqrt{D}} + 1\right)$$

$$= \frac{D+1}{2}\left(\frac{1}{\sqrt{D}} + 1\right)$$

$$> \frac{D+1}{2} \cdot \frac{D+1}{4D} \tag{10}$$

因此由式(9)和式(10)得出

$$Q^{-1} < \left(P - \frac{D+1}{4D}\right)^{-1} < P^{-1} \cdot \frac{D+1}{D-1} \tag{11}$$

再从式(8)和式(11)知

$$P - Q = P^{-1} \cdot \frac{1}{4D} + Q^{-1} \cdot \frac{1}{4}$$

$$< P^{-1} \cdot \left(\frac{1}{4D} + \frac{D+1}{4(D-1)}\right)$$

因此,当 $j \geq 3$ 时

$$\frac{(P-Q)^j}{jP^j} < \frac{(P-Q)^2}{2^{j-1}P^2}$$

现在

第 10 章 普林斯顿大学数学能力测验中的 Diophantus 逼近问题

$$0 < \log \frac{P}{Q} = \log \frac{1}{1 - \frac{P-Q}{P}}$$

$$= \frac{P-Q}{P} + \frac{(P-Q)^2}{2P^2} + \sum_{j=3}^{\infty} \frac{(P-Q)^i}{jP^j}$$

$$< \frac{P-Q}{P} + \frac{(P-Q)^2}{2P^2} \sum_{j=1}^{\infty} \frac{1}{2^{j-1}}$$

$$= \frac{P-Q}{P} + \frac{(P-Q)^2}{P^2}$$

$$< P^{-2} \cdot \left(\frac{1}{4D} + \frac{D+1}{4(D-1)} \right) + P^{-4} \cdot \left(\frac{1}{4D} + \frac{D+1}{4(D-1)} \right)^2$$

$$< P^{-2} \cdot \left(\frac{1}{4D} + \frac{D+1}{4(D-1)} \right) \left[1 + \frac{16D(D^2+2D-1)}{(D-1)(D+1)^4} \right]$$

故把 $P = \dfrac{\beta^n}{2\sqrt{D}}, Q = \dfrac{\beta_1^m}{2}$ 代入上式得

$$0 < n\log \beta - \log \sqrt{D} - m\log \beta_1$$

$$< D \left(\frac{1}{D} + \frac{D+1}{D-1} \right) \left[1 + \frac{16D(D^2+2D-1)}{(D-1)(D+1)^4} \right] \beta^{-2n}$$

$$\tag{12}$$

如果 $n \geq m$,那么式(12)右端小于 e^{-n},故由 Ⅱ 中的 Baker 定理知

$$n \leq [4^9 \cdot 4^6 \log \max(2x_0, 2x_1, D)]^{49} = 2^{1\,470} N^{49}$$

如果 $n < m$,那么由 $P > Q$,我们有

$$D\beta^{-2n} < \beta_1^{-2m}$$

因此式(12)右端小于 e^{-m},故由 Baker 定理知

$$m < 2^{1\,470} N^{49}$$

于是,从式(7)知

$$|y| < (\max(\beta, \beta_1))^{\max(m,n)} < M^{2^{1\,470} \cdot N^{49}}$$

证毕.

由例 2 知,Pell 方程组(6)最多仅有有限组整数解. 对于某些给定值的 D,D_1,利用 Baker 的有效方法加上一些计算可以给出(6)的全部整数解.

例 3 Pell 方程组
$$x^2 - 2y^2 = 1, y^2 - 3z^2 = 1 \qquad (13)$$
仅有整数解 $x = \pm 3, y = \pm 2, z = \pm 1$.

证明 由于式(13)中两个 Pell 方程基本解分别为 $\beta = 3 + 2\sqrt{2}, \beta_1 = 2 + \sqrt{3}$,故由例 2 知
$$|y| < (3 + 2\sqrt{2})^{2^{1470} \cdot (\log 6)^{49}} < 5^{10^{460}}$$
这个界虽然很大,但 Grinetead 提出了一个用计算机处理的办法. 由式(13)解出
$$|y| = \frac{\beta^n - \overline{\beta^n}}{2\sqrt{2}} = \frac{\beta_1^m + \overline{\beta_1^m}}{2} \quad (m \geqslant 0, n \geqslant 0) \qquad (14)$$
假设式(14)成立,则 Grinetead 验证了小于 1 095 的所有素数 p,发现式(14)均给出 $n \equiv 1 \pmod p$,于是
$$n \equiv 1 \left(\bmod \prod_{p < 1\,095} p\right)$$
由此知 $n = 1$ 或 $n > \prod_{p < 1\,095} p$,但由于
$$\prod_{p < 1\,095} p > 10^{460}$$
故在 $n > \prod_{p < 1\,095} p$ 时式(14)给出
$$|y| > 5^{10^{460}}$$
因此只能 $n = 1$,从而 $|y| = \dfrac{\beta - \overline{\beta}}{2\sqrt{2}} = 2$,于是给出式(13)仅有整数解 $x = \pm 3, y = \pm 2, z = \pm 1$. 证毕.

第10章 普林斯顿大学数学能力测验中的 Diophantus 逼近问题

例4 设 $D \neq 0 \in \mathbf{Z}$,如果 Diophantus 方程

$$x^2 - D = 2^n \qquad (15)$$

有正整数解,那么 $n < 435 + \dfrac{10\log|D|}{\log 2}$.

证明 如果 n 为偶数,那么式(15)给出

$$|D| = |x^2 - 2^n| = |x - 2^{\frac{n}{2}}| \cdot |x + 2^{\frac{n}{2}}| > 2^{\frac{n}{2}}$$

故 $n < \dfrac{2\log|D|}{\log 2}$,即结论成立.

现设 $2 \nmid n, n = 2m+1$,则由 III 中 Beukers 定理知

$$\left|\frac{x}{2^m} - \sqrt{2}\right| > 2^{-1.8m - 43.9}$$

故

$$\left|\frac{x}{2^{\frac{n}{2}}} - 1\right| > 2^{-0.9n - 43.5} \qquad (16)$$

现由式(15)推出 $\left|\dfrac{x}{2^{\frac{n}{2}}} - 1\right| < |D|2^{-n}$,故结合式(16)得出 $n < 435 + \dfrac{10\log|D|}{\log 2}$. 证毕.

最后指出,利用 I~III 中的结果可以给出许多著名问题的解答. 对于 III,由于从(1)~(6)可以推出一系列 Diophantus 不等式,故可用来解更为广泛的 Diophantus 方程.

来自爱丁堡国际会议的文献

11.1 代数数的有理逼近

1. 令 α 是任意的代数无理数. 假设存在无穷多个有理数 $\dfrac{h}{q}$, 满足不等式

$$\left|\alpha - \dfrac{h}{q}\right| < \dfrac{1}{q^k} \qquad (1)$$

在 1955 年我证明了 $k \leqslant 2$ 的情形, 下面我将设法给出这个事实的证明过程及介绍一些可能的推广, 同时介绍关于适用方法的有界性问题.

显然, 不失一般性, α 可以认为是整代数数. 从而, 我们将假设数 α 是下面多次式的根

$$f(x) = x^n + a_1 x^{n-1} + \cdots + a_n \qquad (2)$$

其中系数为整数, 首项系数为 1.

2. 在早期工作中, 致力于研究两个变量多项式有界的问题. 已经早就很明显继

续的推导要求利用变量大的数的多项式,为实现最终的结果,变量的值应该是相当大的,不难定义这样的性质,应该具有多项式能够作为预期的目标.

令 $\frac{h_1}{q_1},\cdots,\frac{h_m}{q_m}$ 是有理逼近数 α 的集合,满足不等式(1),用记号 $Q(x_1,\cdots,x_m)$ 表示一些整系数多项式,相对变量 x_j 的幂不超过数 r_j(对于所有下标 j 来说),当下面不等式成立

$$\left| Q\left(\frac{h_1}{q_1},\cdots,\frac{h_m}{q_m}\right) \right| \geqslant \frac{1}{P} \qquad (3)$$

这里 $P = q_1^{h_1}\cdots q_m^{h_m}$,当然,在下面情况下

$$Q\left(\frac{h_1}{q_1},\cdots,\frac{h_m}{q_m}\right) \neq 0$$

令 $Q(\frac{h_1}{q_1},\cdots,\frac{h_m}{q_m})$ 的 Taylor 级数展开式的值的幂差分在 $\frac{h_1}{q_1}-\alpha,\cdots,\frac{h_m}{q_m}-\alpha$ 上有形式

$$\sum_{i_1}\cdots\sum_{i_m} Q_{i_1\cdots i_m}\left(\frac{h_1}{q_1}-\alpha\right)^{i_1}\cdots\left(\frac{h_m}{q_m}-\alpha\right)^{i_m}$$

假设现在多项式 Q 具有如下性质:

(A) $\quad \sum_{i_1}\cdots\sum_{i_m} |Q_{i_1\cdots i_m}| < P^{\Delta}$

这里 Δ 是一个任意小的数;

(B) $Q_{i_1\cdots i_m} = 0$ 对于所有的 $i_1,\cdots,i_m$ 满足不等式

$$q_1^{i_1}\cdots q_m^{i_m} \leqslant P^{\varphi} \quad (\varphi > 0)$$

对任意项进行 Taylor 展开(非零系数)得到估计值

Hurwitz 定理

$$\left|\frac{h_1}{q_1}-\alpha\right|^{i_1}\cdots\left|\frac{h_m}{q_m}-\alpha\right|^{i_m}<\frac{1}{(q_1^{i_1}\cdots q_m^{i_m})^k}<\frac{1}{P^{k\varphi}}$$

所以

$$\left|Q\left(\frac{h_1}{q_1},\cdots,\frac{h_m}{q_m}\right)\right|<\frac{1}{P^{k\varphi-\Delta}} \qquad (4)$$

从比较不等式(3)和(4)，得到

$$K<\frac{1+\Delta}{\varphi} \qquad (5)$$

不要忘记，为了证明(5)的估值，除了条件(A)和(B)，我们还需用到条件

$$(C) \qquad Q\left(\frac{h_1}{q_1},\cdots,\frac{h_m}{q_m}\right)\neq 0$$

我们证明定理，固定在存在一个多项式 Q，满足条件(A)(B)(C)且 φ 是趋近于 $\frac{1}{2}$ 的常数. 对于这个目的我们认为，数 m 很大，且适当选择逼近 $\frac{h_1}{q_1},\cdots,\frac{h_m}{q_m}$. 在这之后我们将选出这样的多项式 Q，它取决于所选择的逼近的系统.

（当 $m=2$ 时，成功得到不等式，只有常数 φ 趋近于 $n^{-\frac{1}{2}}$，这里 n 是数 α 的幂趋近于估计式 $k<cn^{\frac{1}{2}}$.）

3. 证明的合理方法如此. 假设 $k>2$，我们规定数 m 的选取足够大，规定小正数 $\delta<\frac{1}{m}$ 将直到证明结束为止. 在我们令这个数趋于 0 时，字母 Δ 表示任意的 δ 和 m 函数趋近于 0，当 $\delta\to 0$ 时，m 是定值.

从这开始，无穷逼近序列满足不等式(1)（假设存

第11章　来自爱丁堡国际会议的文献

在这样的序列），选出一组数 $\dfrac{h_1}{q_1},\cdots,\dfrac{h_m}{q_m}$. 选取的第一个逼近是这样的，为了使分母 q_1 是足够大的（准确的不等式的写出取决于 m,δ,α），第二个逼近是这样的，为了使分母 q_2 是相对于 q_1 足够大的，等等. 事实上，我们将构造不等式

$$\dfrac{\log q_j}{\log q_{j-1}} > \delta^{-1} \quad (j=2,\cdots,m)$$

这之后我们选取整数 $r_1,\cdots,r_m$，较数 $q_1,\cdots,q_m$ 比足够大，且满足不等式

$$q_1^{r_1} \leqslant q_j^{r_j} < q_1^{r_1(1+\frac{1}{10}\delta)} \qquad (6)$$

进行这样的选取并不困难，我们指出不等式(6)的结果

$$q_1^{mr_1} \leqslant P < q^{mr_1(1+\Delta)} \qquad (7)$$

条件(B)取现在这样的形式：Taylor 系数 $Q_{i_1\cdots i_m}$ 趋近于 0，对于所有下标组 $i_1,\cdots,i_m$，满足不等式

$$\dfrac{i_1}{r_1}+\cdots+\dfrac{i_1}{r_m} < m\varphi+\Delta \qquad (8)$$

4. 首先，我们将研究多项式 Q^* 存在性的证明，只需满足条件(A)和(B)（常数 φ，趋近于 $\dfrac{1}{2}$）. 这个证明，本质上属于 Siegel，根据 Dirichlet 定理的应用，表达式设立的难题在于怎样同时满足条件(C)，我们暂且放在一边.

假设 $B_1 = q_1^{\delta r_1}$ 且将观察到所有正整系数多项式 $W(x_1,\cdots,x_m)$ 的集合，不超过 B_1，且变量 x_j 的幂不超

Hurwitz 定理

过数 r_j. 我们试图在这个集合中找到两个多项式 W' 和 W''，它们的导数的阶 $i_1, \cdots, i_m$ 等于在点 $x_1 = \cdots = x_m = \alpha$ 对于所有的 $i_1, \cdots, i_m$ 满足不等式(8)，因为每个导数有形式

$$A_0 + A_1\alpha + \cdots + A_{n-1}\alpha^{n-1}$$

这里 $A_0, \cdots, A_{n-1}$ 是整数，我们可以估计给出的阶 $i_1, \cdots, i_m$ 可能的数值的总数，给出这个总数不超过数 $B_1^{n(1+3\delta)}$. 多项式 W 的总数在研究的集合中趋近于 B_1^r，这里 $r = (r_1 + 1) \cdots (r_m + 1)$. 因此，这些多项式的总数将大于不同的可能导数数组的数，如果下标数组的总数满足不等式(8)（补充条件，每个下标 i 不超过数与 r 数量相同的序号），那么证明比较小的数趋近于 $\dfrac{r}{n(1+3\delta)}$. 可以指出，整点的数因规定的不等式部分不超过 $\dfrac{\frac{2}{3}r}{n}$ 而限制，如果选取的常数 φ 满足条件

$$m\varphi + \Delta = \frac{1}{2}m - 3nm^{\frac{1}{2}} \qquad (9)$$

然后由于其他主多项式 $Q^* = W' - W''$ 满足条件(B)，而简单的估值表明，条件(A)也满足. 除此之外，令 $\delta \to 0$，我们得到极限

$$\varphi = \frac{1}{2} - 3nm^{-\frac{1}{2}}$$

所以，我们可以认为数 φ 需要趋近于 $\dfrac{1}{2}$，如果变量 m 很大（正是为了有可能选出 φ 趋近于 $\dfrac{1}{2}$，我们利用含

有多个变量的多项式).

5. 为寻求同时满足条件(A)(B)(C)的多项式 Q, 我们将检验刚刚建立的多项式的导数

$$Q = \frac{1}{j_1!}\left(\frac{\partial}{\partial x_1}\right)^{j_1} \cdots \frac{1}{j_m!}\left(\frac{\partial}{\partial x_m}\right)^{j_m} Q^*$$

不是高阶的, 我们认为, 多项式 Q 在点 $(\frac{h_1}{q_1}, \cdots, \frac{h_m}{q_m})$ 不趋于 0. 我们将计算 $\frac{j_1}{r_1} + \cdots + \frac{j_m}{r_m}$ 的一阶导数. 置换多项式 Q^* 的导数 Q 削弱条件(B), 但既然这个导数的阶将是 Δ 型的函数, 那么这个弱化的证明在 $\delta \to 0$ 时是无关紧要的. 条件(A)的一些变化也将发生, 但它将是微不足道的. 现在最重要的将仅是条件(C)的完成.

这样的 Δ 阶导数的存在, 建立并不容易, 然而, 这里可以预见困难, 因为多项式 Q^* 选取为了它的值在点 $(\frac{h_1}{q_1}, \cdots, \frac{h_m}{q_m})$ 的形式尽可能的更少.

在这一阶段的证明的概念引入该多项式的合适的下标在给定的点上. 我们定义了一个多项式的指数在点 $(\alpha_1, \cdots, \alpha_m)$ 关于正参数 $r_1, \cdots, r_m$ 作为这个多项式的导数的最小阶(在上述意义上定义), 在研究的点上不趋于 0. 从而我们应该证明, 多项式 Q^* 的指数在点 $(\frac{h_1}{q_1}, \cdots, \frac{h_m}{q_m})$ 是 Δ 型函数.

对于为了从表面上评估在有理点有两个变量的多项式 Q^* 的指数, 已知两种不同的方法. 其一, 属于 Siegel 的本质上是一个代数. 它基于这样的定理, 在完

Hurwitz 定理

成某些条件的多项式的指数和包括在最终点(不一定是有理的)按照它内的变量,证明多项式的幂函数是有限的。因为,多项式 Q^* 满足条件(B)(相关常数 φ),它的指数在点 $(\alpha,\cdots,\alpha)$ 和它相关的点在某种意义上,几乎是最大的。从这里可以断定,在任意其他的点中多项式 Q^* 的指数最小,但是我没完成在多于两个变量的多项式上这个方法的总结。

其二,属于 Schneider 的本质上是算数的。它基于这样的定理,在多项式指数的一些条件下,在有理点可以限定这个多项式系数的函数值。因为多项式 Q^* 的系数不太大,这个方法导向要得的结果。

在证明中使用了 Schneider 方法建立以下一个事实。

基本引理:令 $0 < \delta < m^{-1}$,且令正整数 $r_1,\cdots,r_m$ 满足不等式

$$r_m > 10\delta^{-1}, \frac{r_{j-1}}{r_j} > \delta^{-1} \quad (j=2,\cdots,m)$$

令 $q_1,\cdots,q_m$ 也为正整数,满足不等式

$$q_1 > c = c(m,\delta), q_j^{r_j} \geqslant q_1^{r_1}$$

研究任意的多项式 R,不恒等于 0,变量 x_j 的指数不超过 r_j,所有系数的绝对值不超过 $q_1^{\delta r_1}$。这个多项式的指数在点 $(\frac{h_1}{q_1},\cdots,\frac{h_m}{q_m})$($h_i$ 与 q_i 互素)对于集合 $r_1,\cdots,r_m$ 估值不等式

$$R \text{ 的指数} < 10^{m\delta(\frac{1}{2})^m}$$

350

这个命题足够寻找多项式 Q. 多项式 $R = Q^*$ 符合引理的条件,其中 Q^* 的指数在点 $\left(\dfrac{h_1}{q_1}, \cdots, \dfrac{h_m}{q_m}\right)$ 增长为要求的 Δ.

6. 这个引理的证明不取决于上述的推理,因为它对变量的数进行归纳,在数 m 的其余部分保持固定不变的定理证明. 除了这些,引理应总结为有进行归纳的可能性.

我们研究全体多项式 $R(x_1, \cdots, x_m)$ 的类,一些变量 x_j 的指数不超过 r_j,而所有系数不超过一些数 B 的模,我们成功地在一些条件下得到这个集合在点 $\left(\dfrac{h_1}{q_1}, \cdots, \dfrac{h_m}{q_m}\right)$ 上的多项式指数的估值,对于数组 $r_1, \cdots, r_m$ 来说,证明的过程中,按 m 进行归纳,我们必须考虑多项式类,通过一定的不同的参数值来帮助.

当 $m = 1$ 时不难得出,假设多项式 $R(x_1)$ 的系数的模不超过数 B,如果这个多项式的指数在点 $\dfrac{h_1}{q_1}$ 关于数 r_1 等于 θ_1,多项式 $R(x_1)$ 能除尽

$$\left(x_1 - \dfrac{h_1}{q_1}\right)^{\theta_1 r_1}$$

关于整系数多项式的 Gauss 分解定理在多项式中的有理系数的积,即

$$R(x_1) = (q_1 x_1 - h_1)^{\theta_1 r_1} R^*(x_1)$$

这里 $R^*(x_1)$ 是一些整系数多项式. 因此,多项式 R^* 的首项系数除尽 $q^{\theta_1 r_1}$,所以

Hurwitz 定理

$$q_1^{\theta_1 r_1} \leqslant B, \theta_1 \leqslant \frac{\log B}{r_1 \log q_1}$$

这个不等式给出了我们需要的在 $m=1$ 时的上界估计.

现在假设对于所有数值 $m=1,\cdots,p-1$ 已经得到这样形式的估值,这里 $p \geqslant 2$. 我们要从这里得出变量 p 的多项式指数的上界估计,属于所描述的形式的类.

我们研究多项式 $R(x_1,\cdots,x_p)$ 给出的表达式的形式

$$R = \varphi_0(x_p)\psi_0(x_1,\cdots x_{p-1}) + \cdots + \varphi_{l-1}(x_p)\psi_{l-1}(x_1,\cdots,x_{p-1}) \quad (10)$$

这里 φ_γ 和 ψ_γ 是有理系数多项式,对于变量 x_j 的幂不超过 r_j,存在这样的多项式,例如: $l-1=r_p$ 且 $\varphi_\gamma(x_p) = x_p^\gamma$. 从这众多表达式中选出一个,为了数 l 采用最小的可能意义.

这个多项式 φ_γ 的表达式构成线性无关组,同样适用于多项式 ψ_γ. 这里应有,多项式 φ 的 Wronsky(朗斯基)行列式 $W(x_p)$ 和一些广义的多项式 ψ 的 Wronsky 行列式 $G(x_1,\cdots,x_{p-1})$ 均不为 0.

从等式(10)和行列式乘法定理应得

$$G(x_1,\cdots,x_{p-1})W(x_p) = F(x_1,\cdots,x_p) \quad (11)$$

提供一种行列式,所有元素有形式

$$R_{j_1\cdots j_p}(x_1,\cdots,x_p)$$

因为多项式 G 和 W 的系数是有理的,所以存在多项式 F 的相等的展开

$$F(x_1,\cdots,x_p) = U(x_1,\cdots,x_{p-1})V(x_p) \quad (12)$$

352

第 11 章　来自爱丁堡国际会议的文献

U 和 V 为整系数多项式.

如果假设多项式 R 的系数的模不超过 B,可以得出多项式 F 的系数的上界估计. 反之, 多项式 U 和 V 的系数将得出上界. 归纳假设可以找到多项式 U 在点 $(\frac{h_1}{q_1},\cdots,\frac{h_{p-1}}{q_{p-1}})$ 的系数的上界和多项式 V 在点 $\frac{h_p}{q_p}$ 的系数的上界. 最终, 通过一个乘法性质等式(12)的指数可以得到多项式 F 在点 $\frac{h_1}{q_1},\cdots,\frac{h_p}{q_p}$ 的上界估计.

另一方面, 多项式 R 通过微分、加法和乘法运算得到多项式 F, 利用简单的指数性质, 多项式通过应用这些运算可以得到在多项式 R 的指数函数中的多项式 F 的指数的下界.

这个方法允许按 m 进行归纳. 它可以轻松地将上述细节简化. 至此, 我们完成定理的证明, 我们注意到, 一个多项式 Q 的满足条件(A)(B)(C)的存在性证明是非常间接的, 这种多项式的建立相当有趣.

7. 定理证明的表达方式可以归纳和推广到其他不同的方向, 例如, 代替代数 α 的有理逼近的研究, 我们可以研究代数数 α 的逼近是代数数 β, 它们或是(a)属于代数数的固定界限, 或是(b)有固定的幂. 这每一种情况中, 逼近的准确度衡量函数 $H(\beta)$ 是简单多项式的全部有理系数的绝对值的极大值, 它的根是 β.

所获得的西格尔结果可在两种情况下改进.

情况(a)建立可能的最佳结果, 情况(b) Siegel 的估计量是与众不同的, 只是如果数 β 的幂和数 α 的幂

Hurwitz 定理

比较不太大,我不知道,怎样可以得到这个结果的改进,并且不受相似的限制.

从这个定理可以得出各种结果,例如,在数据 α 和 $k>0$ 时,可以估算不等式(1)的解的个数.

在这个结果中得到不定方程的解的估计值. 但是,写出的方法受一个非常严格的限制,关系着逼近 $\dfrac{h_1}{q_1},\cdots,\dfrac{h_m}{q_m}$ 的选择在证明中扮演着重要的角色,按这个原因给出以下类型的不能回答的问题:

(1)可以表示出在数 α 和 k 的函数中分母 q 的上界适合于不等式(1)的 $\dfrac{h}{q}$ 的有限解集吗?

(2)可以证明下面不等式

$$\left|\alpha-\frac{h}{q}\right|<q^{-(2+f(q))}$$

这里 $f(q)$ 是关于 q 的具体的函数,在 $q\to\infty$ 时趋近于 0,只有有限解吗?

Liouville 不等式

$$\left|\alpha-\frac{h}{q}\right|>c(\alpha)q^{-n}$$

仍然是唯一已知的对于一些可以指出显然常数意义的这种形式的结果.

我们的方法只有在关于解的连续分母间的数值区间的额外假设中可以阐明这些问题,为了获取关于这个问题,需要介绍全新的想法的信息是可能的.

尚未解决的重要问题是定理的获得,类似地,我们有两个或多个公分母是有理数的代数数同时逼近

第11章 来自爱丁堡国际会议的文献

的情况,对于两个代数数(在某种意义上是独立的),应该期望有不等式

$$\left|\alpha_1 - \frac{h}{q}\right| < q^{-k}, \quad \left|\alpha_2 - \frac{h}{q}\right| q^{-k}$$

在任意 $k > \frac{3}{2}$ 时只有有限解. 在这个方向上可是几乎没有什么未知的了.

关于逼近的同时,完整的问题解答引出了其他问题的一种系统的完整解答,例如:第一个问题的情况(b),就是在这点上研究的.

考虑到现在的读者中能阅读俄文文献的人很少,所以我们请数学工作室的李欣编辑做了简单的翻译,由于她并不是数论专门化的研究生,所以译文难免有不准确的地方请读者指正.

来自波兰的报告

第 12 章

12.1 来自波兰的报告

20 世纪 70 年代, W. Narkiewicz 曾在波兰出版过一本《数论》. 其中内容聚焦于当时国际数论界所关注的重大课题及重要成果. 各个章节分别阐释了数论各个分支的典型问题. 在前面详细介绍了 A. Hurwitz 的定理的代数数论中的应用.

在 20 世纪 50 年代"社会主义大家庭"时期, 中国流传过一首波兰歌曲: "左边是桥, 右边是桥, 维斯瓦河就在我们面前……"说的就是波兰的母亲河维斯瓦河, 它从旧都克拉科夫, 新都华沙一直流向港都格但斯克. 近年波兰同中国一样开始了改革, 不过两国采取的路径不同, 中国采取的是渐近式的改革, 逐渐进入深水

第12章　来自波兰的报告

区,然而波兰采取的是休克疗法,现在看来效果不错.

中国和波兰两国的数学传统不同,后来发展的路径也不同,不过在国际上波兰的水准似乎更高一些,在沃尔夫奖中有两位是波兰裔的.一位是1985年由偏微分方程的杰出工作而获奖的 H.卢伊,另一位是1986年因代数拓扑学、同调代数、范畴论、自动机理论而获奖的 S.艾伦伯格(S. Eilenberg, 1913—1998).对波兰数学学派的崛起,华东师范大学的张奠宙教授有详尽的描述:

产生过哥白尼(Copernicus, 1473—1543)和肖邦(Chopin, 1810—1849)的波兰民族是伟大的. 20世纪20年代起,波兰数学学派突然崛起,成为举世瞩目的新星.人们不禁要问:在一个曾被普鲁士、奥地利、沙俄三次瓜分的国度里怎么会出现像希尔宾斯基(Sierpinski, 1882—1969)、巴拿赫(Banach, 1892—1945)、乌拉姆(Ulam, 1909—1984)这样举世闻名的数学家?波兰学派成长的秘诀何在?

让我们回顾第一次大战以前波兰的情况.当时波兰分属德、奥、俄三国.在德占区,波兰文化被摧残殆尽,甚至连初等教育也不用波兰语.俄占区的情况也一样糟,直到1905年俄国革命运动高涨以后,情况才有所改善.华沙(属俄占区)青年抵制俄国人办的大学.爱国主义的传统,不屈不挠的斗争,终于获得了在中学和小学里用波兰语教学的权利.在奥占区情况比较好.那里的克拉科夫和里沃夫各有一所大学,继承了波兰的科学传统.在里沃夫还有一所技术大学.不

Hurwitz 定理

过,许多波兰人还是到国外求学. 比较著名的教授如亚尼雪夫斯基(Janiszewski)在巴黎大学由庞加莱(Poincare,1854—1912)、勒贝格(Lebesgue,1875—1941)、弗雷歇(Frechet,1878—1973)等人指导获得博士学位. 马祖凯维奇(Mazurkiewicz,1888—1945)、斯坦因豪斯(Steinhauss,1887—1972)、希尔宾斯基都在哥廷根学过数学.

第一次大战给波兰学术界带来了急剧的变化. 1915 年 8 月,沙俄军队退出华沙. 同年 12 月,波兰人自己管理的华沙大学和华沙技术大学创办起来了. 亚尼雪夫斯基和马祖凯维奇应聘为华沙大学新生数学教授. 希尔宾斯基当时在莫斯科,1918 年回到华沙大学. 他们三人都对拓扑学感兴趣,形成了一个点集拓扑学、集合论的研究中心. 但是整个波兰的研究还是五花八门. 第一次大战前,在波兰人办的克拉科夫大学和里沃夫大学有四个数学教授,却从事完全不同的领域:普祖纳(J. Puzyna,1856—1919)——解析函数,希尔宾斯基——数论和集论,扎列姆巴(Zaremba,1863—1942)——微分方程,佐拉夫斯基(Zoravski,1866—1953)——微分几何. 这样分散的状况对于形成学派是十分不利的.

1918 年,华沙出版了论文集《波兰科学,它的需求、组织和发展》. 其中收有亚尼雪夫斯基写的《波兰数学的需求》,这是形成波兰学派的一个纲领性文件. 他在文中写道:"要把波兰的科学力量集中在一块相对狭小的领域里,这个领域应该是波兰数学家共同感

第 12 章 来自波兰的报告

兴趣的,而且还是波兰人已经取得了世界公认成就的领域."这意思是说,要集中力量.

"对一个研究者来说,合作者几乎是不可少的.孤立的环境多半会使他一事无成.……孤立的研究者知道的只是研究的结果,即成熟的想法,却不知道这些想法是怎样和什么时候搞出来的."这意思是说,要建立国内的科研集体.

亚尼雪夫斯基还指出,形成学派还必须有阵地——办好一个有特色的自己的数学杂志.

提出上述见解两年之后,1920 年亚尼雪夫斯基不幸死于流行性感冒,亚尼雪夫斯基 32 岁.然而正是这一见解被波兰数学界所接受且坚持实践,一个令人瞩目的波兰学派在 20 世纪 20 年代果然出现在地平线上.这也许是自觉地、有计划地形成学派的罕见的成功例子,值得人们借鉴.

波兰学派可分为两支:华沙学派和里沃夫学派.

华沙的重点是点集拓扑、集论、数学基础、数理逻辑.1918 年,在华沙大学以希尔宾斯基会同亚尼雪夫斯基和马祖凯维奇为首搞了个讨论班,把有才华的青年都集中到这一方向上来.后来成名的有萨克斯(Sacs,1897—1942)、库拉托夫斯基(Kuratowski,1896—1980)、塔斯基(Tarski,1901—1983)、齐格蒙特(Zygmund,1900—?)等人.1920 年,亚尼雪夫斯基编辑一个专业性的数学杂志,名为 *Foundamenta Mathematicae*(《数学基础》),未及出版,亚尼雪夫斯基就去世了,由希尔宾斯基和马祖凯维奇接任.

第一卷 Foundamenta 的出版可以看成是华沙学派形成的标志. 最初几卷质量很好,虽然都是波兰人写的,却都用法语和英语写就. 独立的波兰刚刚获得为之奋斗几个世纪的用波兰语写作的权利,但为了扩大波兰数学的国际影响,毅然用外语发表论文,这是颇有见地的. 由于 Foundamenta 只登涉及数学基础部分的文章,不少人担心是否能组织到高质量的论文,勒贝格在致希尔宾斯基的信中表示过这样的担心,他还提出了一个非常好的建议:希望杂志不要只登集合论本身,而要登集合论的应用. 这个意见很起作用. 集合论在泛函分析方面的应用导致在里沃夫产生另一个专业杂志 Studia Mathematica(《数学研究》).

Foundamenta 不久就成为一份真正的国际性的数学杂志. 1935 年,为庆祝创刊 15 周年出版了特辑. 人们称誉这本杂志的历史就是现代点集论和函数论的发展史,这是当时吸引国际注意和合作的唯一的专业性期刊. 在这本特辑上,马柴夫斯基(Marczwski)写道:"波兰一向拥有伟大的人物,他们往往工作得十分成功,能够属于整个领域和那一时代的亦非少见,但是,现在的波兰数学家不仅有杰出的个人,而且有一个人数众多组织起来的全力进行创造性科学工作的团体,它已经有了自己的数学学派."

亚尼雪夫斯基的想法不仅被华沙的数学家所接受,也得到里沃夫同行们的赞同. 几年之后,由巴拿赫和斯坦因豪斯领导的泛函分析研究中心在里沃夫成立.

第 12 章 来自波兰的报告

巴拿赫于 1892 年 3 月 30 日生于克拉科夫. 幼年家贫,后进入里沃夫技术大学,大战时辍学. 1916 年他和数学家尼科亨(Nikodym, 1887—1974)在克拉科夫的公园里谈论"勒贝格积分"时被斯坦因豪斯听到,两人结识. 斯坦因豪斯告诉他日思夜想的一个问题,巴拿赫不久便获得了解答. 他们两人联合发表了第一篇论文. 到 1920 年,巴拿赫成为里沃夫技术大学的助教,同年,取得博士学位,论文发表在 *Foundamenta* 上. 1922 年,巴拿赫又发表了 *Sur les operationdans les ensembles abstratits et lure application aux équations intgrales*《抽象集合上算子及其在积分方程上的应用》. 这是 20 世纪最重要的论文之一. 为泛函分析奠定了基础. 1932 年,巴拿赫写了最著名的著作 *Theórie des Opérations linéaire*《线性算子理论》,泛函分析至此已经成熟. 第二次大战时,他在一个预防伤寒病的研究所里靠喂养虱子度日. 1945 年,他就身染重病,死于肺癌.

斯坦因豪斯于 1887 年出生于一个知识分子家庭,到哥廷根受过希尔伯特(Hilbert, 1862—1943)等人的教育. 他比巴拿赫年长 5 岁,两人合作得很好. 他最出名的工作是泛函分析中的一致有界原理,通称巴拿赫-斯坦因豪斯定理. 他写的数学科普读物《数学万花镜》被译成各国文字广为人知. 他于 1972 年去世.

里沃夫学派诞生的标志是 *Studia Mathematica* 的出版. 它于 1929 年创刊,主要刊登泛函分析方面的文章. 里沃夫学派的其他成员都是巴拿赫、斯坦因豪斯的学生,其中有马祖尔(Mazur,1905—?)、奥利奇(Orlicz)、肖德尔(Shauder,1896—1943,泛函分析学家)等.后来都是泛函分析方面的著名学者.

巴拿赫领导里沃夫学派的一种研究方式颇为别致:到"苏格兰咖啡馆"去喝咖啡.毕业于里沃夫技术大学的乌拉姆,后来曾写过《苏格兰咖啡馆回忆》一文,记述了当时的情况.在讨论中,新问题不断提出来.他们把问题记在咖啡馆的一本笔记本上,侍者也乐意每天代为保管.以后,这些本子不可思议地由巴拿赫夫人从战火中保存下来并整理成一本名为《苏格兰文集》的书出版,里面的许多问题至今没有解决.至此,我们不能不记起亚尼雪夫斯基在1918年时的设想:有一个好的数学环境,大量数学战果就会在这种"高炉"中产生出来.

1937年,在数学家会议上通过了一个报告"论波兰数学的现状与需要",宣布"波兰学派的第一个发展阶段已经结束.……今后一方面要继续保持已取得的一些领域的领先地位,另一方面要加强代数、几何等薄弱学科的研究工作并把应用数学的水平提高到能够回答其他学科所提出问题的水准."

然而,仅仅过了两年,纳粹侵入波兰,紧接着的是一场浩劫.战争中病死、被杀、失踪了许多数学家,数目将近总数的一半.博士以上的总计有22人,其中马祖凯维奇、肖德尔、萨克斯等更为世人所知.波兰学派的创始人之一马祖凯维奇以及巴拿赫都在1945年胜利之时逝世,他们都受到重重迫害,是间接牺牲的数

学家. 另有一些极有成就的科学家离开波兰到了国外. 后来成名的乌拉姆、艾伦伯格、塔斯基、齐格蒙特、卡克(Kac,1914—?),阿隆查恩(Aronszajn)等都是一代名家.

战后,希尔宾斯基、斯坦因豪斯、库拉托夫斯基活下来并重建波兰学派. 希尔宾斯基是波兰学派中最年长的一位. 他一直编辑 Foundamenta,个人的工作在数论、拓扑学和集合论方面尤为突出,尤以关于连续统假设的研究著称于世. 斯坦因豪斯于 1972 年去世之后,库拉托夫斯基是最后的元老,他生于 1896 年,以拓扑学研究为人所知,1963~1966 年他是国际数学家会议副主席.

今天,波兰的数学仍然相当发达,Foundamenta 和 Studia 仍在继续出版,并为世人瞩目,但由于二次大战的洗劫失去了一代人,现在已没有像巴拿赫那样声誉卓著的大师了. 波兰数学的新希望将放在青年一代身上,然而,当年波兰数学学派崛起的经过将永远地留给人们可贵的启示.

12.2 Algebraic Numbers and p – Adic Numbers

12.2.1 Algebraic Numbers and Algebraic Integers

1. This book is devoted to the generalization of the concept of rational integers. We shall consider two such

Hurwitz 定理

generalizations——we shall be concerned with algebraic integers, and we shall discuss p - adic integers.

Let us begin by recalling the concept of algebraic numbers familiar in elementary algebra: we call a complex number a an algebraic number if there exists a non-zero polynomial with rational coefficients of which a is a root. We shall call the least of degrees of such polynomials the degree of a and denote it by deg a. We shall call each of the polynomials $F(x) \in \mathcal{Q}[x]$ satisfying the conditions: deg F = deg a, $F(a) = 0$, the minimal polynomial for a.

Note that in the above definitions, the condition of rationality of coefficients of the polynomial can be replaced by the condition of their integrality, for it is enough to multiply the given polynomial with rational coefficients by the l. c. m. of the coefficients in order to get a polynomial with coefficients in $\mathscr{L}$ and with the same roots.

Minimal polynomials for a given number are determined only up to constant rational factors. Choosing a suitable factor, we can always obtain a minimal polynomial of the shape $a_0 + a_1 x + \cdots + a_n x^n$, where n = deg a, $a_i \in \mathscr{L}, a_n > 0$ and $(a_0, a_1, \cdots, a_n) = 1$. The polynomial satisfying these conditions is determined uniquely by a and we shall call it the normalized minimal polynomial of a.

Note that each rational number is an algebraic num-

第12章 来自波兰的报告

ber of degree 1 because $a \in \mathcal{Q}$ is a root of the polynomial $x - a \in \mathcal{Q}[x]$, and if m is a rational number which is not a square of any rational number, then $m^{\frac{1}{2}}$ is an algebraic number of degree 2. In fact, it is a root of the polynomial $x^2 - m$, and not a root of any polynomial of degree 1. These examples can be generalized. For this purpose we prove the following simple lemma.

Lemma 1 (i) Every minimal polynomial of an algebraic number is irreducible over $\mathcal{Q}$.

(ii) If a is a root of an irreducible polynomial F with rational coefficients and deg $F = N$, then a is an algebraic number of degree N, and F is its minimal polynomial. Moreover, every polynomial in $\mathcal{Q}[x]$ for which a is a root must be divisible by F.

Proof (i) If a minimal polynomial $G(x)$ of a were reducible over $\mathcal{Q}$, then a would be a root of some of its factors, contrary to the minimality of G.

(ii) Suppose that G is a minimal polynomial of a and let F be any polynomial with rational coefficients for which a is a root. Then deg $G \leq$ deg F, and hence we may write

$$F = AG + B$$

with suitable polynomials $A, B \in \mathcal{Q}[x]$, where deg $B <$ deg G or $B = 0$. Substituting $x = a$ in this equality, we obtain $B(a) = 0$, and so $B = 0$ in view of minimality of G. Moreover, if F is an irreducible polynomial of degree

N, then we must have $F = cG$ and F is also a minimal polynomial of a, whence $\deg a = \deg F = N$.

Making use of appropriate criterions for irreducibility of polynomials one can determine the degrees of various algebraic numbers. As an example let us prove a theorem on the degree of roots of natural numbers.

Theorem 1 If N is a natural number, and $m > 1$ is a natural number not being d – th power of any natural number for d dividing N and $d \neq 1$, then the number $m^{\frac{1}{N}}$ is an algebraic number of degree N.

Proof Let $m^{\frac{1}{N}} = t$. This is a root of the polynomial $x^N - m$. In view of Lemma 1 it suffices to show the irreducibility of this polynomial. For that let us suppose that we have a decomposition
$$x^N - m = P(x)Q(x)$$
where by Gauss' lemma we may suppose that the coefficients of P, Q are integers. If we denote by z_N any primitive N – th root of unity, e. g. $z_N = \exp(\frac{2\pi i}{N})$, then
$$x^N - m = \prod_{j=0}^{N-1}(x - z_N^j t)$$

We may therefore express that set $\{0, 1, \cdots, N-1\}$ of indices in the form of a union of disjoint sets A and B such that
$$P(x) = \prod_{j \in A}(x - z_N^j t), \ Q(x) = \prod_{j \in B}(x - z_N^j t)$$

If we denote the cardinality of the sets A and B by r

第12章 来自波兰的报告

and s respectively, then for some natural numbers R, S we shall have

$$P(0) = (-1)^r t^r z_N^R, \quad Q(0) = (-1)^s t^s z_N^S$$

and hence t^r and t^s are natural numbers. Let i denote the least natural index for which the number t^i is rational. Note that if j is a natural number and $t^j \in \mathcal{Q}$, then i divides j, because otherwise we would have $j = ai + b$ with some $a, b \in \mathscr{L}$ satisfying the condition $0 < b < i$, but the number $t^b = t^j t^{-ia}$ is rational and b is less than i, which implies $b = 0$.

Hence all the numbers r, s, N are divisible by i. Note that t^i is a natural number. Indeed, from $(t^i)^{\frac{N}{i}} = m$ and $t^i = \frac{A}{B}((A, B) = 1)$ we obtain $mB^{\frac{N}{i}} = A^{\frac{N}{i}}$, and so each prime factor of B divides A, which, in view of $(A, B) = 1$, implies $B = 1$. Thus we see that $m = (t^i)^{(\frac{N}{i})}$, $t^i \in \mathcal{N}$, and $\frac{N}{i} \neq 1$, which contradicts our assumption.

2. Here it is worth mentioning complex numbers which are not algebraic numbers. We call such numbers transcendental numbers. Their existence follows from the following reason: since the set of all non-zero polynomials with integral coefficients is countable, and each of them has finitely many roots, the set of all such roots is countable, i.e. the set of all algebraic numbers is countable

and there must exist transcendental numbers because the set of complex numbers is uncountable.

This argument does not enable us to give any example of a transcendental number. In order to give such an example, we prove the following theorem of Liouville:

Theorem 2 If a is a real algebraic number of degree $N \neq 1$, then there exists a constant $C = C(a)$ such that for all integers A, $B(B>0)$, the inequality

$$\left| a - \frac{A}{B} \right| \geq \frac{C}{B^N}$$

holds.

Proof Let

$$F(x) = a_N x^N + \cdots + a_0, a_j \in \mathscr{L}$$

be a minimal polynomial for a. Then

$$F(x) = (x - a)G(x)$$

where G has real coefficients. Since the polynomial F is irreducible, it cannot have multiple roots, and so $G(a) \neq 0$. Therefore there exist positive numbers ε, δ such that for x in the interval $(a - \varepsilon, a + \varepsilon)$, where have $0 < |G(x)| \leq \delta$.

Let $\dfrac{A}{B}$ be a rational number in this interval ($A, B \in \mathscr{L}$, $(A, B) = 1$). Then $G\left(\dfrac{A}{B}\right) \neq 0$, and hence $F\left(\dfrac{A}{B}\right) \neq 0$ and we obtain

第 12 章 来自波兰的报告

$$\left|a - \frac{A}{B}\right| = \left|\frac{F\left(\frac{A}{B}\right)}{G\left(\frac{A}{B}\right)}\right|$$

$$= \left|\sum_{k=0}^{N} a_k A^k B^{N-k} \left| B^{-N} \mid G\left(\frac{A}{B}\right) \right|^{-1} \geqslant \frac{1}{\delta B^N}\right.$$

because $\sum_{k=0}^{N} a_k A^k B^{N-k}$ is a non-zero element of $\mathscr{L}$. If, on the other hand, $\frac{A}{B}$ ($A, B \in \mathscr{L}$, $(A, B) = 1$) lies outside the interval $(a - \varepsilon, a + \varepsilon)$, then

$$\left|a - \frac{A}{B}\right| \geqslant \varepsilon \geqslant \frac{\varepsilon}{B^N}$$

and, taking $C = \min(\varepsilon, \delta^{-1})$ we obtain the assertion.

Corollary The number $\sum_{n=1}^{\infty} 2^{-n!}$ is transcendental.

Proof If the number $a = \sum_{n=1}^{\infty} 2^{-n!}$ were algebraic of degree N, then for some constant C we would have for all natural numbers k

$$\sum_{n=k+1}^{\infty} 2^{-n!} = \left|a - \sum_{n=1}^{k} 2^{-n!}\right| \geqslant \frac{C}{2^{Nk!}}$$

because the fraction $\sum_{n=1}^{k} 2^{-n!}$ has the denominator $2^{-k!}$. On the other hand, we have

$$\sum_{n=1+k}^{\infty} 2^{-n!} \leqslant \frac{2}{2^{(1+k)!}}$$

and therefore

Hurwitz 定理

$$\frac{C}{2^{Nk!}} \leq \frac{2}{2^{(1+k)!}}$$

i. e.

$$2^{k!(1+k-N)} \leq \frac{2}{C}$$

which is impossible for sufficiently large k.

Liouville's theorem shows that algebraic numbers cannot be very well approximated by rational numbers, and its formulation suggests that the degree of approximation depends upon that of a given number. However, this is not the case, as showed in 1955 by K. F. Roth.

If a is a real algebraic number, $a \in \mathscr{L}$, then for any $\varepsilon > 0$ there exists a positive constant $C = C(a, \varepsilon)$ such that for any $A \in \mathscr{L}$, $B \in \mathscr{N}$ we have

$$\left| a - \frac{A}{B} \right| \geq CB^{-2-\varepsilon}$$

This result was extended to approximations of a system of n algebraic numbers by fractions with the same denominator by W. M. Schmidt who has proved the following theorem:

If $a_1, \cdots, a_n$ are real algebraic numbers, and moreover the system $\{1, a_1, \cdots, a_n\}$ is linearly independent over $\mathscr{Q}$, then for each $\varepsilon > 0$ the system of inequalities

$$\left| a_i - \frac{A_i}{B} \right| < B^{-1-\frac{1}{n}-\varepsilon}$$

has at most a finite number of solutions $A_1, \cdots, A_n, B \in \mathscr{L}$, $B > 0$.

第12章 来自波兰的报告

The reader can easily check that for $n = 1$, Schmidt's result coincides with Roth's theorem.

In 1873, C. Hermite proved that the number e is transcendental, and in 1882, F. Lindemann showed the transcendency of the number π, thus solving negatively the classical problem of the quadrature of a circle.

In 1934, A. O. Gel'fond and T. Schneider showed independently that if $a \neq 0, 1$ is an algebraic number and b is an irrational algebraic number, then a^b is transcendental. This result was strengthened by A. Baker who proved that if $a_1, \cdots, a_n$ are non-zero algebraic numbers $b_1, \cdots, b_n$ are algebraic numbers and both the systems $\{1, b_1, \cdots, b_n\}$ and $\{2\pi i, \log a_1, \cdots, \log a_n\}$ are linearly independent over $\mathcal{Q}$, then the product

$$a_1^{b_1} \cdots a_n^{b_n}$$

is transcendental, and moreover the numbers $\log a_1, \cdots, \log a_n$ are linearly independent over the field of all algebraic numbers. The method employed by Baker gives also quantitative results and enables one to estimate from below the modulus of the linear combination

$$\sum_{j=1}^{n} c_j \log a_j$$

where a_j satisfy the assumptions of the above theorem and c_j are any algebraic numbers not simultaneously vanishing. Such estimations are useful in the theory of Diophantine equations. Let us cite here only one of the results of this type:

If
$$f(x,y) = \sum_{j=0}^{n} a_j x^j y^{n-j}$$
is a non-degenerate form of degree $n \geq 3$ with integral coefficients and m is a given natural number, then all the integer solutions of the equation
$$f(X,Y) = m$$
satisfy
$$\log \{\max(|x|,|y|)\} \leq C$$
where $C = C(m, n, H)$ is a constant and $H = \max_{0 \leq j \leq n} \{|a_j|\}$. Moreover, one may take
$$C = (nH)^{(10n)^5} + (\log m)^{2n+2}$$

One can get acquainted with the actual state of transcendence theory due to the following survey works: N. I. Fel'dman, A. B. Shidlovskii and S. Lang. M. Waldschmidt's book presents a survey of the most important results together with their proofs.

12.3 1918~1939 年波兰数学学派的影响概述

巴黎南大学 Jean-Pierre Kahane 教授的这篇文章是根据他于 1992 年 4 月 9 日在巴黎的波兰科学院科学中心所做的讲演写出的,它的内容超过了简单的标题所能表达的内容. Kahane 教授是法国科学院通讯院

第 12 章 来自波兰的报告

士和匈牙利科学院外籍院士,他曾经几次访问波兰,多年来与波兰数学家们在学术上有紧密的联系. 他会见过许多波兰数学家,并与其中一些人士建立了长期的友好关系. 因此他本人的经验与回忆丰富了本节中精心表达的这段历史.

应感谢作者接受在我们中心讲演的邀请,并对此提出了很多想法,本节是一篇有长期价值的著作,它的读者将比出席讲演会的人要多得多.

这篇序言的作者非常高兴、非常荣幸主持了这次讲演会.

还要感谢中心主任 Jerzy Borejsza 教授倡议举行这次讲演会,感谢主任的代表 Wactaw Nagarewicz 教授做出了具体安排.

Czestaw Olech
1992 年 4 月于巴黎

这次讲演会是在 Czestaw Olech 教授主持下进行的,对此我感到高兴和荣幸. Olech 教授是一位博学的大数学家,从他身上足以表现出当前波兰数学的活力:他顶着风浪于 1983 年在华沙组织了国际数学家大会,他是 Banach 中心主任,组织了 Banach 年,以致今年华沙成了全世界泛函分析的学术会合点.

我对作这次讲演感到荣幸,也感到不安;关于两次世界大战之间波兰数学学派的影响,Olech 教授比我知道的要多得多. 因此我只想讲讲我的亲身体验. 我先从我的回忆开始;再讲到一些人士以及他们组织起来工作、交流和发表成果的方式；接着是会使各位和我都感到困难和枯燥的一部分. 在这部分中, 我想找出这段时间中波兰数学的主要特点, 我必须提到那时数学的内容, 却不能真正讲述其丰硕成果. 同样, 我也不可能把当时提出的数学问题按其发展历程一直讲到今天; 我讲到的只是一些趋势, 一些步伐. 最后, 关于 1918~1939 年这段时期波兰数学的迅猛发展, 我要谈到由此可以得出的有普遍意义的一些教训.

  我最初接触到波兰的数学正在第二次世界大战以后, 即 1947 或 1948 年, 那时巴黎大学的教授都很老, 他们在课程中不讲新的内容. 代数、拓扑和测度论都不讲授. 在 1947 年, 可以在巴黎得到数学学士学位, 而不知道矩阵、Lebesgue 积分或 Fourier 变换是什么. 当时所使用的教材即 Valrion 的分析教程, 内容很丰富, 而 Bourbaki 拓扑学前几分册中的形式主义深受我们喜爱, 可是这两种书却完全脱节.

  当时在法国买不到波兰的《数学专著丛书》(*Monografie Matematyczne*). 这套丛书的所有存货已经在波兰毁掉了. 华沙在战争中被摧毁了, 波兰是蒙受牺牲的国家, 当时正致力于重建工作. 然而那时在巴黎高等师范学校的图书馆中, 波兰的数学出版物却保存得很好. 我最先买到的几本数学书中的一本就是 Banach 关于线性运算的论著, 即《数学专著丛书》的第一卷. 这本书是在美国影印的, 因为当时在法国买不到而不得不在美国买. 这几本书的另一本是 Zygmand 的三角级数, 这两本书对于我在数学上的发展有决定

第 12 章 来自波兰的报告

性的影响.

我的情况不是孤立的. 波兰数学的吸引力在当时是普遍的, 而且回到那一时期, 我想对于 Bourbaki 的吸引力, 它构成了一种有益的平衡力量. 当时大部分法国青年太无知了, 不足以理解 Bourbaki 所引进的概念的意义. 在一般概念与多种特殊情况及应用之间, 波兰的专著实现了一种平衡.

稍晚一点, 我想是在 1954 年, Raphael Salem 让我会见了一位决定单独准备高等师范学校入学考试的青年, 他就是 Paul-André Meyer. 当时他正在专心读 *Saks* 的积分论. 很明显, 这是 Paul-André Meyer 后来成为概率学家的一个迹象. Lebesgue 从来没有想到过, 他的积分是一件不可少的工具, 可是波兰人了解了这一点.

我的博士论文的导师是 Szolem Mandelbrojt. 他离开波兰恰在第一次世界大战后. 他完全不是波兰学派的代表, 而是波兰向其他国家所提供的第一流数学家的代表. 他是一位杰出的健谈者, 他使我有一点沉浸在 20 世纪初的数学气氛中.

在 1954 年, 我被任命在 Montpellier 大学任教. 在 1910 那些年代, 当 Denjoy 在 Montpllier 时, 那里的数学图书馆很不错, 可是后来却被弃置不管了. 当年 Montpellier 大学理学院和国家科学研究中心提供经费, 让我使这所图书馆略为跟上时代. 我首先购买的是全套《数学专著丛书》, 还重新买了若干套波兰数学期刊:《数学基础 (*Fundamenta Mathematicae*)》《数学研究 (*Studia Mathematica*)》《波兰数学会年刊 (*Annales de* la Société Polonaise de Mathématiques)》《数学讨论(*Colloquium Mathematicum*)》,以及较老的期刊《数学及物理著述(*Prace Matematyczne-fizyzne*)》《新数学(*Wiadomosci Matematyczne*)》。在 Montpellier 期间,两种著作的阅读,确定了我多年的研究方向:即 Paley 和 Zygmund 在 1930~1932 年间的著作以及 Marcinkiewicz 在 1939 年的一篇短文。

我在 Montpellier 邀请了两位波兰教授。第一位是 Stanislaw Hartman,后来我们成了很好的朋友。几星期前我们在 Banach 中心再次会晤,正是他和 Olech 教授以及一个波兰数学家代表团前往 Lwów 参加 Banach 百岁纪念的前夕。他现在是战前时期的少数幸存者之一。他从事紧张的编写活动达 40 年之久。我之所以邀请他到 Montpellier 讲学,也与此不无关系。然而,这对我在学术上的影响是很大的。Stan Hartman 是一个问题库,而当时我正可以研究手头的一些问题。这些问题中有一个是关于用概周期函数插值的,这在后来正是 J. F. Méla 的博士论文的出发点。Villetaneuse 和 Wroclaw 两城之间的合作也是那时开始的。

我邀请到 Montpllier 的第二位教授也是在 Wroclaw 任教的。他是 Edward Marczewski,当时他刚成为大学校长,后来我才知道他在战前的著作;那时他的名字是 Szpilrajn。我记得他在 Montpellier 所作关系独立概念的学术报告,这是以种种不同形式出现的概念:分析中的独立变量,概率中的独立事件,逻辑中的独立公理。这些是否有共同点呢?这课题是在 Steinhaus

第 12 章 来自波兰的报告

的传统以内的,而且 Hartman 也曾经研究过,我并不熟悉这一类问题,但我还记得留给听众的印象:一位学生整理了一份报告记录,可惜我把它遗失了.

当我在 1961 年及以后访问波兰时,我又遇到了 Hartman 和 Marczewski. 当时在 Wrocław 有 Lwów 大学的幸存者,因为 Lwów 成了乌克兰的,而 Breslau 却成了波兰的了. 在这些幸存者中,有 Bronistw-Knaster,对于出版物、特别是在 Wrocław 编辑的《数学讨论》中所用法语的正确性,他是一位细心的把关人,可当时他病了,我没能认识他. 但我却有点认得 Hugo Steinhaus. 他是精明的,尖锐的,他在家里接待我时,他正在修饰复活节彩蛋. 他对我解释了这种修饰和数字之间的关系,可是这些我现在却记不得了. 他很惊讶我不知道他的《万花筒(*kaléidoscope*)》,译成英文为《*Mathematical Snapshots*(数学快照)》,译成法文为《*Instantanés mathématiques*(数学快照)》. 实际上这是一本联系具体问题的极好的科普书籍,编写得很生动. Steinhaus 和我交谈了统计学中的悖论,即工业产品中样本的比较. 他思想的敏捷令人难以置信,不停顿地从一个课题转到另一课题. 我相信在他的数学创作中也是这样的,因而有时会使人不能识别他的真正才华. 下面我还要讲到他.

在我几次访问华沙时,我遇到过与我同时进行访问的 Antoni Zygmund. 他认识许多人,他介绍我认识了许多波兰数学家. 在这里我只想追忆那些在第二次世界大战前就已经很活跃的数学家. 我当然要想到 Ca-

377

Hurwitz 定理

simir Kuratowski,他在拓扑学方面的著作以及有名的拓扑学专著给他带来了荣誉,而且在战后看来他已成为波兰数学界的良师益友.他在法国及全世界有很多联系.他曾很愉快地回忆起 Lebesgue, Montel, Denjoy 等人来.我记得曾在文化宫的办公室里访问过 Stanistaw-Mazur.我认为,他的名字是与 Gelfand 的赋范环、即现在所谓的 Banach 代数联系在一起的.事实上,他在 Gelfand 之前得到了一个基本定理,现在称之为 Gelfand-Mazur 定理.从 Mazur 的办公室里望出去,1961 年的周围的城市是一片废墟,只有少数留下的或重建的楼房.他向我解释了波兰建筑师们的重建计划,而这恰好是今天正在实现的计划.从那时起,在波兰,数学比较好地安顿下来了,当时和现在一样,科学院数学研究所位于 Sniadeckich 路 8 号,即在 Potocki 伯爵于 1911 年捐赠给华沙科学会的一栋房子里.数学研究所进行了大量的编辑工作.大多数出版物的编辑秘书是 Marceli Stark.他是华沙犹太人区的一位生还者,他在起义中曾参加过战斗.他是一位不知疲倦的工作者,有很高的文化素养.我记得还是在他那里我才对现代波兰音乐入门的.

我常到波兰去,认识了其他一些伟大的战前的幸存者:在克拉科夫的 Wazewski,在华沙的 Borouk,退休后的 Orlicz.现在我试着来讲讲在两次世界大战之间,就数学说来,波兰究竟是怎样的.有关的材料是丰富的,因为在种种纪念活动中,在丧礼中,在编辑已故数学家的著作中,我们的波兰同行们已提出了许多证

第 12 章　来自波兰的报告

词. 我的主要参考材料是 Casimir Kuratowski 在 1980 年出版的一本书,即《半个世纪以来的波兰数学(A Half Century of Polish Mathematics)》.

就人的情况说来,在 1918 与 1939 年之间的波兰数学学派是怎样的呢？首先,这是人数相当多的一个集体. 波兰数学会在 1924 年有 100 个会员,1938 年有 200 个会员;这学会是很活跃的. 它设在克拉科夫,但在每个有大学的城市中设有分会. 在 1919 年与 1939 年之间,学会发表了 1 143 篇论文.

这集体不是一昼夜间形成的. 波兰有伟大的科学传统,只要举出居里夫人(Marie Sklodowska-Curie)和 Smoluchowski 的名字就足以说明这一点了,后者与爱因斯坦同时建立了布朗运动论. 波兰在 1914 年被分成普鲁士、俄罗斯和奥地利的统治区. 奥地利的统治比较宽松,因此得以在克拉科夫和利沃夫设立了波兰大学. Józef Puzyna 和 Wactaw-Sierpinski 在 Lwów 任教,Stanislaw Zaremba 和 Zórawski 在克拉科夫任教. Puzyna 是关于解析函数的一本极好的书的作者,后来 Saks 和 Zygmund 从这本书得到启发. 当时 Sierpinski 有 30 岁,已有不少关于集合论和数理的著作. Zaremba 和 Zórawski 的专长是微分方程,这以后成了克拉科夫的一个强项. 克拉科夫的科学活动是活跃的. 例如 Smoluchowski 关于布朗运动的研究就是发表在克拉科夫科学会的通报上的. 华沙当时是受俄国统治,在 1905 年俄国革命失败以后,统治放松了一些. 当时那里有波兰中小学. 大学却在俄国控制下,是爱国运动的策源地.年老的代数学家 Samuel Dickstein 在大学一年级教数学引发了学生的兴趣和爱好. Bronislaw Knaster 的情况是相当令人瞩目的,他刚在巴黎学了医就转学数学.可是年青的华沙数学家却是在外国学到他们最初的数学工具的. Sierpinski, Steinhaus, Mazurkiewski 是 Göttingen 大学的博士, Janiszewski 在巴黎通过了他的关于不可分连续统的论文,毫无疑问,是后者把 Borel, Baire 和 Lebesgue 的影响引进波兰的.在回华沙前, Kuratowski 在 Glasgow 度过了一年.除了大学外,华沙还有科学会.我刚刚讲过, Potocki 伯爵当时刚捐赠给学会在 Sniadeckich 路 8 号的一所美丽的房屋.华沙当时还有期刊:《数学及物理著述》是在 1888 年创办的,《新数学》是在 1897 年创办的.最后还必须指出,波兰教授们也在圣彼得堡,哈尔科夫和敖得萨任教.

说起 1919~1939 年间波兰数学的极端繁荣,如人们通常浪漫地将它比之于一个没有先兆的闪电,可是这却不完全正确.波兰在 1919 年以前就有数学方面的活动.由于受到外国统治的压制,波兰数学家在国内组织起来,而与国外,即与法、德、俄等国保持有多种多样的联系.那时有高水平的波兰文的教材,有波兰文的出版物,而华沙科学会的会训"用波兰语思维"出现在 1907 年的一个决议中,它事实上是通过了的.

就数学来说,一个特殊的机遇是:在那个时期的波兰大学,即华沙、利沃夫、克拉克夫、威尔诺及波兹南的大学,第一流的教授素质高、年纪轻.1919 年华沙的两位最年轻教授是两位 30 岁的拓扑学家,即

第12章 来自波兰的报告

Janiszewski 及 Mazurkiewicz。这也大约是华沙大学讲师 Alexander Rajchman 和利沃夫大学教授 Steinhaus 的年龄。在当时即将取得职位的年轻人中，有 Stefan Banach，Tadeusz Wazewski，Kazimierz Kuratowski，Juliusz Schauder，Stanislaw Saks，Stefan Kaczmarz。还有1900年及后出生的年青一代，有 Antoni Zygmund，Alfred Tarski，Stanistaw Mazur，Nachman Aronszajn，Edward Marczewski，Jozef Marcinkiewicz，Stanislaw-Ulam，Andrzej Mostowski，Samuel Eilenberg，Marek Kac。这里我只列举了当时最杰出的数学家。在简述他们的著作和影响以前，我必须讲到1939～1945年的战争对这份短短的人物表所造成的后果。

首先，一些人士送命了：Kaczmarz 在1939年，44岁；Józef Marcinkiewicz 在1940年，30岁；Rajchman 也在1940年；Saks 在1942年，46岁；Schauder 在1943年，47岁。还要加上1945年去世的 Banach 和 Mazurkiewicz。这些都是精力充沛的人，可是德国占领下的生活条件危害了他们的健康。Banach 从利沃夫大学理学院院长变成了德军制造抗伤寒疫苗所需要的虱子的饲养员。

其次，部分由于波兰战前的条件，部分由于战争的危险本身，出现了波兰数学家移居国外的浪潮：Zygmund，Tarski，Aronszajn，Ulam，Eilenberg 及 Kac 移居了美国。我还要加上 Szolem Mandelbrot 的侄儿 Benoit Mandelbrot，他在读高中的年岁时离开波兰到了法国，在成为分形（fractales）之父以前，又离开法国到了美

Hurwitz 定理

国. 作为分形之父, 他也是波兰人的发现, 像 Sierpinski 毯等成果的传播者. Zygmund 是 Rajchman 的学生, 并且以 Marcinkiewicz 作为学生和合作者, 他去芝加哥建立了一个杰出的 Fourier 分析学派. Tarski 自认是 Sierpinski 的学生, 在伯克莱(Berkeley) 定居, 并且在那里建立了一个重要的逻辑学派. 有一段轶事说, 在伯克莱举行的一次逻辑讨论会上, Tarski 请 Sierpinski 的学生举起手来; 相当多的一部分人举了手; 后来他请 Sierpinski 的学生和学生的学生举手; 这时整个大厅中的人都举了手.

这样, 战争的后果是使波兰数学的潜力受到了可怕的损失; 可是由于波兰数学家移居国外, 战争对美国数学的发展却给了一个很大推动. 战后, 动员了所有力量致力于波兰的重建. 真正的波兰奇迹也许就是, 今天在波兰, 数学还是一样的繁荣昌盛.

我所列举的二十几位数学家都有很强的个性, 对其中的每一位都值得作一次或几次讲演. 我只讲讲最著名的 Banach 和最特殊的 Janiszewski; 讲前者时也要提到 Steinhaus, Mazur 和 Ulam, 我说 Banach 是一种大自然的力量. 他来自社会地位很低的阶层, 没有受到完全的中学及大学教育, 他的博士学位文凭是他得到的第一张文凭. 正是 Steinhaus 偶然听到他和 Otto Nikodym 在路上谈数学, 才发现他的. Steinhaus 说, 这是他的最优美的发现. 今天对任何一位数学家, 只要提起 Banach 的名字, 就会使他想起 Hahn-Banach 定理, Banach-Steinhaus 定理, Banach-Tarski 悖论, Banach 空

间，Banach 代数. Banach 的主要著作是我已提到过的《线性运算论》. 按照 Bourbaki 的意见，"我们可以说，Banach 关于线性运算的专著的出版标志着赋范空间理论成熟时期的开始……这本书得到了巨大的成功，它的最直接的一个效应是：几乎普遍采用了 Banach 所用过的语言和符号."

  Banach 是一个很特别的学派的领袖. 他在青年中有很高的威望，并且带领他们在咖啡馆里工作. 不是在罗马咖啡馆，有钱的 Steinhaus 和 Kuratowski 在那里聚会，而是在一所简朴的咖啡馆，在那里当他们聚会超过了营业时间时，店主不会抗议. 这所咖啡馆就是苏格兰咖啡馆. 在每次聚会后，每当出现了有意义的问题，Banach 就请服务员拿出一个本子，记下问题及提出问题的人. 大多数问题是由 Banach, Mazur 和 Ulam 提出的. Banach 夫人保全了这本手册，战后又由 Steinhaus 亲手抄写一遍，并且寄给在美国的 Ulam，此后这本手册曾被反复编辑，加上评语，并为此举行讨论会，它现在很有名，其名称是《苏格兰手册》. 其中一个很难的问题曾由 Paul Erdös 悬赏 1000 美元征解. 这问题是要把面积相等的圆盘和正方形分成有限份，使这些份通过旋转可以两两重叠. 人们开玩笑说这是化圆为方问题，它已在 3 年前由匈牙利数学家 Miklos Laczkovich 解决了. Banach 和青年们在苏格兰咖啡馆的聚会，有时真正是马拉松式的，要喝掉大量啤酒，Ulam 说，有一次聚会长达 17 小时，在耐力和饮量上，Banach 是难于超过的（用英语说：difficult to outlast or to outdrink Banach）.

  Banach 也是一位实行家,是他和 Steinhaus 一起创办了期刊《数学研究》,也是他创办了《数学专著丛书》,并为这丛书写了第一本书.

  Banach 是最著名的波兰数学家,不仅全世界的数学家这样看,而且波兰人民也是这样看. 在华沙,Banach 数学中心占有一座美丽的建筑物,并且在市中心. 可是对于出租汽车司机,最有名的 Banach 中心是在华沙边缘的一所大商业中心；Banach 路是公共交通工具的终点,对于华沙的居民来说,这就是 Banach 空间.

  Janiszewski 的名声要小一些. 我想起他去世时是华沙大学教授,时年 30 岁. 他在巴黎通过的博士论文中讨论的是不可分的平面连续统这样一些很奇怪的东西,即不是两个其他连续统之并集的连续统. 当时这些都是怪物. 今天,物理中的奇异吸引子增加了这些怪物的实例. 当时 Janiszewski 是一位个性很强的青年. 他的博士论文的答辩委员会是由 Poincaré, Lebesgue 和 Frechet 组成的. 当时他刚创办《数学基础》这一期刊. 后来 Lebesgue 提到 Janiszewski 的博士论文答辩,以及他用了当时这一期刊中的一些新记号时,他写道：" 这位青年不加隐蔽把我看成了老顽固 ".

  这句话当然有正确的地方,但这只是问题的一个方面. 匈牙利人、波兰人、俄国人都对 Lebesgue 的大名极为尊重,他们都以接受后者的学说表明了他们的尊重；可是在法国,除了 Denjoy 外,有关学说却无人问

第 12 章 来自波兰的报告

津. 如果我相信 Szolem Mandelbrojt 的说法,对于 Lebesgue 本人从他所研究的积分转向,上述外国人士是深感失望的,以至于认为 Lebesgue 的教学是不合时宜的. 主要是在战后,只是由于 Lusin, Saks 和 F. Riesz, Lebesgue 积分才回到了法国.

现在再来讲 Janiszewski. 他在许多方面都是引人注意的人物:他是爱国者,即使不是共产主义者,也是社会主义者;对于科学、社会以及数学的发展,他都有深刻的看法. 在他用波兰文写的著作中,有一篇是称之为《对自学者的建议(Conseil aux autodidactes)》的数学宏论,这是杰出的通俗读物的典范. 尤其是他提出了发展波兰数学的行动计划,提出了三点主要想法:

(ⅰ)必须为波兰的数学在国际舞台上取得自己的地位,为此,必须有用法语、德语及英语发表论文的刊物;

(ⅱ)必须避免分散力量,而把力量集中在波兰数学家已经达到了国际水平的一些重要领域上,即集合论及有关领域,形势分析,数理逻辑;

(ⅲ)必须造成一种研究数学的气氛,并且鼓励集体工作. 他说,简言之,为了与外国的数学师傅们竞赛及合作,必须在我国建立研究数学的场所.

当时 Mazurkiewicz 及 Janiszewski 两位都是华沙大学教授,两位都是拓扑学家;那时称拓扑学为集合论或形势分析. 于是竞赛及集体工作的条件都具备了. 事实上,Marzurkiewicz 和他的学生 Knaster 及 Szpilrajn 的大部分工作,在 Janiszewzki 去世以后,证实并且深化了后者的直观想法. 重要的是 1919 年创办了一份杂志. Janiszewski 创办了世界上第一份专门化的数学期刊《数学基础》. 他联系了一些投稿人, 征集了一些论文, 确定了杂志的倾向, 即倾向于集合论, 编好了杂志的第一期, 而正在 1920 年杂志出版前, 他却去世了. 数学界对这杂志的出版很惊讶, 一半是赞扬的, 一半是有保留的; Lebesgue 于 1922 年在《数学科学通报(*Bulletin des Sciences Mathématiques*)》上发表的评述中表达了这两方面的意见(我刚才已引了这评述的话). 可是《数学基础》坚持下来了, 并且造就了一个学派. 后来又有泛函分析和概率论专门化的杂志《数学研究》, 而到了今天, 已陆续出版了一大批专门化的数学期刊.

对于两次世界大战之间多产的波兰数学成果的内容, 我想给出一点概念. 今天看来, 集合论, 数理逻辑, 拓扑学, 泛函分析, Banach 空间, 积分与测度, 概率论, Fourier 分析都是不同的课题, 例如在平面集合论, 一般集合论, 测度论以及 Banach 空间之间, 没有紧密的联系. 可是在两次世界大战之间, 看法情况却不是这样的. 我想在用下述三个例子, 使大家感受到当时波兰学派思维方式的统一性: Banach-Tarski 悖论, 平面拓扑中的 Baine 方法及 Fourier 分析中的概率方法. 这三方面的共同点是, 使用了不能给出具体构造的存在性定理, 这在当时是很新鲜的.

我已讲过《苏格兰手册》中的所谓化圆为方问题, 这涉及要把两个图形 A 及 B 分成小块 A_j 及 B_j, 使得 A_j 及 B_j 可以互相重叠. 对于面积相同的圆盘及正方形,

第 12 章 来自波兰的报告

用剪刀分割做不到这一点：小块 A_j 及 B_j 要用集合论中所谓选择公理的方法才能得到. 这公理在 20 世纪初曾引起热烈的讨论. 化圆为方问题直到 1990 年才解决，可是 Banach 和 Tarski 在 1920 年已经得到过一个更为惊人的结果. 在三维空间中取体积不同的两个立体 A 及 B，我们可以把 A 及 B 分成小块 A_j 及 B_j，使得 A_j 及 B_j 可以互相重叠. 这绝对与直观相矛盾，因为我们要说，如果 A_j 及 B_j 可以互相重叠，它们必然有相同的体积，而所有 A_j 的体积的和及所有 B_j 的体积的和分别是 A 及 B 的体积，因而这两体积相等. 我们的直观既是正确的，也是错误的，正确则是因为如果空间中任何有界子集都有体积，那么 A 及 B 的上述分割是不可能的；错误则是因为这种分割似乎是把空间中任何有界子集有体积这一点，看成是明显的，而恰好选择公理表明这是错误的. 还有更惊人的，选择公理表明，在平面上有适当的空间概念，从而只有体积相同的集合 A 及 B 才能分成可以互相重叠的小块 A_j 及 B_j；由此得出化圆为方问题.

  Banach 和 Tarski 在这问题上合作绝不是偶然的. Tarski 精通集合论，而 Banach 为了对无论收敛与否的有界序列赋予极限，刚刚根据选择公理，引进了一种非构造性的方法. 在导出 Hahn-Banach 定理或线性泛函开拓定理时，采用了一种很一般的方法. 上述非构造性的方法是这种一般方法的第一次应用. 在拓扑向量空间的对偶中，Hahn-Banach 定理是最重要的定理. Bourbaki 对对偶性深感兴趣，为此写了一整本书. 今

Hurwitz 定理

天,直线上有长度的测度,或者平面上有面积的测度(而在可展空间中,所有空间集合没有体积的测度)只是有关 Banach 空间的一个问题. 在历史上, 这是涉及直线或平面上集合分解问题的抽象集合论与测度论的汇合点.

我曾经几次提到 Janiszewski 的不可分连续统. 这是在其本身上不断迂回着的一些纤维,以致它们与一条直线相交时,交集不是只由有限个点构成,而是由点的尘埃构成. Janiszewski 的博士论文是研究这种纤维的,大部分波兰拓扑学家特别是 Mazurkiewicz, Kuratowski 及 Knaster 的一些著作由此受到启发. 当考虑有相同边界的平面区域,像圆或三角形的内部及外部那样时,这些拓扑学家采取了既自然却又不合常情的方式. 乍一看来, 似乎三个不同的区域不可能有相同的边界,而在 20 世纪初,人们甚至相信这是可以证明的. 可是三个不同的区域可以有相同的边界,其边界是不可分连续统或是两个不可分连续统的并集: 这定理有很长的历史,从 Brouwer 开始,直到 Kuratowski 才结束. 在其他情况下,一个不可分连续统是四个、五个,或无穷个区域的共同边界. 这些是相当奇怪的东西.

可是从一种观点看,这些连续统完全不是例外的. 我们可以说,平面上的连续统一般是不可分的,不过要明确一下"一般"的意义. 数学家们谈到通常情形, 并且引用了波兰学派善于应用的 Baire 定理, 这定理说, 在适当的拓扑空间中, 某些集合是瘦小的: 如果空间中一个元素在一个瘦小集合以外, 我们就说它是

第 12 章 来自波兰的报告

在通常情形下.因此波兰人的方法在于适当选择拓扑空间,适当描述通常情形.用根据 Baire 定理建立的存在定理,来代替费力的构造方法. Bourbaki 正确地把这种方法适用的拓扑空间称为波兰空间.

例如平面上所有连续统构成的空间有一种自然的拓扑结构,由此可明确所谓邻近的连续统. 这是 Marcinkiewicz 的一个定理:平面上的连续统通常是不可分的.

我们也考虑以区间[0,1]上的点作为参变量的平面曲线.于是由此引进的拓扑空间是在[0,1]上连续、在平面上取值的函数空间.函数图形通常的几何性质是怎样的呢? Knaster 曾经猜想, Mazurkiewicz 且已证明:图形通常是 Sierpinski 曲线,也称为 Sierpinski 毯,即到处虫蛀了的毯子.

如果在 Banach 空间中适当应用 Baire 定理,就可得到奇异性的凝聚定理,即现在所谓 Banach-Steinhaus 定理. 在这方面应用 Baire 定理的想法是 Saks 提出的. 就 Banach-Steinhaus 定理来说,也可作为不用具体构造法来证明下述结果的一种方式:一般说来,连续函数的 Fourier 级数是发散的;还有其他一些拓扑性质. 波兰人所使用的 Baire 理论曾是一头很效力的驯服了的怪物.

还有另一种考虑"一般"的方式. 如果一个性质在概率论的意义下几乎必然成立,或者在 Lebesgue 的意义下几乎处处成立,那么可以说这性质一般成立. 把概率归结为 Lebesgue 测度是 Steinhaus 的工作,他的动

Hurwitz 定理

机是把 Emile Borel 在 1896 年所说的下面一段话赋予意义:一般说来,Taylor 级数的收敛圆是自然边界.

必须说明,在 1920 年,Lebesgue 测度和积分在波兰很有名,而在法国却被忽视了. Sierpinski 在莫斯科看到过 Souslin 向 Lusin 宣称发现了 Lebesgue 的一个错误时的情景,于是由此产生了解析集合论.波兰人立即知道了这些事.在《数学专著丛书》中有一本专讲积分论的书:这就是 Saks 的书.而在 Zygmund 关于三角级数的专著中,在 Kaczmarz 和 Steinhaus 关于正交级数的专著中,都讲到了 Lebesgue 或 Lusin 的定理.在 Banach 的专著中,从第一句话开始,就假定读者已经知道 Lebesgue 的测度和积分论.

我还要强调 Steinhaus 把概率解释为 Lebesgue 测度,于是基本概率空间是区间 $[0,1]$,而一切则归结为对这区间上点的随意选择.在几年内,这种观点取得了主要地位:例如 Wiener 在编写 1934 年出版的布朗运动论的最新版本时,就采用了上述观点. Steinhaus 本人则把他的方法应用到随机 Taylor 级数.以他作为范例,Paley 和 Zygmund 对随机 Fourier 级数进行了一系列工作.对于阐明数学中的奇怪事物,例如处处不可导的连续函数,Steinhaus 方法是一种强有力的工具. Steinhaus 以及 Paley 和 Zygmund 的传统特别在法国由 Salem、Billard、Kahane、Pisier、Ledoux 以及 Talagrand 继承了.毫无疑问,Steinhaus 现在一定会很惊讶、并且很高兴地看到,他曾提出基本想法的两种理论,在 Ledoux 和 Talagrand 所写的下列大书中结合起来了:《概率与 Banach 空间 (*Probability and Banach Spaces*)》. 另一方面, 在概率及其应用的种种不同方向中, Mare Kac 充实了 Steinhaus 的传统.

我刚提到概率方法在 Fourier 级数领域中的影响. Robert Kaufman 很成功地引进了 Baire 的方法. 正是他与逻辑学家们同时重新研究 Fourier 级数中的集合论, 得到了关于唯一性集的许多新结果. 这些唯一性集正是 Cantor 的集合论的起源, 而且从此就成为 Rajchman, Zygmund, Nina Bari, Salem 以及其他一些数学家进行深刻研究的对象.

在整个数学领域中, 波兰学派刻上了一种风格和一种标志. 首先, 为了得到非构造性的存在定理而灵活地使用了选择公理. 其次, 根据 Baire 理论或根据概率 (或等价地说, 根据 Lebesgue 测度), 使用了其他非直接构造性的方法. 最后, 出现了泛函分析, 既有 Banach 的线性形式, 也有 Schauder 的非线性形式.

特别地, Banach 使选择公理得到了成功, 他描绘出了线性分析广大园地的蓝图. 后来 Laurent Schwartz 的分布理论是线性分析的一个新成就. 在 Bourbaki 的书中, 奠基在选择公理上的 Hahn-Banach 定理极受重视. 在他的书中, 把连同选择公理的集合论看作是整个数学的无可争论的基础.

今天我们知道, 这种好看法部分说来是错误的. 集合论已经得到了新的地位: 与其他数学理论一样, 集合论连同其中的公理是一种数学理论, 而且有可能加以改变. 另一方面, 分析已经转向非线性问题, 而这种研究是拓扑学家、Banach 更是 Schauder 的传统.最后,在计算机的影响下,构造性的方法由于它的可行性现在比非构造性的方法更受欢迎.

无论如何,在两次世界大战之间的波兰数学是有广泛影响的,而且永远是一座华美的纪念碑.

这可以说是我的结论.可是最后我还想指出有普遍意义的一些教训.

曾经有人提出过这样的问题:数学是否会造成世界上的不平等？我的答案总是双重的:一方面,数学参与了世界上的不平衡,而且甚至加强了这种不平衡;另一方面,在平等一些的世界中,数学可以协助建立新的平衡.在这种看法下,我觉得必须对 1919 ~ 1939 年代中波兰的实例进行深思.

Janiszewski 说过,波兰必须有独立的数学产品,必须有研究数学的场所场地.我看这一教训是有普遍意义的.在科学上,每个国家必须建立自己的研究场所,而且这是进行良好的国际合作的保证.为了进行合作,本身必须存在.

数学师傅必须能够谋生.在波兰大学中添设了许多职位提供给青年数学家.可是甚至在战前,这种职位还不够多,而一些第一流的数学家必须移居国外.其后的战争对波兰是一场可怕的灾难.至少在战后,在主要方面,波兰知道了应保留其数学干部,并参加国际交流.为了避免智力流向最强的一些国家,必须在国内可以生活和工作.

波兰人赞赏他们的数学家.事实上波兰数学的成

第 12 章 来自波兰的报告

就是其民族自豪感的一个因素. 今天, 像罗马尼亚或越南这些穷国为他们在国际数学竞赛中所取得的成就自豪. 也许在数学上达到最优比在高能物理上容易些. 数学可以既是普及的, 也是精英的.

可是在波兰, 数学是以另一种形式成为普及的. 那里有高度通俗化的伟大传统. 例如 Janiszewski 的《对自学者的建议》以及 Steinhaus 的《万花筒》. 我回想起 1983 年在国际数学家大会上, 有过一次会议讨论大众数学. 一般的想法是, 不是要大家什么都懂, 而是要没有人对数学园地感到陌生.

波兰人在 1919~1939 年期间进行了大量研究工作, 写出了大量著作. 他们有创办期刊和专著丛书的策略. 他们把编写高等学校教材看作是他们的科学和教学活动的一个重要方面. 他们的成就是不寻常的, 而整理、编写综合材料的想法有现实价值, 而且应当有其普遍意义.

伴随着这种想法的有对数学现状及未来的深刻观点, Janiszewski 在 25 岁时所写下的是不可思议的预言, 他已经真正描绘出了道路. 具有普遍意义的教训是双重的: 科学家不能让别人对科学上的策略进行指导, 必须信任青年.

我承认在准备这次讲演以前, 没有读过 Janiszewski 的任何著作, 对此我深感惭愧. 我感到, 似乎我们大家都沉浸在这位伟大的民主和爱国的数学家的精神传统之中. 可是接近源头是不适宜的, 最后我建议大家阅读 Janiszewski 的著作, 这项建议对非数学家和数

Hurwitz 定理

学家都是适合的.

12.4 波兰数学学派的兴起

12.4.1 华沙数学学派的诞生

让我们回顾一下第一次世界大战前夕波兰数学界的教授队伍.

那时,波兰仅有两所大学:Cracow 大学和 Lwów 大学.有四位卓越的数学家在校内任教,他们是 J. Puzyna, W. Sierpiński, S. Zaremba 和 K. Zorawski. Waclaw Sierpiński 回忆说,当他们 1911 年在 Cracow 的生物学家和医生代表大会上碰面时(当时的波兰还不存在数学方面的专业会议),他们之间没有共同感兴趣的数学领域,各人的研究方向都不相同:Puzna——解析函数;Sierpiński——数论和集合论;Zareymba——微分方程;Zorawski——微分几何. 这样,他们无法一起招学生,也不可能围绕他们的研究方向共同组织起一个数学家的工作集体. 简言之,此时组织数学学派的条件不成熟.

要想组成学派,必须有一批人研究一些大家都关心的问题. 在开始的时候,这个研究班子小一点倒无所谓,但是,为了使其他数学家对他们的课题产生兴趣,这个班子必须生气勃勃并有足够的活动力. 其后的几年里,事情开始发生变化,孤军奋战的局面逐渐消失,好的转机呈现在眼前.

当时,Sierpiński 几乎全神贯注于集合论,另两位才

第 12 章 来自波兰的报告

华出众、创造力旺盛的年青数学家 Janiszewski 和 Mazurkiewicz 也正好在攻差不多属于同一方向的数学领域——拓扑学（那时叫点集论）. 他们的博士论文皆属于拓扑学（Janiszewski 于 1912 年在巴黎获学位；同年，Mazurkiewicz 在 Sierpiński 指导下获得 Lwów 大学的学位）. 两人升任讲师的论文还是拓扑学方面的. 1915 年, 这两位都当上了重建后的华沙大学的教授（那时 Sierpiński 在莫斯科, 他于 1918 年当过一年华沙大学的校长）.

他们俩在学校的教学活动非常出色、非常活跃（特别是 Mazurkiewicz；Janiszewski 则由于服兵役而不能专注于大学的工作）, 几乎所有天赋较高的学生都投在他们的门下.

到 1918 年初, 人们已经在谈论华沙这个实力雄厚的集合论、拓扑学及其应用的研究中心了. 该中心的指导者是 Janiszewski, Mazurkiewicz 和 Sierpiński 教授, 他们的学生年复一年地增加着（开初有 B. Knaster, S. Saks 和我, 不久又来了 A. Zygmund, A. Tarski, K. Zarankiewicz 和 Z. Zalcwasser）.

由共同的科学兴趣联结起来的数学家们, 在刻苦的研究中不断成长. 这样的研究集体乃是产生波兰数学学派的基本因素之一.

第二个因素——也是基本的, 就是建立学派的正确指导思想和方针, 我们把它归功于 Zygmunt Janiszewski.

一次大战尾声之际, 波兰科学家发起的 Mianowski

基金会创办了一份新的杂志,题为"波兰科学,它的需要、组织和发展"(*Polish Science, It's Needs, Organization and Development*),其任务是研讨如何在一个重新获得独立的国家里组织学术工作.在1918年出版的第一卷中,Janiszewski 发表了题为"波兰急需数学"的文章,阐述发展波兰数学的指导思想,其论据极其清晰、准确.Janiszewski 开宗明义,指出波兰数学家的能力"不会使他们只充当外国数学中心的仆人或顾客,而一定能为波兰的数学赢得特殊的地位".为了达到这一目标,Janiszewski 提出了一系列重要措施,其一是集中科学人才于相对狭小的数学领域,波兰数学家对此领域应有共同的兴趣;更重要的是他们已在这方面做出过具有世界水平的工作.这个领域应包括集合论(拓扑学在内)和数学基础(数理逻辑在内).

正如我们已看到的,这种集中过程已经开始,Janiszewski 也正是根据这种基本形势提出了他的计划.Janiszewski 继续写道:"尽管数学家的工作不需要实验室、不需要昂贵而高级的辅助设备,但他们确实需要一种适合数学研究的气氛.这种适合的气氛只有靠开发共同关心的课题去创造.对于一名研究人员来说,合作者几乎是必不可少的,因为在大多数情况下,处于孤立状态的个人会迷失方向.这不仅在于心理方面的因素,如缺乏刺激;还在于孤立的研究者比起研究集团中的人来,将变得孤陋寡闻.他能接触到的只是他人研究的最后成果以及完全成熟的思想,而且连这点也往往要等到几年后当它们登出来时才办得到.

孤立的研究者不知道这些成果是何时得到的,又是怎样获得的:他没跟它们的作者一起经历整个创造过程.由于我们远离生产数学的锻炉或熔锅,起步又晚,所以不可避免地落在了后面."

"但是,假如我们不甘'落后',那时必须采取果断的紧急措施,从根本上解决问题.我们必须在自己国内创造一个锻炉!"

为了使波兰数学在世界上取得独立地位——这是 Janiszewski 的关键思想,他建议除了集中科学队伍之外,还应创办一本杂志,它专门刊登跟集合论和数学基础有关的文章.如果这本杂志用世界通用的语言出版,那就能起到一箭双雕的作用:即能向世界学术界展示波兰数学家的成就,又能吸引国外对类似课题感兴趣的学者给杂志社投稿.简言之,它将成为我们自己选定的一个数学领域里的国际性杂志.

"如果希望在国际学术界获得一席适当的地位,就尽量发挥我们自己的积极性吧!" Janiszewski 这样号召.

事遂人愿. Janiszewski 创办了杂志 *Fundamenta Mathematicae*,实现了一直萦回在他心里的夙愿.

Janiszewski 的确思想不凡、高瞻远瞩.他的想法似乎描绘了一幅波兰数学的美好远景. Marczewski 说得好,"在科学史上,一个为工作集体着意设想的计划居然能全部应验,恐怕是绝无仅有的了".

12.4.2　波兰数学的崛起, *Fundamenta Mathematicae*

1920 年, *Fundamenta Mathematicae* 首卷问世.这

年可以说是波兰数学学派的创始年.

虽然 Fundamenta 被想象成是国际性杂志,但经过精心的考虑和安排,第一卷的文章全是由波兰数学家撰写的,这是有意向世界学术界介绍这个新兴的数学学派。Janiszewski 在一封信里写道,"如果说可能的话,我打算把在集合论领域从事研究的所有波兰数学家都列名于榜上,这本杂志就是为他们服务的."应在杂志发表文章的作者名单如下:Stefan Banach, Zygmunt Janiszewski, Kazimierz Kuratowski, Stefan Mazurkiewicz, Stanislaw Ruziewicz, Waclaw Sierpiński, Hugo Steinhaus, Witold Wilkosz. 这张名单包括了学派的奠基人,往远一点说,其中有学派未来的领头人.

不幸,Janiszewski 本人未能看到这一卷的出版,1920 年 1 月 3 日他就去世了. 那时正遇上流感泛滥,这种病在当时夺走了大量受害者的生命. 上面引用过的信里曾提到,他也打算在首卷上登一篇文章,但没能如愿. 我想,这篇文章可能是要证实他已想出来的一个结论,这个结论的雏形是 1912 年他在剑桥会议上提出的(主要结果是关于不包含弧的一个连续统的存在性;该结果已用另一种方法得到,更强的形式被 Bronislaw Knaster 的博士论文所获,登在 Fundamenta Mathematicae 第三卷(1922)上). 结果,在首卷上他只发表了一篇和我联名的文章.

Janiszewski 去世后,Stefan Mazurkiewicz 和 Waclaw Sierpiński 教授出任主编. 此外,Lesniewski 和 Lukasiewicz 也属于编委会,直到 1928 年离开时为止;

第 12 章　来自波兰的报告

而本文作者从这一年开始成了编辑部里的一员（先是当秘书，1952 年任主编）．Lesniewski 教授和 Lukasiewicz 教授负责推动数理逻辑和数学基础的发展．在杂志奠基人的眼里，该领域的研究十分重要，杂志的定名就是明证；甚而还有过这样的交替出版计划，一卷登集合论及有关的文章，再一卷登数理逻辑和数学基础的文章．这项计划没有实现，因为事实证明后一方面的材料有限，尽管发表的许多重要结果都和数学基础有关．

经过半个世纪的实践，我们不得不称赞 Janiszewski 的胆略和远见．他的主张中有两点特别值得一提：其一，*Fundamenta* 冲破了波兰学者专用波兰文发表文章的老规矩；其二，它办成了一本专门性的杂志，只刊登数学中一个分支的内容．用外国读者熟悉的语言发表文章，能使更大范围的科学界了解我们的成果，同时，又是吸引外国数学家向杂志投稿的必不可少的条件，这样就赋予杂志以国际性的特征．然而，当时普遍认为一个波兰人就应该用波兰文发表著作，根本不必考虑是否能为外国科学界所了解．要打破这种流行的观念（或者说是偏见）又谈何容易！

更富革命性的是规定杂志只讨论数学中某一个分支的内容．这在专门性杂志名目繁多的今天来看也许平庸无奇，可在当时却不然，许多数学家对这件新鲜事都公开表示怀疑．Lebesgue——当时第一流的数学家——在第一卷出版时给 Sierpiński 教授的信就是证据．他在信中除了对杂志中的文章说了许多过奖的话,还道出了他的严重怀疑:如此专门的杂志,能否保证有足够的稿源,否则继续出下去恐会降低质量.事实证明,这种忧虑是没有根据的,来稿在稳步增加,选稿的余地和出版的次数都多了.

第二卷出版时,这同一位学者又发表了一篇非常有趣的文章,对我们编辑部表达了如下愿望,*Fundamenta Mathematicae*"还应把有关集合论的应用方面的文章列入选题,而不是只登集合论本身的内容,这似乎是原设想的自然延伸". Lebesgue 以此表明他对这份新生杂志的友情以及对集合论的进一步发展的真正关怀.

Lebesgue 写上面这些话的时代,并非所有的数学家都承认集合论是一种数学.集合论还有待去争取这种承认. Lebesgue 写道,"……解析函数的权威们曾把集合论置于数学之外",如果说排斥集合论的倾向目前正在销声匿迹,那要归功于这些事实:"集合论,这个从解析函数论发展起来的学科,能够证明自己对历史较悠久的同宗有用处,而且能够在热心人面前展现它的深度和富有."同时,也要归功于集合论专家和其他分支的专家间的接触交往,"后者没有从事过以整个数学为对象的研究,这类研究也许会引导他们去创造出一个新的领域,一个肯定应受尊重的学科.可惜,它现在还没达到名正言顺的地步,在一个相当长的时期里,它可能还不会引起广泛的兴趣."

我们的杂志编辑部对 Lebesgue 的观点抱有同感,包括需要特别强调集合论的应用的信念.相对而言,

第 12 章 来自波兰的报告

集合论本身的文章占杂志的篇幅不多,大多数文章是有关集合论在几何(拓扑)、函数论、泛函分析方面的应用的. 泛函分析的发展异常迅速, 尤其当新的 Lwów 研究中心兴起之后, 它成了那里的主要研究课题. 到 1929 年, *Fundamenta Mathematicae* 就把泛函分析的内容转到另一本新杂志 *Studia Mathematica* 上去登了(那也是用国际性语言出版的专门期刊), 这件事下面还会讲到.

Fundamenta Mathematicae 在选题时表现的宽宏大量也属深思熟虑之举, 因为人们无法严格地区分数学中的一些领域, 况且各领域间的界限往往是时间的函数. 比如杂志初创时, 拓扑学由两个关系疏远的部分组成: 集合论部分(所谓点集论, 基于 Cantor 的思想)和组合论部分(Poincaré 的 analysis situs). 随着时间的推移, 产生了包含以上两个部分的统一的理论, 杂志的目录栏里就反映了这种变化. 当然, 即便是今天, 我们仍能看到某些著作中的倾向性, 或偏重于点集论, 或偏重于组合论, 但是若在选择稿件时过分严格地强调方法的纯度, 这对杂志肯定是有害无益的. 这样做也不符合如下宗旨: 让本专题跟尽可能多的其他分支发生联系.

Fundamenta Mathematicae 的这种办刊倾向一直延续着. 最近杂志的分类标题包括: 集合论, 数学基础, 实函数和抽象代数.

有一点也值得强调一下. *Fundamenta Mathemeticae* 对它所关心的领域所起的推动作用, 绝不止于发表几篇这些领域的文章,杂志所设的"问题栏"一直扮演着极重要的角色(从第一卷起从未中断过;近年来,*Colloquium Mathematicum* 和 *Scottish Book* 有时也仿效这种做法.)它提出的一些问题成了经典问题,如第一卷中提出的著名的 Suslin 问题.还有不少问题出现在有价值的文章里.谁想了解这些问题,不妨去查阅第一卷的再版本(1937 年).这是编辑们想出的一个好主意,把十七年前该卷首次出版时讨论过的问题(不论夹在文章里还是列在"问题栏"下)的进展情况登在新版之中.看来,在再版刊物时这样做是值得提倡的.

1935 年,*Fundamenta Mathematicae* 的二十五卷问世,我们特意加倍刊登文章(共 600 页),邀请那些杂志所关心的领域中的杰出学者著文,以示纪念.

第二十五卷刊出了如此众多名家的文章,足以证明它的出版是数学界的一件大事. J. D. Tamarkin 这样写道:"杂志主编 S. Mazurkiewicz 和 W. Sierpinński 指导有方,很快把 *Fundamenta Mathematicae* 办成了一份难得的好杂志,它赢得了国际上的重视和合作,它谱写了现代函数论和点集论的历史."

波兰数学家和外国同行源源不断地写出的论文,促成了一本新杂志的诞生(1929 年)——*Studia Mathematica*,它主要刊登泛函分析的文章.新杂志的出现一点也没有降低 *Fundamenta Mathematicae* 的重要性和人们对它的兴趣.光辉的第二十五卷标志着它进入了壮年时代,更加美好的希望在鼓励它继续向前.

第 12 章　来自波兰的报告

这辉煌的第二十五卷还标志着波兰数学学派的兴旺发达. Marczewski 教授在评论 Janiszewski 的思想（前面已提及，登在"波兰科学"上）时写道:"波兰从来不乏伟人,这些个人为许多机构工作,常常还是为整个学术界服务,甚而为整个时代效劳,他的努力往往取得成功.但是,现在的情况不同了,数学界不仅有个别的杰出人物,还出现了一大批组织在一起的人物,他们全心全意地从事创造性的科学研究,波兰有了自己的数学学派."

到 30 年代,在前述的 *Fundamenta* 的编辑们的带领下,波兰出现如此众多的优秀数学家,拓扑方面有 Karol Borsuk, Samuel Eilenberg, Bromstan Knaster, Stefen Straszewicz 和 Kazimierz Zarankiewicz 等人;集合论和实函数论方面有 Alfred Lindenbaum, Edward Marczewski, Andrzej Mostowski, Stanisław Ruziewicz (Loów 大学教授) 和 Alfred Tarski (现在是数学基础方面的第一流数学家,就教于美国加州大学 Berkeley 分校).

12.4.3　Lwów 数学学派在 Cracow, wilno 和 Poznań 的数学研究中心

Janiszewski 的思想在 Mazurkiewicz, Sierpiński, Łukasiewicz 和其他人的努力下实现了,这大大激发了波兰数学家的能动性,其影响范围超出了华沙地区,两年后,在 Lwów 城,形成了以 Banach 和 Steinhaus 为中坚的又一个不可忽视的数学中心,他们的兴趣和华沙数学中心的不同,虽然两者间有联系,他们的主要研究课题是泛函分析. Banach 和他的学生们(特别是

Mazur，Orlicz 和 Schauder）对泛函分析的发展做出了重大贡献.

1929 年,像 *Fundamenta Mathematicae* 一样专门的杂志 *Studia Mathematica* 在 Lwów 创刊,它规定仅使用国际通用语言,内容则是泛函分析. 不久, *Studia* 便成了 Lwów 学派的杂志,还是泛函分析方面的重要的国际杂志.

泛函分析中的基本定义和思想,在 Lwów 学派兴起前多年已有系统的论述(由 V. Volterra，M. Fréchet，F. Riesz 和其他人给出). 但是,泛函分析之所以能被确立为数学中的一个分支——应该说是现代数学中的基础学科之一,理应归功于 Banach. 按 Mazur 的说法,"Banach 于 1922 年在波兰杂志 *Fundamenta Mathematicae* 上发表其博士论文 *Sur les opérations dans les ensembles abstraits et leur application aux équations intégrales* 之时,乃是 20 世纪数学史上带有决定意义的一个日子. 这篇长达几十页的论文无疑为泛函分析奠定了基础. Banach 和其他作者业已证明,泛函分析不仅对数学的进一步发展极端重要,而且对自然科学的发展(尤其是物理学)也有同样重大的价值."1929 年, Banach 发表了有关线性算子的专著,把他本人得到的基本结果和过去已有的及最新的成果(有些属于他的学生)系统化为一个统一的理论. 这本著作很快被认为是泛函分析方面带基础性的经典之作,它的作者因而荣升为当代最杰出的数学家之一,他的同事和学生也因此出了名,Lwów 则跃居为当时世界最重要的泛

第 12 章　来自波兰的报告

函分析研究中心.

泛函分析的引人注目的发展,加上 Banach 和 Steinhaus 的出色的研究活动,很自然地招来了有数学才能的青年. 在这两位学者身边,众星捧月般地荟萃起一批出色的学生和合作者. 于是,在华沙学派之外,世上又多了一个众所公认的波兰数学学派——Lwów 学派.

我已提到过 Banach 和 Steinhaus 的最卓越的同事们. 这里,我还想加上几位讲师的名字:Stefan Kaczmarz(跟 Steinhaus 合写过关于正交级数的专著), Marek Kac(那时是 Steinhaus 的学生,后来成了美国多所大学的知名教授), 才华卓著的讲师 H. Auerbach 则是 Banach 的合作者(也是 *Studia* 的编委).

在这些数学家中间,还有一位特殊人物,他才气焕发、能力过人,够得上是个天才. 此人就是 Stanisław Ulam(由于在二次大战期间及其后从事原子弹方面的研究而名扬美国). Ulam 学识广博、多才多艺,你很难把他归类为某一个数学分支的专家.

他 1927 年考入了 Lwów 技术大学后就是我的学生,一直到毕业获得博士学位. 我认为,发现 Ulam 是我的最重要的"发现"之一. 1927 年,我刚当上教授,开始教数学分析;第一堂课后,Stanisław Ulam(这也是他听的第一堂课)即刻走到我面前提问. 这个问题清楚地反映出他的学识和才智,使我对他产生了兴趣,其后便有意在数学上给以深造. 不久,他便成了一名能独立开展研究的数学家,又是我的亲密朋友和合作者. 他那篇关于集合论的博士论文引起了科学界对这位青年科学家的注意（该文是他跟 Banach 和我合写的，内容涉及测度论中非常基本的问题）. Ulam 有卓越的兼收并蓄的才能，又极善交往，所以跟 Lwów 的教授们合作得很好，比如跟 Banach, Steinhaus, Rubinowicz 以及 Borsuk 等人（到美国后是跟杰出的 von Neumann 合作）.

　　Ulam 乃是 Lwów 学派中最典型的代表，我不惜多花些笔墨来描绘他的科学生活. Ulam 本人写的一篇文章"回忆苏格兰咖啡馆"则把 Lwów 的研究气氛叙述得惟妙惟肖.

　　他的文章题目大概需要解释一二. 在华沙和 Lwów 学派中，喝咖啡的作用非同小可，对 Banach 来说尤其如此. 众所周知，Banach 一天生活中的相当大一部分时间消磨在咖啡馆，当有同事和年轻的同行围坐在周围时，Banach 便能滔滔不绝地讲上几个钟头，讨论和分析他本人想到的问题. 总之，咖啡桌跟大学研究所和数学会的会场并驾齐驱，成了爆发数学思想火花的圣地. Ulam 说，"这类咖啡馆会议——有时是 Banach 在场，更经常的是 Banach 和 Mazur 同时在场，使 Lwów 的学术气氛特别宜人. 这种亲密无间的合作也许在数学界算是一件全新的事物，至少可以说，这种合作所特有的形式和亲密程度是前无古人的……. 我们是这样讨论数学的，长时间的默想，一边喝咖啡，一边呆呆地相互凝视着，偶尔说上几句话. 由于养成了全神贯注思考的习惯，沉默有时竟能延续几个小时. 这种方

第 12 章　来自波兰的报告

式成为我们从事真正数学研究的最基本的要素."

在苏格兰咖啡馆(Lwów 是一只最受数学家欢迎的咖啡馆)的频繁会面中,数学家们提出了大量新问题,有时问题之多竟使大家觉得有记录备案之必要;一本专门的记录簿就寄存在咖啡馆,以备不时之需(咖啡馆的侍者很高兴这样做,免得他们再去擦洗涂在桌上的数学式子).于是,世上诞生了一部传奇似的苏格兰书.由于提问者的大名——不少是尊贵的外国学者,使它具备了重要的科学与历史的价值,它还有一股挑起人们求知欲的力量.由于 Banach 夫人的功劳,苏格兰书得以免遭战火的浩劫,奇迹般地幸存于世.Banach 的儿子 Stefan Banach 博士一直保存着它.当 S. Banach 国际数学中心创立时(1972 年 1 月 13 日于华沙),他把苏格兰书奉献给了这个中心.这部书曾在 Wrocław 以新苏格兰书的名字继续撰写着(仍是一本问题集),由 Marczewski 和 Steinhaus 负责编辑出版.在 1958 年召开的 Edinburgh 国际会议上,这部书的名字在与会苏格兰人中引起了轰动,其他许多与会者也感到奇怪,他们不知道这部书跟苏格兰结下的奇缘纯属偶然.

讲到 Lwów 的数学家团体,绝不能忽略 Lwów 技术大学,特别是它的综合系(General Department).该系的课程跟 Lwów 大学的没什么大区别,只是学生有条件到其他系学习工程方面的课目.此外,它的数学科目较之普通的大学更多样化,因为他们还请 Lwów 大学的教师(像 Banach,还有讲师 S. Kaczmarz 和 W. Nikliborc）来兼课. 综合系本身只设一个数学教席（1928～1933 年间由我担任,之前是 W. Stozek）.

在综合系里,还设有一个理论物理教席,由 W. Rubinowicz 教授执教. 跟这系课程有关的其他系也派代表参加系务委员会,他们中间包括 Kazimierz Bartel 教授——综合系的创始人,内战期间几度出任总理之职. 1933 年 9 月,综合系撤销,系里的教授被分到其他高等学校任职（Rubinowicz 教授分别 Lwów 大学；我则到了华沙大学）. 系亡人在,它的毕业生里除了有 Stanislaw Ulam,还有 Jan Blaton（出色的物理学家）和 Edward Otto（目前是华沙技术大学教授）,这些校友使人忘不了综合系曾存在于世.

波兰重新独立后,它的数学经历了一个初创开发阶段,华沙和 Lwów 是当时数学思想最活跃的中心,其他大学的数学虽不如那两处富有刺激力和活力,但也都有了发展. 这里先要提到 Cracow,数学家在开垦分析学的领地,*Annals of the Polish Mathematical Society* 是这里办的主要杂志.

Stanisław Zaremba 是 Cracow 的领头数学家. 他早期从事偏微分方程和其他古典分析领域的研究,获得过使他享有盛名的成果. 他又培养出像 Tadeusz Wazewski 和 Władysław Niklibore 这样才能卓著的数学家,更为他添加了光荣."

Wazewski 教授卒于 1972 年 9 月 5 日,他是常微分方程方面的杰出专家.

Władysław Nikiborc 后来成了分析方面的优秀专

第 12 章 来自波兰的报告

家,华沙大学教授.他搞三体问题的研究极有希望获重要进展,可惜过早地去世(二次大战后不久)使他未能完成自己的业绩.

当年活跃于 Cracow 数学中心的代表人物还有: Franciszek Leja 教授——Zorawski 教授的学生,波兰解析函数论方面最卓越的专家;Hoborski 教授和他的学生 Stanisław Gołab(从事微分几何的研究,后来是矿业科学院和 Jagielloni 大学的教授;Otto Nikodym——以测度论方面的出色结果著称(两年后转到华沙工作);Alfred Rosenblatt(研究代数几何以及分析的各种应用),后来曾得到秘鲁利马大学的教授职位;Jan Sleszyński——过去在 Odessa 当教授,乃是 Cracow 地区研究数理逻辑的先驱;Wilold Wilkosz,他兴趣极广,从事分析、数学基础及其他领域的研究.

在 Wilno,领头的数学家是 Antoni Zygmund. 从 1930 年起,他任 Stefan Batory 大学教授. Zygmund 毕业于华沙大学,在那里取得博士学位并当过讲师. 他写的关于三角级数的专著堪称是一部杰作. 他是最卓越的波兰数学家之一.

Zygmund 教授桃李满天下,在波兰、在美国都有他的学生(1940 年起他在美国当教授). 他在 Wilno 时最优秀的学生无疑是 Marcinkiewicz——波兰年轻一代中最富才干的数学家之一(在战火中丧失).

除了 Zygmund 教授,还有一位 Stefan Kempisty,他积极从事实变函数论的研究(这是他的主攻方向).

值得一提的助手有 Mirosław Krzyzański 和

Hurwitz 定理

Stanisław Krystyn Zaremba(Stanisław Zaremba 教授的儿子),他们在战后都升任为教授。

最后说一说 Poznań 城的情况。Poznań 大学是波兰最年轻的高等学府(建于 1919 年,设有两个数学教席。战后初期,该大学在 Zdzisław Krygowski 教授(生于 1872 年),曾任 Lwów 技术大学教授)指导下,主要从事教学和组织工作。

1929 年,卓越的学者、解析函数论专家 Mieczysław Biernacki 担任了 Poznań 大学的数学教授,使这里的科研状况大为改观。当然,Władysław Ślebodziński 也在促前该地区的科研方面起了重要作用,他是 Poznań 力学工程学院的教授。

战争前一年,Poznań 的科研形势又有进一步的发展,那是因为 Lwów 大学的讲师 Władysław Orlicz 接受了这里的数学教授职位。

1939 年,Wilno 大学的 Józef Marcinkiewicz 又被指派来这里,给 Poznań 的数学带来了巨大希望。可惜,Marcinkiewicz 未能上任就职,战争爆发了。

Juliusz Schauder——波兰数学家,1896 年生于 Lwów,父亲是律师。在 Lwów 的中学毕业以后,被征入奥地利军队,在第一次世界大战中被俘,随后志愿参加当时在法国招募起来的波兰军队,在 1919 年随这支军队回到波兰。

回国后即进入 Lwów 的 Jan Kazimierz 大学学习。他在 Steinhaus 的指导下于 1923 年取得博士学位,论文题目是 *The Theory of Surface Measure*(*Fundamenta*

Mathematicae,8,1926）。1927 年,由于他的工作 *Contributions to the Theory of Continuous Mappings in Functional Spaces*,他被任命为讲师。作为讲师,他在该大学讲课,开讨论班,同时也在中学教书,这是他们的主要生活来源。

1932 年,Schauder 得到 Rockefeller 奖学金,这使他能够在莱比锡深入了解 Lichtenstein 的工作,然后开始在巴黎与 J. Léray 合作。这一合作使这两位数学家在 1938 年获得 Metaxas 国际大奖。

Schauder 的著作有 33 项,主要成就在于把拓扑学上的某些概念和定理搬到 Banach 空间上(例如,不动点定理,区域不变性,指数概念等),特别是,Schauder 对不动点定理的提法开创了微分方程理论中一个新的、极其富有成果的方法,即所谓 Schauder 方法(见波兰数学研究所编辑的文集:J. P. Schauder, Oeuvres, PWN, Warszawa, 1978)

Schauder 受到纳粹迫害,于 1943 年牺牲。

K. Kuratowski

译自 *A Half Century of Polish Methematics*,p. 86

超越数论中的逼近定理

13.1 从一道上海中学生数学竞赛试题谈起

培养一个人对数学的兴趣,什么阶段为最佳. 小学知识太少不足以言数学之妙,大学又基本定型,为时已晚. 所以一般认为中学阶段是普及数学向其展示数学之美的最佳时段. 其方式不外是两种:一是通过参加数学竞赛;二是看课外科普读物,以中国目前的教育环境而论,第一种方式似乎更加可行. 因为它兼具功利性. 但要想用此种方式普及近代数学知识,对命题的要求就比较高,它不能完全关注于几个小的技巧,还要有深刻的背景才行,而且也不能是简单的例题,还要有大家给普及背景知识才行.

最近国内流传一位科大学者的评论:奥数荒唐无比!就像孔乙己的茴香豆一

第 13 章 超越数论中的逼近定理

般,根本培养不出数学大家来.我们上学的时代,盛传某数学家的名言"做三千道题,就能成数学家",科大数学界遂有"龙生龙,凤生凤,×××的徒弟会打洞"之说,这种一味玩弄技巧的三家村式教学思路毁掉了至少三代数学工作者!直到听到陈省身先生有关数学的战略性思考的教导,终恍然大悟,知道现代数学早已超出了波利亚及克莱因的时代.而这些人的思想还停留在 Euler、Gauss、Bernoulli 的时代,毫无对数学学科发展的战略前瞻性,只懂得硬啃前人啃不动的被丢进垃圾箱多年的骨头,还用这些来引诱后人.真是害人!

近代数学经过五百多年的发展,在 20 世纪中叶其基础已经高度整合成了"代数""拓扑"和"序"三大基本结构.且不论其对错,单就光会解一些只含初等技巧的竞赛试题是远远不够的.

其实,我国的数学工作者一直都很注意竞赛试题的背景问题,在许多试题中都很注重融入某些高等概念及方法.比如下面的一例:

例 设 $y = \sin x$. 问是否存在 $n+1$ 个实系数的多项式 $p_0(x), p_1(x), \cdots, p_n(x)$. 其中 n 为任意正整数

$$p_0(x) = a_0 x^m + a_1 x^{m-1} + \cdots + a_m, a_0 \neq 0$$

使

$$p_0(x) y^n + p_1(x) y^{n-1} + \cdots + p_n(x) \equiv 0$$

(1983 年上海市中学生数学竞赛试题)

证法 1 答案是否定的.

如果存在 $n+1$ 个实系数的多项式 $p_0(x)$,

Hurwitz 定理

$p_1(x), \cdots, p_n(x)$，使

$$p_0(x)y^n + p_1(x)y^{n-1} + \cdots + p_n(x) \equiv 0$$

其中 $y = \sin x$，则 $p_n(k\pi) = 0$ ($k \in \mathbf{Z}$)，故 $p_n(x) \equiv 0$，于是得

$$y \cdot [p_0(x)y^{n-1} + p_1(x)y^{n-2} + \cdots + p_{n-1}(x)] \equiv 0$$

由于 $y = \sin x$，仅当 $x = k\pi$ 时为零，所以当 $x \neq k\pi$ 时，

$$p_0(x)y^{n-1} + \cdots + p_{n-1}(x) = 0.$$

但 $p_0(x), p_1(x), \cdots, p_{n-1}(x)$ 与 $\sin x$ 都是 x 的连续函数，故可取一组点列 $x_m = k\pi + \dfrac{\pi}{m} \to k\pi$，从而有 $p_0(x)y^{n-1} + \cdots + p_{n-1}(x) \equiv 0$.

用上面相同理由可得到 $p_{n-1}(x) \equiv 0$. 依次类推，最后证明了 $p_0(x) \equiv 0$，但这与 $a_0 \neq 0$ 相矛盾.

证法 2 如果存在 $n+1$ 个实系数的多项式 $p_0(x), p_1(x), \cdots, p_n(x)$，使

$$p_0(x)y^n + p_1(x)y^{n-1} + \cdots + p_n(x) \equiv 0 \quad (\text{其中 } y = \sin x) \tag{1}$$

设 $n+1$ 个多项式中，次数最高的可排为 $p_{i_0}(x), p_{i_1}(x), \cdots, p_{i_j}(x)$ ($i_0 < i_1 < \cdots < i_j$)，它们的次数为 m_1 ($m_1 \geq 0$). 首项系数为 $a_{i_0}, a_{i_1}, \cdots, a_{i_j}$ 都不为零.

考虑方程

$$a_{i_0}y^{n-i_0} + a_{i_1}y^{n-i_1} + \cdots + a_{i_j}y^{n-i_j} = 0$$

它只有有限个实根. 故存在 $\alpha \in [0, 1]$ 使

$$a_{i_0}\alpha^{n-i_0} + \cdots + a_{i_j}\alpha^{n-i_j} \neq 0$$

令 $\theta = \arcsin \alpha$，$x_k = \alpha k\pi + \theta$，则

$$\sin x_k = \sin \theta = \alpha$$

第 13 章 超越数论中的逼近定理

在式(1)中令 $x = x_k$,并除以 $x_k^{m_1}$ 得

$$\frac{p_0(x_k)\sin^n x_k}{x_k^{m_1}} + \cdots + \frac{p_{i_0}(x_k)\sin^{n-i_0} x_k}{x_k^{m_1}} + \cdots + \frac{p_n(x_k)}{x_k^{m_1}} = 0$$

$$x_k = 2k\pi + \theta \neq 0$$

令 $k \to +\infty$,于是有

$$a_{i_0}\alpha^{n-i_0} + a_{i_j}\alpha^{n-i} + \cdots + a_{i_j}\alpha^{n-i_j} = 0$$

这与式(1)相矛盾.

注 本题的意义在于指出 $y = \sin x$ 是超越函数.

我们先来介绍什么是超越数论.

超越数论:如果一个复数是某个系数不全为零的整系数多项式的根,则称此复数为代数数. 不是代数数的复数,叫作超越数.

Liouville 开创了对超越数的研究,他于 1844 年以构造性方法证明了超越数的存在,他采用了构造性方法,实际地构造出超越数,例如复数 $z = \sum_{n=1}^{\infty} g^{-n!}$ 对 $g = 2, 3, \cdots$ 都是超越数. 1873 年 Hermite 证明了 e 是超越数,1882 年,Lindeman 证明了 π 是超越数,从而解决了古希腊的"化圆为方"问题. 由此开拓了超越数论这一领域.

19 世纪超越数论的一项重要成果是 Lindeman-Weierstrass 定理:如果 $\alpha_1, \alpha_2, \cdots, \alpha_n$ 是两两不同的代数数,$\beta_1, \beta_2, \cdots, \beta_n$ 是非零代数数,则

$$\sum_{i=1}^{n} \beta_i e^{\alpha_i} \neq 0 \tag{2}$$

由此立即得出:如果 $\alpha_i (i = 1, 2, \cdots, n)$ 在有理数域 Q

Hurwitz 定理

上线性无关,则 $e^{\alpha_i}(i=1,2,\cdots,n)$ 代数无关(即它们不是任一有理系数多项式方程的根). 由式(2)知,如 α 是非零代数数,则 $\sin\alpha,\cos\alpha,\tan\alpha$ 都是超越数;如 α 是不等于 0 和 1 的代数数,则 $\ln\alpha$ 是超越数.

1900 年,Hilbert 提出的 23 个问题中的第 7 个问题就是一个超越数论问题:如果 α 是不等于 0 和 1 的代数数,β 是无理代数数,那么 α^β 是否是超越数? 1929 年,Gel'fond 证明了:如果 α 是不等于 0 和 1 的代数数,β 是二次复代数数,则 α^β 是超越数,特别地,$e^\pi=(-1)^{-i}$ 是超越数. 1930 年,Kuz'min 把这个结果推广到 β 是二次实代数数的情形,特别地,$2^{\sqrt{2}}$ 是超越数. 1934 年 Gel'fond 和 Schneider 各自独立地对 Hilbert 第 7 个问题的后半部分作了肯定回答. 1966 年,Baker 证明了如下重要结果:若 $\alpha_1,\alpha_2,\cdots,\alpha_n$ 是非零代数数,且 $\ln\alpha_1,\ln\alpha_2,\cdots,\ln\alpha_n$ 在 $\overline{Q}$ 上线性无关,则 $1,\ln\alpha_1,\cdots,\ln\alpha_n$ 在所有代数数所成的域 Q 上线性无关. 由此可推出:

(i) 若代数数的对数线性组合(其系数为代数数)不等于零,则必为代数数.

(ii) 若 $\alpha_1,\cdots,\alpha_n,\beta_0,\beta_1,\cdots,\beta_n$ 是非零代数数,则 $e^{\beta_0}\alpha_1^{\beta_1}\cdots\alpha_n^{\beta_n}$ 是超越数.

(iii) 若 $\alpha_1,\cdots,\alpha_n$ 是不为 0 和 1 的代数数,$\beta_1,\beta_2,\cdots,\beta_n$ 是代数数,且 $1,\beta_1,\beta_2,\cdots,\beta_n$ 在 Q 上线性无关,则 $\alpha_1^{\beta_1}\cdots\alpha_n^{\beta_n}$ 为超越数. 为此及其他重要数学成就,Baker 获 1970 年菲尔兹奖.

1874 年,Cantor 引入可数性概念,一个直接的推

第 13 章　超越数论中的逼近定理

论是"几乎所有"的实数(复数)都是超越数. Mahler 1932 年提出一个猜想:对于几乎所有的实数 θ、任意的正整数 n 和正数 ε,至多有有限多个 n 次整系数多项式 $p(x)$,使得 $|p(\theta)|<h^{-(n+\varepsilon)}$,其中 h 是 $p(x)$ 的诸系数的绝对值的最大值. 1965 年为斯普林茹克所证明.

超越数论是数学中最活跃的前沿理论之一. 其最新发展已采用了交换代数、代数几何、多复变函数理论及上同调理论等方法. 许多著名问题,例如,沙鲁尔猜想:若复数 $\zeta_1,\zeta_2,\cdots,\zeta_n$ 在 Q 上线性无关,则由 $\zeta_1,\cdots,\zeta_n,e^{\zeta_1},\cdots,e^{\zeta_n}$ 在 Q 上生成的域的超越次数至少为 n,又其特例关于 e 和 π 的代数无关性(更"简单"的 $e+\pi$ 的超越性),以及 Euler 常数 $\gamma=\lim\limits_{n\to\infty}\left(1+\dfrac{1}{2}+\cdots+\dfrac{1}{n}-\ln n\right)$ 的超越性的猜测,至今都未解决.

13.2　来自俄罗斯的文献

俄罗斯虽然没有在历史上像英国、法国、德国、美国一样曾经成为世界数学的中心,但它一直保持着数学大国和数学强国的地位. 比如美国数学学会有一个译丛系列,其中一个子系列就叫《苏联数学进步成果集》. 它是由数学不同领域的一名资深专家编辑,由来自俄罗斯的世界级数学家文章组成,已出版 21 卷.

中国数学教育的源流很复杂,当然由于世界公认的中国古代数学并没有成功的汇入现代数学的主航道,与日本的和算一样成为了历史遗迹.近代中国数学家中有留德的(如曾炯等)、留法的(如吴学谋)、留英的(如柯召)、留美的(如程民德等)、留日的(如陈建功、苏步青).他们回国后也建立了学派,形成了带有那个国家烙印的教学风格.但中国受其影响最大的应该是苏联.不仅是有大批数学家从苏联学成归国,更为值得注意的是建国初期大学的办学模式及教材都是全盘照搬苏联的.所以苏联的数学传统对中国影响至深,而且在中学这个层次上也是有样学样,不仅许多年长的中学数学教师习惯于利用苏联的教学辅读物,就是近年的数学奥林匹克竞赛试题也有许多都是照搬俄罗斯书刊中的问题.

比如在最近几年的奥赛中有一试题为:

设 $(1+\sqrt{2}+\sqrt{3})^n = q_n + r_n\sqrt{2} + s_n\sqrt{3} + t_n\sqrt{6}$,其中 q_n, r_n, s_n, t_n 都是自然数,求

$$\lim_{n \to \infty} \frac{r_n}{q_n}, \lim_{n \to \infty} \frac{s_n}{q_n}, \lim_{n \to \infty} \frac{t_n}{q_n}$$

初看此题,觉得是一道风格完全不同于国内高考风格的好题.(因为现在的全国高中数学联赛的一试都与高考试题风格接近).但通过查阅资料发现,它不过是俄罗斯的一道成题,载于俄罗斯著名数学教育家波拉索洛夫所著的《代数、数论及分析习题集》,第 6 章第 5 节共轭数.

在大学生数学竞赛领域,苏联也有很好的传统,他们的试题背景深远,许多简直就是数学家研究成果

第 13 章 超越数论中的逼近定理

的缩影,不像我们许多大学的竞赛试题,称其为考研试题并不为过. 下面我们以一道莫斯科大学竞赛试题为例.

例 设 $\xi = \sum_{n=1}^{\infty} 2^{-3^n}$. 证明: 不等式 $\left|\xi - \dfrac{p}{q}\right| < cq^{-3}$,在自然数 p,q 内当 $c > 1$ 有无穷多个解;当 $c = 1$ 有有限个解.

(国立莫斯科大学力学 - 数学系)

解 记
$$q_n = 2^{3^n}, p_n = \sum_{m=1}^{n} 2^{3^n - 3^m}$$

那么
$$\left|\xi - \frac{p_n}{q_n}\right| = \left|\xi - \sum_{m=1}^{n} 2^{-3^m}\right|$$
$$= \sum_{m=n+1}^{\infty} 2^{-3^m} = 2^{-3^{n+1}} + \sum_{m=n+2}^{\infty} 2^{-3^m}$$
$$< 2^{-3^{n+1}} + 2 \times 2^{-3^{n+2}}$$
$$= \frac{1}{q_n^3}(1 + 2^{1-2 \cdot 3^{n-1}})$$

由此得到,对任意 $c > 1$,不等式
$$\left|\xi - \frac{p_n}{q_n}\right| < \frac{c}{q_n^3}$$

对充分大的 n 成立. 从而问题的第一部分已经解决.

现在证明,如果 q 充分大,不等式
$$\left|\xi - \frac{p}{q}\right| < \frac{1}{q^3}$$

对整数 p 和 q 不可能成立. 若不然,设它对某 p 和 q 成

Hurwitz 定理

立. 那么存在 n, 使得
$$q^{0.6} \leq 2^{3^n} = q_n < q^{1.8}$$

考虑两种情况.

第一种情况: $\dfrac{p}{q} = \dfrac{p_n}{q_n}$. 因这 p_n 是奇数, 而 2 是唯一被 q_n 整除的质数, 则 $(p_n, q_n) = 1$. 因此
$$p = lp_n, q = lq_n$$

其中 $l \in \mathbf{N}$, 且成立不等式
$$\left| \xi - \frac{p}{q} \right| = \left| \xi - \frac{p_n}{q_n} \right| > 2^{-3^{n+1}} = \frac{1}{q_n^3} \geq \frac{1}{(lq_n)^3} = \frac{1}{q^3}$$

与假定 $\left| \xi - \dfrac{p}{q} \right| < \dfrac{1}{q^3}$ 相矛盾.

第二种情况: $\dfrac{p}{q} \neq \dfrac{p_n}{q_n}$. 那么 $pq_n - qp_n \neq 0$, 且
$$\left| \frac{p}{q} - \frac{p_n}{q_n} \right| = \left| \frac{pq_n - qp_n}{qq_n} \right| \geq \frac{1}{qq_n}$$

但, 另一方面
$$\left| \frac{p}{q} - \frac{p_n}{q_n} \right| \leq \left| \xi - \frac{p}{q} \right| + \left| \xi - \frac{p_n}{q_n} \right| < \frac{1}{q^3} + \frac{2}{q_n^3}$$

从而, 有
$$\frac{1}{qq_n} < \frac{1}{q^3} + \frac{2}{q_n^3}$$

可是, 记
$$q' = \min(q, q_n), q'' = \max(q, q_n)$$

并经计算, $q'' < (q')^{1.8}$ (由所选 n), 得
$$\frac{1}{q^3} + \frac{1}{q_n^3} \leq \frac{3}{(q')^3} = \frac{3}{(q')^{0.2}} \frac{1}{q'(q')^{1.8}}$$

第 13 章 超越数论中的逼近定理

$$< \frac{3}{(q')^{0.2} q' q''} = \frac{3}{(q')^{0.2}} \cdot \frac{1}{qq_n}$$

当 q 充分大,小于 $\frac{1}{qq_n}$,所得矛盾证得题中命题.

俄罗斯一直以来都以数学原创思想发源地著称,所以它们的数学期刊与著作一直都被译成各国文字广为流传. 本节取自早年间的一本译自俄文的《超越数论文集》:

Methods of the Theory of Transcendental Numbers, Diophantine Approximations and Solutions of Diophantine Equations

Introduction. In this chapter methods of the theory of transcendental numbers (Siegel's method of 1929, Gel'fond's method of 1934, and Baker's method of 1966 are used to study Diophantine problems, in particular Diophantine approximations and solutions of Diophantine equations. In this chapter we will be mainly concerned with the study of measures of linear independence, irrationality (and approximations to algebraic numbers) for values of exponential, binomial (and logarithmic) functions. Two methods are used in our studies. One is Siegel's method of the construction of families of linear forms approximating functions satisfying linear differential equations. Siegel's method generalizes upon Hermite's

Hurwitz 定理

earlier explicit construction of rational approximations to exponential functions. We transform and refine Siegel's method, to obtain the best possible results on measures of Diophantine approximations, and linear independence (and transcendence) for arbitrary numbers that are polynomials in exponents of rational numbers. Our new technique is generalized to other classes of analytic functions, including E – functions.

Another method of the theory of transcendental numbers, that we use, is the Gel'fond-Schneider-Baker method. This method is based on the introduction of auxiliary functions and does not require Siegel's "mimimality" property. We use different versions of this method to study measures of Diophantine approximations of $x^{\frac{i}{n}}$ for $x \in \mathbf{Q}$ in terms of $H(x)$ and $|x-1|$. Such results are of primary importance for the bounds of integer solutions (and the bounds of the number of solutions) of Diophantine equations, in connection with effective and noneffective versions of the Thue-Siegel theorems.

1. We study here approximations of algebraic numbers $\alpha^{\frac{i}{n}}$ by algebraic numbers of bounded degrees using Gel'fond's method of 1934. We apply these results for studying the number of integer points on algebraic curves.

For the proof of our results on linear forms in two logarithms of algebraic numbers, or, equivalently, on approximations of the numbers $\alpha^{\frac{i}{n}}$ by algebraic numbers, we

第 13 章 超越数论中的逼近定理

use several techniques. While the algebraic and analytic method of the proofs is Gel'fond's method , in the end of the Proof, we use Stark's method of p – divisibility and a different, simpler analytic method of the author.

We should mention at the outset that the most important thing in this section is not the theorems being proved, but rather the method of proof itself, which is a modification of the method developed by A. O. Gel'fond.

It turns out that this method enables us to reprove the Thue-Siegel theorem on approximations of algebraic numbers. This new proof, like the original, is noneffective and is based on the use of two approximations. However Gel'fond's method gives an effective expression for *all* constants, occuring in the Thue-Siegel theorem, for algebraic roots $\alpha^{\frac{1}{n}}$. The results we obtain differ from those obtained by the Thue-Siegel method, especially for large n.

For Thue's theorem we use:

Example Suppose for a natural number a we have

$$\left| a^{\frac{1}{n}} - \frac{x_1}{y_1} \right| < H\left(\frac{x_1}{y_1}\right)^{-\kappa_1} \quad \text{and} \quad \left| a^{\frac{1}{n}} - \frac{x_2}{y_2} \right| < H\left(\frac{x_2}{y_2}\right)^{-\kappa_2} \tag{1}$$

for nontrivial distinct pairs of integers x_i, y_i, where $\kappa_1, \kappa_2 > 2$ to avoid trivial cases. Then

$$\left| \left(a \frac{y_1^n}{x_1^n} \right)^{\frac{1}{n}} - \frac{x_2 y_1}{y_2 x_1} \right| < H\left(\frac{x_2}{y_2}\right)^{-\kappa_2} \cdot (|a|^{\frac{1}{n}} + 1)$$

Thus, (1) can be replaced by

$$\left| b^{\frac{1}{n}} - \frac{u}{v} \right| < H\left(\frac{u}{v}\right)^{-O(\kappa_2)} \quad (2)$$

where $u, v \in \mathbf{Z}, b \in \mathbf{Q}$, and

$$|1 - b| < H(b)^{-O(\frac{\kappa_1}{n})} \quad (3)$$

Theorem 1 Suppose k, l are multiplicatively independent rational numbers >1, j and n are natural numbers, $n \geq j$

$$|1 - k| \leq k_*^{-1} \quad \text{and} \quad H(l) > H(k)$$

where $H(\cdot)$ is the height. Then there exists an absolute constant $c_0 > 0$ such that

$$|k^{\frac{j}{n}} - l| > \exp\left(-c_0 \frac{\ln H(l) \ln H(k) \ln^2 n}{\ln(k_* + 1)}\right)$$

Proof We use Gel'fond's method with improvements due to Baker and Fel'dman. Consider the following auxiliary functions of a complex variable z

$$f(z) = \sum_{\lambda_1=0}^{L_1} \sum_{\lambda_2=0}^{L_2} C_{\lambda_1, \lambda_2} k^{(\lambda_1 + \lambda_2 \frac{j}{n})z}$$

$$\mathfrak{F}_\sigma(z) = \sum_{\lambda_1=0}^{L_1} \sum_{\lambda_2=0}^{L_2} C_{\lambda_1, \lambda_2} (n\lambda_1 + j\lambda_2)^\sigma k^{\lambda_1 z} l^{\lambda_2 z} \quad (4)$$

$$\Phi_\sigma(z) = \sum_{\lambda_1=0}^{L_1} \sum_{\lambda_2=0}^{L_2} C_{\lambda_1, \lambda_2} (n\lambda_1 + j\lambda_2 + 1) \cdots$$

$$(n\lambda_1 + j\lambda_2 + \sigma) k^{\lambda_1 z} l^{\lambda_2 z}$$

Here the C_{λ_1, λ_2} are rational integers, chosen in accordance with Siegel's well-known lemma so that

$$\Phi_\sigma(x) = 0 \quad \text{for} \quad \sigma = 0, 1, \cdots, S_0; \ x = 0, 1, \cdots, X_0$$

$$(5)$$

第13章 超越数论中的逼近定理

We choose the parameters L_1, L_2, S_0, X_0 so that the usual scheme of Gel'fond's analytic method is applicable.

Suppse

$$|k^{\frac{l}{n}} - l| < \exp(-T) \qquad (6)$$

where T denotes $\dfrac{c_0 \ln H(l) \ln H(k) \ln^2 n}{\ln(k_* + 1)}$ for a sufficiently large constant $c_0 > 0$.

We choose L_1, L_2, X_0, S_0 in the form

$$L_1 = \left[\frac{c_1 \ln H(l) \ln n}{\ln(k_* + 1)}\right], L_2 = \left[\frac{c_1 \ln H(k) \ln n}{\ln(k_* + 1)}\right]$$

$$X_0 = [c_2 \ln n], \ S_0 = \left[\frac{c_1 c_2 \ln H(l) \ln H(k) \ln n}{\ln^2(k_* + 1)}\right] \qquad (7)$$

for sufficiently large constants c_1, c_2, where $c_2 = \dfrac{1}{4} c_1^{\frac{1}{2}}$.

For such a choice of L_i, X_0, S_0 and c_1, c_2, we have, for c_0 sufficiently large in comparison with c_1 and c_2, the usual inequalities needed to apply Gel'fond's method

$$\frac{1}{16} L_1 L_2 \geqslant S_0 X_0, L_1 \ln H(k) X_0 \ll T, \ L_2 \ln H(x) X_0 \ll T$$

$$S_0 \ln(k_* + 1) \ll T, \ S_0 \ln n \ll T, \ S_0 \ln\left(\frac{n L_1}{S_0}\right) \ll T \qquad (8)$$

where $x \ll y$ means that $c \cdot x \leqslant y$ for an arbitrarily large constant $c > 0$.

According to rational integers C_{λ_1, λ_2} (not all 0) satisfying (5) can be chosen so that

Hurwitz 定理

$$\max_{\lambda_1,\lambda_2}|C_{\lambda_1,\lambda_2}| \leqslant \exp\left(20c_1^{\frac{3}{2}}\frac{\ln H(l)\ln H(k)\ln^2 n}{\ln(k_*+1)}\right) \quad (9)$$

It follows from (4) and (5) that

$$\mathfrak{F}_\sigma = 0; \ \sigma = 0,1,\cdots,S_0; x = 0,1,\cdots,X_0 \quad (10)$$

Comparing $\mathfrak{F}_\sigma(x)$ and $f^{(\sigma)}(x)$ and taking into account (6) and (7) ~ (10), we obtain

$$|f^{(\sigma)}(x)| < \exp(-\frac{T}{2})\sigma! \quad (11)$$

for $0 \leqslant \sigma \leqslant S_0, 0 \leqslant x \leqslant X_0$. Applying (11) and Schwarz's Lemma, we obtain from (7) and (8) that

$$|f^{(\sigma)}(x)| \leqslant \exp\left(-\frac{c_1^2\ln H(k)\ln H(l)\ln^2 n}{2\ln(k_*+1)}\right)(nL_1+jL_2)^\sigma$$

for $\sigma = 0,1,\cdots,\left[\frac{1}{2}S_0\right]$ and $|x| \leqslant c_3 \ln n$ for an arbitrarily large constant c_3 and $c_0 > 2c_1^2 c_3$. In particular, for the same bounds on σ and x we have

$$|\mathfrak{F}_\sigma(x)| < \exp\left(-c_1^2\frac{\ln H(k)\ln H(l)\ln^2 n}{4\ln(k_*+1)}\right)(nL_1+jL_2)^\sigma$$

$$(12)$$

Moreover

$$\Phi_\sigma(x) = \sum_{s=0}^\sigma \widetilde{C}_{s,\sigma}\mathfrak{F}_s(x) \quad (13)$$

for integers $\widetilde{C}_{s,\sigma} \leqslant (\frac{\sigma}{s})\sigma!(s!)^{-1}$. In view of (7) (8), and (12), we finally obtain

$$\left|\frac{\Phi_\sigma(x)}{\sigma!}\right| \leqslant \exp\left(-\frac{c_1^2\ln H(l)\ln H(k)\ln^2 n}{8\ln(k_*+1)}\right)$$

第 13 章 超越数论中的逼近定理

for $\sigma \leqslant \dfrac{1}{2} S_0$ and $x \leqslant c_3 \ln n$. But for rational integral $x \geqslant 0$, according to (4), $\dfrac{\Phi_\sigma(x)}{\sigma!}$ is a polynomial $P(k,l)$ in k and l of k - degree $\leqslant L_1 x$, l - degree $\leqslant L_2 x$, and (in view of (9)) height of at most

$$\exp\left((40 c_1^{\frac{3}{2}} + c_3) \frac{\ln H(l) \ln H(k) \ln^2 n}{\ln(k_* + 1)} \right)$$

Since k and l are rational, it follows that for c_1^2 large in comparison with c_3 we have

$$\Phi_\sigma(x) = 0 \,;\, x = 0, \cdots, [c_3 \ln n] = X_1 \,;\, \sigma = 0, \cdots, [\frac{S_0}{2}] = S_1$$

(14)

Choosing c_3 so that $c_3 c_2 > 2 c_1^2$ we obtain a system in which the number of equations is greater than the number of variables. We will show below that a simple analytic Lemma 2 implies that (14) is impossible for $c_3 c_2 > 2 c_1^2$. This simple method is employed below in Theorem 2.

Let p be any fixed prime > 5. Assume first that $[\mathbf{Q}(k^{\frac{1}{p}}, l^{\frac{1}{p}}) : \mathbf{Q}] = p^2$. This condition will be removed in the final part of the proof of Theorem 1.

For each rational integer $i \geqslant 0$, we put

$$L_{1i} = [\frac{L_1}{p^i}], L_{2i} = [\frac{L_2}{p^i}], S_{1i} = [\frac{S_1}{4^i}], X_{1i} = X_1 p^i \quad (15)$$

where $S_1 = [\dfrac{1}{2} S_0]$, $X_1 = [c_8 \ln n]$. We choose for i a bound $\Im$ so that $p^\Im > L_1 \geqslant L_2$, i. e.

Hurwitz 定理

$$\Im = \left[\frac{\ln L_1}{\ln p}\right] + 1 \qquad (16)$$

For each set $\vec{\lambda} = (\lambda_{00}, \lambda_{01}, \cdots, \lambda_{0i-1}; \lambda_{10}, \lambda_{11}, \cdots, \lambda_{1i-1})$ of $2i$ numbers from $\{0, 1, \cdots, p-1\}$ we put

$$\vec{\lambda}_0 = \lambda_{00} + \lambda_{01} p + \cdots + \lambda_{0i-1} p^{i-1}$$

and

$$\vec{\lambda}_1 = \lambda_{10} + \lambda_{11} p + \cdots + \lambda_{1i-1} p^{i-1}$$

Then

$$f^{\vec{\lambda},i}(z) \equiv \sum_{m_1=0}^{L_{1i}} \sum_{m_2=0}^{L_{2i}} C_{m_1,m_2}^{\vec{\lambda},i} k^{(\frac{m_1+jm_2}{n})z} \qquad (17)$$

where the coefficients $C_{m_1,m_2}^{\vec{\lambda},i}$ are defined as

$$C_{m_1,m_2}^{\vec{\lambda},i} = C_{m_1 p^i + \vec{\lambda}_0, m_2 p^i + \vec{\lambda}_1} \qquad (18)$$

for $m_1 p^i + \vec{\lambda}_0 \leq L_1$, $m_2 p^i + \vec{\lambda}_1 \leq L_2$; otherwise, $C_{m_1,m_2}^{\vec{\lambda},i} = 0$.

We also define, by analogy with (4)

$$\Im_\sigma^{\vec{\lambda},i}(z) = \sum_{m_1=0}^{L_{1i}} \sum_{m_2=0}^{L_{2i}} C_{m_1,m_2}^{\vec{\lambda},i} (m_1 n + m_2 j)^\sigma k^{m_1 z} l^{m_2 z}$$

We establish by induction on i, $0 \leq i \leq \Im$, the following:

Lemma 1 For each $i, 0 \leq i \leq \Im$, we have

$$\Im_\sigma^{\vec{\lambda},i}(x) = 0 \qquad (19)$$

for any sequence $\vec{\lambda}$ of length $2i$ and natural numbers $\sigma \leq S_{1i}$ and $x \leq X_{1i}$.

Proof For $i = 0$, Lemma 1 follows from (14). Assume the lemma has been proved for all $i' \leq i$. We will

428

prove the lemma for $i+1$. Along with the sequence $\vec{\lambda} = (\lambda_{00}, \lambda_{01}, \cdots, \lambda_{0i}; \lambda_{10}, \cdots, \lambda_{1i})$ of length $2(i+1)$ consider the sequence $\vec{\lambda}' = (\lambda_{00}, \cdots, \lambda_{0i-1}; \lambda_{10}, \cdots, \lambda_{1i-1})$ and the corresponding function $f^{i}(z) = f^{\vec{\lambda}',i}(z)$. We apply the assumption (19); in view of (6), it follows immediately (since $L_{1i}X_{1i} \leq L_1 X_1$; $L_{2i}X_{1i} \leq L_2 X_2$; $S_{1i} \leq S_1$) that

$$|(f^{i}(x))^{(\sigma)}| \leq \exp\left(-\frac{T}{2}\right)(nL_{1i}+jL_{2i})^{\sigma} \quad (20)$$

i.e., $|(f^{i}(x))^{(\sigma)}| \leq \exp\left(-\frac{T}{4}\right)\sigma!$ for all integers $x = 0, \cdots, X_{1i}$ and $\sigma \leq S_{1i}$. We will again use Schwarz's lemma, taking into account that $|k-1| \leq k_*^{-1}$.

Note that for $R = 4X_{1i+1}(k_*+1)$ we have

$$\max_{|z|=R}|(f^{i}(z))^{(\sigma)}|$$
$$\leq \exp\left(40c_1^{\frac{3}{2}}\frac{\ln H(l)\ln H(k)\ln^2 n}{\ln(k_*+1)} + \right.$$
$$\left. L_{1i}X_{1i+1}\ln H(k) + L_{2i}X_{1i+1}\ln H(l)\right)(nL_{1i}+jL_{2i})^{\sigma}$$
$$\leq \exp\left((40c_1^{\frac{3}{2}}+2p)\frac{\ln H(l)\ln H(k)\ln^2 n}{\ln(k_*+1)}\right)(nl_{1i}+jL_{2i})^{\sigma}$$

$$(21)$$

Now choose c_1 sufficiently large in comparison with p. We consider that

$$X_{1i}S_{1i}\ln(k_*+1) \geq \frac{1}{2}c_1^2\frac{\ln H(l)\ln H(k)\ln^2 n}{\ln(k_*+1)}\left(\frac{p}{4}\right)^{i}$$

$$(22)$$

It follows from (20) ~ (22) when $p > 5$ that

Hurwitz 定理

$$|(f^i(z))^{(\sigma')}|$$
$$\leqslant \exp\left(-\frac{c_1^2 \ln H(l) \ln H(k) \ln^2 n}{8\ln(k_*+1)}\right)(nL_{1i}+jL_{2i})^{\sigma'} \quad (23)$$

for all z, $|z| \leqslant X_{1i+1}$, and $\sigma' = 0, 1, \cdots, [\frac{1}{2}S_{1i}]$. In particular, for the same z and σ' we obtain

$$|\mathfrak{F}^i_{\sigma'}(z)| \leqslant \exp\left(-\frac{c_1^2 \ln H(l) \ln H(k) \ln^2 n}{16 \ln(k_*+1)}\right) \cdot$$
$$(nL_{1i}+jL_{2i})^{\sigma'} \quad (24)$$

As above, we introduce

$$\Phi^i_{\sigma'}(z) = \sum_{m_1=0}^{L_{1i}} \sum_{m_2=0}^{L_{2i}} C^{\check{\lambda}',i}_{m_1,m_2}(nm_1+jm_2+1)\cdots$$
$$(nm_1+jm_2+\sigma')k^{m_1 z}l^{m_2 z} \quad (25)$$

Using (13) and (24), we obtain

$$\left|\frac{\Phi^i_{\sigma'}(z)}{\sigma'!}\right| \leqslant \exp\left(-\frac{c_1^2 \ln H(l) \ln H(k) \ln^2 n}{32\ln(k_*+1)}\right) \quad (26)$$

since

$$\left(\frac{nL_{1i}+jL_{2i}}{\sigma'}\right)^{\sigma'} \leqslant \exp\left(\frac{2c_1^{\frac{3}{2}}\ln H(l)\ln H(k)\ln^2 n}{\ln^2(k_*+1)}\right)$$

In (26) consider z to be of the form $z = \frac{x}{p}$ for a natural number x, $x \leqslant X_{1i+1}$. It follows directly from (25) that $\Phi^i_{\sigma'}(\frac{x}{p})(\sigma'!)^{-1}$ has the form $R(k^{\frac{1}{p}}, l^{\frac{1}{p}})$, where $R(x,y) \in \mathbf{Z}[x,y]$; $R(x,y)$ has x- and y-degrees

$$d_x(R) \leqslant L_{1i}X_{1i+1}; \; d_y(R) \leqslant L_{2i}X_{1i+1}$$

and height

$$H(R) \leqslant \exp\left(\frac{40 c_1^{\frac{3}{2}} \ln H(l) \ln H(k) \ln^2 n}{\ln^2(k_* + 1)}\right)$$

Then either $\Phi_{\sigma'}^i(\frac{x}{p}) = 0$ or

$$\left|\Phi_{\sigma'}^i\left(\frac{x}{p}\right)(\sigma'!)^{-1}\right|$$
$$\geqslant \exp\left(-100 p^2 c_1^{\frac{3}{2}} \frac{\ln H(l) \ln H(k) \ln^2 n}{\ln(k_* + 1)}\right) \quad (27)$$

For c_1 sufficiently large in comparison with p, it follows from (26) and (27) that $\Phi_{\sigma'}^i\left(\frac{x}{p}\right) = 0$ for all $\sigma' = 0, \cdots, [\frac{1}{2} S_{1i}]$ and $x = 0, 1, \cdots, X_{1i+1}$. For the same σ' and x, therefore

$$\mathfrak{F}_{\sigma'}^i\left(\frac{x}{p}\right) = 0 \quad (28)$$

Suppose $(x, p) = 1$. In view of our assumption that $\mathbf{Q}(k^{\frac{1}{p}}, l^{\frac{1}{p}})$ has degree p^2, it follows from (28) that for any λ_1, λ_2 in $[0, p)$ we have

$$\sum_{m_1 \equiv 0, m_1 \equiv \lambda_1}^{L_{1i}} \sum_{m_2 \equiv 0, m_2 \equiv \lambda_2}^{L_{2i}} C_{m_1, m_2}^{\vec{\lambda}', i}(m_1 n + m_2 j)^{\sigma'} k^{\frac{m_1 x}{p}} l^{\frac{m_2 x}{p}} = 0$$

$$(29)$$

for all $\sigma' \leqslant \frac{1}{2} S_{1i}, x \leqslant X_{1i+1}, (x, p) = 1$, if the congruences "$\equiv$" are understood to mean mod p. Each $m_j \equiv \lambda_j$ (mod p) can be represented in the form

$$m_j = m_j' p + \lambda_j$$

Hurwitz 定理

where $m'_j \leqslant L_{1i+1}$. Dividing (29) by $k^{\frac{\lambda_1 x}{p}} \cdot l^{\frac{\lambda_2 x}{p}}$ and considering a linear combination of the equalities (29), we obtain

$$\sum_{m_1=0, m_1 \equiv m'_1 p + \lambda_1}^{L_{1i}} \sum_{m_2=0, m_2 \equiv m'_2 p + \lambda_2}^{L_{2i}} C_{m_1, m_2}^{\vec{\lambda}', i} (m'_1 p n + m'_2 p j)^\sigma k^{m'_1 x} l^{m'_2 x} = 0$$

for all $\sigma \leqslant \frac{1}{2} S_{1i}$, $x \leqslant X_{1i+1}$, $(x, p) = 1$. Put $\lambda_1 = \lambda_{0i}$ and $\lambda_2 = \lambda_{1i}$, where $\vec{\lambda} = (\lambda_{00}, \cdots, \lambda_{0i}; \lambda_{10}, \cdots, \lambda_{1i})$. According to the definition (18), we obtain

$$\sum_{m'_1=0}^{L_{1i+1}} \sum_{m'_2=0}^{L_{2i+1}} C_{m'_1, m'_2}^{\vec{\lambda}, i+1} (m'_1 n + m'_2 j)^\sigma k^{m'_1 x} l^{m'_2 x} = 0$$

i. e. $\mathfrak{F}_\sigma^{i+1}(x) = 0$.

Thus, the function $f^{i+1}(z)$ satisfies the inequalities

$$|(f^{i+1}(z))|^{\sigma'}| < \exp\left(-\frac{T}{2}\right)(nL_{1i+1} + jL_{1i+1})^{\sigma'} \tag{30}$$

for all $\sigma' \leqslant \frac{1}{2} S_{12}$ and natural numbers $z \leqslant X_{1i+1}$, $(z, p) = 1$. The number of such $z \leqslant X_{1i+1}$, $(z, p) = 1$, is at least $\frac{1}{2} X_{1i+1}$. Taking into account (30), we apply, as above, Schwarz's lemma. We obtain

$$|\Phi_{\sigma''}^{i+1}(x)(\sigma''!)^{-1}| > \exp\left(-c_1^2 \frac{\ln H(l) \ln H(k) \ln^2 n}{32 \ln(k_* + 1)}\right) \tag{31}$$

for $\sigma'' \leqslant S_{1i+1} \leqslant \frac{1}{4} S_{1i}$ and a natural number $x \leqslant X_{1i+1}$.

第 13 章 超越数论中的逼近定理

Since

$$\max\{L_{1i+1}X_{1i+1}\ln H(k), L_{2i+1}X_{1i+1}\ln H(l)\}$$
$$\leqslant c_1^{\frac{3}{2}} \frac{\ln H(l)\ln H(k)\ln^2 n}{\ln(k_* + 1)}$$

it follows from (25) and (31) that

$$\Phi_{\sigma''}^{i+1}(x) = 0 \qquad (32)$$

for $\sigma'' \leqslant S_{1i+1}$ and $x \leqslant X_{1i+1}$. Lemma 1 is proved.

We apply (4) with $i = \mathfrak{I}$. We have $L_{1\mathfrak{I}} = L_{2\mathfrak{I}} = 0$ by (16), i. e. for $\sigma = 0$

$$C_{0,0}^{\bar{\lambda},\mathfrak{I}} = 0 \qquad (33)$$

Since any $\lambda_i \leqslant L_i$ can be represented in the form $\lambda_i = \lambda_{i0} + \lambda_{i1} p + \cdots + \lambda_{i\mathfrak{I}-1} p^{\mathfrak{I}-1}$, it follows from (33) and (18) that $C_{\lambda_1,\lambda_2} = 0$ for all $\lambda_1 = 0,1,\cdots,L_1$ and $\lambda_2 = 0, 1,\cdots,L_2$. This contradicts the choice of the C_{λ_1,λ_2}.

It remains to consider the case avoided in Lemma 1, i. e. $[\mathbf{Q}(k^{\frac{1}{p}}, l^{\frac{1}{p}}) : \mathbf{Q}] < p^2$ for a given prime $p > 5$. We will show that this case can be reduced to a previous one. Suppose $\mathbf{Q}(k^{\frac{1}{p}}, l^{\frac{1}{p}})$ has degree $< p$ over $\mathbf{Q}(k^{\frac{1}{p}})$ for any $p > 5$. We use Lemma : if $\mathbf{Q}[\alpha^{\frac{1}{p}}, \beta^{\frac{1}{p}})$ does not have degree p over $\mathbf{Q}(\alpha^{\frac{1}{p}})$, then $\beta = \alpha^i \gamma^p$ for $\gamma \in \mathbf{Q}$ and a natural number $i < p$.

We use the so-called "Thue lemma" (which is a simple consequence of Dirichlet's principle): if $(a,p) = 1$, there exist natural numbers $x, y \leqslant p^{\frac{1}{2}}$ such that $ax + y$ or $ax - y$ is divisible by p. We apply this lemma to the

Hurwitz 定理

case $a = i$. Raising the equality $l = k^i\gamma^p$ to a suitable power, we obtain an equality of the form $l^x k^y = \gamma_1^p$, where $\gamma_1 \in \mathbf{Q}$ and x, y are rational integers such that $|x|, |y| \leqslant p^{\frac{1}{2}}$. For the height $H(\gamma_1)$ we obtain

$$H(\gamma_1) \leqslant H(l)^{\frac{x}{p}} \cdot H(k)^{\frac{y}{p}} \leqslant H(l)^{\frac{2}{p^{\frac{1}{2}}}} \quad (34)$$

Moreover, $l = \gamma_1^{\frac{p}{x}} k^{-\frac{y}{x}}$, i. e. inequality (6) for $|k^{\frac{j}{n}} - l|$ can be replaced by an inequality for $|k^{\frac{j}{n}} - k^{-\frac{y}{x}}\gamma_1^{\frac{p}{x}}|$. Indeed, it follows from (6) that for an arbitrarily large constant $c_0' > 0$ we have

$$|k^{\frac{jx+yn}{np}} - \gamma_1| < \exp\left(-c_0' \frac{\ln H(k) \ln H(l) \ln^2 n}{\ln(k_* + 1)}\right) \quad (35)$$

and, obviously, $np \geqslant 2p^{\frac{1}{2}} n \geqslant jx + yn$, since $p > 5$.

We will show that for

$$l_1 = \gamma_1, n_1 = np$$

and

$$j_1 = jx + yn$$

we have (6) with the natural replacement of $H(l)$ by $H(l_1)$ and $\ln n$ by $\ln n_1$. Since k remains unchanged, it suffices to show that

$$2 \ln H(\gamma_1) \ln^2(np) < \ln H(l) \ln^2 n \quad (36)$$

Inequality (36) clearly follows from (34), otherwise we obtain $n < c_{10} p$, which says that n is bounded and in this case Theorem 1 is obvious. Thus, for $l_1 = \gamma_1$ we have (35), which is analogous to (6), and, in view of

(34) and $p > 5$, we have $H(\gamma_1) < H(l)$. Continuing this procedure, we obtain a sequence of rational numbers $l, l_1, \cdots$, with decreasing heights satisfying the inequality for $|k^{\frac{j_s}{n_s}} - l_2|$. Then for the bounded l_i an upper bound of the form

$$\exp\left(-O\left(\frac{\ln H(k) \ln^2 n}{\ln(k_* + 1)}\right)\right)$$

is impossible for $n > O(1)$.

The theorem is completely proved.

We now give an entirely different proof of Theorem 1 based on new arguments and a very simple analytic Lemma 2. Multidimensional versions of Lemma 2 can be used similarly in Baker's method.

Instead of the p – adic methods of Stark, we can use methods similar to Gel'fond's method of 1934.

Lemma 2　Let us denote

$$F_\sigma(\alpha, \beta) = \sum_{\lambda_1=0}^{L_1} \sum_{\lambda_2=0}^{L_2} C_{\lambda_1, \lambda_2} (\lambda_1 + \theta \lambda_2 + 1) \cdots (\lambda_1 + \theta \lambda_2 + \sigma) \alpha^{\lambda_1} \cdot \beta^{\lambda_2}$$

with $C_{\lambda_1, \lambda_2} \in \mathbf{C}^1$ and nonzero $\alpha\beta \in \mathbf{C}^1$, α not a root of unity.

Let

$$\lambda_1 + \lambda_2 \theta \neq \lambda_1' + \lambda_2' \theta$$

for $0 \leqslant \lambda_1, \lambda_1' \leqslant L_1, 0 \leqslant \lambda_2, \lambda_2' \leqslant L_2$ and $(\lambda_1, \lambda_2) \neq (\lambda_1', \lambda_2')$. Assume that $X \geqslant 1$, $S \geqslant 1$ and $F_\sigma(\alpha^i, \beta^i) = 0$ for $i = 0, \cdots, X-1$ and $\sigma = 0, 1, \cdots, S-1$.

Hurwitz 定理

If
$$XS > L_1(L_2+1) + XL_2$$
then all C_{λ_1,λ_2} are zero: $\lambda_1 = 0, \cdots, L_1$; $\lambda_2 = 0, \cdots, L_2$.

Proof Let us denote for $\lambda_2 = 0, \cdots, L_2, P_{\lambda_2}(x) \stackrel{\text{def}}{=}$
$\sum_{\lambda_1=0}^{L_1} C_{\lambda_1,\lambda_2} x^{\lambda_1}$. Then we get

$$F_\sigma(\alpha,\beta) = \frac{d^\sigma}{dx^\sigma}\Big(\sum_{\lambda_2=0}^{L_2} P_{\lambda_2}(x)\Big(\frac{\beta}{\alpha}\Big)^{\theta\lambda_2} x^{\theta\lambda_2+\sigma}\Big)\Big|_{x=\alpha}$$

for any $\sigma = 0, 1, \cdots$. If we now denote for $i = 0, \cdots, X-1$

$$F_i(x) = \sum_{\lambda_2=0}^{L_2} P_{\lambda_2}(x) x^{\theta\lambda_2} \cdot \Big(\frac{\beta}{\alpha}\Big)^{\theta_i\lambda_2}$$

then, according to the assumptions we obtain
$$F_i^{(\sigma)}(\alpha^i) = 0: \sigma = 0, 1, \cdots, S-1$$
for any $i = 0, \cdots, X-1$. Let us assume that not all C_{λ_1,λ_2}
($\lambda_1 = 0, \cdots, L_1; \lambda_2 = 0, \cdots, L_2$) are zero; then we take those polynomials $P_{\lambda_j}(x) : j = 0, \cdots, J$ among $\{P_{\lambda_2}(x): \lambda_2 = 0, \cdots, L_2\}$ that are not zero; $0 \leq J \leq L_2$. According to the assumptions
$$\lambda_1 + \lambda_2\theta \neq \lambda_1' + \lambda_2'\theta$$
whenever
$$0 \leq \lambda_1, \lambda_1' \leq L_1, 0 \leq \lambda_2, \lambda_2' \leq L_2$$
and
$$(\lambda_1, \lambda_2) \neq (\lambda_1', \lambda_2')$$
Hence, functions $P_{\lambda_j}(x) x^{\theta\lambda_j} : 0 \leq J \leq L_2$ are linearly independent (over **C**). We define

第13章 超越数论中的逼近定理

$$W(x) = \det(((\frac{\mathrm{d}}{\mathrm{d}x})^i(P_{\lambda_j}(x)x^{\theta\lambda_j}))_{i,j=0,\cdots,J}$$

so that $W(x) \not\equiv 0$. Then we have

$$W(x) = D(x) \cdot x_1^\delta, \delta = \sum_{j=0}^{j} \{\theta\lambda_j - j\}$$

where $D(x)$ is a polynomial in x of degree of at most $L_1 \cdot (J+1)$. Now the functions $F_i(x)$ are linear combinations of $P_{\lambda_j}(x)x^{\theta\lambda_j}$

$$F_i(x) = \sum_{j=0}^{J} P_{\lambda_j}(x)x^{\theta\lambda_j} \cdot \left(\frac{\beta}{\alpha}\right)^{\theta_i\lambda_j}, i = 0,\cdots,X-1$$

Making a linear transformation of a determinant $W(x)$ and taking into account that numbers α^j are nonzero, we obtain

$$\operatorname*{ord}_{x=\alpha^i}(W(x)) \geq \operatorname*{ord}_{x=\alpha^i}(F_i(x)) - J$$

for $i = 0,\cdots,X-1$ and hence

$$\operatorname{ord}_{x=\alpha^i}(D(x)) \geq S - J, i = 0,\cdots,X-1$$

Consequently

$$L_1(J+1) \geq \sum_{i=0}^{X-1} \operatorname*{ord}_{x=\alpha^i}(D(x)) \geq X(S-J)$$

or

$$XS \leq XJ + L_1(J+1) \leq XL_2 + L_1(L_2+1)$$

The Lemma is proved.

We proved results much more general than this one in the context of Padé approximations, Tijdeman obtained results of the same form for binomial and exponential functions(1979).

We can now apply Lemma 2 in the proof of Theorem

Hurwitz 定理

1 directly to (14) to arrive at a contradiction with c_0 being sufficiently large. The advantage of Lemma 2 is the possibility of obtaining a "relatively small value" of constant c_0. We will present an example of such estimates below.

Based on our Lemma 2 we now give a particularly short proof of the bound of Theorem 1 with an explicit form of constant c_0. In particular, our result gives a simple effective measure of diophantine approximations to an algebraic number $k^{\frac{j}{n}}$. Aiming at such measures of irrationality, we consider only the case of $H(1)$ sufficiently large with respect to $H(k)$ (and n). We obtain:

Theorem 2 Let k and l be rational numbers and j, n be relatively prime positive integers, $n \geq j$ and let $|1 - k| \leq k_*^{-1}$ for $k_* > 1$. Then we have

$$|k^{\frac{j}{n}} - l| > \exp\left(-c_0 \cdot \frac{\ln H(l) \ln H(k)}{\ln(1 + k_*)} \cdot \left(1 + \frac{\ln n}{\ln(1 + k_*)}\right)^2\right)$$

with $c_0 \leq e^{10}$.

Proof We consider the following auxiliary functions

$$f_\sigma(z) = \sum_{\lambda_1 = 0}^{L_1} \sum_{\lambda_2 = 0}^{L_2} C_{\lambda_1, \lambda_2} \begin{pmatrix} \lambda_1 + \frac{j}{n} \lambda_2 \\ \sigma \end{pmatrix} k^{(\lambda_1 + \frac{j}{n} \lambda_2) z}$$

$$\Phi_\sigma(z) = \sum_{\lambda_1 = 0}^{L_1} \sum_{\lambda_2 = 0}^{L_2} C_{\lambda_1, \lambda_2} \begin{pmatrix} \lambda_1 + \frac{j}{n} \lambda_2 \\ \sigma \end{pmatrix} k^{\lambda_1 z} \cdot l^{\lambda_2 z} \quad (37)$$

第13章 超越数论中的逼近定理

$$\mathfrak{F}_\sigma(z) = \sum_{\lambda_1=0}^{L_1} \sum_{\lambda_2=0}^{L_2} C_{\lambda_1,\lambda_2}(\lambda_1 + \frac{j}{n}\lambda_2)^\sigma k^{\lambda_1 z} \cdot l^{\lambda_2 z}$$

We use Siegel's lemma to find rational integers so that the following system of linear equations on C_{λ_1,λ_2} is satisfied

$$\Phi_\sigma(x) = 0, \sigma = 0, \cdots, S_0; x = 0, \cdots, X_0 \quad (38)$$

We assume that k is close to $1: |1-k| \leq k_*^{-1}, k_* > 1$ and that

$$|k^{\frac{j}{n}} - l| \leq \exp(-c_0 \cdot T)$$
$$T = \frac{\ln H(k) \cdot \ln H(l)}{\ln(1+k_*)} \cdot \Lambda^2, \Lambda = 1 + \frac{\ln n}{\ln(1+k_*)}$$
$$(39)$$

Parameters L_1, L_2, S_0, X_0 are closen in a way similar to (7)

$$L_1 = \left[\frac{c_1 \ln H(l)}{\ln(1+k_*)} \cdot \Lambda\right], L_2 = \left[\frac{c_1 \ln H(k)}{\ln(1+k_*)} \cdot \Lambda\right]$$

$$X_0 = [c_2 \Lambda], S_0 = \left[c_2' \cdot \frac{\ln H(l) \cdot \ln H(k)}{\ln^2(1+k_*)} \Lambda\right] (40)$$

We note now that for $\mu_n = \prod_{p|n} p^{\frac{1}{p-1}}$ the number $(n\mu_n)^\sigma \begin{pmatrix} \lambda_1 + \frac{j}{n}\lambda_2 \\ \sigma \end{pmatrix}$ is always a rational integer, provided that $\lambda_1, \lambda_2, \sigma$ are (nonnegative) rational integers. We put $N = n\mu_n$. In the estimates below we assume that $H(1)$ is sufficiently large with respect to $H(k)$. (In fact, it is enough to assume only that

Hurwitz 定理

$$\ln H(l) \geqslant \lambda \ln H(k)$$

for some $\lambda < 2$ and $H(1) \geqslant c'_0$ for a sufficiently large constant c'_0).

From (37) and (40) it follows that the sizes of the coefficients in system (38) defining C_{λ_1,λ_2} are bounded from above by

$$U = \exp\left\{\left(c'_2 \frac{\ln N}{\ln(1+k_*)} + 2c_1 c_2\right)\right\} \cdot T$$

Hence Siegel's lemma implies that C_{λ_1,λ_2} can be chosen as rational integers, not all identically zero such that system (38) is satisfied and such that

$$\max(|C_{\lambda_1,\lambda_2}| : 0 \leqslant \lambda_1 \leqslant L_1; 0 \leqslant \lambda_2 \leqslant L_2) \leqslant |C| \quad (41)$$

$$|C| \leqslant U^{\frac{c_2 c'_2}{c_1^2 - c_2 c'_2}} \cdot e^{\sigma(L_1)}$$

Functions $\mathfrak{F}_\sigma(x)$ are simple linear combinations of $\Phi_s(x) : s = 0, \cdots, \sigma$. This immediately implies

$$\mathfrak{F}_\sigma(x) = 0, \sigma = 0, \cdots, S_0; \ x = 0, \cdots, X_0 \quad (42)$$

We have for $s \geqslant 0$

$$\left(\frac{\mathrm{d}}{\mathrm{d}x}\right)^s f_\sigma(x) = \sum_{\lambda_1=0}^{L_1} \sum_{\lambda_2=0}^{L_2} C_{\lambda_1,\lambda_2} \binom{\lambda_1 + \frac{j}{n}\lambda_2}{\sigma}$$

$$(\lambda_1 + \frac{j}{n}\lambda_2)^s \cdot k^{(\lambda_1 + \frac{j}{n}\lambda_2)x} \quad (43)$$

From (42) it follows that for $\sigma + s \leqslant S_0$ and an integer $x, 0 \leqslant x \leqslant X_0$, the number obtained by replacing $k^{\frac{j}{n}}$ by l in (43), is zero. Hence we obtain

第 13 章 超越数论中的逼近定理

$$\left|\frac{1}{s!}\left(\frac{\mathrm{d}}{\mathrm{d}x}\right)^s f_\sigma(x)\right| \leq |C| \cdot |k|^{L_1 X_0} \cdot N^{S_0} \cdot (2l)^{L_1} \cdot |k^{\frac{j}{n}} - l|$$

$$x = 0, 1, \cdots, X_0$$

with integers $\sigma, s : \sigma + s \leq S_0$.

We now apply Schwarz's lemma and interpolation formulas to the function $f_\sigma(x)$. Rough estimates give

$$|f_\sigma(z)|_R \leq 2 \cdot \left(\frac{2}{A}\right)^{(X_0+1) \cdot (S_0-\sigma)} \cdot$$

$$|f_\sigma(z)|_{AR} + \left(\frac{6R}{X_0+1}\right)^{(X_0+1)(S_0-\sigma)} \cdot$$

$$\max\left\{\left|\frac{1}{s!} f_\sigma^{(s)}(x)\right| : s \leq S_0 - \sigma; x \leq X_0\right\} \quad (44)$$

Here we take $R = c_5 \Lambda$ and we put $A = 2k_*^\delta$ for $0 < \delta \leq 1$. We obtain

$$|f_\sigma(z)|_{AR} \leq L_1 L_2 \cdot 2^\sigma \cdot |C| \cdot |k|^{(L_1 + \frac{j}{n} L_2) AR}$$
$$\leq |C| \cdot \exp\{(2c_1 c_5 k_*^{\delta-1} \ln^{-1} H(k) -$$
$$\delta c_2 (c_2' - c_3)) \cdot T\} \quad (45)$$

where $\sigma \leq \dfrac{c_3 S_0}{c_2'}$.

We also remark that (37) implies

$$|f_\sigma(x) - F_\sigma(x)| \leq L_1 L_2 \cdot |C| \cdot 2^{L_1} \cdot |k|^{L_1 x} \cdot |k^{\frac{j}{n}} - l|$$
$$(46)$$

cf. above. Since $N^\sigma \cdot \begin{pmatrix} \lambda_1 + \dfrac{j}{n} \lambda_2 \\ \sigma \end{pmatrix}$ is always a rational integer, then for denominators den(k) and den(l) of k and l, respectively

Hurwitz 定理

$$\Phi_\sigma(x) N^\sigma \cdot \{\operatorname{den}(k)^{L_1} \cdot \operatorname{den}(l)^{L_2}\}^x$$

is a rational integer. Hence, for any integer $x, x \leq c_5 \Lambda$ either $\Phi_\sigma(x) = 0$ or

$$|\Phi_\sigma(x)| \geq N^{-\sigma} \cdot e^{-2c_1 c_5 T}$$

$$\Phi_\sigma(x) = 0, \quad \sigma = 0, 1, \cdots, \sigma_x$$

for $x = 0, 1, \cdots, X_1 = [c_5 \Lambda]$ and if

$$\sum_{x=0}^{X_1} \sigma_x > L_1 L_2 + L_2 X_1$$

then all numbers C_{λ_1, λ_2} are zero.

Since not all C_{λ_1, λ_2} are zeroes, for any $c_3 \leq c_2$ and such that $c_3 c_5 > c_1^2$ there always exists an integer $x_0, x_0 \leq c_5 \Lambda$ such that

$$|\Phi_{\sigma_0}(x_0)| \geq \exp\{-(2c_1 c_5 + c_3) \cdot T\} \quad (47)$$

Combining inequalities (44) ~ (47) we obtain a simple system of algebraic inequalities that give a lower bound for c_0. It is easy to see that one can now take for c_0 number $\geq e^{10}$.

Baker's method of bounds of linear forms in logarithms of n algebraic numbers yields explicit expressions for constants for an arbitrary n. The method of proof of Theorem 2 is completely different from those used for $n > 2$ (cf. e. g. Stark's method used above). A simple scheme of the proof of Theorem 2 can be considerably modified to obtain a better value of constant c_0 (and constants in Theorem 3); and a better dependence on n. Modifications in the proofs of Theorems 2 and 3 include

第13章 超越数论中的逼近定理

a different choice of systems of linear equations (5) or (42) for auxiliary functions of the form

$$f_\sigma(x) = \sum_{\lambda_1=0}^{L_1} \sum_{\lambda_2=0}^{L_2} C_{\lambda_1,\lambda_2} \cdot \left(\lambda_1 + \frac{j}{n}\lambda_2\right)_\sigma \cdot k^{(\lambda_1+\frac{j}{n}\lambda_2)x}$$

and

$$f_{\sigma,i}(x) = \sum_{\lambda_1=0}^{L_1} \sum_{\lambda_2=0}^{L_2} C_{\lambda_1,\lambda_2} \cdot \left(\lambda_1 + \frac{j}{n}\lambda_2\right)_\sigma \lambda_2^i \cdot k^{(\lambda_1+\frac{j}{n}\lambda_2)x}$$

Our considerations give an upper bound for the constants c_0, c_0' in Theorems 2, 3: $c_0 \leqslant e^4, c_0' < 4$.

Our result provides an effective determination of constants in the context of the (noneffective) Thue-Siegel theorem.

The first application of Theorems 1 and 2 pertains to the case of the Thue-Siegel theorem.

Corollary 1 Suppose a is a rational number and n is a natural number. If x_i and y_i are distinct pairs of integers such that

$$\left| a^{\frac{1}{n}} - \frac{x_1}{y_1} \right| < c_6 |y_1|^{-\kappa_1}, \quad \left| a^{\frac{1}{n}} - \frac{x_2}{y_2} \right| < c_6 |y_2|^{-\kappa_2}$$

then $\kappa_1 \kappa_2 \leqslant c_0' n$. Here $c_6 > 0$ depends on a and n, and $c_0' > 0$ is an absolute constant.

Proof It suffices to apply Example and use Theorem 2.

We have a generalization of Theorem 2 to the case of algebraic numbers.

Hurwitz 定理

Theorem 3 Suppose α,β are algebraic numbers of a field **K** of degree d which have degrees d_1, d_2 and heights $H(\alpha)$, $H(\beta)$. If $n \geq j$ are natural numbers and $|1-\alpha| \leq \alpha_*^{-1}$, then

$$|\alpha^{\frac{j}{n}} - \beta| \geq \exp\left(-c_0 \frac{\ln H(\alpha) \ln H(\beta) \ln^2 n}{\ln(\alpha_* + 1)} \cdot \frac{d^4}{d_1 d_2}\right)$$

Proof Let $\mathbf{K} = \mathbf{Q}(\theta)$; the coefficients C_{λ_1,λ_2} of the auxiliary functions can be expressed in the form

$$C_{\lambda_1,\lambda_2} = \sum_{i=0}^{d-1} C_{\lambda_1,\lambda_2,i} \theta^i$$

We use the same auxiliary functions as in (4) or (37)

$$\mathfrak{F}_\sigma(x) = \sum_{\lambda_1=0}^{L_1} \sum_{\lambda_2=0}^{L_2} C_{\lambda_1,\lambda_2} (\lambda_1 + \frac{j}{n}\lambda_2)^\sigma k^{\lambda_1 z} l^{\lambda_2 z}$$

$$\Phi_\sigma(z) = \sum_{\lambda_1=0}^{L_1} \sum_{\lambda_2=0}^{L_2} C_{\lambda_1,\lambda_2} \cdot \begin{pmatrix} \lambda_1 + \frac{j}{n}\lambda_2 \\ \sigma \end{pmatrix} k^{\lambda_1 z} l^{\lambda_2 z}$$

It is easy to see that in this case the parameters can be chosen as follows

$$L_1 = \left[\frac{\tilde{c}_1 \ln H(\beta) \ln n}{\ln(\alpha_* + 1)} \cdot \frac{d^2}{d_2}\right], L_2 = \left[\frac{\tilde{c}_2 \ln H(\alpha) \ln n}{\ln(\alpha_* + 1)} \cdot \frac{d^2}{d_1}\right]$$

$$X_0 = [\tilde{c}_3 d \ln n], S_0 = \left[\frac{\tilde{c}_4 \ln H(\alpha) \ln H(\beta) \ln n}{\ln^2(\alpha_* + 1)} \cdot \frac{d^3}{d_1 d_2}\right]$$

Then the usual method of Gel'fond, Schwarz's lemma, and Siegel's lemma lead to the end of the proof, where it is necessary to show that all C_{λ_1,λ_2} are equal to zero. For this, as above, we apply Lemma 2.

Because of the applications of Lemma 2 one can

第13章 超越数论中的逼近定理

choose as an upper bound for c_0 the same one as in Theorem 2, provided that $H(\alpha)$ ia sufficiently large with respect to $H(\beta)$ and that α^* is sufficiently large (with respect to d).

The results proved above can also be used to establish the existence of at most two solutions of a series of Diophantine equations. We illustrate this by means of the equation

$$ax^n - by^n = c \qquad (48)$$

where a,b,c are integers. This equation was first investigated in detail by Siegel by means of his technique of hypergeometric functions. His theorem asserts:

If

$$(ab)^{\frac{n}{2}-1} \geqslant 4c^{2n-2}(n\mu_n)^n$$

where $\mu_n = \prod_{p\mid n} p^{\frac{1}{p-1}}$, the equation (48) has at most one solution in natural numbers. Theorem 1 and 2 permit a significant improvement of Siegel's estimate. In particular, we obtain:

Proposition 1 For $n \geqslant c_0$, equation (48) has at most two solutions in natural numbers. Moreover, for $ab > c_6 \cdot cn$, (48) has at most one solution.

Of interest are those cases, when (48) does not have integer rational solutions at all, except trivial ones. For example, let us consider the inequality

$$\mid ax^n - (a+c)y^n \mid \leqslant \mid c \mid \qquad (49)$$

445

This inequality has the solution $x = y = 1$.

Proposition 2 For

$$|a| \geq \left(\frac{|c|}{\ln(|c|+1)}\right)^{1+\frac{\Lambda_0}{n}}$$

for an absolute constant $\Lambda_0 > 0$ the inequality (49) does not have non-trivial solutions.

Proof We obtain the estimate

$$\left|\left(\frac{x}{y}\right)^n - \left(1 + \frac{c}{a}\right)\right| \leq \left|\frac{c}{ay^n}\right|$$

Then Theorems 1 and 2 provide us with the desired estimate.

Proposition 2 cannot be improved in the sense that a simple example provides the satisfiability of (49) with

$$|a| \geq \left(\frac{|c|}{\ln(|c|+1)}\right)^{1+\frac{1}{n}}$$

i. e. $\Lambda_0 > 1$. Different results on the Diophantine approximations to algebraic roots $\alpha^{\frac{1}{n}}$ for rational (algebraic) α, and solutions of Diophantine equations $ax^n - by^n = c$ are presented. These results use the Thue-Siegel method, and the methods of "minimal" approximating forms (Padé approximations) can be used for the approximation of algebraic roots and bounds of linear forms in logarithms.

As we showed, Gel'fond's method gives another proof of the Thue-Siegel theorem for roots $\alpha^{\frac{1}{n}}$ of algebraic numbers. Similarly our considerations, and the standard reductions of solutions of an arbitrary Thue equation

$f(x,y) = A$ to the form $\alpha x^n - \beta y^n = \gamma$ with algebraic $\alpha, \beta, \gamma, x, y$ give the possibility of bounding the number of **K** – integral solutions of Thue equations. The existence of a large number of **K** – integral solutions of $f(x,y) = A$ then implies the existence of a large number of algebraic approximations to $\left(\dfrac{\alpha}{\beta}\right)^{\frac{1}{n}}$. In this way we can get:

Theorem 4 Suppose **K** is an algebraic number field of degree m and $f(x,y)$ is an irreducible form of degree $n \geqslant 3$ with **K** – integral coefficients. Then the number of **K** – integral solutions of the equation $f(x,y) = A$ does not exceed $c(m, n, \Psi(A))$, where $\Psi(A)$ is the number of prime divisors in the decomposition of (A).

For the proof of Theorem 4, suppose $f(x,y)$ is a **K** – irreducible binary form of degree $n \geqslant 3$ with coefficients in $\mathbf{I}_K$. As usual, $\mathbf{I}_K$ is the ring of integers of the algebraic number field **K** of degree m.

Suppose $A \in \mathbf{I}_K$ and $\#(f, A, \mathbf{K})$ is the number of **K** – integral solutions of the equation

$$f(x,y) = A \qquad (50)$$

The following remark is important. Suppose Δ is the discriminant of $f(x,y)$, $\Delta \neq 0$, and $\Delta \in \mathbf{I}_K$. A simple argument shows that for any $\gamma > 0$ there exist $\leqslant c(n, m, \gamma)$ solutions of (50) with $|\bar{x}|, |\bar{y}| \leqslant |\overline{\Delta}|^\gamma$. Similary, for any $\gamma > 0$ there exist $\leqslant c(n, m, \Psi(A), \gamma)$ solutions of (50) such that $|\bar{x}|, |\bar{y}| < |\overline{A}|^\gamma$. Therefore, assuming that $\#$

Hurwitz 定理

$(f, A, \mathbf{K})$ is sufficiently large in comparison with n and m, we obtain:

For any constant $\gamma = \gamma(m, n) > 0$ there exist $O(\#(f, A, \mathbf{K}))$ solutions in integers x, y of $\mathbf{I}_\mathbf{K}$ such that

$$|\overline{x}|, |\overline{y}| > (|\overline{A}| \cdot |\overline{\Delta}|)^\gamma \qquad (51)$$

Suppose α is a root of the equation $f(x, 1) = 0$. Then, on introducing the new field $\mathbf{K}_1 = \mathbf{K}(\alpha)$, (50) can be rewritten in the form

$$\text{Norm}_{\mathbf{K}}^{\mathbf{K}_1}(x - \alpha y) = A \qquad (52)$$

Let $\psi_1(A)$ denote the number of pairwise nonassociated elements of $\mathbf{K}_1$ for which $\text{Norm}_{\mathbf{K}}^{\mathbf{K}_1}$ is equal to A. Let $\varepsilon_1, \cdots, \varepsilon_w$ be a fundamental system of units of the field $\mathbf{K}_1$. By a standard procedure, the equation (52) can be rewritten in the form

$$x - \alpha y = \gamma \varepsilon_1^{h_1} \cdots \varepsilon_w^{h_w} \qquad (53)$$

where γ is one of the $\psi_1(A)$ numbers of norm A

$$|\overline{\gamma}| \leq |\overline{A}|^{\frac{1}{n}} |R(\mathbf{K}_1)|$$

$R(\mathbf{K}_1)$ being the regulator of $\mathbf{K}_1$, and $h_1, \cdots, h_w$ are rational integers. Put $\mu_i = x - \alpha_i y$, where $\alpha_1 = \alpha, \cdots, \alpha_n$ are the conjugates of α over $\mathbf{K}$. We have $\mu_1 \cdots \mu_n = A$. Condition (51) shows that there exist indices l and j such that $|\mu_l^{(j)}| = \min |\mu_k^{(i)}|$ and

$$|\mu_l^{(j)}| < c_3 (H(x))^{-\kappa} \qquad (54)$$

Hence $\kappa \leq mn - 1$ and $c_3 > 0$ depends only on m and n, provided that (x, y) is one of the solutions indicated in (51). In the sequel we will restrict ourselves to such solutions (x,y).

From (52) and (53) we obtain the fundamental identity
$$(\alpha_k^{(j)} - \alpha_l^{(j)})\mu_i^{(j)} - (\alpha_i^{(j)} - \alpha_l^{(j)})\mu_k^{(j)} = (\alpha_k^{(j)} - \alpha_i^{(j)})\mu_l^{(j)}$$
where i, k, l are distinct (they can be so chosen since $n \geqslant 3$). Therefore
$$\beta_1^{h_1} \cdots \beta_w^{h_w} - \beta_{w+1} = \omega$$
$$\beta_1 = \frac{\varepsilon_{1,i}^{(j)}}{\varepsilon_{1,k}^{(j)}}, \cdots, \beta_w = \frac{\varepsilon_{w,i}^{(j)}}{\varepsilon_{w,k}^{(j)}} \qquad (55)$$
where
$$\beta_{w+1} = \frac{(\alpha_i^{(j)} - \alpha_l^{(j)})\gamma_k^{(j)}}{(\alpha_k^{(j)} - \alpha_l^{(j)})\gamma_i^{(j)}}, \omega = \frac{(\alpha_k^{(j)} - \alpha_i^{(j)})\mu_l^{(j)}\gamma_k^{(j)}}{(\alpha_k^{(j)} - \alpha_l^{(j)})\mu_k^{(j)}\gamma_i^{(j)}}$$

For fixed $f(x,y)$ and A, there are at most $(nm)^3 \cdot \psi_1(A)^3$ numbers of the form β_{w+1}. Fix some natural number N and consider remainders h_i', $0 \leqslant h_i' < N$, such that $h_i \equiv h_i' \pmod{N}$. Let β_0 stand for the number $\beta_1^{h_1}, \cdots, \beta_w^{h_w}$. Then (55) can be written in the form
$$\beta_0(\beta_1^{x_1}, \cdots, \beta_w^{x_w})^N - \beta_{w+1} = \omega \qquad (56)$$

Now assume that
$$\#(f, A, \mathbf{K}) > c_4(n, m, N)$$
Then equation (56) has $O(\#(f, A, \mathbf{K}))$ solutions with constant β_0. Assume in addition that
$$\#(f, A, \mathbf{K}) > c_5(\psi_1(A), n, m)$$
and regard β_{w+1} as constant. Denote $\beta_1^{x_1} \cdots \beta_w^{x_w}$ by δ. It follows from (54) that

Hurwitz 定理

$$\left|\delta^N - \frac{\beta_{w+1}}{\beta_0}\right| < H(x)^{-c_6} \qquad (57)$$

for some $c_6 > 0$, and In $H(\delta) \ll \ln H(x)/N$. Since

$$\#(f,A,\mathbf{K}) > c_7(\psi_1(A),n,m),$$

we obtain many solutions of (57). We then apply Theorem 3 with $N > c_8(m,n)$.

The proof of Theorem 4 is completed by estimating $\psi_1(A)$ in terms of $\tau(A)$, the number of prime divisors of A

$$\psi_1(A) \leqslant \tau(A)^{mn}$$

where nm is the degree of $\mathbf{K}_1$.

Remark If to assume in Theorem 4 that

$$|\text{Norm } \Delta| \geqslant c(n,m,A)$$

then the estimate of $\#(f,A,\mathbf{K})$ will depend only on m and n.

It is possible to prove p-adic variants of Theorems 2 and 3. Using these theorems, it is possible to establish a p-adic variant of Theorem 4. This result can be applied to the determination of elliptic curves with prescribed points of bad reductions.

2. To studies of the diophantine approximations of values of exponential functions we apply the general principles of construction of auxiliary approximating forms that were explained in Siegel's fundamental paper. For completeness we formulate the basic principles of Siegel's approach, which consist of the replacement of the arithmetic

problem by a problem of interpolation and approximation of functions in the complex plane. In order to study the measure of diophantine approximations (or the linear independence) of numbers $\omega_0, \cdots, \omega_r$, we, following Siegel, assume the existence of $r+1$ forms

$$L_k = h_{k,0}\omega_0 + \cdots + h_{k,r}\omega_r, k = 0, \cdots, r$$

that are linearly independent (i. e. $\det(h_{k,l}) \neq 0$), whose integer rational coefficients satisfy $|h_{k,l}| \leq H$, and such that

$$\max(|L_0|, \cdots, |L_r|) \leq \mu$$

for a sufficiently small μ. Let us now take any linear form in $\omega_0, \cdots, \omega_r$: $L = h_0\omega_0 + \cdots + h_r\omega_r$ with $\max(|h_0|, \cdots, |h_r|) = h$, that we want to estimate. Since $r+1$ forms $L_0, \cdots, L_r$ are linearly independent, then from these $r+1$ forms we can choose r forms, which, together with the form L, constitute a system of linearly independent forms. Let these be the forms $L_1, L_2, \cdots, L_r$. Let $(\lambda_{k,l})$ be a matrix inverse to the matrix of the coefficients of $L, L_1, \cdots, L_r$. Then it is easy to obtain the inequalities for the coefficients $\lambda_{k,l}$

$$|\lambda_{k,0}| < r! \ H^r, k = 0, 1, \cdots, r$$
$$|\lambda_{k,l}| < r! \ H^{r-1}h, k = 0, \cdots, r; l = 1, \cdots, r$$

Then from the equation

$$\omega_k = \lambda_{k,0}L + \lambda_{k,1}L_1 + \cdots + \lambda_{k,r}L_r, k = 0, 1, \cdots, r$$

immediately follows the inequality for L

$$|L| \geq \frac{|\omega_k|}{(r! \ H^r)} - \frac{r_\mu h}{H}$$

Hurwitz 定理

Now if $\mu \cdot H^{r-1} \to 0$ as $H \to \infty$, then from the last inequality we obtain an effective positive lower bound for $|L|$ in terms of h. In particular, it gives us a sufficient condition of the linear independence of $\omega_0, \cdots, \omega_r$ over $\mathbf{Q}$.

The construction of the systems of linear forms $L_0, \cdots, L_r$ is a key to the method presented above. This construction can be achieved if ω_k are values of functions $\omega_k(x)$ given by formal power series in x and satisfying differential equations. Now let $\omega_0(x), \omega_1(x), \cdots, \omega_r(x)$ be formal power series, not identically zero (and, without a loss of generality, linearly independent over $\mathbf{C}(x)$). Then Siegel proposes the consideration of "minimal" forms in $\omega_0(x), \cdots, \omega_r(x)$ with polynomial coefficients

$$L_k(x) = h_{k,0}\omega_0(x) + \cdots + h_{k,r}\omega_r(x), k = 0, \cdots, r$$

where the coefficients $h_{k,l} = h_{k,l}(x)$ are polynomials in x of degrees of at most H, and μ is the smallest exponent of x which enters the expansion of any of $L_0(x), \cdots, L_r(x)$ in powers of x. The "minimality" of $L_0(x), \cdots, L_r(x)$ is the condition that $\mu - rH \to +\infty$ as $H \to \infty$ (similar to the number-theoretic case above). The existence of such "minimal" forms is obivous from the pigeonhole principle, and such linear forms are called, in modern day terminology, remainder functions in the Hermite-Padé approximation problem to functions $\omega_0(x), \cdots, \omega_r(x)$. As Siegel pointed out, the main difficulty is the proof of det $(h_{k,l}(x)) \not\equiv 0$. Siegel himself showed how easily this dif-

第 13 章　超越数论中的逼近定理

ficulty can be avoided, if $\omega_k(x)$ satisfy a system of linear differential equations over $\mathbf{C}(x)$

$$\frac{\mathrm{d}\omega_k}{\mathrm{d}x} = a_{k,0}\omega_0(x) + \cdots + a_{k,r}\omega_r(x), k = 0, 1, \cdots, r$$

(58)

Hence, if we have a single "minimal" form

$$L(x) = h_0(x)\omega_0(x) + \cdots + h_r(x)\omega_r(x)$$

then, after its differentiation in x, and its multiplication by the common denominator of $a_{k,l}(x)$, we arrive at a form of "minimal" type too. Repeating this operation of differentiation and multiplication r times, we obtain $r + 1$ "minimal" forms. It is easy to see that the determinant of these $r + 1$ "minimal" forms is identically zero if and only if the determinant $\Delta(x)$ of forms $L(x), L'(x), \cdots, L^{(r)}(x)$ is also identically zero. Siegel gave a very simple criterion for $\Delta(x) \not\equiv 0$, independent of the "minimality" of the form $L(x)$. Here is Siegel's criterion:

Normality Lemma　Let the general solution of the system of linear differential equations (58) for the functions ω_k be

$$\omega_k = C_0\omega_{k,0} + C_1\omega_{k,1} + \cdots + C_r\omega_{k,r}, k = 0, 1, \cdots, r$$

where $C_0, C_1, \cdots, C_r$ are arbitrary constants. Then the determinant of a system of $r + 1$ linear forms (with polynomial coefficients)

$$L(x) = h_0(x)\omega_0(x) + \cdots + h_r\omega_r(x), \frac{\mathrm{d}L}{\mathrm{d}x}, \cdots, \frac{\mathrm{d}^r L}{\mathrm{d}x^r}$$

Hurwitz 定理

is identically zero if and only if there is a linear homogeneous relation with constant coefficients between $r + 1$ functions

$$h_0\omega_{0,l} + \cdots + h_r\omega_{r,l}, l = 0, 1, \cdots, r$$

The absence of such relations was studied by Siegel in the case of exponential and Bessel functions. The Galois and monodromy methods prove $\Delta(x) \not\equiv 0$ in most of the interesting cases.

It turns out, however, that for the "minimal" form $L(x)$, with

$$\mu = \mathrm{ord}_{x=0}(L(x)) \gg rH$$

the determinant $\Delta(x)$ is always not identically zero, if H is sufficiently large: $H \geq H_0$ (though H_0 is ineffective).

It is crucial in Siegel's method to pass from the system of functional "minimal" forms $L(x), L'(x), \cdots, L^{(r)}(x)$, with the determinant $\Delta(x) \not\equiv 0$, to the system of number forms $L(\xi), L_1(\xi), \cdots, L_r(\xi)$ with the determinant $\Delta(\xi) \neq 0$ and integer coefficients. Then, under appropriate arithmetic conditions, we obtain estimates of a measure of the diophantine approximations of numbers $\omega_0(\xi), \omega_1(\xi), \cdots, \omega_r(\xi)$ where ξ is a rational (or algebraic) number.

Let, as above, $\mu = \mathrm{ord}_{x=0}(L(x))$ for a given "minimal" form $L(x)$. Successfully differentiating $L(x)$ and multiplying by the common denominator $d(x)$ of rational functions $a_{k,l}$ from (58), we obtain a sequence of "mini-

mal" forms

$$L_s(x) = d(x)\frac{\mathrm{d}}{\mathrm{d}x}L_{s-1}(x), s = 1, \cdots \quad (59)$$

Then the order of $L_s(x)$ at $x = 0$ is at least $\mu - s : s = 0$, $1, \cdots$. Let v denote the maximum of the degrees of polynomials $d(x), d(x)a_{k,l}(x) : k, l = 0, \cdots, r$, and let H be the maximum of the degrees of polynomial coefficients $h_0(x), \cdots, h_r(x)$ of $L(x)$. Then the determinant $D(x)$ of forms $L, L_1, \cdots, L_r$ has a degree in x of at most $(r+1)H + \dfrac{r(r+1)v}{2}$. Expressing $\omega_k(x)$ in terms of forms $L, L_1, \cdots, L_r$ we get

$$D(x)\omega_k(x) = A_{k0}(x) \cdot L + \cdots + A_{kr}(x) \cdot L_r$$
$$k = 0, 1, \cdots, r \quad (60)$$

for polynomials $A_{k,l}(x)$.

Since the right side of (60) has at least $x = 0$ a zero of order $\mu - r$, then $D(x)\omega_k(x)$ is divisible by $x^{\mu-r}$. Without a loss of generality we can always assume that $\sum_{k=0}^{r} |\omega_k(0)| > 0$. Thus $D(x)$ is divisible by $x^{\mu-r}$, i.e. for any $\xi \neq 0$, the polynomial $D(x)$ (which is not identically zero) has a zero at $x = \xi$ of an order of at most

$$s \leqslant (r+1)H + \frac{r(r+1)}{2}v + r - \mu$$

For "minimal" forms L with

$$\mu = (r+1)H + o(H)$$

as $H \to \infty$, we obtain $s = o(H)$. We have

Hurwitz 定理

$D^{(s)}(\xi) \neq 0$, $D^{(p)}(\xi) = 0, p = 0,1,\cdots,s-1$

We now differentiate the identity (60) s times in x and use differential equations (58). In the notations of (59) we obtain the following identities in $\omega_0(\xi),\cdots,\omega_r(\xi)$

$$d(\xi)^s \cdot D^{(s)}(\xi) = \sum_{l=0}^{s+r} B_{k,l}(\xi) \cdot L_l(\xi), k = 0,1,\cdots,r$$

(61)

Assuming that $x = \xi$ is not a singularity of a system of equations (58). i. e. $d(\xi) \neq 0$, we obtain from (61) that among $r + s + 1$ forms $L(\xi), L_1(\xi),\cdots,L_{r+s}(\xi)$ there exist $r + 1$ linearly independent forms in variables $\omega_0(\xi),\omega_1(\xi),\cdots,\omega_r(\xi)$——whose determinant is not zero.

In this way, from the construction of a "minimal" functional form $L(x)$, we arrive at $r + 1$ approximating forms in numbers $\omega_0(\xi),\cdots,\omega_r(\xi)$ for rational(algebraic)$\xi \neq 0$. In order to obtain good bounds of the measure of diophantine approximations of $\omega_0(\xi),\cdots,\omega_r(\xi)$ it is necessary to control the growth of the absolute values of coefficients of polynomials in $L_s(x)$ after s differentiations of $L(x)$. Also the choice of a "minimal" form $L(x)$ is achieved using Siegel's Lemma. Hence, additional assumptions about the common denominators of the coefficients of Taylor expansions of $\omega_0(x),\cdots,\omega_r(x)$ must be imposed in order to apply Siegel's method. Such assumptions are satisfied if $\omega_i(x)$ are combinations of exponen-

tial functions, leading to the Lindemann-Weierstrass theorem and its qualitative form. Siegel also showed how his methods are applied to E – functions and G – functions, including various hypergeometric functions with rational parameters. An important analytic assumption in Siegel's method is the existence of the system (58) of first order linear differential equations on ω_k. Though the assumption can be relaxed, one sees from definition (59) that any linear form $L_s(\xi)$ obtained in the way described above, will be a linear combination of $\omega_k(\xi), \omega'_k(\xi), \cdots, \omega_k^{(s)}(\xi)$. That is why all results on the measures of the linear independence of numbers $\omega_0(\xi), \cdots, \omega_r(\xi)$ according to Siegel's method give the exponent of linear independence $\geq \Omega$, where Ω is the number of linearly independent functions over $\mathbf{C}(x)$ among the functions $\omega_k^{(s)}(x): k = 0, 1, \cdots, r; s = 0, 1, \cdots$ (Liouville's type of estimate). In particular, in the problem of the measures of irrationality and transcendence for numbers of the form $\sum_{k=0}^{r} A_k(\beta) e^{\alpha_k \beta}$ with polynomials $A_k(z) \in \mathbf{Q}[z]$ and (rational) algebraic α_k, β, these measures depend heavily on the heights of $A_k(z)$ and on α_k and β. Another important problem arising here is the case of ξ which is an algebraic irrational number. In this case, as for exponents e^ξ, the measure of transcendence (irrationality), depends on the degree of ξ (again with the Liouville-type of exponent).

Hurwitz 定理

It turns out, however, that Siegel's method can be considerably modified in order to obtain the best possible results independently of the order of differential equations satisfied by $\omega_k(x)$, and improving the measures of diophantine approximations of $\omega_k(\xi)$ for algebraic ξ. To do this we use the background of Siegel's approach outlined above, but for the construction of the auxiliary approximating "minimal" forms we rely on the technique of "partially G - invariant" auxiliary functions. Using these methods of "G - invariance", we combine the operation of the differentiation of $L(x)$ (as above) with the action of the group ring $\mathbf{Z}[G]$. Detailed constructions and proofs of important results are given below.

Our new methods allow us to improve considerably the measures of linear independence, irrationality and transcendence of numbers that are values of functions satisfying linear differential equations with constant coefficients (polynomials in exponential functions). In particular, new measures of transcendence for exponents e^{ξ} with algebraic ξ are obtained, improving the existing ones that were obtained by Siegel's method and by Gel'fond-Schneider's method. Our results show that the values of any exponential functions (rational functions in exponents) at rational points: $\theta_0, \cdots, \theta_r$ admit the best measure of linear independence

$$|h_0\theta_0 + \cdots + h_r\theta_r| > h^{-r-\varepsilon}$$

第 13 章 超越数论中的逼近定理

for any $\varepsilon > 0$ and
$$h = \max(|h_0|, \cdots, |h_r|) \geq c_0(\theta_0, \cdots, \theta_r, \varepsilon)$$

Similar results take place in the context of the author's elliptic generalization of the Lindemann-Weierstrass theorem. Namely, let $\mathscr{L}(x)$ be a Weierstrass elliptic function with algebraic invariants g_2, g_3 and periods ω_1, ω_2 with imaginary quadratic $\dfrac{\omega_1}{\omega_2}$ (CM – case). Let $\alpha_1, \cdots, \alpha_n$ be algebraic numbers linearly independent over $\mathbf{Q}(\dfrac{\omega_1}{\omega_2})$, and let θ_k be a rational function in $\mathscr{L}(\alpha_i), \mathscr{L}'(\alpha_i) : i = 1, \cdots, n$ with coefficients from $\mathbf{Q}[g_2, g_3] : k = 0, 1, \cdots, r$. Then we obtain a measure of the linear independence of $\theta_0, \theta_1, \cdots, \theta_r$ close to the best possible ones given by Dirichlet's bound: for arbitrary rational integers $h_0, \cdots, h_r$ we have
$$|h_0 \theta_0 + \cdots + h_r \theta_r| > h^{-c_1 r}$$
where $c_1 > 0$ depends only on the degree of the field $\mathbf{Q}(g_2, g_3, \alpha_1, \cdots, \alpha_n)$, provided that
$$h = \max(|h_0|, \cdots, |h_r|) \geq c_2(\theta_0, \cdots, \theta_r, \alpha_1, \cdots, \alpha_n)$$
and
$$(h_0, \cdots, h_r) = 1$$
This provides an important addition to the author's earlier result
$$|P(\mathscr{L}(\alpha_1), \cdots, \mathscr{L}(\alpha_n))| > H(P)^{-c_3 d(P)^n}$$
for

Hurwitz 定理

$$P(x_1,\cdots,x_n) \in \mathbf{Z}[x_1,\cdots,x_n]$$

Our improvements in Siegel's method also give us results close to the best possible for arbitrary values of Siegel's E − functions at rational points.

3. We show how, using Siegel's method we can prove the best possible results on the measure of irrationality, linear independence and transcendence of polynomials at exponents of algebraic numbers.

We start with n sequences of distinct algebraic numbers $\{\beta_{i,1},\cdots,\beta_{i,k_i}\}: i=1,\cdots,n$, such that any sequence $\{\beta_{i,1},\cdots,\beta_{i,k_i}\}$ constains all the conjugates of each of its elements for $i=1,\cdots,n$. Then we consider numbers

$$\theta_i = \sum_{j=1}^{k_i} C_{i,j}e^{\beta_{i,j}}, i = 1,\cdots,n \qquad (62)$$

where $C_{i,j}$ are rational numbers, and such that $C_{i,j_1} = C_{i,j_2}$ whenever β_{i,j_1} is algebraically conjugate to $\beta_{i,j_2}: j_1, j_2 = 1,\cdots,k_i; i=1,\cdots,n$. As we prove below, the measure of linear independence of numbers $\theta_1,\cdots,\theta_n$ is close to the best possible. This means that for any $\varepsilon > 0$ and arbitrary rational integers $h_1,\cdots,h_n$, we have

$$|h_1\theta_1 + \cdots + h_n\theta_n| > h^{-n+1-\varepsilon}$$

provided that

$$h = \max(|h_1|,\cdots,|h_n|) \geq c_4(\theta_1,\cdots,\theta_n,\varepsilon)$$

The key element in the proof is the method of G − invariant systems of functions and the action of the Galois group of the algebraic number field generated by $\beta_{i,j}: j =$

第 13 章 超越数论中的逼近定理

$1,\cdots,k_i; i=1,\cdots,n$. Here we use these constructions to build auxiliary approximating "minimal" forms in the context of Siegel's method, let $\mathbf{K}$ be a Galois algebraic number field containing all $\beta_{i,j}: j=1,\cdots,k_i; i=1,\cdots,n$ with the Galois group $G = \mathrm{Gal}(\dfrac{\mathbf{K}}{\mathbf{Q}})$, and let

$$[\mathbf{K}:\mathbf{Q}] = |G| = d$$

We use the action of a group ring $\mathbf{Z}[G]$, the elements α of which have the form $\alpha = \sum_{g \in G} n_g \cdot g$ with $n_g \in \mathbf{Z}: g \in G$.

We introduce lattices in $\mathbf{K}$ generated by the action of $\mathbf{Z}[G]$ on algebraic numbers $\beta_{i,j}: j=1,\cdots,k_i; i=1,\cdots,n$. Let us denote by $\mathcal{G}$, a lattice in $\mathbf{K}$ consisting of $\mathfrak{U} = \mathfrak{S}_1 + \cdots + \mathfrak{S}_n$, whose ith component $\mathfrak{S}_i$ has the form $\sum_{j=1}^{k_i} a_{i,j} \beta_{i,j}$ for rational integers $a_{i,j}, j=1,\cdots,k_i; i=1,\cdots,n$. i. e.

$$\mathcal{G} = \{\mathfrak{U} = \mathfrak{S}_1 + \cdots + \mathfrak{S}_n \in \mathbf{K}: \mathfrak{S}_i = \sum_{j=1}^{k_i} a_{i,j} \cdot \beta_{i,j}$$
$$\text{for } a_{i,j} \in \mathbf{Z}: j=1,\cdots,k_i; i=1,\cdots,n\} \qquad (63)$$

Since $\{\beta_{i,1},\cdots,\beta_{i,k_i}\}$ is invariant under the action of G (is invariant under the algebraic conjugation), $i = 1,\cdots,n$; the lattice $\mathcal{G}$ is G-invariant, we have a natural homomorphism of the $\sum_{i=1}^{n} k_i$ - dimensional lattice $\mathbf{Z}^{k_1} \times \cdots \times \mathbf{Z}^{k_n}$ on $\mathcal{G}$. This homomorphism $\lambda: \mathbf{Z}^{k_1} \times \cdots \times \mathbf{Z}^{k_n} \to \mathcal{G}$ is defined as follows. For $\vec{v} = (v_1,\cdots,v_n)$, and

Hurwitz 定理

$v_i = (a_{i,1}, \cdots, a_{i,k_i}) \in \mathbf{Z}^{k_i} : i = 1, \cdots, n$ we define $\lambda(\vec{v}) = \mathfrak{U}$, $\mathfrak{U} = \mathfrak{S}_1 + \cdots + \mathfrak{S}_n$ with $\mathfrak{S}_i = \sum_{j=1}^{k_i} a_{i,j} \beta_{i,j}$.

Let us now display the action of G on the lattice $\mathcal{G}$. For $g \in G$ and any algebraic number $\beta \in \mathbf{K}$ we denote by $\beta^{(g)} = g(\beta)$ an algebraic number, conjugate to β under the action of G. Then the action of g on $(\beta_{i,1}, \cdots, \beta_{i,k_i})$ induces a permutation $\pi_{i,g}$ of $(1, \cdots, k_i)$ in the following way: $g(\beta_{i,j}) = \beta_{i, \pi_{i,g}(j)} : j = 1, \cdots, k_i; k = 1, \cdots, n$. Any permutation π_i of $(1, \cdots, k_i)$ acts naturally on $\mathbf{Z}^{k_i}$

$$\pi_i(n_1, \cdots, n_{k_i}) = (n_{\pi_i(1)}, \cdots, n_{\pi_i(k_i)}), i = 1, \cdots, n$$

Hence we can easily describe the action of g on $\mathfrak{U} \in \mathcal{G}$. If

$$\mathfrak{U} = \mathfrak{S}_1 + \cdots + \mathfrak{S}_n$$

$$\mathfrak{S}_i = \sum_{j=1}^{k_i} a_{i,j} \beta_{i,j}, i = 1, \cdots, n$$

then

$$\mathfrak{U}^{(g)} = \mathfrak{S}_1^{(g)} + \cdots + \mathfrak{S}_n^{(g)}$$

where

$$\mathfrak{S}_i^{(g)} \overset{\text{def}}{=} \sum_{j=1}^{k_i} a_{i,j} \beta_{i,j}^{(g)} = \sum_{j=1}^{k_i} a_{i,j} \beta_{i, \pi_{i,g}(j)}, i = 1, \cdots, n$$

In $\mathbf{Z}^{k_1} \times \cdots \times \mathbf{Z}^{k_n}$ we get

$$\lambda(\vec{v}) = \mathfrak{U}, \lambda(\vec{v}^{(g)}) = \mathfrak{U}^{(g)}$$

where

$$\vec{v}^{(g)} = (\pi_1(v_1), \cdots, \pi_n(v_n)) \quad \text{for } \vec{v} = (v_1, \cdots, v_n)$$

For a rational integer $N \geq 1$ we denote by $D(N)$ the set of $\vec{v} = (v_1, \cdots, v_n) \in \mathbf{Z}^{k_1} \times \cdots \times \mathbf{Z}^{k_n}$ such that $v_i = (v_{i,1}, \cdots,$

v_{i,k_i}), all numbers $v_{i,j}$ are nonnegative: $j = 1, \cdots, k_i$ and $\sum_{j=1}^{k_i} v_{i,j} = N$: $i = 1, \cdots, n$.

The we denote by $\mathcal{G}(N)$ the image of a simplex $D(N)$ in $\mathcal{G}$ under the map $\lambda : \mathbf{Z}^{k_1} \times \cdots \times \mathbf{Z}^{k_n} \to \mathcal{G}$. This means that

$$\mathcal{G}(N) = \{\mathfrak{U} = \mathfrak{z}_1 + \cdots + \mathfrak{z}_n \in \mathcal{G} : \mathfrak{z}_i = \sum_{j=1}^{k_i} a_{i,j} \beta_{i,j},$$
where $a_{i,j} \in \mathbf{Z}, a_{i,j} \geq 0$ and
$$\sum_{j=1}^{k_i} a_{i,j} = N : j = 1, \cdots, k_i; i = 1, \cdots, n\}$$

(64)

We also define for any $i = 1, \cdots, n$

$$\mathcal{G}_i(N) = \{\mathfrak{U} = \mathfrak{z}_1 + \cdots + \mathfrak{z}_n \in \mathcal{G} : \mathfrak{z}_{i_1} = \sum_{j=1}^{k_{i_1}} a_{i_1,j} \beta_{i_1,j},$$
where $a_{i_1,j} \in \mathbf{Z}, a_{i_1,j} \geq 0$ and
$$\sum_{j=1}^{k_{i_1}} a_{i_1,j} = N - \delta_{i,i_1} : j = 1, \cdots, k_{i_1}; i_1 = 1, \cdots, n\}$$

Below, for a given $\mathfrak{U} = \mathfrak{z}_1 + \cdots + \mathfrak{z}_n \in \mathcal{G}$, we denote by $\mathfrak{U} - e_{i,j}$ an element of the lattice $\mathcal{G}$ of the form

$$\mathfrak{U} - e_{i,j} \stackrel{\text{def}}{=} \mathfrak{z}'_1 + \cdots + \mathfrak{z}'_n$$

where $\mathfrak{z}'_{i_1} = \mathfrak{z}_i - \delta_{ii_1} \beta_{i,j} : j = 1, \cdots, k_i; i, i_1 = 1, \cdots, n$.

We remark that for $\mathfrak{U} \in \mathcal{G}(N)$, we do not necessarily have $\mathfrak{U} - e_{i,j} \in \mathcal{G}_i(N)$, because $\mathfrak{z}_i - e_{i,j}$ might not be represented as $\sum_{j_1=1}^{k_i} a_{i,j} \beta_{i,j_1}$ with nonnegative rational inte-

Hurwitz 定理

gers a_{i,j_1}.

Using the notations above we construct a system of G – conjugate "minimal" forms to system of exponential functions of the form $e^{-\mathfrak{U}x}$ for $\mathfrak{U} = \sum_{i=1}^{n}\sum_{j=1}^{k_i} a_{i,j}\beta_{i,j}$ with non-negative integers $a_{i,j}$: $j = 1, \cdots, k_i$; $i = 1, \cdots, n$.

The "minimal" approximating forms that we consider have the following structure. They are enumerated by vectors

$$\mathfrak{U} = \mathfrak{S}_1 + \cdots + \mathfrak{S}_n \in \mathcal{G}(N)$$

for a sufficiently large $N \geqslant 1$, and are linear combinations of $e^{-(\mathfrak{U}-\beta_{i,j})x}$ with polynomial coefficients

$$L_{\mathfrak{U}}(x) = \sum_{i=1}^{n}\sum_{j=1}^{k_i} P_{\mathfrak{U}-e_{i,j},i} e^{-(\mathfrak{U}-\beta_{i,j})x}$$

where $\mathfrak{U} = \mathfrak{S}_1 + \cdots + \mathfrak{S}_n \in \mathcal{G}(N)$ and $P_{\mathfrak{U}-e_{i,j},i} = P_{\mathfrak{U}-e_{i,j},i}(x)$ are polynomials with coefficients from **K**, that satisfy the G – invariance statements. These approximating forms are constructed using Siegel's Lemma. Our G – invariance conditions on $P_{\mathfrak{U},i}(x)$ are determined, by the action of G on $\mathcal{G}$. Namely, for $\mathfrak{U} \in \mathcal{G}_i(N)$ and polynomials $P_{\mathfrak{U},i}(x) \in \mathbf{K}[x]$, we require that for $g \in G$, the conjugate $(P_{\mathfrak{U},i}(x))^{(g)}$ to the polynomial $P_{\mathfrak{U},i}(x)$ under the action of g be of the form $(P_{\mathfrak{U},i}(x))^{(g)} = P_{\mathfrak{U}^{(g)},i}(x)$. In order to express this condition of G – invariance in a simpler form, we fix an algebraic integer ω of **K** such that $\omega^{(g)}$: $g \in G$ is a basis of the field $\dfrac{\mathbf{K}}{\mathbf{Q}}$.

第13章 超越数论中的逼近定理

We fix a sufficiently large integer $N \geq 1$ and an arbitrary $\varepsilon, 1 > \varepsilon > 0$. As in Siegel's method, we consider an integer parameter H, bounding the degrees of polynomial coefficients $P_{\mathfrak{U},i}(x)$. We construct polynomials $P_{\mathfrak{U},i}(x) \in \mathbf{K}[x]$, $\mathfrak{U} \in \mathcal{G}_i(N); i = 1, \cdots, n$ and the corresponding approximating forms $L_{\mathfrak{U}}(x)$ in the next theorem.

Theorem 5 There exist polynomials $P_{\mathfrak{U},i}(x) \in \mathbf{K}[x]$: $\mathfrak{U} \in \mathcal{G}_i(N); i = 1, \cdots, n$ of degrees H, not all identically zero such that the following conditions are satisfied:

(i) $(P_{\mathfrak{U},i}(x))^{(g)} = P_{\mathfrak{U},i}^{(\mathfrak{g})}(x)$ for $\mathfrak{U} \in \mathcal{G}_i(N)$; and we put for $\mathfrak{U} \in \dfrac{\mathcal{G}}{\mathcal{G}_i(N)}$, $P_{\mathfrak{U},i}(x) \equiv 0; i = 1, \cdots, n$.

(ii) For any $\mathfrak{U} = \mathfrak{z}_1 + \cdots + \mathfrak{z}_n \in \mathcal{G}(N)$, the linear form

$$L_{\mathfrak{U}}(x) \stackrel{\text{def}}{=} \sum_{i=1}^{n} \sum_{j=1}^{k_i} P_{\mathfrak{U}-e_{i,j},i}(x) \cdot e^{-(\mathfrak{U}-\beta_{i,j})x} \cdot C_{i,j} \quad (65)$$

has a zero at $x = 0$ of an order of at least $[(\mu - \varepsilon) \cdot H]$, with

$$\mu = \sum_{i=1}^{n} \frac{\text{Card}(\mathcal{G}_i(N))}{\text{Card}(\mathcal{G}(N))} \quad (66)$$

(iii) We have for $\mathfrak{U} \in \mathcal{G}_i(N), i = 1, \cdots, n$

$$P_{\mathfrak{U},i}(x) = \sum_{k=0}^{H} \frac{H!}{k!} p_{\mathfrak{U},i,k} x^k \quad (67)$$

where $p_{\mathfrak{U},i,k}$ are algebraic integers from $\mathbf{K}$ whose sizes are bounded as follows

Hurwitz 定理

$$\max\{|\overline{p_{\mathfrak{U},i,k}}|:k=0,\cdots,H;$$
$$\mathfrak{U}\in\mathcal{G}_i(N);i=1,\cdots,n\}$$
$$\leq \exp\{\frac{c_5 H}{\varepsilon}\}$$

for $c_5 > 0$ depending only on N, **K** and $\beta_{i,j}$.

Proof The coefficients of expansion of $L_{\mathfrak{U}}(x)$ at $x=0$ can be represented in terms of coefficients $p_{\mathfrak{U}-e_{i,j},i,k}$ of $p_{\mathfrak{U}-e_{i,j}}(x)$ as follows. Let

$$L_{\mathfrak{U}}(x) = \sum_{m=0}^{\infty} \frac{H!}{m!} c_{\mathfrak{U},m} x^m$$

Then

$$c_{\mathfrak{U},m} \stackrel{\text{def}}{=} \sum_{i=1}^{n}\sum_{j=1}^{k_i}\sum_{k=0}^{\min(m,H)}$$
$$\left\{\binom{m}{k}(-\mathfrak{U}+\beta_{i,j})^{m-k}C_{i,j}\cdot P_{\mathfrak{U}-e_{i,j},i,k}\right\} \quad (68)$$

The conditions (ii) on polynomials $P_{\mathfrak{U}',i}(x):\mathfrak{U}'\in \mathcal{G}_i(N);i=1,\cdots,n$ are equivalent to the following system of equations

$$c_{\mathfrak{U},m}=0, \mathfrak{U}\in\mathcal{G}(N);m=0,\cdots,[(\mu-\varepsilon)H]-1 \quad (69)$$

in the notations of (68). To represent the G-invariance conditions (i) in an explicit form, we represent the numbers $p_{\mathfrak{U}',i,k}$ from **K** as follows

$$p_{\mathfrak{U}',i,k} = \sum_{g\in G} p_{\mathfrak{U}',i,k,g} \omega^{(g)} \quad (70)$$

for rational integers $p_{\mathfrak{U}',i,k,g}:\mathfrak{U}'\in\mathcal{G}_i(N);i=1,\cdots,n;k=0,1,\cdots,H$ and $g\in G$. Here, as above, $\omega^{(g)}:g\in G$ is a

第 13 章 超越数论中的逼近定理

basis of $\dfrac{\mathbf{K}}{\mathbf{Q}}$ for an algebraic integer $\omega \in \mathbf{K}$. The conditions (ⅰ) mean that $(p_{\mathfrak{U}',i,k})^{(g)} = p_{(\mathfrak{U}')^{(g)},i,k}$. Hence we can put

$$p_{\mathfrak{U}',i,k,g} \overset{\text{def}}{=} p_{(\mathfrak{U}')^{(h)},i,k,e} \qquad (71)$$

for $h = g^{-1} \in G$, a unit element $e \in G$, and for all $\mathfrak{U}' \in \mathscr{G}_i(N)$; $i = 1, \cdots, n$; $k = 0, 1, \cdots, H$ and $g \in G$.

In the notations of (68)(70)(71), the system of equations (69): $c_{\mathfrak{U},m} = 0$, is a system of equations on unknown rational integers $p_{\mathfrak{U}',i,k,e}$ with algebraic number coefficients. In order to reduce this system of equations to a system of equations with rational number coefficients, we need the G-invariance properties of $c_{\mathfrak{U},m}$, that follow from (ⅰ).

Let $g \in G$, then g acts as a permutation π_i on $(1, \cdots, k_i) : \beta_{i,j}^{(g)} = \beta_{i,\pi_i(j)}$; $j = 1, \cdots, k_i$; $i = 1, \cdots, n$. We have, according to (ⅰ)

$$(p_{\mathfrak{U} - e_{i,j}, i, k})^{(g)} = p_{\mathfrak{U}^{(g)} - e_{i,\pi_i(j)}, i, k}$$

Thus we have from (68)

$$(c_{\mathfrak{U},m})^{(g)} = c_{\mathfrak{U}^{(g)},m}, m = 0, 1, \cdots \qquad (72)$$

$\mathfrak{U} \in \mathscr{G}(N), g \in G$. The Siegel Lemma that we use has the following form.

Siegel's Lemma Let M, K denote integers with $K > M > 0$ and let $u_{i,j}$ ($1 \leqslant i \leqslant M, 1 \leqslant j \leqslant K$) denote real numbers with absolute values of at most $U (\geqslant 1)$. Then there exist integers $x_1, \cdots, x_N$ not all zero, with absolute

Hurwitz 定理

values of at most $2(KU)^{\frac{M}{K-M}}$ such that

$$\left|\sum_{j=1}^{N} u_{i,j}x_j\right| < 1, i = 1,\cdots,M$$

Remark If all numbers $u_{i,j}$ are rational integers, then, obviously

$$\sum_{j=1}^{N} u_{i,j}x_j = 0, i = 1,\cdots,M$$

We apply Siegel's lemma, however, in the situation, where $u_{i,j}$ are algebraic numbers.

Let b be the common denominator of all algebraic numbers $\beta_{i,j} : j = 1,\cdots,k_i ; i = 1,\cdots,n$. Then according to (68) each of the expressions

$$b^H \cdot c_{\mathfrak{U},m}, \mathfrak{U} \in \mathcal{G}(N), m = 0,\cdots,[(\mu-\varepsilon)H] - 1 \quad (73)$$

is a linear form in rational integer unknowns

$$p_{\mathfrak{U}',i,k,e}, \mathfrak{U}' \in \mathcal{G}_i(N), i = 1,\cdots,n; k = 0,1,\cdots,H \quad (74)$$

with algebraic integer coefficients (from **K**) of sizes bounded by c_6^H for some $c_6 > 0$ depending only on N, **K** and $\beta_{i,j}, C_{i,j}(j = 1,\cdots,k_i ; i = 1,\cdots,n)$. There are at most $\text{Card}(\mathcal{G}(N)) \cdot (\mu-\varepsilon) \cdot H$ linear forms (73) with

$$\sum_{i=1}^{n} \text{Card}(\mathcal{G}_i(N)) \cdot (H+1)$$

unknowns (74).

From Siegel's lemma aboe, it follows that there are rational integers $p_{\mathfrak{U}',i,k,e}$ (74), not all zero, such that all inequalities

$$|b^H c_{\mathfrak{U},m}| < 1, \mathfrak{U} \in \mathcal{G}(N), m = 0,\cdots,[(\mu-\varepsilon)H] - 1$$

$$(75)$$

are satisfied. We now apply G – invariance relations (72), and conclude that expressions (73) form a set of algebraic integers, closed under algebraic conjugations. This implies that for $\mathfrak{U} \in \mathscr{G}(N), m = 0, \cdots, [(\mu - \varepsilon)H] - 1$

$$c_{\mathfrak{U},m} = 0$$

Indeed, any number algebraically conjugate to $c_{\mathfrak{U},m}$ has the form

$$(c_{\mathfrak{U}}, m)^{(g)} = c_{\mathfrak{U}^{(g)}, m}$$

and

$$\mathfrak{U}^{(g)} \in \mathscr{G}(N), g \in G$$

All numbers $b^H \cdot c_{\mathfrak{U}^{(g)}, m}$ are algebraic integers and, thus $\prod_{g \in G}(b^H \cdot c_{\mathfrak{U}^{(g)}, m})$ is a rational integer. But according to (75)

$$\mid \prod_{g \in G}(b^H \cdot C_{\mathfrak{U},m}^{(g)}) \mid < 1$$

Hence, $c_{\mathfrak{U},m} = 0$, and the system of equations (69) is satisfied. Theorem 5 is proved.

The system of approximating forms $L_{\mathfrak{U}}(x)$ is used, following Siegel's method, described above, to obtain measures of the linear independence of numbers $\theta_1, \cdots, \theta_n$ in (62). We need upper bounds on the size of coefficients of derivatives of linear forms $L_{\mathfrak{U}}(x)$.

For $m = 0, 1, \cdots$ we define

$$L_{\mathfrak{U}}^{(m)}(x) = \left(\frac{\mathrm{d}}{\mathrm{d}x}\right)^m L_{\mathfrak{U}}(x), \mathfrak{U} \in \mathscr{G}(N)$$

Then from (65) it follows that

Hurwitz 定理

$$L_{\mathfrak{U}}^{(m)}(x) \overset{\text{def}}{=} \sum_{i=1}^{n} \sum_{j=1}^{k_i} P_{\mathfrak{U}-e_{i,j},i}^{\langle m \rangle}(x) \cdot e^{-(\mathfrak{U}-\beta_{i,j})(x)} \cdot C_{i,j}$$

(76)

The polynomials $P_{\mathfrak{U}',i}^{\langle m \rangle}(x)$ for $\mathfrak{U}' \in \mathcal{G}_i(N); i = 1, \cdots, n$ are defined, according to (65) as follows. If

$$\mathfrak{U}' = \mathfrak{z}'_1 + \cdots + \mathfrak{z}'_n \in \mathcal{G}_i(N), i = 1, \cdots, n$$

then we put

$$P_{\mathfrak{U}',i}^{\langle m \rangle}(x) = \left(\frac{\mathrm{d}}{\mathrm{d}x} - \mathfrak{U}'\right)^m P_{\mathfrak{U}',i}(x), m = 0, 1, \cdots \quad (77)$$

We need a simple upper bound on the sizes of polynomials $P_{\mathfrak{U}',i}^{\langle m \rangle}(x); \mathfrak{U}' \in \mathcal{G}_i(N); i = 1, \cdots, n$ and an upper bound on $L_{\mathfrak{U}}^{(m)}(x); m = 0, 1, \cdots$.

Lemma 3 In the notations above, $P_{\mathfrak{U}',i}^{\langle m \rangle}(x)$ are polynomials of degree of at most H in x with algebraic integer coefficients from **K**. They satisfy the following G-invariance properties: for $g \in G$, $(P_{\mathfrak{U}',i}^{\langle m \rangle}(x))^{(g)} = P_{\mathfrak{U}'(g),i}^{\langle m \rangle}(x); \mathfrak{U}' \in \mathcal{G}_i(N), i = 1, \cdots, n$. The sizes of the coefficients of polynomials $P_{\mathfrak{U}',i}^{\langle m \rangle}(x)$ are bounded by $H^H \cdot (H+m)^m \cdot \exp\left\{\frac{c_7 H}{\varepsilon} + c_8 m\right\}$ for $c_7 > 0$, $c_8 > 0$ depending on **K**, N and $\beta_{i,j}$, $C_{i,j}; \mathfrak{U}' \in \mathcal{G}_i(N); i = 1, \cdots, n$ and $m = 0, 1, \cdots$. For $m = 0, 1, \cdots$, and a given $x \neq 0$ we also have

$$|L_{\mathfrak{U}}^{(m)}(x)| \leq m^m \cdot c_9^m \cdot c_{10}^{\frac{H}{\varepsilon}} \cdot H^{(1-\mu+\varepsilon)H} \quad (78)$$

where $c_9 > 0$, $c_{10} > 0$ depends on **K**, N and $\beta_{i,j}$, $C_{i,j}$ and on x.

Proof The upper bound for the degrees of $P_{\mathfrak{U}',i}^{\langle m \rangle}(x)$

follows from Theorem 5 and (77). The G - invariance properties follow from (i) of Theorem 5 and (77); the upper bounds for the sizes of $P_{11',i}^{\langle m \rangle}(x)$ are corollaries of (iii) of Theorem 5 and the application of definition (77). To estimate from above the absolute value of $L_{11}^{(m)}(x)$ at $x = 0$ we use property (ii) of Theorem 5. We have the following expansion of $L_{11}(x)$, in the notations of the proof of Theorem 5

$$L_{11}(x) = \sum_{m \geq [(\mu - \varepsilon)H]}^{\infty} \frac{H!}{m!} c_{11,m} x^m$$

From expression (68) and the upper bounds of the sizes of polynomials $P_{11,i}(x)$ we deduce that

$$|c_{11,m}| \leq c_{11}^m c_{12}^{\frac{H}{\varepsilon}}, m = [(\mu - \varepsilon)H], \cdots$$

for $c_{11} > 0$, $c_{12} > 0$ depending only on $\mathbf{K}, N$ and $C_{i,j}, \beta_{i,j}$. This immediately implies (78) with $c_9, c_{10} > 0$ depending on $N, \mathbf{K}, \beta_{i,j}, C_{i,j}$ and $x \neq 0$. Lemma 3 is proved.

The system of Card($\mathcal{G}(N)$) approximating linear forms $L_{11}(x)$ will now be used to construct a special "minimal" form $L(x)$ approximating a system of n functions

$$f_i(x) = \sum_{j=1}^{k_i} C_{i,j} e^{\beta_{i,j} x}, i = 1, \cdots, n$$

We then use Siegel's method to construct, using differentiation and G - conjugation, n linearly independent "minimal" forms approximating functions $f_i(x) = \sum_{j=1}^{k_i} C_{i,j} e^{\beta_{i,j} x}$:

Hurwitz 定理

$i = 1, \cdots, n$.

Now let $C_{i,j}$ be, as in (62), a system of rational numbers such that $C_{i,j_1} = C_{i,j_2}$ whenever β_{i,j_1} is algebraically conjugate to $\beta_{i,j_2}: j_1, j_2 = 1, \cdots, k_i; i = 1, \cdots, n$.

Remark It is enough to assume, in fact, that $C_{i,j}$ are algebraic numbers from the field **K**, and for an arbitrary $g \in G$, $(C_{i,j})^{(g)} = C_{i,j'}$ when $(\beta_{i,j})^{(g)} = \beta_{i,j'} : j, j' = 1, \cdots, k_i; i = 1, \cdots, n$.

Let us now denote for $i = 1, \cdots, n$ and $m = 0, 1, 2, \cdots$

$$P_i^{\langle m \rangle}(x) = \sum_{\mathfrak{U}' \in \mathcal{G}_i(N)} P_{\mathfrak{U}',i}^{\langle m \rangle}(x) \qquad (79)$$

According to Theorem 5, $P_i^{\langle m \rangle}(x)$ is a polynomial with coefficients from **K**; we show, using G - invariance that $P_i^{\langle m \rangle}(x)$ has, in fact, rational number coefficients: $i = 1, \cdots, n; m = 0, 1, 2, \cdots$.

Lemma 4 For $g \in G$, $\mathfrak{U}' \in \mathcal{G}(N)$ we have

$$(P_{\mathfrak{U}',i}^{\langle m \rangle}(x))^{(g)} = P_{\mathfrak{U}'^{(g)},i}^{\langle m \rangle}(x)$$

with $i = 1, \cdots, n$; $m = 0, 1, \cdots$.

Proof We have, according to property (ⅱ) of Theorem 5

$$(P_{\mathfrak{U}',i}^{\langle m \rangle}(x))^{(g)} = \left(\frac{d}{dx} - \mathfrak{U}'^{(g)}\right)^m P_{\mathfrak{U}'^{(g)},i}(x) = P_{\mathfrak{U}'^{(g)},i}^{\langle m \rangle}(x)$$

whenever $g \in G$, $\mathfrak{U}' \in \mathcal{G}_i(N); i = 1, \cdots, n$ and $m = 0, 1, \cdots$.

Lemma 5 For $i = 1, \cdots, n$ and $m = 0, 1, \cdots$ the polynomial $P_i^{\langle m \rangle}(x)$ defined in (79) has rational number coefficients.

Proof Since $\mathcal{G}_i(N)$ is G-invariant, Lemma 5 follows from Lemma 4 and (79).

Now we can construct, by consecutive differentiations, a sequence of forms approximating functions $f_1(x), \cdots, f_n(x)$ with the "minimality" property. Namely, for $m = 0, 1, \cdots$ we define

$$L^{\langle m\rangle}(x) \stackrel{\text{def}}{=} \sum_{\mathfrak{U} \in \mathcal{G}(N)} L_{\mathfrak{U}}^{(m)}(x) e^{\mathfrak{U}x} \qquad (80)$$

where

$$L_{\mathfrak{U}}^{(m)}(x) = \frac{d^m}{dx^m} L_{\mathfrak{U}}(x)$$

Then we obtain the representation of $L^{\langle m\rangle}(x)$ as a linear form in $f_1(x), \cdots, f_n(x)$ with polynomial coefficients, similar to that of (65):

Lemma 6 In the notations of (79)(80) we have

$$L^{\langle m\rangle}(x) = \sum_{i=1}^{n} P_i^{\langle m\rangle}(x) f_i(x), m = 0, 1, \cdots \qquad (81)$$

Proof We have

$$\left(\frac{d}{dx}\right)^m L_{\mathfrak{U}}(x) = \sum_{i=1}^{n} \sum_{j=1}^{k_i} \left(\frac{d}{dx}\right)^m \cdot (P_{\mathfrak{U}-e_{i,j},i}(x) e^{-(\mathfrak{U}-\beta_{i,j})x} C_{i,j})$$

$$= \sum_{i=1}^{n} \sum_{j=1}^{k_i} P_{\mathfrak{U}-e_{i,j},i}^{\langle m\rangle}(x) e^{-(\mathfrak{U}-\beta_{i,j})x} C_{i,j}$$

Hence, we have

$$L^{\langle m\rangle}(x) = \sum_{\mathfrak{U} \in \mathcal{G}(N)} L_{\mathfrak{U}}^{(m)}(x) e^{\mathfrak{U}x}$$

$$= \sum_{i=1}^{n} \sum_{j=1}^{k_i} C_{i,j} e^{\beta_{i,j}x} \sum_{\mathfrak{U} \in \mathcal{G}(N)} P_{\mathfrak{U}-e_{i,j},i}^{\langle m\rangle}(x)$$

We then use property (ⅱ) of Theorem 5 that always

Hurwitz 定理

$P_{\mathfrak{u}',i}(x) \equiv 0$ whenever $\mathfrak{u}' \notin \mathcal{G}_i(N) : i = 1, \cdots, n$. Hence, for any $j = 1, \cdots, k_i$ and $i = 1, \cdots, n$ we have

$$\sum_{\mathfrak{u} \in \mathcal{G}(N)} P^{\langle m \rangle}_{\mathfrak{u} - e_{i,j}, i}(x) = \sum_{\mathfrak{u}' \in \mathcal{G}(N)} P^{\langle m \rangle}_{\mathfrak{u}', i}(x)$$

This shows that

$$\sum_{\mathfrak{u} \in \mathcal{G}(N)} L^{\langle m \rangle}_{\mathfrak{u}}(x) e^{\mathfrak{u}x} = \sum_{i=1}^{n} \sum_{j=1}^{k_i} C_{i,j} e^{\beta_{i,j}x} \sum_{\mathfrak{u}' \in \mathcal{G}_i(N)} P^{\langle m \rangle}_{\mathfrak{u}', i}(x)$$

$$= \sum_{i=1}^{n} \sum_{j=1}^{k_i} C_{i,j} e^{\beta_{i,j}x} P^{\langle m \rangle}_{i}(x)$$

$$= \sum_{i=1}^{n} P^{\langle m \rangle}_{i}(x) \left\{ \sum_{j=1}^{k_i} C_{i,j} e^{\beta_{i,j}x} \right\}$$

according to definition (79). Lemma 6 is proved.

We now apply Siegel's method in order to find n linearly independent "minimal" forms approximating $f_1(x), \cdots, f_n(x)$ among $L^{\langle m \rangle}(x) : m = 0, 1, 2, \cdots$. For this we assume from now on that functions $f_1(x), \cdots, f_n(x)$ are linearly independent over $\mathbf{C}(x)$.

The condition of linear independence of functions $f_1(x), \cdots, f_n(x)$ can be expressed using the following notations. Let

$$B = \bigcup_{i=1}^{n} \{\beta_{i,1}, \cdots, \beta_{i,k_i}\}$$

and

$$C_{i,\beta} = C_{i,j} \text{ for } \beta = \beta_{i,j} \in B, j = 1, \cdots, k_i; i = 1, \cdots, n$$

The functions $f_1(x), \cdots, f_n(x)$ are linearly independent over $\mathbf{C}(x)$ if and only if the rank of the matrix $(C_{i,\beta} : \beta \in B; i = 1, \cdots, n)$ is n.

Our main auxiliary result is the following.

474

第 13 章 超越数论中的逼近定理

Theorem 6 Let polynomials $P_{\mathfrak{U},i}(x) : \mathfrak{U} \in \mathcal{G}_i(N)$; $i = 1, \cdots, n$ and linear forms $L_{\mathfrak{U}}(x) : \mathfrak{U} \in \mathcal{G}(N)$, satisfy all the conditions of Theorem 5. Let, as in (81)

$$L^{\langle m \rangle}(x) = \sum_{\mathfrak{U} \in \mathcal{G}(N)} \left(\frac{\mathrm{d}}{\mathrm{d}x}\right)^m L_{\mathfrak{U}}(x) \mathrm{e}^{\mathfrak{U}x}, m = 0, 1, \cdots$$

so that $L^{\langle m \rangle}(x) = \sum_{i=1}^{n} P_i^{\langle m \rangle}(x) f_i(x)$ ——is a linear form in $f_1(x), \cdots, f_n(x)$ with polynomial coefficients. Then for N sufficiently large, $N \geq N_0(\beta_{i,j}, C_{i,j})$ and $H \geq H_0(\beta_{i,j}, C_{i,j}, N, \varepsilon)$, there are n linearly independent forms among

$$L^{\langle m \rangle}(x_0), m = 0, 1, \cdots, c_{13}\varepsilon H$$

where $c_{13} > 0$ depends only on N. This means that the rank of the matrix $(P_i^{\langle m \rangle}(x_0) : i = 1, \cdots, n), m = 0, 1, \cdots, c_{13}\varepsilon H$ is n.

The upper bound on m can be, in general, improved, especially when algebraic numbers $\beta_{i,j}$ are linearly independent (see below).

For the proof of Theorem 6 we follow Siegel's original method (rather than its subsequent improvements).

For the applications of Siegel's method we remark that, for arbitrary polynomials $P_\alpha(x) \in \mathbf{C}[x] : \alpha \in A \subset \mathbf{C}$, the system of functions $P_\alpha(x)\mathrm{e}^{\alpha x} : \alpha \in A$ is linearly independent over $\mathbf{C}$ if and only if $P_\alpha(x) \not\equiv 0$ for $\alpha \in A$.

For the proof of Theorem 6 we consider a scalar linear differential equation with rational function coefficients $L[\varphi] = 0$, whose space V of solutions is generated by

Hurwitz 定理

$P_{\mathfrak{U},i}(x)\,e^{-\mathfrak{U}x}$ for $\mathfrak{U} \in \mathscr{G}_i(N); i = 1, \cdots, n$, as a vector space over **C**. The dimension of the vector space V over **C** is d_N, and

$$d_N \leqslant \sum_{i=1}^{n} \mathrm{Card}(\mathscr{G}_i(N))$$

Let us denote by $P_{\mathfrak{U}_\alpha}(x)\,e^{-\mathfrak{U}_\alpha x} : \alpha \in A_N$, $\mathrm{Card}(A_N) = d_N$, the basis of V over **C**——the maximal set of linearly independent functions among $\{P_{\mathfrak{U},i}(x)\,e^{-\mathfrak{U}x} : \mathfrak{U} \in \mathscr{G}_i(N); i = 1, \cdots, n\}$.

In Lemmas 7,8 below we assume that H is sufficiently large with respect to N and $\varepsilon^{-1}, \varepsilon \cdot \mathrm{Card}(\mathscr{G}(N))^2 < 1$.

Lemma 7 Let, as above, $P_{\mathfrak{U}_\alpha}(x)\,e^{-\mathfrak{U}_\alpha x} : \alpha \in A_N$, $\mathrm{Card}(A_N) = d_N$, be the basis of V over **C**. Let e_N denote the maximal number of functions $L_{\mathfrak{U}}(x) : \mathfrak{U} \in \mathscr{G}(N)$ from (65), linearly independent over **C**. Then $\dfrac{|e_N(\mu - \varepsilon) - d_N|}{\varepsilon}$ is bounded as $\varepsilon \to 0$. i. e. for some $c_{14} > 0$, $e_N(\mu - \varepsilon) - c_{14}\varepsilon \leqslant d_N \leqslant e_N(\mu - \varepsilon) + c_{14}\varepsilon$ provided that $N \geqslant N_1$.

In the case of linearly independent numbers $\beta_{i,j}$ a stronger assertion is valid.

Lemma 8 Let algebraic numbers $\beta_{i,j} : j = 1, \cdots, k_i$; $i = 1, \cdots, n$ be linearly independent over **Q**, and let $\varepsilon \cdot \mathrm{Card}(\mathscr{G}(N))^2 < 1$. Then for a sufficiently large H, we have

$$d_N = \sum_{i=1}^{n} \mathrm{Card}(\mathscr{G}_i(N))$$

and all functions $P_{\mathfrak{U},i}(x)\,e^{-\mathfrak{U}x} : \mathfrak{U} \in \mathscr{G}_i(N); i = 1, \cdots, n$

are linearly independent over **C**.

For the proof of Lemma 7 and 8 we need the following auxiliary statement following from Normality lemma.

Lemma 9 Let us assume that we have d linearly independent (over **C**) functions of the form $P_\alpha(x)e^{\omega_\alpha x}$: $\alpha \in A$ for complex ω_α and polynomials $P_\alpha(x) \in \mathbf{C}[x]$ of degrees of at most H. Let there be s linearly independent (over **C**) functions $l_1(x), \cdots, l_s(x)$, that are linear combinations of $P_\alpha(x)e^{\omega_\alpha x}$: $\alpha \in A$. Then

$$M \stackrel{\text{def}}{=} \sum_{i=1}^{s} \text{ord}_{x=0}(l_i(x)) \leqslant d\{H + \frac{d-1}{2}\}$$

For arbitrary $x_0 = 0$, the rank of the matrix

$$\left(\left(\frac{d}{dx}\right)^m \cdot (P_\alpha(x)e^{\omega_\alpha x})\bigg|_{x=x_0} : \alpha \in A\right)$$

$$m = 0, 1, \cdots, d\{H + \frac{d-1}{2}\} - M$$

is d. Namely, for

$$P_{\alpha,m}(x) \stackrel{\text{def}}{=} \left(\frac{d}{dx} + \omega_\alpha\right)^m P_\alpha(x), \alpha \in A; m = 0, 1, \cdots$$

the rank of the matrix

$$(P_{\alpha,m}(x_0), \alpha \in A; m = 0, 1, \cdots, d \cdot \{H + \frac{d-1}{2}\} - M)$$

is d.

Proof Let us denote for $m \geqslant 0, P_{\alpha,m}(x) = (\frac{d}{dx} + \omega_\alpha)^m P_\alpha(x) : \alpha \in A$. Then we have

Hurwitz 定理

$$\det\left(\left(\frac{d}{dx}\right)^m (P_\alpha(x)e^{\omega_\alpha x}) : \alpha \in A; m = 0,1,\cdots,d-1\right)$$
$$= \exp\{\sum_{\alpha \in A} -\omega_\alpha x\}\det(P_{\alpha,m}(x) : \alpha \in A; m = 0,1,\cdots,d-1)$$

We denote
$$D(x) = \det(P_{\alpha,m}(x) : \alpha \in A; m = 0,1,\cdots,d-1)$$

Since $P_\alpha(x)e^{\omega_\alpha x}$ are linearly independent over $\mathbf{C}$, $D(x) \not\equiv 0$. Polynomials $P_\alpha(x)$ have degrees of at most H in x. This implies that $D(x)$ is a polynomial of degree of at most $d \cdot H$. Since $l_1(x),\cdots,l_s(x)$ are linearly independent combinations of $P_\alpha(x)e^{\omega_\alpha x} : \alpha \in A$, we make a linear transformation of the determinant $D(x)$ and obtain

$$\mathop{\text{ord}}_{x=0}(D(x)) \geq \sum_{i=1}^{s} \{\mathop{\text{ord}}_{x=0}(l_i(x)) - (d-i)\}$$
$$\geq M - \frac{d(d-1)}{2}$$

Hence
$$M \leq d\{H + \frac{d-1}{2}\}$$

Now, let
$$D(x) = x^\gamma \cdot D_1(x)$$

where
$$\deg(D_1(x)) \leq \mu_0 \stackrel{\text{def}}{=} d\{H + \frac{d-1}{2}\} - M$$

Hence $x_0 \neq 0$ is a zero of $D(x)$ of order $k \leq \mu_0$. Then the kth derivative $(\frac{d}{dx})^k D(x)$ of $D(x)$ is a linear combination of determinants

478

$$\det(P_{\alpha,m_i}(x) : \alpha \in A, i = 1, \cdots, d)$$

for $0 \leq m_1 < \cdots < m_d \leq d + k - 1$. Since $(\dfrac{\mathrm{d}}{\mathrm{d}x})^k D(x)|_{x=x_0} \neq 0$, d rows in

$$(P_{\alpha,m}(x) : \alpha \in A; m = 0, 1, \cdots, d + k - 1)$$

are linearly independent (over **C**). Lemma 9 is proved.

Proof of Lemma 8　Let e_N be the number of linearly independent functions among $L_\mathfrak{U}(x) : \mathfrak{U} \in \mathscr{G}(N)$. Since numbers $\beta_{i,j} : j = 1, \cdots, k_i; i = 1, \cdots, n$ are linearly independent over **Q**, the map $\lambda : \mathbf{Z}^{k_1} \times \cdots \times \mathbf{Z}^{k_n} \to \mathscr{G}$ is one-to-one. In particular, according to the remark above, the number d_N of linearly independent functions among $P_{\mathfrak{U},i}(x) \mathrm{e}^{-\mathfrak{U}x} : \mathfrak{U} \in \mathscr{G}_i(N); i = 1, \cdots, n$ is equal to the number of nonzero polynomials $P_{\mathfrak{U},i}(x) : \mathfrak{U} \in \mathscr{G}_i(N); i = 1, \cdots, n$. On the other hand, according to Lemma 9 and property (ⅱ) of Theorem 5 we have

$$e_N \cdot (\mu - \varepsilon) H \leq d_N \cdot \{H + \dfrac{d_N - 1}{2}\}$$

$$\mu = \sum_{i=1}^n \mathrm{Card}(\dfrac{\mathscr{G}_i(N)}{\mathrm{Card}(\mathscr{G}(N))})$$

or

$$\mu = \dfrac{\left\{\sum_{i=1}^n \binom{N + k_i - 2}{k_i - 1} \cdot \prod_{j=1, j \neq i}^n \binom{N + k_j - 1}{k_j - 1}\right\}}{\prod_{i=1}^n \binom{N + k_i - 1}{k_i - 1}}$$

Because of the linear independence of $\beta_{i,j}$, the only linear relations between functions $L_\mathfrak{U}(x) : \mathfrak{U} \in \mathscr{G}(N)$ are of the form $P_{\mathfrak{U}',i}(x) = 0$ for $\mathfrak{U}' \in \mathcal{G}_i(N)$; $i = 1, \cdots, n$. Then for a sufficiently large $H, H \geqslant H_1(N, \varepsilon)$ we obtain

$$\mu - \varepsilon \leqslant \frac{d_N}{e_N} \cdot \{1 + \frac{d_N - 1}{2H}\}$$

The linear independence of $\beta_{i,j}$, Lemma 9 and the assumption ε. $\mathrm{Card}(\mathcal{G}(N))^2 < 1$ then implies

$$d_N = \sum_{i=1}^{n} \mathrm{Card}(\mathcal{G}_i(N))$$

and

$$e_N = \mathrm{Card}(\mathcal{G}(N))$$

Lemma 8 is proved.

The proof of Lemma 7 is based on Lemma 9 and on studies of the combinatorics of the lattice $\mathcal{G}$. We note in this connection that for a sufficiently large N, $\mathrm{Card}(\mathcal{G}(N))$ is an integer valued polynomial in N, and $\frac{\mathrm{Card}(\mathcal{G}(N))}{\mathrm{Card}(\mathcal{G}_i(N))} \to 1$ as $N \to \infty$; $i = 1, \cdots, n$.

Proof of Theorem 6 We use the notations of Lemmas 7 ~ 8. Applying Lemma 9 and condition (ii) of Theorem 5 we obtain

$$M \stackrel{\text{def}}{=} \sum_{j=1}^{e_N} \mathrm{ord}_{x=0}(L_{\mathfrak{U}_j}(x)) \geqslant e_N \cdot (\mu - \varepsilon) \cdot H$$

where $L_{\mathfrak{U}_j}(x)$; $j = 1, \cdots, e_N$ is the maximal set of linearly independent functions $L_{\mathfrak{U}}(x)$; $\mathfrak{U} \in \mathcal{G}(N)$. According to the statement of Lemma 9

$$M \leqslant d_N \cdot \{H + \frac{d_N - 1}{2}\}$$

480

第 13 章 超越数论中的逼近定理

We now use Lemma 7 and
$$e_N(\mu - \varepsilon) \geqslant d_N - c_{14}\varepsilon$$
as $N \to \infty$. Hence, according to Lemma 3.9 again, the rank of the matrix
$$M_{x_0} = (P_{\mathfrak{u}_\alpha}^{\langle m \rangle}(x_0) : \alpha \in A_N; m = 0,1,\cdots,c_{13}\varepsilon H)$$
is d_N for $c_{14} > 0$ depending only on $N, H \geqslant N_2$.

Let us now deduce the existence of n linearly independent forms among $L^{\langle m \rangle}(x) : m = 0,1,\cdots,c_{14}\varepsilon H$, from rank $(M_{x_0}) = d_N$.

We consider the following functions from V
$$P_i(x;x_0) = \sum_{\mathfrak{u}' \in \mathcal{G}_i(N)} P_{\mathfrak{u}',i}(x) \cdot e^{-\mathfrak{u}'(x-x_0)}, i = 1,\cdots,n \tag{82}$$

Since exponents $e^{-\mathfrak{u}'x} : \mathfrak{u}' \in \mathcal{G}_i(N)$ are linearly independent over $\mathbf{C}(x)$, the function $P_i(x;x_0)$ can be identically zero in x if and only if all polynomials $P_{\mathfrak{u}',i}(x)$ are identically zero: $\mathfrak{u}' \in \mathcal{G}_i(N) : i = 1,\cdots,n$. Hence, for any given x_0, not all functions $P_i(x;x_0) : i = 1,\cdots,n$, are identically zero. It might happen, however, that all functions $P_i(x;x)$ (at $x = x_0$) are zeroes: $i = 1,\cdots,n$. Nevertheless, since not all $P_i(x;x_0)$ are zeroes: $i = 1,\cdots,n$, there exists a minimal nonnegative integer $k \geqslant 0$, such that at least one of the functions
$$\left(\frac{\mathrm{d}}{\mathrm{d}x}\right)^k P_i(x;x_0)\bigg|_{x_0 = x}, i = 1,\cdots,n \tag{83}$$
is nonzero (as a function of x). We now denote, as in (80)(81)

Hurwitz 定理

$$L(x;x_0) \stackrel{\text{def}}{=} \sum_{\mathfrak{u} \in \mathcal{G}(N)} L_{\mathfrak{u}}(x) \cdot e^{\mathfrak{u} x_0} \qquad (84)$$

We have, as in the proof of Lemma 6

$$L(x;x_0) = \sum_{\mathfrak{u} \in \mathcal{G}(N)} L_{\mathfrak{u}}(x) e^{\mathfrak{u} x_0}$$

$$= \sum_{\mathfrak{u} \in \mathcal{G}(N)} \sum_{i=1}^{n} \sum_{j=1}^{k_i} P_{\mathfrak{u}-e_{i,j},i}(x) \cdot e^{-(\mathfrak{u}-\beta_{i,j})x} \cdot e^{\mathfrak{u} x_0} \cdot C_{i,j}$$

$$= \sum_{i=1}^{n} \sum_{j=1}^{k_i} C_{i,j} \cdot e^{\beta_{i,j} x} \cdot \sum_{\mathfrak{u} \in \mathcal{G}(N)} P_{\mathfrak{u}-e_{i,j},i}(x) \cdot e^{-\mathfrak{u}(x-x_0)}$$

We have for $j = 1, \cdots, k_i; i = 1, \cdots, n$

$$\sum_{\mathfrak{u} \in \mathcal{G}(N)} P_{\mathfrak{u}-e_{i,j},i}(x) \cdot e^{-\mathfrak{u}(x-x_0)}$$

$$= e^{\beta_{i,j}(x-x_0)} \sum_{\mathfrak{u}' \in \mathcal{G}_i(N)} P_{\mathfrak{u}',i}(x) \cdot e^{-\mathfrak{u}'(x-x_0)}$$

Hence

$$L(x;x_0) = \sum_{i=1}^{n} \sum_{j=1}^{k_i} C_{i,j} \cdot e^{\beta_{i,j} x_0} \sum_{\mathfrak{u}' \in \mathcal{G}_i(N)} P_{\mathfrak{u}',i}(x) \cdot e^{-\mathfrak{u}'(x-x_0)}$$

Thus, according to (82)

$$L(x;x_0) = \sum_{i=1}^{n} P_i(x;x_0) \cdot f_i(x_0) \qquad (85)$$

with

$$f_i(x_0) = \sum_{i=1}^{k_i} C_{i,j} e^{\beta_{i,j} x_0}, i = 1, \cdots, n$$

According to the definition of k in (83), we have

$$\left(\frac{d}{dx_0}\right)^l P_i(x;x_0) \Big|_{x_0=x} = 0$$

for all $l = 0, \cdots, k-1$ and $i = 1, \cdots, n$. Hence applying $\left(\frac{d}{dx_0}\right)^k$ to (85), we obtain

482

第 13 章 超越数论中的逼近定理

$$\left(\frac{\mathrm{d}}{\mathrm{d}x_0}\right)^k L(x;x_0)\bigg|_{x_0=x}$$

$$= \sum_{i=1}^{n} f_i(x_0) \cdot \left(\frac{\mathrm{d}}{\mathrm{d}x_0}\right)^k \cdot P_i(x;x_0)\bigg|_{x_0=x} \quad (86)$$

Combining (86) with expressions (84) and (82), we arrive at:

Corollary 2 We obtain n polynomials

$$Q_i(x) = \sum_{\mathfrak{U}' \in \mathscr{G}_i(N)} \mathfrak{U}'^k \cdot P_{\mathfrak{U}',i}(x), i = 1, \cdots, n$$

not all identically zero and such that

$$\sum_{i=1}^{n} Q_i(x) \cdot f_i(x) = \sum_{\mathfrak{U} \in \mathscr{G}(N)} \mathfrak{U}^k \cdot L_{\mathfrak{U}}(x) \cdot e^{\mathfrak{U}x}$$

Proof According to (82),

$$Q_i(x) = \left(\frac{\mathrm{d}}{\mathrm{d}x_0}\right)^k \cdot P_i(x;x_0)\bigg|_{x_0=x}$$

and, according to (84)

$$\left(\frac{\mathrm{d}}{\mathrm{d}x_0}\right)^k \cdot L(x;x_0)\bigg|_{x_0=x} = \sum_{\mathfrak{U} \in \mathscr{G}(N)} \mathfrak{U}^k \cdot L_{\mathfrak{U}}(x) \cdot e^{\mathfrak{U}x}$$

Hence, Corollary 2 follows from (86).

Let us now prove that polynomials $Q_1(x), \cdots, Q_n(x)$ from Corollary are linearly independent over **C**.

Lemma 10 Under the assumptions of Theorem 5 and in the notations of Corollary 2, polynomials $Q_1(x), \cdots, Q_n(x)$ are linearly independent over **C**.

Proof Let, on the contrary, the polynomials $Q_1(x), \cdots, Q_n(x)$ be linearly dependent over **C**. Let us choose a maximal set of polynomials among $Q_1(x), \cdots, Q_n(x)$ that are linearly independent over **C**. We can as-

Hurwitz 定理

sume, without a loss of generality, that these are $Q_1(x), \cdots, Q_l(x)$ for $l < n$. Then the function

$$R(x) = \sum_{i=1}^{n} Q_i(x) \cdot f_i(x)$$

from Corollary 2 can be represented in the form

$$R(x) = \sum_{i=1}^{l} Q_i(x) h_i(x)$$

where functions $h_1(x), \cdots, h_l(x)$ are linear combinations of functions $f_1(x), \cdots, f_n(x)$ with constant coefficients. Hence $h_1(x), \cdots, h_l(x)$ are linear combinations of $e^{\beta_{i,j}x}$: $j=1,\cdots,k_i; i=1,\cdots,n$ with constant coefficients. For an integer $K \geqslant 1$ we take a sublattice of $\mathcal{G}$

$$\mathcal{G}_K = \{\mathfrak{U} = \sum_{i=1}^{n} \sum_{j=1}^{k_i} a_{i,j} \beta_{i,j} \in \mathcal{G} : a_{i,j} \in \mathbf{Z}, a_{i,j} \geqslant 0,$$

$$j = 1, \cdots, k_i; i = 1, \cdots, n \text{ and } \sum_{i=1}^{n} \sum_{j=1}^{k_i} a_{i,j} = K\}$$

Then the functions $Q_i(x) e^{\mathfrak{U}x} : \mathfrak{U} \in \mathcal{G}_K, i = 1, \cdots, l$, are all linearly independent over $\mathbf{C}$ because $Q_1(x), \cdots, Q_l(x)$ are linearly independent. We now apply Lemma 9 to $d \stackrel{\text{def}}{=} l \cdot \text{Card}(\mathcal{G}_K)$ linearly independent (over $\mathbf{C}$) functions $Q_i(x) e^{\mathfrak{U}x} : \mathfrak{U} \in \mathcal{G}_K; i = 1, \cdots, l$.

According to the definition of $\mathcal{G}_K$, for $\mathfrak{U}_1 \in \mathcal{G}_{K-1}$ and $j = 1, \cdots, k_i; i = 1, \cdots, n$, $e^{\beta_{i,j}x} \cdot e^{\mathfrak{U}_1 x} = e^{\mathfrak{U}x}$ for some $\mathfrak{U} \in \mathcal{G}_K$. Hence, for any function $h_i(x) : i = 1, \cdots, l$ and $\mathfrak{U}_1 \in \mathcal{G}_{K-1}, h_i(x) e^{\mathfrak{U}_1 x}$ is a linear combination (with constant coefficients) of $e^{\mathfrak{U}x} : \mathfrak{U} \in \mathcal{G}_K$. This implies that for any

484

第 13 章 超越数论中的逼近定理

$\mathfrak{U}_1 \in \mathcal{G}_{K-1}$, the function

$$l_{\mathfrak{U}_1}(x) = R(x) \cdot e^{\mathfrak{U}_1 x}$$

is a linear combination (with constant coefficients) of functions $Q_i(x) e^{\mathfrak{U} x} : \mathfrak{U} \in \mathcal{G}_K ; i = 1, \cdots, n$. There are $s =$ Card($\mathcal{G}_{K-1}$) linearly independent (over **C**) functions $l_{\mathfrak{U}_1}(x) : \mathfrak{U}_1 \in \mathcal{G}_{K-1}$. According to (ii) of Theorem 5 and the representation of $R(x)$ from Corollary 2

$$\text{ord}_{x=0}(R(x)) \geqslant (\mu - \varepsilon) H$$

Hence

$$\text{ord}_{x=0}(l_{\mathfrak{U}_1}(x)) \geqslant (\mu - \varepsilon) H$$

for any $\mathfrak{U}_1 \in \mathcal{G}_{K-1}$. Applying Lemma 9, we conclude that

$$\text{Card}(\mathcal{G}_{K-1}) \cdot (\mu - \varepsilon) \cdot H$$
$$\leqslant l \cdot \text{Card}(\mathcal{G}_K) \cdot \{H + \frac{l \cdot \text{Card}(\mathcal{G}_K) - 1}{2}\}$$

We note now that

$$\text{Card}(\mathcal{G}_K) \sim \lambda_0 \cdot K^v + O(K^{v-1})$$

for $K \geqslant K_0$ and K_0 depending only on $\beta_{i,j} (j=1,\cdots,k_i; i = 1,\cdots,n)$. Hence

$$\mu - \varepsilon \leqslant l \cdot (\frac{K}{K-1})^v + l^2 \lambda_0 \cdot K^{2v}/(K-1)^v \cdot H^{-1} + o(H^{-1})$$

For a sufficiently large K and $H \geqslant H_0(K)$, we obtain $\mu - \varepsilon \leqslant l$. On the other hand

$$\mu = \sum_{i=1}^{n} \frac{\text{Card}(\mathcal{G}_i(N))}{\text{Card}(\mathcal{G}(N))}$$

so that $\mu - \varepsilon > n - 1$ for $N \geqslant N_1(\varepsilon)$. This implies for $H \geqslant H_1(N, \varepsilon)$ that $n - 1 < l$. Consequently, polynomials $Q_1(x), \cdots, Q_n(x)$ are linearly independent over **C** and

Hurwitz 定理

Lemma 10 is proved.

To end the proof of Theorem 6, we express $P_i(x;x_0):i=1,\cdots,n$ from (83) in terms of the basis $P_{\mathfrak{u}_\alpha(x)} \cdot e^{-\mathfrak{u}_\alpha x}:\alpha \in A_N$ of V. Since exponents $e^{-\mathfrak{u}'x}:\mathfrak{u}' \in \mathscr{G}_i(N)$, are all linearly independent over $\mathbf{C}(x)$, we obtain the following representation of $P_i(x;x_0)$

$$P_i(x;x_0) = \sum_{\alpha \in A_N} B_{\alpha,i} \cdot P_{\mathfrak{u}_\alpha}(x) \cdot e^{-\mathfrak{u}_\alpha(x-x_0)}$$

for constants $B_{\alpha,i}$ (independent of x_0): $\alpha \in A_N; i=1,\cdots,n$. The rank of the matrix $(B_{\alpha,i}:\alpha \in A_N; i=1,\cdots,n)$ is equal to n. Indeed, let there exist constants $u_1,\cdots,u_n$, not all zero, such that $\sum_{i=1}^{n} u_i \cdot B_{\alpha,i} = 0 : \alpha \in A_N$. Then

$$\sum_{i=1}^{n} u_i \cdot P_i(x;x_0) = \sum_{\alpha \in A_N} P_{\mathfrak{u}_\alpha}(x) \cdot e^{-\mathfrak{u}_\alpha(x-x_0)} \cdot \sum_{i=1}^{n} u_i B_{\alpha,i} \equiv 0$$

Hence, functions $P_1(x;x_0),\cdots,P_n(x;x_0)$ are linearly dependent (over $\mathbf{C}$), which contradicts the linear independence of

$$Q_i(x) = (\frac{\mathrm{d}}{\mathrm{d}x_0})^k \cdot P_i(x;x_0)\bigg|_{x_0=x}, i=1,\cdots,n$$

established in Lemma 10.

Thus rank $(B_{\alpha,i}:\alpha \in A_N; i=1,\cdots,n) = n$.

We now obtain

$$(\frac{\mathrm{d}}{\mathrm{d}x})^m P_i(x;x_0) = \sum_{\alpha \in A_N} B_{\alpha,i} \cdot P_{\mathfrak{u}_\alpha}^{\langle m \rangle}(x) \cdot e^{-\mathfrak{u}_\alpha(x-x_0)}$$

for $m = 0,1,\cdots$. Next, by (82) and (85)

$$\left(\frac{\mathrm{d}}{\mathrm{d}x}\right)^m L(x;x_0) = \sum_{i=1}^{n} \left(\frac{\mathrm{d}}{\mathrm{d}x}\right)^m \cdot P_i(x;x_0) \cdot f_i(x_0)$$

486

$$\left(\frac{\mathrm{d}}{\mathrm{d}x}\right)^m P_i(x;x_0) = \sum_{\mathfrak{U}' \in \mathcal{G}_i(N)} P_{\mathfrak{U}',i}^{\langle m \rangle}(x) \cdot \mathrm{e}^{-\mathfrak{U}'(x-x_0)}$$

Thus, in the notations of Lemma 6 and (81)(80)

$$P_i^{\langle m \rangle}(x_0) = \sum_{\alpha \in A_N} B_{\alpha,i} \cdot P_{\mathfrak{U}_\alpha}^{\langle m \rangle}(x_0)$$

$$L^{\langle m \rangle}(x_0) = \sum_{i=1}^{n} P_i^{\langle m \rangle}(x_0) \cdot f_i(x_0)$$

$$m = 0, 1, \cdots$$

The rank of the matrix

$$M_{x_0} = (P_{\mathfrak{U}_\alpha}^{\langle m \rangle}(x_0) : \alpha \in A_N; m = 0, 1, \cdots, c_{13}\varepsilon H)$$

is d_N and the rank of $(B_{\alpha,i} : \alpha \in A_N; i = 1, \cdots, n)$ is n. Hence the rank of the matrix $(P_i^{\langle m \rangle}(x_0) : m = 0, 1, \cdots, c_{13}\varepsilon H; i = 1, \cdots, n)$ is n. Theorem 6 is proved.

Normality Theorem 6 implies the existence of n linearly independent forms approximating numbers $\theta_1, \cdots, \theta_n$ from (62).

Let us assume, as above, that $(\beta_{i,1}, \cdots, \beta_{i,k_i})$ are sequences of distinct algebraic numbers, closed under the algebraic conjugation, and let $(C_{i,1}, \cdots, C_{i,k_i})$ be rational numbers such that $C_{i,j} = C_{i,j'}$, whenever $\beta_{i,j}$ is algebraically conjugate to $\beta_{i,j'} : j, j' = 1, \cdots, k_i : i = 1, \cdots, n$. Also let $B = \bigcup_{i=1}^{n} \{\beta_{i,1}, \cdots, \beta_{i,k_i}\}$ and let the rank of the matrix $(C_{i,\beta})(\beta \in B, i = 1, \cdots, n)$ be n.

Theorem 7 Let, in the notations above

$$\theta_i = \sum_{j=1}^{k_i} C_{i,j} \cdot \mathrm{e}^{\beta_{i,j}}, i = 1, \cdots, n$$

Then for any $\delta > 0$ and any sufficiently large integer D,

Hurwitz 定理

$D \geqslant D_2(\beta_{i,j}, C_{i,j}, \delta)$ there exist rational integers $P_{i,j}: i, j = 1, \cdots, n$ such that the following conditions are satisfied. The determinant of $P_{i,j} - \det(P_{i,j})_{i,j=1}^m$ is nonzero; the absolute values of numbers $P_{i,j}$ are bounded by $D^{(1+\varepsilon)D}$ and

$$\left| \sum_{j=1}^n P_{i,j} \theta_j \right| \leqslant D^{(1+\delta-n)D}, i,j = 1, \cdots, n$$

Proof Let, as above, N be a sufficiently large integer, and D be a sufficiently large integer with respect to N and δ^{-1}; $D \geqslant D_0(\beta_{i,j}, C_{i,j}, \delta)$. We apply Theorem 6 and obtain n linearly independent forms (at $x_0 = 1$)

$$L^{\langle m \rangle}(1) = \sum_{i=1}^n P_i^{\langle m \rangle}(1) \cdot \theta_i, m = 0, 1, \cdots, \delta D$$

With a matrix $(P_i^{\langle m \rangle}(1): i = 1, \cdots, n; m = 0, 1, \cdots, \delta D)$ of rank n. We choose n distinct integers $0 \leqslant m_1 < \cdots < m_n \leqslant \delta D$ such that $\det(P_i^{\langle m_j \rangle}(1))_{i,j=1}^n \neq 0$.

According to Lemmas 4 and 6, polynomials $P_i^{\langle m_j \rangle}(x)$ have rational number coefficients, whose common denominator divides b^{m_j} for an integer $b \geqslant 1$. We define $P_{i,j} = b$: $i,j = 1, \cdots, n$. Then $P_{i,j}$ are rational integers with det $(P_{i,j})_{i,j=1}^n \neq 0$. From Lemma 3 it follows that for a sufficiently large D, $D \geqslant D_1(\beta_{i,j}, C_{i,j}, \delta)$, $\max\{|P_{i,j}|: i,j = 1, \cdots, n\} < D^{(1+\delta)D}$. For a sufficiently large N we have, according to (66), $\mu \to n$ as $N \to \infty$. Thus for D sufficiently large, $D \geqslant D_2(\beta_{i,j}, C_{i,j}, \delta)$, (78) implies

$$|L_u^{\langle m \rangle}(1)| \leqslant D^{(-n+1+\frac{\delta}{2})D}: m = 0, 1, \cdots, \delta D$$

第 13 章 超越数论中的逼近定理

for any $\mathfrak{u} \in \mathcal{G}(N)$. Now

$$L^{\langle m \rangle}(1) = \sum_{\mathfrak{u} \in \mathcal{G}(N)} L_{\mathfrak{u}}^{(m)}(1) \cdot e^{\mathfrak{u}}$$

so that we obtain for $D \geq D_2(\beta_{i,j}, C_{i,j}, \delta)$

$$\left| \sum_{j=1}^{n} P_{i,j} \cdot \theta_j \right| \leq D^{(-n+1+\delta)D}$$

Theorem 7 is proved.

Now Siegel's method allows us to prove our main result on the approximation of numbers $\theta_1, \cdots, \theta_n$.

Theorem 8 In the notations above, let

$$\theta_i = \sum_{j=1}^{k_i} C_{i,j} \cdot e^{\beta_{i,j}}, i = 1, \cdots, n$$

Then for any $\delta > 0$ and arbitrary rational integers $h_1, \cdots, h_n$ with $h = \max(|h_1|, \cdots, |h_n|)$ we have

$$|h_1 \theta_1 + \cdots + h_n \theta_n| > h^{-n+1-\delta} \quad \text{when} \quad h \geq h_0(\beta_{i,j}, C_{i,j}, \delta)$$

Proof Let $h_1, \cdots, h_n$ be rational integers not all zero such that $\max(|h_i| : i = 1, \cdots, n) = h$ and such that

$$h_1 \theta_1 + \cdots + h_n \theta_n = l, 0 < |l| < 1$$

We apply Theorem 7 and obtain for any $\delta > 0$ and for the integer $D \geq D_2(\beta_{i,j}, C_{i,j}, \delta)$, n linearly independent forms in $\theta_1, \cdots, \theta_n$ with rational integer coefficients of the form

$$L_i = \sum_{j=1}^{n} P_{i,j} \theta_j, i = 1, \cdots, n$$

such that

$$\max(|P_{i,j}| : i, j = 1, \cdots, n) \leq D^{(1+\delta)D}$$

and

Hurwitz 定理

$$\max(|L_i|: i=1,\cdots,n) \leqslant D^{(1+\delta-n)D}$$

The linear independence of forms $L_1,\cdots,L_n$ means that $\det(P_{i,j})_{i,j=1}^n \neq 0$. Hence we can always find $n-1$ forms, say, $L_1,\cdots,L_{n-1}$, that are linearly independent together with the form l. Let V be a matrix formed from coefficients of forms $L_1,\cdots,L_{n-1},l$; let Δ_1 be determinant of V, and $\Delta_{i,j}$ be the algebraic complement of the (i,j)th element of V. Then

$$\theta_i \Delta_1 = \sum_{j=1}^{n-1} L_j \Delta_{j,i} + l \Delta_{n,i}, i=1,\cdots,n$$

From the definition of V it follows that

$$|\Delta_{n,i}| \leqslant (n-1)! \ D^{(n-1)(1+\delta)D}$$

$$\max(|\Delta_{j,i}|: j=1,\cdots,n-1)$$
$$\leqslant (n-1)! \ h \cdot D^{(n-2)(1+\delta)D}, i=1,\cdots,n$$

Let $i=1,2,\cdots,n$ be chosen in a way such that $\theta_i \neq 0$, which is possible since $l \neq 0$. Then

$$|\theta_i \Delta_1| \leqslant n! \ (hD^{(-1+\delta(n-1))D} + |l|D^{(n-1+\delta(n-1))D})$$

Since $\Delta_1 \neq 0$ and all elements of V are rational integers, $|\Delta_1| \geqslant 1$. We choose now an integer D to be the smallest integer $\geqslant D_2$ such that $D^{nD}|l| \geqslant h$.

For this definition of D we get

$$|\theta_i| \leqslant 2 \cdot n! \ \cdot |l| \cdot D^{(n-1)(1+\delta)D}$$

This implies a lower bound on $|l|$

$$|l| \geqslant c_{14} \cdot h^{-\frac{(n-1)(1+\delta)}{1+\delta(n-1)}}$$

and $c_{14} = c_{14}(\beta_{i,j}, C_{i,j}, \delta)$. For a sufficiently small δ this proves Theorem 8.

第 13 章　超越数论中的逼近定理

Our main result, Theorem 8 gives measures of diophantines approximations (transcendence) of various numbers connected with the exponential function. For example, we get:

Corollary 3　Let $\xi \neq 0$ be an algebraic number of degree d. Let $\varepsilon > 0$. Then for arbitrary rational integers p and q we obtain

$$|e^\xi - \frac{p}{q}| > |q|^{-d(d+1)-\varepsilon}$$

provided that $|q| \geq q_0(\xi, \varepsilon)$.

Proof　Let $\xi_1 = \xi, \cdots, \xi_d$ be a complete set of (distinct) algebraic numbers conjugate to ξ. We use Weierstrass' method to reduce the bound of the linear form $|qe^\xi - p|$ to the statement of the form of Theorem 8. We have

$$\prod_{j=1}^{d}(qe^{\xi_j} - p) = \sum_{\alpha \in A} h_\alpha \theta_\alpha$$

where θ_α are sums of exponents $\exp\{k_1 \xi_{\pi(1)} + \cdots + k_d \xi_{\pi(d)}\}$ over all permutations π of $(1, \cdots, d)$ for $0 \leq k_1 \leq \cdots \leq k_d \leq 1$. Hence

$\text{Card}(A) \leq d+1$ and $\max_{\alpha \in A}|h_\alpha| \leq 2^d \max(|p|, |q|)^d$

From Theorem 8 we deduce

$$\left|\sum_{\alpha \in A} h(\alpha)\right| \geq |q|^{d(-d-\varepsilon)}$$

or

$$|qe^\xi - p| > |q|^{-d^2 - d\varepsilon - d + 1}$$

Corollary 3 is proved.

Corollary 3 is so far the strongest result on the measure of irrationality of e^ξ with algebraic irrational ξ.

We have similar results on the measure of the transcendence of numbers e^ξ.

Corollary 4 Let $\xi \neq 0$ be an algebraic number of degree d. Then for the measure of transcendence of e^ξ we have the following bounds. Let $\varepsilon > 0$. Then for an arbitrary polynomial $P(x) \in \mathbf{Z}[x]$ of degree of at most $d(P)$ and height of at most $h(P)$ we have

$$|P(e^\xi)| > h(P)^{-d\binom{d(P)+d}{d}+1-\varepsilon}$$

For an arbitrary algebraic number ζ of degree of at most $d(\zeta)$ and of height of at most $h(\zeta)$ we have

$$|e^\xi - \zeta| > h(\zeta)^{-d\binom{d(\zeta)+d}{d}-\varepsilon}$$

Here $h(P)$ is sufficiently large (with respect to $h(\xi), \varepsilon^{-1}$ and $d(P)$), and $h(\zeta)$ is sufficiently large with respect to $h(\xi), \varepsilon^{-1}$ and $d(\xi)$.

For an algebraic ξ of special form, better results can be deduced from Theorem 8 directly. Also results similar to Corollary 4 hold for arbitrary elements of fields generated by e^ξ. For a bounded $d(P)$ our results improve considerably the existing measures of the transcendence of e^ξ. As we mentioned, results of the form of Corollaries 3~4 are valid for values of arbitrary elliptic functions with a complex multiplication at algebraic points that supplement our elliptic version of the Lindemann-Weierstrass theorem.

第 13 章 超越数论中的逼近定理

4. We show here how, using the methods introduced above for exponential functions, one can prove strong results on the measures of the linear independence of values of arbitrary E-functions of Siegel at rational points.

We call

$$f(x) = \sum_{n=0}^{\infty} \frac{a_n x^n}{n!}$$

an E-function, if $f(x)$ satisfy a linear differential equation over $\mathbf{Q}(x)$, $a_n \in \mathbf{Q}: n = 0, 1, \cdots$ and if, for any $\varepsilon > 0$, $|a_n| \leqslant n^{\varepsilon n}$ and denom $\{a_0, \cdots, a_n\} \leqslant n^{\varepsilon n}$ for $n \geqslant n_0(\varepsilon)$. Our main result is a measure of the linear independence of $f_1(r), \cdots, f_n(r)$ for E-functions $f_i(x): i = 1, \cdots, n$ and $r \in \mathbf{Q}, r \neq 0$, which is close to the best possible. The proof we present below relies, as do Siegel's results, on the assumption of the normality of functions $f_1(x), \cdots, f_n(x)$. As the method shows, this assumption can be removed, and the corresponding result is valid in its full generality.

Let $f_i = f_i(x): i = 1, \cdots, n$ be a component of a nonzero solution of a matrix linear differential equation of the first order over $\mathbf{Q}(x)$

$$\frac{d}{dx} f_i^{(j)} = \sum_{l=1}^{k_i} A_{j,l}^{(i)} \cdot f_i^{(l)}, j = 1, \cdots, k_i \qquad (87)$$

for $A_{j,l}^{(i)} \in \mathbf{Q}(x): j, l = 1, \cdots, k_i$ and $f_i^{(1)} \stackrel{\text{def}}{=} f_i: i = 1, \cdots, n$. Equivalently, $f_i = f_i(x)$ is a solution of a scalar linear differential equation of the order k_i over $\mathbf{Q}(x)$

Hurwitz 定理

$$\frac{d^{k_i}}{dx^{k_i}}f_i(x) + a_{k_i-1}^{(i)}\frac{d^{k_i-1}}{dx^{k_i-1}}f_i(x) + \cdots + a_0^{(i)}f_i(x) = 0$$

$$(87')$$

$a_l^{(i)} \in \mathbf{Q}(x); l = 0, \cdots, k_i - 1; i = 1, \cdots, n$. Any equation $(87')$ can be reduced to the form (87) if one puts

$$f_i^{(j)} = \frac{d^{j-1}}{dx^{j-1}}f_i(x), A_{j,l}^{(i)} = \delta_{j+1,l} - \delta_{j,k_i} \cdot a_{l-1}^{(i)}$$

for $j, l = 1, \cdots, k_i; i = 1, \cdots, n$.

Theorem 9 Let $f_1(x), \cdots, f_n(x)$ be E – functions satisfying linear differential equations over $\mathbf{Q}(x)$. Then for any $\varepsilon > 0$ and a rational number r, $r \neq 0$, which is not a singularity of linear differential equations satisfied by $f_1(x), \cdots, f_n(x)$ there exists a constant

$$c_0 = c_0(\varepsilon, r, f_1, \cdots, f_n) > 0$$

with the following property. For arbitrary rational integers $H_1, \cdots, H_n$ and $H = \max(|H_1|, \cdots, |H_n|)$ if

$$H_1 f_1(r) + \cdots + H_n f_n(r) \neq 0$$

then

$$|H_1 f_1(r) + \cdots + H_n f_n(r)| > H^{-n+1-\varepsilon}$$

provided that $H \geq c_0$.

Proof Let

$$f_1 = f_1(x), \cdots, f_n = f_n(x)$$

be arbitrary E – functions satisfying linear differential e- quations over $\mathbf{Q}(x)$, and linear independent over $\mathbf{C}(x)$.

Let f_i satisfy a scalar linear differential equation of the form $(87')$ over $\mathbf{Q}(x)$ of order $k_i; i = 1, \cdots, n$. In the

第13章 超越数论中的逼近定理

notations above of (87), let

$$f_i^{(j)}(x) = \left(\frac{\mathrm{d}}{\mathrm{d}x}\right)^{j-1} \cdot f_i(x), j = 1, \cdots, k_i; i = 1, \cdots, n$$

We fix an $\varepsilon, 0 < \varepsilon < \frac{1}{2}$ and a sufficiently large parameter $N, N \geqslant N_0(f_1, \cdots, f_n, \varepsilon)$.

We construct a large family of conjugate auxiliary functions (approximating $f_1(x), \cdots, f_n(x)$) enumerated very similarly to Section 3, by elements of the lattice $\mathbf{Z}^{k_1} \times \cdots \times \mathbf{Z}^{k_n}$, i. e. by multi-indices $J = (\cdots; \alpha_{i,1}, \cdots, \alpha_{i,k_i}; \cdots)$ from $\mathbf{Z}^{k_1} \times \cdots \times \mathbf{Z}^{k_n}$ with nonnegative integers $\alpha_{i,j}$. To simplify notations we introduce generating functions in n groups of variables $\bar{c}_i = (c_{i,1}, \cdots, c_{i,k_i}): i = 1, \cdots, n$ and we put $\bar{c} = (\bar{c}_1, \cdots, \bar{c}_n)$. Now let

$$J = (\cdots; \alpha_{i,1}, \cdots, \alpha_{i,k_i}; \cdots) \in \mathbf{Z}^{k_1} \times \cdots \times \mathbf{Z}^{k_n}$$

be a multi-index with nonnegative integers $\alpha_{i,j}$. We put $\|J\|_i = N$ if for any $j \neq i$, $\sum_{l=1}^{k_j} \alpha_{j,l} = N$ while $\sum_{l=1}^{k_i} \alpha_{i,l} = N - 1$; and we put $|J| = N$ if for all $i = 1, \cdots, n$, $\sum_{l=1}^{k_i} \alpha_{i,l} = N$.

We denote (for fixed $k_1, \cdots, k_n$)

$$M_N \stackrel{\text{def}}{=} \sum_{i=1}^{n} \binom{N + k_i - 2}{k_i - 1} \cdot \prod_{j=1, j \neq i}^{n} \binom{N + K_j - 1}{k_j - 1}$$

$$S_N \stackrel{\text{def}}{=} \prod_{i=1}^{n} \binom{N + k_i - 1}{k_i - 1}$$

Theorem 10 For any $D \geqslant D_0(f_1, \cdots, f_n, \varepsilon, N)$

Hurwitz 定理

there exist polynomials. $P_{i,J}(x):J \in \mathbf{Z}^{k_1} \times \cdots \times \mathbf{Z}^{k_n}$; $\|J\|_i = N; i=1,\cdots,n$, not all zero and with integer rational coefficients such that the following conditions are satisfied.

(i) Polynomials $P_{i,J}(x)$ have a degree in x of at most D, and height of at most $D^{D+\varepsilon D}$ and are of the form

$$P_{i,J}(x) = \sum_{m=0}^{D} \frac{D!}{m!} p_{i,J,m} x^m \qquad (88)$$

$\|J\|_i = N; i=1,\cdots,n$. Here $p_{i,J,m}$ are rational integers of absolute values of at most $D^{\varepsilon D}$ ($m=0,\cdots,D$). We also formally put $P_{i,J}(x) = 0$ if J has a negative component; $i=1,\cdots,n$.

(ii) For any $I \in \mathbf{Z}^{k_1} \times \cdots \times \mathbf{Z}^{k_n}$, $|I| = N$, the (remainder) function

$$R_I(x) \stackrel{\text{def}}{=} \sum_{i=1}^{n} \sum_{j=1}^{k_i} P_{i,I-e_{i,j}}(x) f_i^{(j)}(x) \qquad (89)$$

has a zero at $x=0$ of an order of at least M, where

$$f_i^{(j)}(x) = \left(\frac{\mathrm{d}}{\mathrm{d}x}\right)^{j-1} f_i(x) \text{ and } M = \left[\frac{M_N - \varepsilon}{S_N} \cdot D\right]$$

Proof Let

$$f_i(x) = \sum_{m=0}^{\infty} \frac{a_{m,i} x^m}{m!}$$

and

$$f_i^{(j)}(x) = \sum_{m=0}^{\infty} \frac{a_{m,i,j} x^m}{m!}, i=1,\cdots,n; j=0,1,\cdots,k_i$$

第13章 超越数论中的逼近定理

We obtain an expansion of $R_I(x)$ at $x=0$ in terms of $a_{m,i,j}$ and $p_{i,J,m}$. Namely, for

$$R_I(x) = \sum_{m=0}^{\infty} \frac{D!}{m!} r_{I,m} x^m$$

we obtain the following representation for $r_{I,m}$

$$r_{I,m} \stackrel{\text{def}}{=} \sum_{i=1}^{n} \sum_{j=1,I(i,j)\geq 1}^{k_i} \sum_{l=0}^{\min(m,D)} \binom{m}{l} a_{m-l,i,j} \cdot P_{i,I-e_{i,j,l}} \quad (90)$$

$|I|=N$, and $I(i,j)$ denotes the (i,j)-th component of I. The only conditions that determine polynomials $P_{i,J}(x): \|J\|_i = N; i=1,\cdots,n$, are given by the following system of M_N linear equations on coefficients $p_{i,J,m}$

$$r_{I,m}=0, m=0,1,\cdots,M-1; |I|=N \quad (91)$$

(in the notations of (90)). The total number of unknowns $P_{i,J,m}$ in (91) is $(D+1)M_N$. Finally, according to the definition of E-functions, and (90), the coefficients at $p_{i,J,m}$ in the system (91) of linear equations, are rational numbers whose absolute values and whose common denominator are uniformly bounded by $D^{\delta D}$ for any $\delta > 0$ and $D \geq D_1(f_1,\cdots,f_n,\delta)$. Thus we can use Siegel's lemma and find a nontrivial solution $p_{i,J,m}$ of the system of equations (91) in rational integers and such that

$$\max\{|p_{i,J,m}|, \|J\|_i = N; i=1,\cdots,n; m=0,\cdots,D\} \leq D^{\varepsilon D}$$

provided that

$$D \geq D_0(f_1,\cdots,f_n,\varepsilon,N)$$

Theorem 10 is proved.

We construct generating functions of $P_{i,J}(x)$ and

Hurwitz 定理

$R_I(x)$ to obtain polynomials in auxiliary variables $c_{i,j}: j = 1,\cdots,k_i; i = 1,\cdots,n$

$$P_i(x \mid \bar{c}) = \sum_{J, \|J\|_i = N} P_{i,J}(x) \cdot \bar{c}^J, R(x \mid \bar{c})$$

$$= \sum_{I, |I| = N} R_I(x) \cdot \bar{c}^I$$

If $J(i,j)$ denotes the (i,j)-th component of J, we put

$$\bar{c}^J = \prod_{i=1}^{n} \prod_{j=1}^{k_i} c_{i,j}^{J(i,j)}$$

For $i = 1,\cdots,n$ and $j = 1,\cdots,k_i$ we denote by $e_{i,j}$ the unit vector from $\mathbf{Z}^{k_1} \times \cdots \times \mathbf{Z}^{k_n}$ with 1 on the (k,j)-th place.

Now let $d(x)$ be a common denominator of all rational functions $A_{j,l}^{(i)} = A_{j,l}^{(i)}(x): j, l = 1,\cdots,k_i; i = 1,\cdots,n$ in (87).

Let

$$d = \max\{\deg(d(x)) - 1, \deg(d(x)A_{j,l}^{(i)}(x)):$$
$$j,l = 1,\cdots,k_i; i = 1,\cdots,n\}$$

We then define inductively

$$P_i^{\langle m \rangle}(x \mid \bar{c}) = \sum_{J, \|J\|_i = N} P_{i,J}^{\langle m \rangle}(x) \bar{c}^J$$

where $P_i^{\langle 0 \rangle}(x \mid \bar{c}) \stackrel{\text{def}}{=} P_i(x \mid \bar{c})$, and for $m = 0, 1, \cdots$

$$P_{i,J}^{\langle m+1 \rangle}(x) = d(x) \cdot \left\{ \frac{\mathrm{d}}{\mathrm{d}x} P_{i,J}^{\langle m \rangle}(x) - \sum_{j,l=1, J(i,j) \geq 1}^{k_i} A_{j,l}^{(i)}(x) \cdot \right.$$

$$\left. (J(i,l) + 1) P_{i,J+e_{i,l}-e_{i,j}}^{\langle m \rangle}(x) \right\} \qquad (92)$$

We obtain new approximating forms

第13章 超越数论中的逼近定理

$$R_I^{\langle m \rangle}(x) = \sum_{i=1}^{n} \sum_{j=1, I(i,j) \geqslant 1}^{k_i} P_{i,I-e_{i,j}}^{\langle m \rangle}(x) f_i^{(j)}(x)$$

with polynomials $P_{i,J}^{\langle m \rangle}(x)$, $\|J\|_i = N; i = 1, \cdots, n$ defined inductively for $m \geqslant 0$ in (92). We need a simple upper bound on the sizes of polynomials $P_{i,J}^{\langle m \rangle}(x)$ and upper bounds of $R_I^{\langle m \rangle}(x)$:

Lemma 11 In the notations above, polynomials $P_{i,J}^{\langle m \rangle}(x)$ have degrees of at most $D + md$ and heights of at most $D^{D+\varepsilon D} \cdot (D + dm)^{2m} \cdot c_1^m$, where $c_1 = c_1(f_1, \cdots, f_n, N) > 0$——depends only on the system of linear differential equations satisfied by $f_i^{(j)}$ and $N; j = 1, \cdots, k_i$; $\|J\|_i = N, i = 1, \cdots, n$, and $m = 0, 1, \cdots$. For $m = 0, 1, \cdots$ and given $x \neq 0$ we also have

$$|R_I^{\langle m \rangle}(x)| \leqslant m^{3m} \cdot c_2^m \cdot c_3^m M^{(-1+2\varepsilon)M}$$

with $c_2 > 0$, $c_3 > 0$ depending only on the system of linear differential equations satisfied by $f_i^{(j)}(x)$, and $N; |I| = N$ and on x.

Proof The upper bounds for degrees of $P_{i,J}^{\langle m \rangle}(x)$ and the upper bounds of heights of $P_{i,J}^{\langle m \rangle}(x)$ are direct consequences of the recurrence formula (92). To obtain the upper bounds of $R_I^{\langle m \rangle}(x)$ we use the recurrence definition (92), from which it follows that $R_I^{\langle m \rangle}(x)$ is a linear combination of functions $\left(\dfrac{\mathrm{d}}{\mathrm{d}x}\right)^{m'} R_{I'}(x)$ with coefficients bounded in absolute value by $m^{2m} \cdot c_2^m$. To estimate from above, $\left(\dfrac{\mathrm{d}}{\mathrm{d}x}\right)^{m'} R_{I'}(x)$ at $x \neq 0$, we use proper-

Hurwitz 定理

ty (ⅱ) of Theorem 10. We have, in the notations of the proof of Theorem 10

$$R_{I'}(x) = \sum_{m=M}^{\infty} \frac{D!}{m!} r_{I',m} x^m$$

Using definition (90) and the upper bounds on heights of polynomials $P_{i,J}(x)$ in (ⅰ), Theorem 10 we immediately obtain

$$\left| \left(\frac{d}{dx}\right)^{m'} R_{I'}(x) \right| \leqslant D! \sum_{m=M}^{\infty} (m!)^{2\varepsilon} \frac{|x|^{m-m'}}{(m-m')!}$$

$$\leqslant m'! \sum_{m=M}^{\infty} (m!)^{-1+2\varepsilon} 2^m |x|^{m-m'}$$

$$\leqslant m'! c_3^M (M!)^{-1+2\varepsilon}$$

This proves Lemma 11.

In particular, we obtain a system of "minimal" approximating forms to $f_1(x), \cdots, f_n(x)$ at $x = 0$ if we put $I = I_0$, where $I_0 = (N, 0, \cdots, 0; \cdots; N, 0, \cdots, 0)$. We get for $m = 0, 1, \cdots$

$$R_{I_0}^{\langle m \rangle}(x) = \sum_{i=1}^{n} P_{i,I_0-e_{i,1}}^{\langle m \rangle} f_i \stackrel{\text{def}}{=} \sum_{i=1}^{n} P_{i,I_i}^{\langle m \rangle}(x) f_i(x)$$

We need to have n linearly independent functions of the form $R_0^{\langle m \rangle}(x)$ (or linear forms approximating $f_1(x), \cdots, f_n(x)$ in the sense of Siegel). These n linearly independent forms always exist as the following general result shows.

Theorem 11 Let $P_{i,J}^{\langle m \rangle}(x)$ for $\| J \|_i = N, i = 1, \cdots, n$ and $m \geqslant 0$ be defined as above in (92) and let $I_i = I_0 - e_{i,1}$ for $I_0 = (N, 0, \cdots, 0; \cdots)$ as above. Then for any $x_0 = 0$ such that $d(x_0) \neq 0$, and sufficiently large $D \geq D_0(f_1, \cdots, f_n, \varepsilon, N)$, the rank of the following matrix is n

$$(P_{i,l_i}^{\langle m \rangle}(x_0) : i = 1, \cdots, n) ; m = 0, \cdots, (n+\varepsilon) \cdot D - M$$

Remark The upper bound for m, $m \leq (n+\varepsilon)D - M$ cannot in general be significantly improved (we note that $M \geq (n-\varepsilon)D$ for N sufficiently large with respect to ε^{-1}, $N \geq N_0(f_1, \cdots, f_n, \varepsilon)$). However, as we see below under Siegel's normality condition, this bound improves considerably

$$m \leq M_N \cdot \left\{ D + \frac{d}{2} M_N \right\} - \left\{ S_N \cdot M - \frac{1}{2} M_N^2 \right\} + c_0$$

This bound is already the best possible (for a sufficiently large D).

For $i = 1, \cdots, n$, the equation (87) in matrix form is

$$\frac{\mathrm{d}}{\mathrm{d}x} \varphi_i = A^{(i)} \varphi_i \qquad (93)$$

where φ_i is a fundamental $k_i \times k_i$ matrix of solutions of (87) with the first column being $(f_i^{(j)} : j = 1, \cdots, k_i)^t$. Linear differential equations adjoint to (93) have the form

$$\frac{\mathrm{d}}{\mathrm{d}y} F_i = -A^{(i)t} F_i \qquad (94)$$

for

$$F_i(y) \stackrel{\mathrm{def}}{=} (\varphi_i(y)^t)^{-1}, i = 1, \cdots, n$$

As usual, for a $k \times k$ matrix $\boldsymbol{B}$ we denote by $P_N(\boldsymbol{B})$

Hurwitz 定理

the N-th induced matrix of $\boldsymbol{B}$. For any $i=1,\cdots,n$ we denote by $A(i,N)$ the matrix
$$P_N(A_1)\otimes\cdots\otimes P_{N-1}(A_i)\otimes\cdots\otimes P_N(A_n)$$
and similarly we denote
$$F(i,N)\stackrel{\text{def}}{=}P_N(F_1)\otimes\cdots\otimes P_N(F_{i-1})\otimes$$
$$P_{N-1}(F_i)\otimes\cdots\otimes P_N(F_n)$$
Then $F(i,N)$ satisfies the natural differential equation
$$\frac{\mathrm{d}}{\mathrm{d}y}F(i,N)=-A(i,N)^t F(i,N);i=1,\cdots,n \quad (95)$$

Our approach follows Siegel's original studies, and following Siegel, we introduce normality conditions on (symmetric) powers of solutions of linear differential equations (94), we call the system of functions $f_i(x):i=1,\cdots,n$ normal, if the fundamental matrices $F_i(y):i=1,\cdots,n$ of (94), and the corresponding fundamental matrices $F(l,N):i=1,\cdots,n$ of (95) for $N\geqslant 1$, are linearly independent over $\mathbf{C}(y)$. The linear independence of $F_i=(F_{i,j,l})_{j,l=1}^{k_i}:i=1,\cdots,n$ over $\mathbf{C}(y)$ means that any linear relation
$$\sum_{i=1}^{n}\sum_{j,l=1}^{k_i}p_{i,j}(y)C_{i,l}F_{i,j,l}(y)\equiv 0$$
with constants $C_{i,l}$ and polynomials $p_{i,j}(y)$ implies that all products $p_{i,j}C_{i,j}$ are zero.

Theorem 12 Let, in the notations above, the system of functions $f_j(x):i=1,\cdots,n$ be normal. Let $P_{i,J}^{\langle m\rangle}(x)$ for $\|J\|_i=N;i=1,\cdots,n$ and $m\geqslant 0$ be defined

as above in (92). Then, if

$$M > D \cdot \frac{M_N - 1}{S_N} - \frac{D}{S_N^2} + \varepsilon D$$

and

$$D \geqslant D_1(f_1, \cdots, f_n, \varepsilon, N)$$

the determinant of the $M_n \times M_N$ matrix

$$M(x) = (P_{i,J}^{\langle m \rangle}(x) : \|J\|_i = N; i = 1, \cdots, n)_{m=0,\cdots,M_N-1}$$

is not identically zero.

Corollary 5 Let us preserve all the notations of Theorem 12. If

$$M > D \cdot \frac{M_N - 1}{S_n} - \frac{D}{S_N^2} + \varepsilon D$$

and

$$D \geqslant D_2(f_1, \cdots, f_n, \varepsilon, N)$$

and if $x_0 \neq 0$ is not a singularity of the system of equations (87) (i.e. $d(x_0) \neq 0$), then for

$$M' = M_N \cdot \{D + \frac{dM_N}{2}\} - \{S_N \cdot M - \frac{1}{2}M_N^2\} + c_0$$

the rank of the matrix

$$(P_{i,J}^{\langle m \rangle}(x_0) : \|J\|_i = N; i = 1, \cdots, n)_{m=0,\cdots,M'}$$

is exactly M_N.

It follows from Corollary 5 that the rank of the matrix

$$(P_{i,I_i}^{\langle m \rangle}(x_0) : i = 1, \cdots, n)_{m=0,\cdots,M'}$$

is n, which is an improvement over Theorem 11 (see the Remark after Theorem 11).

Proof of Theorem 12 Let $\bar{c}_i(y) = (c_{i,1}, \cdots, c_{i,k_i})$

Hurwitz 定理

be a solution of (94) with some initial conditions $\bar{s}_i$

$$\bar{c}_i(y)^t = F_i(y) \cdot \bar{s}_i^t, i = 1, \cdots, n$$

We consider the following symmetric product of vectors

$$\bar{c}_1(y), \cdots, \bar{c}_n(y) : \bar{c}(i, N) \stackrel{\text{def}}{=} \bar{c}(y)^{*N} \otimes \cdots \otimes$$
$$\bar{c}_i(y)^{*(N-1)} \otimes \cdots \otimes \bar{c}_n(y)^{*N}$$

where

$$\bar{c}(y)^{*N} = \bar{c}_i(y) * \cdots * \bar{c}_i(y)$$

is N-th symmetric power of $\bar{c}_i(y) : i = 1, \cdots, n$. The vector $\bar{c}(i, N)$ enumerates all monomials $\bar{c}^J$ in $P(i|\bar{c})$. We substitute $\bar{c}(i, N) = \bar{c}(i, N)(y)$ into the generating function $P_i(x|\bar{c})$ and put $x = y$

$$P_i(y) \stackrel{\text{def}}{=} P_i(y|\bar{c}(i, N)), i = 1, \cdots, n$$

Then

$$P_i(y) = \sum_{J, \|J\|_i = N} P_{i,J}(y) \cdot \bar{c}(y)^J$$

(is a scalar product of $\bar{c}(i, N)$ and of the vector $(P_{i,J}(y) : \|J\|_i = N)$). Since $\bar{c}(i, N)(y)$ satisfies a matrix first order system (95) any differentiation of $P_i(y)$ is again a linear combination of $\bar{c}(y)^J$ (with rational function coefficients). Moreover the comparison of (94) (95) with (92) immediately implies

$$\left(d(y)\frac{\mathrm{d}}{\mathrm{d}y}\right)^m P_i(y) = \sum_{\|J\|_i = N} P_{i,J}^{\langle m \rangle}(y) \cdot \bar{c}(y)^J \quad (96)$$

$$i = 1, \cdots, n \text{ for } m = 0, 1, \cdots$$

We use a property of normal systems of functions, we

have r systems of linear differential equations

$$\frac{\mathrm{d}Y_{k,t}}{\mathrm{d}y} = \sum_{l=1}^{m_t} Q_{k,l,t}(y) Y_{l,t}, k = 1, \cdots, m_t; t = 1, \cdots, r$$

regular at $y = 0$, and $T = T(y)$ is a common denominator of rational functions $Q_{k,l,t}(y)$. For fixed polynomials $P_{k,t}(y)$ and an arbitrary linear combinations R of functions $P_{k,t}(y) Y_{k,t}(y)$

$$R = \sum_{t=1}^{r} \sum_{k=1}^{m_t} C_{k,t} P_{k,t}(y) Y_{k,t}(y)$$

we define, using the differential equation for $Y_{k,t}(y)$

$$R^{\langle m \rangle} = \left(T(y) \frac{\mathrm{d}}{\mathrm{d}y} \right)^m R, R^{\langle m \rangle} = \sum_{t=1}^{r} \sum_{k=1}^{m_t} C_{k,t} P_{k,t}^{\langle m \rangle}(y) Y_{k,t}(y)$$

Let

$$q = \max\{ \deg(T(y)), \deg(T(y) Q_{k,l,t}(y)) \}$$

and

$$\max\{ \deg(P_{k,t}(y)) : k = 1, \cdots, m_t; t = 1, \cdots, r \} \leqslant D$$

In these notations we have:

Lemma 12 If there are s linearly independent functions of the form R, each of which has a zero at $y = 0$ of order at least u, then always

$$us - \frac{1}{2} \left\{ \sum_{t=1}^{r} m_t \right\}^2 \leqslant p + \sum_{t=1}^{r} m_t \cdot \left\{ D + \frac{q}{2} \left(\sum_{t=1}^{r} m_t \right) \right\}$$

Now if

$$us - \frac{1}{2} \left\{ \sum_{t=1}^{r} m_t - 1 \right\}^2 > p + \left\{ \sum_{t=1}^{r} m_t - 1 \right\} \cdot$$
$$\left\{ D + \frac{q}{2} \cdot \left(\sum_{t=1}^{r} m_t - 1 \right) \right\}$$

Hurwitz 定理

then the determinant

$$\Delta(y) = \det (P_{k,t}^{\langle m \rangle}(y) ; k = 1, \cdots,$$

$$m_t ; t = 1, \cdots, r), m = 0, 1, \cdots, \sum_{t=1}^{r} m_t - 1$$

is not identically zero and has a zero at $y = 0$ of an order of at least $:us - \dfrac{1}{2}\{\sum_{t=1}^{r} m_t\}^2 - p$.

Here p depends only on the maximal order of zeros of $Y_{k,t}$ at $y = 0$.

We apply Lemma 12 to the following (normal) systems of functions. They are various symmetric products

$$\bar{c}(i, N) = \bar{c}_1(y)^{*N} \otimes \cdots \otimes \bar{c}_i(y)^{*(N-1)} \otimes \cdots ; i = 1, \cdots, n$$

Normality of systems of functions $\bar{c}(i, N)$ and Lemma 12 imply that various functions R that are linear combination of $P_{i,J}(y)\bar{c}(y)^J$ are linearly independent (by the assumption and Theorem 10). Then it follows from Lemma 12 that $\det M(x) \not\equiv 0$. Theorem 12 is proved.

Proof of Corollary 5   According to Theorem 12 $\det M(x) \not\equiv 0$. From the definition of $M(x)$ and Lemma 11 it follows that $\det M(x)$ is a polynomial in x of degree of at most $M_N D + \dfrac{dM_N^2}{2}$, since

$$\deg_x (P_{i,J}^{\langle m \rangle}(x)) \leqslant D + md$$

Moreover, from the proof of Theorem 12 it follows that $\det M(x)$ has a zero at $x = 0$ of order of at least $M \cdot S_N - \dfrac{1}{2} M_N^2 - p_0$, where p_0 depends only on $f_1, \cdots, f_n$. Thus det

506

第 13 章 超越数论中的逼近定理

$M(x) = x^a \cdot \Delta_0(x)$ is nonzero polynomial of degree of at most

$$M_0 \leqslant M_N \cdot D - S_N \cdot M + \frac{1}{2}M_N^2(1+d) + p_0$$

For a given $x_0 \neq 0$, let α be the order of zero of $\Delta_0(x)$ at $x = x_0$. Applying the differential operator $\dfrac{d(y)d}{dy}$ to

$$\left(d(y)\frac{d}{dy}\right)^m P_i(y) = \sum_{J,|J|=N} P_{i,J}^{\langle m\rangle}(y)\,\bar{c}(y)^J$$

a times we obtain, starting from $M(x_0)$, a matrix $(P_{i,J}^{\langle m\rangle}(x_0): \|J\|_i = N; i = 1, \cdots, n); m = 1, \cdots, M_N + \alpha - 1$ having rank M_N. Since $\alpha \leqslant M_0$, Corollary 5 is proved. For Theorem 11 we apply the representation (96) of $P_i(y)$ with $\bar{c}$ having the following initial conditions: $c_{i,j}(y)|_{y=x_0} = \delta_{j1} \cdot f_i(x_0)$.

We obtain now, a system of linear forms approximating numbers $f_1(r), \cdots, f_n(r), r \neq 0$.

Theorem 13 Let $r \neq 0$ be a rational number different from singularities of the system (87). Then for any $\delta > 0$ and any sufficiently large integer $D, D \geqslant D_3(f_1, \cdots, f_n, \delta)$ there exist rational integers $P_{i,j}: i,j = 1, \cdots, n$ such that the following conditions are satisfied. The determinant of $P_{i,j} - \det(P_{i,j})_{i,j=1}^n$ is nonzero; the absolute values of numbers $P_{i,j}$ are bounded by $D^{(1+\delta)D}$ and

$$\left|\sum_{j=1}^n P_{i,j}f_j(r)\right| \leqslant D^{(1+\delta-n)D}, i,j = 1, \cdots, n$$

Proof Let, as above, D be sufficiently large with

Hurwitz 定理

respect to N and ε^{-1}. We use Lemma 11 for
$$I = I_0 = (N, 0, \cdots, 0; N, 0, \cdots, 0; \cdots; N, 0, \cdots, 0)$$
and
$$I_i = I_0 - e_{i,1}, i = 1, \cdots, n.$$
According to Theorem 11, the matrix $(P_{i,I_i}^{\langle m \rangle}(r) : i = 1, \cdots, n) : m = 0, 1, \cdots, M_0$ has rank n, where
$$M_0 \leqslant (n + \varepsilon)D - M$$
and a sufficiently large
$$D \geqslant D_4(f_1, \cdots, f_n, \varepsilon, N)$$
Then there are n distinct integers $0 \leqslant m_1 < \cdots < m_n \leqslant M_0$ such that $\det(P_{i,I_i}^{\langle m_j \rangle}(r))_{i,j=1}^n \neq 0$. If $r = \dfrac{a}{b}$ for rational integers a and b, then, according to Lemma 11, $P_{i,I_i}^{\langle m_j \rangle}(\dfrac{a}{b}) \cdot b^{D+m_j d}$ is a rational integer and we define
$$P_{i,j} = P_{j,I_j}^{\langle m_i \rangle}(\dfrac{a}{b}) \cdot b^{D + m_i d}, i, j = 1, \cdots, n$$
Then $P_{i,j}$ are rational integers with $\det(P_{i,j})_{i,j=1}^n \neq 0$. Form Lemma 11 and the upper bound $M_0 \leqslant (n + \varepsilon)D - M$ it follows that for D sufficiently large with respect to N, and N sufficiently large with respect to δ^{-1} we obtain
$$\max\{|P_{i,j}| : i, j = 1, \cdots, n\} < D^{D + \delta D}$$
We have
$$R_{I_0}^{\langle m \rangle}(x) = \sum_{i=1}^n P_{i,I_i}^{\langle m \rangle}(x) f_i(x)$$
Substituting $x = r$ and using the upper bound of $R_{I_0}^{\langle m \rangle}(r)$

第13章 超越数论中的逼近定理

of Lemma 11 we obtain for D sufficiently large with respect to N and N sufficiently large with respect to δ^{-1}

$$\left|\sum_{j=1}^{n} P_{i,j} f_j(r)\right| \leqslant D^{-nD+(1+\delta)D}$$

Theorem 13 is proved.

According to Siegel, the existence of n linearly independent approximating forms satisfying the conditions of Theorem 13 gives the lower bound for the measure of linear independence of numbers $f_1(r), \cdots, f_n(r)$.

Let us complete the proof of Theorem 9. Let $H_1, \cdots, H_n$ be rational integers not all zero such that $\max(|H_i|: i=1,\cdots,n) = H$ and such that

$$H_1 f_1(r) + \cdots + H_n f_n(r) = l, 0 < |l| < 1$$

We apply Theorem 13 and obtain for any $\delta > 0$ and for the integer $D \geqslant D_3(f_1,\cdots,f_n,\delta)$ n linearly independent forms in $f_1(r),\cdots,f_n(r)$ with rational integer coefficients of the form

$$L_i = \sum_{j=1}^{n} P_{i,j} f_j(r), i = 1,\cdots,n$$

such that

$$\max(|P_{i,j}|: i,j=1,\cdots,n) \leqslant D^{(1+\delta)D}$$

and

$$\max(|L_i|: i=1,\cdots,n) \leqslant D^{(1+\delta-n)D}$$

The linear independence of forms $L_1,\cdots,L_n$ means that $\det(P_{i,j})_{i,j=1}^{n} \neq 0$. Hence we can always find $n-1$ forms, say, $L_1,\cdots,L_{n-1}$, that are linearly independent together with the form l. Let V be a matrix formed from coefficients of forms $L_1, \cdots, L_{n-1}, l$; let Δ_1 be a determinant of V, and $\Delta_{i,j}$ be the algebraic complement of the (i,j) – th element of V. Then

$$f_i(r)\Delta_1 = \sum_{j=1}^{n-1} L_j \Delta_{j,i} + l\Delta_{n,i}, i = 1,\cdots,n$$

From the definition of V it follows that

$$|\Delta_{n,i}| \leqslant (n-1)! \ D^{(n-1)(1+\delta)D}$$
$$\max(|\Delta_{j,i}|:j=1,\cdots,n-1) \leqslant (n-1)! \ H \cdot D^{(n-2)(1+\delta)D}$$
$$i = 1,\cdots,n$$

Let $i = 1, 2, \cdots, n$ be chosen in a way such that $f_i(r) \neq 0$, which is possible since $l \neq 0$. Then

$$|f_i(r)\Delta_1| \leqslant n! \ (H \cdot D^{(-1+\delta(n-1))D} + |l|D^{(n-1+\delta(n-1))D})$$

Since $\Delta_1 \neq 0$ and all elements of V are rational integers, $|\Delta_1| \geqslant 1$. We choose now an integer D to be the smallest integer $\geqslant D_3$ such that $D^{nD}|l| \geqslant H$.

For this definition of D we get

$$|f_i(r)| \leqslant 2n! \ \cdot |l| \cdot D^{(n-1) \cdot (1+\delta)D}$$

This implies a lower bound on $|l|$

$$|l| \geqslant c_4 H^{-\frac{(n-1)(1+\delta)}{1+\delta(n-1)}}$$

and $c_4 = c_4(f_1, \cdots, f_n, \delta, r)$. For a sufficiently small δ this proves Theorem 9.

510

自古英雄出少年

14.1 2017 年高考数学天津卷压轴题的高等数学背景

四川省成都市第七中学高二(10)班的曾偲在何毅章老师的指导下发现 2017 年高考数学天津卷压轴题含有深刻的高等数学背景,即 Liouville 不等式的背景.

题目 (2017 年高考数学天津卷理科压轴题)设 $a \in \mathbf{Z}$,已知定义在 $\mathbf{R}$ 上的函数 $f(x) = 2x^4 + 3x^3 - 3x^2 - 6x + a$ 在区间 $(1, 2)$ 内有一个零点 x_0,$g(x)$ 为 $f(x)$ 的导函数.

(Ⅰ)求 $g(x)$ 的单调区间;

(Ⅱ)设 $m \in [1, x_0) \cup (x_0, 2]$,函数 $h(x) = g(x)(m - x_0) - f(m)$,求证 $h(m)h(x_0) < 0$;

第 14 章

Hurwitz 定理

（Ⅲ）求证：存在大于 0 的常数 A，使得对任意正整数 p, q，且 $\dfrac{p}{q} \in [1, x_0) \cup (x_0, 2]$，满足 $|\dfrac{p}{q} - x_0| \geq \dfrac{1}{Aq^4}$。

笔者在看到此题第 3 小问时，便觉得似曾相识，翻阅资料，最终在《微积分的历程从牛顿到勒贝格》一书中找到了相关的描述，也即所谓的"Liouville 不等式"。19 世纪初的大数学家 Liouville 向当时数学学科中一个难题发出了挑战，即超越数的存在性。所谓超越数，即那些不能表示为任何具有整系数的方程之解的数，反之则为代数数。在当时，超越数仅仅是被定义出来，其存在性尚未可知，而对于颇受关注的常数 π 和 e，数学家们亦仅仅是猜测其具有超越性，但对此的证明均无法给出。Liouville 通过精心而巧妙的几个步骤，构造并证明了数学史上第一个超越数。而刘维尔 Liouville 不等式，即是他解决难题的一个桥梁。

假定 x_0 是一个无理数代数数。按照 Liouville 的表示法，我们用
$$f(x) = ax^n + bx^{n-1} + cx^{n-2} + \cdots + gx + h$$
表示它的次数最低的多项式，其中 $a, b, c, \cdots, g, h \in \mathbf{Z}$，$n \geq 2$（如果 $n = 1$，那么 x_0 显然应该是一个有理数，这与假设内容不符），从而：

Liouville 不等式　如果 x_0 是次数最低的整系数多项式函数
$$f(x) = ax^n + bx^{n-1} + cx^{n-2} + \cdots + gx + h, n \geq 2$$
的一个无理数代数数，则存在实数 $A > 0$，只要 $\dfrac{p}{q}$ 是区

512

间 $[x_0-1, x_0+1]$ 内的有理数,就有

$$|\frac{p}{q} - x_0| \geq \frac{1}{Aq^n}$$

证明 这里给出一个较于 Liouville 证明方法更简单的替代方法.

对多项式函数 $f(x)$ 求导,即

$$f'(x) = nax^{n-1} + (n-1)bx^{n-2} + (n-2)cx^{n-3} + \cdots + g$$

这个 $n-1$ 次多项式在区间 $[x_0-1, x_0+1]$ 上是有界的(多项式函数显然连续,而连续函数在闭区间上必有界),即存在实数 $A>0$,使得 $f'(x)$ 在 $[x_0-1, x_0+1]$ 上以 A 为界,亦即对任意 $x \in [x_0-1, x_0+1]$,有 $|p'(x)| \leq A$.

令 $\frac{p}{q}$ 为区间 $[x_0-1, x_0+1]$ 内的一个有理数,并对 $f(x)$ 应用 Lagrange 中值定理,可知在 x_0 与 $\frac{p}{q}$ 之间存在一点 c,满足

$$\frac{f\left(\frac{p}{q}\right) - f(x_0)}{\frac{p}{q} - x_0} = f'(c)$$

已知 $f(x_0) = 0$,而 $c \in [x_0-1, x_0+1]$,则由上式得到

$$|f\left(\frac{p}{q}\right)| = |\frac{p}{q} - x_0| \cdot |f'(c)| \leq |\frac{p}{q} - x_0| \cdot A$$

由此得到

$$|q^n f\left(\frac{p}{q}\right)| \leq |\frac{p}{q} - x_0| \cdot Aq^n$$

Hurwitz 定理

显然

$$q^n f\left(\frac{p}{q}\right) = q^n\left[\left(\frac{p}{q}\right)^n + b\left(\frac{p}{q}\right)^{n-1} + c\cdot\left(\frac{p}{q}\right)^{n-2} + \cdots + g\left(\frac{p}{q}\right) + h\right]$$

$$= ap^n + bp^{n-1}q + cp^{n-2}q^2 + \cdots + gpq^{n-1} + hq^n$$

由于 $a, b, c, \cdots, g, h \in \mathbf{Z}$ 且 $p, q \in \mathbf{Z}$，所以 $q^n f\left(\frac{p}{q}\right)$ 是一个整数；其次，$q^n f\left(\frac{p}{q}\right) \neq 0$，若不然，即 $q^n f\left(\frac{p}{q}\right) = 0$，则 $q = 0$ 或 $f\left(\frac{p}{q}\right) = 0$，前者显然不可能，如果后者成立，那么存在 $n-1$ 次整系数多项式 $R(x)$ 使得

$$f(x) = \left(x - \frac{p}{q}\right)R(x)$$

由于 $x_0 \neq \frac{p}{q}$（无理数显然不等于有理数），且

$$f(x_0) = \left(x_0 - \frac{p}{q}\right)R(x_0) = 0$$

故 $R(x_0) = 0$，但 R 的次数低于 $f(x)$，即违反 $f(x)$ 是最低次多项式这个假定条件，所以 $f\left(\frac{p}{q}\right) = 0$ 亦不成立，所以 $q^n f\left(\frac{p}{q}\right) \neq 0$.

根据上面的论述，可知 $q^n f\left(\frac{p}{q}\right)$ 是一个非零整数，于是有

$$\left| q^n f\left(\frac{p}{q}\right) \right| \geq 1$$

所以

$$|\frac{p}{q} - x_0| \cdot Aq^n \geq |q^n f(\frac{p}{q})| \geq 1$$

也即

$$|\frac{p}{q} - x_0| \geq \frac{1}{Aq^n}$$

（显然 $Aq^n > 0$），这样便证明了 Liouville 不等式.

事实上，若指定 A^* 为大于 1 和 A 的数，则对于任意有理数 $\frac{p}{q} \in [x_0 - 1, x_0 + 1]$，由于 $A^* \geq A$ 而有

$$|\frac{p}{q} - x_0| \geq \frac{1}{Aq^n} \geq \frac{1}{A^* q^n}$$

而对区间 $[x_0 - 1, x_0 + 1]$ 之外的有理数 $\frac{p}{q}$，由于 $A^* \geq 1$ 且 $q \geq 1$，同样有

$$|\frac{p}{q} - x_0| \geq 1 \geq \frac{1}{A^*} \geq \frac{1}{A^* q^n}$$

通俗来讲，这个事实说明对于任意一个无理数代数数，其附近的有理数是十分少的，因为它与任意一个有理数 $\frac{p}{q}$ 之间必定至少存在着一个大小为 $\frac{1}{A^* q^n}$ 的空隙.

接下来，Liouville 通过巧妙地构造了一个数 $\sum_{k=1}^{\infty} \frac{1}{10^{k!}}$ 并证明了其与上述结论"不相容"，即存在有理数与这个数之间的空隙可以任意的小，而上述结论则表明任意无理数代数数与有理数之间的空隙至少为一个确定的值. 由此 Liouville 导出矛盾，所以这个数

Hurwitz 定理

应当不是代数数,而是一个确确实实的超越数.

回到天津卷的这道压轴题,很容易便能够从中看到 Liouville 不等式及其证明过程的影子,其第 1 小问可由之推导出 $f'(x)$ 的有界性;而第 2 小问事实上是引导考生对 Lagrange 中值定理进行证明,因为"$h(m)h(x_0)<0$"即意味着存在实数 $c \in (m, x_0)$,使得 $h(c)=0$,而这正是 $\dfrac{f(m)-f(x_0)}{m-x_0}=f'(c)$;而对于其第 3 小问,题设区间 $[1,x_0) \cup (x_0,2]$ 显然是包含在区间 $[x_0-1, x_0+1]$ 之中的,所以由 Liouville 不等式可知其显然成立,只要取 $n=4$ 即可.

从上面的例子可以看出,所谓高考压轴题,其一类创新方向不过是将现代数学基础中一些理论或结论适当特殊化,并通过题目引导考生用高中方法对这些理论或结论进行处理. 若是考生能够提前了解相关的背景知识,那么这些压轴题便不再是难以逾越的鸿沟了.

14.2 被数学抓住时都很年轻

在 2017 – 11 – 15 微信公众号数学中国一位文科生有一些预料之外的发现和收获,把它们列在下面.

这个没有什么意外. 数学大师们,大部分都在 20 岁以前,就被数学抓住. 其他领域的大师似乎也多如此,很少有晃荡半生才发现自己要做什么的大师. 在

第14章 自古英雄出少年

这个方面,我很羡慕他们,我现在还不知道,我最喜欢的、最适合的是什么.

	10 岁前	10 到 15	15 到 20	20 岁以后
被数学抓住的时间	笛卡儿、高斯、雅各布、黎曼、巴罗切夫斯基、雅可比	帕斯卡、庞加莱、康托、欧拉、拉格朗日、丹尼尔、傅里叶、牛顿、费马	拉普拉斯、柯西、约翰、约翰第三、尼古拉、蒙日、哈密顿、阿贝尔	莱布尼茨

黎曼的时代,有人向当时的主要数学家发过一个问卷:

在什么时期数学抓住了你?

结果也和这个差不多,列出如下:(共93人)

10 岁前	11 到 15	16 到 18	19 到 20	26
35 人	43 人	11 人	3 人	1 人

此外还有其他几个特点:

1. 大师们开始研究的时间不同,但他们几乎都是天才.

2. 他们从事数学,只是因为为数学而着迷.不是为了金钱名誉,不是为了国家或者功业.他们很多人最初迫于家庭压力或自己的原因,没有直接走到数学,但最终还是被数学抓住,就像着了迷一样投入数学.

3. 另外所有伟大的数学大师,至死都是数学家.

4. 他们取得成就后多是被学术上承认,会升教职,

Hurwitz 定理

升院士,或者获得荣誉. 而中国的一些科技工作者取得成就会升官. 这个很有趣.

14.3 数学大师不只是数学家

出乎我预期的是,这些数学大师,很多都不止擅长数学,而且在法学、哲学、语言文学等方面也很厉害. 数学家在物理、天文学上有杰出贡献很正常,但他们的人文素养惊人的好,这与我的生活经验很不同.

拉格朗日的话或许解释了他们的观念,拉格朗日在发现柯西的数学才能时,对他父亲说:"17 岁前,不要让他摸数学书.""如果你不赶快给他一点可靠地文学教育,他的趣味就会使他冲昏头脑,他将成为一位伟大的数学家,但他不会知道怎样用他自己的文字写作." 这让我想到中国的少年班,以及从小就开始的数学竞赛教育,这种教育理念和拉格朗日的想法很不同.

无论是陈景润的故事,还是中学时搞数学竞赛的同学,或者翻翻中国历史,我实在找不出有多少中国人,是这种人才. 我不是在贬低中国的大师们,只是为他们的卓越感到吃惊.

	法学	哲学	语言文学	天文、物理、化学	神学	工学	其他
数学大师擅长的其他领域	莱布尼茨、雅各布第二、尼古拉第三、约翰第二、约翰第三	笛卡儿、尼古拉、约翰第三、高斯、雅可比	帕斯卡、莱布尼茨、欧拉、拉格朗日、高斯、柯西、罗巴切夫斯基、雅克比、哈密顿、庞加莱	牛顿、雅各布、雅各布第二、尼古拉第三、约翰第二、约翰第三、丹尼尔、拉普拉斯、傅里叶、高斯、阿基米德、黎曼、罗巴切夫斯基、哈密顿	欧拉、傅里叶	柯西	莱布尼茨、雅各布、蒙日、罗巴切夫斯基

另外还有一点很有趣,就是数学大师们在工科上没有投入很多,这个也与预期不同,虽然他们的研究很多后来被应用在工程上. 我对工科的特点不了解,不敢胡乱做什么判断分析.

而且有些数学大师,处理实际事务也做得很好,比如牛顿当造币局局长,工作很出色,而罗巴切夫斯基在做监督人事也展现出了超人的行政能力,这些都"驳斥了数学家缺乏实际头脑的愚蠢迷信."

14.4 数学大师早年生活

他们几乎全是青少年时,就表现出超人的天才.

有的十几岁就拿到了博士学位,甚至成为教授,而且几乎所有大师在 30 岁之前,就已经取得足以载入史册的数学成果. 在中学时,他们几乎都是最优秀的学生，不只是数学，还有古典语言等．数学以外的其他人类文明养料，他们吸收起来也毫不费力，就像贝尔教授所说"如果高斯选择哲学，他也会很成功."这是一个侧面．

他们出生的家庭，有的很富有，至少是中产，特别是 18 世纪以前的．也有几位比较贫穷，但才能显露时或多或少的得到了资助．出现最多的家庭是律师、教士和商人．他们中，有些在未成年时，就失去了至少一位至亲．

大部分数学大师在杰作诞生前，已经表现出杰出的才能，而且常能被前辈数学大师发现、提携．这种氛围和传统，我觉得很难得，但在他们那里似乎很自然．

下表大致整理了一些大师的早年生平．中年以后，他们或者在各自领域继续研究，或者受时代、社会与人生际遇影响，就没有再整理到一起．

数学大师早年生活	0 到 10	10 到 15	15 到 20	20 到 30
笛卡儿	母亲在生下他后去世，体质脆弱，父亲让他自便，但主动学习，8 岁去耶稣会学院 才能在学校就显露			24 岁，解析几何
帕斯卡	母亲在他 4 岁逝世，7 岁，父亲教育，早熟，轻松吸收古典文学，神童	早年被禁止接触数学，12 岁接触几何	16 岁证明几何领域中最美妙的定理	

第14章　自古英雄出少年

数学大师早年生活	0 到 10	10 到 15	15 到 20	20 到 30
牛顿	幼年身体羸弱.幼年自己制作了风车、水车……博览群书,记下各种神秘的方法和不同凡响的意见.乡村小学	中学学校里最好的学生	剑桥.科学、数学、神学、炼金术.1661年,三一学院,巴罗,大学前两年完全用于掌握初等数学	1664年到1665年,21到23,微积分方法,万有引力.26岁教授,光学24岁反射望远镜
莱布尼茨	6岁丧父.主要自学,8岁学习拉丁文	12岁掌握,学习希腊文,古典文学,逻辑学	15岁莱比锡大学,法律头两年广泛阅读哲学书	1666年,20岁,法学博士学位,直到1672年,26岁,在惠更斯指导下开始数学.1675年,微积分
雅各布	自学微积分解答并推广变分法问题	1697年,最速落径是摆线		概率论,保险,统计学和遗传学,违反父亲意愿,研究数学和天文学
约翰(80岁,智力体力双高)		最初是医生违背父愿,从事医学和人文科学	18岁获得硕士学位.不久转向数学	微积分,物理,化学,天文学
尼古拉			16岁哲学博士,20岁法学最高学位	当数学教授

Hurwitz 定理

数学大师早年生活	0 到 10	10 到 15	15 到 20	20 到 30
约翰儿子，丹尼尔		11 岁时从哥哥那学习数学，流体动力学		25 岁当数学教授,数学物理的奠基人
尼古拉第三和约翰第二		开始法律,后来修辞学,物理		
雅各布第二	法律			21 岁实验物理学
约翰第三	从法律开始	13 岁哲学博士	19 岁天皇家文学家,天文学,地理学和数学	
欧拉,1707 年到 1783 年,最后 17 年完全失明	父亲是雅各布的学生,早年顺从父意,学习神学和希伯来语	数学才能被约翰发现	17 岁硕士,19 岁时在船上装桅杆问题得巴黎科学院荣誉提名	1727 年去圣彼得堡,专注工作
拉格朗日		最初兴趣在古典文学,后被数学迷住	16 岁数学教授,19 岁设想出《分析力学》,想出变分法.	23 岁把微分学用到概率论,解决了震动弦的数学公式 23 岁被公认与同时代的欧拉,伯努利等并驾齐驱,当选院士解决天平动问题,28 岁获得法国科学院大奖

第14章 自古英雄出少年

数学大师早年生活	0 到 10	10 到 15	15 到 20	20 到 30
拉普拉斯,1749年到1827年,数学天文学家,概率论,记忆力超群	父母农民,他一直为卑微的父母感到羞耻,竭尽全力隐瞒自己的农民出身		18岁数学教授	24岁证明行星到太阳的距离在一些微小的周期变化之内是不变的,成副院士.拉普拉斯把全部精力集中于值得一个人为之竭尽全力的、唯一中心目标的那种智慧——对于一个天才来说——伟大的范例.分26年完成《天体力学》
蒙日	出身低微	14岁设计消防车	16岁,画出一幅出色的博纳地图,担任物理教授	22岁升为数学教授
傅里叶	裁缝的儿子,8岁成为孤儿,天才	12岁写优美动人的布道稿,当他第一次与数学接触后,就像着了魔	教士	1789年,数学教授,21岁,交关于数值方程解的论文.1802年,热的解析理论

Hurwitz 定理

数学大师早年生活	0 到 10	10 到 15	15 到 20	20 到 30
高斯	贫穷人家子弟,父亲粗鲁,3 岁就表现出数学才能,7 岁在课堂上做出了 100 项叠加的运算	12 岁用怀疑的眼光看欧几里得几何基础.15 岁学习古典语言,并精通.	16 岁已经第一次瞥见了不同于非欧几何的一种几何.19 岁发现二次互反律.18 岁时,在数学和哲学之间犹豫	20 岁决定数学.24 岁,计算谷神星
柯西	饥饿中成长,数学分析,组合,父亲律师,老柯西自己教育,诗歌,1	拉普拉斯,拉格朗日都发现了他,先文学教育.13 岁入学,柯西获得希腊文、拉丁文作文、拉丁诗的头奖.工学		1811 年,多面体论文 $E + 2 = F + V$,1816 (27 岁) 单复变函数,置换理论,群论
黎曼	路德派牧师的儿子,生活不富裕.母亲早逝.胆怯,缺乏自信,从父亲那里接受启蒙教育.6 岁学习算数,他的数学才能表现出来,数学上的创造冲动支配了这孩子的大脑	10 岁时一个叫舒尔茨的专职教师学习高等算术和几何,他常有比老师更好的解题方法.14 岁中学,成绩出色,渴望尽善尽美,写出了两篇精美绝伦的杰作,连高斯也公开承认是完美的	中学校长发现了他的数学才能,允许他随意使用自己的图书馆,并允许他不上数学课,读勒让德的《数论》.总是以惊人的速度自学,欧拉的著作.19 岁成为哲学和神学学生,父亲同意了他更换职业	学习数学.也爱物理,哲学,心理学.25 岁交博士论文 1854 年,《论作为几何学基础的假设》

第14章 自古英雄出少年

数学大师早年生活	0 到 10	10 到 15	15 到 20	20 到 30
罗巴切夫斯基	7岁丧父,极度贫困,8岁入学,在数学和古典文学上进步迅速	18岁获得硕士学位	23岁普通教授,负责数学,天文学,物理	监督人,体现了行动能力,当物理,数学系主任,喀山大学校长.学习建筑学
阿贝尔	牧师的儿子,极度贫困.		16岁时,自学高斯、牛顿、欧拉和拉格朗日的著作从此入迷.18岁丧父,贫穷.19岁证明五次方程代数解的不可能性	26岁
雅可比	富有的银行家的儿子,从舅舅那里学习古典文学和数学	1816 年, 12岁.中学时表现出"多才多艺的头脑"	数学更有力的吸引了他,高斯哲学学习大师原著.也试图证明五次方程的解,失败了,但学到了很多代数知识	1821 年到1825年,大学,头两年平均用在了哲学、语言学和数学.1826年,发表了数论的研究结果,得到高斯称赞,23岁副教授

Hurwitz 定理

数学大师早年生活	0 到 10	10 到 15	15 到 20	20 到 30
哈密尔顿	父亲是律师,一流的商人,母亲的家族是一个以智力著称的家族.学习语言,3岁英语已很好,算术也有进展,4岁是不错的地理学者,5岁能阅读和翻译拉丁语、希腊语、希伯来语,8岁掌握意大利语、法语,10岁学习阿拉伯和梵语及其他东方语言,甚至汉语	12岁丧母,14岁丧父.威廉13岁时,可以夸口说他生活的每一年都掌握了一种语言.14岁热爱天文学	17岁,通过积分掌握了数学,并获得充分的数理天文学知识	22岁当选教授
庞加莱	童年时代智力超群.很早会说话,肢体协调差.主要娱乐是阅读,永远不忘,强记忆力.小学成绩优异,最早爱自然史	15岁左右爱数学,想好再写,不改.中学古典文学很好,17岁数学名气绘画0.1分,其他优异,体育不好		
康托		才能在15岁以前就得到承认		29岁发表集合论革命性论文,30岁发表无穷级数革命性论文

14.5 走近数学大师

走近数学大师有很多收获,比如了解数学发展的足迹.

大师们对数学发展的影响,已经有很多史学家去论述,我读牛顿时记下了一句话"如果这就是延迟20年的正确解释,那么我们由此就可以了解到,从牛顿时代起,历代多少数学家们付出了多么巨大的劳动去发展并简化微积分,使它达到了每个16岁的普通孩子都能有效地使用的程度".

读这句话时突然很感动,特别是自己此时还在学着微积分.

14.5.1 从大师那里看数学学习

专注的思考

数学的魅力不在做实验,也不像新闻要深入社会,数学大师们都有专注思考的特点.

描述笛卡儿的那章,贝尔写到,"那些在寂静的冥思中度过的漫长而安静的早晨,是他的哲学和数学思想的真正源泉. 笛卡儿坚持他幼年的习惯,绝不因为是权威的东西就接受,我们如何理解事物?通过控制下的实验,并对这样的实验应用严格的数学推理. 我思故我在."笛卡儿说"我只要安宁和平静". 谈到阿基米德,怀特海说"没有一个罗马人由于全神贯注于对一个数学图形的冥想而丧生". 而据魏尔斯特拉斯的

Hurwitz 定理

姐姐说,当他的弟弟是一个年轻的中学教师时,要是在他的视线内有一平方英尺干净的贴墙纸或者一个干净的袖头,就不能放心地把一支铅笔交给他.

数学大师们思考时可以忘掉一切. 我之前学数学,在这点就做得很不好,到处去查书,总结方法,直到期中前去唐老师办公室聊天,才深切认识到自己的错误. 读完本书更是加深了这种认识.

14.6　18 岁博士毕业的神童——"控制论之父"维纳

在 2017 年 11 月 10 日微信公众号中发表了一篇算法与数学之美,1912 年,哈佛大学博士学位授予仪式上,一位满脸稚气的学生走上颁奖台. 执行主席看到后,颇为惊讶,于是就当众询问他的年龄.

这位学生没有直说,反而给大家出了道"猜猜我年龄"的数学题:

"我今年岁数的立方是个四位数,岁数的四次方是个六位数,这两个数,刚好把十个数字 0,1,2,3,4,5,6,7,8,9 全都用上了,不重不漏. 这意味着全体数字都向我俯首称臣,预祝我将来在数学领域里一定能干出一番惊天动地的大事业."

他的回答语惊四座,大家都被他的这道妙题深深地吸引住了,议论纷纷,整个会场一下子沸腾起来.

仪式结束后,人们才知道,这位"神童"就是 18 岁获得哈佛大学哲学博士学位的诺伯特·维纳.

第14章 自古英雄出少年

14.6.1 18岁博士毕业的"数学神童"

1894年11月26日,维纳出生于美国密苏里州的哥伦比亚一个犹太人家庭.维纳的父亲列奥·维纳18岁那年一个人漂洋过海,移居到美国.他通过自学掌握了40多门语言,成了著名的语言学家,并且有很高的数学天赋.

诺伯特·维纳大概是遗传了父亲的智慧,又从小受到父亲的影响,从小就酷爱读书.三岁半时,就开始读生物学和天文学的初级科学读物,六岁那年,维纳有一次被 A 乘 B 等于 B 乘 A 之类的运算法则(也就是乘法交换律)迷住了.为了搞清楚这个问题,他画了一个矩形,然后移转 $90°$,长变宽、宽变长,发现面积没有变化,从此打开了数学世界的大门.到七岁时,小维纳已经开始深入物理学和生物学的领域,甚至超出了父亲的知识范围.

由于维纳对于学习的热爱,父亲曾多次想把小维纳送入学校,但由于维纳过人的智慧和超前的学习,使他与身边同学"格格不入",父亲不得不将他从学校接回,亲自做他的老师.为此,列奥·维纳为儿子制定了以数学和语言为核心的详细而又严格的教学计划.

直到9岁时,维纳以一名"特殊"学生的身份进入了艾尔中学,由于成绩太好,不满12岁就毕业了.毕业之后,列奥决定送维纳进塔夫斯学院数学系上大学,一来不想儿子冒险参加哈佛大学紧张的入学考试,二来担心把神童儿子送进哈佛会过分引起人们的注意.

入学之后,维纳的数学水平早已超过大一学生,于是他一开始就直接攻读伽罗瓦的方程论,还经常跟父亲讨论高数.

虽然就读于数学系,但维纳在大学都是随心所欲地跨专业学习.

上大一时,维纳看物理和化学的书比数学书还多.他对实验尤其感兴趣,跟同学一起做过许多电机工程的实验.

之后,维纳又把兴趣放到生物学上.常常跑去生物学博物馆和实验室,跟动物饲养室的管理员成为好朋友.那段时间,维纳不是在采集生物标本,就是泡在实验室的图书馆里看各种生物学的著作.

1909年春天,维纳用三年时间修完了所有课程,15岁就大学毕业了.

为了追求小时候的理想,大学毕业后,维纳开始攻读哈佛大学研究院生物学博士学位.不幸的是,由于深度近视和动手能力差,加上缺乏从事细致工作所必需的技巧和耐心,维纳的实验工作失败了,于是他放弃成为一名生物学家.在父亲的安排下,他转到康奈尔大学学习哲学,第二年又回到哈佛,研读数理逻辑.18岁时获得哈佛大学哲学博士学位.

在哈佛的最后一年,维纳获得了学校的旅行奖学金.他先后留学于英国剑桥大学和德国哥丁根大学,在罗素、哈代、希尔伯特等著名数学家指导下研究逻辑和数学,逐渐由神童成长为青年数学家.

14.6.2 崭露头角的青年科学家

1913年,19岁的维纳在《剑桥哲学学会会刊》上

第14章 自古英雄出少年

发表了一篇关于集合论的论文. 这是一篇将关系的理论简化为类的理论的论文,对数理逻辑的发展中具有重要作用. 维纳从此步入学术生涯.

在哈佛大学数学系主任奥斯古德的推荐下,维纳去到麻省理工学院数学系任教,并一直工作到退休. 大概是麻省理工的学习氛围浓郁,维纳厚积薄发,在顶尖数学杂志上接连发表了数篇百余页的大论文,开创了多个领域.

1920 年,维纳首次参加国际数学家会议. 大会前,应弗雷歇(Fréchet,1878—1973,法国数学家)邀请,他俩共同工作了一段时间,维纳试图推广弗雷歇的工作,提出了巴拿赫-维纳空间理论.

这一成果为冯诺依曼 1927 年提出希尔伯特空间以及希尔伯特空间中的算子的公理方法提供了基础. 尽管后来维纳逐渐离开了这个领域,但他对泛函分析这一 20 世纪产生和蓬勃发展的新兴数学分支所作出开拓性工作已载入数学史册.

1932 年,由于在广义调和分析和关于陶伯定理方面的杰出成就,维纳晋升为正教授,也因此获得了 1933 年美国数学会颁发的博赫尔奖. 不久后,他当选为美国科学院院士.

维纳喜欢纯粹的学术,不喜欢跟政治沾边. 很快他就了解到这个高级科学官员组织的性质,便辞去了自己的职位.

1934 年夏天,维纳应邀撰写了《复域上的傅里叶变换》. 不久,他当选为美国数学会副会长.

1935 年到 1936 年间,他应邀到中国作访问教授. 在清华大学与李郁荣教授合作,研究并设计出电子滤波器,获得了该项发明的专利权.

14.6.3 失败的二战科研经历

在 1940 年 2 月,纳粹德国入侵波兰 5 个月后,维纳便加入了由普林斯顿大学数学家马斯顿·莫尔斯(Marston Morse)指导的一个小组委员会,同时维纳表达了自己想在战争中贡献一分力量的渴望. 他向美国科学研究局(OSRD, Office of Scientific Research and Development)负责人范内瓦·布什写信说:"我……希望您能帮我找到一个合适的角色,使我能够在紧急情况下发挥自己的作用."

在 9 月 11 日召开的一次美国数学学会上,维纳见到了贝尔电话实验室新研制出的"复杂计算机",这是维纳第一次遇到了一台思考机器.

沃伦·韦弗领导的国防研究委员会(National Defense Research Committee)在战时资助了 80 个研究项目,平均的资助金额接近 15 万美元,最大的一笔金额是 150 万美元. 而签给诺伯特·维纳的合同可能是最微不足道的一份,金额仅有 2 325 美元,研究如何预测目标飞行模式.

维纳雇用了一位 27 岁的 MIT 电气工程和数学专业的研究生朱利安·毕格罗(Julian Bigelow)作为该项目的总工程师,他同样是名活跃的业余飞行员,这给他带来了一项能够在其新项目中提供帮助的技能. 两位学者都知道,他们正在攻克射击控制中最为困难的

第14章 自古英雄出少年

问题之一.

维纳和毕格罗占用了 MIT 2 号楼一间原来的数学教师,并将其改造成为一间"小型实验室",在那里,他们用一台临时的简易设备做实验.然而实验进行得并不顺利,由于实际数据的缺乏阻碍了理论工作.与此同时,NDRC 资助的其他项目都在取得惊人的进展.

研究进行一年多后,维纳提交了一份长达 124 页的研究报告,但报告并没有提到他们在实验室里失败的案例,仅仅提到的两次防空问题,也淹没在浩如烟海的数学公式里.工程师们对报告中令人费解的理论和缺乏现实针对性也感到十分头疼,并将其戏称为"黄色危害".

也正是在这间灯光昏暗的实验室里,塑造了维纳控制论世界观的核心想法已在他们内心萌发.他们推断人和机器正在形成一个整体、一个系统和一个联合的机制.

韦弗却始终对维纳的研究持怀疑态度,甚至不确定"有用还是无用的".然而骄傲的维纳却无法让自己亲口说出这种话.对维纳这个曾经的神童而言,承认失败是十分困难的.不久,韦弗彻底地失去了耐心,维纳那份价值 2 325 美元的项目在不到两年的时间内被迫中止了.

作为一个工程师,维纳是失败的,他的防空预测器从未如预期那样工作过,甚至没能提高防空火力.然而,维纳本身的工作代表了处于压力之下的人机交互的一个有趣案例:这个机械化的防空问题给予了维纳紧迫感、激情、灵感、语言,以及最重要的是,以一个强有力的隐喻来清晰地表达控制论.

14.6.4 《控制论》横空出世

二战结束后,许多科学家开始反思新科技给战争带来的严重创伤,维纳便是其中之一. 他认为,"制导导弹的潜在用途只可能是随心所欲地杀害外国公民",他始终坚信,他对机器的新想法是极其危险的,他还未给那些想法找到一个合适的名字.

仅仅一年后,维纳想到了著作的书名——《控制论》,战争戛然而止时,维纳关于控制与通信的想法已然成形. 维纳在回忆录中写道,"虽不具有原子弹那样的革命性,但他认为他给世界带来了一个可能会遭到误用的科学概念".

这位新兴的科学之父怀疑自己是否应该审视自己——对自己的控制论见解保密,但他同样明白,这一理论已经存在于世了. 控制论无法被撤销,他甚至无法阻止这一进程的发展. 因此,维纳决定,他必须脱离最大的守密者的位置,成为秘密的最大宣传者.

1947 年的冬天,维纳决定举办一场跨学科研讨会,其初衷是将通信领域的科学家和从业者联合起来. 1948 年春天,维纳终于启动了后来成为了一个系列的每周一次的跨学科聚会. 每个星期二晚上,哲学家、工程师、心理学家、数学家等诸多领域专家都会共进晚餐. 某个人会提出一个自己正在研究的项目,并与例会成员进行互相谈论.

经过与生理学家罗森布鲁斯(Rosenblueth)等人

第 14 章 自古英雄出少年

多方面合作,加上长期艰苦的努力,1948 年,维纳发表了《控制论》,宣告了这门新兴学科的诞生,一经出版立即风行世界. 维纳的深刻思想引起了人们的极大重视. 他定义控制论为:"设有两个状态变量,其中一个是能由我们进行调节的,而另一个则不能控制. 这时我们面临的问题是如何根据那个不可控制变量从过去到现在的信息来适当地确定可以调节的变量的最优值,以实现对于我们最为合适、最有利的状态."

然而,就像哥白尼提出"地心说"被教会当中烧死一样,每一个新学说在创立伊始都是不为人所接受的. 20 世纪 40 年代末,维纳最开始提出控制论的时候,苏联学术界也认为控制论是"伪科学",当然,苏联的"斯基们"没有能烧死维纳,而且为此付出了惨重的代价——在研制电子计算器等技术方面落后西方多年,直到今天也没能望其项背. 随后的不久,苏联就加强了对控制论的研究与应用,诞生了利亚普诺夫、克拉索夫斯基等控制界的一个个执牛耳者.

控制论让维纳从一位此前声誉有限的数学家,一跃成为声名卓著的明星人物,他的著作开始风行世界,他的深刻思想开始引起人们的极大关注. 控制论不仅预见并影响了计算机处理、机器人和自动化等新技术时代的到来,两年后,他还在《人有人的用途》一书中推广他的想法,探讨自动化的潜力以及机器异化人类的潜在风险. 年过半百的维纳从数学家的身份一下转变成"控制论之父". 此后,维纳继续为控制论的

Hurwitz 定理

发展和运用做出了杰出的贡献.

维纳的控制论思想一经面世,就已经渗透到了几乎所有的自然科学和社会科学领域.控制论同样奠定了现今计算机科学的基础.

1964 年 3 月 18 日,维纳在斯德哥尔摩离世,终年 70 岁.

虽然维纳从一个小神童成长为通才,后来又"进化"成大师,但伟人也是有缺点的.除了动手能力不强,偶尔会忘记自己的姓名,维纳还会"健忘"到忘记了自己的女儿.

每一个天才背后,总有几个不为人知的故事和特殊癖好,就像达·芬奇是一个同性恋一样.虽然维纳不是同性恋,但是关于他的轶事也有很多.据说,一次维纳乔迁,妻子熟悉维纳的方方面面,搬家前一天晚上再三提醒他.她还找了一张便条,上面写着新居的地址,并用新居的房门钥匙换下旧房的钥匙,第二天维纳带着纸条和钥匙上班去了.白天恰有一人问他一个数学问题,维纳把答案写在那张纸条的背面递给人家.晚上维纳习惯性地回到旧居.他很吃惊,家里没人.从窗子望进去,家具也不见了.掏出钥匙开门,发现根本对不上齿.于是使劲拍了几下门,随后在院子里踱步.突然发现街上跑来一小女孩.维纳对她讲:"小姑娘,我真不走运.我找不到家了,我的钥匙插不进去."小女孩说道:"爸爸,没错,妈妈让我来找你是正确的."

第 14 章　自古英雄出少年

14.7　新生代数学界最恐怖的存在

1987 年 12 月,舒尔茨出生于德国重要科研中心——德累斯顿,从小他就展现出极强的数学天赋.

不过,尽管如此,在诞生过高斯、莱布尼茨、希尔伯特、黎曼等超级数学天才的德国,舒尔茨的天赋可以说是不那么起眼了.

到 2004 年,未满 17 岁的舒尔茨,经过层层筛选,被选进德国 IMO 国家队,第一次参加了国际数学奥林匹克竞赛.

可惜的是,舒尔茨不知是太紧张还是怎样,并没有做完所有题目,最后只拿了个银牌.

没做完题都拿了银牌,这不该值得庆贺吗?

然而,这对舒尔茨来说,可谓是致命的打击,他完全无法接受如此失败的自己.

于是,舒尔茨又连续参加了 3 届国际奥数竞赛,并且十分争气地拿下了这 3 届奥数的金牌.

其实,在第一次拿到银牌之后,舒尔茨第二次参加便凭借 42 分满分夺得了金牌,至于为什么还继续又参加了 2 届,他表示:因为这个比赛好玩啊!

2007 年,舒尔茨进入波恩大学数学系,正式开启开挂模式.

舒尔茨用 3 个学期学完了本科,接着,又用 2 个学期学完了研究生内容,更可怕的是,他凭借硕士毕业论文而直接获得了博士学位！

在读硕士研究生的时候,舒尔茨的导师是数学家米歇尔·拉波波特(Michael Rapoport)。

很快,舒尔茨便提前完成学业,将论文交给了导师拉波波特。

拉波波特看完舒尔茨的这篇论文之后,立马叫舒尔茨来到办公室,严肃地说:你不用读博了,你现在就可以博士毕业了。

此话当真？凭什么？就凭他这篇论文不是正常人可以写出来的！拉波波特也表示这是他从教以来见过的最具数学天赋的年轻人。

舒尔茨在这篇论文里,创建了一个全新的数学框架——perfectoid spaces 理论,给予了之前由法尔廷斯等人开创的一系列基础理论的一个更紧凑的呈现形式。

除此之外,舒尔茨还在论文里给出了数学家皮埃尔·德利涅(Pierre Deligne)的一个猜想——Weight-monodromy 猜想的特殊解法。

后来,舒尔茨的这一理论被誉为代数几何未来几十年最具潜力的几大框架体系之一。

得知自己已经博士毕业,舒尔茨便愉快地来了一次说走就走的毕业旅行。

只不过,大神的毕业旅行跟我们的就不太一样了。舒尔茨的毕业旅行就是去了几个国际知名的数学中心,游学了好几个月,才依依不舍返回德国。

2011 年,24 岁的舒尔茨便成为了克雷数学研究所

第14章 自古英雄出少年

(Clay Mathematical Institute)的研究生.

作为一个国际基金会研究所,克雷数学研究所在世界多个科研中心设有机构.

成为该机构资助的研究生是青年数学家的莫大荣誉,并且,该机构的研究生可以选择在世界上的任意一个地方进行自己的研究工作,给予了充分的自由权利.

此时的舒尔茨,已经在国际顶尖学术杂志(Inventiones mathematicae 等)上发表了多篇论文,学术成就堪称卓越.

也就是在这一年,波恩大学免去教授资格考试,破格聘任舒尔茨为 W3 级(德国最高级别)的教授,将任教该大学入选精英大学计划的数学研究生院.(其他还在艰苦奋斗的教授只有羡慕的份儿.)

就这样,24 岁的舒尔茨创下了德国最年轻教授的记录.

而在此之前,也已经有包括伯克利大学的多所大学向舒尔茨抛出了橄榄枝,但舒尔茨表示,他最希望的还是留在母校波恩大学任教.

而被母校破格聘为教授之后,舒尔茨说:"我非常高兴能到波恩大学工作,早在学生时代我就已经期待这一天."

尽管舒尔茨已经迫不及待要开始自己的教学生涯,但一时间他仍旧无法走上波恩大学的讲台上,因为他当时还是美国克莱研究生计划的成员,波恩大学是不能让他承担教学任务的.

Hurwitz 定理

只有等到 2013 年的夏季，舒尔茨才能走上讲台，开始他的第一节课，而他要面对的学生，恐怕都是比他大上好几岁的。

舒尔茨还在玩沙子的时候，他未来的学生就已经在中学课堂上绞尽脑汁了。

2012 年，舒尔茨被授予 Prix and Cours Peccot.

2013 年，舒尔茨被授予拉马努金奖（SASTRA Ramanujan Prize）。

2014 年，舒尔茨获得克雷研究奖（Clay Research Award）。

同年，作为国际数学界的代表人物，舒尔茨在国际数学家大会上说了这样一句话："我要用自己创建的理论解决德利涅的一个重要猜想。"

在 2015 年，舒尔茨凭借他开创的 perfectoid spaces 理论解决了 Weight-monodromy 猜想的特殊情形，而获得由美国数学学会颁发的 Cole Prize 中的代数奖. Cole Prize 分代数和数论两项，分别有数论奖（1931 年开始）和代数奖（1928 年开始），奖励数论和代数领域的重大成果. 目前都是每三年发一次，代数奖在数论奖的后一年颁发.

其中，Cole Prize 数论奖是数论界的最高奖.

同年，舒尔茨还拿下了奥斯特洛斯基奖（Ostrowski Prize）和费马奖（Fermat Prize）。

2016 年，舒尔茨依旧没停下拿奖的步伐，先后获得莱布尼茨奖（Leibniz Prize），以及欧洲数学学会奖（EMS Prize）。

第 14 章　自古英雄出少年

也是在这一年,他拒绝了科学界的"奥斯卡奖"——科学突破奖、数学新视野奖.

看完舒尔茨的获奖列表,也许会有人说,这些奖对于一个杰出数学家来说,不是属于正常现象吗?凭什么说舒尔茨是当今数学界的一个恐怖的存在呢?

因为,舒尔茨现在才 30 岁,并且,他获得这些奖的年龄均是打破原来的记录的,每一个奖项,他都是最年轻的获奖者.

尤其是德国学术最高奖——莱布尼茨奖,舒尔茨更是至今 348 位获奖者中唯一一位 30 岁以下的.

说到这里,不得不提一下同是来自德国的数学家法尔廷斯(Gerd Faltings),一个用代数几何学证明了数论中的莫德尔猜想获得菲尔兹奖的天才.

很多人说,舒尔茨以后可以达到法尔廷斯的高度.

而法尔廷斯也获得过莱布尼茨奖,只不过,他获奖的时候已经 42 岁了,而如今的舒尔茨获奖的时候还不到 29 岁.

法尔廷斯也曾这样评价舒尔茨:"他是我这一生见过的最好的三个数学家之一."

舒尔茨的主要研究领域是算术代数几何,一个汇聚了这个星球上相当数量的最聪明的脑袋的领域,30 岁的舒尔茨便已在该领域站稳脚跟,成为神一般的存在,有人甚至称他为格罗滕迪克的接班人.

格罗滕迪克:代数几何的上帝,他编写的《代数几何基础》(EGA)被誉为"代数几何的圣经."

才刚刚 30 岁的他,便拿下除了阿贝尔奖、沃尔夫奖、菲尔兹奖之外的各个数学大奖,可谓每一步都是在创造纪录.

而对于数学最高奖——菲尔兹奖,尽管在 2014 年的国际数学家大会上,舒尔茨并未得奖.但是,所有人都坚信,对舒尔茨来说,菲尔兹奖已将算是囊中之物,毕竟,在他 40 岁之前,还有三届的菲尔兹奖呢!

然而,人们好像也并不指望舒尔茨真的要熬过这三届菲尔兹奖才得奖,更多的人看好的是即将到来的 2018 年菲尔兹奖,有舒尔茨的一席之位,尽管明年舒尔茨才 31 岁.

向 Roth 致敬

15.1 Roth 定理及它的历史

假设 α 是一个度 $d \geq 2$ 的实代数数,Liouville 定理蕴含不等式

$$\left|\alpha - \frac{p}{q}\right| < \frac{1}{q^\mu} \qquad (1)$$

只有有限多个有理数解 $\frac{p}{q}$,如果 $\mu > d$. 伟大的挪威数学家 Thue 指出,如果 $\mu > \frac{1}{2}d + 1$,那么式(1)只有有限多个解. 然后 Siegel 指出,如果 $\mu > 2\sqrt{d}$,在他的论文中,这已经是事实了. (Siegel 的结果更好一些,用一个更复杂的函数代替 $2\sqrt{d}$.) Dyson 对 $\mu > \sqrt{2d}$ 做了一个小的改进,参见 Gelfond. 最后,Roth 证明了,如果 $\mu > 2$,式(1)只有有限多个解. 为此,Roth 在 1958 年获得了 Field 奖. Roth 定理如下:

Hurwitz 定理

定理 1 假设 α 是一个度 $d \geq 2$ 的实数和代数,那么对于每个 $\delta > 0$,不等式

$$\left| \alpha - \frac{p}{q} \right| < \frac{1}{q^{2+\delta}} \quad (2)$$

在有理数 $\frac{p}{q}$ 中只有有限多个解.

注 (i) 这个结论对于一个复杂的 α 来说,是非常真实的,但是它却不是真的.

(ii) 由 Dirichlet 定理,在式(2)的指数 2 是最有可能的,如果 α 的度为 2,那么

$$\left| \alpha - \frac{p}{q} \right| > \frac{c(\alpha)}{q^2} \quad (3)$$

是由 Liouville 定理得出的. 在这种情况下,Liouville 定理比 Roth 定理更强大.

(iii) 不存在单个的度不小于 3 的 α,使我们知道式(3)是否成立. 事实上,式(3)很可能对每一个这样的 α,都是假的,使得不存在这样的 α 是严格逼近的,或者,换句话说,α 在它的连续分数中有无界的偏微分.

(iv) 一个很自然、很困难的猜想(Lang)是对于度 $d \geq 3$ 的 α 来说

$$\left| \alpha - \frac{p}{q} \right| < \frac{1}{q^2 (\log q)^k}$$

只有有限多个解,其中 $k > 1$,或者至少 $k > k_0(\alpha)$.

我们现在就这个证明作了初步的讨论,假设我们试着修改 Liouville 定理如下:我们选取一个带有有理整数系数的多项式 $P(x)$,它有一个根在 α 的 i 阶下,

第 15 章 向 Roth 致敬

且它有度 r. 接着,我们假设式 (1) 成立,且由 Taylor 展开式

$$P\left(\frac{p}{q}\right) = \sum_{j=1}^{r} \left(\frac{p}{q} - \alpha\right)^i \frac{1}{j!} P^{(j)}(\alpha)$$

得出

$$\left|P\left(\frac{p}{q}\right)\right| \leqslant cq^{-\mu i}$$

最后,我们有 $P\left(\frac{p}{q}\right) \neq 0$,其中 $\left|P\left(\frac{p}{q}\right)\right| \geqslant q^{-r}$ 对于所有都成立,除了有限多个有理数 $\frac{p}{q}$. 因此如果式 (1) 有无限多的解法,那么 $\mu i \leqslant r$ 或者 $\mu \leqslant \left(\frac{i}{r}\right)^{-1}$. 因此,我们应使得 $\frac{i}{r}$ 尽可能大. 但是显然 $\frac{i}{r} \leqslant \frac{1}{d}$,如果 $P(x)$ 是 α 定义的多项式的幂,那么 $\frac{i}{r} = \frac{1}{d}$. 因此,这个方法仅给出 $\mu \leqslant d$,使得没有比 Liouville 的结果更好的了.

为了改进这个估计,Thue 变换了两次多项式 $x_2 Q(x_1) - P(x_1)$,并且当 Schneider 和 Roth 使多项式 $P(x_1, \cdots, x_m)$ 多次变换时,Siegel 变换了一个更一般的多项式 $P(x_1, x_2)$ 两次.

现在如果 $\frac{p_1}{q_1}, \cdots, \frac{p_m}{q_m}$ 是非常好的有理逼近,它们将取代 $P(x_1, \cdots, x_m)$. 一个主要问题是现在很难确定 $P\left(\frac{p_1}{q_1}, \cdots, \frac{p_m}{q_m}\right) \neq 0$. 这个困难是由"Roth 定理"解决的,它需要 $q_1 < q_2 < \cdots < q_m$. 结果是我们得到一个矛盾当

Hurwitz 定理

且仅当我们至少有 m 个非常好的有理逼近. 在 Thue 和 Siegel 的结果中, $m=2$, 因此需要两个非常好的有理逼近. Davenport 使用 Thue 的方法表明为了立方 α 和 $\mu > 1 + \sqrt{3}$, 对于式 (1) 的解答有 $q \leqslant c_1(\alpha,\mu)$, $c_1(\alpha,\mu)$ 是显式的及一个可能的例外 $\dfrac{p}{q}$, 为了度 $d \geqslant 3$ 的 α 和 $\mu > 3\sqrt{\dfrac{d}{2}}$, Schinzel 使用了 Siegel 的方法做了同样的事.

但是 Thue-Siegel-Roth 的这个方法并没有给出一个没有例外的界限, 因此它是无效的. 它没有给出求式 (1) 所有解的方法. 有效的结果要比被 Feldman 用 Bake 的方法给出的 Thue 的结果弱一些 (因此更不用说 Roth).

定理 2 假设 α 是一个度 $d \geqslant 3$ 的代数, 还有显式常数 $\mu_0(\alpha) < d$ 和 $c_2(\alpha)$, 这样, 式 (1) 和 $\mu \geqslant \mu_0$ 的每个解都有 $q \leqslant c_2(\alpha)$.

这个定理将不会在这里证明.

我们注意到 Thue-Siegel-Roth 的方法可以估算出式 (1) 解的个数, 这是 Davenport 和 Roth 所作的.

我们在后面关于 Roth 定理的证明将会紧跟在 Cassels 的论述中.

15.2 Thue 方程

定理 1 假设 $F(x,y)$ 是一个具有有理系数的二

第15章 向Roth致敬

元形式,且至少有3个线性因子(带有代数系数).那么如果m是非零的,丢番图方程

$$F(x,y) = m \qquad (1)$$

在有理整数x,y中只有有限多个解.

像式(1)这种类型的方程被称为Thue方程.

证明 我们可以把$F(x,y)$分解为

$$F(x,y) = a(\gamma_1 x + \delta_1 y)^{e_1} \cdots (\gamma_s x + \delta_s y)^{e_s} \qquad (2)$$

其中$s \geq 3$. 与实数或复数的代数$\gamma_1, \delta_1, \cdots, \gamma_s, \delta_s$形成的$\gamma_i x + \delta_i y$和$\gamma_j x + \delta_j y (i \neq j)$是线性无关的,根据进一步的约定,每个$\gamma_i$要么是1,要么是0,且如果$\gamma_i = 0$, $\delta_i = 1$. 根据重新排列的因素,我们可以假设

$$0 < |\gamma_1 x + \delta_1 y| \leq \cdots \leq |\gamma_s x + \delta_s y|$$

因为$\gamma_1 x + \delta_1 y$和$\gamma_2 x + \delta_2 y$是线性相关的

$$|\gamma_s x + \delta_s y| \geq \cdots \geq |\gamma_2 x + \delta_2 y|$$

$$\geq \frac{1}{2}(|\gamma_1 x + \delta_1 y| + |\gamma_2 x + \delta_2 y|)$$

$$\geq c_1 \max(|x|, |y|) = c_1 \left|\frac{x}{y}\right|$$

也就是说

$$|F(x,y)| \geq c_2 |\gamma_1 x + \delta_1 y|^{e_1} \left|\frac{x}{y}\right|^{d-e_1}$$

其中d是F的度. 如果$\gamma_1 x + \delta_1 y$有有理系数,则我们有

$$|\gamma_1 x + \delta_1 y| \geq c_3$$

由$d > e_1$, $F(x,y)$趋于$\left|\frac{x}{y}\right|$. 如果$\gamma_1 = 1$与δ_1是度$l \geq 2$的代数,由15.1(更不用说Roth定理)提到的Thue的结果,由$\delta > 0$,有

$$|\gamma_1 x + \delta_1 y| \geq c_4(\delta_1, \delta) \left|\frac{x}{y}\right|^{-\frac{l}{2}-\delta}$$

Hurwitz 定理

因此
$$|F(x,y)| \geq c_5 \left|\frac{x}{=}\right|^{d-e_1(\frac{l}{2}+1+\delta)}$$

与
$$\gamma_1 x + \delta_1 y = x + \delta_1 y$$

一起,形式 F 必须有共轭因子,每个因子都有多重性 e,因此 $d \geq le_1$,如果 $l=2$,我们甚至还有 $d \geq 2e_1+1$,因此下至少有 3 个不同的因子. 因为 $\delta > 0$ 可以任意小,我们有

$$d > e_1\left(\frac{l}{2}+1+\delta\right)$$

且 $F(x,y)$ 趋于 $\left|\frac{x}{=}\right|$.

通过使用 Roth 定理的全部,它的证明作为一个练习.

定理2 假设 $F(x,y)$ 是一个度 $d \geq 3$,有有理系数且不存在多重因子的二元形式,对于给定的 $v < d-2$,只有有限多个整数点 $\frac{x}{=}=(x,y)$ 及

$$0 < |F(x,y)| < \left|\frac{x}{=}\right|^v$$

特别地,如果 $G(x,y)$ 是度小于 $d-2$ 的形式,那么丢番图方程

$$F(x,y) = G(x,y)$$

只有有限多个解[①],其中 $F(x,y) \neq 0$.

用 Thue 的方法证明上述定理是无效的,即它没有为解决方案的大小提供限制. 但是 Bake 给出了限制

---

① 如果 F, G 有一个与有理系数相同的线性因子,那么 $F(x,y) = G(x,y) = 0$ 有无穷多个解.

第15章 向Roth致敬

$$\left|\frac{x}{\xi}\right| < \exp((dH)^{(10d)^5})$$

为了Thue方程(1)的解 $\underset{\sim}{x}=(x,y)$,其中 d 是下的度,F 有明显的线性因子,F 和 m 的系数在大多数 H 都是绝对值的有理整数.

Thue的方法确实为他的方程的解提供了估计,这个由Mahler提出的定理1,关于Davenport和Roth的定理2. 在

$$F(x,y)=(\alpha x+\beta y)^d+(\gamma x+\delta y)^d$$

和

$$\alpha\delta-\beta\gamma\neq 0$$

的情况下,Siegel只给出了一个只依赖于 d 和 m 的约束. 注意,对于 $d=3$,所有非退化形式都属于这种类型.

15.3 组合引理

引理1 假设 $r_1,\cdots,r_m$ 是正整数,且 $0<\varepsilon<1$. 那么 m 元组 $i_1,\cdots,i_m$ 的个数和

$$0\leqslant i_h\leqslant r_h,1\leqslant h\leqslant m$$

以及

$$\left|\left(\sum_{h=1}^m \frac{i_h}{r_h}\right)-\frac{m}{2}\right|\geqslant \varepsilon m$$

最多是

$$(r_1+1)\cdots(r_m+1)\cdot 2\mathrm{e}^{-\frac{\varepsilon^2 m}{4}}$$

注 (i) 引理可以得到概率的解释,即把 $\dfrac{i_h}{r_h}$ 作为随机变量与期望 $\dfrac{1}{2}$ 的关系. 根据大数定律, $\sum \dfrac{i_h}{r_h} \approx \dfrac{m}{2}$ 有高概率.

(ii) 这个引理的一个稍微弱一点的版本早已为人所知, 例如, Schneider.

(iii) 引理 1 是下面引理 3 的直接结果. 我们的证明就像 Mahler 给出的那样. 附录 A. Mahler 将证明给了 G. E. H. Reuter.

引理 2 假设 $n \geqslant 1, r \geqslant 0$ 是整数, 非负整数 $i_1, \cdots, i_n$ 与 $i_1 + \cdots + i_n = r$ 的 n 元组的个数是

$$N(n,r) = \binom{r+n-1}{r} \qquad (1)$$

证明 这个论证是通过 n 和 r 进行归纳的, 我们有

$$N(n,0) = 1 = \binom{n-1}{0}$$

对于任意的 $n \geqslant 1$ 成立, 所以式(1)对于 $r=0$ 成立, 且

$$N(1,r) = 1 = \binom{r}{r}$$

对于任意的 $r \geqslant 0$ 成立, 其中这个引理对于 $n=1$ 也成立.

现在假设 $r>1, n \geqslant 2$ 是已知的, 假设(1)对所有的数对 (n',r') 成立, 其中 $n' \leqslant n, r' \leqslant r$, 且 $(n',r') \neq (n,r)$. 我们将要为了 (n,r) 证明式(1). 令 $N^*(n,r)$ 表示非负整数 $i_1, \cdots, i_n$ 及 $i_1 + \cdots + i_n \leqslant r$ 的 n 元组的个

数. 则
$$N(n,r) = N^*(n-1,r) = N^*(n-1,r-1) + N(n-1,r)$$
$$= N(n,r-1) + N(n-1,r)$$
$$= \binom{r+n-2}{r-1} + \binom{r+n-2}{r} = \binom{r+n-1}{r}$$

引理3 假设 $r_1,\cdots,r_m$ 是正整数,$0 < \varepsilon < 1$. 进一步假设 $n \geq 2$ 是一个整数,那么非负整数的 nm 元数组
$$i_{11},\cdots,i_{1n}$$
$$i_{21},\cdots,i_{2n}$$
$$\vdots$$
$$i_{m1},\cdots,i_{mn}$$

及
$$\sum_{k=1}^n i_{hk} = r_h, 1 \leq h \leq m \qquad (2)$$

和
$$\left|\left(\sum_{h=1}^m \frac{i_{h_1}}{r_h}\right) - \frac{m}{n}\right| \geq \varepsilon m$$

的个数至多是
$$\binom{r_1+n-1}{r_1}\cdots\binom{r_m+n-1}{r_m} \cdot 2\mathrm{e}^{-\frac{\varepsilon^2 m}{4}}$$

注 （ⅰ）引理 3 可以给出这样一个概率的解释：随机变量 $\frac{i_{hk}}{r_h}$ 的期望是 $\frac{1}{n}$,因此 $\sum \frac{i_{h1}}{r_h} \approx \frac{m}{n}$ 的概率很大.

（ⅱ）引理 1 从引理 3 开始,取 $n=2$,考虑 $2m$ 元组
$$i_1, r_1 - i_1$$
$$\vdots$$

Hurwitz 定理

$$i_m, r_m - i_m$$

引理 3 的证明　令 M_+ 表示 nm 元组(2)及

$$\left(\sum_{h=1}^{m}\frac{i_{h1}}{r_h}\right)-\frac{m}{n} \geqslant \varepsilon m$$

的个数,令 M_- 表示 nm 元组(2)及

$$\left(\sum_{h=1}^{m}\frac{i_{h1}}{r_h}\right)-\frac{m}{n} \leqslant -\varepsilon m$$

的个数.

为了证明这个引理,显然足以证明

$$M_\pm \leqslant \binom{r_1+n-1}{r_1}\cdots\binom{r_m+n-1}{r_m}e^{-\frac{\varepsilon^2 m}{4}} \quad (3)$$

令整数 j 和 C_j 是已知的,$1 \leqslant j \leqslant m$,$0 \leqslant c_j \leqslant r_j$. 然后用 $f_j(c_j)$ 表示 $n-1$ 元非负整数 $i_{j_2},\cdots,i_{j_n}$ 的个数,其中

$$i_{j_2}+\cdots+i_{j_n}=r_j-c_j$$

显然由 M_+ 和 M_- 的定义可知

$$M_\pm = \sum_{\underline{c}} f_1(c_1)\cdots f_m(c_m) \quad (4)$$

其中总和超过 $\underline{c}=(c_1,\cdots,c_m)$,$0 \leqslant c_j \leqslant r_j$ ($1 \leqslant j \leqslant m$),有

$$\left(\sum_{h=1}^{m}\frac{c_h}{r_h}\right)-\frac{m}{n}$$

是 $\geqslant \varepsilon m$ 或者 $\leqslant -\varepsilon m$,由此可见

$$M_\pm e^{\frac{\varepsilon^2 m}{2}} \leqslant \sum_{c_1=0}^{r_1}\cdots\sum_{c_m=0}^{r_m} f_1(c_1)\cdots f_m(c_m) \cdot$$

$$\exp\left(\pm\frac{\varepsilon}{2}\left(\left(\sum_{h=1}^{m}\frac{c_h}{r_h}\right)-\frac{m}{n}\right)\right)$$

第 15 章 向 Roth 致敬

$$= \prod_{j=1}^{m} \Big(\sum_{c_j=0}^{r_j} f_j(c_j) \exp\Big(\pm \frac{\varepsilon}{2} \Big(\frac{c_j}{r_j} - \frac{1}{n} \Big) \Big) \Big) \quad (5)$$

目前,我们保持 j 不变.

由定义显然得

$$\sum_{c=0}^{r_j} f_j(c) = \sum_{c+i_2+\cdots+i_n=r_j} 1 = N(n, r_j) = \binom{r_j + n - 1}{r_j} \quad (6)$$

回忆一下

$$e^x \leqslant 1 + x + x^2$$

对于任意的 $|x| \leqslant 1$ 成立,我们得

$$\sum_{c=0}^{r_j} f_j(c) \exp\Big(\pm \frac{\varepsilon}{2} \Big(\frac{c}{r_j} - \frac{1}{n} \Big) \Big)$$

$$\leqslant \sum_{c=0}^{r_j} f_j(c) \Big(1 \pm \frac{\varepsilon}{2} \Big(\frac{c}{r_j} - \frac{1}{n} \Big) + \frac{\varepsilon^2}{4} \Big(\frac{c}{r_j} - \frac{1}{n} \Big)^2 \Big)$$

$$\leqslant \sum_{c=0}^{r_j} f_j(c) \Big(1 + \frac{\varepsilon^2}{4} \Big) \pm \frac{\varepsilon}{2r_j} \Big(\sum_{c=0}^{r_j} c f_j(c) - \frac{r_j}{n} \sum_{c=0}^{r_j} f_j(c) \Big)$$

$$= \binom{r_j + n - 1}{r_j} \Big(1 + \frac{\varepsilon^2}{4} \Big) \quad (7)$$

从式(6)中得到的最后一个等式,以及在前面的最后一行中 $\pm \frac{\varepsilon}{2r_j}$ 的系数是 0,为了证明问题的系数确实是 0,我们得到

$$f_j(c) = \sum_{\substack{i_2,\cdots,i_n \\ i_2+\cdots+i_n=r_j-c}} 1 = \sum_{\substack{i_1,\cdots,i_n \\ i_1+\cdots+i_n=r_j \\ i_1=c}} 1$$

有

Hurwitz 定理

$$cf_j(c) = \sum_{\substack{i_1,\cdots,i_n \\ i_1+\cdots+i_n=r_j \\ i_1=c}} i_1$$

又得

$$\sum_{c=0}^{r_j} cf_j(c) = \sum_{\substack{i_1,\cdots,i_n \\ i_1+\cdots+i_n=r_j}} i_1 = \frac{1}{n} \sum_{\substack{i_1,\cdots,i_n \\ i_1+\cdots+i_n=r_j}} (i_1 + \cdots + i_n)$$

$$= \frac{r_j}{n} \sum_{\substack{i_1,\cdots,i_n \\ i_1+\cdots+i_n=r_j}} 1 = \frac{r_j}{n} \sum_{c=0}^{r_j} f_j(c)$$

作为声称.

由式(5)和(7)得

$$M_\pm \mathrm{e}^{\frac{\varepsilon^2 m}{2}} \leq \binom{r_1+n-1}{r_1} \cdots \binom{r_m+n-1}{r_m} \left(1 + \frac{\varepsilon^2}{4}\right)^m$$

$$\leq \binom{r_1+n-1}{r_1} \cdots \binom{r_m+n-1}{r_m} \mathrm{e}^{\frac{\varepsilon^2 m}{4}}$$

这个不等式等价于式(3),引理得到证明.

15.4 进一步辅助引理

从这一节开始,我们在 m 个变量中考虑有理整数系数的多项式. 我们令

$$P(x_1,\cdots,x_m) = \sum c(j_1,\cdots,j_m) x_1^{j_1} \cdots x_m^{j_m}$$

其中总和超过所有非负整数 $j_1,\cdots,j_m$ 的 m 元组,除了有限多个系数 $c(j_1,\cdots,j_m)$ 都是 0.

我们用

$$\overline{|P|} = \max |c(j_1,\cdots,j_m)|$$

来定义 P 的高度,最后,如果 $i_1,\cdots,i_m$ 是非负整数,我们有

$$P_{i_1\cdots i_m} = \frac{1}{i_1!\cdots i_m!}\frac{\partial^{i_1+\cdots+i_m}}{\partial x_1^{i_1},\cdots,\partial x_m^{i_m}}P$$

用 $P_{\underline{i}}$ 代替 $P_{i_1\cdots i_m}$ 是很方便的,其中它可以理解为 $\underline{i}=(i_1,\cdots,i_m)$.

引理 1 如果 P 有有理整数系数,那么就是 $P_{\underline{i}}$. 进一步说,如果在变量 $x_h(1\leqslant h\leqslant m)$ 中,P 的度 $\leqslant r_h$,那么

$$\overline{|P_{\underline{i}}|} \leqslant 2^{r_1+\cdots+r_m}\overline{|p|}$$

证明 我们可以写

$$P(x_1,\cdots,x_m) = \sum_{j_1=0}^{r_1}\cdots\sum_{j_m=0}^{r_m}c(j_1,\cdots,j_m)x_1^{j_1}\cdots x_m^{j_m}$$

因此

$$P_{\underline{i}}(x_1,\cdots,x_m) = \sum_{j_1=0}^{r_1}\cdots\sum_{j_m=0}^{r_m}\binom{j_1}{i_1}\cdots\binom{j_m}{i_m}\cdot$$
$$c(j_1,\cdots,j_m)x_1^{j_1-i_1},\cdots,x_m^{j_m-i_m} \quad (1)$$

新的系数是整数,是由于二项式系数是整数. (如果 $m<n$,我们采用 $\binom{m}{n}=0$),由

$$\binom{j_k}{i_k}\leqslant 2^{j_k}\leqslant 2^{r_k},1\leqslant k\leqslant m$$

引理的第二个结论由式(1)给出.

引理 2 令

$$L_j(\underline{z}) = \sum_{k=1}^{N}a_{jk}z_k,1\leqslant j\leqslant M$$

Hurwitz 定理

是带有有理整数系数的线性形式. 假设 $N > m$, 且

$$|a_{jk}| \leq A, 1 \leq j \leq M, 1 \leq k \leq N$$

其中 A 是一个正整数. 那么存在一个整数点 $\underline{z} = (z_1, \cdots, z_N) \neq 0$ 使得

$$L_j(\underline{z}) = \underline{0}, 1 \leq j \leq M \quad (2)$$

及

$$|\underline{z}| \leq [(NA)^{\frac{M}{N-M}}] = Z \quad (3)$$

证明 由 $N > M$, 式(2)的有理解总是存在的 $(Z \neq 0)$. 但是如果 $\underline{z}$ 是式(2)的一个解, 对于任意的 $\lambda, \lambda \underline{z}$ 也是一个解, 且整数点 $\underline{z} \neq \underline{0}$ 满足式(2).

除了式(2)以外, 式(3)被满足还有待证明. 我们的这个证明非常像 Dirichlet 定理的证明. 首先, 我们有

$$Z + 1 > (NA)^{\frac{M}{N-M}}$$

又有

$$NA < (Z+1)^{\frac{N-M}{M}}$$

因此

$$NAZ + 1 \leq NA(Z+1) < (Z+1)^{\frac{N}{M}}$$

对于每个整数点 $\underline{z} = (z_1, \cdots, z_N)$ 有

$$0 \leq z_i \leq Z, 1 \leq i \leq N$$

我们得

$$-B_j Z \leq L_j(\underline{z}) \leq C_j Z, 1 \leq j \leq M$$

其中 $-B_j$ 与 C_j 分别是 $L_j(\underline{z})$ 的正系数和负系数. 现在

第 15 章 向 Roth 致敬

$$B_j + C_j \leqslant NA$$

因此每个 $L_j(\underline{z})$ 都在长度不大于 NAZ 内. 因此,每个 $L_j(\underline{z})$ 至多取 $NAZ+1$ 个不同的值,所以 M 元组 $L_1(\underline{z}), \cdots, L_M(\underline{z})$ 至多取

$$(NAZ+1)^M < (Z+1)^N$$

另一方面,式(4)中 $\underline{z}$ 的概率是 $(Z+1)^N$. 接下来是式(4)中的 N 元组 $\underline{z}^{(1)} \neq \underline{z}^{(2)}$,及

$$L_j(\underline{z}^{(1)}) = L_j(\underline{z}^{(2)}), 1 \leqslant j \leqslant M$$

整数点 $\underline{z} = \underline{z}^{(1)} - \underline{z}^{(2)}$ 满足引理的情形.

众所周知,一个代数整数 α 满足一个等式

$$\alpha^d + a\alpha^{d-1} + \cdots + a_d = 0$$

其中 $a_1, \cdots, a_d$ 都是有理整数系数. 如果 α 仅是度为 d 的代数且满足

$$a_0\alpha^d + \cdots + a_d = 0$$

那么 $\beta = a_0\alpha$ 是度为 d 的代数,且有

$$\beta^d + a_1\beta^{d-1} + a_2 a_0 \beta^{d-2} + \cdots + a_d a_0^{d-1} = 0$$

因此是一个代数整数. 如果

$$\left| \alpha - \left(\frac{p}{q} \right) \right| > q^{-2-\delta}$$

那么

$$\left| \beta - \left(\frac{a_0 p}{q} \right) \right| < a_0 q^{-2-\delta}$$

因此如果对于 β,Roth 定理是成立的,那么对于 α,它也是成立的,它将足以证明代数整数的定理. 我们还

Hurwitz 定理

记得众所周知的事实(Hardy 和 Wright),如果 α 是一个代数整数,那么定义的 α 的多项式的系数等于 1.

引理 3 令 α 是一个代数整数,定义多项式
$$Q(x) = x^d + a_1 x^{d-1} + \cdots + a_{d-1} x + a_d$$
对于每个整数 $l \geq 0$,存在有理整数 $a_1^{(l)}, \cdots, a_d^{(l)}$,使得
$$\alpha^l = a_1^{(l)} \alpha^{d-1} + \cdots + a_{d-1}^{(l)} \alpha + a_d^{(l)}$$
且
$$|a_i^{(l)}| \leq (\overline{|Q|} + 1)^l, 1 \leq i \leq d$$

证明 我们从 l 开始,如果 $l < d$,则引理是真的. 假设引理对于 $l-1$ 也是真的,我们有
$$\begin{aligned}
\alpha^l &= \alpha^{l-1} \cdot \alpha = (a_1^{(l-1)} \alpha^{d-1} + \cdots + a_d^{(l-1)}) \alpha \\
&= a_1^{(l-1)} \alpha^d + a_2^{(l-1)} \alpha^{d-1} + \cdots + a_d^{(l-1)} \alpha \\
&= a_1^{(l-1)} (-a_1 \alpha^{d-1} - \cdots - a_{d-1} \alpha - a_d) + \\
&\quad a_2^{(l-1)} \alpha^{d-1} + \cdots + a_d^{(l-1)} \alpha \\
&= (a_2^{(l-1)} - a_1 a_1^{(l-1)}) \alpha^{d-1} + \cdots + \\
&\quad (a_d^{(l-1)} - a_{d-1} a_1^{(l-1)}) \alpha - a_d a_1^{(l-1)}
\end{aligned}$$

因此
$$\alpha^l = a_1^{(l)} \alpha^{d-1} + \cdots + a_{d-1}^{(l)} \alpha + a_d^{(l)}$$
是一个明显的符号. 对于每个 $i, 1 \leq i \leq d$,我们有估计
$$|a_i^{(l)}| \leq (\overline{|Q|} + 1)^{l-1} + \overline{|Q|} (\overline{|Q|} + 1)^{l-1} = (\overline{|Q|} + 1)^l$$

15.5 一个多项式的指数

令 $P(x_1, \cdots, x_m)$ 是一个含有有理整数系数的多项

第 15 章 向 Roth 致敬

式,$r_1,\cdots,r_m$ 是正整数,且 $(\alpha_1,\cdots,\alpha_m)$ 是 R^m 中的一个任意点.

定义 首先假设 $P\not\equiv 0$. P 关于 $(\alpha_1,\cdots,\alpha_m;r_1,\cdots,r_m)$ 的指数是

$$\frac{i_1}{r_1}+\cdots+\frac{i_m}{r_m}$$

的最小值,其中 $P_{i_1\cdots i_m}(\alpha_1,\cdots,\alpha_m)$ 不消失. 特别地,如果 $P(\alpha_1,\cdots,\alpha_m)\neq 0$,那么 P 的指数是 0.

如果 $P\equiv 0$,我们定义 P 的指数是 $+\infty$. 无论发生哪种情况,我们将由 Ind P 定义 P 的指数.

引理 令 $(\alpha_1,\cdots,\alpha_m)$ 及 $r_1,\cdots,r_m$ 像上面一样,是已知的. 关于这些参数,我们有:

(ⅰ) Ind $P_{\underline{i}} \geq$ Ind $P - \sum_{h=1}^{m}\frac{i_h}{r_h}$;

(ⅱ) Ind$(P^{(1)}+P^{(2)})\geq\min($Ind $P^{(1)},$Ind $P^{(2)})$;

(ⅲ) Ind$(P^{(1)}P^{(2)})=$ Ind $P^{(1)}+$ Ind $P^{(2)}$.

我们用(ⅱ)和(ⅲ)表示,该指数是 m 变量多项式环的赋值.

证明 (ⅰ)令 $T=P_{\underline{i}}$,假设

$$T_{\underline{j}}(\alpha_1,\cdots,\alpha_m)\neq 0$$

那么

$$P_{\underline{i}+\underline{j}}(\alpha_1,\cdots,\alpha_m)\neq 0$$

有

$$\frac{i_1+j_1}{r_1}+\cdots+\frac{i_m+j_m}{r_m}\geq \text{Ind } P$$

因此

Hurwitz 定理

$$\frac{j_1}{r_1} + \cdots + \frac{j_m}{r_m} \geq \mathrm{Ind}\, P - \sum_{h=1}^{m} \frac{i_h}{r_h}$$

且

$$\mathrm{Ind}\, T \geq \mathrm{Ind}\, P - \sum_{h=1}^{m} \frac{i_h}{r_h}$$

(ⅱ) 假设

$$(P^{(1)} + P^{(2)})_{\underline{i}}(\alpha_1, \cdots, \alpha_m) \neq 0$$

那么

$$P^{(1)}_{\underline{i}}(\alpha_1, \cdots, \alpha_m) \neq 0 \; 或 \; P^{(2)}_{\underline{i}}(\alpha_1, \cdots, \alpha_m) \neq 0$$

因此

$$\frac{j_1}{r_1} + \cdots + \frac{j_m}{r_m} \geq \mathrm{Ind}\, P^{(1)} \; 或 \; \frac{j_1}{r_1} + \cdots + \frac{j_m}{r_m} \geq \mathrm{Ind}\, P^{(2)}$$

所以

$$\mathrm{Ind}(P^{(1)} + P^{(2)}) \geq \min(\mathrm{Ind}\, P^{(1)}, \mathrm{Ind}\, P^{(2)})$$

(ⅲ) 在一个明显的符号中,我们有

$$(P^{(1)} P^{(2)})_{\underline{i}} = \sum_{\underline{i}' + \underline{i}'' = \underline{i}} c(\underline{i}, \underline{i}') P^{(1)}_{\underline{i}'} P^{(2)}_{\underline{i}''} \quad (1)$$

对于任意的整数点 $\underline{j} = (j_1, \cdots, j_m)$ 及 $j_h \geq 0\,(1 \leq h \leq m)$. (实际上,它也可以表示为 $c(\underline{i}, \underline{i}') = 1$;我们的 $P_{\underline{i}}$ 在偏导数上的一个明显优势.)

假设 $\underline{j}$ 被选出,那么

$$\sum_{h=1}^{m} \frac{j_h}{r_h} = \mathrm{Ind}(P^{(1)} P^{(2)})$$

$$(P^{(1)} P^{(2)})_{\underline{i}}(\alpha_1, \cdots, \alpha_m) \neq 0$$

由式(1),存在 $\underline{i}$ 和 $\underline{i}'$ 及 $\underline{i} + \underline{i}'' = \underline{j}$ 使得

$$P^{(1)}_{\underline{i}}(\alpha_1,\cdots,\alpha_m)\neq 0, P^{(2)}_{\underline{i}'}(\alpha_1,\cdots,\alpha_m)\neq 0$$

那么

$$\sum_{h=1}^{m}\frac{i_h}{r_h}\geqslant \operatorname{Ind} P^{(1)},\quad \sum_{h=1}^{m}\frac{i'_h}{r_h}\geqslant \operatorname{Ind} P^{(2)}$$

因此

$$\operatorname{Ind}(P^{(1)}P^{(2)})=\sum_{h=1}^{m}\frac{j_h}{r_h}=\sum_{h=1}^{m}\frac{i_h}{r_h}+\sum_{h=1}^{m}\frac{i'_h}{r_h}$$
$$\geqslant \operatorname{Ind} P^{(1)}+\operatorname{Ind} P^{(2)} \qquad (2)$$

相反地，存在 m 元组 i 及

$$\sum_{h=1}^{m}\frac{i_h}{r_h}=\operatorname{Ind} P^{(1)},\quad P^{(1)}_{\underline{i}}(\alpha_1,\cdots,\alpha_m)\neq 0$$

这些 $\underline{i}$，假设 $\underline{\bar{i}}=(\bar{i}_1,\cdots,\bar{i}_m)$ 是第一个字典式. 同样地，令 $\underline{\bar{i}'}=(\bar{i}'_1,\cdots,\bar{i}'_m)$ 是第一个 m 元组 $\underline{i}'$ 的字典式及

$$\sum_{h=1}^{m}\frac{i'_h}{r_h}=\operatorname{Ind} P^{(2)}$$

和

$$P^{(2)}_{\underline{i}'}(\alpha_1,\cdots,\alpha_m)\neq 0$$

由

$$\underline{j}=\underline{\bar{i}}+\underline{\bar{i}'}$$

我们有

$$(P^{(1)}P^{(2)})_{\underline{j}}(\alpha_1,\cdots,\alpha_m)$$
$$=c(\underline{\bar{i}},\underline{\bar{i}'})P^{(1)}_{\underline{\bar{i}}}(\alpha_1,\cdots,\alpha_m)P^{(2)}_{\underline{\bar{i}'}}(\alpha_1,\cdots,\alpha_m)\neq 0$$

由式(1)，这就建立了与式(2)相反的不等式.

Hurwitz 定理

15.6 指 数 定 理

定理 假设 α 是度为 d 的代数整数,$d \geqslant 2$. 又假设 $\varepsilon > 0$,且 m 是一个整数,满足

$$m > 16\varepsilon^{-2}\log 4d \qquad (1)$$

令 $r_1,\cdots,r_m$ 是正整数.

那么存在一个带有有理整数系数的多项式 $P(x_1,\cdots,x_m) \neq 0$,使得:

(i) 在 x_h 中,P 的度 $\leqslant r_h (1 \leqslant h \leqslant m)$;

(ii) P 的指数 $\geqslant \dfrac{m}{2}(1-\varepsilon)$,关于 $(\alpha,\alpha,\cdots,\alpha;r_1,\cdots,r_m)$;

(iii) $\overline{|p|} \leqslant B^{r_1+\cdots+r_m}$,其中 $B = B(\alpha)$.

证明 我们找到一个多项式

$$P(x_1,\cdots,x_m) = \sum_{j_1=0}^{r_1}\cdots\sum_{j_m=0}^{r_m} c(j_1,\cdots,j_m) x_1^{j_1}\cdots x_m^{j_m}$$

带有有理整系数 $C(j_1,\cdots,j_m)$ 使得(ii)和(iii)成立. 它的系数

$$N = (r_1+1)\cdots(r_m+1)$$

是由整数决定的. 由(ii),我们有

$$P_{\underline{i}}(\alpha,\alpha,\cdots,\alpha) = 0 \qquad (2)$$

因此

$$\left(\sum_{h=1}^{m}\frac{i_h}{r_h}\right) - \frac{m}{2} < -\frac{\varepsilon}{2}m$$

第15章 向Roth致敬

在15.3的引理1的观点中,m元组$\underline{i}$的个数至多是$(r_1+1)\cdots(r_m+1)\cdot 2e^{-\frac{\varepsilon^2 m}{16}}$. 下面是式(2)这些条件的数目,至多是

$$N \cdot \frac{2}{4d} = \frac{N}{2d}$$

由式(1).

式(2)的每一种情形是系数$C(j_1,\cdots,j_m)$中的一个线性方程. 这些方程的系数是有理整数乘以α的幂,因此将是代数. 但是α的每个幂都是$1,\alpha,\cdots,\alpha^{d-1}$含有有理整数系数的一个线性组合. 因此式(2)的每个条件都遵循在$C(j_1,\cdots,j_m)$中含有有理整数系数的线性关系d. 我们得到

$$M \leqslant d \cdot \frac{N}{2d} = \frac{N}{2}$$

这个线性方程,为$C(j_1,\cdots,j_m)$含有有理整数系数.

令A是这些有理整数系数的绝对值的最大值,对于在式(2)中的每一个$C(j_1,\cdots,j_m)$,问题中的系数有绝对值至多

$$\binom{j_1}{i_1}\cdots\binom{j_m}{i_m}(\lceil Q \rceil + 1)^l \leqslant 2^{j_1+\cdots+j_m}(\lceil Q \rceil + 1)^l$$

由引理5C:这里$Q(x)$是为α定义的多项式,且

$$l = (j_1 - i_1) + \cdots + (j_m - i_m)$$

因此

$$A \leqslant (2(\lceil Q \rceil + 1))^{r_1+\cdots+r_m}$$

由15.4的引理3,对于m元组$(j_1,\cdots,j_m)$,我们的线性方程组有一个与

Hurwitz 定理

$$|C(j_1,\cdots,j_m)| \leqslant Z \leqslant (NA)^{\frac{M}{N-M}} \leqslant NA$$
$$\leqslant 2^{r_1+\cdots+r_m}(2(\lceil Q \rceil+1))^{r_1+\cdots+r_m}$$
$$= B^{r_1+\cdots+r_m}$$

无关的整数解. 含有这些系数 $C(j_1,\cdots,j_m)$ 的多项式 P 满足

$$\lceil P \rceil \leqslant B^{r_1+\cdots+r_m}$$

其中 $B = B(\alpha) = 4(\lceil Q \rceil+1)$.

15.7 在 $(\alpha,\alpha,\cdots,\alpha)$ 附近的有理点 $P(x_1,\cdots,x_m)$ 的指数

假设 α 是度 $d \geqslant 2$ 的一个代数整数. 对于任意的 $\varepsilon > 0$, 令 $m = m(\alpha,\varepsilon)$ 是一个整数, 满足

$$m > 16\varepsilon^{-2}\log 4d$$

又令 $r_1,\cdots,r_m$ 是正整数且令 P 是一个满足 15.6 的定理结论的多项式.

定理 假设 $0 < \delta < 1$, 且

$$0 < \varepsilon < \frac{\delta}{36} \tag{1}$$

令 $\dfrac{p_1}{q_1},\cdots,\dfrac{p_m}{q_m}$ 是对于 α 的有理近似, 且

$$\left|\alpha - \frac{p_h}{q_h}\right| < q_h^{-2-\delta}, 1 \leqslant h \leqslant m \tag{2}$$

及

$$q_h^\delta > D, 1 \leqslant h \leqslant m \tag{3}$$

第 15 章　向 Roth 致敬

其中 $D = D(\alpha) > 0$. 又假设

$$r_1 \log q_1 \leq r_h \log q_h \leq (1+\varepsilon) r_1 \log q_1, 1 \leq h < m \quad (4)$$

那么 P 关于 $\left(\dfrac{p_1}{q_1}, \cdots, \dfrac{p_m}{q_m}; r_1, \cdots, r_m\right)$ 的指数 $\geq \varepsilon m$.

证明　假设 $j_1, \cdots, j_m$ 是非负整数,有

$$\sum_{h=1}^{m} \frac{j_h}{r_h} < \varepsilon m$$

令

$$T(x_1, \cdots, x_m) = P_{\underline{j}}(x_1, \cdots, x_m)$$

其中 $\underline{j} = (j_1, \cdots, j_m)$. 我们有

$$T\left(\frac{p_1}{q_1}, \cdots, \frac{p_m}{q_m}\right) = 0$$

由指数定理(15.6 的定理)有

$$\overline{|P|} \leq B^{r_1 + \cdots + r_m}$$

因此

$$\overline{|T|} \leq (2B)^{r_1 + \cdots + r_m}$$

由 15.4 的引理 1 得. 再次应用 15.4 的引理 1, 我们有

$$\overline{|T_{\underline{i}}|} \leq (4B)^{r_1 + \cdots + r_m}$$

对于非负整数的任意 m 元组 $\underline{i} = (i_1, \cdots, i_m)$ 成立. 因此在 $T_{\underline{i}}(\alpha, \alpha, \cdots, \alpha)$ 中,每个单项都有绝对值不大于

$$(4B)^{r_1 + \cdots + r_m} (\max(1, |\alpha|))^{r_1 + \cdots + r_m}$$

因为 $T_{\underline{i}}$ 至多是

$$(r_1 + 1) \cdots (r_m + 1) \leq 2^{r_1 + \cdots + r_m}$$

的和的单项式,我们有

$$|T_{\underline{i}}(\alpha, \alpha, \cdots, \alpha)| \leq (8B \max(1, |\alpha|))^{r_1 + \cdots + r_m} = C^{r_1 + \cdots + r_m}$$

$$(5)$$

Hurwitz 定理

其中 $C = C(\alpha)$.

由指数定理，P 关于 $(\alpha, \alpha, \cdots, \alpha; r_1, \cdots, r_m)$ 的指数 $\geq \dfrac{m}{2}(1-\varepsilon)$. 它遵循 15.5 的引理的部分(i), T 关于 $(\alpha, \alpha, \cdots, \alpha; r_1, \cdots, r_m)$ 的指数不小于

$$\frac{m}{2}(1-\varepsilon) - \sum_{h=1}^{m} \frac{j_h}{r_h} > \frac{m}{2}(1-3\varepsilon)$$

由 Taylor 公式得

$$T\left(\frac{p_1}{q_1}, \cdots, \frac{p_m}{q_m}\right) = \sum_{i_1=0}^{r_1} \cdots \sum_{i_m=0}^{r_m} T_{i_1 \cdots i_m}(\alpha, \alpha, \cdots, \alpha) \cdot$$

$$\left(\frac{p_1}{q_1} - \alpha\right)^{i_1} \cdots \left(\frac{p_m}{q_m} - \alpha\right)^{i_m}$$

从上面的段落可以看出，加式将消失，除非

$$\sum_{h=1}^{m} \frac{i_h}{r_h} > \frac{m}{2}(1-3\varepsilon)$$

在(2)和(5)的观点中，我们得到

$$\left| T\left(\frac{p_1}{q_1}, \cdots, \frac{p_m}{q_m}\right) \right| \leq \sum_{\underline{i}}{}' C^{r_1 + \cdots + r_m} \left(\frac{i_1 i_2 \cdots i_m}{q_1 q_2 \cdots q_m}\right)^{-2-\delta} \quad (6)$$

其中 $\sum'$ 表示在 $0 \leq i_h \leq r_h$ 中的整数 i_h 的 m 元组的总和

$$\sum_{h=1}^{m} \frac{i_h}{r_h} > m\left(\frac{1}{2} - 2\varepsilon\right)$$

对于这样的 m 元组，由式(4)(1)有

$$q_1^{i_1} q_2^{i_2} \cdots q_m^{i_m} = q_1^{r_1 \frac{i_1}{r_1}} q_2^{r_2 \frac{i_2}{r_2}} \cdots q_m^{r_m \frac{i_m}{r_m}}$$

$$\geq q_1^{r_1\left(\frac{i_1}{r_1} + \cdots + \frac{i_m}{r_m}\right)}$$

$$> q_1^{r_1 m (\frac{1}{2} - 2\varepsilon)} \geqslant \left(\frac{r_1 r_2 \cdots r_m}{q_1 q_2 \cdots q_m}\right)^{\frac{\frac{1}{2} - 2\varepsilon}{1 + \varepsilon}}$$

$$> \left(\frac{r_1 r_2 \cdots r_m}{q_1 q_2 \cdots q_m}\right)^{\frac{1}{2}(1 - 6\varepsilon)}$$

在式(6)中加式的个数 $\leqslant 2^{r_1 + \cdots + r_m}$,因此

$$\left| T\left(\frac{p_1}{q_1}, \cdots, \frac{p_m}{q_m}\right) \right| \leqslant \prod_{h=1}^{m} (2C q_h^{-\frac{1}{2}(1 - 6\varepsilon)(2 + \delta)})^{r_h}$$

$$\frac{1}{2}(1 - 6\varepsilon)(2 + \delta) > 1 + \frac{\delta}{2} - 9\varepsilon > 1 + \frac{\delta}{4}, \delta < 1$$

由式(1). 所以

$$2C q_h^{-\frac{1}{2}(1 - 6\varepsilon)(2 + \delta)} < 2C q_h^{-1 - \frac{\delta}{4}} < q_h^{-1}$$

如果 $q_h^{\delta} > (2C)^4$. 由式(3),如果我们令 $D = (2C)^4$,它是真的,得

$$\left| T\left(\frac{p_1}{q_1}, \cdots, \frac{p_m}{q_m}\right) \right| < \frac{1}{q_1^{r_1} q_2^{r_2} \cdots q_m^{r_m}}$$

回想 P,因此在 x_h 中 T 的度 $\leqslant r_h (1 \leqslant h \leqslant m)$,所以

$$T\left(\frac{p_1}{q_1}, \cdots, \frac{p_m}{q_m}\right) = \frac{N}{q_1^{r_1} q_2^{r_2} \cdots q_m^{r_m}}$$

对于一些整数 N 成立. 由上面的不等式,N 必然是 0,因此

$$T\left(\frac{p_1}{q_1}, \cdots, \frac{p_m}{q_m}\right) = 0$$

15.8　广义朗斯基行列式

假设 $\varphi_1, \cdots, \varphi_k$ 是 m 个变量 $x_1, \cdots, x_m$ 中的有理函

数. 我们考虑微分算子

$$\Delta = \frac{\partial^{i_1 + \cdots + i_m}}{\partial x_1^{i_1} \cdots \partial x_m^{i_m}}$$

这种微分算子的阶数是 $i_1 + \cdots + i_m$.

定义 一个 $\varphi_1, \cdots, \varphi_k$ 的广义朗斯基行列式是

$$\det(\Delta_i \varphi_j), 1 \leqslant i, j \leqslant k \tag{1}$$

的行列式,其中 $\Delta_1, \cdots, \Delta_k$ 是像上面一样的算子,Δ_i 的阶 $\leqslant i - 1 (1 \leqslant i \leqslant k)$.

注 令 $m = 1$,那么 Δ_1 是恒等算子,Δ_2 是恒等算子或 $\frac{\partial}{\partial x}$,$\Delta_3$ 是恒等算子或 $\frac{\partial}{\partial x}$ 或 $\frac{\partial^2}{\partial x^2}$ 等. 广义朗斯基行列式(1)是必要条件不能完全去掉,而是 $\Delta_1 = $ 恒等算子,$\Delta_2 = \frac{\partial}{\partial x}, \Delta_3 = \frac{\partial^2}{\partial x^2}, \cdots$. 在这里,式(1)变为

$$\det \begin{pmatrix} \varphi_1 & \varphi_2 & \cdots & \varphi_k \\ \varphi'_1 & \varphi'_2 & \cdots & \varphi'_k \\ \vdots & \vdots & & \vdots \\ \varphi_1^{(k-1)} & \varphi_2^{(k-1)} & \cdots & \varphi_k^{(k-1)} \end{pmatrix}$$

它是 $\varphi_1, \cdots, \varphi_k$ 的一般朗斯基行列式.

引理 假设 $\varphi_1, \cdots, \varphi_k$ 是在 $x_1, \cdots, x_m$ 中含有真正的系数的有理函数,那么至少有一个 $\varphi_1, \cdots, \varphi_k$ 的广义朗斯基行列式不等于零.

注 引理的逆也是真的,也就是说,如果 k 是线性相关的,那么 $\varphi_1, \cdots, \varphi_k$ 的所有朗斯基行列式等于零.

证明 我们用归纳法. 如果 $k = 1$,k 必然是恒等算子,且广义朗斯基行列式是 φ_1. 但是 φ_1 是线性无关

的,因此 $\varphi_1 \neq 0$.

假设现在在 $\varphi_1, \cdots, \varphi_k$ 是 $k(\geqslant 2)$ 个有理函数,且满足引理的假设. 令 Ω 是在 $x_1, \cdots, x_m$ 中含有真正系数的任意有理函数,$\Omega \neq 0$. 考虑函数

$$\varphi_i^* = \Omega \varphi_i, 1 \leqslant i \leqslant k$$

那么 $\varphi_1^*, \cdots, \varphi_k^*$ 也是线性无关的. $\varphi_1^*, \cdots, \varphi_k^*$ 的任意广义朗斯基行列式是 $\varphi_1, \cdots, \varphi_k$ 的广义朗斯基行列式的线性组合. (在线性组合中的系数是包含 Ω 的偏导数的有理函数.) 为了证明这个引理,因此 $\varphi_1^*, \cdots, \varphi_k^*$ 的一些广义朗斯基行列式并不能消失. 如果我们令 $\Omega = \varphi_1^{-1}$,那么

$$\varphi_1^* = 1, \varphi_2^* = \frac{\varphi_2}{\varphi_1}, \cdots, \varphi_k^* = \frac{\varphi_k}{\varphi_1}$$

这个论证表明,假设在给定的有理函数 $\varphi_1, \cdots, \varphi_k$ 的列表中,函数 φ_1 等于 1 是没有限制的.

所有的线性组合

$$c_1 \varphi_1 + \cdots + c_k \varphi_k$$

与实系数 $c_1, \cdots, c_k$ 形成一个维数是 k 的真的向量空间 V. 由 $k > 1$,且 $\varphi_1 = 1, \varphi_2$ 是线性无关的,那么 φ_2 不是常数. 因此对于一些 j,有 $\frac{\partial \varphi_2}{\partial x_j} \neq 0$. 不失一般性,我们假设 $\frac{\partial \varphi_2}{\partial x_1} \neq 0$. 令 W 是 V 的子空间,由所有元素 $c_1 \varphi_1 + \cdots + c_k \varphi_k$ 及

$$\frac{\partial}{\partial x_1}(c_1 \varphi_1 + \cdots + c_k \varphi_k) = 0$$

组成. W 不是零子空间,由 $\varphi_1 \in W$. 同样地,$W \neq V$,由

Hurwitz 定理

$\varphi_2 \notin W$. 相应地，如果我们令 $t = \dim W$，那么 $1 \leq t \leq k-1$.

我们选择了有理函数 $\psi_1, \cdots, \psi_k$，其中 $\psi_1, \cdots, \psi_t$ 是 W 的基底，而 $\psi_1, \cdots, \psi_k$ 是 V 的基底. 在归纳假设中，存在阶不大于 $0, 1, \cdots, t-1$ 的算子 $\Delta_1^*, \cdots, \Delta_t^*$，有

$$W_1 = \det(\Delta_i^* \psi_j) \neq 0, 1 \leq i, j < t$$

如果 $c_{t+1}, \cdots, c_k$ 是实数，不全为零，那么

$$\frac{\partial}{\partial x_1}(c_{t+1}\psi_{t+1} + \cdots + c_k \psi_k) \neq 0$$

这是成立的，因为 $\psi_{t+1}, \cdots, \psi_k$ 的子空间与 W 有交集 0. 换句话说，有理函数

$$\frac{\partial}{\partial x_1}\psi_{t+1}, \cdots, \frac{\partial}{\partial x_1}\psi_k$$

是线性无关的. 用归纳法，存在阶不大于 $0, 1, \cdots, k-t-1$ 的算子 $\Delta_{t+1}^*, \cdots, \Delta_k^*$，相应地，有

$$W_2 = \det\left(\Delta_i^* \frac{\partial}{\partial x_1}\psi_j\right) \neq 0, t < i, j \leq k$$

我们定义算子 $\Delta_i (1 \leq i \leq k)$ 如下

$$\Delta_i = \begin{cases} \Delta_i^*, & \text{如果 } 1 \leq i \leq t \\ \Delta_i^* \dfrac{\partial}{\partial x_1}, & \text{如果 } t < i \leq k \end{cases}$$

注意每个 Δ_i 的阶 $\leq i - 1$. 我们有

$$\begin{array}{cc} 1 \leq j \leq t & t < j \leq k \end{array}$$

$$\det(\Delta_i \psi_j) = \det\begin{pmatrix} \Delta_i^* \psi_j & \Delta_i^* \psi_j \\ 0 & \Delta_i^* \dfrac{\partial}{\partial x_1}\psi_j \end{pmatrix} \begin{array}{l} 1 \leq i \leq t \\ t < i \leq k \end{array}$$

$$= W_1 W_2 \neq 0$$

第15章 向Roth致敬

因为 $\psi_1,\cdots,\psi_k$ 是 $\varphi_1,\cdots,\varphi_k$ 的向量空间的基底,则

$$\det(\Delta_i\varphi_j)\neq 0$$

这就完成了证明.

15.9 Roth 引理

定理 假设

$$0<\varepsilon<\frac{1}{12} \tag{1}$$

令 m 是一个固定的正整数,使

$$\omega=\omega(m,\varepsilon)=24\cdot 2^{-m}\left(\frac{\varepsilon}{12}\right)^{2^{m-1}} \tag{2}$$

令 $r_1,\cdots,r_m$ 是正整数,有

$$\omega r_h\geq r_{h+1},1\leq h<m \tag{3}$$

假设 $0<\gamma\leq 1$,且令 $(p_1,q_1),\cdots,(p_m,q_m)$ 和 $q_h>0$ $(1\leq h\leq m)$ 以及

$$q_h^{r_h}\geq q_1^{\gamma r_1},1\leq h\leq m \tag{4}$$

$$q_h^{\omega\gamma}\geq 2^{3m},1\leq h\leq m \tag{5}$$

配对成互素的整数.

进一步,假设 $P(x_1,\cdots,x_m)\neq 0$ 是一个在 $x_h(1\leq h\leq m)$ 中含有有理整数系数,度 $\leq r_h$ 的一个多项式,又有

$$\overline{|P|}\leq q_1^{\omega\gamma r_1} \tag{6}$$

那么 P 的指数关于 $\left(\dfrac{p_1}{q_1},\cdots,\dfrac{p_m}{q_m};r_1,\cdots,r_m\right)$ 是 $\leq\varepsilon$.

Hurwitz 定理

注 这个定理通常用 $\gamma = 1$ 表示,多数 γ 的存在对于 Roth 定理的证明是没有必要的,但是它将在以后的推广中有用.

证明 我们关于 m 用归纳法.

当 $m = 1$ 时,我们有
$$P(x) = \left(x - \frac{p_1}{q_1}\right)^l M(x)$$

其中 $M(x)$ 是一含有有理系数的多项式,且 $M\left(\dfrac{p_1}{q_1}\right) \neq 0$. 因此
$$P(x) = (q_1 x - p_1)^l R(x) \qquad (7)$$
其中 $R(x) = q_1^{-l} M(x)$. $R(x)$ 是整数系数,它是 Gauss 引理的结果.

由式(7)可以看出,$P(x)$ 的主要系数可以被 q_1^l 整除,因此
$$q_1^l \leq \overline{|P|} \leq q_1^{\omega r_1} = q_1^{\varepsilon r_1}$$

所以 $\dfrac{l}{r_1} \leq \varepsilon$,是由于 $q_1 > 1$ 与(5). 但是 $\dfrac{l}{r_1}$ 是 P 关于 $\left(\dfrac{p_1}{q_1}; r_1\right)$ 的指数,如果 $m = 1$,则定理成立.

归纳步骤 $m - 1 \Rightarrow m$,考虑分解
$$P(x_1, \cdots, x_m) = \sum_{j=1}^{k} \varphi_j(x_1, \cdots, x_{m-1}) \psi_j(x_m) \qquad (8)$$
其中 $\varphi_1, \cdots, \varphi_k$ 及 $\psi_1, \cdots, \psi_k$ 是含有有理系数的多项式. 例如,分别取 $k = r_m + 1$ 和 $\psi_1, \cdots, \psi_k$ 等于 $1, x_m, x_m^2, \cdots, x_m^{r_m}$. 我们现在选取 k 为一个最小的分解. 特别地

第15章 向 Roth 致敬

$$R \leq r_m + 1$$

因为这个分解是 k 最小,所以函数 $\varphi_1, \cdots, \varphi_k$ 线性无关. 否则,会存在实数 $c_1, \cdots, c_k$,不全为零,例如

$$c_1 \varphi_1 + \cdots + c_k \varphi_k = 0$$

由于 $\varphi_1, \cdots, \varphi_k$ 含有有理系数,因此,实际上,存在着这些性质的有理数 $c_1, \cdots, c_k$. 然后,如果说 $c_k \neq 0$,我们有

$$P = \sum_{j=1}^{k-1} \varphi_j \left(\psi_j - \frac{c_j}{c_k} \psi_k \right)$$

与 k 的最小值相矛盾. 类似地,$\psi_1, \cdots, \psi_k$ 是线性无关的.

我们写

$$U(x_m) = \det\left(\frac{1}{(i-1)!} \frac{\partial^{i-1}}{\partial x_m^{i-1}} \psi_j(x_m) \right), 1 \leq i, j \leq k$$

由 15.8 的引理和前面的注得

$$U(x_m) \neq 0$$

同样由 15.8 的引理,存在算子

$$\Delta_i' = \frac{1}{i_1! \cdots i_{m-1}!} \frac{\partial^{i_1 + \cdots + i_{m-1}}}{\partial x_1^{i_1} \cdots \partial x_{m-1}^{i_{m-1}}}, 1 \leq i \leq k$$

它的阶为

$$i_1 + \cdots + i_{m-1} \leq i - 1 \leq k - 1 \leq r_m \tag{9}$$

又有

$$V(x_1, \cdots, x_{m-1}) \stackrel{\text{def}}{=} \det_{1 \leq i, j \leq k} (\Delta_i' \varphi_j) \neq 0$$

令

$$W(x_1, \cdots, x_m) = \det\left(\frac{1}{(j-1)!} \frac{\partial^{j-1}}{\partial x_m^{j-1}} \Delta_i' P \right), 1 \leq i, j \leq k$$

然后

Hurwitz 定理

$$W(x_1,\cdots,x_m) = \det\left(\sum_{r=1}^{k}(\Delta_i'\varphi_r)\left(\frac{1}{(j-1)!}\frac{\partial^{j-1}}{\partial x_m^{j-1}}\psi_r\right)\right)$$
$$= V(x_1,\cdots,x_{m-1})U(x_m) \neq 0$$

在行列式定义 W 中的项是 $P_{i_1\cdots i_{m-1}j-1}$ 的类型,因此这些项具有有理整数系数. 所以 W 是一个含有有理整数系数的多项式. 在继续进行之前,我们需要:

引理 令 Θ 是 W 关于 $\left(\dfrac{p_1}{q_1},\cdots,\dfrac{p_m}{q_m};r_1,\cdots,r_m\right)$ 的指数,那么

$$\Theta \leqslant \frac{k\varepsilon^2}{6}$$

引理的证明 多项式 U,V 不需要有有理系数,但显然有一个因数分解

$$W(x_1,\cdots,x_m) = V^*(x_1,\cdots,x_{m-1})U^*(x_m)$$

其中 U^*,V^* 含有有理整数系数.

接下来,我们得到 U^* 和 V^* 高度的估计,首先,我们有

$$\overline{|P_{i_1\cdots i_{m-1}j-1}|} \leqslant 2^{r_1+\cdots+r_m}\overline{|P|} \leqslant 2^{r_1+\cdots+r_m}q_1^{\omega\gamma r_1}$$

此外,在 $P_{i_1\cdots i_{m-1}j-1}$ 的项的个数 $\leqslant 2^{r_1+\cdots+r_m}$. 且 W 的行列式展开式的被加数的个数为

$$k! \leqslant k^{k-1} \leqslant k^{r_m} \leqslant 2^{kr_m}$$

由此可见

$$\overline{|W|} \leqslant 2^{kr_m}(2^{r_1+\cdots+r_m}2^{r_1+\cdots+r_m}q_1^{\omega r_1\gamma})^k \leqslant (2^{3mr_1}q_1^{\omega r_1\gamma})^k$$

由 $r_1 \geqslant r_2 \geqslant \cdots \geqslant r_m$ 及 (2) 和 (3) 得. 由式 (5),我们得

$$\overline{|W|} \leqslant (q_1^{2\omega r_1\gamma})^k = q_1^{2\omega\gamma r_1 k}$$

这个收率估计为

第15章 向Roth致敬

$$|U^*| \leqslant q_1^{2\omega\gamma r_1 k} \leqslant q_m^{2\omega r_m k}, |V^*| \leqslant q_1^{2\omega\gamma r_1 k} \quad (10)$$

我们现在应用归纳假设,更准确地说,我们应用定理,用 $m-1$ 表示 m,用 $kr_1,\cdots,kr_{m-1}$ 表示 $r_1,\cdots,r_m$,用 $\dfrac{\varepsilon^2}{12}$ 表示 ε,用 $V^*(x_1,\cdots,x_{m-1})$ 表示 $P(x_1,\cdots,x_m)$. 即通过我们的假设,式(3)和(5)是正确的,其中 $\omega = \omega(m,\varepsilon)$,因此对于

$$\omega\left(m-1,\frac{\varepsilon^2}{12}\right)=2\omega(m,\varepsilon)$$

这是更充分的,显然式(4)成立且式(1)成立,用 $\dfrac{\varepsilon^2}{12}$ 表示 ε.

由式(6)与(10)的类比,因为

$$|V^*| \leqslant q_1^{\omega\left(m-1,\frac{\varepsilon^2}{12}\right)\gamma(kr_1)}$$

因此 V^* 关于 $\left(\dfrac{p_1}{q_1},\cdots,\dfrac{p_{m-1}}{q_{m-1}};kr_1,\cdots,kr_{m-1}\right)$ 的指数是 $\leqslant \dfrac{\varepsilon^2}{12}$,所以 V^* 关于 $\left(\dfrac{p_1}{q_1},\cdots,\dfrac{p_{m-1}}{q_{m-1}};r_1,\cdots,r_{m-1}\right)$ 的指数是 $\leqslant \dfrac{k\varepsilon^2}{12}$. 如果我们考虑 V^* 作为一个在 $x_1,\cdots,x_m$ 中的多项式,那么 V^* 关于 $\left(\dfrac{p_1}{q_1},\cdots,\dfrac{p_m}{q_m};r_1,\cdots,r_m\right)$ 的指数仍然不大于 $\dfrac{k\varepsilon^2}{12}$.

不难发现,Roth 引理的假设满足于 $\gamma=1,m=1$,用 kr_m 代替 $r_1,\cdots,r_m$,用 $\dfrac{\varepsilon^2}{12}$ 表示 ε,用 $U^* = U^*(x_m)$ 表

Hurwitz 定理

示 $P(x_1, \cdots, x_m)$. (注意 $\omega\left(1, \dfrac{\varepsilon^2}{12}\right) \geqslant 2\omega(m, \varepsilon)$.) 因为 Roth 引理的 $m=1$ 已经建立, U^* 关于 $\left(\dfrac{p_1}{q_1}, \cdots, \dfrac{p_m}{q_m}; r_1, \cdots, r_m\right)$ 的指数 $\leqslant \dfrac{k\varepsilon^2}{12}$. 因为

$$W = U^* V^*$$

由 15.5 的引理的部分 (iii) 得到

$$\Theta \leqslant \frac{k\varepsilon^2}{12} + \frac{k\varepsilon^2}{12} = \frac{k\varepsilon^2}{6}$$

本节引理被建立了.

定理的证明完成. 令 θ 表示 P 关于 $\left(\dfrac{p_1}{q_1}, \cdots, \dfrac{p_m}{q_m}; r_1, \cdots, r_m\right)$ 的指数, 那么

$$\operatorname{Ind} P_{i_1 \cdots i_{m-1} j - 1} \geqslant \theta - \frac{i_1}{r_1} - \cdots - \frac{i_{m-1}}{r_{m-1}} - \frac{j-1}{r_m}$$

$$\geqslant \theta - \frac{i_1 + \cdots + i_{m-1}}{r_{m-1}} - \frac{j-1}{r_m}$$

$$\geqslant \theta - \frac{r_m}{r_{m-1}} - \frac{j-1}{r_m}$$

$$\geqslant \theta - \omega - \frac{j-1}{r_m}$$

$$\geqslant \theta - \frac{\varepsilon^2}{24} - \frac{j-1}{r_m}$$

正如前面提到的, 在 j 的行列式定义 W 中的每一项都是类型 $P_{i_1 \cdots i_m j - 1}$. 回想恒等式

$$\operatorname{Ind} P^{(1)} P^{(2)} = \operatorname{Ind} P^{(1)} + \operatorname{Ind} P^{(2)}$$

和由 15.5 的引理得到的不等式

$$\operatorname{Ind}(P^{(1)} + P^{(2)}) \geqslant \min(\operatorname{Ind} P^{(1)}, \operatorname{Ind} P^{(2)})$$

因为 W 是 k 个元素的乘积,每一列都有一个,我们知道

$$\Theta = \text{Ind } W \geq \sum_{j=1}^{k} \max\left(\theta - \frac{\varepsilon^2}{24} - \frac{j-1}{r_m}, 0\right)$$

$$\geq -\frac{k\varepsilon^2}{24} + \sum_{i=0}^{k-1} \max\left(\theta - \frac{i}{r_m}, 0\right)$$

因此

$$\sum_{i=0}^{k-1} \max\left(\theta - \frac{i}{r_m}, 0\right) \leq \Theta + \frac{k\varepsilon^2}{24} \leq \frac{k\varepsilon^2}{6} + \frac{k\varepsilon^2}{24} < \frac{k\varepsilon^2}{4}$$

(11)

我们考虑两种情形:

情形 I : $\theta > \frac{k-1}{r_m}$. 那么式(11)变为

$$\frac{1}{2}k\left(\theta + \theta - \frac{k-1}{r_m}\right) < k\frac{\varepsilon^2}{4}$$

它等价于

$$\theta + \left(\theta - \frac{k-1}{r_m}\right) < \frac{\varepsilon^2}{2}$$

但是 $\theta - \frac{k-1}{r_m} > 0$,因此 $\theta < \frac{\varepsilon^2}{2} < \varepsilon$.

情形 II : $\theta \leq \frac{k-1}{r_m}$,那么式(11)变为

$$\sum_{i=0}^{[\theta r_m]} \left(\theta - \frac{i}{r_m}\right) < \frac{k\varepsilon^2}{4}$$

得出

$$\frac{1}{2}\theta([\theta r_m] + 1) < \frac{k\varepsilon^2}{4}$$

又

Hurwitz 定理

$$\frac{1}{2}\theta^2 r_m < \frac{k\varepsilon^2}{4}$$

但是

$$k \leqslant r_m + 1 \leqslant 2r_m$$

因此

$$\frac{1}{2}\theta^2 r_m < \frac{1}{2}\varepsilon^2 r_m$$

所以 $\theta < \varepsilon$.

在这两种情况下，我们知道 P 关于 $\left(\dfrac{p_1}{q_1}, \cdots, \dfrac{p_m}{q_m}; r_1, \cdots, r_m\right)$ 的指数 $\theta < \varepsilon$. 这就完成了定理.

15.10　Roth 定理证明的总结

如 15.4 所指出的那样，我们可以把自身限定为代数整数. 假设存在一个 $\delta > 0$，使得

$$\left|\alpha - \frac{p}{q}\right| < q^{-2-\delta} \tag{1}$$

有无穷多个有理解 $\dfrac{p}{q}$，其中 α 是一个度 $d \geqslant 2$ 的代数整数. 我们进行如下：

(i) 假设，没有通用性的损失，$0 < \delta < 1$.

(ii) 选取 ε 为 $0 < \varepsilon < \dfrac{\delta}{36}$. 这就是 15.7 的式(1)，它蕴含 $0 < \varepsilon < \dfrac{1}{12}$，它是 15.9 的式(1).

(iii) 选取一个整数 m，其中 $m > 16\varepsilon^{-2}\log 4d$. 因此

第 15 章 向 Roth 致敬

15.6 的式(1)成立. 由 15.9 的式(2)定义 $\omega = \omega(m, \varepsilon)$.

(iv) 令 $\dfrac{p_1}{q_1}$ 是式(1)的一个解,其中 $(p_1, q_1) = 1$, $q_1 > 0$, 使得 $q_1^{\omega} > B^m$, 其中 $B = B(\alpha)$ 是 15.6 的定理的数量,那么由 $\gamma = 1, h = 1$, 15.7 的式(3)和 15.9 的(5)成立.

(v) 先后选择 $\dfrac{p_2}{q_2}, \cdots, \dfrac{p_m}{q_m}$ 在式(1), $(p_h, q_h) = 1$, $q_h > 0 (2 \leqslant h \leqslant m)$, 因此

$$\omega \log q_{h+1} \geqslant 2 \log q_h, \quad 1 \leqslant h \leqslant m-1$$

这个暗示 $q_1 < q_2 < \cdots < q_m$, 因此 15.7 的式(3)和 15.9 的式(5)在 $\gamma = 1$ 的条件下,对于 $h = 1, 2, \cdots, m$ 成立.

(vi) 令 r_1 是一个如此大的整数, $\varepsilon r_1 \log q_1 \geqslant \log q_m$.

(vii) 对于 $2 \leqslant h \leqslant m$, 令

$$r_h = \left[\dfrac{r_1 \log q_1}{\log q_h}\right] + 1$$

那么, 对于 $2 \leqslant h \leqslant m$, 我们有

$$r_1 \log q_1 < r_h \log q_h$$
$$\leqslant r_1 \log q_1 + \log q_h$$
$$\leqslant (1 + \varepsilon) r_1 \log q_1$$

这就得出 15.7 的式(4)和 15.9 的式(4)和 $\gamma = 1$. 从这一系列不等式,可得

$$r_{h+1} \log q_{h+1} \leqslant (1 + \varepsilon) r_h \log q_h, \quad 1 \leqslant h \leqslant m-1$$

因此

Hurwitz 定理

$$\omega r_h \geq \omega \frac{r_{h+1} \log q_{h+1}}{(1+\varepsilon) \log q_h}$$

$$\geq \frac{2}{1+\varepsilon} r_{h+1}, 1 \leq h \leq m-1$$

由(v),那里

$$\omega r_h \geq r_{h+1}, 1 \leq h \leq m-1$$

它是 15.9 的式(3).

15.6 的定理(指数定理)的条件是被满足的,因为 15.6 的式(1)成立. 令 $P(x_1, \cdots, x_m)$ 是一个满足指数定理结论的多项式. 15.7 的定理的假设(即 15.7 的式(1) (2)(3)(4))成立. 因此 P 关于 $\left(\frac{p_1}{q_1}, \cdots, \frac{p_m}{q_m}; r_1, \cdots, r_m\right)$ 的指数 M 是

$$M \geq \varepsilon m \qquad (2)$$

另一方面,15.9 的定理的假设(即 15.9 的(1) (2)(3)(4)(5)(6))在 $\gamma = 1$ 的条件下成立,即在 $\gamma = 1$ 的条件下,15.9 的式(6)成立是因为

$$|P| \leq B^{r_1 + \cdots + r_m} \leq B^{m r_1} \leq q_1^{\omega r_1}$$

15.9 的定理的结论是 P 关于 $\left(\frac{p_1}{q_1}, \cdots, \frac{p_m}{q_m}; r_1, \cdots, r_m\right)$ 的指数是 $\leq \varepsilon$. 但是这与式(2)矛盾. 这是理想的矛盾,Roth 定理也一样.

由于本书中许多原始文献都是英文的,所以先对其做一个简短的背景介绍是必要的. 简单介绍一下关于这一方向有哪些重大进展及历史结果.

1976 年,布劳德提出,对每个无理数 α 及每个 $\varepsilon >$

第 15 章 向 Roth 致敬

0,是否存在无穷多对素数 p,q,使 $\left|\alpha-\dfrac{p}{q}\right|<\dfrac{1}{q^{2-\varepsilon}}$ 成立？这是至今都没有获得解决的问题.

1926 年,辛钦证明了 Diophantine 逼近测度定理：在 Lebesgue 测度意义下对几乎所有的实数 α,不等式

$$\left|\alpha-\frac{p}{q}\right|<\frac{\psi(q)}{q}$$

的整数解有无穷多对还是有有穷多对,由级数 $\sum\limits_{q=1}^{\infty}\psi(q)$ 是发散还是收敛决定,这里 $\psi(\varepsilon)(\varepsilon>0)$ 是正的非增函数.

1844 年,Liouville 开创了实代数有理逼近的研究. 他证明了：如果 α 是次数为 d 的实代数数,那么存在一个常数 $C(\alpha)>0$,对于每个不等于 α 的有理数 $\dfrac{p}{q}$,有

$$\left|\alpha-\frac{p}{q}\right|>\frac{C(\alpha)}{q^{d}}$$

即如果 $\mu>d$,则不等式

$$\left|\alpha-\frac{p}{q}\right|<q^{-\mu}$$

只有有穷多个解 $\dfrac{p}{q}$,根据这一结果,Liouville 构造出人们第一个认识的超越数 $\alpha=\sum\limits_{v=1}^{\infty}2^{-v!}$. 以后人们不断改进 μ 值,直到得出 μ 与 d 无关的结果. 1909 年,图埃得出 $\mu>1+\dfrac{d}{2}$；1921 年,Siegel 改进为 $\mu>2\sqrt{d}$；1947 年,Dyson,1948 年,Gel'fond 各自独立地证明了 $\mu>\sqrt{2d}$；

Hurwitz 定理

1955 年,Roth 得到一个与 d 无关的结论. 他证明了:如果 α 是实代数数,其次数 $d \geq 2$,则对于任意的 $\varepsilon > 0$,不等式

$$\left|\alpha - \frac{p}{q}\right| < q^{-(2+\varepsilon)}$$

只有有穷多个解. 人们猜想这恐怕是最好的结果了.

在 1970 年,W. M. Schmidt 将 Roth 定理推广至联立逼近的情况,即如果 $\alpha_1, \cdots, \alpha_n$ 为实代数数且 $1, \alpha_1, \cdots, \alpha_n$ 在有理数域上线性无关,则对于任何 $\varepsilon > 0$,皆仅有有限多个正整数 q,使得

$$\|q\alpha_1\| \cdots \|q\alpha_n\| q^{1+\varepsilon} < 1$$

此处 $\|\xi\|$ 表示实数 ξ 至与它最近的整数的距离;特别是,由此得出

$$\left|\alpha_i - \frac{p_i}{q}\right| < q^{-\frac{n+1}{n-\varepsilon}}, i = 1, \cdots, n$$

仅有有限多组有理解 $\frac{p_1}{q}, \cdots, \frac{p_n}{q}$. 这一结果的对偶结果是:设 $\alpha_1, \cdots, \alpha_n, \varepsilon$ 如上所述,则仅有有限多组非零整数 $q_1, \cdots, q_n$,使得

$$\|q_1\alpha_1 + \cdots + q_n\alpha_n\| \cdot |q_1 \cdots q_n|^{1+\varepsilon} < 1$$

最后这个定理可以用来证明,如果 α 为代数数,k 为正整数,且 $\varepsilon > 0$,则仅有有限多个次数不超过 k 的代数数 ω,使得

$$|\alpha - \omega| < H(\omega)^{-k-1-\varepsilon}$$

此处 $H(\omega)$ 表示 ω 的高.

Thue, Siegel 与 Roth 工作的根本限制在于它是非有效的. Baker 成功地证明了,对于任何次数 $n \geq 3$ 的

第 15 章 向 Roth 致敬

代数数以及任何 $\kappa > n$,皆存在可以计算的常数 $c = c(\theta, \kappa) > 0$,使得

$$|\theta - \frac{y}{x}| > cx^{-n} \exp(\log x)^{\frac{1}{\kappa}}$$

对于所有整数 $x, y (x > 0)$ 成立. 这个结果是下面关于二元 Diophantus 方程的一个经典定理的有效表述的直接推论:设 $f = f(x, y)$ 为次数 $n \geq 3$ 的不可约二元型,具有整系数,并假定 $\kappa > n$,则对于任何正整数 m,方程 $f(x, y) = m$ 所有的整数解 x, y 皆满足

$$\max(|x|, |y|) < c\exp(\log m)^{\kappa}$$

此处 $c > 0$ 是一个依赖于 n, κ 与 f 的系数的可以计算的常数. Baker 先证明了一些定理,这些定理给出了以代数数为系数的代数数的对数的线性型的模的有效估计,利用这些定理,他证明了上述结果. 一个这种类型的典型的结果如下:设 $\alpha_1, \cdots, \alpha_n$ 为非零代数数,而 $\log \alpha_1, \cdots, \log \alpha_n$ 在有理数域上线性无关,且设 $\beta_0, \cdots, \beta_n$ 为不全为零的代数数,它们的次数与高分别不超过 d 与 H,则对于任何 $\kappa > n + 1$,皆有

$$|\beta_0 + \beta_1 \log \alpha_1 + \cdots + \beta_n \log \alpha_n| > c\exp(-\log(H)^{\kappa})$$

此处 $c > 0$ 为仅依赖于 $n, \kappa, \log \alpha_1, \cdots, \log \alpha_n$ 与 d 的可计算的常数.

这种类型的结果在数论中有很多重要应用. 例如我们可以得到 Гельфонд-Schneider 关于超越数定理的推广. 此外,基于 Baker 的结果,类数为 1 的虚二次域可以完全确定. 这是 Baker 与 H. M. Stark 独立解决的 (→二次域的数论).

Hurwitz 定理

Thue 关于二元 Diophantus 方程的解的有限性定理的改进和推广,是由 Baker 及其合作者得到的. 关于 Baker 结果的 ρ - adic 与 p - adic 类似也已得出.

15.11 Classical Metric Diophantine Approximation Revisited

15.11.1 Dirichlet Roth and the Metrical Theory

Diophantine approximation is based on a quantitative analysis of the property that the rational numbers are dense in the real line. Dirichlet's theorem, a fundamental result of this theory, says that given any real number x and any natural number N, there are integers p and q such that

$$|x - \frac{p}{q}| \leq \frac{1}{q}N, 0 < q < N$$

There is an extraordinarily rich variety of analogues and generalizations of this fact. Although simple, Dirichlet's result is best possible for all real numbers. Also it implies that for any irrational number x there are infinitely many rational numbers $\frac{p}{q}$ satisfying

$$|x - \frac{p}{q}| < \frac{1}{q^2}$$

The latter inequality can be sharpened a little by the mul-

第 15 章 向 Roth 致敬

tiplicative factor $\frac{1}{\sqrt{5}}$ but no further improvement is possible for the golden ratio $\frac{\sqrt{5}-1}{2}$ and its equivalents. This leads to the notion of badly approximable numbers: the irrational number x is badly approximable if there is a constant $c>0$ such that

$$\left|x-\frac{p}{q}\right|<\frac{c}{q^2} \qquad (1)$$

for no rationals $\frac{p}{q}$. Dirichlet's theorem can be improved for and only for badly approximable numbers. In the other direction, if for any constant $c>0$ there is a rational $\frac{p}{q}$ satisfying (1), then x is called well approximable. The sets of badly and well approximable numbers will be denoted by B and W respectively. Further, very well approximable numbers x satisfy the stronger condition that there exists an $\varepsilon=\varepsilon(x)>0$ such that

$$\left|x-\frac{p}{q}\right|<\frac{1}{q^{2+\varepsilon}}$$

for infinitely many rationals $\frac{p}{q}$. The set of such numbers will be denoted by V. The numbers which are not very well approximable will be called relatively badly approximable and will be denoted by R, thus $R_: = \frac{\mathbf{R}}{V}$. One readily sees that $B \subset R$. In 1912, Borel proved that V is of

Hurwitz 定理

Lebesgue measure zero (or null), so that its complement *R is of full measure. The Lebesgue measure of a set A* will be written as $|A|$; there should be no confusion with the symbol for modulus. As usually, we say that "almost no" number lies in V and "almost all" numbers lie in its complement R or that numbers in R are "typical". If numbers in a unit interval are considered, there is a natural interpretation in terms of probability: a number lies in V with probability zero and in R with probability one.

There are uncountably many badly approximable numbers, as they are characterized by having bounded partial quotients in their continued fraction expansion. This characterization also implies that B has Lebesgue measure zero and full Hausdorff dimension dim $B = 1$. The quadratic irrationals are known to be badly approximable and a natural but as yet unanswered question is whether other irrational algebraic numbers are of are not badly approximable. Roth proved the following remarkable result.

Theorem 1 All real irrational algebraic numbers are R – numbers.

From the metrical point of view, Roth's theorem shows that every real algebraic irrational number behaves typically.

15.11.2 Khintchine's Theorem

Loosely speaking, in the above section we have been

第 15 章 向 Roth 致敬

dealing with variations of Dirichlet's theorem in which the right hand side or error of approximation is either of the form cq^{-2} or of the form $q^{-2-\varepsilon}$. It is natural to broaden the discussion to general error functions. More precisely, given a function $\psi: \mathbf{N} \to \mathbf{R}^+$, a real number x is said to be ψ - approximable if there are infinitely many $q \in \mathbf{N}$ such that

$$\| qx \| < \psi(q) \qquad (2)$$

The function ψ governs the "rate" at which the rationals approximate the reals and will be referred to as an approximating function. Here and throughout, $\| x \|$ denotes the distance of x from the nearest integer and $\mathbf{R}^+ = [0, \infty)$. One can readily verify that the set of ψ - approximable numbers is invariant under translations by integer vectors. Therefore without any loss of generality and to ease the "metrical" discussion which follows, we shall restrict our attention to ψ - approximable numbers in the unit interval $\mathbf{I}: [0, 1)$. The set of such numbers is clearly a subset of $\mathbf{I}$ and will be denoted by $A(\psi)$, i.e.

$$A(\psi) := \{ x \in \mathbf{I}: \| qx \| < \psi(q)$$
$$\text{for infinitely many } q \in \mathbf{N} \}$$

In 1924, Khintchine established a beautiful and strikingly simple criterion for the "size" of the set $A(\psi)$ expressed in terms of Lebesgue measure. We will write the n - dimensional Lebesgue measure of a set X in $\mathbf{R}^n$ by $|X|_n$; when there is no risk of confusion the suffix will be

Hurwitz 定理

omitted. There should also be no confusion with the notation for a norm or modulus of a number or a vector. We give an improved modern version of this fundamental result.

Theorem 2 (Khintchine)　For any approximating function $\psi : \mathbf{N} \to \mathbf{R}^+$

$$|A(\psi)| = \begin{cases} 0 & \text{if } \sum_{r=1}^{\infty} \psi(r) < \infty \\ 1 & \text{if } \sum_{r=1}^{\infty} \psi(r) = \infty \text{ and } \psi \text{ is monotonic} \end{cases}$$

Remark　Regarding the above theorem and indeed the theorems and conjectures below, it is straightforward to establish the convergent statements; i. e. if the sum in question converges then the set in question is of zero measure.

In Khintchine's theorem, the divergence case constitutes the main substance and involves the extra monotonicity condition. This condition cannot in general be relaxed, as shown by Duffin and Schaeffer in 1941. They constructed a non-monotonic approximating function ϑ for which the sum $\sum_{q} \vartheta(q)$ diverges but $|A(\vartheta)|_1 = 0$. Nevertheless, in the case of arbitrary ψ, Duffin and Schaeffer produced a conjecture that we now discuss.

The integer p implicit in the inequality (2) satisfies

$$\left| x - \frac{p}{q} \right| < \frac{\psi(q)}{q} \qquad (3)$$

第15章 向Roth致敬

To relate the rational $\frac{p}{q}$ with the error of approximation $\frac{\psi(q)}{q}$ uniquely, we impose the coprimality condition $(p, q) = 1$. In this case, let $A'(\psi)$ denote the set of x in $\mathbf{I}$ for which the inequality (3) holds for infinitely many $(p, q) \in \mathbf{Z} \times \mathbf{N}$ with $(p, q) = 1$. Clearly $A'(\psi) \subset A(\psi)$, so that the convergence part of Khintchine's theorem remains valid if $A(\psi)$ is replaced by $A'(\psi)$. In fact, for any approximating function $\psi : \mathbf{N} \to \mathbf{R}^+$ one easily deduces that

$$|A'(\psi)| = 0 \quad \text{if} \quad \sum_{r=1}^{\infty} \varphi(r) \frac{\psi(r)}{r} < \infty$$

Here, and throughout, φ is the Euler function. A less obvious fact is that the divergence part of Khintchine's theorem, when ψ is required to be monotonic, holds for $A'(\psi)$, i.e. for ψ monotonic, the coprimality condition $(p, q) = 1$ is irrelevant. As already mentioned above, this is not the case if we remove the monotonicity condition and the appropriate statement is given by a famous conjecture.

Duffin-Schaeffer Conjecture For any approximating function $\psi : \mathbf{N} \to \mathbf{R}^+$

$$|A'(\psi)| = 1 \quad \text{if} \quad \sum_{r=1}^{\infty} \varphi(r) \frac{\psi(r)}{r} = \infty$$

Although various partial results have been established, the full conjecture represents one of the most difficult and profound unsolved problems in metric number

Hurwitz 定理

theory.

We now turn our attention to the "raw" set $A(\psi)$ on which no monotonicity or coprimality conditions are imposed. It is known that the one-dimensional Lebesgue measure of $A(\psi)$ is either zero or one but this is far from providing a criterion for $|A(\psi)|$ akin to the Duffin-Schaeffer conjecture for $A'(\psi)$ or Khintchine's theorem for $A(\psi)$ with ψ monotonic. The following conjecture provides such a criterion.

Catlin Conjecture For any approximating function $\psi: \mathbf{N} \to \mathbf{R}^+$

$$|A(\psi)| = 1 \quad \text{if} \quad \sum_{r=1}^{\infty} \varphi(r) \max_{t \geq 1} \frac{\psi(rt)}{rt} = \infty$$

Thinking geometrically, given a rational point $\frac{s}{r}$ with $(s, r) = 1$, consider all its representations $\frac{p}{q}$ with $p = ts$ and $q = tr$ for some $t \in \mathbf{N}$. The length of the largest interval given by (3) is precisely the maximum term appearing in the above conjecture.

To the best of our knowledge, it is not known whether the Duffin-Schaeffer conjecture is equivalent to the Catlin conjecture. For the current situation regarding these conjectures. It is remarkable that in the simultaneous setup the analogues of these conjectures have been completely settled.

We conclude this section by revisiting Roth's theorem and discussing a related conjecture due to Waldschmidt, which currently seems well beyond reach.

Waldschmidt Conjecture Let ψ be a monotonic approximating function such that

$$\sum_{r=1}^{\infty} \psi(r) < \infty$$

and let $\alpha \in \mathbf{I}$ be a real algebraic irrational number. Then $\alpha \notin A(\psi)$.

The conjecture is a general version of Lang's conjecture. The latter corresponds to the case that $\psi : r \mapsto r^{-1}(\log q)^{-1-\varepsilon}$ with arbitrary $\varepsilon > 0$, i.e. for every positive ε, the inequality

$$\| q\alpha \| < q^{-1}(\log q)^{-1-\varepsilon}$$

has only finitely many solutions. Note that in view of the imposed convergent sum condition, we have $|A(\psi)| = 0$. Thus, from the metrical point of view, the Waldschmidt conjecture simply states that α behaves typically in the sense that α belongs to the set $\mathbf{I} \setminus A(\psi)$ of full measure. This clearly strengthens the notion of typical as implied by Roth's theorem.

Within the statement of the Waldschmidt conjecture, it is natural to question the relevance of the monotonicity assumption. In other words, does it make sense to consider the following stringer form of the conjecture?

Let ψ be an approximating function such that

$$\sum_{r=1}^{\infty} \varphi(r) \frac{\psi(r)}{r} < \infty$$

Hurwitz 定理

and let $\alpha \in \mathbf{I}$ be a real algebraic irrational number. Then $\alpha \notin A(\psi)$.

This statement is easily seen to be false. For $q \in \mathbf{N}$, let
$$\psi^*(q) := \|q\alpha\|$$
Obviously
$$\liminf_{q \to \infty} \psi^*(q) = 0$$
Therefore there exists a sequence $\{q_n\}_{n \in \mathbf{N}}$ such that
$$\sum_{n=1}^{\infty} \psi^*(q_n) < \infty$$
Now, set $\psi(q) = \psi^*(q)$ if $q = q_n$ for some n, and $\psi(q) = 0$ otherwise. Thus for the non-monotonic approximating function ψ, we have
$$\sum_{r=1}^{\infty} \varphi(r) \frac{\psi(r)}{r} < \sum_{r=1}^{\infty} \psi(r) < \infty \quad \text{but} \quad \alpha \in A(\psi)$$

The upshot of this is that the monotonicity assumption in the Waldschmidt conjecture cannot be removed. However, the example given above is somewhat artificial and it makes perfect sense to study "density" questions of the following type.

For a given approximating function ψ, how large is the set of ψ – approximable algebraic numbers of degree n compared to the set of all algebraic numbers of degree n?

Even for monotonic approximating functions, considering this question would give a partial "metrical" or "density" answer to the Waldschmidt conjecture.

15.11.3 Simultaneous Approximation by Rationals

In simultaneous diophantine approximation, one considers the set $A_m(\psi)$ of points $\boldsymbol{x} = (x_1, \cdots, x_m) \in \mathbf{I}^m := [0,1)^m$ for which the inequality

$$\|q\boldsymbol{x}\| := \max\{\|qx_1\|, \cdots, \|qx_m\|\} < \psi(q)$$

holds for infinitely many positive integers q. Khintchine extended his one-dimensional result discussed in 15.11.2 to simultaneous approximation.

Theorem 3 (Khintchine) For any approximating function $\psi : \mathbf{N} \to \mathbf{R}^+$

$$|A_m(\psi)|_m = \begin{cases} 0 & \text{if } \sum_{r=1}^{\infty} \psi^{(m)}(r) < \infty \\ 1 & \text{if } \sum_{r=1}^{\infty} \psi^m(r) = \infty \text{ and } \psi \text{ is monotonic} \end{cases}$$

As with the one-dimensional statement, Khintchine originally had a stronger monotonicity condition. It turns out that the monotonicity condition can be safely removed from Khintchine's theorem for $m \geq 2$. In fact, this is a simple consequence of the next result that deals with the setup in which a natural coprimality condition on the rational approximates is imposed.

Let $A'_m(\psi)$ denote the set of points $\boldsymbol{x} := (x_1, \cdots, x_m) \in \mathbf{I}^m$ for which the inequality

$$\left| \boldsymbol{x} - \frac{\boldsymbol{p}}{q} \right| < \frac{\psi(q)}{q}, (p_1, \cdots, p_m, q) = 1 \qquad (4)$$

is satisfied for infinitely many $(\boldsymbol{p}, q) \in \mathbf{Z}^m \times \mathbf{N}$. The coprimality condition imposed in the definition of $A'_m(\psi)$ ensures that the points in $\mathbf{I}^m$ are approximated by distinct rationals; i. e. the points $\dfrac{\boldsymbol{p}}{q} := (\dfrac{p_1}{q}, \cdots, \dfrac{p_m}{q})$ are distinct. The following metric result concerning the set $A'_m(\psi)$ is due to Gallagher and is free from any monotonicity condition.

Theorem 4 (Gallagher) Let $m \geqslant 2$. For any approximating function $\psi: \mathbf{N} \to \mathbf{R}^+$

$$|A'_m(\psi)|_m = \begin{cases} 0 & \text{if } \sum_{r=1}^{\infty} \psi^{(m)}(r) < \infty \\ 1 & \text{if } \sum_{r=1}^{\infty} \psi^m(r) = \infty \end{cases}$$

To see that Gallagher's theorem removes the monotonicity requirement from Khintchine's theorem for $m \geqslant 2$, simply note that divergent / convergent sum condition is the same in both statements and that $A'_m(\psi) \subset A_m(\psi)$. The latter implies that $|A_m(\psi)|_m = 1$ whenever $|A'_m(\psi)|_m = 1$. Thus for $m \geqslant 2$, we are able to establish a criterion for the size of the "raw" set $A_m(\psi)$ on which no monotonicity or coprimality conditions are imposed. In particular, we have the following divergent satement as a corollary to Gallagher's theorem.

Corollary 1 Let $m \geqslant 2$. For any approximating function $\psi: \mathbf{N} \to \mathbf{R}^+$

$$|A_m(\psi)|_m = 1 \quad \text{if } \sum_{r=1}^{\infty} \psi^m(r) = \infty$$

第 15 章 向 Roth 致敬

This naturally settles the (simultaneous) higher dimensional analogue of the Catlin conjecture which we now formulate.

Simultaneous Catlin Conjecture For any approximating function $\psi:\mathbf{N}\to\mathbf{R}^+$

$$|A_m(\psi)|_m = 1 \quad \text{if} \quad \sum_{r=1}^{\infty} N_m(r) \max_{t\geqslant 1}\left(\frac{\psi(rt)}{rt}\right)^m = \infty \tag{5}$$

where

$$N_m(r) := \#\{(p_1,\cdots,p_m) \in \mathbf{Z}^m : \\ (p_1,\cdots,p_m,r) = 1, 0 \leqslant p_i < r \text{ for all } i\}$$

is the number of distinct rational points with denominator r in the unit cube $\mathbf{I}^m$.

In the one dimensional case, $N_m(r)$ is simply $\varphi(r)$, and (5) reduces to the original Catlin conjecture. For $m \geqslant 2$, it is not difficult to verify that $N_m(r) \asymp r^m$, where $\asymp$ means comparable and is defined to be the "double" Vinogradov symbol, that is both $\ll$ and $\gg$. This, together with a nifty geometric argument, enables us to conclude that

$$\sum_{r=1}^{\infty} N_m(r) \max_{t\geqslant 1}\left(\frac{\psi(rt)^m}{rt}\right)^m \asymp \sum_{r=1}^{\infty} \psi^m(r)$$

The following equivalence is now obvious:

Corollary 1 $\Leftrightarrow$ Simultaneous Catlin conjecture for $m \geqslant 2$ \hfill (6)

The (simultaneous) higher dimensional analogue of the Duffin-Schaeffer conjecture requires the stronger coprimality condition that the coordinates $p_1, \cdots, p_m$ of the vector $\boldsymbol{p} \in \mathbf{Z}^m$ are pairwise coprime to q. The corresponding set of ψ - approximable points will be denoted by $A_m''(\psi)$ and consists of points $\boldsymbol{x} \in \mathbf{I}^m$ for which the inequality in (4) is satisfied for infinitely many $(\boldsymbol{p}, q) \in \mathbf{Z}^m \times \mathbf{N}$ with $(p_j, q) = 1$ for $j = 1, \cdots, m$. In 1990, Pollington and Vaughan established the simultaneous Duffin-Schaeffer conjecture for $m \geqslant 2$.

Theorem 5 (Pollington and Vaughan) Let $m \geqslant 2$. For any approximating function $\psi: \mathbf{N} \rightarrow \mathbf{R}^+$

$$|A_m''(\psi)|_m = \begin{cases} 0 & \text{if } \sum_{r=1}^{\infty} \varphi^m(r) (\frac{\psi(r)}{r})^m < \infty \\ 1 & \text{if } \sum_{r=1}^{\infty} \varphi^m(r) (\frac{\psi(r)}{r})^m = \infty \end{cases}$$

Notice that this theorem does not imply Gallagher's theorem nor does it imply the simultaneous Catlin conjecture for $m \geqslant 2$. The books of Sprindžuk and Harman contain a variety of generalizations of the above results including asymptotic formulae for the number of solutions, inhomogeneous version of Gallagher's theorem and approximation with different approximating functions in each coordinate.

15.11.4 Dual Approximation and Groshev's Theorem

Instead of approximation by rational points as considered in the previous section, one can consider the close-

ness of the point $x = (x_1, \cdots, x_n) \in \mathbf{R}^n$ to rational hyperplanes given by the equations $q \cdot x = p$ with $p \in \mathbf{Z}$ and $q \in \mathbf{Z}^n$. The point $x \in \mathbf{R}^n$ will be called dually ψ – approximable if

$$|q \cdot x - p| < \psi(|q|)$$

for infinitely many $(p, q) \in \mathbf{Z} \times \mathbf{Z}^n$, where

$$|q| := |q|_\infty = \max\{|q_1|, \cdots, |q_n|\}.$$

The set of dually ψ – approximable points in $\mathbf{I}^n$ will be denoted by $A_n^*(\psi)$. The argument of the approximating function depends on the sup norm of q but it could also easily be chosen to depend on $q \in \mathbf{Z}^n$. In what follows, we shall consider the sup norm $|q|$ and will continue to use ψ to denote an approximating function on $\mathbf{N}$; i. e. We consider $\psi(|q|)$ where $\psi: \mathbf{N} \to \mathbf{R}^+$. However in the next section we shall discuss the general case, when we will use Ψ to denote an approximating function with argument in $\mathbf{Z}^n$; i. e. we consider $\Psi(q)$ where $\Psi: \mathbf{Z}^n \to \mathbf{R}^+$.

The simultaneous and dual forms of approximation are special cases of a system of linear forms, covered by a general extension due to Groshev. This treats real $n \times m$ matrices X, regarded as points in $\mathbf{R}^{nm}$, which are ψ – approximable. More precisely, $X = (x_{ij}) \in \mathbf{R}^{nm}$ is said to be ψ – approximable if

$$\|qX\| < \psi(|q|)$$

for infinitely many $q \in \mathbf{Z}^n$. Here qX is the system $q_1 x_{1j} + \cdots + q_n x_{nj}, 1 \leq j \leq m$, of m real linear forms in n

Hurwitz 定理

variables and

$$\| qX \| := \max_{1 \leqslant j \leqslant m} \| q \cdot X^{(j)} \|$$

where $X^{(j)}$ is the j – th column vector of X.

As the set of ψ – approximable points is translation invariant under integer vectors, we can restrict attention to the nm – dimensional unit cube $\mathbf{I}^{nm}$. The set of ψ – approximable points in $\mathbf{I}^{nm}$ will be denoted by

$$A_{n,m}(\psi) := \{X \in \mathbf{I}^{nm} : \| qX \| < \psi(|q|)$$

for infinitely many $q \in \mathbf{Z}^n\}$

Thus

$$A_m(\psi) = A_{1,m}(\psi)$$

and

$$A_n^*(\psi) = A_{n,1}(\psi)$$

The following result naturally extends Khintchine's simultaneous theorem to the linear forms setup.

Theorem 6 (Groshev) For any approximating function $\psi : \mathbf{N} \to \mathbf{R}^+$

$$| A_{n,m}(\psi) |_{nm} = \begin{cases} 0 & \text{if } \sum_{r=1}^{\infty} r^{n-1} \psi^m(r) < \infty \\ 1 & \text{if } \sum_{r=1}^{\infty} r^{n-1} \psi^m(r) = \infty \end{cases}$$

and ψ is monotonic

The counterexample due to Duffin and Schaeffer mentioned in 15.11.2 means that the monotonicity condition cannot be dropped from Groshev's theorem when $m = n = 1$. To avoid this situation, let $m + n > 2$. Then for

$n = 1$, we have already seen from Corollary 1 that as a consequence of Gallagher's theorem the monotonicity condition can be removed. Furthermore, the monotonicity condition can also be removed for $n > 2$, this time due to a result of Sprindžuk which we discuss in Section 15.11.5. However, the situation $n = 2$ seems to be unresolved and we make the following conjecture.

Conjecture A Let $m + n > 2$, For any approximating function $\psi : \mathbf{N} \to \mathbf{R}^+$

$$\mid A_{n,m}(\psi) \mid_{nm} = 1 \quad \text{if} \quad \sum_{r=1}^{\infty} r^{n-1} \psi^m(r) = \infty$$

To reiterate the discussion immediately before the statement of the conjecture, it is only the case $n = 2$ which is problematic. It is plausible that it can be resolved using existing techniques. Note that for $m + n > 2$, Conjecture A provides a criterion for the size of the "raw" set $A_{n,m}(\psi)$ on which no monotonicity or coprimality conditions are imposed. In view of this, for approximating functions with sup norm argument, Conjecture A should naturally be equivalent to the linear forms analogue of the Catlin conjecture.

It is possible to formulate the linear forms analogue of both the Duffin-Schaeffer conjecture and the Catlin conjecture. However, this will be postponed till the next section in which we consider multi-variable approximating functions $\Psi : \mathbf{Z}^n \to \mathbf{R}^+$ and thereby formulate the conjectures in full generality. We shall indeed see that Conjecture A is equivalent to the linear forms analogue of the Catlin conjecture for approximating functions with sup norm argument.

15.11.5 More General Approximating Functions

Throughout this section we assume that $n \geq 2$ unless stated otherwise. Sprindžuk describes a very general setting for a diophantine system of linear forms. Let $\{S_q\}$ be a sequence of measurable sets in $\mathbf{I}^m$ indexed by integer points $q \in Z$, where $Z \subset \mathbf{Z}^n \setminus \{0\}$. Define $A_{n,m}(\{S_q\})$ to consist of points $X \in \mathbf{I}^{nm}$ such that there are infinitely many $q \in Z$ satisfying $qX \in S_q$ mod 1. Then

$$|A_{n,m}(\{S_q\})|_{nm} = \begin{cases} 0 & \text{if } \sum_{q \in Z} |S_q| < \infty \\ 1 & \text{if } \sum_{q \in Z} |S_q| = \infty \end{cases} \quad (7)$$

and any two vectors in Z are non-parallel

This extremely general result enables us to generalise the setup of 15.11.4 in two significant ways. Firstly, we are able to consider arbitrary approximating functions Ψ: $\mathbf{Z}^n \to \mathbf{R}^+$ rather than restrict the argument of Ψ to the sup norm of q. Secondly, we are naturally able to consider inhomogeneous problems. Define

$$A_{n,m}^b \Psi := \{X \in \mathbf{I}^{nm} : \|qX + b\| < \Psi(\mathbf{q})$$
$$\text{for infinitely many } q \in \mathbf{Z}^n\} \quad (8)$$

Here $b \in [0,1)^m$ is a fixed vector that represents the "in-

homogeneous" or "shifted" part of approximation. Now let $\boldsymbol{P}^n$ denote the set of primitive vectors in $\boldsymbol{Z}^n$; i.e. non-zero integer vectors with coprime components. It is easy to see that the statement given by (7) with $Z = \boldsymbol{P}^n$ specializes to give the following result.

Theorem 7 (Sprindžuk) Let $\Psi: \boldsymbol{Z}^n \to \boldsymbol{R}^+$ and suppose that $\Psi(\boldsymbol{q}) = 0$ for $\boldsymbol{q} \notin \boldsymbol{P}^n$. Then for $n \geq 2$

$$|A_{n,m}^b(\Psi)|_{nm} = \begin{cases} 0 & \text{if } \sum_{\boldsymbol{q} \in \boldsymbol{Z}^n} \Psi^m(\boldsymbol{q}) < \infty \\ 1 & \text{if } \sum_{\boldsymbol{q} \in \boldsymbol{Z}^n} \Psi^m(\boldsymbol{q}) = \infty \end{cases} \quad (9)$$

Of course the primitivity condition in the theorem, namely that Ψ vanishes on nonprimitive integer vectors, imposes a primitivity condition on the set $A_{n,m}^b(\Psi)$, namely that the vectors $\boldsymbol{q} \in \boldsymbol{Z}^n$ associated with (8) are primitive.

We now consider a special case of Sprindžuk's theorem in which the argument of Ψ is restricted to the sup norm. In keeping with the notation used in 15.11.4, we write ψ for Ψ and so $\Psi(\boldsymbol{q}) = \psi(|\boldsymbol{q}|)$ for $\boldsymbol{q} \in \boldsymbol{Z}^n$. Let $n \geq 3$. Then the number of primitive vectors $\boldsymbol{q} \in \boldsymbol{Z}^n$ with $|\boldsymbol{q}| = r$ is comparable to r^{n-1}. Thus the number of primitive vectors $\boldsymbol{q} \in \boldsymbol{Z}^n$ with $|\boldsymbol{q}| = r$ is comparable to r^{n-1}. Thus the number of primitive vectors is comparable to the number of vectors without any primitivity restriction. Hence the divergence condition in (9) is equivalent to

Hurwitz 定理

$$\sum_{r=1}^{\infty} r^{n-1} \psi^m(r) = \infty$$

The latter is precisely the divergent sum appearing in Groshev's theorem. The upshot of this is that Sprindžuk's theorem removes the monotonicity requirement from Groshev's theorem when $n \geqslant 3$. A similar argument in the case $n = 2$ does not yield an equivalent improvement in Groshev's theorem. The reason for this is that the number of primitive vectors $\boldsymbol{q} \in \mathbf{Z}^2$ with $|\boldsymbol{q}| = r$ is comparable to $\varphi(r)$ whereas the number of vectors without any primitivity restriction is comparable to r. In short, when $n = 2$ the divergent sum appearing in Sprindžuk's theorem is not equivalent to that appearing in Groshev's theorem.

The primitivity condition cannot in general be omitted from Sprindžuk's theorem. To give a counterexample, we consider the case $m = 1$ and $m \geqslant 2$. For $\boldsymbol{q} = (q_1, \cdots, q_n) \in \mathbf{Z}^n \setminus \{0\}$, let

$$\Psi_\vartheta(\boldsymbol{q}) := \begin{cases} \vartheta(|q_1|) & \text{if } \boldsymbol{q} = (q_1, 0, \cdots, 0) \\ 0 & \text{otherwise} \end{cases} \quad (10)$$

where ϑ is the function constructed by Duffin and Schaeffer; see 15.11.2. Obviously

$$\sum_{\boldsymbol{q} \in \mathbf{Z}^n \setminus \{0\}} \Psi_\vartheta(\boldsymbol{q}) = \sum_{q \in \mathbf{Z} \setminus \{0\}} \vartheta(|q|) = \infty$$

On the other hand

$$A_{n,1}(\Psi) = A(\vartheta) \times \mathbf{I}^{n-1}$$

so

$$|A_{n,1}(\Psi_\vartheta)| = |A(\vartheta)| \cdot |\mathbf{I}^{n-1}| = 0 \cdot 1 = 0$$

Clearly Ψ_ϑ does not satisfy the primitivity condition in Sprindžuk's theorem.

The above counterexample implies the primitivity condition cannot be omitted from Sprindžuk's theorem for the dual form of approximation; namely when considering the dual set

$$A_n^*(\Psi) := A_{n,1}(\Psi)$$

However, if $m > 1$, so that we are dealing with a system of more than one linear form, no similar counterexample appears to be possible. Indeed we strongly believe in the truth of the following conjecture concerning the set

$$A'_{n,m}(\Psi) := \{X \in \mathbf{I}^{nm} : |qX+p| < \Psi(q)$$

for infinitely many

$$(p,q) \in \mathbf{Z}^m \times \mathbf{Z}^n \text{ with } (p_1,\cdots,p_m,q_1,\cdots,q_n) = 1\}$$

(11)

Conjecture B Let $\Psi: \mathbf{Z}^n \to \mathbf{R}^+$ and suppose that $m > 1$. Then

$$|A'_{n,m}(\Psi)|_{nm} = 1 \text{ if } \sum_{q \in \mathbf{Z}^n \setminus \{0\}} \Psi^m(q) = \infty$$

Obviously for every $q \in \boldsymbol{P}^n$ the coprimality condition in (11) is satisfied. Hence

$$A_{n,m}(\Psi) = A'_{n,m}(\Psi)$$

for any Ψ vanishing outside $\boldsymbol{P}^n$. Thus Conjecture B covers Sprindžuk's theorem in the case $m > 1$. Furthermore, since

$$A'_{n,m}(\Psi) \subset A_{n,m}(\Psi)$$

Hurwitz 定理

Conjecture B would imply the following statement for the "raw" set $A_{n,m}(\Psi)$ on which no monotonicity or coprimality conditions are limposed.

Conjecture C   Let $\Psi: \mathbf{Z}^n \to \mathbf{R}^+$ and suppose that $m > 1$. Then

$$|A_{n,m}(\Psi)|_{nm} = 1 \text{ if } \sum_{q \in \mathbf{Z}^n \setminus \{0\}} \Psi^m(q) = \infty$$

As one should expect, we will see below that Conjecture C is naturally equivalent to the linear forms analogue of the Catlin conjecture for $m > 1$. Recall that the above conjectures are established in a straightforward way in the complementary convergent cases.

The counterexample given by (10) shows that Conjectures B and C are not valid when $m = 1$; i. e. the dual form of approximation. We now deal with the case $m = 1$. It is relatively easy to show that the set $A'_{n,1}(\Psi)$ has measure zero if the sum

$$\sum_{q \in \mathbf{Z}^n \setminus \{0\}} \frac{\varphi(\gcd(q))}{\gcd(q)} \Psi(q) = \sum_{d=1}^{\infty} \frac{\varphi(d)}{d} \sum_{q' \in P^n} \Psi(dq') \quad (12)$$

converges. Here $\gcd(q)$ denotes the greatest common divisor of the components of $q \in \mathbf{Z}^n$. The following can be regarded as a generalization of the Duffin-Schaeffer conjecture to the case of dual approximation.

Dual Duffin-Schaeffer Conjecture   Let $\Psi: \mathbf{Z}^n \to \mathbf{R}^+$. Then $|A'_{n,1}(\Psi)|_n = 1$ if the sum (12) diverges.

第 15 章 向 Roth 致敬

It is clear that this conjecture includes the original Duffin-Schaeffer conjecture. It would be desirable to find natural conditions on Ψ which make the conjecture genuinely multi-dimensional. For example, in the genuine multi-dimensional case it is natural to exclude approximating functions Ψ like Ψ_ϑ given by (10). The hope is that the genuine multi-dimensional case is "easier" than the one-dimensional case. Recall that in the case of simultaneous approximation, the multi-dimensional Duffin-Schaeffer conjecture has been proved. Also notice that if $n \geqslant 2$ and there exists $d \in \mathbf{N}$ such that the inner sum $\sum_{q' \in P^n} \Psi(d q')$ in (12) diverges, then the conjecture is reduced to Sprindžuk's theorem. Therefore, it is also reasonable to assume that the inner sum in (12) is finite irrespective of d.

Regarding the "raw" set $A_{n,1}(\Psi)$ on which no monotonicity or coprimality conditions are imposed, it is natural to formulate the analogue of the Catlin conjecture. For $\boldsymbol{q} \in \mathbf{Z}^n$, let

$$N_n^*(\boldsymbol{q}) := \#\{p \in \mathbf{Z} : 0 < p \leqslant |\boldsymbol{q}| \text{ and } (p, \boldsymbol{q}) = 1\}$$

It is easy to see that

$$N_n^*(\boldsymbol{q}) \asymp \frac{\varphi(\gcd(\boldsymbol{q}))}{\gcd(\boldsymbol{q})} |\boldsymbol{q}|$$

and moreover that the set $A_{n,1}(\Psi)$ has measure zero if the sum

Hurwitz 定理

$$\sum_{q \in \mathbf{Z}^n \setminus \{0\}} N_n^*(q) \max_{t \geqslant 1} \frac{\Psi(tq)}{t \mid q \mid} \tag{13}$$

converges. The following can be regarded as a generalization of the Catlin conjecture to the case of dual approximation.

Dual Catlin Conjecture Let $\Psi : \mathbf{Z}^n \to \mathbf{R}^+$. Then $|A_{n,1}(\Psi)|_n = 1$ if the sum (13) diverges.

For $n \geqslant 2$ and $\Psi(q) = \psi(|q|)$ the above conjecture is equivalent to Conjecture A with $m = 1$. Recall, that for $n \geqslant 3$ the latter is known to be true.

Finally, for the sake of completeness, we extend the above dual conjectures to the general linear forms setup. For the analogue of the Duffin-Schaeffer conjecture it is natural to impose a coprimality condition on each linear form. Let

$A''_{n,m}(\Psi) := \{X \in \mathbf{I}^{nm} : |qX + p| < \Psi(q)$ for infinitely many $(p, q) \in \mathbf{Z}^m \times \mathbf{Z}^n$ with $(p_j, q_1, \cdots, q_n) = 1$ for every $j = 1, \cdots, m\}$

It is easy to show that the set $A''_{n,m}(\Psi)$ has measure zero if the sum

$$\sum_{q \in \mathbf{Z}^n \setminus \{0\}} \left(\frac{\varphi(\gcd(q))}{\gcd(q)} \Psi(q) \right)^m \tag{14}$$

converges. This leads to the following complementary problem.

Linear Forms Duffin-Schaeffer Conjecture Let $\Psi : \mathbf{Z}^n \to \mathbf{R}^+$ and suppose that $m \in \mathbf{N}$. Then $|A''_{n,m}(\Psi)|_{nm} = 1$ if the sum (14) diverges.

Regarding the "raw" set $A_{n,m}(\Psi)$ on which no monotonicity or coprimality conditions are imposed, we formulate the analogue of the Catlin conjecture. For $\boldsymbol{q} \in \mathbf{Z}^n$, let

$$N_{n,m}(\boldsymbol{q}) := \#\{\boldsymbol{p} \in \mathbf{Z}^m : 0 \leqslant |\boldsymbol{p}| \leqslant |\boldsymbol{q}| \text{ and } (\boldsymbol{p},\boldsymbol{q}) = 1\} \quad (15)$$

It can be verified that the set $A_{n,m}(\Psi)$ has measure zero if the sum

$$\sum_{\boldsymbol{q} \in \mathbf{Z}^n \setminus \{0\}} N_{n,m}(\boldsymbol{q}) \left(\max_{t \geqslant 1} \frac{\Psi(t\boldsymbol{q})}{t|\boldsymbol{q}|} \right)^m \quad (16)$$

converges. This leads to the following complementary problem.

Linear Forms Catlin Conjecture　Let $\Psi : \mathbf{Z}^n \to \mathbf{R}^+$ and suppose that $m \in \mathbf{N}$. Then $|A_{n,m}(\Psi)|_{nm} = 1$ if the sum (16) diverges.

On modifying the argument that enables us to establish the equivalence (6) within the simultaneous setup, we obtain the following statements in which the divergence of (16) is simplified:

Conjecture C $\Leftrightarrow$ Linear forms Catlin conjecture for $m \geqslant 2$, and Conjecture A $\Leftrightarrow$ Linear forms Catlin conjecture for $m + n > 2$ and $\Psi(\boldsymbol{q}) = \psi(|\boldsymbol{q}|)$.

15.11.6　The Theorems of Jarnik and Besicovitch

The results of 15.11.2 ~ 15.11.5 can be regarded as the probabilistic theory of diophantine approximation. Indeed, these results indicate the probability of a certain diophantine property and include both qualitative results like Khintchine's theorem and their quantitative versions. Furthermore, the results are rigid in the sense that the indicated probability is always either zero or one. Even in the case of the profound and as yet unsolved problem of Duffin and Schaeffer, it is known that the measure of $A'(\psi)$ and indeed $A(\psi)$ must satisfy this rigid "zero – one" law.

As the results considered obey zero – one laws, they always involve "exceptional" sets of measure zero. The probabilistic theory of diophantine approximation does not tell us anything more about the "size" of these exceptional sets, although it is intuitively clear that it should depend on the choice of the approximating function. This leads us to a more delicate study which makes use of various concepts from geometric measure theory, in partivular Hausdorff measure and dimension.

1. Hausdorff Measures and Dimension

In what follows, a dimension function $f: \mathbf{R}^+ \to \mathbf{R}^+$ is a left continuous, monotonic function such that $f(0) = 0$. Suppose F is a subset of $\mathbf{R}^n$. Given a ball B in $\mathbf{R}^n$, let $r(B)$ denote the radius of B. For $\rho > 0$, a countable collection $\{B_i\}$ of balls on $\mathbf{R}^n$ with $r(B_i) \leq \rho$ for each i such that $F \subset \cup_i B_i$ is called a ρ – cover for F. Let

$$H^f_\rho(F) := \inf \sum_i f(r(B_i))$$

where the infimum is taken over all ρ – covers of F. The

Hausdorff f – measure of F, denoted by $H^f(F)$, is defined as
$$H^f(F) := \lim_{\rho \to 0} H^f_\rho(F) = \sup_{\rho > 0} H^f_\rho(F)$$
In the case that $f(r) = r^s$, where $s \geq 0$, the measure H^f is the more common s – dimensional Hausdorff measure H^s, the measure $H^0(F)$ being the cardinality of F. Note that when s is a positive integer, H^s is a constant multiple of Lebesgue measure in $\mathbf{R}^s$. Thus if the s – dimensional Hausdorff measure of a set is known for each $s > 0$, then so is its n – dimensional Lebesgue measure for each $n \geq 1$. The simple property
$$H^s(F) < \infty \Rightarrow H^{s'}(F) = 0 \text{ for all } s' > s$$
implies there is a unique real point s at which the Hausdorff s – measure drops from infinity to zero, unless the set F is finite so that $H^s(F)$ is never infinite. This point is called the Hausdorff dimension of F and is formally defined as
$$\dim F := \inf \{s > 0 : H^s(F) = 0\}$$

The Hausdorff dimension has been established for many number theoretic sets, for example, $A(\tau)$; this is the Jarník-Besicovitch theorem discussed below. It is easier than determining the Hausdorff measure.

2. The Theorems

The first step towards the study of Hausdorff measure of the set of ψ – approximable points was made by Jarník in 1929 and independently by Besicovitch in 1934. They determined the Hausdorff dimension of the set $A(q \mapsto q^{-\tau})$, *usually denoted by* $A(\tau)$, where $\tau > 0$.

Theorem 8 (Jarník-Besicovitch)   We have

$$\dim A(\tau) = \begin{cases} \dfrac{2}{\tau+1} & \text{if } \tau > 1 \\ 1 & \text{if } \tau \leqslant 1 \end{cases}$$

Note that for $\tau \leqslant 1$ the result is trivial since $A(\tau) = \mathbf{I}$ as a consequence of Dirichlet's theorem. Thus the main content is when $\tau > 1$. In this case, the dimension result implies

$$H^s(A(\tau)) = \begin{cases} 0 & \text{if } s > \dfrac{2}{\tau+1} \\ \infty & \text{if } s < \dfrac{2}{\tau+1} \end{cases}$$

but gives no information regarding the s-dimensional Hausdorff measure of $A(\tau)$ at the critical value $s = \dim A(\tau)$. In a deeper study, Jarník essentially established the following general Hausdorff measure result for simultaneous diophantine approximation.

Theorem 9 (Jarník)   Let f be a dimension function such that $r^{-m}f(r) \to \infty$ as $r \to 0$ and the function $r^{-m}f(r)$ is decreasing. Then

$$H^f(A_m(\psi)) = \begin{cases} 0 & \text{if } \sum_{r=1}^{\infty} r^m f^m\left(\dfrac{\psi(r)}{r}\right) < \infty \\ \infty & \text{if } \sum_{r=1}^{\infty} r^m f^m\left(\dfrac{\psi(r)}{r}\right) = \infty \end{cases}$$

and ψ is monotonic

With $m = 1$ and $f(r) = r^s$, Jarník's theorem not only gives the above dimension result but implies

$$H^{\frac{2}{\tau+1}}(A(\tau)) = \infty \text{ if } \tau > 1 \quad (17)$$

For monotonic approximating functions $\psi: \mathbf{N} \to \mathbf{R}^+$, Jarník's theorem provides a beautiful and simple criterion for the "size" of the set $A_m(\psi)$ expressed in terms of Hausdorff measures. Naturally, it can be regarded as the Hausdorff measure version of Khintchine's simultaneous theorem. As with the latter, the divergence part constitutes the main substance. Notice that the case when H^f is comparable to m - dimensional Lebesgue measure, i.e. the case $f(r) = r^m$, is excluded by the condition $r^{-m}f(r) \to \infty$ as $r \to 0$. Analogous to Khintchine's original statement, in Jarník's original statement, additional hypotheses, that (i) $r\psi^m(r)$ is decreasing, (ii) $r\psi^m(r)^m \to 0$ as $r \to \infty$, and (iii) $r^{m+1}f(\frac{\psi(r)}{r})$ is decreasing, were assumed. Thus, even in the simple case $m = 1, f(r) = r^s$, where $s \geq 0$, and the approximating function is given by $\psi(r) = r^{-\tau} \log r$, where $\tau > 1$, Jarník's original statement gives no information regarding the s - dimensional Hausdorff measure of $A(\psi)$ at the critical exponent $s = \frac{2}{\tau+1} = \dim A(\psi)$. This is because $r^2 f(\frac{\psi(r)}{r})$ is not decreasing. Recently, however, it has been shown that the montonicity of ψ suffices in Jarník's theorem. In other words, the additional hypotheses imposed by Jarník are unnecessary. Furthermore, with the theorems of Khintchine and Jarník as stated above, it is possible to combine them to obtain a single unifying statement.

Theorem 10 (Khintchine-Jarník)   Let f be a dimension function such that the function $r^{-m}f(r)$ is monotonic. Then

$$H^f(A_m(\psi)) = \begin{cases} 0 & \text{if } \sum_{r=1}^{\infty} r^m f^m(\frac{\psi(r)}{r}) < \infty \\ H^f(\mathbf{I}^m) & \text{if } \sum_{r=1}^{\infty} r^m f^m(\frac{\psi(r)}{r}) = \infty \\ & \text{and } \psi \text{ is monotonic} \end{cases}$$

For monotonic approximating functions, the Khintchine-Jarník theorem provides a complete measure theoretic description of $A_m(\psi)$. Clearly, when $f(r) = r^m$ the theorem corresponds to Khintchine's theorem. It would be quite natural to suspect that such a unifying statement is established by combining two independent results: the Lebesgue measure statement given by Khintchine's theorem, and the Hausdorff measure statement given by Jarník's theorem. Indeed, the underlying method of proof of the individual statements are dramatically different. However, this is not the case. In view of the Mass Transference Principle recently established one actually has

Khintchine's theorem $\Rightarrow$ Jarník's theorem

Thus, the Lebesgue theory of $A_m(\psi)$ underpins the general Hausdorff theory. At first glance this is rather surprising because the Hausdorff theory had been considered to be a subtle refinement of the Lebesgue theory. Nevertheless, the Mass Transference Principle allows us to transfer Lebesgue measure theoretic statements for lim sup sets to Hausdorff statements and naturally obtain a complete metric theory. That this is the case is by no means a coincidence.

15.11.7 Mass Transference Principle

Given a dimension function f, we define a transformation on balls in $\mathbf{R}^m$ by

$$B = B(x,r) \mapsto B^f := B(x,(f(r))^{\frac{1}{m}})$$

When $f(x) = x^s$ for some $s > 0$, we also adopt the notation B^s for B^f. Clearly $B^m = B$. Recall that H^m is comparable to the m – dimensional Lebesgue measure. The lim sup of a sequence of balls $B_i, i = 1,2,3,\cdots$, is

$$\limsup_{i \to \infty} B_i := \bigcap_{j=1}^{\infty} \bigcup_{i \geq j} B_i$$

For such lim sup sets, the following statement, which we call the Mass Transference Principle, is the key to obtaining Hausdorff measure statements from Lebesgue statements.

Theorem 11 (Beresnevich and Velani) Let $\{B_i\}_{i \in \mathbf{N}}$ be a sequence of balls in $\mathbf{R}^m$ with diam$(B_i) \to 0$ as $i \to \infty$. Let f be a dimension function such that the

Hurwitz 定理

function $x^{-m}f(x)$ is monotonic. For any finite ball B in $\mathbf{R}^m$, if

$$H^m(B \cap \limsup_{i \to \infty} B_i^f) = H^m(B)$$

then

$$H^f(B \cap \limsup_{i \to \infty} B_i^m) = H^f(B)$$

There is one point well worth making. The Mass Transference Principle is purely a statement concerning lim sup sets arising from a sequence of balls. There is absolutely no monotonicity assumption on the radii of the balls. Even the imposed condition that $\text{diam}(B_i) \to 0$ as $i \to \infty$ is redundant but is only included to avoid unnecessary tedious discussion.

For the remainder of this section, we consider a Hausdorff measure version of the Duffin-Schaeffer conjecture. As an application of the Mass Transference Principle, we shall see that the simultaneous Duffin-Schaeffer conjecture implies the corresponding conjecture for Hausdorff measures.

Let f be a dimension function. A straightforward covering argument making use of the lim sup nature of $A''_m(\psi)$ implies

$$H^f(A''_m(\psi)) = 0 \quad \text{if} \quad \sum_{q=1}^{\infty} f\left(\frac{\psi(q)}{q}\right) \varphi^m(q) < \infty$$

It is therefore natural to make the following conjecture which can be regarded as the simultaneous Duffin-Schaeffer conjecture for Hausdorff measures.

Conjecture D Let f be a dimension function such that the function $r^{-m}f(r)$ is monotonic. Then

$$H^f(A''_m(\psi)) = H^f(\mathbf{I}^m) \quad \text{if} \quad \sum_{q=1}^{\infty} f\left(\frac{\psi(q)}{q}\right)\varphi^m(q) = \infty$$

When ψ is monotonic, Conjecture D reduces to the Khintchine-Jarník theorem. It also turns out that Conjecture D, a fefinement of the Duffin-Schaeffer problem, is simply its consequence.

Theorem 12 (Beresnevich and Velani) We have: Simultaneous Duffin-Schaeffer conjecture $\Leftrightarrow$ Conjecture D.

Conjecture D contains the simultaneous Duffin-Schaeffer conjecture. In order to prove the converse, not that $A''_m(\psi)$ is the lim sup set of the sequence of balls given by

$$|q\mathbf{x} - \mathbf{p}| < \psi(q)$$

with $(q, \mathbf{p}) \in \mathbf{N} \times \mathbf{Z}^m$ and $0 \leq p_1, \cdots, p_m \leq q$. First we can dispose of the case when $\frac{\psi(q)}{q} \nrightarrow 0$ as $q \to \infty$, as otherwise the result is trivial. We are given that

$$\sum_{q=1}^{\infty} f\left(\frac{\psi(q)}{q}\right)\varphi^m(q) = \infty$$

Let $\vartheta(q) := q(f(\frac{\psi(q)}{q}))^{\frac{1}{m}}$. Then ϑ is an approximating function and

$$\sum_{q=1}^{\infty} \left(\frac{\varphi(q)\vartheta(q)}{q}\right)^m = \infty$$

Thus, on using the supremum norm, the Duffin-Schaeffer

Hurwitz 定理

conjecture then implies

$$H^m(B\cap A''_m(\vartheta))=H^m(B)$$

for any ball B in $\mathbf{I}^m$. It now follows via the Mass Transference Principle with $B=\mathbf{I}^m$ that

$$H^f(A''_m(\psi))=H^f(\mathbf{I}^m)$$

and this establishes Theorem 12.

Since the simultaneous Duffin-Schaeffer conjecture is known to be true when $m\geqslant 2$, Theorem 12 implies the following result.

Corollary 2 Conjecture D holds for $m\geqslant 2$.

In a similar fashion, the Mass Transference Principle yields the following generalization of Gallagher's theorem.

Theorem 13 Let $m\geqslant 2$. Let f be a dimension function such that the function $r^{-m}f(r)$ is monotonic. Then

$$H^f(A'_m(\psi))=\begin{cases}0 & \text{if } \sum_{r=1}^{\infty}f(\frac{\psi(r)}{r})r^m<\infty\\ H^f(\mathbf{I}^m) & \text{if }\sum_{r=1}^{\infty}f(\frac{\psi(r)}{r})r^m=\infty\end{cases}$$

Note that since $A'_m(\psi)\subseteq A_m(\psi)$, Theorem 13 implies the divergent part of the Khintchine-Jarník theorem. Furthermore, we deduce that the monotonicity condition in the Khintchine-Jarník theorem is redundant if $m\geqslant 2$.

It is remarkable that by using the Mass Transference Principle, one can deduce the Jarník-Besicovitch theorem

第 15 章 向 Roth 致敬

from Dirichlet's theorem. Moreover, one obtains the stronger measure statement given by (17). Finally, we point out that all the Lebesgue measure statements on simultaneous diophantine approximation can be generalised to the Hausdorff measure setting as above.

15.11.8 Mass Transference Principle for Systems of Linear Forms

The Mass transference Principle of 15.11.7 deals with lim sup sets which are defined as a sequence of balls. However, the "slicing" technique introduced extends the Mass Transference Principle to deal with lim sup sets defined as a sequence of neighbourhoods of "approximating" planes. This naturally enables us to generalise the Lebesgue measure statements of 15.11.4 ~ 15.11.5 for systems of linear forms to Hausdorff measure statements. In particular, Groshev's theorem can be extended to obtain a linear forms analogue of the Khintchine-Jarník theorem.

Throughout $k, m \geq 1$ and $l \geq 0$ are integers such that $k = m + l$. Let $R = (R_\alpha)_{\alpha \in J}$ be a family of planes in $\mathbf{R}^k$ of common dimension l indexed by an infinite countable set J. For every $\alpha \in J$ and $\delta \geq 0$, let

$$\Delta(R_\alpha, \delta) := \{x \in \mathbf{R}^k : \operatorname{dist}(x, R_\alpha) < \delta\}$$

Thus $\Delta(R_\alpha, \delta)$ is simply the δ – neighbourhood of the l – dimensional plane R_α. Note that by definition, $\Delta(R_\alpha, \delta) = \varnothing$ if $\delta = 0$. Next, let

Hurwitz 定理

$$Y: J \to \mathbf{R}^+ : \alpha \mapsto Y(\alpha) := Y_\alpha$$

be a non-negative, real valued function on J. We assume that for every $\varepsilon > 0$, the set $\{\alpha \in J : Y_\alpha > \varepsilon\}$ is finite. This condition implies $Y_\alpha \to 0$ as α runs through J. We now consider the "lim sup" set

$$\Lambda(Y) := \{x \in \mathbf{R}^k : x \in \Delta(R_\alpha, Y_\alpha)$$
$$\text{for infinitely many } \alpha \in J\}$$

Note that in view of the conditions imposed on k, l and m, we have $l < k$. Thus the dimension of the "approximating" planes R_α is strictly less than that of the ambient space $\mathbf{R}^k$. The situation when $l = k$ is of little interest.

The following statement is a generalization of the Mass Transference Principle to the case of systems of linear forms.

Theorem 14 (Beresnevich and Velani) Let R and Y be given as above. Let V be a linear subspace of $\mathbf{R}^k$ such that $\dim V = m = \operatorname{codim} R$.

(i) $V \cap R_\alpha \neq \varnothing$ for all $\alpha \in J$;

(ii) $\sup\limits_{\alpha \in J} \operatorname{diam}(V \cap \Delta(R_\alpha, 1)) < \infty$.

Let f and $g: r \mapsto g(r) := r^{-l} f(r)$ be dimension functions such that the funtion $r^{-k} f(r)$ is monotonic. For any finite ball B in $\mathbf{R}^k$, if

$$H^k(B \cap \Lambda((g(Y))^{\frac{1}{m}})) = H^k(B) \qquad (18)$$

then

$$H^f(B \cap \Lambda(Y)) = H^f(B) \qquad (19)$$

When $l = 0$, so that R is a collection of points in $\mathbf{R}^k$,

conditions(i) and (ii) are trivally satisfied. When $l \geqslant 1$, so that R is a collection of l - dimensional planes in $\mathbf{R}^k$, condition(i) excludes planes R_α parallel to V and condition(ii) simply means that the angle at which R_α "hits" V is bounded away from zero by a fixed constant independent of $\alpha \in J$. This in turn implies that each plane in R intersects V at exactly one point. The upshot is that the conditions(i) and (ii) are not particularly restrictive. Indeed, we believe that they are actually redundant.

Conjecture E Theorem 14 is valid without hypotheses(i) and (ii).

As an application of the Mass Transference Principle for systems of linear forms, we shall obtain the following Hausdorff measure generalization of Sprindžuk's theorem.

Theorem 15 Let $\Psi: \mathbf{Z}^n \to \mathbf{R}^+$ and suppose that $\Psi(\boldsymbol{q}) = 0$ for $\boldsymbol{q} \notin \boldsymbol{P}^n$. Let f and $g: r \mapsto g(r) := r^{-m(n-1)} \cdot f(r)$ be dimension functions such that the function $r^{-mn}f(r)$ is monotonic. Then for $n \geqslant 2$

$$H^f(A^b_{n,m}(\Psi))$$
$$= \begin{cases} 0 & \text{if } \sum_{\boldsymbol{q} \in \mathbf{Z}^n \setminus \{0\}} g(\frac{\Psi(\boldsymbol{q})}{|\boldsymbol{q}|}) \mid \boldsymbol{q} \mid^m < \infty \\ H^f(\mathbf{I}^{nm}) & \text{if } \sum_{\boldsymbol{q} \in \mathbf{Z}^n \setminus \{0\}} g(\frac{\Psi(\boldsymbol{q})}{|\boldsymbol{q}|}) \mid \boldsymbol{q} \mid^m = \infty \end{cases}$$

The convergence case is readily established using standard covering arguments. We will concentrate on the divergence case and assume that $r^{-k}f(r)$ is decreasing.

Hurwitz 定理

The statement is almost obvious if the latter is not the case. When the sum given in the theorem diverges, there exists $j \in \{1, \cdots, n\}$ such that

$$\sum_{q \in \mathbf{Z}^n \setminus \{0\}} g\left(\frac{\Psi_j(q)}{|q|}\right) |q|^m = \infty$$

where $\Psi_j(q)$ vanishes on q when $|q| \neq |q_j|$ and equals $\Psi(q)$ otherwise. Fix such a choice of j. For each point $X \in A_{n,m}^b(\Psi_j)$, there are infinitely many $q \in \mathbf{Z}^n \setminus \{0\}$ such that

$$\|qX + b\| < \Psi_j(q) \qquad (20)$$

In fact, we have $|q| = |q_j|$ for every solution q of (20). Now let

$$J := \{(q,p) \in (\mathbf{Z}^n \setminus \{0\}) \times \mathbf{Z}^m : |q| = |q_j|\}$$

let

$$\alpha := (q,p) \in J$$

and

$$R_\alpha := R_{q,p}$$

where

$$R_{q,p} := \{X \in \mathbf{R}^{nm} : qX + p + b = 0\}$$

and let

$$Y_\alpha := \frac{\Psi_j(q)}{\sqrt{q \cdot q}}$$

Then

$$A_{n,m}^b(\Psi) \supset A_{n,m}^b(\Psi_j) = \Lambda(Y) \cap \mathbf{I}^{nm} \qquad (21)$$

Let

$$V := \{X = (x_1, \cdots, x_m) : x_{j,i} = 0$$

for all $j = 1, \cdots, m$ and $i = 2, \cdots, n\}$
where $x_j = (x_{j,1}, \cdots, x_{j,n})$. Thus V is an m-dimensional subspace of $\mathbf{R}^{nm}$ and we easily verify conditions (i) and (ii) of the Mass Transference Principle for linear forms, which is now applied with $k = mn$, $l = m(n-1)$ and $B = \mathbf{I}^{nm}$. Let

$$\widetilde{\Psi}(q) := \left(g\left(\frac{\Psi_j(q)}{\sqrt{q \cdot q}} \right) \right)^{\frac{1}{m}} \sqrt{q \cdot q}$$

Then

$$A_{n,m}^b(\widetilde{\Psi}) = \Lambda((g(Y))^{\frac{1}{m}}) \cap \mathbf{I}^{nm} \qquad (22)$$

Since $r^{-m}g(r)$ is decreasing we have
$(\widetilde{\Psi}(q))^m \asymp g\left(\frac{\Psi_j(q)}{|q|} \right) |q|^m$, so that $\sum_{q \in \mathbf{Z}^n \setminus \{0\}} (\widetilde{\Psi}(q))^m = \infty$

Therefore, by Sprindžuk's theorem, the set (22) has full measure in $\mathbf{I}^{nm}$ and (18) is fulfilled. Thus we have (19). The inclusion (21) completes the argument.

As a consequence of Theorem 15, we have the following statement for approximating functions with sup norm argument. The case $n = 1$, which is not covered by Theorem 15, corresponds to Theorem 13.

Theorem 16 Let $n + m > 2$. Let f and $g: r \mapsto g(r) := r^{-m(n-1)}f(r)$ be dimension functions such that the function $r^{-mn}f(r)$ is monotonic. Let $\psi: \mathbf{N} \to \mathbf{R}^+$ be an approximating function. If $n = 2$, assume that ψ is monotonic. Then

Hurwitz 定理

$$H^f(A_{n,m}(\psi)) = \begin{cases} 0 & \text{if } \sum_{r=1}^{\infty} g(\frac{\psi(r)}{r}) r^{n+m-1} < \infty \\ H^f(\mathbf{I}^{nm}) & \text{if } \sum_{r=1}^{\infty} g(\frac{\psi(r)}{r}) r^{n+m-1} = \infty \end{cases}$$

We note that the validity of Conjecture A together with Mass Transference Principle for linear forms would remove the monotonicity condition on ψ in the above theorem. With ψ monotonic, the theorem corresponds to the linear forms analogue of the Khintchine-Jarník theorem as first established. Obviously, this can be deduced directly from Groshev's theorem.

Finally, it is easily verified that the Mass Transference Principle for linear forms yields the following generalizations of the Duffin-Schaeffer conjecture and the Catlin Conjecture stated in 14.11.5. In short, the Lebesgue conjectures imply the corresponding Hausdorff conjectures.

Conjecture F (General Duffin-Schaeffer) Let f and $g: r \mapsto g(r) := r^{-m(n-1)} f(r)$ be dimension functions such that the function $r^{-mn} f(r)$ is monotonic. Let Ψ: $\mathbf{Z}^n \to \mathbf{R}^+$ be an approximating function. Then

$$H^f(A''_{n,m}(\Psi))$$
$$= H^f(\mathbf{I}^{nm}) \text{ if } \sum_{q \in \mathbf{Z}^n \setminus \{0\}} g\left(\frac{\Psi(q)}{|q|}\right) \left(\frac{\varphi(\gcd(q))}{\gcd(q)} |q|\right)^m$$
$$= \infty$$

Conjecture G (General Catlin) Let f and g: $r \mapsto g(r) := r^{-m(n-1)} f(r)$ be dimension functions such

that the function $r^{-mn}f(r)$ is monotonic. Let $\Psi:\mathbf{Z}^n\to\mathbf{R}^+$ be an approximating function. Then

$$H^f(A_{n,m}(\Psi))$$
$$= H^f(\mathbf{I}^{nm}) \text{ if } \sum_{q\in\mathbf{Z}^n\setminus\{0\}} \left(\max_{t\in\mathbf{N}} g\left(\frac{\Psi(tq)}{t|q|}\right)\right) N_{n,m}(q) = \infty$$

where $N_{n,m}$ is defined in (15).

15.11.9 Twisted Inhomogeneous Approximation

Throughout this section $\psi:\mathbf{N}\to\mathbf{R}^+$ will be a monotonic approximating function, and we write $A_{n,m}^b(\psi)$ for the general "inhomogeneous" set $A_{n,m}^b(\Psi)$, where $\Psi(q) = \psi(|q|)$. The following clear cut statement, which is a direct consequence of the discussion above, provides a complete metric theory for $A_{n,m}^b(\psi)$.

Theorem 17 Let f and $g:r\mapsto g(r):=r^{-m(n-1)}f(r)$ be dimension functions such that the function $r^{-mn}f(r)$ is monotonic. Let ψ be a monotonic approximating function. Then

$$H^f(A_{n,m}^b(\psi)) = \begin{cases} 0 & \text{if } \sum_{r=1}^{\infty} g\left(\frac{\psi(r)}{r}\right) r^{n+m-1} < \infty \\ H^f(\mathbf{I}^{nm}) & \text{if } \sum_{r=1}^{\infty} g\left(\frac{\psi(r)}{r}\right) r^{n+m-1} = \infty \end{cases}$$

In view of the discussion in 15.11.8, this general Hausdorff measure statement is easily seen to be a consequence of the corresponding Lebesgue statement, taking $f(r) = r^{mn}$ in Theorem 17, and the Mass Transference

Hurwitz 定理

Principle for systems of linear forms. It is also worth mentioning, especially in the context of what is about to follow, that the behaviour of $H^f(A_{n,m}^b(\psi))$ is completely independent of the fixed inhomogeneous factor $\boldsymbol{b} \in \mathbf{I}^m$.

We now consider a somewhat "twisted" version of the set $A_{n,m}^b(\psi)$ in which the imhomogeneous factor $\boldsymbol{b}$ becomes the object of approximation. More precisely, given $X \in \mathbf{I}^{mn}$, let

$V_{n,m}^X(\psi):$
$= \{\boldsymbol{b} \in \mathbf{I}^m : \|q X + \boldsymbol{b}\| < \psi(|\boldsymbol{q}|)$ for infinitely many $\boldsymbol{q} \in \mathbf{Z}^n\}$

For the ease of motivation and indeed clarity of results, we begin by describing the one-dimensional situation.

1. The One-Dimensional Theory

For any irrational number x and real number b, a theorem of Khintchine states that there are infinitely many integers q such that

$$\|qx - b\| < \frac{1+\varepsilon}{\sqrt{5}q} \tag{23}$$

In this statement $\varepsilon > 0$ is arbitrary and apart from this term it is equivalent to Hurwitz's homogeneous theorem, with $b = 0$. A weaker form, with $\frac{3}{q}$ appearing on the right hand side of (23), had been established earlier by Tchebychef. This enabled him to conclude that for any irrational number x, the sequence $\{qx\}_{q \in \mathbf{N}}$ modulo 1 is

624

第15章 向 Roth 致敬

dense in the unit interval. Later this sequence was shown to be uniformly distributed. In view of this density result, it is natural to consider the problem of approximating points in the unit interval with a prescribed rate of approximation by the sequence qx mod 1. That is to say, we investigate the set $V^x(\psi) := V^x_{1,1}(\psi)$.

Before describing a complete metric theory for $V^x(\psi)$, we state two results which are simple consequences of (23) and the Mass Transference Principle described in 15.11.7. Given $\tau \geq 0$, let $\psi: r \mapsto r^{-\tau}$ and write $V^x(\tau)$ for $V^x(\psi)$.

Theorem 18 Let x be irrational. For $\tau \geq 1$, $H^{\frac{1}{\tau}}(V^x(\tau)) = H^{\frac{1}{\tau}}(\mathbf{I})$.

It follows directly from the definition of Hausdorff dimension that $\dim V^x(\tau) \geq \frac{1}{\tau}$. The complementary upper bound result is easily establish and as a corollary we obtain the following statement.

Corollary 3 Let x be an irrational number. For $\tau > 1$, $\dim V^x(\tau) = \frac{1}{\tau}$.

Thus the corollary is a simple consequences of (23) and the Mass Transference Principle. Moreover, we are able to deduce that the Hausdorff measure at the critical exponent is infinity; i.e. for $\tau > 1, H^{\frac{1}{\tau}}(V^x(\tau)) = \infty$.

Next, for $\varepsilon > 0$, let $\psi_\varepsilon: r \mapsto \frac{\varepsilon}{r}$ and $f_\varepsilon: r \mapsto \frac{r}{\varepsilon}$. Note

Hurwitz 定理

that H^{f_ε} is simply one-dimensional Lebesgue measure scaled by a multiplicative factor $\dfrac{1}{\varepsilon}$. Now on combining (23) and the Mass Transference Principle in the obvious manner, we obtain that for any irrational number x

$$H^{f_\varepsilon}(V^x(\psi_\varepsilon)) = H^{f_\varepsilon}(\mathbf{I}) = \dfrac{1}{\varepsilon}$$

Alternatively, $H^{f_\varepsilon}(\dfrac{\mathbf{I}}{V^x(\psi_\varepsilon)}) = 0$, and we deduce via a simple covering argument that $H^1(\dfrac{\mathbf{I}}{V^x(\psi_\varepsilon)}) = 0$. Thus, for any $\varepsilon > 0$ and any irrational number x, we have

$$|V^x(\psi_\varepsilon)| = 1 \qquad (24)$$

and we have given a short and "direct" proof of the following statement.

Theorem 19 Let x be an irrational number. For almost every $b \in \mathbf{I}$

$$\lim_{q\to\infty}\inf q\|qx - b\| = 0$$

Note the above theorems and corollary are statements for any irrational number x. The relevance of this will soon become apparent.

We now turn our attention towards developing a complete metric theory for $V^x(\psi)$. To begin with, let us concentrate on the Lebesgue theory. On exploiting the lim sup nature of the set $V^x(\psi)$, it is easily verified that for any irrational number x and any approximating function ψ

第15章 向 Roth 致敬

$$|V^x(\psi)| = 0 \quad \text{if} \quad \sum_{r=1}^{\infty} \psi(r) < \infty$$

It is worth stressing that the choice of the irrational number x and the "convergent" approximating function ψ is completely irrelevant. Naturally, one may suspect or even expect that $|V^x(\psi)| = 1$ if the above sum diverges, irrespective of the irrational number x and the "divergent" approximating function ψ. This is certainly the situation in the "standard" inhomogeneous setup; i. e. for the set $A^b(\psi)$, the choice of the inhomogeneous factor b and the "divergent" approximating function ψ are completely irrelevant. However, the "twisted" setup throws up a few surprises which to some extent lead to a "richer" theory, particularly in higher dimensions. Regarding the latter, it is slightly out of place to give a discussion here. The following statement, and indeed its higher dimension analogue in Section 2, is due to Kurzweil.

Theorem 20 Let ψ be an approximating function. Then for almost all irrational numbers x

$$|V^x(\psi)| = 1 \quad \text{if} \quad \sum_{r=1}^{\infty} \psi(r) = \infty$$

As already mentioned the complementary convergent part is valid for all irrational numbers x. The above theorem indicates that the set of irrational numbers x for which we obtain the full measure statement is dependent on the choice of the "divergent" approximating function ψ. To clarify this and to take the discussion further, let

Hurwitz 定理

$$D: = \{\psi: \sum_{r=1}^{\infty} \psi(r) = \infty\}$$

Thus the set D is the set of "divergent" approximating functions ψ. Aslo, for $\psi \in D$, let

$$V(\psi) := \{x \in \mathbf{I}: |V^x(\psi)| = 1\}$$

With this notation in mind, Theorem 20 simply states that $|V(\psi)| = 1$. Furthermore, Kurzweil solves a problem of Steinhaus by establishing the following elegant result which characterizes the set B of badly approximable numbers in terms of "twisted" inhomogeneous approximation.

Theorem 21(Kurzweil)　We have

$$\bigcap_{\psi \in D} V(\psi) = B$$

Thus, for any given irrational number x which is not badly approximable, there is a "divergent" approximating function ψ for which $|V^x(\psi)| \neq 1$. In other words, Theorem 20 is in general false for all irrational numbers x.

The truth of the statement of Theorem 21 can to some extent be explained by the fact that the distribution of qx mod 1 is best possible if $x \in B$. More precisely, it is well known that the discrepancy $D(N)$ of qx mod 1 satisfies $D(N) \ll \log N$ if $x \in B$ and that $D(N) \gg \log N$ infinitely often for any real number x. A theorem of Schmidt, building on the pioneering work of Roth, states that the latter is indeed the case for any sequence x_n mod 1.

Before moving onto the general Hausdorff theory, we point out that Theorem 20 implies (24) for almost all x.

This leads to the weaker "almost all irrational", rather than all irrational, version of Theorem 19. The point is that for the particular function ψ_ε appearing in (24), it is possible to replace "almost all irrational" by "all irrational" in the statement of Theorem 20. This then implies Theorem 19 as stated.

On applying the Mass Transference Principle in the obvious manner, we are able to deduce from Theorem 20 the following general Hausdorff measure statement. The convergent part is straightforward and is valid for all irrationals.

Theorem 22 Let f be a dimension function such that the function $r^{-1}f(r)$ is monotonic, and let ψ be a monotonic approximating function. Then for almost all irractional numbers x

$$H^f(V^x(\psi)) = \begin{cases} 0 & \text{if } \sum_{r=1}^{\infty} f(\psi(r)) < \infty \\ H^f(\mathbf{I}) & \text{if } \sum_{r=1}^{\infty} f(\psi(r)) = \infty \end{cases}$$

It is worth pointing out that in the case $\psi: r \mapsto r^{-\tau}$ and $f: r \mapsto r^s$, it is possible to strengthen the theorem to all irrational numbers x; see Theorem 18. The key is that in this situation one can apply the Mass Transference Principle to (23), which is valid for any irrational number x. This is the reason why we are able to prove a dimension result, namely Corollary 3, for any irrational number rather than just almost all irrational numbers. The latter is all that we can obtain from Theorem 22.

We end our discussion of the one-dimensional "twisted" theory by attempting to generalize Theorem 21. Let f be a dimension function such that the function $r^{-1}f(r)$ is monotonic and let

$$D^f := \left\{ \psi : \sum_{r=1}^{\infty} f(\psi(r)) = \infty \right\}$$

The set D^f is the set of "f – divergent" approximating functions ψ. Also, for $\psi \in D^f$, let

$$V^f(\psi) := \{ x \in \mathbf{I} : H^f(V^x(\psi)) = H^f(\mathbf{I}) \}$$

In this notation, the divergent part of Theorem 22 simply states that $|V^f(\psi)| = 1$. Furthermore, on combining the Mass Transference Principle and Theorem 21, we obtain the following result.

Theorem 23 Let f be a dimension function such that the function $r^{-1}f(r)$ is monotonic. Then

$$\bigcap_{\psi \in D^f} V^f(\psi) \supseteq B$$

The following conjecture is a natural refinement of Theorem 21.

Conjecture H Let f be a dimension function such that the function $r^{-1}f(r)$ is monotonic. Then

$$\bigcap_{\psi \in D^f} V^f(\psi) = B$$

Note that on combining Theorems 21 and 23, we obtain the following statement.

Corollary 4 Let F be the set of dimension functions f such that the function $r^{-1}f(r)$ is monotonic. Then
$$\bigcap_{f \in F} \bigcap_{\psi \in D^f} V^f(\psi) = B$$

2. The Higher Dimensional Theory

Kurzweil established the higher dimensional analogue of Theorem 20, starting with the Lebesgue theory.

Theorem 24 (Kurzweil) Let ψ be an approximating function. Then for almost all $X \in \mathbf{I}^{mn}$
$$\mid V_{n,m}^X(\psi) \mid_m = 1 \quad \text{if} \quad \sum_{r=1}^{\infty} r^{n-1} \psi^m(r) = \infty$$

On applying the Mass Transference Principle (see 15.11.7), we obtain the following general Hausdorff statement. The convergence part is again straightforward and is valid for all $X \in \mathbf{I}^{mn}$.

Theorem 25 Let f be a dimension function such that the function $r^{-m}f(r)$ is monotonic, and let ψ be a monotonic approximating function. Then for almost all $X \in \mathbf{I}^{nm}$

$$H^f(V_{n,m}^X(\psi))$$
$$= \begin{cases} 0 & \text{if } \sum_{r=1}^{\infty} f(\psi(r)) r^{n-1} < \infty \\ H^f(\mathbf{I}^m) & \text{if } \sum_{r=1}^{\infty} f(\psi(r)) r^{n-1} = \infty \end{cases}$$

Let $\psi : r \mapsto r^{-\tau}$, and write $V_{n,m}^X(\tau)$ for $V_{n,m}^X(\psi)$. As a consequence of the above theorem we have the following corollary.

Hurwitz 定理

Corollary 5 Let $\tau > \dfrac{n}{m}$. Then for almost all $X \in \mathbf{I}^{nm}$, $\dim V_{n,m}^X(\tau) = \dfrac{n}{\tau}$ and moreover $H^{\frac{n}{\tau}}(V_{n,m}^X(\tau)) = \infty$.

The above dimension statement is not new. It is worth stressing that in higher dimensions it is not possible to obtain a dimension statement for all "irrational" X as in the one dimensional theory. The point is that the higher dimensional analogue of (23) is only valid for almost all $X \in \mathbf{I}^{mn}$ rather than all "irrational" $X \in \mathbf{I}^{mn}$. Finally, we mention that Kurzweil also obtained the higher dimensional analogue of Theorem 21, and therefore the analogues of Theorem 23 and Corollary 4 for arbitrary n and m are also possible.

3. Back to Algebraic Irrationals and Roth Again

We end this paper with another discussion on the interactions of Roth's theorem and the metrical theory of diophantine approximation. As mentioned in 15.11.1, real quadratic algebraic numbers are badly approximable and Roth's theorem states that algebraic numbers of degree $n \geqslant 3$ are relatively badly approximable. It is also believed that the set $\mathbf{A}_n$ of algebraic numbers of degree n does not contain badly approximable numbers for $n \geqslant 3$. If the latter is the case, then for any algebraic number α of degree at least 3, we have $\alpha \notin V(\psi)$; see Theorem 21. In other words, one must be able to construct a monotonic approximating function ψ with $\sum_{r=1}^{\infty} \psi(r) = \infty$ such that $|V^{\alpha}(\psi)| < 1$. *Restating this by making use of the definition of the set $V^{\alpha}(\psi)$, we are naturally led to the following conjecture.*

Conjecture I For any $n \geqslant 3$ and any $\alpha \in \mathbf{A}_n$, there is a monotonic approximating function ψ and a subset $B \subset [0,1]$ of positive Lebesgue measure such that

$$\sum_{r=1}^{\infty} \psi(r) = \infty$$

but for any $b \in B$, the inequality $\|q\alpha + b\| < \psi(q)$ has only finitely many solutions $q \in \mathbf{N}$.

It is quite possible that one can prove the following inhomogeneous strengthening of Lang's conjecture that would imply Conjecture I.

Conjecture J For any $n \geqslant 3$ and any $\alpha \in \mathbf{A}_n$, there is a subset $B \subset [0,1]$ of positive measure such that for any $b \in B$, the inequality

$$\|q\alpha + b\| < \frac{1}{q} \log q$$

has only finitely many solutions $q \in \mathbf{N}$.

Possibly, the only condition that needs to the imposed on b to fulfil the above conjecture is that b and α are linearly (or algebraically) independent over $\mathbf{Q}$.

Hurwitz 定理

15.12 On the Convergents to Algebraic Numbers

15.12.1 Introduction

The first result on the rational approximation of algebraic numbers goes back to 1844, when Liouville showed that an algebraic number of degree d cannot be approximated by rationals at an order greater than d. Liouville's theorem has been subsequently improved upon by Thue, Siegel, Dyson, Gel'fond and, finally, by Roth, who established that, like almost all real numbers, the algebraic irrational numbers cannot be approximated by rationals at an order greater than 2.

Theorem 1 Let θ be a real algebraic number. For every positive real number ε, there are only finitely many rational numbers $\dfrac{p}{q}$ with $q \geqslant 1$ such that

$$0 < \left| \theta - \frac{p}{q} \right| < \frac{1}{q^{2+\varepsilon}} \qquad (1)$$

The same year, Davenport and Roth gave a totally explicit estimate for the number of rational solutions to (1). Shortly afterwards, Ridout established two different generalizations of Roth's theorem which incorporate non-Archimedean valuations. In the sequel, for any prime number l and any non-zero rational number x, we set

第15章　向 Roth 致敬

$|x|_l := l^{-u}$, where u is the exponent of l in the prime decomposition of x. Furthermore, we set $|0|_l = 0$.

Theorem 2　Let S_1 and S_2 be disjoint finite sets of prime numbers, and let θ be a real algebraic number. For every positive real number ε, there are only finitely many rational numbers $\dfrac{p}{q}$ with $q \geq 1$ such that

$$\left| \theta - \frac{p}{q} \right| \left(\prod_{l \in S_1} |p|_l \right) \left(\prod_{l \in S_2} |q|_l \right) < \frac{1}{q^{2+\varepsilon}} \quad (2)$$

A partial result towards an improvement of the theorems of Roth and Ridout was obtained in 1958 by Cugiani. We refer the reader to 15.12.4 for a precise statement of a recent strengthening of this result, now called the Cugiani-Mahler theorem.

The purpose of this survey is to show different applications of Roth's theorem and its relatives to various questions on the sequence of convergents $(\dfrac{p_n}{q_n})_{n \geq 1}$ to an algebraic number. 14.12.2 is devoted to the arithmetical properties of $(p_n)_{n \geq 1}$ and $(q_n)_{n \geq 1}$. It includes an application of Ridout's theorem and one of Baker's theory of linear forms in logarithms. The rate of growth of the sequence $(q_n)_{n \geq 1}$ is investigated in 15.12.3 by means of a modern version of the theorem of Davenport and Roth that gives an explicit upper bound for the number of rational solutions to (1). Finally, 15.12.4 deals with the contin-

635

Hurwitz 定理

ued fraction expansions of the rational numbers $(\frac{a}{b})^n$, with $1 < b < a$ and $n \geq 1$. It includes an application of Ridout's theorem and a new application of the Cugiani-Mahler theorem.

Notation Throughout the present paper, θ denotes an arbitrary real number, often algebraic, and $(\frac{r_n}{s_n})_{n \geq 1}$ denotes the sequence of its covergents. On the other hand, ξ denotes an arbitrary real irrational algebraic number and $(\frac{p_n}{q_n})_{n \geq 1}$ denotes the sequence of its convergents. The constants implied by $\ll$ and $\gg$ depend at most on ξ, and we write $\ll_{\text{eff}}$ and $\gg_{\text{eff}}$ to emphasize that the implicit constant is effectively computable.

15.12.2 Arithmetical Properties of Convergents

In this section, for an integer $x \geq 2$, we denote by $P[x]$ its greatest prime factor and by $Q[x]$ its greatest square-free factor. Without mentioning it, we assume that the arguments of the function log(respectively log log, log log log,...) are greater than e(respectively $e^e, e^{e^e}, \ldots$)

Before considering algebraic numbers, we mention that Erdös and Mahler proved that for almost all real numbers θ with $0 \leq \theta \leq 1$, we have

$$P[s_n] \geq \exp\left(\frac{\log s_n}{20 \log \log s_n}\right) \qquad (3)$$

for every sufficiently large n, where s_n denotes the denom-

inator of the n-th convergent to θ. With the same notation, Shorey and Srinivasan proved that for any positive real number δ, and for almost all real numbers θ with $0 \leqslant \theta \leqslant 1$, we have

$$Q[s_n] \geqslant s_n (\log s_n)^{-1-\delta} \tag{4}$$

for very sufficiently large n. Perhaps (3) and (4) hold for any irrational algebraic θ, but we are very far from being able to confirm this.

Recall that ξ is a real irrational algebraic number and $(\dfrac{p_n}{q_n})_{n \geqslant 1}$ denotes the sequence of its convergents. Using his p – adic version of the Thue-Siegel theorem, Mahler proved that the greatest prime factor of $p_n q_n$ tends to infinity with n. He also established that the greatest prime factor of p_n (and also that of q_n) is unbounded. Subsequently, by working out a p – adic version of a result of Dyson on rational approximation to algebraic numbers, Mahler showed that, when ξ is either quadratic or cubic, both $P[p_n]$ and $P[q_n]$ tend to infinity. Ridout's theorem allows one to extend the latter result of Mahler.

Theorem 3 For every real irrational algebraic number ξ, both $P[p_n]$ and $P[q_n]$ tend to infinity with n.

Proof We know from the theory of continued fractions that

$$|\xi - \dfrac{p_n}{q_n}| < q_n^{-2}$$

for $n \geq 1$. If there exist an infinite sequence of positive integers $n_1 < n_2 < \cdots$ and an integer P such that $P[q_{n_j}] < P$ for $j \geq 1$, then we obtain a contradiction from Ridout's theorem with $\varepsilon = 1$ by taking for S_1 the empty set and for S_2 the set of prime numbers less than P. This shows that $P[q_n]$ tends to infinity with n, and a similar proof yields the same conclusion for $P[p_n]$.

Theorem 3 is ineffective, and it would be very desirable to have an effective estimate for the growth of $P[p_n q_n], P[p_n]$, and $P[q_n]$.

Using Baker's theory, Shorey established a quantitative form of Mahler's result.

Theorem 4 For every real irrational algebraic number ξ, we have

$$P[p_n q_n] \gg_{\text{eff}} \log \log q_n$$

It turns out that it is possible to improve slightly on Theorem S, by using Matveev's recent estimate for linear forms in logarithms. We denote by $\lfloor x \rfloor$ the integer part of the real number x.

Theorem 5 For every real irrational algebraic number ξ, we have

$$P[q \lfloor q\xi \rfloor] \gg_{\text{eff}} \frac{(\log \log q)(\log \log \log q)}{\log \log \log \log q}$$

Proof We follow Shorey's proof. Without any loss of generality, we assume that q is large enough. Set $p = \lfloor q\xi \rfloor$ and observe that $0 < |\xi - \frac{p}{q}| \leq \frac{1}{q}$. To abbreviate

638

第 15 章 向 Roth 致敬

the notation, for any positive integer j, we write $\log_j$ for the j-th iterate of the logarithmic function. Assume that

$$P[pq] \leq \frac{\delta(\log_2 q)(\log_3 q)}{\log_4 q}$$

is satisfied for any δ with $0 < \delta < 1$. We will arrive at a contradiction for a certain value of δ depending only on ξ. Let m be the number of distinct prime factors of pq. By the Prime number theorem, we have

$$m \leq \frac{2\delta \log_2 q}{\log_4 q}$$

Denoting by $l_1, l_2, \cdots$ the increasing sequence of all the prime numbers, there exist positive integers $i_1 < \cdots < i_k$ with $k \leq m$ and non-zero integers $a_{i_1}, \cdots, a_{i_k}$ such that

$$\Lambda := |\xi l_{i_1}^{a_{i_1}} \cdots l_{i_k}^{a_{i_k}} - 1| \ll_{\text{eff}} q^{-1} \tag{5}$$

By assumption, Λ is non-zero. Check that

$$l_{i_k} \leq l_{i_k} \leq \frac{\delta(\log_2 q)(\log_3 q)}{\log_4 q}, |a_{i_j}| \ll_{\text{eff}} \log q, j = 1, \cdots, k$$

It then follows from Matveev's theorem that there exists an effectively computable constant c_1, depending only on ξ, such that

$$\log \Lambda > -c_1^m (\log_3 q)^m (\log_2 q) \tag{6}$$

We then infer from (5) and (6) that

$$\log_2 q \ll_{\text{eff}} m \log_4 q + \log_3 q \ll_{\text{eff}} \delta \log_2 q + \log_3 q$$

Selecting δ small enough, we obtain a contradiction.

Corollary 1 For every real irrational algebraic number ξ, we have

639

Hurwitz 定理

$$P[p_n q_n] \gg_{\text{eff}} \frac{(\log \log q_n)(\log \log \log q_n)}{\log \log \log \log q_n}$$

Corollary 1 does not give any effective lower bound for $P[q_n]$, nor for $P[p_n]$. When ξ is a quadratic surd, then its continued fraction expansion is ultimately periodic and the sequences $(p_n)_{n \geq 1}$ and $(q_n)_{n \geq 1}$ are binary recurring sequences. Using again Baker's theory, we obtain in this case the effective lower bounds

$$P[p_n] \gg_{\text{eff}} (\log p_n)^{\frac{1}{3}}, P[q_n] \gg_{\text{eff}} (\log q_n)^{\frac{1}{3}}$$

$$Q[p_n] \gg_{\text{eff}} \frac{(\log \log p_n)^2}{\log \log \log p_n}, Q[q_n] \gg_{\text{eff}} \frac{(\log \log q_n)^2}{\log \log \log q_n}$$

as proved by Györy, Mignotte and Shorey.

Problem 1 To give an effective lower bound for $P[q_n]$, and for $P[p_n]$, when ξ is an algebraic number of degree at least 3.

To conclude this section, let us mention that Erdös and Mahler established that $P[q_{n-1} q_n q_{n+1}]$ tends to infinity with n. However, their result is not effective. Using Baker's theory of linear forms in logarithms, Shorey proved that

$$P[q_{n-1} q_n q_{n+1}] \gg_{\text{eff}} \log \log q_n$$

and

$$\log Q[q_{n-1} q_n q_{n+1}] \gg_{\text{eff}} \log \log q_n$$

15.12.3 **Growth of the Denominators of Convergents**

Recall again that ξ is a real irrational algebraic num-

第 15 章 向 Roth 致敬

ber and $(\frac{p_n}{q_n})_{n \geq 1}$ denotes the sequence of its convergents. It immediately follows from the theory of continued fractions that the rate of increase of $(q_n)_{n \geq 1}$ is at least exponential. Our purpose in the present section is to estimate it from above. Recall that Lévy established in 1936 that, for almost all real numbers θ, we have

$$\frac{\log s_n}{n} \to \frac{\pi^2}{12\log 2}, n \to +\infty$$

where s_n denotes the denominator of the n – th convergent to θ.

It is well known that for quadratic ξ the sequence $(q_n^{\frac{1}{n}})_{n \geq 1}$ is bounded and even converges. One generally believes that $(q_n^{\frac{1}{n}})_{n \geq 1}$ also remains bounded when the degree of ξ is greater than 2. However, we seem to be very far from a proof, or a disproof.

The first general upper estimate for the rate of increase of $(q_n)_{n \geq 1}$ follows from Liouville's theorem, which easily yields $\log \log q_n \ll n$. A slight sharpening, namely the estimate $\log \log q_n = o(n)$, can be deduced from Roth's theorem.

In Roth's joint work with Davenport, some steps were made totally explicit in order to obtain an explicit upper estimate for the cardinality $N(\theta, \varepsilon)$ of the set of rational solutions to (1). This enabled Davenport and Roth to prove that

Hurwitz 定理

$$\log \log q_n \ll \frac{n}{\sqrt{\log n}} \qquad (7)$$

A much better upper bound for $N(\theta,\varepsilon)$ was established by Bombieri and van der Poorten; see also Luckhardt, who used his result to improve upon (7), and Locher. This was subsequently refined slightly by Evertse. Before stating a result, we recall that the Mahler measure of an algebraic number equals the leading coefficient of its minimal polynomial over the integers times the probuct of the moduli of its complex conjugates of modulus at least 1.

Theorem 6 Let θ be an algebraic number of degree d with $0 < \theta < 1$. For every positive real number ε with $\varepsilon < \frac{1}{5}$, the inequality

$$\left| \theta - \frac{p}{q} \right| < \frac{1}{q^{2+\varepsilon}}$$

has at most

$$N_1(\theta,\varepsilon) := 2 \cdot 10^7 \varepsilon^{-3} (\log \varepsilon^{-1})^2 (\log 4d)(\log \log 4d)$$

rational solutions $\frac{p}{q}$ with $q \geq \max\{4^{\frac{2}{\varepsilon}}, M(\theta)\}$.

Mueller and Schmidt established that, regarding the dependence on d, Theorem E is best possible up to perhaps the factor $(\log \log 4d)$.

Theorem 7 Let ξ be an arbitrary real irrational algebraic number of degree d, and let $(\frac{p_n}{q_n})_{n \geq 1}$ denote the

第 15 章 向 Roth 致敬

sequence of its convergents. Then

$$\log \log q_n \leq 4 \cdot 10^7 n^{\frac{2}{3}} (\log n)^{\frac{2}{3}} (\log \log n) \cdot (\log 4d)^{\frac{1}{3}} (\log \log 4d)^2 \qquad (8)$$

for all $n \geq \max\{60, 4\log M(\xi), d\}$.

We point out that Theorem 7 is fully effective, although Roth's theorem is not. The constant $4 \cdot 10^7$ in (8) can be replaced by a smaller one; our aim was to state a fully explicit upper bound and we made no effort towards lowering this constant.

Clearly, inequality (8) holds with q_n replaced by the n – th partial quotient of ξ. This strongly improves upon a result of Wolfskill valid only for cubic irrationals.

Proof of Theorem 7   Recall that

$$\left|\xi - \frac{p_n}{q_n}\right| < \frac{1}{q_n q_{n+1}} \qquad (9)$$

for $n \geq 1$.

Let N be an integer with $N \geq \max\{60, 4\log M(\xi), d\}$. Let h be the smallest positive integer with $h \geq 6$ and $q_h \geq \max\{16^{N^{\frac{1}{3}}}, M(\xi)\}$. Since $q_h \geq 2^{\frac{h}{2}}$, we have

$$h \leq \max\{8N^{\frac{1}{3}}, 3\log M(\xi)\}$$

Put $S_0 = \{h, h+1, \cdots, N\}$. Let $k \geq 3$ be an integer, and let $\varepsilon_1, \cdots, \varepsilon_k$ be real numbers with $0 < N^{-\frac{1}{3}} < \varepsilon_1 < \cdots < \varepsilon_k < 1$, to be selected later. For $j = 1, \cdots, k$, let S_j denote the set of positive integers n such that $h \leq n \leq N$ and

Hurwitz 定理

$q_{n+1} > q_n^{1+\varepsilon_j}$. Observe that $S_0 \supset S_1 \supset \cdots \supset S_k$. It follows from (9) that, for $n \in S_j$, the convergent $\dfrac{p_n}{q_n}$ gives a solution to

$$\left| \xi - \frac{p}{q} \right| < \frac{1}{q^{2+\varepsilon_j}}$$

By our choice of h, the cardinality of S_j is at most $N_1(\xi, \varepsilon_j)$.

Write
$$S_0 = (S_0 \backslash S_1) \cup (S_1 \backslash S_2) \cup \cdots \cup (S_{k-1} \backslash S_k) \cup S_k$$
Let j be an integer with $1 \leqslant j \leqslant k$. The cardinality of $S_0 \backslash S_1$ is obviously bounded by N and, for $j \geqslant 2$, the cardinality of $S_{j-1} \backslash S_j$ is at most $N_1(\xi, \varepsilon_{j-1})$. Furthermore, for every n in $S_{j-1} \backslash S_j$, we have

$$\frac{\log q_{n+1}}{\log q_n} \leqslant 1 + \varepsilon_j$$

Recall that d denotes the degree of ξ. Then the Liouville inequality, as stated in Waldschmidt, asserts that

$$\left| \xi - \frac{p}{q} \right| \geqslant \frac{1}{M(\xi)(2q)^d} \quad (10)$$

for every rational number $\dfrac{p}{q}$. Consequently, we infer from (9) that

$$\frac{\log q_{n+1}}{\log q_n} \leqslant 2d$$

holds if $q_n \geqslant M(\xi)$ and $n \geqslant h$.

Combining these estimates with the fact that S_k has at

644

most $N_1(\xi, \varepsilon_k)$ elements, we obtain

$$\frac{\log q_N}{\log q_h} = \frac{\log q_N}{\log q_{N-1}} \cdot \frac{\log q_{N-1}}{\log q_{N-2}} \cdot \ldots \cdot \frac{\log q_{h+1}}{\log q_h}$$

$$\leqslant (1+\varepsilon_1)^N \prod_{j=2}^{k} (1+\varepsilon_j)^{N_1(\xi,\varepsilon_{j-1})} (2d)^{N_1(\xi,\varepsilon_k)}$$

Taking logarithms and using the fact that $\log(1+u) < u$ for any positive real number u, we obtain

$$\log \log q_N - \log \log q_h$$

$$\leqslant N\varepsilon_1 + \sum_{j=2}^{k} \varepsilon_j N_1(\xi, \varepsilon_{j-1}) + N_1(\xi, \varepsilon_k)(\log 2d) \quad (11)$$

We now select $\varepsilon_1, \cdots, \varepsilon_k$. For $j = 1, \cdots, k$, set

$$\varepsilon_j = N^{-\frac{3k-3^{j-1}}{3^{k+1}-1}} (\log N)^{\frac{2}{3}} (\log 4d)^{\frac{3^{k-j}+1}{3^{k+1-j}}}$$

We check that $0 < N^{-\frac{1}{3}} < \varepsilon_1 < \cdots < \varepsilon_k < 1$, and we easily infer from (11) and Theorem 6 that

$$\log \log q_N - \log \log q_h$$

$$\leqslant 2k10^7 N^{\frac{2}{3}} N^{\frac{2}{3k}} (\log N)^{\frac{2}{3}} (\log 4d)^{\frac{1}{3}} (\log \log 4d) +$$

$$N^{\frac{2}{3}} N^{\frac{2}{3k}} (\log N)^{\frac{2}{3}} (\log 4d)^{\frac{3^{k-1}+1}{3^k}} \quad (12)$$

Choosing for k the smallest integer greater than $(\log \log N)(\log^+ \log \log 4d)$, we deduce from (12) that

$$\log \log q_N - \log \log q_h$$

$$\leqslant 3 \cdot 10^7 N^{\frac{2}{3}} (\log N)^{\frac{2}{3}} (\log \log N) \cdot$$

$$(\log 4d)^{\frac{1}{3}} (\log \log 4d)(\log^+ \log \log 4d)$$

Here, the function $\log^+$ is defined on the set of positive real numbers by setting

$$\log^+ x = \max\{\log x, 1\}$$

Hurwitz 定理

Our choice of h implies
$$q_{h-1} < M(\xi) + 16^{N^{\frac{1}{3}}}$$
Combined with (10), this gives
$$\log \log q_h \leq \log 4d + 2\log N + 2\log \log M(\xi)$$
Since $M(\xi) \leq 2^N$ and $d \leq N$, we obtain
$$\log \log q_N$$
$$\leq 4 \cdot 10^7 N^{\frac{2}{3}} (\log N)^{\frac{2}{3}} (\log \log N) \cdot$$
$$(\log 4d)^{\frac{1}{3}} (\log \log 4d)^2$$
This concludes the proof.

As a consequence of our theorem, we obtain an estimate for the maximal growth of the sequence of denominators of convergents to algebraic numbers of bounded degree.

Corollary 2 Let θ be a real irrational number, and let $(\dfrac{r_n}{s_n})_{n \geq 1}$ denote the sequence of its convergents. Let $d \geq 2$ be an integer. If

$$\limsup_{n \to +\infty} \dfrac{\log \log s_n}{n^{\frac{2}{3}} (\log n)^{\frac{2}{3}} (\log \log n)(\log 4d)^{\frac{1}{3}} (\log \log 4d)^2}$$
$$> 4 \cdot 10^7$$
then θ is transcendental or algebraic of degree greater than d.

Corollary 2 improves Mignotte.

第 15 章　向 Roth 致敬

15.12.4　Continued Fractions of Powers of Rational Numbers

Let a and b be coprime integers with $1 < b < a$. Let ε be a positive real number. Applying Ridout's theorem, Mahler proved that $\left\|(\frac{a}{b})^n\right\| \geqslant 2^{-\varepsilon n}$ for every sufficiently large integer n. Here, $\|\cdot\|$ denotes the distance to the nearest integer. This implies that the first partial quotient of $\left\|(\frac{a}{b})^n\right\|$ is less than $2^{\varepsilon n}$ when n is sufficiently large. As we shall see below, Ridout's theorem also gives some information on the other partial quotients of $\left\|(\frac{a}{b})^n\right\|$.

A rational number r has exactly two continued fraction expansions. These are $[r]$ and $[r-1;1]$ if r is an integer and, otherwise, one of them has the form $[a_0; a_1,\cdots,a_{n-1},a_n]$ with $a_n \geqslant 2$, and the other one is $[a_0; a_1,\cdots,a_{n-1},a_n-1,1]$. In the sequel, we shall denote by $\mathfrak{L}(r)$ the length of the shortest continued fraction expansion of r.

In 1973, Mendès France asked whether $\sup\limits_{n\geqslant 1}\mathfrak{L}((\frac{a}{b})^n) = +\infty$ for all coprime integers a and b with $1 < b < a$. In a series of notes, Choquet gave an affirmative answer to this question. Independently, Pourchet applied Ridout's theorem to obtain a stronger statement, quoted below.

Theorem 8　For all coprime integers a and b with

Hurwitz 定理

$1 < b < a$, and for every positive real number ε, the partial quotients of $\left\|\left(\dfrac{a}{b}\right)^n\right\|$ are all less than $2^{\varepsilon n}$ when n is sufficiently large. In particular, we have $\lim\limits_{n\to +\infty} \mathscr{L}((\dfrac{a}{b})^n) = +\infty$.

Pourchet never published his result. Some details of the proof were given by van der Poorten. We include below a proof of Theorem P. The function field analogue was solved by Grisel.

Note that the trivial upper bound

$$\mathscr{L}((\dfrac{a}{b})^n) \leqslant 3n \log b$$

is valid for all positive integers a, b and n with $1 < b < a$. Theorem 8 does not provide any information on the speed of growth of $\mathscr{L}((\dfrac{a}{b})^n)$. This is due to the ineffectiveness of Ridout's theorem. However, it turns out that the use of another strengthening of Roth's theorem, namely the Cugiani-Mahler theorem, allows us to obtain some additional information.

Theorem 9 For all coprime integers a and b with $1 < b < a$, there exist a positive constant C and arbitrarily large integers n such that

$$\mathscr{L}((\dfrac{a}{b})^n) > C\left(\dfrac{\log n}{\log \log n}\right)^{\frac{1}{4}}$$

We shall use the following version of the Cugiani-Mahler theorem that we extract from Bombieri and

第15章 向 Roth 致敬

Gubler; see also Bombieri and van der Poorten.

Theorem 10 Let S be a finite set of prime numbers, and let θ be a real algebraic number of degree d. For any positive real number t, set

$$f(t) = 7(\log 4d)^{\frac{1}{2}} \left(\frac{\log \log(t + \log 4)}{\log(t + \log 4)} \right)^{\frac{1}{4}}$$

Let $(\frac{r_j}{s_j})_{j \geq 1}$ be the sequence of rational solutions, written in reduced form, to

$$\left| \theta - \frac{r}{s} \right| \cdot \prod_{l \in S} |rs|_l \leq \frac{1}{s^{2+f(\log s)}}$$

ordered such that $1 \leq s_1 < s_2 < \cdots$. Then either the sequence $(\frac{r_j}{s_j})_{j \geq 1}$ is finite or

$$\lim_{j \to +\infty} \sup \frac{\log r_{j+1}}{\log r_j} = +\infty \qquad (13)$$

Proof of Theorem 8 Let $\frac{p}{q}$ be a solution to

$$\left| \left(\frac{a}{b} \right)^n - \frac{p}{q} \right| < \frac{1}{q^2}$$

with p and q coprime. Let ε be a positive real number. Let S_1 (respectively S_2) be the set of prime divisors of a (respectively b). By Ridout's theorem, there exists a positive real number $C(\varepsilon)$ such that $C(\varepsilon) \leq \frac{1}{4}$ and

$$\left| 1 - \frac{qa^n}{pb^n} \right| \cdot \frac{1}{a^n b^n} \geq \frac{2C(\varepsilon)}{p^2 b^{2n} a^{\varepsilon n}} \qquad (14)$$

since $pb^n \leq a^{2n}$. The integers qa^n and pb^n may not be

Hurwitz 定理

coprime, but this does not matter since the integers p and q occurring in the statement of Ridout's theorem are not assumed to be coprime. If

$$\left|\left(\frac{a}{b}\right)^n - \frac{p}{q}\right| \leq \frac{1}{2} \qquad (15)$$

then $pb^n \leq 2qa^n$, and it follows from (14) that

$$\left|\left(\frac{a}{b}\right)^n - \frac{p}{q}\right| \geq \frac{C(\varepsilon)}{q^2 a^{\varepsilon n}} \qquad (16)$$

Since (16) also holds if (15) is not satisfied, it follows that the partial quotients of $(\frac{a}{b})^n$ are all less than $\frac{a^{\varepsilon n}}{C(\varepsilon)}$, thus less than $a^{2\varepsilon n}$ if n is sufficiently large. Consequently, we have

$$\mathcal{L}((\frac{a}{b})^n) \geq \frac{1}{2}\varepsilon$$

for n large enough.

Proof of Theorem 9   Let S be the set of prime divisors of ab. We may assume that the (ordered) sequence $(\frac{r_j}{s_j})_{j \geq 1}$ of rational solutions, written in lowest form, to

$$\left|1 - \frac{r}{s}\right| \cdot \prod_{l \in S} |rs|_l \leq \frac{1}{s^{2+f(\log s)}}$$

is infinite. In view of (13), there exist arbitrarily large integers j and n such that $r_{j+1} > a^{2n}$ and $r_j < a^{\frac{n}{2}}$. By Theorem 8, if n is sufficiently large, then there exists a convergent $\frac{p'_n}{q'_n}$ to $(\frac{a}{b})^n$ with $a^{\frac{n}{3}} < p'_n < a^{\frac{n}{2}}$. Any convergent

650

第 15 章 向 Roth 致敬

$\frac{p}{q}$ to $(\frac{a}{b})^n$ with $p \leq p'_n$ is a convergent to $\frac{p'_n}{q'_n}$. Write $\frac{qa^n}{pb^n} = \frac{r}{s}$, with r and s positive and coprime. Write $rs = tt'$, where t' is the largest integer coprime with ab. Since $a^{\frac{n}{2}} \leq r \leq a^{2n}$, the rational number $\frac{r}{s}$ does not belong to the sequence $(\frac{r_j}{s_j})_{j \geq 1}$, thus

$$\left|1 - \frac{qa^n}{pb^n}\right| \cdot \frac{1}{t} \geq \frac{1}{s^{2+f(\log s)}} \quad \text{and} \quad \left|\left(\frac{a}{b}\right)^n - \frac{p}{q}\right| \geq \frac{p}{q} \cdot \frac{t}{s^{2+f(\log s)}}$$

(17)

We may assume that (15) holds (which is the case if $q \geq 2$) and, since $t' \leq pq$, we infer from (17) that

$$\left|\left(\frac{a}{b}\right)^n - \frac{p}{q}\right| \geq \frac{1}{2q^2 s^{f(\log s)}}$$

Since $s \geq a^{cn}$ for some positive real number c, there is a positive constant κ, depending only on a, such that

$$\left|\left(\frac{a}{b}\right)^n - \frac{p}{q}\right| \geq \frac{1}{q^2 a^{\kappa n (\log \log n)^{\frac{1}{4}} (\log n)^{-\frac{1}{4}}}} \quad (18)$$

Observe that (18) remains valid when (15) does not hold. Consequently, every partial quotient of $\frac{p'_n}{q'_n}$ is less than $a^{\kappa n (\log \log n)^{\frac{1}{4}} (\log n)^{-\frac{1}{4}}}$, and the length of the continued fraction expansion of $\frac{p'_n}{q'_n}$ is therefore at least equal to

651

Hurwitz 定理

some constant times $(\log n)^{\frac{1}{4}} (\log \log n)^{-\frac{1}{4}}$. Since $\dfrac{p'_n}{q'_n}$ is a convergent to $(\dfrac{a}{b})^n$, this is also a lower bound for the length of the continued fraction expansion of $(\dfrac{a}{b})^n$.

Theorem 9 is a small step towards the resolution of the following question.

Problem 2   To give an effective lower bound for $\mathfrak{L}((\dfrac{a}{b})^n)$.

Theorem 8 was extened by Corvaja and Zannier to quotients of power sums. Recall that the continued fraction expansion of a real number θ is eventually periodic if, and only if, θ is a quadratic surd. Mendès France asked whether for every real quadratic irrational ξ and every positive M, there exist integers n such that the length of the period of the continued fraction expansion of ξ^n exceeds M. This question was completely solved by Corvaja and Zannier. Furthermore, results on the length of the period of the continued fraction for values of the square root of power sums were given by Bugeaud and Luca and by Scremin.

The key tool for the proofs of the results is a powerful, deep generalization of Roth's theorem, namely the Schmidt subspace theorem and, more precisely, its non-Archimedean extension, worked out by Schlickewei.

However, it does not seem to us that the Schmidt subspace theorem and its relatives can be of any help for improving upon Theorems 5,7,9 in the present paper.

15.13 On Exponential Sums with Multiplicative Coefficients

15.13.1 Introduction

Let $\mathfrak{F}$ be the class of complex-valued multiplicative functions f with $|f| \leq 1$. Let $e(t)$ denote the complex number $e^{2\pi it}$ throughout the paper. For any real numbers $x \geq 3$ and α, and for each $f \in \mathfrak{F}$, we write the general exponential sum as

$$F(x,\alpha) = \sum_{n \leq x} f(n) e(n\alpha) \qquad (1)$$

The problem of obtaining bounds for $F(x,\alpha)$ uniform in $f \in \mathfrak{F}$ has been first considered by H. Daboussi. He showed that if

$$\left|\alpha - \frac{s}{r}\right| \leq \frac{1}{r^2} \quad \text{and} \quad 3 \leq r \leq \left(\frac{x}{\log x}\right)^{\frac{1}{2}}$$

for some coprime integers s and r, then uniformly for all $f \in \mathfrak{F}$, we have

$$F(x,\alpha) \ll \frac{x}{(\log \log r)^{\frac{1}{2}}} \qquad (2)$$

From this estimate, we observe that for every irrational α, we have

Hurwitz 定理

$$\lim_{x\to\infty}\frac{1}{x}F(x,\alpha)=0 \qquad (3)$$

uniformly for all $f \in \mathfrak{F}$.

The question of characterizing those functions f having the property

$$\frac{1}{x}F(x,\alpha) = o\left(\frac{1}{x}\Big|\sum_{n\leqslant x}f(n)\Big|\right) \qquad (4)$$

for every irrational α was considered first by Y. Dupain, R. R. Hall and G. Tenenbaum. An interesting special case is when f is a characteristic function of integers free of prime factors greater than $y \geqslant 2$. E. Fouvry and Tenenbaum obtained sharp estimates for the corresponding exponential sum, providing a quantitative version of (4) for a wide range of parameters x and y.

On the other hand, an important advance was established by H. L. Montgomery and R. C. Vaughan who improved the original estimate of Daboussi. If

$$\left|\alpha - \frac{s}{r}\right| \leqslant \frac{1}{r^2} \quad \text{and} \quad 2 \leqslant R \leqslant r \leqslant \frac{x}{R}$$

for some coprime integers s and r, then uniformly for all $f \in \mathfrak{F}$, they proved that

$$F(x,\alpha) \ll \frac{x}{\log x} + \frac{x}{\sqrt{R}}(\log R)^{\frac{3}{2}} \qquad (5)$$

In addition, it was shown that apart from the logarithmic factor, the above estimate is sharp. Indeed, they established the following:

(i) For any real $x \geqslant 3$ and any α, there is an $f \in \mathfrak{F}$

such that

$$|F(x,\alpha)| \gg \frac{x}{\log x}$$

(ii) If $r \leqslant x^{\frac{1}{2}}$ and $(s,r)=1$, then there is an $f \in \mathfrak{F}$ such that

$$\left|F\left(x,\frac{s}{r}\right)\right| \gg \frac{x}{\sqrt{r}}$$

(iii) If $\dfrac{x}{(\log x)^3} \leqslant T \leqslant x$, then there exist coprime integers s, r and $f \in \mathfrak{F}$ such that

$$T - \frac{3x}{T} \leqslant r \leqslant T \quad \text{and} \quad \left|F\left(x,\frac{s}{r}\right)\right| \gg (xT)^{\frac{1}{2}}$$

Recently, G. Bachman proved several interesting upper bounds for $|F(x,\alpha)|$ in various contexts. In particular, one of his results improves the factor $(\log R)^{\frac{3}{2}}$ in (5) to $(\log R \log \log R)^{\frac{1}{2}}$.

Let $x \geqslant 3$ and $0 < \lambda \leqslant 1$. Let $\mathfrak{F}_\lambda(x)$ denote the subclass of $\mathfrak{F}$ consisting of functions satisfying

$$\sum_{p \leqslant x} \frac{|f(p)|}{p} \geqslant \lambda \log \log x \qquad (6)$$

Then there is a conjecture which reads as follows.

Conjecture Let $x \geqslant 3$, α and $R \geqslant 3$ be real numbers and suppose that

$$\left|\alpha - \frac{s}{r}\right| \leqslant \frac{1}{r^2} \quad \text{and} \quad R \leqslant r \leqslant \frac{x}{R}$$

for some coprime integers s and r. Then

Hurwitz 定理

$$F(x,\alpha) \ll \frac{x}{\log x} + \frac{1}{\sqrt{R}}\left(\sum_{n\leqslant x}|f(n)|\right) \quad (7)$$

uniformly for all $f \in \mathfrak{F}_\lambda(x)$.

Theorem 1 Let $x \geqslant 3$ and $1 \leqslant r \leqslant x(\log x)^{-2} \cdot (\log\log x)^{-1}(\log\log\log x)^{-1}$. Assume that r is a prime and $(r,s) = 1$. Then

$$F\left(x, \frac{s}{r}\right) = \sum_{n\leqslant x} f(n)e\left(n \cdot \frac{s}{r}\right) \ll \frac{x}{\log x} + \frac{x}{\sqrt{r}}$$

uniformly for all $f \in \mathfrak{F}$.

In this paper we use this new method to prove Conjecture for a special case. First we restrict our consideration, to the case $\alpha = \frac{s}{r}$, where r is prime. Furthermore we assume a certain regularity of the behavior of the multiplicative function f: the absolute value $|f(p)|$ is to change only slowly with p. More specifically, we consider the following class of functions.

Definition 1 Let $0 < \lambda \leqslant 1, P_0 \geqslant 1$ and $B,C \geqslant 1$. We let $\mathfrak{F}(\lambda, P_0, B, C)$ denote the class of all functions $f \in \mathfrak{F}$ satisfying the condition $R(\lambda, P_0, B, C)$: We have $|f(p)| \geqslant \lambda$ for all primes p. For all pairs (p_1, p_2) of primes with $p_2 > p_1 \geqslant P_0$ and

$$|p_2 - p_1| \leqslant p_2(\log p_2)^{-B}$$

we have

$$\left|\log\left|\frac{f(p_2)}{f(p_1)}\right|\right| \leqslant C(\log\log p_2)^{-1}$$

Obviously, if $x \geqslant 3$ is sufficiently large and $\varepsilon > 0$ is

656

sufficiently small, then $f \in \mathfrak{F}(\lambda, P_0, B, C)$ implies $f \in \mathfrak{F}_{\lambda-\varepsilon}(x)$. The purpose of this paper is to prove:

Theorem 2 Let $x \geq 3, r \leq (\log x)^A$ be a prime, $(s,r) = 1$ and $\alpha = \dfrac{s}{r}$. Let $0 < \lambda \leq 1, P_0 > 0, B, C \geq 1$ and $f \in \mathfrak{F}(\lambda, P_0, B, C)$. Then

$$F(x,\alpha) \ll \frac{x}{\log x} + \frac{1}{\sqrt{r}}\Big(\sum_{n \leq x} |f(n)|\Big), x \to \infty$$

The constant implicit in the $\ll$ - symbol depends at most on the parameters λ, P_0, B and C.

15.13.2 Notations and Preliminaries

Throughout, for positive integer k, $\log_k x$ denotes the k - fold logarithm of x, so that $\log_2 x = \log \log x$, $\log_3 x = \log \log \log x$, and so on.

We first assume that $r \nmid n$. The case $r \mid n$ will be treated later.

For any positive integer n, we denote by $P^+(n)$ the largest prime factor of n. Furthermore, for real number x, we write

$$m_+(n) = \prod_{\substack{p \leq \exp(\log x)^{\frac{1}{2}} \\ p^\nu \| n}} p^\nu$$

Using this, we partition the set $\mathbf{N}'_x = \{n \leq x : r \nmid n\}$ as follows

$\mathfrak{M}_1 = \{n \in \mathbf{N}'_x : n = m_+(n)P^+(n), m_+(n) \leq \exp((\log x)^{\frac{3}{4}})\}$

$\mathfrak{M}_2 = \{n \in \mathbf{N}'_x : n \notin \mathfrak{M}_1, m_+(n) \leq \exp((\log x)^{\frac{3}{4}})\}$

Hurwitz 定理

$$\mathfrak{M}_3 = \{ n \in \mathbf{N}'_x : n \notin \mathfrak{M}_1, m_+(n) > \exp((\log x)^{\frac{3}{4}}) \}$$

We further refine the partitions of $\mathfrak{M}_1$ and $\mathfrak{M}_2$ by partitioning the interval $[\exp((\log x)^{\frac{1}{2}}), x]$ as follows: Let $I_l = [x_l, x_{l+1}]$ with

$$\frac{1}{2} x_l (\log x_l)^{-2B} < x_{l+1} - x_l \leqslant x_l (\log x_l)^{-2B} \quad (8)$$

so that

$$[\exp((\log x)^{\frac{1}{2}}), x] = \bigcup_l I_l \quad (9)$$

Accordingly, we partition the set $\mathfrak{M}_1$ as follows: for fixed $m_0 \leqslant \exp((\log x)^{\frac{3}{4}})$ and $l \in \mathbf{N}$, we set

$$\mathfrak{M}_{1,l,m_0} = \{ n \in \mathfrak{M}_1 : m_+(n) = m_0, P^+(n) \in I_l \}$$

We also partition the set $\mathfrak{M}_2$ as follows: for fixed $m_0 \leqslant \exp((\log x)^{\frac{3}{4}})$ and an L-tuplet $\bar{l} = (l_1, l_2, \cdots, l_L)$, we set

$$\mathfrak{M}_{2,\bar{l},m_0} = \{ n \in \mathfrak{M}_2 : m_+(n) = m_0, p_j \in I_{l_j} \} \quad \text{and} \quad L = L(\bar{l})$$

Here $n = m_+(n) p_1 p_2 \cdots p_L$ with $\exp((\log x)^{\frac{1}{2}}) < p_1 < p_2 < \cdots < p_L$.

We also approximate $\mathfrak{M}_1$ and $\mathfrak{M}_2$ by a disjoint union of cartesian products as indicated below.

Definition 2 For $n \in \mathfrak{M}_2$, we define

$$\omega(n,l) = \sum_{\substack{p,\nu \\ p^\nu \| n \\ p \in I_l}} \nu$$

Definition 3 We call $\mathfrak{M}_{1,l,m_0}$ proper if $\mathfrak{M}_{1,l,m_0} = \{ m_0 p : p \in I_l \}$, otherwise improper.

We call $\mathfrak{M}_{2,\bar{l},m_0}$ proper if
$$\mathfrak{M}_{2,\bar{l},m_0} = \{m_0 p_1 p_2 \cdots p_L : p_1 \in I_{l_1}, p_2 \in I_{l_2}, \cdots, p_L \in I_{l_L}\}$$
otherwise improper.

Remark The point of the definition of proper $\mathfrak{M}_{2,\bar{l},m_0}$ is that for all possible choices of $p_j \in I_{l_j}$, we have $m_0 p_1 p_2 \cdots p_L \leqslant x$.

Definition 4 We set $\mathfrak{M}_2^{(1)} = \{n \in \mathfrak{M}_2 : \omega(n,l) > 1$ for at least one $l\}$.

Definition 5 The number $n \notin \mathfrak{M}_2^{(1)}$ is called proper if $n \in \mathfrak{M}_{2,\bar{l},m_0}$ for a proper $\mathfrak{M}_{2,\bar{l},m_0}$, otherwise improper. We set
$$\mathfrak{M}_j^{(2)} = \{n \in \mathfrak{M}_j : n \in \mathfrak{M}_2^{(1)}, n \text{ improper}\}, j = 1, 2$$

Definition 6 We set
$$\mathfrak{M}_2^{(3)} = \bigcup_{(*)} \mathfrak{M}_{2,\bar{l},m_0}$$
where the union ($*$) is taken over all $\bar{l} = (l_1, l_2, \cdots, l_L)$ with $L(\bar{l}) \geqslant 3 \log \log x$.

Definition 7 We define
$$\mathfrak{M}_2^{(*)} = \mathfrak{M}_2 \setminus (\mathfrak{M}_2^{(1)} \cup \mathfrak{M}_2^{(2)} \cup \mathfrak{M}_2^{(3)})$$
and
$$\mathfrak{M}_1^{(*)} = \mathfrak{M}_1 \setminus \mathfrak{M}_1^{(2)}$$

Definition 8 Let $J = \{1, \cdots, L\}$ and let $J = J_1 \cup J_2$ be a partition of J in two disjoint subsets J_1 and J_2. Let
$$n = m_+(n) p_1 p_2 \cdots p_L$$
with $p_j \in I_{l_j}$. Then we set
$$n_1 = n_1(n, J_1) = \prod_{j \in J_1} p_j \quad \text{and} \quad n_2 = n_2(n, J_2) = \prod_{j \in J_2} p_j$$

Hurwitz 定理

This implies $n = m_+(n) n_1 n_2$. We work with the following notation in the sequel

$$\sum\nolimits_1 = \sum_{n \in \mathfrak{M}_1} f(n) e(n\alpha)$$

$$\sum\nolimits_2 = \sum_{n \in \mathfrak{M}_2} f(n) e(n\alpha)$$

$$\sum\nolimits_3 = \sum_{n \in \mathfrak{M}_3} f(n) e(n\alpha)$$

15.13.3 Some Lemmas

Lemma 1 We have

$$|\mathfrak{M}_j - \mathfrak{M}_j^{(*)}| \ll \frac{x}{\log x}, j = 1, 2$$

Proof For any i with $2^{i+1} \geq \exp((\log x)^{\frac{1}{2}})$, we have

$$\#\{l: 2^i < x_l \leq 2^{i+1}\} \ll (\log 2^i)^{2B} \ll i^{2B}$$

since by (8), we have

$$x_{l+k} \geq \frac{1}{2} k(x_l (\log x_l)^{-2B})$$

We observe that

$$\sum_{p \in l_l} \frac{1}{p} \ll \frac{1}{x_l} (\pi(x_{l+1}) - \pi(x_l)) \ll (\log x_l)^{-2B}$$

Thus

$$|\mathfrak{M}_2^{(1)}| \ll x \sum_{\frac{1}{2}\exp((\log x)^{\frac{1}{2}}) \leq 2^i \leq 2x} \sum_{2^i \leq x_l \leq 2^{i+1}} \sum_{l} \sum_{\mu=1}^{\infty} \Big(\sum_{p \in l_l} \frac{1}{p} \Big)^\mu$$

$$\ll x \sum_{\frac{1}{2}\exp((\log x)^{\frac{1}{2}}) \leq 2^i \leq 2x} (\log 2^i)^{-2B} \ll \frac{x}{\log x} \quad (10)$$

A nonempty set of $\mathfrak{M}_{2,\bar{l},m_0}$ is improper if and only if

$$m_0 x_{l_1} \cdots x_{l_L} \leq x \leq m_0 x_{l_1+1} \cdots x_{l_L+1}$$

Let $n \in \mathfrak{M}_2^{(2)}$. Since
$$x_{l_j+1} \leq x_{l_j}(1 + (\log x_{l_j})^{-2B})$$
we obtain, noting $L \leq 3 \log \log x$
$$Q_1 := m_0 x_{l_1+1} \cdots x_{l_L+1} - m_0 x_{l_1} \cdots x_{l_L}$$
$$\leq m_0 \Big(\prod x_{l_j}\Big)\Big((1 + ((\log x)^{\frac{1}{2}})^{-2B})^{3\log\log x} - 1\Big)$$
$$< 2x(\log x)^{-\frac{3}{2}}$$
Therefore $n \in \mathfrak{M}_2^{(2)}$ implies
$$x - 2x(\log x)^{-\frac{3}{2}} < n \leq x \qquad (11)$$
For $C \geq 1$, let
$$\varepsilon(C,x) = \{n \leq x : \omega(n) \geq C \log \log n\}$$
By a result of L. G. Sathe, we have
$$|\varepsilon(C,x)| = x(\log x)^{C - C\log C - 1 + o(1)} \qquad (12)$$
Lemma 1 for $j = 2$ now follows from (10) (11) and (12). The same argument applied with $L = 1$ gives
$$|\mathfrak{M}_1^{(2)}| \ll \frac{x}{\log x}$$

The basic idea is that f has the same order of magnitude for all $n \in \mathfrak{M}_{2,\bar{l},m_0}$. This is the content of the next lemma.

Lemma 2 There are constants $C_1, C_2 > 0$, depending only on P_0, A, B and C, with the following property: Let $L(\bar{l}) \leq 3 \log \log x$, and $J = J_1 \cup J_2$ a partition of $J = \{1, \cdots, L\}$ into two disjoint subsets J_1 and J_2. Then for each pair $(n^{(1)}, n^{(2)})$ with $n^{(k)} \in \mathfrak{M}_{2,\bar{l},m_0}$, $k = 1, 2$, we have

Hurwitz 定理

$$\left|\log\left|\frac{f(n_1(n^{(2)},J_1))}{f(n_1(n^{(1)},J_1))}\right|\right| \leqslant C_1$$

and

$$\left|\log\left|\frac{f(n_2(n^{(2)},J_2))}{f(n_2(n^{(1)},J_2))}\right|\right| \leqslant C_2$$

Proof Let

$$n^{(k)} = m_0 p_1^{(k)} \cdots p_L^{(k)}, k = 1,2, \text{ with } p_j^{(k)} \in I_{l_j}$$

Then by the condition $R(\lambda, P_0, B, C)$ in Definition 1, we have, for $k = 1, 2$

$$\left|\log\left|\frac{f(n_k(n^{(2)},J_k))}{f(n_k(n^{(1)},J_k))}\right|\right| \ll \sum_{j\in J_k} \log\left|\frac{f(p_j^{(2)})}{f(p_j^{(1)})}\right|$$

$$\ll C(\log((\log x)^{\frac{1}{2}}))^{-1} \log\log x$$

$$\ll 1.$$

Definition 9 Let χ be a Dirichlet character, and Λ the Mangoldt function. We set

$$\psi(x,\chi) = \sum_{n\leqslant x} \chi(n)\Lambda(n)$$

$$\psi(x,r,a) = \sum_{\substack{n\leqslant x \\ n\equiv a \bmod r}} \Lambda(n)$$

$$\vartheta(x,r,a) = \sum_{\substack{p\leqslant x \\ p\equiv a \bmod r}} \log p$$

$$\pi(x,r,a) = \sum_{\substack{p\leqslant x \\ p\equiv a \bmod r}} 1$$

The following is a simple consequence of the theorem of Siegel-Walfisz.

Lemma 3 Let $\varepsilon > 0$ be arbitrarily small, r a prime with $r \geqslant r_0(\varepsilon)$, where $r_0(\varepsilon)$ is sufficiently large. If χ is

not the principal character modulo r, we have, for $x \geq r$
$$\psi(x,\chi) \ll x^{1-r-\varepsilon}$$

Lemma 4 For $x \geq r$, we have
$$\pi(x,r,a) = \frac{\operatorname{li} x}{r-1} + O(x^{1-r-\varepsilon})$$

Proof We have
$$\psi(x,r,a) = \frac{1}{r-1} \sum_{\chi \bmod r} \overline{\chi(a)} \psi(x,\chi)$$

From Lemma 3 we obtain
$$\psi(x,r,a) = \frac{x}{r-1} + O(x^{1-r-\varepsilon})$$

and
$$\vartheta(x,r,a) = \frac{x}{r-1} + O(x^{1-r-\varepsilon})$$

Lemma 4 follows by partial summation.

Lemma 5 We have
$$\sum_2 \ll \frac{x}{\log x} + \frac{1}{\sqrt{r}} \Big(\sum_{n \leq x} |f(n)| \Big)$$

Proof Let
$$S_i = \Big\{ n_i = \prod_{j \in J_i} p_j : p_j \in I_{l_j} \Big\}, i = 1, 2$$

By Cauchy's inequality, we obtain
$$Q_2 := \sum_{n \in \mathfrak{M}_{2,\bar{l},m_0}} f(n) e\Big(\frac{ns}{r}\Big)$$
$$= f(m_0) \sum_{n_1 \in S_1} f(n_1) \sum_{n_2 \in S_2} f(n_2) e\Big(\frac{n_1 n_2 m_0 s}{r}\Big)$$
$$\ll |f(m_0)| \Big(\sum_{n_1 \in S_1} |f(n_1)|^2 \Big)^{\frac{1}{2}} \cdot$$

Hurwitz 定理

$$\left(\sum_{n_2^{(1)}, n_2^{(2)} \in S_2} f(n_2^{(1)}) f(n_2^{(2)}) \cdot \sum_{n_1 \in S_1} e\left(\frac{n_1(n_2^{(1)} - n_2^{(2)}) m_0 s}{r} \right) \right)^{\frac{1}{2}}$$

We notice that for $i = 1, 2$

$$\sum_{n_i \in S_i} \chi(n_i) = \prod_{j \in J_i} \left(\sum_{p_j \in I_{l_j}} \chi(p_j) \right)$$

From Lemma 3, we obtain by partial summation

$$\sum_{p_j \in I_{l_j}} \chi(p_j) \ll x_{l_j-1}^{1-r-\varepsilon}$$

and thus by the inequalities for x_{l_j} and r

$$\sum_{p_j \in I_{l_j}} \chi(p_j) \ll |I_{l_j}| (\log x)^{-(A+2)}$$

We obtain

$$\sum_{\substack{n_i \in S_i \\ n_i \equiv a \bmod r}} 1 = \frac{1}{r-1} \sum_{\chi \bmod r} \overline{\chi(a)} \sum_{n_i \in S_i} \chi(n_i)$$

$$= \frac{|S_i|}{r-1} + O(|S_i| (\log x)^{-(A+2)})$$

for $i = 1, 2$. Hence we obtain

$$Q_3 := \sum_{n_1 \in S_1} e\left(\frac{n_1(n_2^{(1)} - n_2^{(2)}) m_0 s}{r} \right)$$

$$= \sum_{\substack{a \bmod r \\ (a,r)=1}} e\left(\frac{a(n_2^{(1)} - n_2^{(2)}) m_0 s}{r} \right) \sum_{\substack{n_1 \in S_1 \\ n_1 \equiv a \bmod r}} 1$$

$$\ll |S_1| r(\log x)^{-(A+2)} + \frac{|S_1|}{r-1} \cdot$$

$$\left| \sum_{\substack{a \bmod r \\ (a,r)=1}} e\left(\frac{a(n_2^{(1)} - n_2^{(2)}) m_0 s}{r} \right) \right|$$

664

$$\ll \begin{cases} |S_1| \, r(\log x)^{-(A+2)} + \dfrac{|S_1|}{r-1} & \text{if } n_2^{(1)} \not\equiv n_2^{(2)} \bmod r \\ |S_1| \, r(\log x)^{-(A+2)} + |S_1| & \text{if } n_2^{(1)} \equiv n_2^{(2)} \bmod r \end{cases}$$

The number of pairs $(n_2^{(1)}, n_2^{(2)})$ with $n_2^{(1)} \equiv n_2^{(2)} \bmod r$ is $\ll |S_2|^2 r^{-1}$. Thus we have by Lemma 2

$$Q_2 \ll |f(m_0)| \Big(\sum_{n_1 \in S_1} |f(n_1)| \Big) \Big(\sum_{n_2 \in S_2} |f(n_2)| \Big) r^{-\frac{1}{2}}$$

$$\ll \sum_{n \in \mathfrak{M}_{2,\bar{l},m_0}} |f(n)| \, r^{-\frac{1}{2}}$$

Lemma 5 now follows from Lemma 1 by summation over all sets $\mathfrak{M}_{2,\bar{l},m_0}$ with $L(\bar{l}) \leqslant 3 \log \log x$.

Lemma 6 We have

$$\sum_1 \ll \frac{x}{\log x}$$

Proof We have

$$f(m_0) \sum_{p \in I_l} f(p) e(m_0 p \alpha) \ll \frac{1}{\log x} |\mathfrak{M}_{1,l,m_0}|$$

Lemma 6 now follows by summation over all pairs (m_0, l).

Lemma 7 We have

$$\sum_3 \ll x \exp(-C_3 (\log x)^{\frac{1}{4}})$$

Proof We have

$$\#\Big\{ n \leqslant x : \prod_{\substack{p \leqslant U \\ p^\nu \| n}} p^\nu \geqslant V \Big\} \ll x \exp\Big(-C_0 \frac{\log V}{\log U} \Big)$$

Lemma 7 follows from this inequality.

15.13.4 Proof of theorem 2

It follows from Lemmas 5 ~ 7 that

Hurwitz 定理

$$\sum_{\substack{n \leq x \\ (n,r)=1}} f(n)e(n\alpha) \ll \frac{x}{\log x} + \frac{1}{\sqrt{r}} \sum_{n \leq x} |f(n)|$$

We now give an estimate for

$$\sum_{\substack{n \leq x \\ r \mid n}} |f(n)|$$

This is obtained by grouping together the sets $\mathfrak{M}_{1,l,m_0}$ and $\mathfrak{M}_{2,\bar{l},m_0}$ according to the multiplicative properties of m_0. We may assume $r \geq P_0$. A partition analogous to the one in (9) implies, on applying the reasoning of Lemmas 1 and 2, that

$$\sum_{\tilde{r} \mid n} |f(n)|$$

has the same order of magnitude for all primes $\tilde{r} \in (r - r(\log r)^{-2B}, r + r(\log r)^{-2B})$. We obtain

$$\sum_{\substack{n \leq x \\ r \mid n}} |f(n)| \ll \frac{(\log r)^{2B}}{r} \sum_{n \leq x} |f(n)|$$

This completes the proof of Theorem 2.

15.14 Approximation Exponents for Function Fields

15.14.1 Exponents of Diophantine Approximation

How well we can approximate an irrational real number α by rationals $\frac{a}{b}$, compared to their complexity, traditionally measured by the size of b, is a central question of diophantine approximation theory. Thus we define the

第 15 章 向 Roth 致敬

approximation exponent of α by

$$E(\alpha) := \limsup\left(-\frac{\log|\alpha - \frac{a}{b}|}{\log|b|}\right)$$

A simple application of the box principle or the basic continued fraction theory shows that $E(\alpha) \geq 2$. On the other hand, if further α is algebraic of degree d, by applying the mean value theorem to $f(\alpha) - f(\frac{a}{b})$ where f is the minimal polynomial for α, Liouville showed that $E(\alpha) \leq d$. By this, or by the periodicity of quadratic continued fractions, we know that $E(\alpha) = 2$ for $d = 2$. For $d > 2$, Thue improved Liouville's estimate and deduced important finiteness results in the theory of diophantine equations. After improvements by Siegel and Dyson, finally in 1955, Roth settled this question completely by proving the fundamental result that $E(\alpha) = 2$ for any real irrational algebraic number α.

A much simpler measure theoretic calculation due to Khintchine shows that the exponent is 2 for almost all real numbers. So Roth's theorem shows that none of the members of the very special countable class of algebraic real numbers is "special" in this respect.

We now focus on the situation in the function field case, leaving to other parts in this volume the implications of Roth's theorem to diophantine geometry, its generalizations by Schmidt and others, its relations with the

Hurwitz 定理

ABC conjecture, and significance of the analogies with Nevanlinna theory observed by Osgood and Vojta leading eventually to (another) proof by Vojta of the Mordell conjecture in function fields and number fields.

Let F be a field. We consider $F[t], F(t)$ and $F((\frac{1}{t}))$ as analogues of $\mathbf{Z}, \mathbf{Q}$ and $\mathbf{R}$ respectively. Thus we focus on $\alpha \in F((\frac{1}{t}))$ algebraic over $F(t)$.

We now consider well-approximating a "real" function $\alpha \in F((\frac{1}{t}))$ by rational functions $\frac{a}{b}$, where $a, b \in F[t]$. Using the usual absolute value coming from the degree in t of a polynomial, we can use the same definition as above for the exponent in this situation. Mahler proved analogues of Dirichlet and Liouville bounds by essentially the same proofs. An analogue of Khintchine's theorem giving the behaviour of "almost all" functions can also be proved similarly. D. Fenna (Manchester thesis 1956) and Uchiyama proved the analogue of Roth's theorem in the function field case with F of characteristic zero, that $E(\alpha) = 2$ for irrational $\alpha \in F((\frac{1}{t}))$ algebraic over $F(t)$.

Analogies with the number theory are usually even better, when F is a finite field, so that there are only finitely many remainders when one divides in $F[t]$, analo-

第 15 章 向 Roth 致敬

gous to what happens when one divides in **Z**. So the finite characteristic case is of great interest. Because of deep partial analogies between number fields, i. e. finite extensions of **Q**, and function fields over finite fields, i. e. finite extensions of $\mathbf{F}_p(t)$ benefitting the study of both, the number theorists develop them together as "global fields".

In this article, either at the beginning of a section or locally we will make it clear when we specialize F to a field of zero or finite characteristic or to a finite field.

Let F be of characteristic $p > 0$, and q be a power of p. Then, as Mahler observed, $E(\alpha) = q$ for $\alpha = \sum t^{-q^i}$, by a straightforward estimate of approximation by truncation of this series. Now
$$\alpha^q - \alpha - t^{-1} = 0$$
so that α is algebraic of degree q over $F(t)$, and hence the Liouville upper bound is best possible in this case. Mahler suggested, and it was claimed to have been proved in a published paper and believed for a while, that such phenomena may be special to the degrees divisible by the characteristic, but Osgood, and Baum and Sweet, gave examples in each degree for which Liouville's exponent is the best possible. A few more isolated examples were proved after extensive computer searches.

We will try to describe below what is known and what we would like to know about the distribution of the exponents of algebraic quantities in finite characteristic. We include some remarks in zero characteristic situation also.

15.14.2 Differential Degree and Exponent Bounds

In this section, we deal with general F, unless noted otherwise.

In a function field $F(t)$ of any characteristic, we can differentiate with respect to t, in contrast to the number field situation. Maillet, Kolchin and Osgood used this to obtain better and/or effective bounds for diophantine approximation.

Kolchin's idea was to use the Liouville argument and replace the minimal polynomial of α with a "small" differential polynomial that kills α. Frequently, this gives a smaller exponent and we obtain good effective bounds by more refined work of Osgood. Hence, even in characteristic zero, where the optimal exponent is known, one gets an improvement because of the effective bounds. We will only concentrate on the exponents and will not discuss questions of effectiveness.

We denote the m-th derivative of y with respect to t by $y^{(m)}$ and also write y' for $y^{(1)}$ following usual practice. For a vector $\boldsymbol{e} = (e_0, \cdots, e_k)$ of non-negative integers, we write y^e as an abbreviation for the differential monomial $y^{e_0}(y^{(1)})^{e_1}\cdots(y^{(k)})^{e_k}$.

Consider a differential polynomial

第 15 章 向 Roth 致敬

$$P(y) = \sum p_e y^e$$

Note that the j-th derivative of $\dfrac{a}{b}$ has the power b^{j+1} in the denominator. We define the denomination $\overline{d}(P)$ to be the maximum of

$$\sum_{j=0}^{k}(j+1)e_j$$

corresponding to e such that $p_e \neq 0$.

If $P(\dfrac{a}{b}) \neq 0$, then

$$|P(\dfrac{a}{b})| \geqslant \dfrac{1}{|b|^{\overline{d}(P)}}$$

so $\overline{d}(P)$ replaces the degree in the Liouville argument. Let $\overline{d}(\alpha)$ denote the smallest possible $\overline{d}(P)$ for P satisfying $P(\alpha)=0$.

Here α can be differentially algebraic. If, in fact, it is also algebraic, then

$$\overline{d}(\alpha) \leqslant \max\{\deg(\alpha)-1, 2\}$$

Note that differentiating the minimal polynomial $P(x)$ for α we obtain the equation

$$\alpha' P_x(\alpha) + P'(\alpha) = 0$$

Simplifying, we obtain

$$\alpha' = \sum_{j=0}^{w} a_j(t)\alpha^j$$

with $w < \deg \alpha$.

Kolchin's analogue of Liouville's theorem is as fol-

Hurwitz 定理

lows.

Theorem 1 Given an irrational α which is differentially algebraic over a function field of characteristic zero, there is a constant $c > 0$ such that

$$\left|\alpha - \frac{a}{b}\right| > \frac{c}{|b|^{\bar{d}(\alpha)}}$$

The proof is by the Liouville argument, except that the differential minimal polynomial P has, in general, infinitely many zeros and, a priori, some approximations $\frac{a}{b}$ can be among those. Kolchin shows that this is impossible by showing that the other zeros cannot come close to α by an estimation of Wronskians. It uses an inequality of the form

$$c_1 |a| \leq |a'| \leq c_2 |a|$$

for some positive constants c_1 and c_2, which is true in a function field of characteristic zero, but fails in one of characteristic p; for example, for a non-zero p – th power a.

How small can we get the denomination for numbers α of algebraic degree n? Since any $n + 1$ elements of $K(r, \alpha)$ are dependent over $K(t)$, a simple count shows that for large n, as there are more than $n + 1$ differential monomials y^e satisfying

$$\sum (j + 1) e_j \leq (\log n)^2$$

we can achieve $\bar{d}(\alpha) \leq (\log n)^2$ for large n, in the char-

acteristic zero case. In the characteristic p case, since $y^{(p)} = 0$, we can only choose e with $k < p$, so for a fixed p the denomination cannot be improved to order less than $n^{\frac{1}{p}}$, for large n. For p large compared to n, we can reach near the characteristic zero bound. Also small denomination is not useful, unless there is a corresponding non-vanishing.

We achieve smallest denomination 2 for irrational α satisfying the Riccati equation
$$y' = ay^2 + by + c$$
with rational functions as coefficients. So for such elements, for instance any element of degree 3 or any irrational n − th root of a rational, we have an (effective) Roth estimate-there is even no ε. Since we did not give the full proof of Kolchin's theorem, let us see how Osgood proved this special case.

We only need to show that other roots β of the Riccati equation cannot come arbitrarily close to the root α. Fix two other roots γ and δ. We use the well-known fact, easy to verify, that the cross-ratio of any 4 roots of the Riccati equation is a constant function, to deduce that the cross ratio $(\alpha - \gamma)(\delta - \gamma)^{-1}(1 + (\alpha - \delta)(\beta - \alpha)^{-1})$ is a constant function. But this implies that $|\beta - \alpha|$ cannot come arbitrarily close to zero, as required.

Remark In contrast, in the characteristic p case, α, which is a rational Möbius transformation of its p^n − th

Hurwitz 定理

power, satisfies the Riccati equation, and we will see below that in this case the Riccati examples can have any rational exponent within Dirichlet and Liouville bounds, at least for some degrees. In characteristic p, the "constant function" in the last paragraph has to be replaced by "function with zero derivative", which now includes the p – th power function, for example.

In fact, Osgood proved the following very interesting theorem.

Theorem 2 In the case of function fields of finite characteristic, the exponent bound can be reduced from the Liouville bound to the Thue bound

$$E(\alpha) \leq \left\lfloor \frac{\deg(\alpha)}{2} \right\rfloor + 1$$

for any non-Riccati α.

The relevance of the Riccati equation to this question is clearly brought out by the theorem of Osgood and Schmidt.

Theorem 3 If

$$y'B(y) + A(y) = 0$$

where A and B are coprime polynomials with integral coefficients[①], then all its rational solutions have height bounded in terms of those of A and B, as long as the equation is not Riccati, i.e. we do not have $\deg(B) = 0$

---

① The coefficients are polynomials in t.

第 15 章 向 Roth 致敬

and $\deg(A) \leq 2$.

This theorem implies that the rational approximations close enough will not be the roots and hence the Liouville-Thue type argument goes through when applied to $y'B(y) + A(y)$, proving Theorem 2.

More precisely, for any $0 \leq d < n = \deg(\alpha)$, the $n+1$ elements

$$\alpha', \alpha'\alpha, \cdots, \alpha'\alpha^d \quad \text{and} \quad 1, \alpha, \cdots, \alpha^{n-d-1}$$

being linearly dependent over $K(t)$, we obtain A and B with $\deg(A) \leq n-d-1$ and $\deg(B) \leq d$, such that $P = y'B + A$ vanishes at α. Since P ahs denomination max $\{d+2, n-d-1\}$, we obtain the Thue bound for optimum $d = \lfloor \frac{n-2}{2} \rfloor$.

Solutions $\frac{1}{t^k}$ (respectively $\frac{1}{(t^k-1)}$) to the Riccati equation $ty' = -ky$ (respectively $ty' = -ky(y+1)$), where k is a natural number, so that $|k| = 1$ in the function field absolute value, shows that the analogous statement fails for Riccati equations, the situation being even worse in characteristic p, since then $\frac{1}{t^{k+np}}$ is also a solution to the first equation for any n.

Since we did not prove Schmidt's theorem, let us prove, following Osgood, and easier result, that for a non-Riccati α of degree n, the exponent bound n can be improved to $n-1$, without using Schmidt's theorem.

Hurwitz 定理

If P is the monic minimal polynomial for α, then α satisfies two differential polynomials of denomination at most $n-1$, namely
$$y' - \sum_{j=0}^{m} a_j y^j$$
with $n-1 \geqslant m > 2$ and $a_m \neq 0$, obtained by differentiating, and
$$(P - y^n) + a_m^{-1} y^{n-m} \left(y' - \sum_{j=0}^{m-1} a_j y^j \right)$$
Since any approximation vanishing for both these differential polynomials has to satisfy P, which has only finitely many roots, we obtain the result.

Finally, a rational Riccati equation in characteristic $p > 2$, but not for $p = 2$, has infinitely many rational solutions, if it has a non-quadratic solution.

15.14.3 Continued Fraction Expansions

In this section, we deal with general F, unless noted otherwise.

By good rational approximations to α, whether we mean those which are closer than any with lower complexity, or whether we mean those with errors much smaller in comparison to the complexity, we are led directly to the approximations given by truncations of the continued fraction expansions of α, just as in the real number case. Continued fraction study for function fields over finite fields began with Emil Artin's thesis.

Let us review some standard notation. We use

the abbreviation

$$a_0 + \cfrac{1}{a_1 + \cfrac{1}{a_2 + \cdots}} = a_0 + \cfrac{1}{a_1 +} \cfrac{1}{a_2 +} \cdots = [a_0, a_1, a_2, \cdots]$$

We also write $\alpha_n = [a_n, a_{n+1}, \cdots]$, so that $\alpha = \alpha_0$. Let us define p_n and q_n as usual in terms of the partial quotients a_i, so that $\dfrac{p_n}{q_n}$ is the n – th convergent to α.

Following the basic analogies mentioned above, we use the absolute value coming from the degree in t. To generate the continued fractions in the function field case, we use the "polynomial part" in place of the "integral part" of the "real number" $\alpha \in F((\dfrac{1}{t}))$.

Let us mention some contrasts and comparisons with the real case.

(i) The absolute value now takes discrete jumps.

(ii) In the real case, for $i > 0$, we have $a_i > 0$ and so q_i is positive and increases with i.

In the function field case, for $i > 0$, a_i can be any non-constant polynomial and so the degree of q_i increases with i, but a_i or q_i need not be monic.

(iii) We have, for example, $|\alpha| = |\dfrac{p_n}{q_n}|$.

(iv) There are many denominators (even monic) of the same size, unlike natural order on positive denominators in the real case.

Hurwitz 定理

We have the usual basic approximation formula

$$\alpha - \frac{p_n}{q_n} = \frac{(-1)^n}{(\alpha_{n+1} + \frac{q_{n-1}}{q_n})q_n^2} \qquad (1)$$

In the real case, this leads to

$$\frac{1}{(a_{n+1}+2)q_n^2} < \left|\alpha - \frac{p_n}{q_n}\right| < \frac{1}{a_{n+1}q_n^2}$$

whereas in the function field case, we deduce the fundamental formula

$$\left|\alpha - \frac{p_n}{q_n}\right| = \frac{1}{|a_{n+1}||q_n|^2} \qquad (2)$$

because of the non-archimedean absolute value.

One also studies the intermediate convergents

$$c_{n,r} := \frac{rp_{n-1} + p_{n-2}}{rq_{n-1} + q_{n-2}}$$

where $0 < r < a_n$ in the real case and $0 \leq \deg r \leq \deg a_n$, $0 \neq r \neq a_n$ in the function field case. We have

$$\alpha - c_{n+1,r} = \pm \frac{\alpha_{n+1} - r}{(\alpha_{n+1}q_n + q_{n-1})(rq_n + q_{n-1})}$$

With these preliminaries, we are now ready to compare the situation with the classical case. To avoid special cases, in what follows, we assume that $n > 1$, $|b| > |a_1|$ and that a, b are relatively prime.

Following the traditional terminology, the approximation $\frac{a}{b}$ to α, where, without loss of generality, a and b are relatively prime, is called best(respectively good), if

第 15 章 向 Roth 致敬

$|b\alpha - a| < |b'\alpha - a'|$ (respectively $\left|\alpha - \dfrac{a}{b}\right| < \left|\alpha - \dfrac{a'}{b'}\right|$)

for $0 < |b'| \leqslant |b|$ and $\dfrac{a}{b} \neq \dfrac{a'}{b'}$. In the function field case, note that there can be more than one b' having the same absolute value as $|b|$. In both cases, the best approximations are precisely those given by the convergents.

There are subtle differences in the two situations. In the function field case, it makes quite a difference where the inequalities used are strict or not.

Let us say that $\dfrac{a}{b}$ is good in a weak sense if

$$\left|\alpha - \dfrac{a}{b}\right| \leqslant \left|\alpha - \dfrac{a'}{b'}\right|$$

whenever $|b'| \leqslant |b|$, unless $\dfrac{a}{b} = \dfrac{a'}{b'}$. Let us also say that $\dfrac{a}{b}$ is fair if

$$\left|\alpha - \dfrac{a}{b}\right| < \left|\alpha - \dfrac{a'}{b'}\right|$$

whenever $|b'| < |b|$.

Clearly, "best" implies "good", which in turn implies "good in a weak sense" and "fair".

In the real case, clealy "good" equals "fair" equals "good in weak sense", but "best" is stronger. In fact, $\dfrac{a}{b}$ is best if and only if it is a convergent. It is good if and only if it is a convergent or an intermediate convergent $c_{n,r}$ with either $r > \dfrac{a_n}{2}$, or $r = \dfrac{a_n}{2}$ and $[a_n, a_{n-1}, \cdots,$ $a_1] > \alpha_n$. Also, $|\alpha - \dfrac{a}{b}| < \dfrac{1}{2}b^2$ implies that $\dfrac{a}{b}$ is a convergent and the coefficient 2 is best possible. In fact, $|\alpha - \dfrac{a}{b}| < \dfrac{1}{b^2}$ implies that $\dfrac{a}{b}$ is a convergent or an intermediate convergent $c_{n,r}$ with $r = 1$ or $r = a_n - 1$ and in fact it is a "good approximation from its side".

In the function field case, these concepts are related by the following result.

Theorem 4 In the function field case, the following hold:

(ⅰ) The properties "best" "good", "good in weak sense" and "convergent" are equivalent, and equivalent to an approximation $\dfrac{a}{b}$ with error less than $\dfrac{1}{|b|^2}$, i. e. $\leqslant \dfrac{1}{|tb^2|}$.

(ⅱ) An approximation $\dfrac{a}{b}$ is "fair" and not "good" if and only if it is an intermediate convergent $c_{n+1,r}$ with $|a_{n+1} - r| < |a_{n+1}|$; in particular, $|r| = |a_{n+1}|$.

(ⅲ) We have $|\alpha - \dfrac{a}{b}| = \dfrac{1}{|b|^2}$ if and only if for some n, $\dfrac{a}{b}$ is the intermediate convergent $c_{n,r}$ with $r \in F^*$.

第15章 向 Roth 致敬

Remarks (a) The equivalence of "best" "convergent" and "with error less than $\frac{1}{|b|^2}$" in part (i) was proved, while part (iii) can be obtained from an easy adaptation of the proof for the case $F = \mathbf{F}_2$.

(b) As is the case classically, the tails of the continued fraction expansion are the same if and only if the numbers are related by integral Möbius transformation of determinant ±1. Eventually periodic continued fraction expansion for α immediately implies that α is its own Möbius transformation with integral coefficients, and so quadratic. The converse is true in the real case and for function fields over finite fields. For other function fields, we have an analogue of Abel's theorem. So the analogies are stronger for function fields over finite fields.

(c) If we know the continued fraction for α, the equation (1) allows us to calculate the exponent as

$$E(\alpha) = 2 + \limsup_n \frac{\deg a_{n+1}}{\sum_{i=1}^n \deg a_i}$$

If we just have sum or product expansion of α, we can still calculate the exponent as follows under certain conditions, from a good sequence of approximations.

Lemma 1 (Voloch) If $\frac{a_n}{b_n} \to \alpha$, with relatively prime polynomials a_n and b_n, satisfying

Hurwitz 定理

$$\limsup \frac{\deg(b_{n+1})}{\deg(b_n)} = b \quad \text{and} \quad \frac{\log|\alpha - \frac{a_n}{b_n}|}{\log|b_n|} \to a$$

where $a > b^{\frac{1}{2}} + 1$, then $E(\alpha) = a$.

15.14.4 Frobenius and Möbius Transformations

In this section, we restrict to fields F of characteristic p. Let q a power of p.

We have seen that the best approximations come through the truncations of continued fractions. Though the effect of addition and multiplication is complicated on continued fraction expansions, Möbius transformations of determinant ± 1 just shift the expansion. In characteristic p, raising to q-th power also has a transparent effect on partial quotients. If $\alpha = [a_0, a_1, \cdots]$, then $\alpha^p = [a_0^p, a_1^p, \cdots]$.

If $A_i(t) \in F[t]$ are any non-constant polynomials, the remark above shows that

$$\alpha := [A_1, \cdots, A_k, A_1^q, \cdots, A_k^q, A_1^{q^2}, \cdots] \quad (3)$$

is algebraic over $F(t)$, since it satisfies the algebraic equation

$$\alpha = [A_1, \cdots, A_k, \alpha^q]$$

So we have a variety of explicit equations with explicit continued fractions, from which we can compute their exponents, in terms of the degrees of A_i, and determine their possible values. It was thus proved independently by Schmidt and the author that:

第 15 章 向 Roth 致敬

Theorem 5 (i) Let the degree of A_i be d_i, and let
$$r_i := \frac{d_i}{(d_1 + \cdots + d_{i-1})q + d_i + \cdots + d_k}$$
Then for α given in (3), we have
$$E(\alpha) = 2 + (q-1)\max\{r_1, \cdots, r_k\}$$

(ii) Given any rational μ between $q^{\frac{1}{k}} + 1$ and $q + 1$, we can construct a family of elements α as in (3) with $E(\alpha) = \mu$ and $\deg(\alpha) \leq q + 1$.

Remarks (a) We have thus also produced explicit continued fractions for explicitly given algebraic families of degree more than 2. In contrast, the continued fraction expansion is not known even for a single algebraic real number of degree more than 2.

(b) If α satisfies $\alpha = \dfrac{A\alpha^q + B}{C\alpha^q + D}$, for $A, B, C, D \in F[t]$ with nonzero determinant $AD - BC$, α is said to be of class I and if further $AD - BC \in F^*$, then it is said to be of class IA. Since, for $f \in F^*$, we have
$$f[a_0, a_1, a_2, \cdots] = [fa_0, f^{-1}a_1, fa_2, \cdots]$$
the examples above take care of continued fractions of all α of class IA. The pattern of continued fractions for general α of class I is an interesting open question, with interesting isolated examples and results given by, for example, Baum, Sweet, Mills, Robbins, Buck, Voloch, de Mathan, Lasjaunias, Ruch and Schmidt. A recent survey by Lasjaunias for references and some explicit con-

tinued fractions of class I, but not of class IA.

(c) From this theorem, it seems therefore reasonable to guess that the set of exponents of algebraic elements is just the set of rational numbers in the Dirichlet-Liouville range. To show that all rationals occur, we need to control the exact degrees. By the analogue of Liouville's theorem for $d = p^n + 1$, we do have explicit families with all rational exponents between d and $d - 1$. But even for such values of d, we need to check irreducibility of the equation to obtain the full range. This should not be too difficult, given the wide choice for k and A_i, but has been done only in a few small cases. It seems that settling the case of general d with this method will require much more combinatorial effort.

That this countable set of the exponents of algebraic Laurent series does not contain any irrational is not known in any generality except for a result of de Mathan.

Theorem 6 For any α of class I, $E(\alpha)$ is rational.

Corollary If $p = 2$, then the set of $E(\alpha)$ with α of degree 3 is exactly the set of all rational numbers in the closed interval $[2,3]$.

Note that every α of degree 3 is of class I and in general, every α of class I is easily seen to satisfy the Riccati equation. In fact, Lasjaunias and de Mathan established the following generalization of Osgood's theorem.

Theorem 7 In finite characteristic, the exponent bound can be reduced from the Liouville bound to the Thue bound $E(\alpha) \leq \lfloor \frac{\deg(\alpha)}{2} \rfloor + 1$ for any α not of class I.

15.14.5 Non-Riccati Algeraic Continued Fractions

Different types of families of explicit continued fractions for algebraic quantities, in finite characteristic, were produced where the pattern of the sequence of partial quotients is based on block reversal, very similar to the pattern for (transcendental!) analogues of Euler's "e" and Hurwitz numbers $\frac{ae^{\frac{2}{n}} + b}{ce^{\frac{2}{n}} + d}$ in the setting of Carlitz-Drinfeld modules for $\mathbf{F}_q[t]$.

The new examples are based on the following simple lemma, due to Mendes France and which has been rediscovered many times.

Lemma 2 Let $[a_0, a_1, \cdots, a_n] = \frac{p_n}{q_n}$, with p_n, q_n normalized as usual. Then

$$[a_0, a_1, \cdots, a_n, y, -a_n, \cdots, -a_1] = \frac{p_n}{q_n} + \frac{(-1)^n}{y q_n^2}$$

We will refer to this pattern as "a signed block reversal pattern with the new term y".

Now, if

$$\alpha := \sum f_i t^{-n_i} \in F(\frac{1}{t})$$

685

Hurwitz 定理

where n_i is an increasing sequence of integers satisfying $n_{i+1} > 2n_i$, for $i \geq i_0$ say, then repeated application of the lemma, starting with the continued fraction of the rational function obtained by truncating at i_0 - th power, gives the complete continued fraction of α consisting of signed block reversals, with the new values of y being $t^{n_{i+1} - 2n_i}$, up to elements of F which are easy to calculate from the lemma. As before, with the continued fraction expansion in hand, the calculation of the exponent and the determination of its range are routine.

When F has finite characteristic, it is often easy to construct such α which are algebraic over $F(t)$. First we give the main examples. By taking linear combinations of Mahler's example above, we know that any

$$\alpha = \sum_{i=1}^{k} f_i \sum_{j=0}^{\infty} t^{-m_i q^j + b_i}$$

where $m_i \geq 0$ and b_i are ratioonal numbers so that the exponents are integers, is algebraic. And it is easy to write down conditions on the coefficients to ensure that $n_{i+1} > 2n_i$ for large i. For example, $m_{i+1} > 2m_i$ for $1 \leq i < k$ and $qm_1 > 2m_k$ are clearly sufficient, but not necessary. With this condition, we see that

$$E(\alpha) = \max\left\{\frac{m_2}{m_1}, \cdots, \frac{m_k}{m_{k-1}}, \frac{qm_1}{m_k}\right\}$$

and that it takes any rational value between $\dfrac{q}{2^{k-1}}$ and $q^{\frac{1}{k}}$, if further that $q > 2^k$.

第 15 章 向 Roth 致敬

The algebraic equation for each term, corresponding to a fixed i, is immediate, since it is just a multiple of Mahler's example. So the polynomial equation satisfied by α follows.

The flexibility in the choice of m_i and b_i can be used to produce many families of elements α not satisfying the rational Riccati equation.

Any α as above with $q = 2^k, m_i = 2^{i-1}$ and $b_i > \dfrac{b_{i+1}}{2}$, for i modulo k, will produce an explicit continued fraction with bounded sequence of partial quotients in characteristic 2.

Let us show that most of these do not satisfy the rational Riccati equation, and so are of degree more than 3. Take $f_i = 1$ for simplicity, and write α_i for the i-th term of the sum expression for α above. Then $\alpha = \alpha_1 + \cdots + \alpha_k$, and $\alpha_i = \alpha_1^{2^{i-1}} p_i$ with $p_i := t^{b_i - 2^{i-1} b_1}$. Again for simplicity, take b_1 odd and b_i even if $i \neq 1$, so that

$$\alpha' = \frac{\alpha_1}{t} + t^{b_1 - 2}$$

If α were to satisfy the rational Riccati equation

$$\alpha' = a\alpha^2 + b\alpha + c$$

then we would have

$$\frac{\alpha_1}{t} + t^{b_1 - 2} = a(\alpha_1^2 + \alpha_1^4 p_1^2 + \cdots + \alpha_1^{2^k} p_k^2) +$$
$$b(\alpha_1 + \alpha_1^2 p_1 + \cdots + \alpha_1^{2^{k-1}} p_k) + c$$

But by the degree comparison, this equation has to be the

Hurwitz 定理

Mahler type irreducible equation

$$\alpha_1^{2^k} = t^{b_1(q-1)}\alpha_1 + t^{qb_1-1}$$

which is clearly impossible for most choices of p_i for $k > 2$. The same construction in characteristic $p > 2$, with say exponent p, gives examples (now $k > 1$ is fine) which are non-Riccati; in fact, not of the form α' equals polynomial in α of degree $\leq p$.

When F is a finite field of characteristic p, the elements

$$\sum f_i t^{-i} \in F(\frac{1}{t})$$

are algebraic over $F(t)$ if and only if the sequence f_i is produced by p - automata, by a theorem of Christol. Using this, it has been established that:

(i) If α satisfying our general conditions has bounded sequence of partial quotients, then the characteristic p is 2;

(ii) Any of our examples with exponent 2 has bounded sequence of partial quotients. More generally, a classification of those α satisfying our conditions is established using this automata classification of algebraic power series.

15. 14. 6 Deformation Hierarchy Versus Exponent Hierarchy

We now describe the results linking the exponents of α to the deformation possibilities of certain curves over function fields that we associate to α. We show that the bounds on the rank of the Kodaira-Spencer map of these curves imply the bounds on the diophantine approximation exponents of the power series α, with more "generic" curves, in the deformation sense, giving lower exponents. If we transport Vojta's conjecture on height inequality to finite characteristic, modifying it by adding a suitable deformation theoretic condition, then we see that the exponents of those α giving rise to general curves approach the Roth bound.

Voloch observed that the condition that α satisfies the rational Riccati equation is equivalent to the condition that the cross ratio of any four conjugates of α have zero derivative which in turn is equivalent to the vanishing of the Kodaira-Spencer class of projective line minus conjugates of α.

This suggests that it might be possible to successively improve on Osgood's bound, if we throw out some further classes of differential equations coming from the conditions that some corresponding Kodaira-Spencer map, or say the vector space generated by derivatives of the cross-ratios of conjugates of α, has rank not more than some integer. Note that even though the Kodaira-Spencer connection holds in characteristic zero, an analogue of Roth's theorem holds in the complex function field case.

In the light of Theorems 2 and 7, the differential

Hurwitz 定理

equation hierarchy suggested above might have some corresponding more refined Frobenius equation hierarchy.

Let X be a smooth projective surface over a perfect field k. Assume that X admits a map $f:X\to S$ to a smooth projective curve S defined over k, with function field L in such a way that the fibers of f are geometrically connected curves and the generic fiber X_L is smooth of genus $g\geqslant 2$.

Consider algebraic points $P:T\to X$ of X_L, where T is a smooth projective curve mapping to S, such that the triangle commutes. Define the canonical height of P to be

$$h(P) := \frac{\deg P^*\omega}{[T:S]} = \frac{\langle P(T),\omega\rangle}{[K(P(T)):L]}$$

where $\omega = \omega_X := K_X \otimes f^* K_S^{-1}$ denotes the relative dualizing sheaf for $X\to S$. Define the relative discriminant to be

$$d(P) := \frac{2g(T)-2}{[T:S]} = \frac{2g(P(T))-2}{[K(P(T)):L]}$$

The Kodaira-Spencer map is constructed on any open set $U\subset S$ over which f is smooth from the exact sequence

$$0\to f^*\Omega_U^1 \to \Omega_{X_U}^1 \to \Omega_{X_U/U}^1 \to 0$$

by taking the coboundary map

$$KS:f_*(\Omega_{X_U/U}^1)\to \Omega_U^1 \otimes R^1 f_*(0_{X_U})$$

Theorem 8 (i) If the rank of the kernel of the Kodaira-Spencer map is $\leqslant i$, then

$$h(P) \leqslant \left(\max\left\{\frac{2g-2}{g-i},2\right\}+\varepsilon\right)d(P) + O(1)$$

$$0\leqslant i < g$$

(ii) In particular, if the Kodaira-Spencer map of $\dfrac{X}{S}$ has maximal rank, i.e. $i=0$, then
$$h(P) \leqslant (2+\varepsilon)d(P) + O(1)$$
The inequality in (ii) was proved by Vojta in the characteristic 0 function field analogue without any hypothesis. He also conjectured earlier the stronger inequality with 2 replaced by 1 in the number field case, and presumably also in the characteristic 0 function field case. We look at the Hypothesis H in the function field case, that
$$h(P) \leqslant (1+\varepsilon)d(P) + O(1)$$
if the Kodaira-Spencer map has maximal rank, and also consider conjectural improvements on the height inequalities in (i).

We now apply this result to the "Thue curve" X and "super-elliptic" curves X_k associated to α as follows.

Let
$$f(x) = f_0 + f_1 x + \cdots + f_d x^d$$
be an irreducible polynomial with $\alpha = \alpha(t)$ as a root and with $f_i \in F[t]$ being relatively prime. Let
$$F(x,y) = y^d f\left(\dfrac{x}{y}\right)$$
be its homogenization.

Assume p does not divide d. Let X be the projective curve with its affine equation $F(x,y) = 1$. Given a rational approximation $\dfrac{x}{y}$ to α, reduced in the sense that $x,y \in F[t]$ are relatively prime, with $F(x,y) = m(t)$, we associate the algebraic point $P = (\dfrac{x}{m^{\frac{1}{d}}}, \dfrac{y}{m^{\frac{1}{d}}})$ of X.

Remark Note that if $\dfrac{x}{y}$ is an approximation approaching the exponent bound, then the degree of the polynomial $m(t)$ is asymptotically $(d - E(\alpha))\deg(y)$, as $\deg(y)$ tends to infinity. The exponent occurs in the calculation through this.

Let X_k have affine equation $y^k = f(x)$, with k relatively prime to p and d. Corresponding to a(reduced) approximation $\dfrac{x}{z}$, let

$$P = (\dfrac{x}{z}, (\dfrac{m}{z^d})^{\frac{1}{k}})$$

where $m = F(x,z)$.

Theorem 9 Corresponding to given upper bounds on the rank of the kernel of the Kodaira-Spencer map of X or X_k, through the height inequalities, we have explicit upper bounds on $E(\alpha)$. In particular, under the Hypothesis H above:

(i) Applying Theorem 8 to X in the case of maximal rank leads to the estimate $E(\alpha) \leq \dfrac{2d}{d-1}$, which tends to the Roth bound 2 as d tends to infinity;

(ii) Applying Theorem 8 to X_k in the case of maximal rank leads to the estimate $E(\alpha) \leq 2 + \dfrac{2}{k-1}$, which tends to the Roth bound as k tends to infinity.

Over the complex numbers, the maximal Kodaira-Spencer rank is a generic phenomenon, but we are looking at a special countable class.

15.14.7 Open Problems and Speculations

In this section, we only focus on function fields over finite fields which is the main case of interest to a number theorist.

For a given finite field F of q elements and of characteristic p, and given $d > 2$, let E_d be the set of approximation exponents of $\alpha \in F(\dfrac{1}{t})$, algebraic of degree d over $F(t)$.

The first main question concerns what this set is.

Theorem 5 suggests that E_d might consist precisely of all the rational numbers between 2 and d. That it does contain all these rationals has been worked out only in a few cases for $d = p^n + 1$; see the Remark(c) after Theorem 5. That it does not contain any irrational is known only for $d = 3$; see Theorem 6.

The second main question concerns the distribution of α, for given F and d, with respect to their approximation exponents, in terms of their heights or deformation behaviour, etc., and what the exponent hierarchies are.

Hurwitz 定理

Using Theorem 5 (i), most elements α of class IA seem to have exponents near 2, since most have large k and large d_i. The precise asymptotic needs to be worked out for the exponents in a given range for these elements in terms of heights. How about class I? For $q = 2$ and $d = 3$, every α is of class I. Now Möbius transforms preserve the exponents. If we can get all these elements as Möbius transforms of class IA and some other variants whose exponent distribution is well-understood, we might hope to settle the exponent distribution completely in this simplest test case.

We would like to settle the Hypothesis H of 15.14.6 and find the corresponding best height inequality hierarchy and exponent hierarchy, improving Theorems 8 and 9. Is there a simpler differential equation/Frobenius equation hierarchy implying an exponent bound hierarchy generalizing Osgood's theorem?

The third main question asks for the nature of the sequence of partial quotients of the continued fractions.

We have a complete understanding of the patterns in class IA and know many examples of families in class I, and in non-Riccati families above, which can be classified using automata theory as the sparsest density algebraic families. Most of these involve patterns of iterated p^n powers, block reversals and block repetitions.

What is the general description of patterns for α of

第15章 向 Roth 致敬

class I? The method of automata and transducers generates such expansions, but it has not led to direct description of the patterns yet. It would be of interest to know whether all (non-degenerate) Möbius transformations of the examples above also show similar patterns, as is the case for Hurwitz numbers; see the first paragraph in 15.14.5. Hurwitz proved that any nondegenerate integral Möbius transformation of any real number, having the pattern of partial quotients consisting eventually of finitely many arithmetic progressions, has the same kind of pattern. While we know such a result in the particular case of analogue of Hurwitz numbers mentioned in the first paragraph in 15.14.5, we do not know the analogue of the general Hurwitz result mentioned above in the function field case. It is an interesting challenge to settle it. Note that it can be checked and disproved (if false) by computer experimentation.

How close to the random behaviour of the partial quotients do we get for "general" algebraic elements α of degree $d > 2$, in analogy with experimentation with the real algebraic numbers? Note here though that in the case $q = 2$ and $d = 3$, every α has a nice pattern described in 15.14.4.

Do we have unbounded partial quotients for almost all values of α? Bounded partial quotients are rare, in the imprecise sense of difficulty of constructing examples with

Hurwitz 定理

bounded sequences. The examples we give in 15.14.5, are all of characteristic 2. For $p \neq 2$, it seems harder to get such examples. Can this be made precise?

What does this suggest for real algebraic numbers? It is not known even for a single real algebraic number of degree more than 2, if the sequence of its partial quotients is bounded or unbounded. In view of the numerical evidence and a belief that the real algebraic numbers are like most real numbers in this respect, it is often conjectured that the sequence is unbounded.

From the function field analogy, thus it is conceivable that a very thin set of real algebraic numbers might have bounded partial quotient sequence.

其他数学分支中被冠以 Hurwitz 定理的几例

第 16 章

众所周知 Hurwitz 的研究范围很广泛,涉及分析,函数论,代数和数论,为了全面了解 Hurwitz. 本章选择性的介绍几个我国数学工作者在几个领域对相应 Hurwitz 定理的推广及改进.

16.1 关于 Dirichlet 级数的 Hurwitz 复合定理①

长沙交通学院的谢建新教授 1987 年将 S. Agmon 的一些想法用到 Dirichlet 级数的 Hurwitz 复合定理上,得到一种复合定理. 然后给出判断某些点确为奇点的一种充分条件.

关于幂级数的奇点分布问题,早就有了 Hadamard 复合定理和 Hurwitz 复合定

---

① 本节摘自《武汉大学学报》(自然科学版),1987 年第 3 期.

Hurwitz 定理

理,Mandelbrojt 又把它们推广到 Dirichlet 级数上. 在这些推广中,一般对函数的增长性都作了限制. 余家荣进一步推广了 Mandelbrojt 提出的一种复合定理,对函数的增长性可以不作要求.

本节把 S. Agmon 的一些想法转移到 Dirichlet 级数的 Hurwitz 复合定理上,得到下面的定理 1,然后按 M. Blamber 的方法给出相应的判别部分奇点的充分条件.

设复数平面为 $s = \sigma + it$,P_{σ_1} 表示半平面 $\sigma > \sigma_1$,$\Lambda = \{\lambda_n\}$,$M = \{\mu_n\}$ 为严格递增无界正实数序列.$f(s) = \sum a_n e^{-\lambda_n s}$ 的绝对收敛横坐标 $\sigma'_a < \infty$,在 P_{σ_1} 内的奇点集合为 S'''_{t2},全纯坐标为 $H_f(\sigma_1)$,$\varphi(s) = \sum b_n e^{-\mu_n s}$ 的绝对收敛横坐标 $\sigma_a^\varphi < \infty$,在 P_{σ_2} 内的奇点集合为 S'''^2_φ,全纯坐标为 $H_\varphi(\sigma_2)$.

设
$$C(s,\varepsilon) = \{s' \mid |s' - s| < \varepsilon\} \ S_1(\varepsilon)$$
$$= \bigcup_{s \in S_1^{\varphi_1}} C(s,\varepsilon), \varepsilon > 0$$

设 $0 \leqslant A(t) \to \infty$(当 $t \to +\infty$ 时).

若对任何 $\varepsilon > 0$,存在 $K(\varepsilon) = K(\varepsilon, \sigma_1)$,在 $P_{\sigma_1} - S_{\sigma_1}(\varepsilon)$ 内有
$$|f(s)| \leqslant K(\varepsilon) A(|t|)$$
则说 $f(s)$ 在 P_{σ_1} 内除奇点外增长不快于 $A(t)$.

定理 1 设序列 Λ 满足条件 $|\lambda_n - n| \leqslant g < \dfrac{1}{2}$,$C_1(u), C_2(u)$ 为定义在 $[0, +\infty]$ 上的非负递增函数,

第16章 其他数学分支中被冠以 Hurwitz 定理的几例

$C_2(u)$ 为凹函数,且 $\int^{\infty} \dfrac{C_i(u)}{u^2}\mathrm{d}u < \infty$, $i = 1,2$. 设 $f(s) = \sum a_n \mathrm{e}^{-\lambda_n s}$ 在 P_{σ_1} 内单值,除奇点外增长不快于 $\mathrm{e}^{\sigma_1|t|}$;$\varphi(s) = \sum b_n \mathrm{e}^{-\mu_n x}$ 在 P_{σ_2} 内单值,除奇点外增长不快于 $\mathrm{e}^{c_2(|t|)}$. 设 $\{l_n\}$($n \geq 1$)为所有 $\{\mu_q + m\}$ 排成的递增序列($q \geq 1$,整数 $m \geq 0$)

$$d_n = \sum_{\substack{q \geq 1, m \geq 0 \\ \mu_q + m = l_n}} a_m b_q A(q,m), F(s) = \sum d_n \mathrm{e}^{-l_n s}$$

其中 $A(q,m) = \mu_q(\mu_q + 1)\cdots(\mu_q + m - 1)/m!$ ($q \geq 1$,$m \geq 1$),$A(q,0) = 1$. 则 $F(s)$ 的绝对收敛横坐标 $\sigma_a^f \leq \log(\mathrm{e}^{\sigma_a^f} + \mathrm{e}^{\sigma_a^\varphi})$,函数 $F(s)$ 于半平面 $\sigma > \log(\mathrm{e}^{H_f(\sigma_1)} + \mathrm{e}^{\sigma_2})$ 内单值,奇点包含在集合 $\{\gamma = \mathrm{Log}(\mathrm{e}^\alpha + \mathrm{e}^\beta) | \alpha \in S_f^{\sigma_1}, \beta \in S_\varphi^{\sigma_2}\}$ 及其极限点中,$F(s)$ 于该半平面内除奇点外增长不快于 $\mathrm{e}^{\sigma_2(|t|)}$.

证明 设 $C > \alpha_a^f$,考虑积分($z = x + \mathrm{i}y$)

$$\Phi(z) = \int_{C-\mathrm{i}\infty}^{C+\mathrm{i}\infty} f(s)\varphi[\log(\mathrm{e}^z - \mathrm{e}^s)]H(-\mathrm{i}s)\mathrm{d}s \quad (1)$$

其中 $H(z)$ 为指数型整函数,在某一带形域 $|y| < d < \infty$ 内满足 $|H(z)| < AL(|x|)\mathrm{e}^{-C_1(|x|)}$. A 为绝对常数,$L(x)$ 为正偶函数,$L(x) \in L'[0, +\infty)$,$\|L(x)\|_1 = 1$.

将 $\varphi[\log(\mathrm{e}^z - \mathrm{e}^s)]$ 展开得

$$\varphi[\log(\mathrm{e}^z - \mathrm{e}^s)] = \sum_{n=1}^{\infty} b_n \mathrm{e}^{-\mu_n z} \sum_{m=0}^{\infty} A(n,m) \mathrm{e}^{m(s-z)}$$

代入式(1),整理得

$$\Phi(z) = \mathrm{i}P \sum d_n \mathrm{e}^{-l_n z} = \mathrm{i}P F(z)$$

Hurwitz 定理

其中 $P = \widehat{H}(\lambda_m - m) > 0$, $\widehat{H}$ 表示 $H(z)$ 的 Fourier 变换.

欲使 $|e^z - e^s| \geq e^{\sigma_a^g}$, 只需 $x > \log(e^\sigma + e^{\sigma_a^g})$. 将 a_n, b_n 分别换成 $|a_n|$, $|b_n|$, 以上推导也能成立. 但 C 为满足 $C > \sigma_a^f$ 的任何正数, 故

$$\sigma_a^F \leq \log(e^{\sigma_a^f} + e^{\sigma_a^g})$$

设 $C > \max(\sigma_1, \sigma_a^f)$. 将带形 $\sigma_1 \leq \sigma \leq C$ 划分为边长 $\varepsilon > 0$ (可任意小)的正方形小格, 设 $\mathscr{D}_1(\varepsilon)$ 为所有这样的小格组成的集合, 这些小格自身不含 $S_f^{\sigma_1}$ 中的点, 与其相邻或对角的小格上也不含 $S_f^{\sigma_1}$ 中的点, 并设与直线 $\sigma = c$ 相邻的小格全属于 $\mathscr{D}_1(\varepsilon)$, $\mathscr{D}_1(\varepsilon, T)$ 为 $\mathscr{D}_1(\varepsilon)$ 界于 $|t| < T$ 中的部分, $C_1(\varepsilon, T)$ 为其边界($\sigma = c$ 除外), 由 Cauchy 定理得

$$\Phi(z) = \int_{\sigma_1(T)} f(s) \Phi[\log(e^z - e^s)] H(-is) ds$$

由 $H(z)$ 的性质, 知当 $T \to \infty$ 时, 式(1)沿 $t = \pm T$ 上的积分趋于零. 故(φ 的增长性与 t 无关)

$$\Phi(z) = \int_{C_1} f(s) \varphi[\log(e^z - e^s)] H(-is) ds$$

其中 $C_1(\varepsilon)$ 为 $\mathscr{D}_1(\varepsilon)$ 的边界(不包括 $\sigma = c$).

设 Δ 为 z 平面的有界区域, 含有点 $x > \log(e^\sigma + e^{\sigma_a^g})$, 且对任何 $\varepsilon > 0$, $z \in \Delta$, $a \in S_f^{\sigma_1}$, $\beta \in S_\varphi^{\sigma_2}$, 有

$$|z - \text{Log}(e^\alpha + e^\beta)| > \varepsilon$$

且

$$x > \log(e^{H_f + 2s} + e^{\sigma_2})$$

那么存在 $\delta > 0$, 当 $z \in \Delta$, $s \in C_1(\varepsilon)$, $\beta \in S_\varphi^{\sigma_2}$ 时有

$$|\text{Log}(e^z - e^s) - \beta| > \delta$$

第16章 其他数学分支中被冠以 Hurwitz 定理的几例

当 $z \in \Delta, S \in C_1(\varepsilon)$ 时,有

$$R_e[\log(e^z - e^s)] = \log|e^z - e^s| > \sigma_2$$

因此

$$|\varphi[\log(e^z - e^s)]| < N(\delta) e^{c_2(|A_r(e^z - e^s)|)}$$

由

$$x > \log(e^{H_f(\sigma_1) + 2\varepsilon} + e^{\sigma_2})$$

知

$$R_s(z) > R_s(s)$$

故

$$\arg(e^z - e^s) = \arg e^z + \arg(1 - e^{s-z}) = y + A(s,z)$$

其中 $|A(s,z)| < \dfrac{\pi}{2}$. 因 C_2 为凹函数,故

$$C_2\left(|y| + \frac{\pi}{2}\right) \leqslant C_2(|y|) + C_2\left(\frac{\pi}{2}\right)$$

因此

$$|\varphi[\log(e^z - e^s)]| < N(\delta) e^{C_2(|y|) + C_2(\frac{\pi}{2})} = N_1(\delta) e^{C_2(|y|)}$$

又

$$|f(s)| < N_2 e^{\sigma_1(|t|)}, |H(-is)| < N_3 e^{-C_1(|t|)} L(|t|)$$

故

$$|\Phi(z)| < M(\delta) e^{C_2(|y|)}$$

定理 2 对 $f(s)$ 和 $\varphi(s)$ 的假设同定理 1,选 ω 使得:

(a) $\omega \in \mathscr{L}$;

(b) $\beta \in S_{\varphi}^{\sigma_2}$ 为 $\varphi(s)$ 的极点,$S_{\varphi}^{\sigma_2}$ 的孤立点;

(c) $\gamma = \log(e^\alpha + e^\beta)$ 是一个 γ^* 点(即 γ 可用 $P_{\sigma_3} \backslash S_f^{\sigma_1,\sigma_2}$ 内的约当弧与某点 z_0, $R_0 z_0 > \log(e^{\sigma_a^f} + e^{\sigma_b^\varphi})$ 相

Hurwitz 定理

联结
$$\sigma_3 = \log(e^{H_f(\sigma_1)} + e^{\sigma_2})$$
$$S_f^{\sigma_1,\sigma_2} = \{\log(e^\alpha + e^\beta) \mid a \in S_f^{\sigma_1}, \beta \in S^{\sigma_2}\}$$

(d) $\gamma \in \overline{S'^{\sigma_1,\sigma_2}_{f,\varphi}}$,其中 $S'^{\sigma_1,\sigma_2}_{f,\varphi} = \{\log(e^\alpha + e^\beta) \mid \alpha \in S_f^{\sigma_1}, \beta' \in S_\varphi^{\sigma_2} \setminus \{\beta\}\}$.

则 γ 是定理 1 中的 $F(s)$ 的奇点.

(a) 中的 $\mathscr{L}$ 表示具有如下性质的点的集合:
(i) $\mathscr{L} \subset S_f^1$; (ii) $d(\mathscr{L}, S_f^1 \setminus \mathscr{L}) > 0$, d 在此表示距离. 那么我们可以用 P_{σ_1} 中的一条闭曲线 C 将 $\mathscr{L}$ 中的点围住. 设所围区域为 D, D 中含有 $\operatorname{Re} S = \sigma > \sigma_a^f$ 中的点, 且 $D \cap (S_f^1 \setminus \mathscr{L}) = \phi$.

证明 令
$$\psi(s) = \frac{1}{2\pi i}\int_C \frac{f(z)}{z-s}\mathrm{d}z, s \in \overline{D}$$

积分按顺时针方向. 令
$$g(s) = f(s) - \psi(s)$$

则 $g(s)$ 在 P_{σ_1} 内的奇点集合为 $S_f^1 \setminus \mathscr{L}$, $\mathscr{L}$ 中的点是 $\psi(s)$ 的奇点.

将定理 1 证明中的积分写为
$$\Phi(z) = \int_{C_1(\varepsilon)} f(s)\varphi[\log(e^z - e^s)]H(-is)\mathrm{d}s$$
$$= \int_{C^q(\varepsilon)} g(s)\varphi[\log(e^z - e^s)]H(-is)\mathrm{d}s +$$
$$\int_{C_1(\varepsilon)} \psi(s)\varphi[\log(e^z - e^s)]H - is\mathrm{d}s +$$
$$\int_{C_1(\mathscr{L}_\varepsilon)} g(s)\varphi[\log(e^z - e^s)]H(-is)\mathrm{d}s$$

第16章 其他数学分支中被冠以 Hurwitz 定理的几例

$$= J_1 + J_2 + J_3 \tag{2}$$

其中 $C(\mathscr{L},\varepsilon)$ 为 $C_1(\varepsilon)$ 对应于 $\mathscr{L}$ 的部分

$$C_1^g(\varepsilon) = C_1(\varepsilon) - C(\mathscr{L},\varepsilon)$$

$H(z)$ 符合定理 1 中的条件.

（Ⅰ）由 g 的定义可知它在 P_{σ_1} 内除奇点外增长不快于 $\mathrm{e}^{C_1(|z|)}$，且 g 也可用 Dirichlet 级数表示. 由定理 1 可知 $J_1(z)$ 的奇点包含在 $\overline{S}_f^{\sigma_1,\sigma_2}$ 中, 由 (d), $\gamma \in \overline{S}_f'^{\sigma_1,\sigma_2}$. 由 g 的定义知 $\mathscr{L}$ 中的点为 g 的正则点. 故 γ 是 J_1 的正则点.

（Ⅱ）(b) 包含了 $R_e\beta > \sigma_2$, 又由 $S_\varphi^{\sigma_2}$ 之定义知存在一区域, 含有 $R_e s > \sigma_a^\varphi$ 内的点, 且只有 β 是 $\varphi(s)$ 的奇点.

设

$$\varphi(s) = \sum_1^m \frac{B_m}{(s-\beta)^m} + \varphi_0(s)$$

$\varphi_0(s)$ 在 β 处正则, 由定理 1 证明知当 $z \in \Delta, s \in C_1(\varepsilon)$ 时, $\log(\mathrm{e}^z - \mathrm{e}^s)$ 在 φ 的全纯区域内变化. 因此

$$\varphi[\log(\mathrm{e}^z - \mathrm{e}^s)] = \sum_1^m \frac{B_m}{[\log(\mathrm{e}^z - \mathrm{e}^s) - \beta]^m} + \varphi_0[\log(\mathrm{e}^z - \mathrm{e}^s)]$$

代入式（2）得

$$J_2 = -2\pi\mathrm{i} \sum_1^m \frac{B_m}{(m-1)!} \cdot \left[\frac{\psi[\log(\mathrm{e}^z - \mathrm{e}^\beta)]H(-\mathrm{i}\log(\mathrm{e}^z - \mathrm{e}^\beta))}{1 - \mathrm{e}^{z-\beta}}\right]_\beta^{(m-1)} +$$

Hurwitz 定理

$$\sum_1^m B_m \int_{C-\mathrm{i}\infty}^{C+\mathrm{i}\infty} \frac{\psi(s)H(-\mathrm{i}s)\mathrm{d}s}{[\log(e^z-e^s)-\beta]^m} +$$

$$\int_{C_1(\varepsilon)} \psi(s)\varphi_0[\log(e^z-e^s)]H(-\mathrm{i}s)\mathrm{d}s \quad (3)$$

上式右端第二项当

$$\log|e^z - e^s| > R_e\beta$$

时全纯,而

$$\log|e^z - e^s| = R_e\beta$$

是一条自然边界. 因为 $C = R_e S$ 可选得充分大,故这一条边界也可移得充分远. 将定理 1 用到第三项所表示的函数上,并注意到 (c) 和 (d),可知 $\log(e^w + e^j)$ 为其正则点.

再来看式(3)的第一项. 令 $w = e^z - e$,则

$$\frac{\psi[\log(e^z-e^s)]H[-\mathrm{i}\log(e^z-e^s)]}{1-e^{z-\beta}} = e^q J(w)$$

其中

$$J(w) = \frac{\psi(\log w)H(-\mathrm{i}\log w)}{-w}$$

$$\left[\frac{\psi[\log(e^z-e^\beta)]H[-\mathrm{i}\log(e^z-e^\beta)]}{1-e^{z-\beta}}\right]'_\beta$$

$$= e^\beta J(w) - e^{2\beta}J'(w)$$

因此可将式(3)看作一个常系数非齐次线性微分方程. 自变数为 w,$J(w)$ 是它的解. 若第一项在 $z = \log(e^\omega + e^\beta)$ 正则,那么由微分方程的性质和右端其余两项的正则性可知 $J(w)$ 也在这点正则. 这与 $\omega \in \mathscr{L}$ 为 $\psi(s)$ 的奇点矛盾. 因此 $z = \gamma$ 是第一项的奇点.

(Ⅲ) $g(s)$ 在 $C(\mathscr{L}, \varepsilon)$ 所围区域的内部和边界上

第16章 其他数学分支中被冠以 Hurwitz 定理的几例

全纯. 若 $z \in \Delta, s \in C_1(\varepsilon)$,则

$$\log(e^z - e^s) \in P_{\sigma_2} \backslash S_{\varphi}^{\sigma_2} \cdot \varphi[\log(e^z - e^f)]$$

作为 s 的函数,当 $s \in C(\mathscr{L}, \varepsilon)$ 时全纯,因此 $J_3(z) = 0$.

16.2 Hurwitz 复合定理在 Dirichlet 级数中的推广①

在幂级数的 Hadamard 复合定理和 Hurwitz 复合定理中,对函数的增长性可以不作限制. 因为在那里积分表示式的积分路线,为圆周或与该圆周同伦的其他闭曲线. 长沙交通学院的谢建新教授1987年提出了一个 Dirichlet 级数的 Hurwitz 型复合定理,对函数的增长性作了限制,因为那里的积分表示式的积分路线,为一无限长直线或与它同伦的曲线. 本节证明了构成复合定理的两个函数当有一个是指数型整函数时,增长性可以不作要求. 然后证明了余家荣提出的一种复合定理,在该定理中构成复合定理的两个函数的增长性可以不作要求,但奇点只能包含在一个更大的集合中.

设复数平面为 $s = \sigma + it$, P_{σ_1} 表示半平面 $\sigma > \sigma_1$, $\Lambda = \{\lambda_a\}$, $M = \{\mu_a\}$ 为严格递增无界正实数序列, $f(s) = \sum a_0 e^{-\lambda_n s}$ 的绝对收敛横坐标 $\sigma_a^t < \infty$,在 P_{σ_1} 内的奇点集合为 $S_t = S_t^{\sigma_1}$,全纯坐标为 $H_t(\sigma_1)$.

---

① 本节摘自《长沙交通学院学报》,1987年10月第3卷第3,4期.

Hurwitz 定理

定理 1 设 $f(s) = \sum a_n e^{-\lambda_n s}$ 的收敛横坐标 $\sigma_a^t < \infty$，$\varphi(z)$ 为有指数型 δ 的整函数。l_n 为所有 $\{\lambda_q + m\}$ 排成的递增序列 ($m = 0, 1, 2, \cdots, q = 1, 2, \cdots$)，置

$$d_n = \sum_{\substack{q \geq 1, m \geq 0 \\ \lambda_q + m = l_n}} a_q \varphi(m) \frac{\Gamma(\lambda_q + m)}{m! \, \Gamma(\lambda_q)}$$

$$F(s) = \sum d_n e^{-l_n s}$$

则 $F(s)$ 的奇点包含在集合 $\{\gamma = \log(e^\alpha + e^\beta) : \alpha \in S_f, \beta \in S_\Phi\}$ (Φ 为 φ 之 Laplace 变换，S_Φ 为 Φ 的奇点集合) 及其极限点中。

证明 我们有

$$\Phi(z) = \int_0^\infty \varphi(z) e^{-uz} dz \qquad (1)$$

于是 $\Phi(z)$ 于 $|z| > \delta$ 时全纯。设 $C(\varepsilon)$ 为圆周 $|z| = \delta + \varepsilon$，则

$$\varphi(z) = \frac{1}{2\pi i} \int_{C(\varepsilon)} e^{zw} \Phi(w) dw \qquad (2)$$

由此可得

$$F(s) = \frac{1}{2\pi i} \int_{C(\varepsilon)} f[\log(e^s - e^w)] \Phi(w) dw \qquad (3)$$

在 w 平面内将圆 $|w| \leq \delta + \varepsilon$ 划分为边长 $\eta \leq \dfrac{\varepsilon}{3}$ 的正方形小格，设 $\tilde{D}(\varepsilon)$ 为所有这样的小格组成的集合：这些小格自己不含 S_Φ 中的点，与它相邻或对角的小格上也不含 S_Φ 中的点，$C^*(\varepsilon)$ 为其边界 (圆周除外)，则由 Cauchy 定理得

第16章 其他数学分支中被冠以 Hurwitz 定理的几例

$$F(s) = \frac{1}{2\pi i} \int_{C^*(\varepsilon)} f[\log(e^s - e^w)] \Phi(w) dw \quad (4)$$

设 Δ 为 s 平面的有界区域,含有点

$$\sigma > \log(e^{\sigma_a^f} + e^{\delta})$$

且对任何 $\varepsilon > 0, s \in \Delta, \alpha \in S_f, \beta \in S_\Phi$ 有

$$|s - \log(e^\alpha + e^\beta)| > \varepsilon \quad (5)$$

易见对任何 $w \in C^*(\varepsilon)$,存在 $\beta \in S_\Phi$,使得

$$|e^w - e^\beta| < \eta = \eta(\varepsilon), \lim_{\varepsilon \to 0} \eta(\varepsilon) = 0 \quad (6)$$

由式(5)(6)知存在 $\delta > 0$,当 $s \in \Delta, w \in C^*(\varepsilon), \alpha \in S_f$ 时有

$$|\log(e^s - e^w) - \alpha| > \delta$$

因此,$\log(e^s - e^w)$ 保持在函数 f 的全纯区域内. 这表明积分(4)表示的函数在 Δ 内全纯. 定理得证.

在证明定理2之前,还需引入下列记号:当 $\sigma_1 \leqslant \sigma_a^f$ 时,选整数 $k \geqslant 0$ 及正数 η,从带形 $\sigma_1 < \sigma < \sigma_a^f + \eta$ 内去掉集合 $\widetilde{E}_f^{\sigma_1} = \widetilde{E}_f^{\sigma_1}(a,b,\eta,k)$,使得在矩形 $E\{s: \sigma_1 < \sigma < \sigma_a^f + \eta, n < t \leqslant n+1\}$ 内,$f(s)$ 取两个值 a 和 b 最多 k 次,其中 a 及 b 是两复数. 设 $S_f^{\sigma_1} \cup \widetilde{E}_f^{\sigma_1}$ 的余集与半平面 $\sigma > \sigma_a^t$ 相连通. 令

$$\widetilde{S}_f^{\sigma_1} = \widetilde{S}_f^{\sigma_1}[a,b;\eta,k,\widetilde{E}] = \begin{cases} S_f^{\sigma_1} \cup \{0\} \cup \widetilde{E}_f^{\sigma_1} & (\sigma_1 \leqslant \sigma_a^t) \\ S_f^{\sigma_1} \cup \{0\} & (\sigma_1 > \sigma_a^t) \end{cases}$$

设 $\widetilde{S}_{f,\varphi}^{\sigma_1,\sigma_2} = \widetilde{S}_{f,\varphi}^{\sigma_1,\sigma_2}[a,b;\eta,k,\widetilde{E}]$ 为所有形如 $\log(e^\alpha + e^\beta)$ 的点组成的集合,$\alpha \in \widetilde{S}_f^{\sigma_1}, \beta \in S_\varphi^{\sigma_2}$. 若 $\sigma_2 < \sigma_a^\varphi$,选整数 $l \geqslant 0$ 和实数 $\eta_1 > 0$,用 P_{l,η_l} 表示具有如下性

Hurwitz 定理

质的点集:对 $\gamma \in P_{l,\eta l}$,必须并且只需对于某个 $\varepsilon > 0$,存在 l 个以上不同的点

$$\rho_p = \rho_p(\varepsilon) \in E\{s:\varphi(s) = p, \sigma_2 < \sigma < \log(e^{\sigma_a^\varphi} + e^{\sigma_1} - e^{\sigma_1}) + \eta_1\}$$

其中 $\overline{\sigma_1} = \max(0, \sigma_1, \sigma_a^t)$,且存在点 $\alpha \in \widetilde{S}_t^{\sigma_1}$,使得

$$|\gamma - \log(e^\alpha + e^{\rho_p})| < \varepsilon$$

对所有复数 p 成立,可能有一个例外.

若 $\sigma \geqslant \sigma_a^\varphi$, 取 $P_{l,\eta l} = \phi$.

定理 2 设 $f(s) = \sum a_n e^{-\lambda_n s}$ 于半平面 P_{σ_1} 内单值,$\varphi(s) = \sum b_n e^{-\mu_n s}$ 于半平面 P_{σ_2} 内单值,q 为正整数,$C_T^{(q)}(m) = \sum_{\lambda_n \leqslant m} a_n(m-\lambda_n)^q$ 为 $f(s)$ 的 q 阶 Taylor 系数. 设 $\{l_n\}$ $(n \geqslant 1)$ 为所有和数 $\mu_r + m$ $(r \geqslant 1, m \geqslant 1$ 为整数)排成的递增序列. 设

$$d_n = \sum_{\substack{r \geqslant 1, m \geqslant 1 \\ \mu_r + m = l_n}} C_T^{(q)}(m) b_r \frac{\Gamma(\mu_r + m)}{m! \; \Gamma(\mu_r)}$$

$$G_q(s) = \sum d_n e^{-l_n s}$$

则 G 的绝对收敛横坐标

$$\sigma_a^G \leqslant \log(e^{\max(\sigma_a^f, 0)} + e^{\sigma_a^\varphi})$$

$G_q(s)$ 于半平面

$$\sigma > \log(e^{\max(H_t(\sigma_1), 0)} + e^{\sigma_2})$$

内单值,奇点包含在集合 $\widetilde{S}_{f,\varphi}^{\sigma_1,\sigma_2} \cup P_1, \eta_1$ 及其极限点中.

证明 令

第16章 其他数学分支中被冠以 Hurwitz 定理的几例

$$\max(\sigma_a^t, 0) = \sigma_t, \max(H_t(\sigma_1), 0) = \sigma'_f$$

设 $C > \sigma_t$,考虑积分

$$F(z) = \frac{q!}{2\pi i} \int_{C-i\infty}^{C+i\infty} f(s)\varphi[\log(e^z - e^s)] \frac{\mathrm{d}s}{s^{q+1}} \quad (7)$$

不难证明它与

$$G_a(z) = \sum d_n e^{-\ln z}$$

只差一常数因子.

设 Δ 为 z 平面的某区域,满足

$$\mathrm{Re}(z) > \log(e^{\sigma_f} + e^{\sigma_2})$$

且在集合 $\widetilde{S}_{f,\varphi}^{\sigma_1,\sigma_2} \cup P_1, \eta_1$ 的余集内,设 Δ 含有半平面

$$\mathrm{Re}(z) > \log(e^{\overline{\sigma_1}} + e^{\sigma_g^g})$$

内的点,则 Δ 内的任一点可用一段闭 Jordan 弧 $\widetilde{L}$ 和半平面

$$\mathrm{Re}(z) > \log(e^{\widetilde{\sigma_1}} + e^{\sigma_g^g})$$

内的点相联结. $\widetilde{L}$ 整个在 Δ 内,其右端与直线 $x = \log(e^{\overline{\sigma_1}} + e^{\sigma_g^g})$ 充分接近,满足关系式

$$\frac{\varepsilon}{2} < \exp\left(\max_{z \in \widetilde{L}} x\right) - e^{\overline{\sigma_1}} - e^{\sigma_g^g} < \varepsilon$$

ε 为某个充分小的正数. 且对任何直线

$$\mathrm{Re}(z) = x', x' \geq \log(e^{\overline{\sigma_1}} + e^{\sigma_g^g})$$

与 $\widetilde{L}$ 最多相交于一点. 设 $z_0 \in \widetilde{L}$,又设存在 $\delta = \delta(z_0) > 0$ 和两个不同复数 $d = d(z_0), e = e(z_0)$ 满足:

$1°\ |z_0 - \log(e^\alpha + e^\beta)| > \delta$ 对任何 $\alpha \in \widetilde{S}_f^{\sigma_1}, \beta \in S_\varphi^{\sigma_2}$

Hurwitz 定理

成立;

$2°\mathrm{Re}(z_0) > \log(e^{\sigma_f^\varphi + \delta} + e^{\sigma_2 + \delta}) = \delta + \log(e^{\sigma_f^\varphi} + e^{\sigma_2})$;

$3°|z_0 - \log(e^\alpha + e^{\rho_d})| > \delta$ 对任何 $\alpha \in \widetilde{S}_f^{\sigma_1}$ 和 $\rho_d \in E\{s \mid \varphi(s) = d, \sigma_2 < q < \log(e^{\sigma_a^\varphi} + e^{\overline{\sigma_1}} - e^{\sigma_1}) + \eta_1\}$ 成立,最多可能有 l 个不同的 ρ_d 除外;

$4°|z_0 - \mathrm{Log}(e^a + e^{\rho_e})| > \delta$ 对任何 $\alpha \in \widetilde{S}_f^{\sigma_1}$ 和 $\rho_e \in E\{s \mid \varphi(s) = e, \sigma_2 < \sigma < \log(e^{\sigma_a^\varphi} + e^{\overline{\sigma_1}} - e^{\sigma_1}) + \eta_1\}$ 成立,最多可能有 l 个不同的 ρ_e 除外.

设 $\sigma_2 < \sigma_a^\varphi$,对任何 $z_0 \in \widetilde{L}$ 条件 $1° \sim 2°$ 显然成立. 若 $3°$ 及 $4°$ 不同时成立,那么对充分小的 ε,有

$$|z_0 - \log(e^\alpha + e^{\rho_p})| \leqslant \varepsilon$$

对 l 个以上的不同 $\rho_p \in E\{s \mid \varphi(s) = p, \sigma_2 < \sigma < \log(e^{\sigma_a^\varphi} + e^{\overline{\sigma_1}} - e^{\sigma_1}) + \eta_1\}$ 成立,最多可能有一个复数 p 除外,故 $z_0 \in P_{l,\eta_1}$. 矛盾.

在 $1° \sim 4°$ 中易 δ 为 $\dfrac{\delta}{2}$,z_0 为 z,其中 z 为满足条件 $|z - z_0| \leqslant \dfrac{\delta}{2}$ 的任何复数,则 $1° \sim 4°$ 仍能满足. 由 Borel 有限覆盖定理知,对有限多个 $z_0^{(j)} \in \widetilde{L}$,$\exists \varepsilon > 0$ 不依赖于 z_0,和两个复数 $d = d(z_0)$,$\delta = \delta(z_0)$,对覆盖 $\widetilde{L}$ 的有限多个圆 $|z - z_0^{(j)}| \leqslant \dfrac{2\varepsilon}{5}$ 内的 z,在 $1° \sim 4°$ 中易 δ 为 2ε,则 $1° \sim 4°$ 仍能成立.

事实上,取 ε 充分小,设 $|z - z_0^{(1)}| \leqslant \dfrac{2\varepsilon}{5}$(其中

第16章 其他数学分支中被冠以 Hurwitz 定理的几例

$z_0^{(1)} \in \widetilde{L}, \dfrac{\varepsilon}{2} \leqslant \varepsilon^{\mathrm{Re}(z_0(1))} - \mathrm{e}^{\sigma_a^q} - \mathrm{e}^{\overline{\sigma_1}} \leqslant \dfrac{3\varepsilon}{5}$) 是 $\widetilde{L}$ 上的一个小圆. 在 $\widetilde{L}$ 上取一列数 $z_0^{(1)}, z_0^{(2)}, \cdots, z_0^{(m)}$ 使得

$$|z_0^{(j)} - z_0^{(j+1)}| \leqslant \dfrac{2\varepsilon}{5}, 1 \leqslant j \leqslant m-1$$

则

$$|z - z_0^j| \leqslant \dfrac{2\varepsilon}{5}, j = 1, 2, \cdots, m$$

为覆盖 $\widetilde{L}$ 的一列圆 $V(\widetilde{L})$. m 为仅依赖于 ε 的一个有界常数.

设 $c > \overline{\sigma_1}$, 将带形 $\sigma_1 \leqslant \sigma \leqslant c$ 划分为边长等于 ε 的正方形小格, 设 $\widetilde{D}(\varepsilon)$ 为所有这样的小格组成的集合: 这些小格自己不含 $\widetilde{S}_f^{\sigma_1}$ 中的点, 与它相邻或对角的小格上也不含 $\widetilde{S}_f^{\sigma_1}$ 中的点, 当 ε 充分小时, 与直线 $\sigma = c$ 相邻的小格全属于 $\widetilde{D}$. 设 $\widetilde{D}(\varepsilon, T)$ 为 $\widetilde{D}(\varepsilon)$ 界于 $|t| < T$ 中的部分, $C(\varepsilon, T)$ 为其边界 ($\sigma = c$ 除外). 由 Cauchy 定理得

$$F(z) = \dfrac{q!}{2\pi i} \int_{C(\varepsilon, T)} f(s) \varphi[\log(\mathrm{e}^z - \mathrm{e}^s)] \dfrac{\mathrm{d}s}{s^{q+1}} \quad (8)$$

若 $\sigma_1 > \sigma_a^t$, 则于 $C(\varepsilon, T)$ 上 $|F(z)|$ 不超过某个仅依赖于 ε 而不依赖于 T 的常数. 若 $\sigma_t \leqslant \sigma_a^t$, 则于 $C(\varepsilon, T)$ 上任一点 s 能用 $\widetilde{D}(\varepsilon)$ 内的闭 Jordan 弧 $\widetilde{C}$ 与 $\sigma > \sigma_a^t$ 内的某点相连, 其长度小于某个仅依赖于 ε 而不依赖于 T 的正数. 取 $c < \sigma_a^t + \eta$, 则我们能取一列覆盖 $\widetilde{C}$ 的圆

Hurwitz 定理

$$|s - s^{(k)}| < 4\delta, k = 1, 2, \cdots, n$$

这里 $\eta > 0, \delta > 0, 8\delta < \eta, \bar{s} = s(n), n$ 为不超过某个仅依赖于 ε 而不依赖于 T 的正数 $N(\varepsilon)$. 我们有

$$\sigma_a^t + 2\delta < \text{Re}(s^{(1)}) < \sigma_a^t + 3\delta$$

且

$$|s^{(j)} - s^{(j+1)}| < 2\delta, j = 1, 2, \cdots, n-1$$

对 $f(s)$ 在圆 $|s - s^{(1)}| < 4\delta$ 中应用 Schottky-Valiron 定理,选正数 k_1 和 k_2,使得

$$\log|f(s)| < k_1$$

若

$$|s - s^{(1)}| < \delta, |a| < e^{k_2}, |b| < e^{k_2}, |a - b| > e^{-k_2}$$

则在圆 $|s - s^{(1)}| < 3\delta$ 中,我们有

$$\log|f(s)| < \alpha l + \beta k_1 + \mu k_2 + \omega$$

其中 $\alpha, \beta, \mu, \omega$ 为正常数. 令 $k > \max(l, k_1, k_2, \omega)$,则于 $|s - s^{(1)}| < 3\delta$ 中有

$$\log|f(s)| < \Omega k, \Omega = \alpha + \beta + \mu + 1$$

于 $|s - s^{(2)}| < 4\delta$ 中重复这一过程,得到在 $|s - s^{(2)}| < 3\delta$ 中有

$$\log|f(s)| < \alpha l + \beta \Omega k + \mu_2 k_2 + \omega < \Omega^2 k$$

如此继续下去,得在 $C(\varepsilon, T)$ 上有

$$\log|f(s)| > \Omega^{N(\varepsilon)} k$$

此外,若

$$\text{Re } z > \log(e^{\sigma_a^t} + e^c)$$

在 $C(\varepsilon, T)$ 上 $\varphi[\log(e^z - e^s)]$ 不超过某个只依赖于 ε 而不依赖于 T 的常数. 设 $C(\varepsilon)$ 为 $C(\varepsilon, T)$ 除去 $t = \pm T$ 的部分,则当 $T \to \infty$ 时我们有

第16章 其他数学分支中被冠以 Hurwitz 定理的几例

$$F(z) = \frac{q!}{2\pi i}\int_{C(\varepsilon)} f(s)\varphi[\log(e^z - e^s)]\frac{ds}{s^{q+1}} \quad (9)$$

现在来考察式 (9) 当 $z \in V(\tilde{L})$ 时的情况. 对 $s \in C(\varepsilon)$, 我们有

$$\sigma_1 + \varepsilon < \mathrm{Re}(s) < \sigma'_f + \frac{\varepsilon}{2}$$

且

5° $\mathrm{Re}[\log(e^z - e^s)] = \log|e^z - e^s| > \log(e^x - e^\sigma)$
$> \log(e^{\sigma'_f + \varepsilon} + e^{\sigma_2 + \varepsilon} - e^{\sigma'_f + \varepsilon}) = \sigma_2 + \varepsilon$

对 $z \in V(\tilde{L}), s \in C(\varepsilon)$ 成立；

6° $\mathrm{Re}[\log(e^z - e^s)] < \log(e^{\overline{\sigma_1} + \varepsilon} + e^{\sigma^\varphi_a + \varepsilon} - e^{\sigma_1 + \varepsilon})$
$= \varepsilon + \log(e^{\overline{\sigma_1}} + e^{\sigma^\varphi_a} - e^{\sigma_1})$

对 $z \in V(\tilde{L}), s \in C(\varepsilon)$ 成立；

7° $\mathrm{Re}[\log(e^z - e^s)]$
$> \log(e^{\overline{\sigma_1} + \frac{\varepsilon}{2}} + e^{\sigma^\varphi_a + \frac{\varepsilon}{2}} - e^{\sigma'_f + \frac{\varepsilon}{2}})$
$= \frac{\varepsilon}{2} + \log(e^{\overline{\sigma_1}} + e^{\sigma^\varphi_a} - e^{\sigma'_f}) \geqslant \frac{\varepsilon}{2} + \sigma^\varphi_a$

当 $|z - z^{(1)}| < \frac{2\varepsilon}{5}, s \in C(\varepsilon)$ 时成立.

对任何 $s \in C(\varepsilon)$, 存在 $\alpha \in S^{\sigma_1}_f$ 和某正数 $\gamma = \gamma(\varepsilon)$ ($\lim_{\varepsilon \to 0} \gamma(\varepsilon) = 0$), 使得 $|e^s - e^\alpha| < 3\gamma$, 对 $V(\tilde{L})$ 内的 z 有

$$|e^z - e^\alpha - e^\beta| > 4\gamma$$
$$|e^r - e^\alpha - e^{\rho_d}| > 4\gamma$$
$$|e^z - e^\alpha - e^{\rho_e}| > 4\gamma$$

故对任何 $s \in C(\varepsilon), \beta \in S^{\sigma_2}_\varphi$ 和 $|e^z - e^{z_0(j)}| \leqslant \frac{2\gamma}{5}(j = 1,$

$2,\cdots,m$) 中的 z，存在两个复数 $d^{(j)} = d^{(j)}(z_0^{(j)})$，$e^{(j)} = e^{(j)}(z_0^{(j)})$，使得下列关系式成立:

8° $|e^z - e^s - e^\beta| > |e^z - e^\alpha - e^\beta| - |e^s - e^z| > 4\gamma - 3\gamma = \gamma$

9° $|e^z - e^s - e_a^{\rho_d^{(j)}}| > e^z - e^\alpha - e^{\rho_d^{(j)}}| - |e^s - e^\alpha| > \gamma$，最多可能有 l 个不同的点 $\rho_d^{(j)}$ 除外，其中 $\rho_d^{(j)} \in E\{s|\varphi(s) = d^{(j)}, \sigma_2 < \sigma < \log(e^{\sigma_R^2} + e^{\overline{\sigma_1}} - e^{\sigma_1} + \varepsilon\}$

10° $|e^z - e^s - e^{\rho_e^{(j)}}| > |e^z - e^\alpha - e^{\rho_e^{(j)}}| - |e^s - e^\alpha| > \gamma$，最多可能有 l 个不同的点 $\rho_d^{(j)}$（其意义同 $\rho_d^{(j)}$) 除外.

由 5° ~ 10° 得，当 $z \in V(\tilde{L})$, $s \in C(\varepsilon)$，可对 $\varphi[\log(e^z - e^s)]$ 应用 Schottky-Valiron 定理，可证明 $\varphi[\log(e^z - e^s)]$ 当 $z \in V(\tilde{L})$, $s \in C(\varepsilon)$ 时全纯单值有界. 式(9)中的 $F(z)$ 亦然. 证毕.

16.3 多复变情形的 Hurwitz 定理[①]

中山大学计算机科学系的王则柯和高堂安两位教授 1990 年用同伦方法将 Hurwitz 定理推广到多复变的情形，并且放宽了边界条件.

---

① 本节摘自《中山大学学报》(自然科学版),1990 年第 29 卷第 4 期.

第16章 其他数学分支中被冠以 Hurwitz 定理的几例

16.3.1 主要结果

设 C^n 是复 n 维空间. 本节的主要结果是:

定理 设 $D,E \subset C^n$ 是有界开集, $\overline{D} \subset E$. 设 $f, f_k: E \to C^n, k=1,2,3,\cdots$ 都是只有孤立零点的解析映射, 并且在 D 的边界 ∂D 上 $f(z)$ 恒不为零, $\{f_k\}$ 在 $\overline{D}$ 上一致收敛到 f. 那么, 存在正整数 K 使当 $k \geq K$ 时, 按重数计 f_k 与 f 在 D 内的零点数目相同.

当 $n=1$ 并且 ∂D 是可求长简单闭曲线时, 这就是单复变中经典的 Hurwitz 定理.

16.3.2 三个引理

设 $V \subset R^m$ 是开集, $H: V \to R^p$ 是光滑映射. $y \in R^p$ 是 H 的正则值指的是对所有 $x \in H^{-1}(y)$ Range $DH(x) = R^p$, 其中 $DH(x)$ 是 H 在 x 的 $m \times p$ 偏导数矩阵. 熟知, 当 $y \in R^p$ 是 H 的正则值时, $H^{-1}(y)$ 是 V 中的一个光滑流形, 其维数为 $m-p$.

引理 1 设 $W \subset R^q, V \subset R^m$ 是开集, 并且 $\phi: W \times V \to R^p$ 是光滑映射, $m \geq p$. 若 $0 \in R^p$ 是 ϕ 的正则值, 则对几乎每个 $a \in W, 0 \in R^p$ 是限制映射 $\phi(a, \cdot): V \to R^p$ 的正则值.

引理 2 设 $T: C^n \to C^n$ 解析, 则按照 $(z_1, \cdots, z_n) \in C^n$ 与 $(x_1, y_1, \cdots, x_n, y_n) \in R^{2n}$ (其中 $z_i = x_i + \mathrm{i} y_i, x_i, y_i \in R$) 的对应视 T 为实映射 $T: R^{2n} \to R^{2n}$ 时, T 的实的 Jacob 行列式处处非负.

引理 3 设 $H: [0,1] \times R^m \to R^m$ 为光滑映射. 若 $0 \in R^m$ 是 H 的正则值, 则对 $H^{-1}(0)$ 的任一连通分支

Hurwitz 定理

$(t(s), x(s))$,其中 s 为弧长参数,我们有:

对一切 s,或恒成立

$$\text{sgn} \frac{dt(s)}{ds} = \text{sgn det} \frac{\partial H}{\partial x}(t(s), x(s))$$

或恒成立

$$\text{sgn} \frac{dt(s)}{ds} = -\text{sgn det} \frac{\partial H}{\partial x}(t(s), x(s))$$

16.3.3 定理的证明

因 $f(z) \neq 0, \forall z \in \partial D$,并且 D 和 ∂D 都紧,首先有

$$e = \min\{\|f(z)\| : z \in \partial D\} > 0$$

于是易得正整数 K 使当 $k \geq K$ 时恒有 $f_k(z) \neq 0, \forall z \in \partial D$ 和 $\|f_k(z) - f(z)\| < \frac{e}{2}, \forall z \in \overline{D}$. 另一方面,$f$ 在 D 内按重数计的零点数目有限,记为 d.

按照

$$\mathscr{F}(c, z) = f(z) + c$$

定义 $\mathscr{F}: C^n \times E \to C^n$. 记恒同矩阵为 I. $\frac{\partial \mathscr{F}(c,z)}{\partial C} = I$ 说明,$0 \in C^n$ 是 $\mathscr{F}$ 的正则值. 据引理 1,对几乎每个 $c \in C^n$,0 是 $f(z) + c$ 的正则值. 特别地,对几乎每个模足够小的 $c \in C^n$,$f(z) + c$ 在 D 内正好有 d 个不同的零点,它们都是单零点.

对任何 $k \geq K$ 和 $r \in (0,1)$,按照

$$\mathscr{H}(c, t, z) = (1-t)(f(z) + c) + tf_k(z)$$

定义 $\mathscr{H}: C^n \times [0, 1-r] \times E \to C^n$. 因

$$\frac{\partial \mathscr{H}(c, t, z)}{\partial c} = (1-t)I$$

716

第16章 其他数学分支中被冠以 Hurwitz 定理的几例

而 $1-t \neq 0, 0 \in C^n$ 是 $\mathscr{H}$ 的正则值,故据引理 1,对几乎每个 $c \in C^n, 0 \in C^n$ 是按 $H(t,z) = \mathscr{H}(c,t,z)$ 定义的 H:$[0,1-r] \times E \to C^n$ 的正则值.

选定一个 $c \in C^n$ 使满足上述两个条件,则因 0 是 H 的正则值,$H^{-1}(0)$ 是光滑流形,其维数为实 $(1+2n) - 2n = 1$ 维.因为对每个固定的 $t \in [0,1-r]$,$H(t,z)$ 是 z 的解析映射,故据引理 2,有

$$\det \frac{\partial H(t, x_1, y_1, \cdots, x_n, y_n)}{\partial (x_1, y_1, \cdots, x_n, y_n)}$$

处处非负,再据引理 3,对 $H^{-1}(0)$ 的每个连通分支 $(t(s), x_1(s), y_1(s), \cdots, x_n(s), y_n(s))$,$t(s)$ 是 s 的单调函数,所以,$H^{-1}(0)$ 的每个分支都是对 t 单调的简单光滑曲线.

注意

$$(t^*, z^*) \in H^{-1}(0) \cap ([0,1-r] \times \partial D)$$

等价于

$$(1-t^*)(f(z^*) + c) + t^* f_k(z^*)$$
$$= f(z^*) + (1-t^*)c + t^*(f_k(z^*) - f(z^*)) = 0$$

和

$$(t^*, z^*) \in [0,1-r] \times \partial D$$

与

$$\|f_k(z) - f(z)\| < \frac{\|f(z)\|}{2}, \forall z \in \partial D$$

和 $\|c\|$ 很小矛盾.所以

$$H^{-1}(0) \cap ([0,1-r] \times \partial D) = \phi$$

综上可知,$H^{-1}(0)$ 的每个分支都是 t 的单调曲线

Hurwitz 定理

且不和 $[0, 1-r] \times \partial D$ 相交,故每个分支都一端在 $\{0\} \times D$ 而另一端在 $\{1-r\} \times D$. 所以, $H(1-r, z)$ 与
$$H(0, z) = f(z) + c$$
在 D 零点数目相同,并且都是单零点.

最后令 $r \to 0$,并注意 $H(1, z) = f_k(z)$,就得到定理结果.

16.4 区间多项式的 Routh-Hurwitz 定理及其应用①

甘肃天水师范专科学校的年晓红教授 1994 年在实数 R 上一切闭区间组成的集合(实数集的一种扩充)中引进了代数运算,推广著名的 Routh-Hurwitz 定理到区间多项式系统,并给出了该定理在区间动力系统稳定性理论中的应用.

区间矩阵的稳定性理论在控制系统的设计中具有十分重要的意义. 鉴于在传统的稳定性研究中,多项式的稳定性研究占有十分重要的地位,所以许多学者研究了区间多项式的稳定性,其中以 Kharitonov 给出的区间多项式稳定的充分必要条件最著名,然而该定理却不能应用于区间矩阵. 本节推广著名的 Routh-Hurwitz 定理到区间动力系统,得到了区间多项式稳定的充分条件,该条件不仅计算方便(可完全用计算机语言程序化),而且可直接用于判定区间矩阵的稳

---

① 本节摘自《中国控制会议论文集》,1994 年 8 月.

第16章 其他数学分支中被冠以 Hurwitz 定理的几例

定性.

16.4.1 区间的运算、区间矩阵的行列式

考虑实数集 **R** 上的所有闭区间的集合(包含单个点)

$$S = \{[a,b] \mid a,b \in \mathbf{R}; a \leq b\}$$

显然 $\mathbf{R} \in S$(若 $a \in \mathbf{R}$,则记为 $[a,a]$),下面我们首先定义集合 S 中元素的运算,设 $[a,b]$、$[c,d]$、$[e,f] \in S$ 为闭区间.

定义 1

(ⅰ) $[a,b] + [c,d] = [a+c, b+d]$

(ⅱ) $[a,b] - [c,d] = [a-d, b-c]$

(ⅲ) $[a,b][c,d] = [\min\{ac, ad, bc, bd\}, \max\{ac, ad, bc, bd\}]$

由该定义容易推出下面性质.

性质 1

(ⅰ) $[a,b] + [c,d] = [c,d] + [a,b]$(加法交换律)

(ⅱ) $[a,b] + ([c,d] + [e,f]) = ([a,b] + [c,d]) + [e,f]$(加法结合律)

性质 2

(ⅰ) $-[a,b] = [-b, -c]$

(ⅱ) $[a,b] - [a,b] = [a-b, b-a] \neq 0$

性质 3

(ⅰ) $[a,b][c,d] = [c,d][a,b]$(乘法交换律)

(ⅱ) $[a,b]([c,d][e,f]) = ([a,b][c,d])[e,f]$(乘法结合律)

Hurwitz 定理

性质 4

（ⅰ）$[a,b]([c,d]+[e,f]) \subset [a,b][c,d]+[a,b][e,f]$（乘法对加法的结合律）

（ⅱ）$([c,d]+[e,f])[a,b] \subset [c,d][a,b]+[e,f][a,b]$（加法对乘法的结合律）

性质 5

（ⅰ）$[a_1,b_1]+[a_2,b_2]+\cdots+[a_n,b_n]=[a_1,b_1]+([a_2,b_2]+\cdots+[a_n,b_n])$

（ⅱ）$[a_1,b_1][a_2,b_2]\cdots[a_n,b_n]=[a_1,b_1]([a_2,b_2]\cdots[a_n,b_n])$

从上面讨论可以看出：S 中的元素对于加法和乘法均构成半群.

定义 2 若 $a>0$，则称区间 $[a,b]>0$，若 $b<0$，则称区间 $[a,b]<0$.

定义 3 区间矩阵

$$G[B,C]=\begin{pmatrix} [b_{11},c_{11}] & [b_{12},c_{12}] & \cdots & [b_{1n},c_{1n}] \\ [b_{21},c_{21}] & [b_{22},c_{22}] & \cdots & [b_{2n},c_{2n}] \\ \vdots & \vdots & & \vdots \\ [b_{n1},c_{n1}] & [b_{n2},c_{n2}] & \cdots & [b_{nn},c_{nn}] \end{pmatrix}$$

的行列式为符号

$$|G[B,C]|=\begin{vmatrix} [b_{11},c_{11}] & [b_{12},c_{12}] & \cdots & [b_{1n},c_{1n}] \\ [b_{21},c_{21}] & [b_{22},c_{22}] & \cdots & [b_{2n},c_{2n}] \\ \vdots & \vdots & & \vdots \\ [b_{n1},c_{n1}] & [b_{n2},c_{n2}] & \cdots & [b_{nn},c_{nn}] \end{vmatrix}$$

它是一个 $n!$ 项的代数和，这些项是一切可能的取自

第16章 其他数学分支中被冠以 Hurwitz 定理的几例

区间矩阵 $G[B,C]$ 不同行不同列的元素的乘积 $[b_{1j_1},c_{1j_1}][b_{1j_2},c_{1j_2}]\cdots[b_{1j_n},c_{1j_n}]$,其符号为 $(-1)^{\pi(j_1 j_2 \cdots j_n)}$.

例如二阶区间矩阵的行列式

$$\begin{vmatrix} [b_{11},c_{11}] & [b_{12},c_{12}] \\ [b_{21},c_{21}] & [b_{22},c_{22}] \end{vmatrix}$$

$= [b_{11},c_{11}][b_{22},c_{22}] - [b_{12},c_{12}][b_{21},c_{21}]$

16.4.2 区间多项式的 Routh-Hurwitz 定理

定义 4 实数域上文字 x 的多项式
$[p_0,q_0]x^n + [p_1,q_1]x^{n-1} + \cdots + [p_{n-1},q_{n-1}]x + [p_n,q_n]$
称为区间多项式.

设 $f(x_1,x_2,\cdots,x_m)$ 为关于 $x_1,x_2,\cdots,x_m$ 的多元多项式,其中 $x_i \in [a_i,b_i]$,$i=1,2,\cdots,m$;则由 15.4.1 中定义的区间的运算可知 $f([a_1,b_1],[a_2,b_2],\cdots,[a_m,b_m])$ 为一区间,令

$D = \{(x_1,x_2,\cdots,x_m) \mid x_i \in [a_i,b_i], i=1,2,\cdots,m\}$

下面我们将证明

$f(D) \subset f([a_1,b_1],[a_2,b_2],\cdots,[a_m,b_m])$

引理 1 设 $x \in [a,b]$,$y \in [c,d]$,$z \in [e,f]$ 则:

(ⅰ) $x \pm y \in [a,b] \pm [c,d]$

(ⅱ) $xy \in [a,b][c,d]$

引理 2 设 $x_i \in [a_i,b_i]$,$i=1,2,\cdots,m$;则:

(ⅰ) $x_1 + x_2 + \cdots + x_m \in [a_1,b_1] + [a_2,b_2] + \cdots + [a_m,b_m]$

(ⅱ) $x_1 x_2 \cdots x_m \in [a_1,b_1][a_2,b_2]\cdots[a_m,b_m]$

引理 3 $f(D) \subset f([a_1,b_1],[a_2,b_2],\cdots,[a_m,b_m])$

Hurwitz 定理

证明 设 $(x_1, x_2, \cdots, x_m) \in D$,由于 $f(x_1, x_2, \cdots, x_m)$ 是由 $x_1, x_2, \cdots, x_m$ 经过有限次加、减、乘三种运算得到的,由引理 1、引理 2 可得

$$f(x_1, x_2, \cdots, x_m) \in f([a_1, b_1], [a_2, b_2], \cdots, [a_m, b_m])$$

引理 3 得证.

设 $A \in G[B, C]$,有

$$A = \begin{pmatrix} a_{11} & a_{12} & \cdots & a_{1n} \\ a_{21} & a_{22} & \cdots & a_{2n} \\ \vdots & \vdots & & \vdots \\ a_{n1} & a_{n2} & \cdots & a_{nn} \end{pmatrix}$$

引理 4 $|A| \in |G[B, C]|$

证明 令

$$f(A) = g(a_{11}, \cdots, a_{1n}, a_{21}, \cdots,$$
$$a_{2n}, \cdots, a_{n1}, \cdots, a_{nn}) = |A|$$

则 $f(A)$ 为关于 $a_{11}, \cdots, a_{1n}, a_{21}, \cdots, a_{2n}, \cdots, a_{n1}, \cdots, a_{nn}$ 的多项式函数,于是由引理 3 可知

$$f(A) \in g([b_{11}, c_{11}], \cdots, [b_{1n}, c_{1n}], [b_{21}, c_{21}], \cdots, [b_{2n}, c_{2n}], \cdots, [b_{n1}, c_{n1}], \cdots, [b_{nn}, c_{nn}])$$

这即证得

$$f(A) = |A| \in |G[B, C]|$$

定理 1 区间多项式方程

$$[p_0, q_0]x^n + [p_1, q_1]x^{n-1} + \cdots +$$
$$[p_{n-1}, q_{n-1}]x + [p_n, q_n] = 0$$

(这里 $[p_0, q_0] > 0$)特征根均具有负实部的充分条件为

第 16 章 其他数学分支中被冠以 Hurwitz 定理的几例

$$\Delta_k = \begin{vmatrix} [p_1,q_1] & [p_0,q_0] & 0 & 0 & \cdots & 0 \\ [p_3,q_3] & [p_2,q_2] & [p_1,q_1] & [p_0,q_0] & \cdots & 0 \\ [p_5,q_5] & [p_4,q_4] & [p_3,q_3] & [p_2,q_2] & \cdots & 0 \\ \vdots & \vdots & \vdots & \vdots & & \vdots \\ [p_{2k-1},q_{2k-1}] & [p_{2k-2},q_{2k-2}] & [p_{2k-3},q_{2k-3}] & [p_{2k-4},q_{2k-4}] & \cdots & [p_k,q_k] \end{vmatrix}$$

$$= [p_k, q_k]\Delta_{k-1} > 0 \tag{1}$$

$k = 1, 2, \cdots, n.$（这里如果 $i > n$，则 $[p_3, q_3] = 0.$）

该定理称为区间多项式的 Routh-Hurwitz 定理. 条件（1）称为区间多项式的 Routh-Hurwitz 条件.

证明 对任意的多项式

$$a_0 x^n + a_1 x^{n-1} + \cdots + a_{n-1} x + a_n \tag{2}$$

（$a_i \in [p_i, q_i]$）由引理 4 及该定理的条件可知

$$\begin{vmatrix} a_1 & a_0 & 0 & 0 & \cdots & 0 \\ a_3 & a_2 & a_1 & a_0 & \cdots & 0 \\ a_5 & a_4 & a_3 & a_2 & \cdots & 0 \\ \vdots & \vdots & \vdots & \vdots & & \vdots \\ a_{2k-1} & a_{2k-2} & a_{2k-3} & a_{2k-4} & \cdots & a_k \end{vmatrix} > 0$$

$$k = 1, 2, \cdots, n$$

由多项式的 Routh-Hurwitz 定理可知(2)的特征根均具有负实部,证毕.

考虑区间矩阵

$$G[B, C] = \begin{bmatrix} [b_{11}, c_{11}] & [b_{12}, c_{12}] & \cdots & [b_{1n}, c_{1n}] \\ [b_{21}, c_{21}] & [b_{22}, c_{22}] & \cdots & [b_{2n}, c_{2n}] \\ \vdots & \vdots & & \vdots \\ [b_{n1}, c_{n1}] & [b_{n2}, c_{n2}] & \cdots & [b_{nn}, c_{nn}] \end{bmatrix}$$

Hurwitz 定理

定义 5 方程
$$|\lambda I - G[B,C]| = 0$$
即
$$\begin{bmatrix} \lambda - [b_{11},c_{11}] & -[b_{12},c_{12}] & \cdots & -[b_{1n},c_{1n}] \\ -[b_{21},c_{21}] & \lambda - [b_{22},c_{22}] & \cdots & -[b_{2n},c_{2n}] \\ \vdots & \vdots & & \vdots \\ -[b_{n1},c_{n1}] & -[b_{n2},c_{n2}] & \cdots & \lambda - [b_{nn},c_{nn}] \end{bmatrix} = 0 \quad (3)$$
称为区间矩阵 $G[B,C]$ 的特征方程.

显然
$$|\lambda I - G[B,C]|$$
$$= \lambda^n - ([b_{11},c_{11}] + \cdots + [b_{nn},c_{nn}])\lambda^{n-1} + \cdots +$$
$$(-1)^n |G(B,C)| \qquad (4)$$

是一个关于 λ 的区间多项式,故由 15.4.2 的讨论有如下定理:

定理 2 区间矩阵 $G[B,C]$ 稳定的充分条件为:多项式(3)满足区间多项式的 Routh-Hurwitz 条件.

16.4.3 应用举例

例 1 考虑区间多项式
$$x^3 + [3,7]x^2 + [2,10]x + [1,4]$$
这里
$$[p_0,q_0] = [1,1] = 1$$
$$\triangle_1 = [3,7] > 0$$
$$\triangle_2 = \begin{vmatrix} [3,7] & 1 \\ [1,4] & [2,10] \end{vmatrix}$$
$$= [3,7][2,10] - [1,4] = [2,69] > 0$$
$$[p_3,q_3] = [1,4] > 0$$

第16章　其他数学分支中被冠以 Hurwitz 定理的几例

根据区间多项式的 Routh-Hurwitz 定理(定理1)可知:该区间多项式的特征根均有负实部.

例2　考虑区间矩阵

$$\begin{pmatrix} [-3,-1] & [4,10] \\ [-6,-3] & [-5,-1] \end{pmatrix}$$

其特征方程为

$$\begin{pmatrix} \lambda-[-3,-1] & -[4,10] \\ -[-6,-3] & \lambda-[-5,-1] \end{pmatrix}$$
$$= \lambda^2 + [2,8]\lambda + [5,75] = 0$$

显然满足 Routh-Hurwitz 条件,故稳定.

16.5　对 Hurwitz 定理的一个推广

内蒙古师范大学数学系的金珩和内蒙古师范大学计算机系的赵希武两位教授2000年对判别实二次型正定性的重要方法之一——Hurwitz 定理做了推广,使得本来需从实二次型的矩阵 $A = (a_{ij})_{n \times n} (A' = A)$ 的左上角元 a_{11} 开始取从1到 n 阶顺序主子式进行的判定,变成可以从 A 的主对角线上任意元 $a_{ii}(i=1,2,\cdots,n)$ 开始取从1到 n 阶连序主子式进行判定. 因此,本节给出的方法使用起来更为方便、灵活,具有一定的实用价值.

学习过二次型理论的人都知道,Hurwitz 定理是判别实二次型正定性的重要方法之一. 但是这个定理的使用并不十分方便:它必须从实二次型的矩阵 $A =$

Hurwitz 定理

$(a_{ij})_{n\times n}(\boldsymbol{A}' = \boldsymbol{A})$ 的左上角元 a_{11} 开始取从 1 到 n 阶顺序主子式

$$\triangle_i = \begin{vmatrix} a_{11} & a_{12} & \cdots & a_{1i} \\ a_{21} & a_{22} & \cdots & a_{2i} \\ \vdots & \vdots & & \vdots \\ a_{i1} & a_{i2} & \cdots & a_{ii} \end{vmatrix}, i = 1, 2, \cdots, n$$

进行计算,之后根据 $\triangle_i$ 的正负进行判定,本节就是对这个方法做两步推广.

Hurwitz 定理推广之一:利用逆序主子式判定实二次型的正定性.

定义 1 设 $\boldsymbol{A} = (a_{ij})_{n\times n}$,则 $\boldsymbol{A}$ 的从右下角元 a_{nn} 开始取的如下形式的主子式

$$\triangle_{n-i+1} = \begin{vmatrix} a_{i,i} & a_{i,i+1} & \cdots & a_{in} \\ a_{i+1,i} & a_{i+1,i+1} & \cdots & a_{i+1,n} \\ \vdots & \vdots & & \vdots \\ a_{ni} & a_{n,i+1} & \cdots & a_{nn} \end{vmatrix}, i = 1, 2, \cdots, n$$

称为 $\boldsymbol{A}$ 的 $n-i+1$ 阶逆序主子式.

有此概念后,我们就可以对 Hurwitz 定理做如下的推广:

定理 1 设 $f = \sum_{i,j=1}^{n} a_{ij} x_i x_j = \boldsymbol{X}'\boldsymbol{A}\boldsymbol{X}$ 为实二次型(其中 $\boldsymbol{A}' = \boldsymbol{A}$),则 f 正定 $\Leftrightarrow \boldsymbol{A}$ 的从 1 到 n 阶的逆序主子式全大于零.

证明 把二次型 f 中文字按 $x_n, x_{n-1}, \cdots, x_2, x_1$ 的顺序重新排序后,可得到如下二次型

$$g = a_{nn}x_n^2 + a_{n,n-1}x_n x_{n-1} + \cdots + a_{n2}x_n x_2 + a_{n1}x_n x_1 +$$

第16章 其他数学分支中被冠以 Hurwitz 定理的几例

$$a_{n-1}xx_{n-1}x_n + a_{n-1,n-1}x_{n-1}^2 + \cdots + a_{n-1,2}x_{n-1}x_2 +$$
$$a_{n-1,1}x_{n-1}x_1 + \cdots + a_{1n}x_1x_n +$$
$$a_{1,n-1}x_1x_{n-1} + \cdots + a_{12}x_1x_2 + a_{11}x_1^2$$

$= \overline{X}' B \overline{X}$ （其中 $B' = B$）

容易看到 B 实际上是把 A 的行、列次序同时颠倒后而得到的,所以 B 的 K 阶顺序主子式恰为 A 的 K 阶逆序主子式同时颠倒行、列次序而得到的,由行列式性质,它们的值应相等,于是当然有:f 亦 g 正定$\Leftrightarrow B$ 的从 1 到 n 阶顺序主子式亦即 A 的从 1 到 n 阶的逆序主子式全大于零.

利用定理 1,在具体验证实二次型正定性时,有时要方便一些.

例 1 验证 $f(x_1, x_2, x_3, x_4, x_5) = X'AX$ 是正定二次型. 其中

$$A = \begin{pmatrix} 8 & 2 & 2 & 0 & 0 \\ 2 & 9 & 1 & 0 & 0 \\ 2 & 1 & 6 & 6 & 0 \\ 0 & 0 & 6 & 7 & 0 \\ 0 & 0 & 0 & 0 & 1 \end{pmatrix}$$

就是这样的实例.

Hurwitz 定理推广之二:利用连序主子式判定实二次型的正定性.

受 Hurwitz 定理及本节定理 1 的启发,我们自然考虑对 Hurwitz 定理做更一般的推广. 为此,我们给出如下的:

定义 2 设 $A = (a_{ij})_{n \times n}$,$\triangle_k$,$\triangle_{k+1}$ 为 A 的 k 阶及

Hurwitz 定理

$k+1$ 阶主子式. 若 $\triangle_k$ 又是 $\triangle_{k+1}$ 的一个主子式, 则称 $\triangle_k$ 与 $\triangle_{k+1}$ 是连序的.

按定义 2, A 的从 1 到 n 阶的顺序主子式为 A 的以 a_{11} 开头的从 1 到 n 阶的连序主子式, 同样, A 的从 1 到 n 阶的逆序主子式, 则为 A 的以 a_{nn} 开头的从 1 到 n 阶的连序主子式, 但需要注意: 矩阵 A 的以 a_{kk} 开头的从 1 到 n 阶的连序主子式一般可以有多组.

例 2 设 $A = \begin{pmatrix} 3 & 1 & 2 \\ 2 & 7 & 8 \\ 6 & 5 & 3 \end{pmatrix}$, 则 A 的以元 $a_{22}=7$ 开头的从 1 到 3 阶的连序主子式就有两组, 具体写出如下

$$7, \begin{vmatrix} 3 & 1 \\ 2 & 7 \end{vmatrix}, |A| \text{ 及 } 7, \begin{vmatrix} 7 & 8 \\ 5 & 3 \end{vmatrix}, |A|$$

有了定义 2, 我们就可以把 Hurwitz 定理进一步推广, 得到如下的:

定理 2 设 $f = \sum_{i,j=1}^{n} a_{ij}x_ix_j = X'AX(A'=A)$ 为实二次型, 则 f 正定 $\Leftrightarrow A$ 中存在(以任意元 a_{kk} 开头的)任意一组从 1 到 n 阶的连序主子式, 其值全大于零.

证明 为叙述方便, 我们记 a_{kk} 为 $a_{i_1i_1}$, 记以 a_{kk} 即 $a_{i_1i_1}$ 开头的任意一组从 1 到 n 阶的连序主子式为

$$a_{i_1i_1}, \begin{vmatrix} a_{i_1i_1} & a_{i_1i_2} \\ a_{i_2i_1} & a_{i_2i_2} \end{vmatrix}, \cdots, \begin{vmatrix} a_{i_1i_1} & a_{i_1i_2} & \cdots & a_{i_1i_n} \\ a_{i_2i_1} & a_{i_2i_2} & \cdots & a_{i_2i_n} \\ \vdots & \vdots & & \vdots \\ a_{i_ni_1} & a_{i_ni_2} & \cdots & a_{i_ni_n} \end{vmatrix}$$

其中 $i_1, i_2, \cdots, i_n$ 为 $1, 2, \cdots, n$ 的一个全排列.

第 16 章　其他数学分支中被冠以 Hurwitz 定理的几例

我们把 f 中文字按 $x_{i_1}, x_{i_2}, \cdots, x_{i_n}$ 的次序重新排列，便得到如下的二次型

$$\begin{aligned}
h &= a_{i_1 i_1} x_{i_1}^2 + a_{i_1 i_2} x_{i_1} x_{i_2} + \cdots + a_{i_1 i_n} x_{i_1} x_{i_n} + \\
&\quad a_{i_1 i_1} x_{i_2} x_{i_1} + a_{i_2 i_2} x_{i_2}^2 + \cdots + a_{i_2 i_n} x_{i_2} x_{i_n} + \cdots + \\
&\quad a_{i_n i_1} x_{i_n} x_{i_1} + a_{i_n i_2} x_{i_n} x_{i_2} + \cdots + a_{i_n i_n} x_{i_n}^2 \\
&= \overline{\overline{X}}' C \overline{\overline{X}} \quad (\text{其中 } C' = C)
\end{aligned}$$

注意到 C 是把 A 的行、列次序同时做了相同的调整而得到的，所以 C 的 k 阶顺序主子式恰好为 A 的以元 $a_{i_1 i_1}$ 开头的 k 阶主子式（当然其行、列次序也已同时做了相同的调整，但由行列式性质，其值不变！），又 k 取 $1, 2, \cdots, n$ 时，顺序主子式当然连序，所以 A 的以元 $a_{i_1 i_1}$ 开头的从 1 到 n 阶的主子式也是连序的，于是立得：f 亦即 h 正定 $\Leftrightarrow C$ 的以 1 到 n 阶的顺序主子式，亦即 A 的以元 $a_{i_1 i_1}$ 开头的从 1 到 n 阶的连序主子式全大于零.

有了定理 2 以后，我们再具体判别一个实二次型的正定性时，就可以从该二次型的矩阵中选择一组较易计算的以某元 a_{kk} 开头的从 1 到 n 阶的连序主子式来判别，从而使实二次型正定性的判别变得更方便、更灵活.

例 3　用定理 2 验证例 1 中的二次型为正定二次型.

解　按定理 2，我们在该二次型的矩阵 A 中选择元 $a_{33} = 6$ 开头，构造从 1 到 5 阶的连序主子式计算如下：($\triangle_k$ 为 k 阶主子式)

Hurwitz 定理

$$\triangle_1 = 6 > 0, \triangle_2 = \begin{vmatrix} 6 & 0 \\ 0 & 1 \end{vmatrix} = 6 > 0$$

$$\triangle_3 = \begin{vmatrix} 9 & 1 & 0 \\ 1 & 6 & 0 \\ 0 & 0 & 1 \end{vmatrix} = 53 > 0$$

$$\triangle_4 = \begin{vmatrix} 9 & 1 & 0 & 0 \\ 1 & 6 & 6 & 0 \\ 0 & 6 & 7 & 0 \\ 0 & 0 & 0 & 1 \end{vmatrix} = 47 > 0, \triangle_5 = |A| = 156 > 0$$

因此例 1 中二次型确为正定二次型.

在应用定理 2 讨论二次型的正定性时, 必须注意: 那就是保证所选择的从 1 到 n 阶的主子式的连序性, 也就是保证其中的 k 阶子式 $\triangle_k$ 为 $k+1$ 阶子式 $\triangle_{k+1}$ 的主子式, 否则可能导致错误, 对此有如下反例:

例 4 显然, 二次型 $f = X'AX$ 不是正定的, 其中该二次型的矩阵 A 为

$$A = \begin{pmatrix} 3 & 4 & 0 & 0 \\ 4 & 6 & 0 & 0 \\ 0 & 0 & -6 & 1 \\ 0 & 0 & 1 & -3 \end{pmatrix}$$

但 A 中却有 1 到 4 阶的不连序主子式满足

$$\triangle_1 = 3 > 0, \triangle_2 = \begin{vmatrix} 3 & 4 \\ 4 & 6 \end{vmatrix} = 2 > 0$$

$$\triangle_3 = \begin{vmatrix} 3 & 0 & 0 \\ 0 & -6 & 1 \\ 0 & 1 & -3 \end{vmatrix} = 51 > 0, \triangle_4 = |A| = 34 > 0$$

第16章 其他数学分支中被冠以 Hurwitz 定理的几例

究其原因,是 $\triangle_2$ 与 $\triangle_3$ 之间破坏了主子式的连序性.

最后,再指出一点,那就是如上得到的定理1、定理2,都可以相应地推广到负定二次型、半正定二次型及半负定二次型的讨论中,但为节省篇幅,有关结论我们不再一一列出.